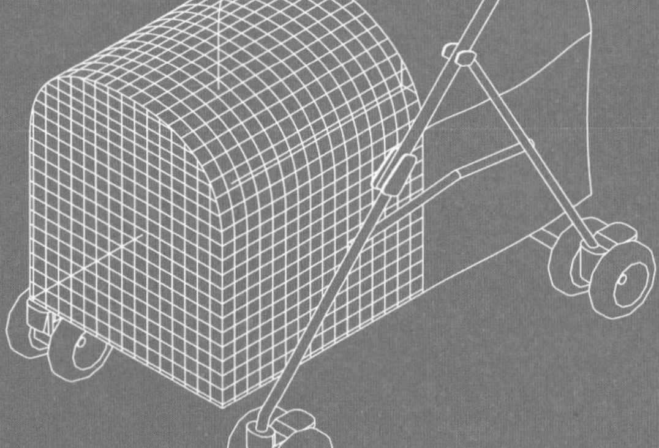

年轻老人：
老龄化社会的城市乌托邦

［瑞士］迪恩·辛普森　著
周博　周荃　刘湃　佬坛　诺敏　赵斌　译
张敏　郑亚男　校译

江苏凤凰科学技术出版社·南京

图书在版编目（CIP）数据

年轻老人 : 老龄化社会的城市乌托邦 / (瑞士) 迪恩·辛普森著 ; 周博等译. -- 南京 : 江苏凤凰科学技术出版社, 2025. 7. -- ISBN 978-7-5713-5212-7

I. TU241.93

中国国家版本馆 CIP 数据核字第 2025KU3328 号

年轻老人：老龄化社会的城市乌托邦

著　　者	[瑞士] 迪恩 · 辛普森
译　　者	周　博　周　荃　刘　湃　佬　坛　诺　敏　赵　斌
校　　译	张　敏　郑亚男
项目策划	凤凰空间
责任编辑	赵　研
责任设计编辑	蒋佳佳
特约编辑	王秀楠
出版发行	江苏凤凰科学技术出版社
出版社地址	南京市湖南路 1 号 A 楼，邮编：210009
出版社网址	http://www.pspress.cn
总　经　销	天津凤凰空间文化传媒有限公司
总经销网址	http://www.ifengspace.cn
印　　刷	北京博海升彩色印刷有限公司
开　　本	710 mm×1000 mm　1 / 16
印　　张	37.25
插　　页	4
字　　数	576 000
版　　次	2025 年 7 月第 1 版
印　　次	2025 年 7 月第 1 次印刷
标准书号	ISBN 978-7-5713-5212-7
定　　价	398.00 元（精）

序

本书以“年轻老人”（Young-Old）作为特定关注对象，以美国的太阳城和退休村、西班牙太阳海岸、日本的豪斯登堡、美国老年房车社群作为实例，融合了城市规划学、社会学、建筑学、心理学等多学科的视角，以图文并茂的形式为读者展现了“为年轻老人设计生活”的理念，给人以多方面的启发。

首先，专注于研究年轻老人的居住生活的视角独特新颖。按照书中的界定，年轻老人指的是从55岁到75岁这一年龄段的人群。这个群体数量庞大，一般而言，他们的健康状况尚佳，经济实力相对较强，可自由支配的时间较多，生活重心已从工作转向休闲与个人爱好。如何更好地满足这样一个群体的需求，的确是一个值得深入探讨和在实践中不断创新的重大课题。特别是在我国，根据第七次全国人口普查得出的人口金字塔图可以推断，至少在未来的40年内，“年轻老人”都是总量超过4亿的庞大群体。因此，为年轻老人设计好居住生活环境的重要性不言而喻。

第二，把街区和设施的规划设计当作“设计生活”的理念值得称道。一个一般意义上的成功企业家，只要把握住消费者当前的现实需求，并能够以较高的性价比满足这种需求就可以了；而一个伟大的企业家，则一定是以其创新性的产品为消费者开启了全新的生活方式。这个道理，套用到建筑师和规划师的身上，大抵也是相通的。本书以大量篇幅详细介绍的太阳城和退休村，就是具有创新意义的规划作品，为入住居民提供了一种全新的生活方式。

第三，本书所介绍的具有创新意义的规划作品，均具有较长的时间跨度和一定的人口规模，如太阳城建于 20 世纪 60 年代初，退休村建于 20 世纪 80 年代末。从社会学的角度看，这些规划作品也是意义非凡的社会实验，具有极高的观察研究价值，值得长期跟踪关注。而毋庸置疑的是，在观察这种社会实验的时候，必须与其所在国家的社会制度、土地制度、社会伦理、风俗习惯等重要的外部条件联系起来，搞清楚在学习借鉴之时应当如何取舍并加以变通。

除以上三点之外，本书令人开卷有益之处还有很多，就不再赘述了。在此要感谢翻译团队的辛勤付出，也真诚推荐相关领域的专业人士一读。另外，作为一个延伸思考，在这些社会实验中，当“年轻老人”变成“高龄老人”之后会是什么样子，是否已经有了完善的解决方案，如何继续为他们设计惬意的生活，也是我们十分关心的问题。

清华大学建筑学院教授　周燕珉

2024 年 8 月

目录

A

导言：可塑的社会人口统计学

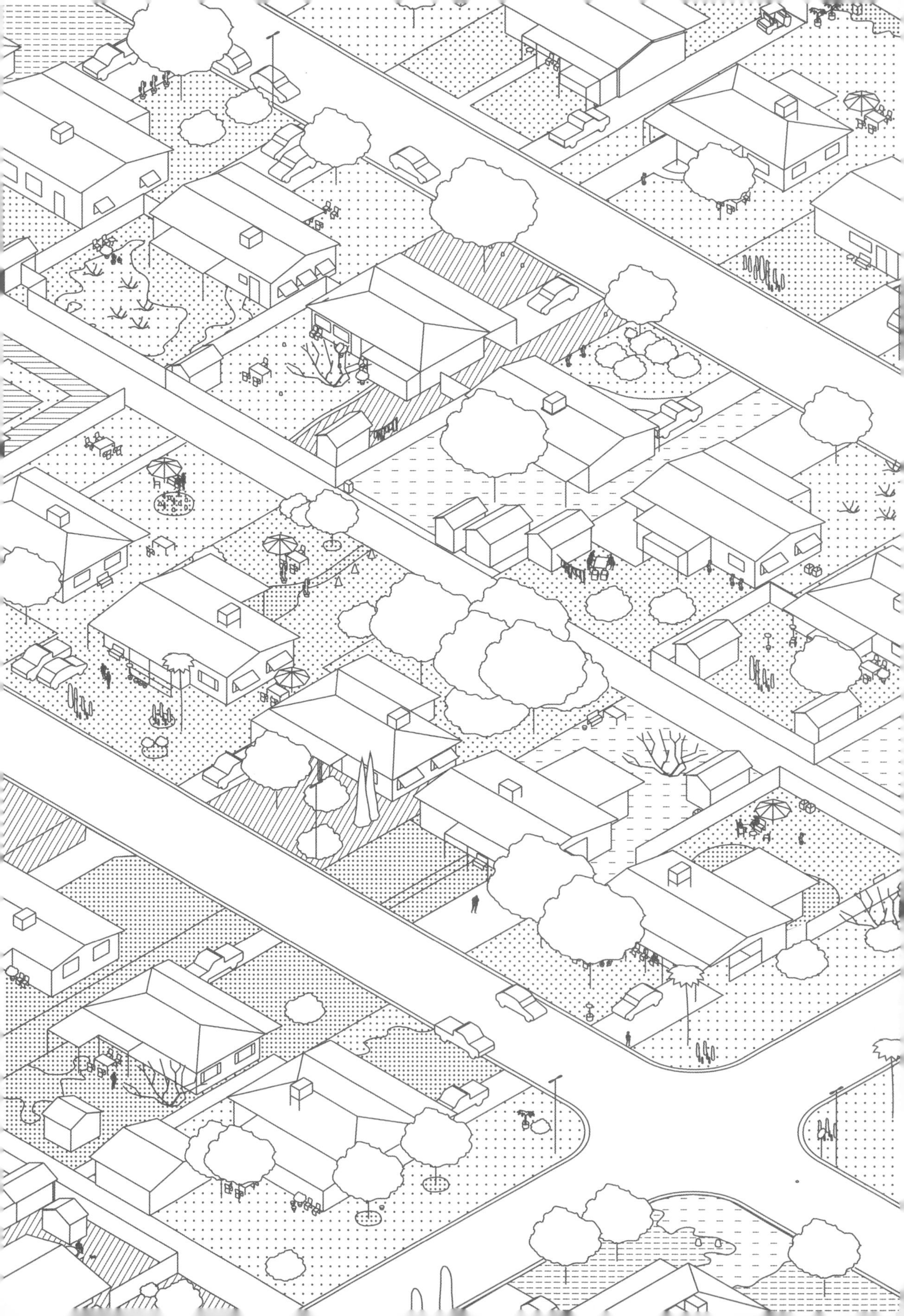

梦想成真之时，噩梦的阴影紧随其后。

——信使乐团（These New Puritans）[1]

1. 序言

可塑的社会人口统计学

美国于 20 世纪 60 年代初开始创建的亚利桑那州太阳城，以及 20 世纪 80 年代末建成的佛罗里达州退休村等城市实体，作为专门针对单一特定群体需求及乌托邦式愿景的、综合并完善特定生活方式的实践，在空间上实现了晚期资本主义的经典论述之一——温德尔 · 史密斯（Wendell Smith）于 1956 年提出的市场细分理论。[2] 史密斯主张在产品开发和消费群体的建构方面进行范式转换，即从基于“需求服从于供应意志”的逻辑向大众消费者销售标准化的产品，转向为满足特定消费者群体的特殊需求而进行产品的类型化设计。针对于此，史密斯借用多层蛋糕做比喻，先前的范式是确保大众市场这个“蛋糕”每一层的完整性，而转变后的范式遵从的替代性原则，则是对整体市场“蛋糕”的深层“切块”（图 A.1.1）。

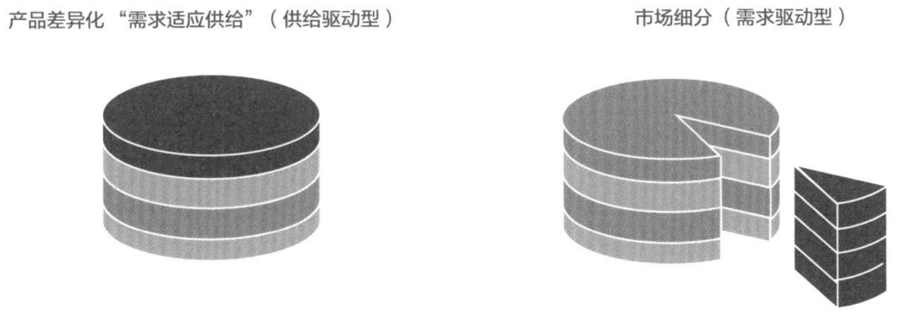

图A.1.1　从整体到细分。资料来源：温德尔 · 史密斯“产品差异化和市场细分理论”，1956年 5月

构建由具有相似特征的较小消费者群体组成的差异化细分市场，必须更精确地了解消费者，了解其需求及愿景，以及如何对其定位、应该在何处以何种方式满足其需求。人口统计学——以统计学术语描述人口的特征，如年龄、性别、种族、民族、教育程度和可支配收入——将以人口统计数据的形式，与新兴的消费者调查和消费者行为研究领域一起，成为核心的市场细分工具。信息技术的进步有助于收集和处理大量的消费者数据，如信用卡交易的数据库及其他交易记录等，通过将这些数据空间化的地理信息系统（GIS），从而在识别特定细分市场方面达到更高的精确度。利用这些工具不仅可以识别同质的客户群体，还可以确定他们在混合人口环境中的空间集散程度，这将是一种新兴的以社会空间“解读城市”的形式，并进一步影响供应商的“选址、产品分销、媒体策划和总体资源分配” 等一系列行为。[3]

正是由于这种在异质混合中“解读”或审视消费群体同质性的做法所固有的、不可避免的效率低下，所以本书中的“退休村”（The Villages）作为年龄分隔社区的典型代表之一，对开发商和供应商都极具吸引力——尤为引人注目的是，它们以一种城市规模的方式“书写”了同质性极高的空间集中的市场区块。换言之，这种社区不仅作为一种城市生活方式的产品，面向特定的、经过深入研究的具有人口统计学意义的受众群体进行销售，而且随之产生的规模和空间上的整合也为商品和服务的销售创造了一个极其高效且前景广阔的市场。[4] 这一点从开发商对当地媒体及广告市场、商业地产以及诸如银行、按揭代理公司、房地产公司、高尔夫球车经销店、酒品专营店、家具卖场、电影院和餐馆等大量企业的所有权，以及虽未经披露但显而易见的丰厚盈利中可见一斑。[5]

经过观察，超过 10 万名具有相似社会人口统计学特征的居民的同质性，不仅包括常见的以种族、族裔及收入情况为主导的空间排序性，还有以年龄为主导的情况。未来世界上最大的退休社区将横跨一整个城市化地区（urbanized area）[i]，

---

i 译注：城市化地区（urbanized area）是美国为了确定城市的实体界线以便较好地区分较大城市附近的城镇人口和乡村人口而提出来的一种城市地域概念，这一名词术语已在世界各国广泛使用。按照 1990 年人口普查的规定，一个城市化地区由中心地区和外围密集居住区两部分组成，两者合起来至少有 5 万人。

其面积与曼哈顿或苏黎世、哥本哈根等欧洲城市的规模相当——这将成为高度工具化的城市形式的实验场域。[6]退休村自 1989 年建立以来，一直致力于满足被称为“年轻老人”[i]的社会人口统计学群体的一系列特有的需求和愿望，用这一退休村的开发建造者加里 · 莫尔斯（Gary Morse）的话来说，就是建造一个“活跃退休人士的迪士尼世界”，一个使“退休者美梦成真”的地方。[7]

从时空的角度看，开发商将“退休村”概念化为一种社区形式，并将其包装为一种“生活方式”来进行营销。新居民不仅在这个以家庭式独立住宅为主的开发项目中购买了住房，同时也购置了一种理想化的生活方式。这就构成了一种综合性的生活方式产品，它被构建为一座乌托邦式乐园，通过单一特定人口群体的庞大数量，使以前两个不可调和的乌托邦愿景，即马科·德·埃拉莫（Marco D' Eramo）所说的“郊区的低密度与城市特有的丰富服务”[8]，于此和谐共存。

社区中丰富的时空框架围绕着广泛的休闲及娱乐基础设施展开，而这些基础设施则主要以三个“商业区”为核心。商业区被餐厅、咖啡厅、酒吧、电影院、商店还有销售中心环绕，作为这一区域重要的标志性公共空间和社交中心，商业区晚间全年提供免费的现场音乐、娱乐活动及舞会，让人们一年 365 日尽享夜晚的欢乐时光。商业区中心都是综合性的主题建筑群，由建造了佛罗里达州奥兰多环球影城主题公园的建筑师亲自操刀，旨在实现开发商的口号，即“佛州最友好之家”——这主要是通过效仿当代退休人员青年时期所共有的小镇背景完成的，而这种效仿不仅体现在对历史建筑和城市空间的模仿上，还体现在

---

i 译注：“Young-Old”这一概念是美国老年学家、芝加哥大学教授伯尼斯 · 纽加滕（Bernice Neugarten）于 20 世纪 70 年代提出的群体划分概念，她认为随着工业化社会的不断发展，人口年龄的分布正在迅速变化，从而改变了各年龄组之间的传统关系。纽加滕以“Young-Old”概念来界定 55~75 岁这一年龄段的人，在 20 世纪 70 年代这一特定群体约占美国总人口的 15%，他们相对健康、相对富裕，相对摆脱了传统的工作和家庭责任，而且受教育程度越来越高，在政治上也越来越活跃。这个群体将在有意义地利用时间、最大限度地提高自我和参与社区活动方面产生各种新的需求。（详情请参考 Bernice L. Neugarten, Age Groups in American Society and the Rise of the Young-Old, The ANNALS of the American Academy of Political and Social Science, 1974, vol. 415, issue 1, 187-198.）此处将“Young-Old”译为“年轻老人”主要参考了上海新金融研究院副院长刘晓春近年来发表的一系列报告及文章中的用词。此外，针对“Young-Old”概念，国外学术界还提出了后续划分：“Old”，老人，指 75~84 岁这一年龄段的人；“Old-Old”，高龄老人，指 85~94 岁这一年龄段的人；“Oldest-Old”，长寿老人，指 95 岁及以上的人。

由开发商协调策划的一系列与居民的青春岁月相关联的丰富多彩的项目和娱乐活动上。前者包括19世纪末西班牙传教士主题的建筑、虚构的铁路线上的火车站遗迹以及模拟从未出现过的工业区废墟；后者则是老爷车巡游、小镇游行、啦啦队表演等活动，以及以20世纪50年代为主题的汽车餐厅等项目。19岁以下的人被反复劝阻不要在此地停留过长时间，他们每年最多可以访问这里30天，由此这个退休村作为时空支架的功能就愈发明显，支撑起这个充满青春活力的乌托邦，但这又是以真正的年轻人缺席为必然前提的。

本书的核心内容是介绍为年轻老人所创建的城市模式——如前面介绍的退休村，即社会生活和空间形式的结合。这不仅可以参照列斐伏尔（Lefebvre）的“社会空间”概念（l' espace social），还可以参考人口统计学所发挥的作用。从这些角度来看，退休村和本书考察的其他案例可以被设想为“可塑的社会人口统计学”[借用并改编自埃亚勒·魏兹曼（Eyal Weizman）的术语“政治的可塑性”]，换句话说，城市化是社会人口统计学的一种物质表现形式。[9]

差异化的老年人

本书的关注点在于退休村等基于年龄细分的城市化社区，这一点与那些专注于适合老年群体（被认为是体弱、不活跃且依赖他人的群体）的空间组织的既有建筑或城市架构有所不同。后者更多关注既有的单一建筑或类型，包括多代同堂或大家庭住宅、养老院或护理设施，以及退休的个人或夫妇“居家养老”的主流正统观念。本书的出发点则是基于对老年人和老年阶段的差异化理解而出现的一种新的空间组织形态，论述的重点是在被称为年轻老人（Young-Old）或处于第三年龄（Third Age）的老年亚群的出现和扩展的背景下实现的一系列当代城市的转变。这一转变与其他转变一样，涉及从建筑尺度向更大的城市现象的转变，包括公共空间、街区或社区、城镇或城市、网络基础设施和区域的多方面转变。

1974年，美国老年学家伯尼斯·纽加滕（Bernice Neugarten）首次提出“年轻老人”这一概念。1989年，英国社会历史学家彼得·拉斯莱特（Peter Laslett）在其著作《生活的新地图》（*The Fresh Map of Life*）中将这一概念发展为更详尽的“第三年龄”理论。拉斯莱特认为，“第三年龄”既指一个历史时刻，也指生命的一个阶段。作为一个历史性的时刻，它的特点是在民族国家的范围内，长寿人口的增长与发展退休制度的政治、经济和文化条件相吻合。他认为，这在 20 世纪中期发达国家的发展进程中有明显的体现。

作为生命的一个阶段，“第三年龄”或“年轻老人”已经发展成为一个类别，以区分战后出现的至少两种不同类型的老年人。在这一模式中，传统观念中的“老年人”又分为生病且接受照顾的“高龄老人”（第四年龄）和健康、独立且人数迅速增加的“年轻老人”（第三年龄）（图 A.1.2）。这种分类并不意味着存在静态同质的群体，而是结合了现实和时间参数而产生的动态且多样化的多元群体。例如，“年轻老人”群体不仅包括当前“婴儿潮”时期出生的一代，也包括未来的老年人，他们是不同文化和历史影响下的产物，因此具有多样的内部结构。从 20 世纪 60 年代在美国亚利桑那州太阳城定居的“年轻老人”第一代，到 21 世纪初来到退休村的“婴儿潮一代”，再到 2040 年左右成为“年轻老人”的“X 代”，这些人群间存在明显差异。

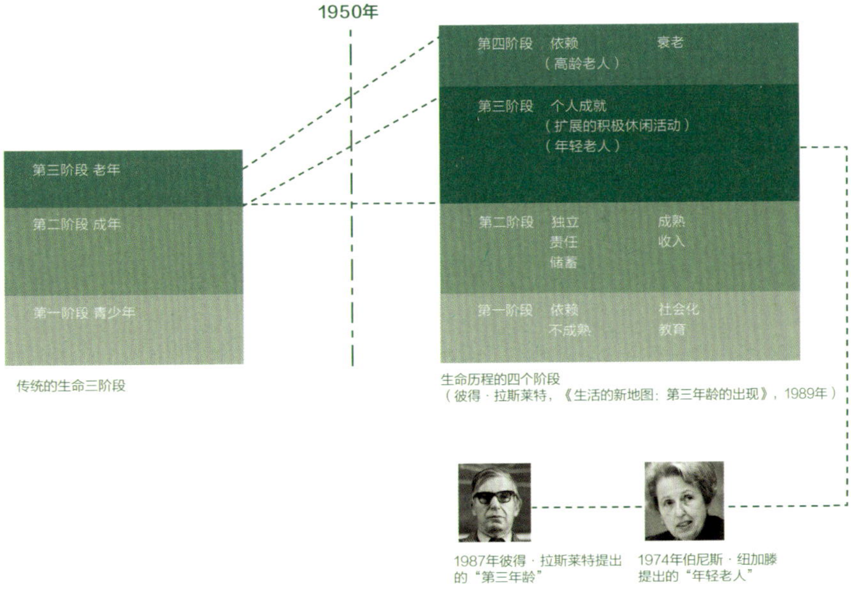

图 A.1.2 从三个生命阶段模式到四个生命阶段模式。资料来源：彼得·拉斯莱特《生活的新地图》（1989）、伯尼斯·纽加滕《美国社会的年龄分组》（1974）

如今，越来越多的人达到退休年龄，并且健康状况良好。广义上讲，他们很大程度上摆脱了教育、就业和照顾孩子的责任，同时也不受传统老年阶段大多数身心健康问题的限制。过去，老年人通常被认为是需要被照顾的衰老的人群，而年轻老人则被定义为能有较长时间独立活动的人群。正如英国社会学家安德鲁·布莱克（Andrew Blaikie）所描述的那样：历史上第一次出现了一个庞大（潜在）的社会群体，他们的日常生活不包括工作或上学，至少不是传统意义上的为工作而忙碌，他们可以在这种状态下度过长达三分之一的人生。[10] 这个相对较新的人口群体象征着"未来社会"，根据纽加滕的说法，"年轻老人"群体处在理想的现代化生活中，处于长期休闲的状态。[11] "休闲"的概念与前面所述的退休群体的关系，是动态变化的。尤其是在意识形态转型的背景下，随着新自由主义社会对人类活动和生产力的要求不断提高，对休闲的定义本身产生的疑问也在不断涌现。

虽然 19 世纪和 20 世纪较发达国家的过早死亡率和意外生育现象的减少标志着现代化的伟大胜利，同时伴随着国家养老金制度的引入，但在 20 世纪末和 21 世纪初，这种情况在很大程度上会令人担忧。如今，发达国家出现了历史上数量最大的退休人口，发展中国家如中国，也出现了大规模的人口老龄化现象。关于"长寿革命""无声革命"的公共舆论越来越被"灰色浪潮""人口定时炸弹""老年流行病"或"银色海啸"等词汇主导。[12]

这种社会人口模式的转变可能带来两种危机。首先，在公众讨论和特定的经济领域内，这是一种未来的依赖危机，由于越来越多的老年人需要财政支持，导致养老金和医疗保健成本不断上升，这将威胁到各国经济发展的可持续性，因为担负这些成本的适龄工作人群越来越少（图 A.1.3）。投资银行家兼作家彼得·乔治·彼得森（Peter G. Peterson）认为"这一危机将日益严重，甚至比某些化学武器、核扩散或种族冲突还严重"[13]。其次是调整建筑和城市规划的危机，要求在未来大规模地重新规划建筑和城市环境，将以前以年轻人为重心的设计改变为日益由老年人主导的社会建筑和城市环境。[14] 但本书的出发点是对第三种危机形式的解释，即先例危机，其特点是缺乏现有的样本和规程来指导人们在这一新的、历史上前所未有的生命阶段该如何、在何处以及与谁

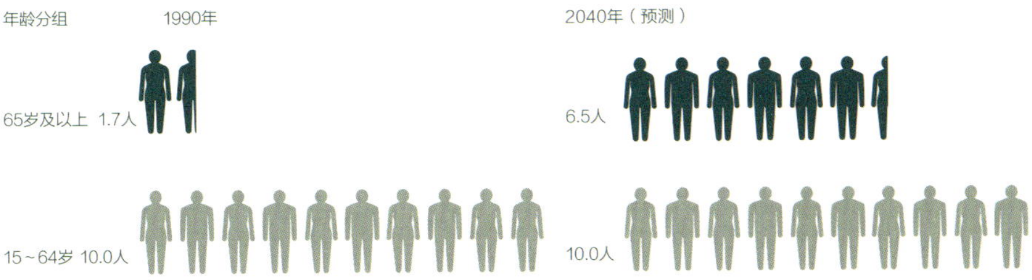

图A.1.3 扶养危机：日本的扶养比。资料来源：日银IMP微电子有限公司、联合国、《金融时报》

一起生活。20 世纪 80 年代末，拉斯莱特将其描述为对这一新群体的社会适应能力的挑战：

> 这种挑战社会适应性的关键在于没有社会学家所说的“先例”。那些年长的祖辈和父辈，即生活在 20 世纪二三十年代的祖父母和 20 世纪四五十年代的父母，并不能提供正确的指导意见。同时已经成型的成功经验非常稀少，甚至几乎没有。人们既没有模型进行模仿，又没有先例可以用来参考或提供引导，更没有可借鉴的个人或社会经验。[15]

因此，“先例的缺失”清楚地表明了积极关注年轻老人或第三年龄群体的必要性，并应将其作为实验的对象，进行主体性与集体性相结合的新型建筑实践。这代表了一种全新的乌托邦式的建筑和城市形态。它是对多代同堂、养老机构和居家养老的补充，提供了一些多元化的社会空间组织的替代模式（图 A.1.4）。

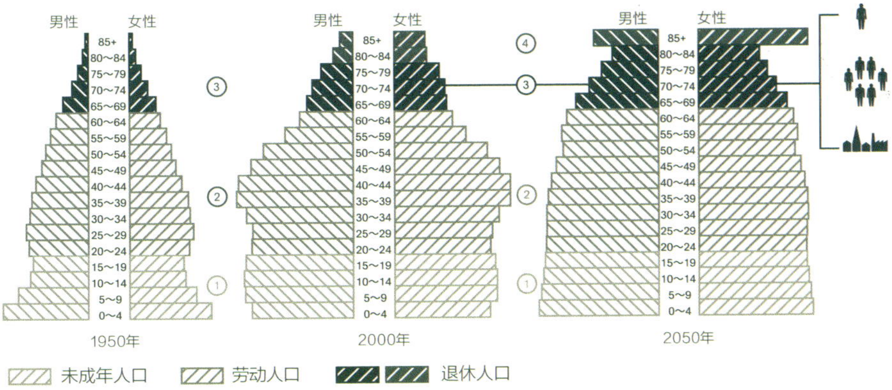

图A.1.4 美国人口金字塔体现出老龄化危机。来源：美国人口普查局国际数据库

年轻老人：城市化的焦点

到目前为止，有关“年轻老人”的当代城市理论及文献相对稀缺。以往对于建筑和城市与人口老龄化的交叉研究，其相关主题往往以高龄老人而不是年轻老人为主。在某种程度上，人们更倾向于关注规模较小的单体建筑，而不是城市尺度的社区；更倾向于进行历史研究，而不是关注当代现象；更倾向于规范性手册的演绎形式，而不是描述性和分析性研究的归纳逻辑。[16]

本书旨在记录“年轻老人”现象并建立一套理论，因为之前在社会人口学领域中，针对城市化进程中老年人生活环境的实验性研究经常被忽略。基于此，本书的阐述主要围绕以下问题：如果年轻老人或第三年龄阐明了一个特定的、全新的社会人口分类——仅在 20 世纪中期出现在较发达国家，这个分类是否与城市规划相关？在研究这些案例的过程中，我们的目的是扩展对这些城市化社区规划的批判性阐述，并揭示它们潜在的品质和创新性。[17]

在方法论上，本书采用探索性的方法，主要针对 2005 年至 2014 年间的几个各具特色的国际案例进行实证记录和分析研究。[18] 这项工作是采用多种方法同时进行的，包括专家访谈、文献研究以及对这一现象研究现状的扩展研究，并将这一现象置于建筑、城市及老龄化的语境下，以及社会、文化、政治和经济发展的背景中。实地调查时，本书综合运用了定性和定量两种方法，记录这些现象的空间、社会、概念、材料和组织方面的工具和方法。包括对居民、开发商、政治家和一系列相关的现场群众的采访; 互联网研究; 现场记录，包括摄影、图纸、图表和地图；统计数据的收集；居民调查；收集当代和历史上的媒体资料和每个案例的资料。实地调查后的分析和解释丰富了每个案例的关键内容，包括解释性地图和绘画、概念图和地面摄影分析、信息图形以及某些情况下的比较分析。在研究方法方面，有必要强调的是，本书并不希望这项研究作为一个民族志或一系列民族志来开展。这些方法更接近对建筑和城市的研究，同时更侧重于空间、时间和社会维度的交叉研究。每个案例的研究章节都引用了与和案例相关的社会状况有关的民族志或新闻报道，为读者理解每个案例研究提供了重要线索。

本书分为三个主要部分。每个部分包含两部分内容：一部分主要是文字和少量图片；另一部分是图表，包括地图、图纸和信息图表，记录了三个历史上的和四个当代的城市研究以及相互之间的比较研究。

本书的第一部分是导言，概述年轻老人城市化社区出现的社会人口背景，包括探讨被描述为人口老龄化的人口转型过程、退休制度的发展以及与此相关的主体性和社会形态概念的出现。为了提供更广泛的历史背景，本书介绍了“年轻老人城市化”最早也是最重要的先例——杨格镇、太阳城和休闲世界。它们发源于美国西南部，在从20世纪50年代中期开始的十年间，每一个都确立了新的方案，这在当代年轻老人的城市化实践中具有重要意义。被意大利城市理论家马科·德·埃拉莫称为“20世纪最激进的社会实验”之一的太阳城，将成为专门针对这一社会人口群体的最著名、最有影响力的城市模式。[19] 尽管当时社会学家和城市理论家对老年人“聚居化”的风险表示严重关切，并对社会对这些社区产生的孤立和忽视的可能性表示担忧，但有年龄分隔的退休社区仍将继续大量出现。这将促进年轻老人退休社区按年龄区分生活方式的这类产品的首次产生，它是基于新的社会人口专业化规模构想出来的。根据调查，这些生活方式产品在商业利润和居民满意度方面都取得了巨大成功。[20] 虽然这样一个有争议的社会实验推动了20世纪50年代、60年代和70年代初的研究——主要是在社会科学领域——但这种社区的存在迅速内化到美国城市文化的话语中，并在随后的几十年里成为一种大众现象。到2009年，在美国55岁及以上老年人的住房中，有近3%是按年龄划分的“活跃成人”社区，对应有100多万户家庭。另外800万套住房（占比21%）是55岁及以上的人居住的自然形成的退休社区（NORCs），这里没有正式进行年龄分隔，但主要由同龄居民居住。另外7%的55岁及以上人群——近300万户——租住在有年龄分隔的单元或退休社区中[21]（图A.1.5）。这些统计数据表明，在传统的建筑或城市之外还存在着相当数量的特殊案例，而它们在当代建筑和城市中几乎没有被关注。[22]

本书的第二部分，也是核心部分，包含了对四个当代年轻老人城市化社区的探访：美国佛罗里达州的退休村、西班牙太阳海岸的退休社区、日本长崎附近的豪斯登堡以及美国的老年房车社群。每个案例的调查都需要记录这些“年轻老人”居住地的新概念方法和材料技术，并将其理论化。这些方法和技术并不一定完全符合传统的城市和建筑分类系统，但从高尔夫球车基础设施到休闲

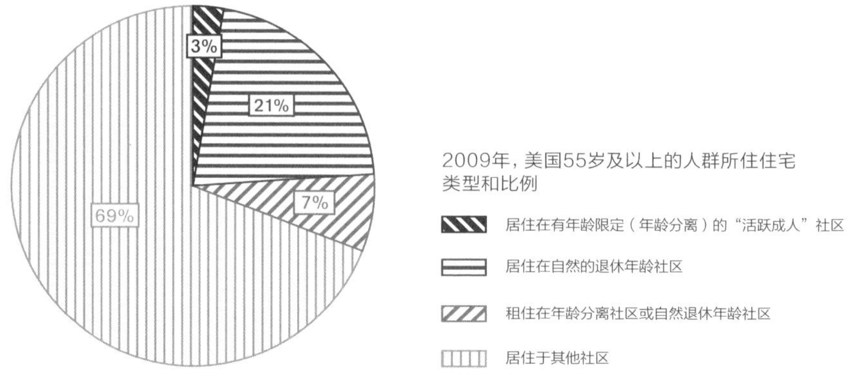

图A.1.5 55岁及以上人口的住房社区类型和比例。资料来源：大都会人寿保险公司成熟市场研究所，《住房趋势更新》，2011年

车营地实践，从沿街医院到综合主题的怀旧环境，丰富而多样。

案例研究的方法包括文献综述、专家经验调查和对年轻老人城市化社区集中区域的探索性实地研究。[23] 案例的选择基于三个标准：（1）每个案例都是当代城市环境，专门为已经达到拉斯莱特定义的第三年龄的年轻老人而创造。这一特殊的标准通过将可能的案例研究限制在所谓的较发达国家，来解释年轻老人社区在空间或组织上的集中趋势。为呼应“年轻老人”的定义，所选案例的主题均围绕“休闲”展开。（2）选定的案例代表了针对年轻老人的典型而新颖的社区形式，它们要么是对城市化社区的总体愿景的另一种预测，例如，基础设施、类型学或时间性的新愿景；要么是专门应对与年轻老人城市化社区相关的挑战，如城市流动性。（3）由于上述（1）第三年龄定义的局限性，最好选择地理和文化范围尽可能广泛的案例研究。这样就选择了四个案例，它们既满足前两个标准，又恰好满足第三个标准的地理范围。在北美、欧洲和东亚各选择了一个案例，第四个则选择了覆盖美国大部分地区以及加拿大和墨西哥部分地区的流动的案例（图 A.1.6）。

四个案例中最重要且论述最详尽的是美国佛罗里达州的退休村，这主要是由于战后退休社区的建设在该环境中得到了全面的扩展和转变。其他三个案例论述了年轻老人城市化退休社区的条件和背景，列举了相互之间的相似性和差异性，并展开了广泛的讨论。

图A.1.6 年轻老人城市化案例研究地

所选案例研究绝不代表对所有与年轻老人相关的现有城市趋势的详尽总结。我们本可以选择更多案例，但为了对每个案例进行深入研究，有必要做出取舍。在选择案例研究时，我们接受了那些积极挑战已知极限的城市现象。这导致某些案例研究无论是在其社会组织程度、概念方法还是材料技术方面，都具有所谓的“极端特质”。在看到这些案例时，人们常常感到震惊，这在一定程度上是由于对这些实验项目的不熟悉，再加上对这一生命阶段本身相对陌生。尽管这些案例的创新与探索是受到限制的，但每个案例所处的都是一个完全真实的城市环境，里面居住着大量真实存在的人。因此，要把它们当作真实故事来认真对待。

本书频繁提及的“乌托邦”一词，通常指的是一个理想但不存在的社会，在这里也许值得我们讨论。本书介绍了三个历史上的案例和四个当代案例，所有这些案例都已实现，在此背景下使用该词是有意识地提及一系列特定条件：与这一社会人口群体特征一致的理想化的自由和可能性；缺乏已有的实践，因此需要发明新的模式；乌托邦生活形式得以实现的核心在于城市设计、人口统计和市场营销三方面的共同作用。就后者而言，这种理想化的实践项目不仅出现在销售手册上，还通过包括当地媒体（如无线电台 WVLG 的“这又是村庄里美好的一天”）、主题环境等的综合表现技术来发挥作用。在这种情况下，“乌托邦”一词的使用与“场所”和“非场所”的话语关系不大，而更多地与露丝·莱维塔斯（Ruth Levitas）提出的概念有关，在这个概念中，乌托邦被理解为一种挑战现状的实验性参与“方法”。[24]

本书的第三部分也是最后一部分汇集了与每个案例研究相关联的城市化、社会集体性和主体性的具体特征。虽然与每个案例相关的创新之处都在各自的案例研究章节中进行了阐述，但在最后一章将各种案例研究进行了归纳，指出了更广泛的趋势。这些更普遍的趋势——不仅以积极的和机会主义的方式，而且以批判的方式——描绘了可以被粗略称为“年轻老人城市化社区”的一些关键的当代特征。[25]这个术语并非为了定义一个单一的形态或类型，而是为了体现当代社会人口条件下正在产生或已经产生的一系列多元化趋势。这些趋势勾勒出的城市化模式与20世纪上半叶与老年相关的模式截然不同，是在战后实现的第一个历史先例的基础上的大扩展。在很大程度上，它是老年城市化退休社区这一庞大产业专业化、商业化和产业化共同发展的结果，也是全球化、经济自由化以及新技术、新基础设施和新媒体等普遍现代化趋势的相互作用不断深入、扩展的结果。

本书所阐述的趋势包括：“乌托邦式”养老概念的扩展和利用；在生活方式产品的产出过程中，由于人口统计学和市场细分的应用而引发的年龄分隔日益严重；养老社区私人治理形式的演变，包括非正式城市管理形式的出现；个人、社会群体和环境的流动性的进一步实现；年轻老人休闲产业的普及与深入，如主题娱乐；最后，退休社区日益标准化的目标集中在休闲产品交付的合理化和时间约束上。书中的所有案例研究并非不断强化这些总趋势，相反，本书尝试突出这些案例之间的细微差别。在此，本书将详细探讨众多现象间的相互竞争和冲突及对现实产生的长远影响。

2. 人口老龄化及退休

在较发达国家中，年轻老人这一群体的出现相对较晚，这种转变包含两个主要部分：一是人口老龄化进程；二是支持退休作为一种制度，日益占主导地位的进程。

人口老龄化

人口老龄化被定义为人口年龄结构中老年人比例的增加，人口学家将其描述为"人类两大胜利的结果：一是寿命增加，即战胜死亡和疾病；二是出生率降低，即战胜非意愿生育"[26]（图 A.2.1）。例如，人类死亡率在相对较短时间内出现整体性下降，从历史角度来看，这导致了人类预期寿命突发性和空前性的延长，大致在一个世纪内增加了一倍[27]（图 A.2.2）。

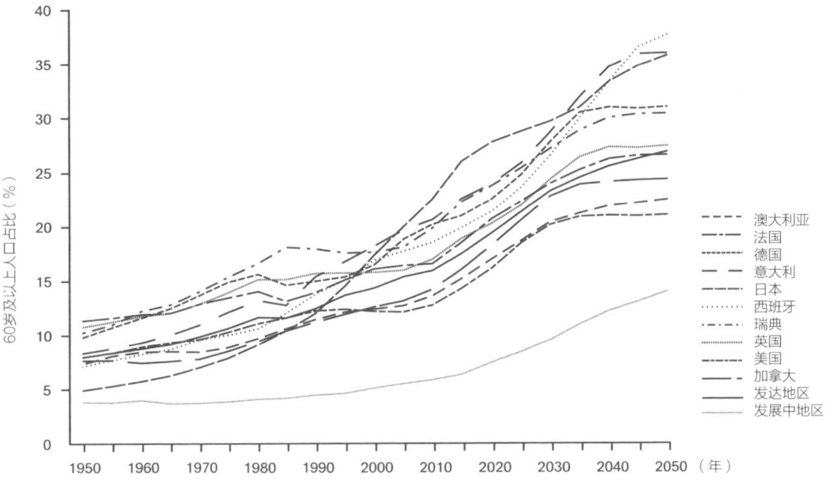

图A.2.1　世界60岁及以上人口所占百分比的变化趋势。资料来源：联合国经济和社会事务部人口司，《世界人口展望》，2000年

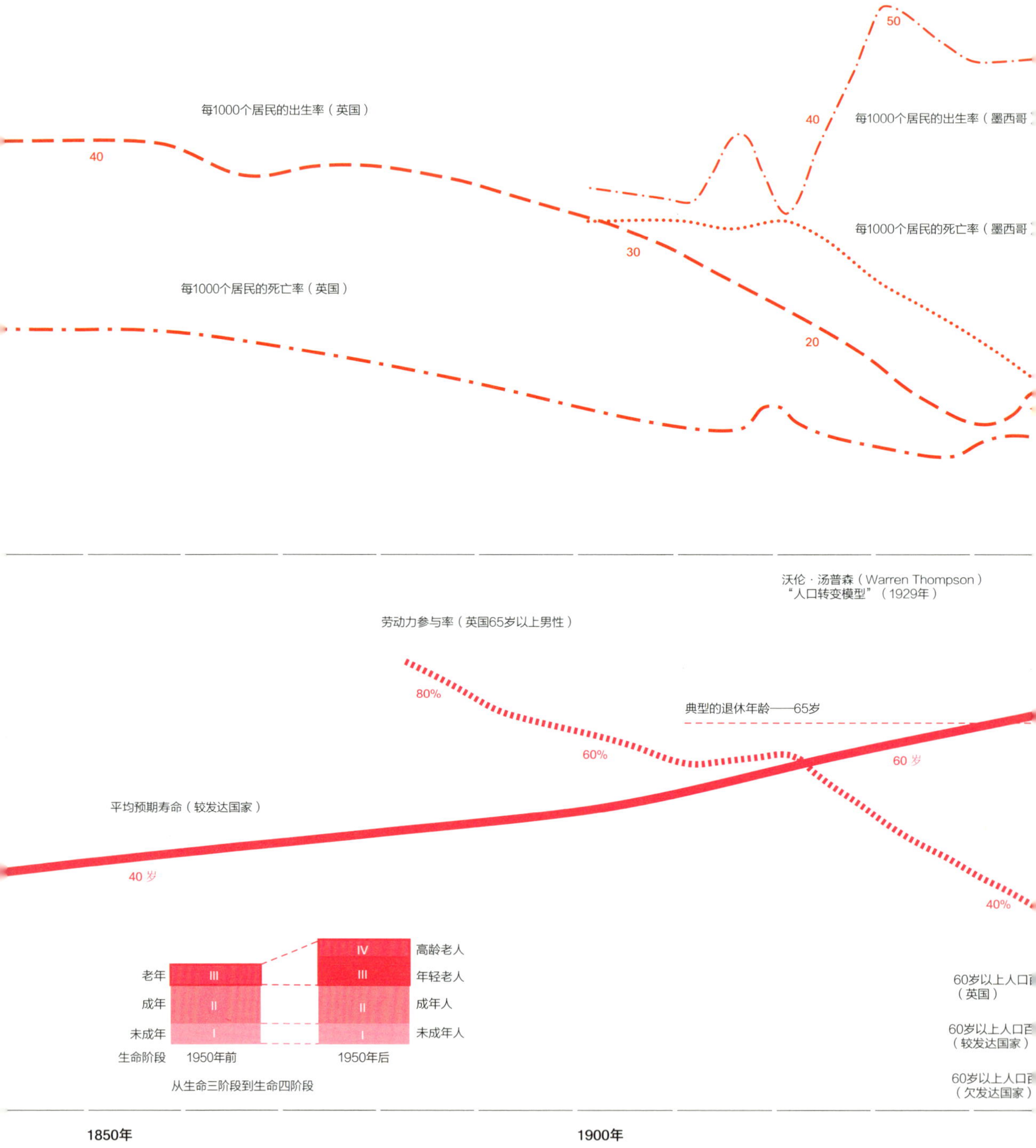

图A.2.2 长寿革命

在过去的一个半世纪里，人类的寿命发生了前所未有的变化，被称为“长寿革命”或“老龄化的长期转变”。相应的，人口的年龄构成也发生了变化。在较发达国家，预期寿命几乎翻了一番，从 40 多岁增加到近 80 岁，而 60 岁及以上人口的比例在过去 60 年中也翻了一番，从约 8%增加到约 16%。预计这种增长速度今后还将持续。

美国人口学家沃伦·汤普森的“人口转变”模型将社会在工业化和城市化过程中的老龄化过程理论化，后来这一理论由弗兰克·诺特斯坦正式确立，进一步阐明了从高死亡率、高出生率

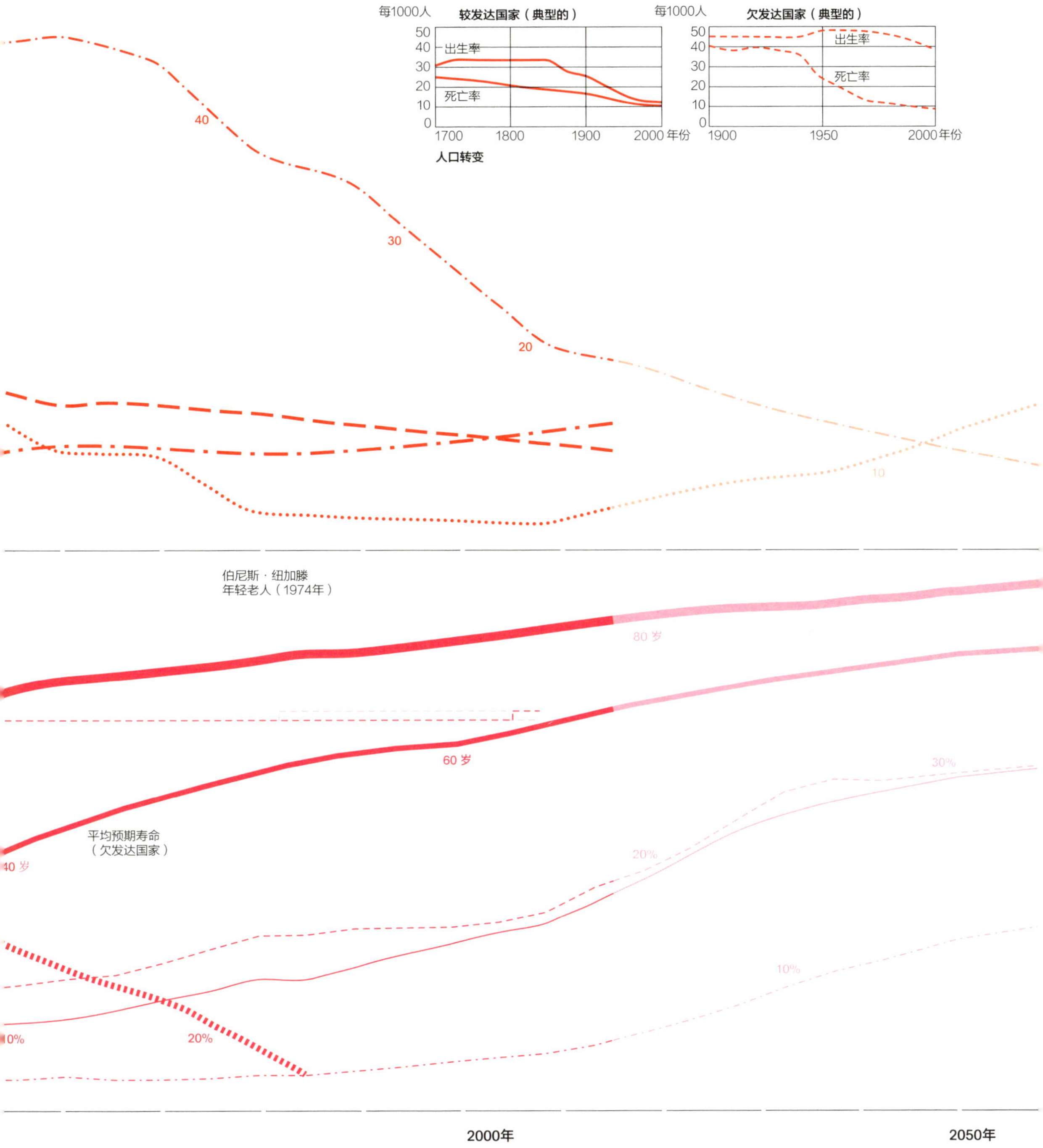

的农业社会向低死亡率、低出生率的工业和城市社会的共同转变。在人口结构转型的早期阶段，死亡率的下降主要是由于营养和公共卫生（尤其是供水和卫生设施）的改善，而后来的下降则得益于医疗技术的进步，使死亡集中在生命周期的后期。出生率的下降归因于社会的城市化以及随之而来的对农业社会中与生育和子女价值相关的传统价值观的挑战、儿童死亡率的降低、妇女地位的提高（不仅担任生育和母亲的角色），以及避孕技术和实践的后期发展。在发展中国家，类似的转变发生在较晚的阶段，但时间较短。资料来源：《联合国人口展望》、英国国家统计局等

这种转变发生的过程最常被描述为“人口转变理论”，该理论基于美国人口学家沃伦·汤普森（Warren Thompson）1929 年的研究成果，由弗兰克·诺特斯坦（Frank Notestein）于 1945 年正式提出。[28] 达德利·柯克（Dudley Kirk）将其称为“社会科学领域记录最详细的概论之一”，它描述了一个国家从前工业化社会到先进工业化社会的经济和人口统计转型的一系列阶段（图 A.2.3）。[29] 人口转变理论后因其与近期实证数据对应不够精确以及其他的局限性而受到批评，包括该理论历来以欧洲为中心，因此无法预测单个国家的具体人口发展情况。同样受到批评的还有缺乏对诸如迁移、婚姻率和国家间人口扩散等因素的考虑。[30] 然而，西蒙·施扎特（Simon Szreter）认为，从当代角度来看，人口转变理论仍然是解释社会和人口变化广泛趋势的一个重要的代表

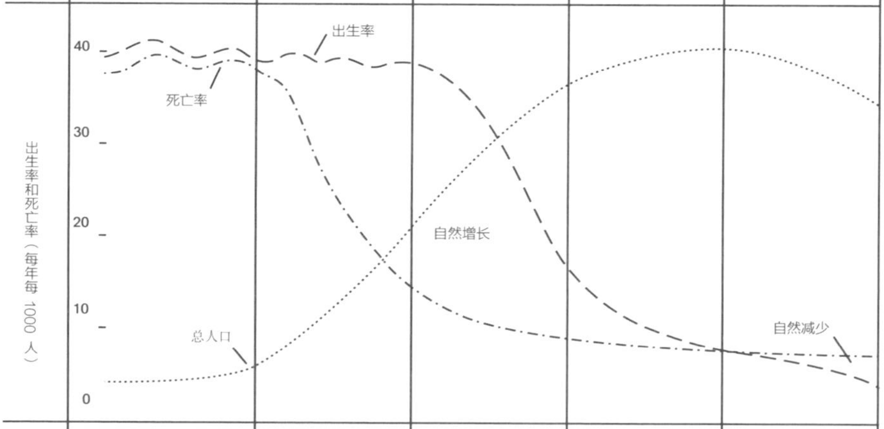

阶段	1 高位静止阶段	2 早期扩张阶段	3 后期扩张阶段	4 低位静止阶段	5 衰退期
样例	偏远地区	埃及、肯尼亚、印度	巴西	美国、日本、法国、英国	德国
出生率	高	高	快速下降	低	很低
死亡率	高	快速下降	缓慢下降	低	低
自然增长率	稳定或增长缓慢	快速增长	缓慢增长	稳定或增长缓慢	缓慢减少
出生率变化因素	农耕需要许多儿童劳动力；许多儿童在小时候就死亡了；宗教和社会的鼓励；没有实行计划生育		医疗保健和饮食的改善；出生率降低	家庭（生育）计划；保持健康；妇女地位的提高；晚婚	
死亡率变化因素	疾病、饥荒；医疗知识薄弱使儿童大量死亡	医疗保健、供水和卫生设施的改善；婴儿出生死亡率降低		良好的医疗保健系统；可靠的食物供给	

图A.2.3 人口转变。资料来源：大卫·沃夫，《关键地理学》（*Key Geography*），1994年

性理论，特别是在发达国家。[31]

人口转变理论的第一阶段描述了一个前工业化社会，该社会死亡率较高，这归因于传染病和寄生虫病流行、婴儿和产妇死亡率高、周期性饥荒以及医学知识匮乏。同时，由于宗教和社会对大家庭的期望、需要儿童协助农作以及缺乏计划生育等一系列原因，出生率也居高不下。

第二阶段概述了一个发展中社会，其特点是死亡率迅速下降，这主要归因于医疗条件的改善，降低了儿童和孕产妇死亡率，卫生条件的改善以及水和食物供应的保障增强了人们的体质。在这些因素的共同作用下，疾病传播得以抑制，人们寿命得以延长。与人口转变理论中的死亡率变化相关的一个概念是“流行病学转变”。这个概念于 20 世纪 70 年代初被提出，指的是主要死因从传染病和急性疾病向慢性病和退行性疾病的长期性转变。这种变化与死亡率集中在生命末期而不是生命初期和中期，在“矩形生存曲线”的趋势中体现得最为明显[32]（图 A.2.4）。这一时期的一个相关标志——也与城市空间和城市公共卫生的交叉性相关——是英国医生约翰 · 斯诺（John Snow）于 1854 年绘制的伦敦霍乱地图。斯诺的霍乱地图将死亡集中区定位在一个受污染的公共水泵周围，推翻了当时流行的霍乱通过“污浊空气”传播的理论，被认为是流行病学的奠基之作，促进了城市公共卫生的进一步发展和卫生条件的改善[33]（图 A.2.5）。

虽然第二阶段的出生率与第一阶段的水平相当，但这一阶段的人口数量大幅增加，同时年龄结构也向年轻化转变。人口转变的这一特殊阶段发生在 19 世纪的北欧和西欧，是工业革命的结果。

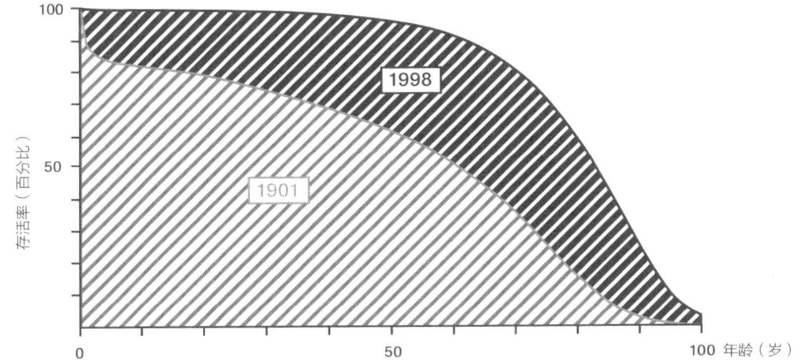

图A.2.4　1901年和1998年美国女性的生存曲线。资料来源：美国人口普查局，《老龄化世界》，2001年

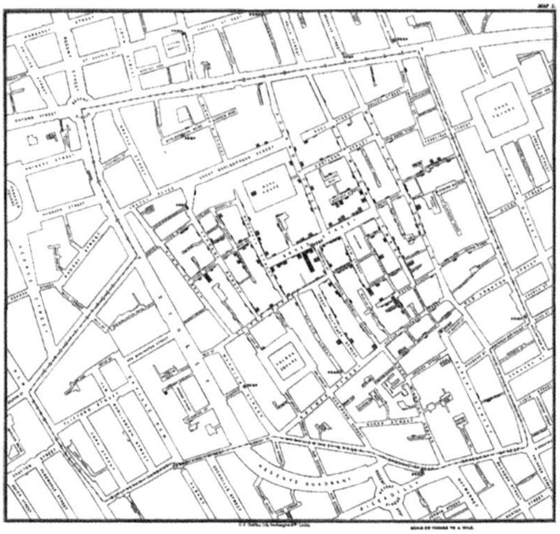

图A.2.5　1854年约翰 · 斯诺绘制的伦敦霍乱地图

在第三阶段，工业化和城市化的影响日益增强，导致出生率开始下降。其中包括自给农作的减少（在自给农作方式中，儿童是必要的劳动力），义务教育的兴起和儿童作为农作劳动力能力的降低导致抚养儿童的成本增加，女性教育水平、劳动参与率和地位的提高，以及计划生育的普及和避孕技术的进步[34]（图A.2.6）。在这一时期，死亡率持续下降，但其下降速度逐渐放缓，同时年龄结构趋于均衡，人口持续增长，但其增速较第二阶段变缓。

第四阶段描述了一个完全工业化的社会，死亡率和出生率都较低，人口呈

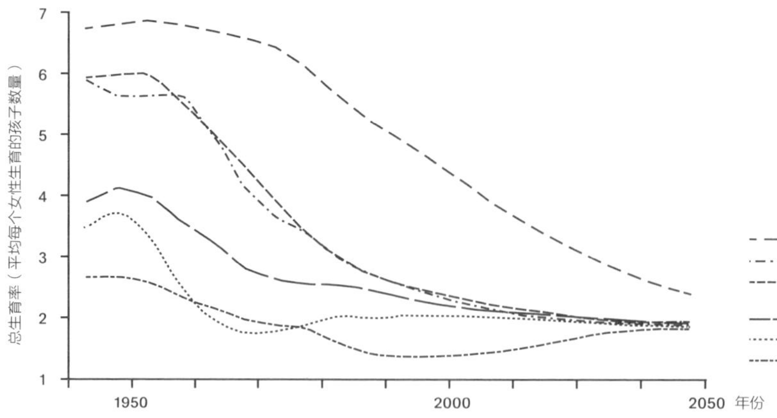

图A.2.6 1950—2050年世界主要地区的总生育率。资料来源：联合国经济和社会事务部人口司，《2300年世界人口预测》，2001年

相对稳定或低增长趋势。

人口转变理论的最新观点对这种假定的平稳状态提出质疑。这导致对模型的各种修改，包括增加第五阶段，描述后工业化条件，即出生率继续下降到远低于更替水平，导致总人口数萎缩，进而导致人口进一步老龄化。[35] 另一种解释第四阶段后出生率持续低于更替水平的理论被称为“第二次人口转变理论”，其表现为人口数量下降的两个阶段。第一阶段是出生率持续下降，被称为“超级老龄化”；第二阶段是出生率回到更替水平，被称为“年轻化”[36]（图 A.2.7）。社会学家唐纳德 · 罗兰（Donald T. Rowland）做了如下表述：

> 与过去的预测相反，后转变时期已被证明是不切实际的。低于更替水平的出生率已经使世界上约一半的人口步入了人口老龄化加剧的新时代。2003 年底是人类人口史上一个里程碑时期，全世界一半人口所在的国家或地区的每个妇女平均生育 2.1 个孩子，其中包括中国、巴西、泰国和印度地区的约 2 亿人口。生育率低于更替水平将导致许多国家面临持续的人口生存能力挑战，而非曾设想的后转变时期的人口平静或人口秋季。[37]

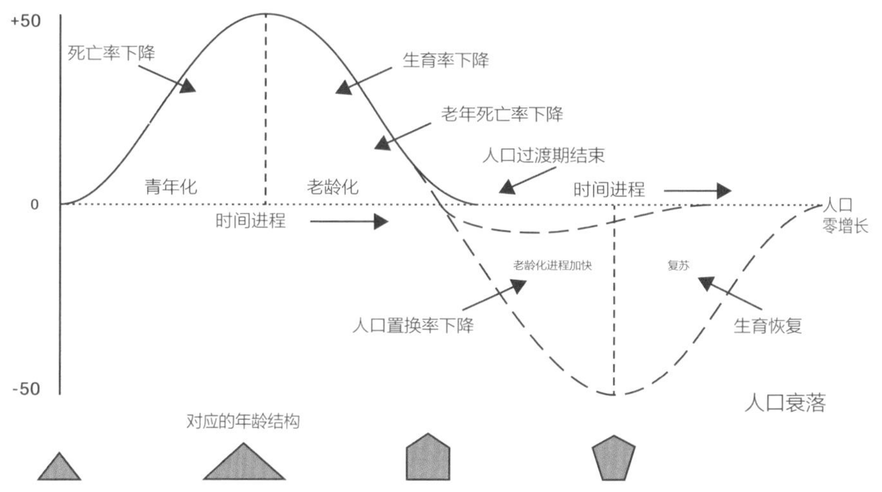

A.2.7 超越人口转变模式的人口老龄化趋势。资料来源：唐纳德 · 罗兰，《新人口学》，2012 年

与之相关的是这些转变对人口年龄结构的影响，从而导致人口老龄化，这在人口转变过程中“人口金字塔”形状的变化中显而易见[38]（图 A.2.8、图 A.2.9）。

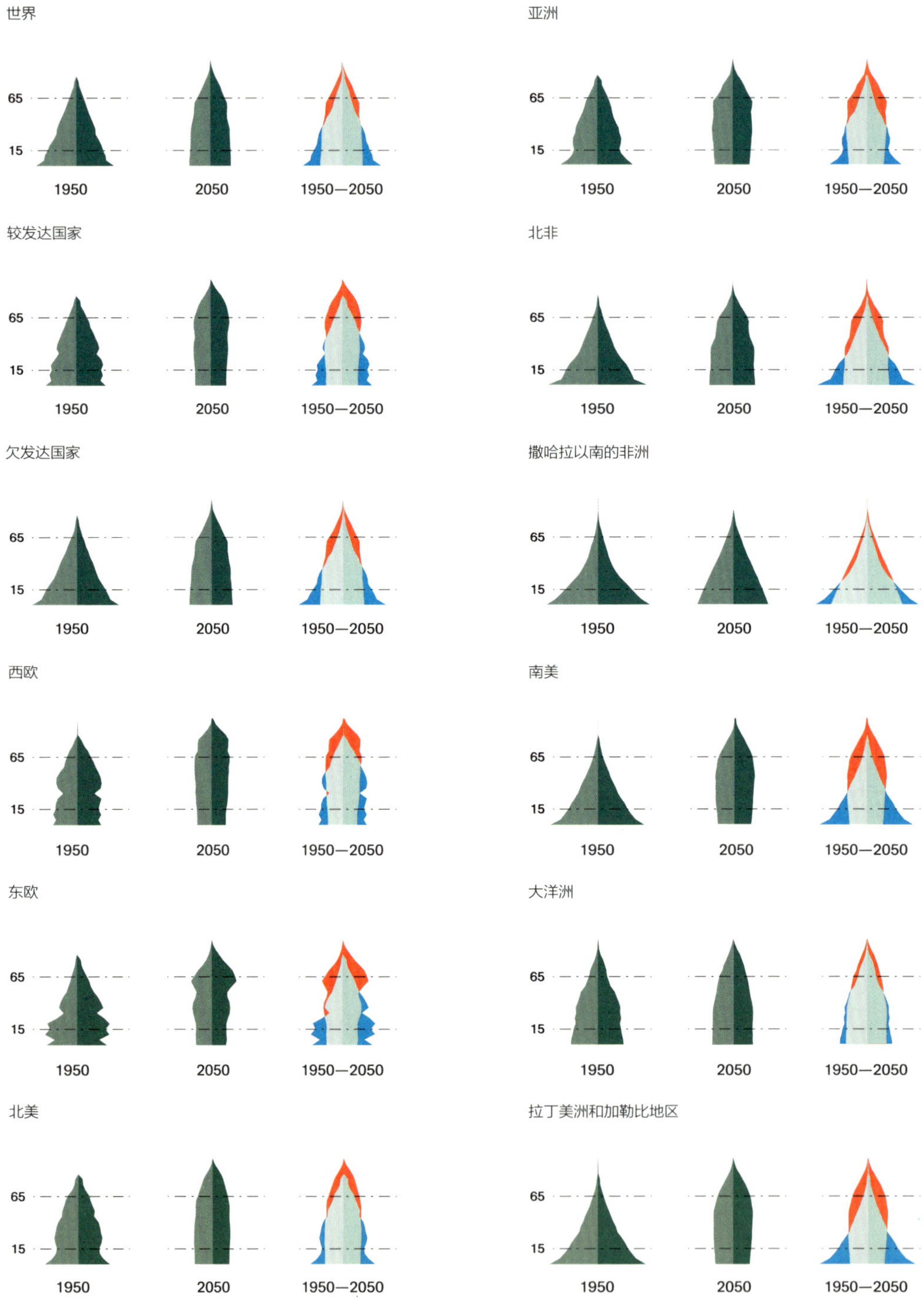

图 A.2.8　国家或地区年龄结构，按人口百分比绘制的人口金字塔

在人口转变理论和后人口转变理论中，人口年龄构成的重组在年龄金字塔的几何形状变化中体现得最为明显——从重心偏下的金字塔结构（在某些情况下以“青年膨胀”为特征）到高龄或“超老龄化”国家的重心偏上的收缩结构，其形状更类似于米兰的标志性建筑维拉斯加塔（Torre Velasca）。1950 年至 2050 年这一百年间发生的剧烈变化在两个金字塔的重叠中

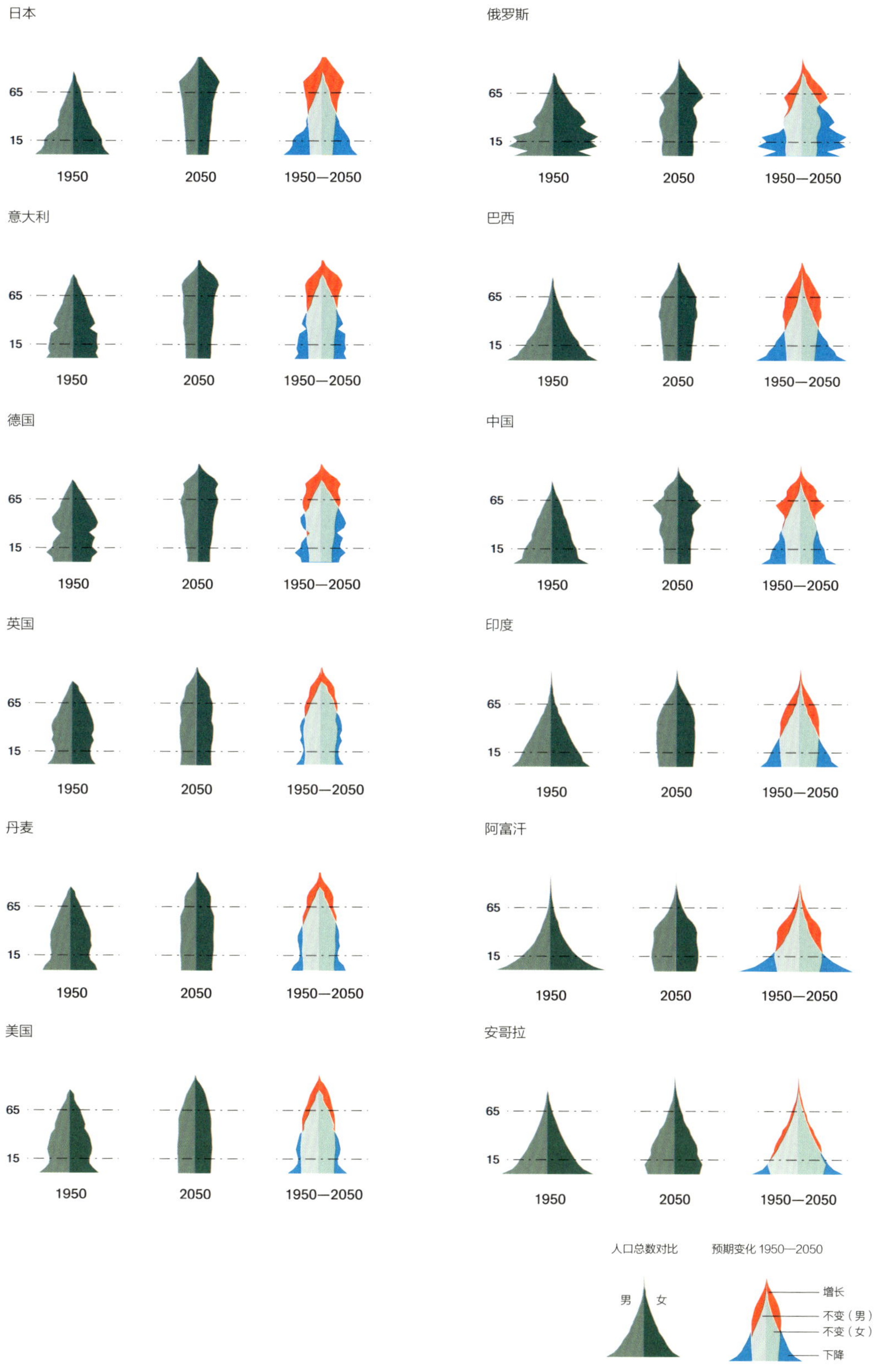

表现得十分明显，根据人口中年轻人和老年人的相对比例，尤其是在较发达的国家和地区，人口领域出现了“失去的年轻人”和“新老年人”的现象。资料来源：联合国经济和社会事务部人口司，《世界人口展望：2012 年修订版》（中位变差）；populationpyramid.net

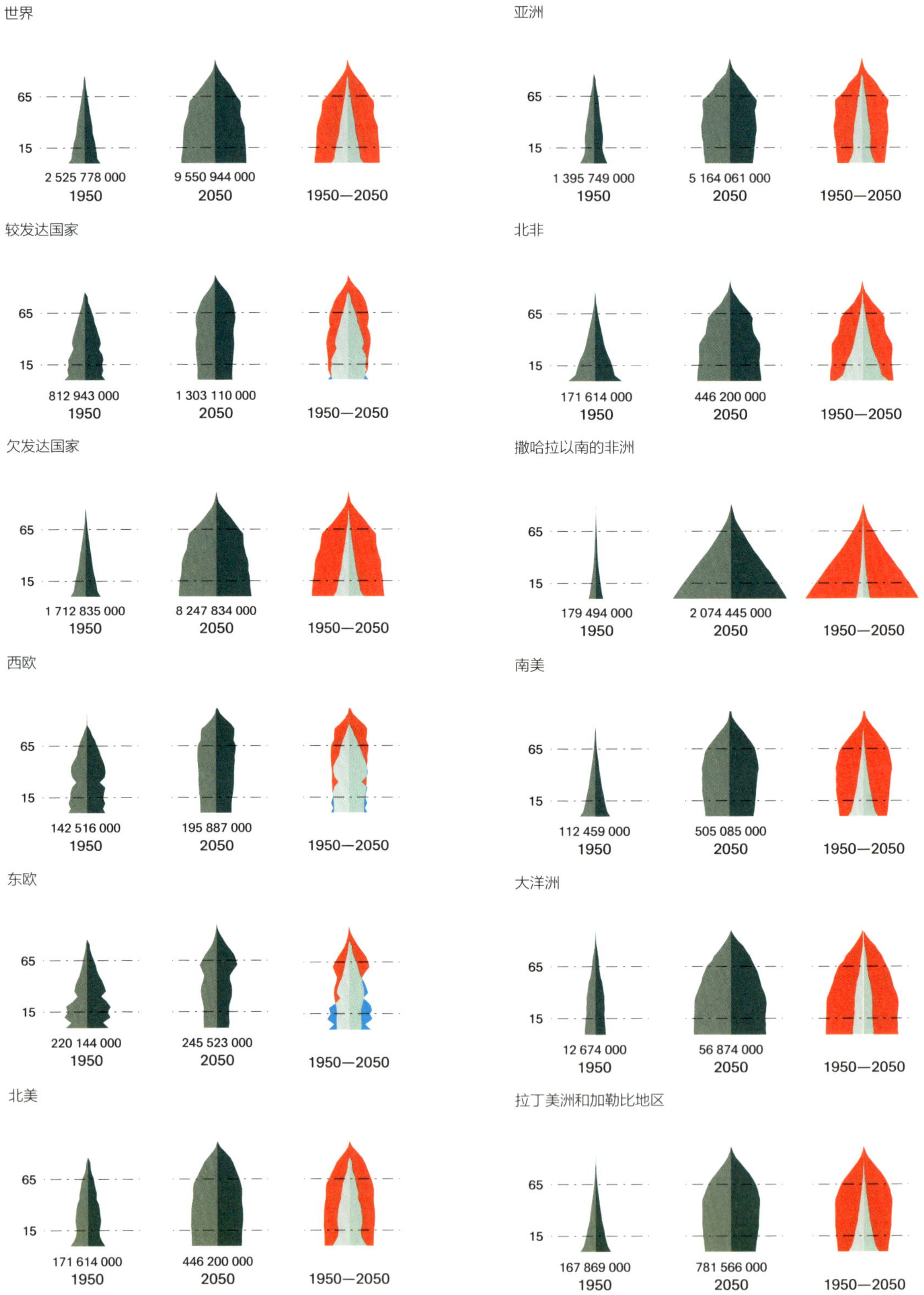

图A.2.9　国家或地区年龄结构，按原始人口数量绘制的人口金字塔

前一页图表是以人口百分比来绘制的人口金字塔（这是最常见的表示方式），而这页图表则是以原始人口数量绘制的人口金字塔。如果人口总数在所讨论的时期内保持稳定，那么这两张图表之间的差异不大。但如果人口总数出现大幅下降或增

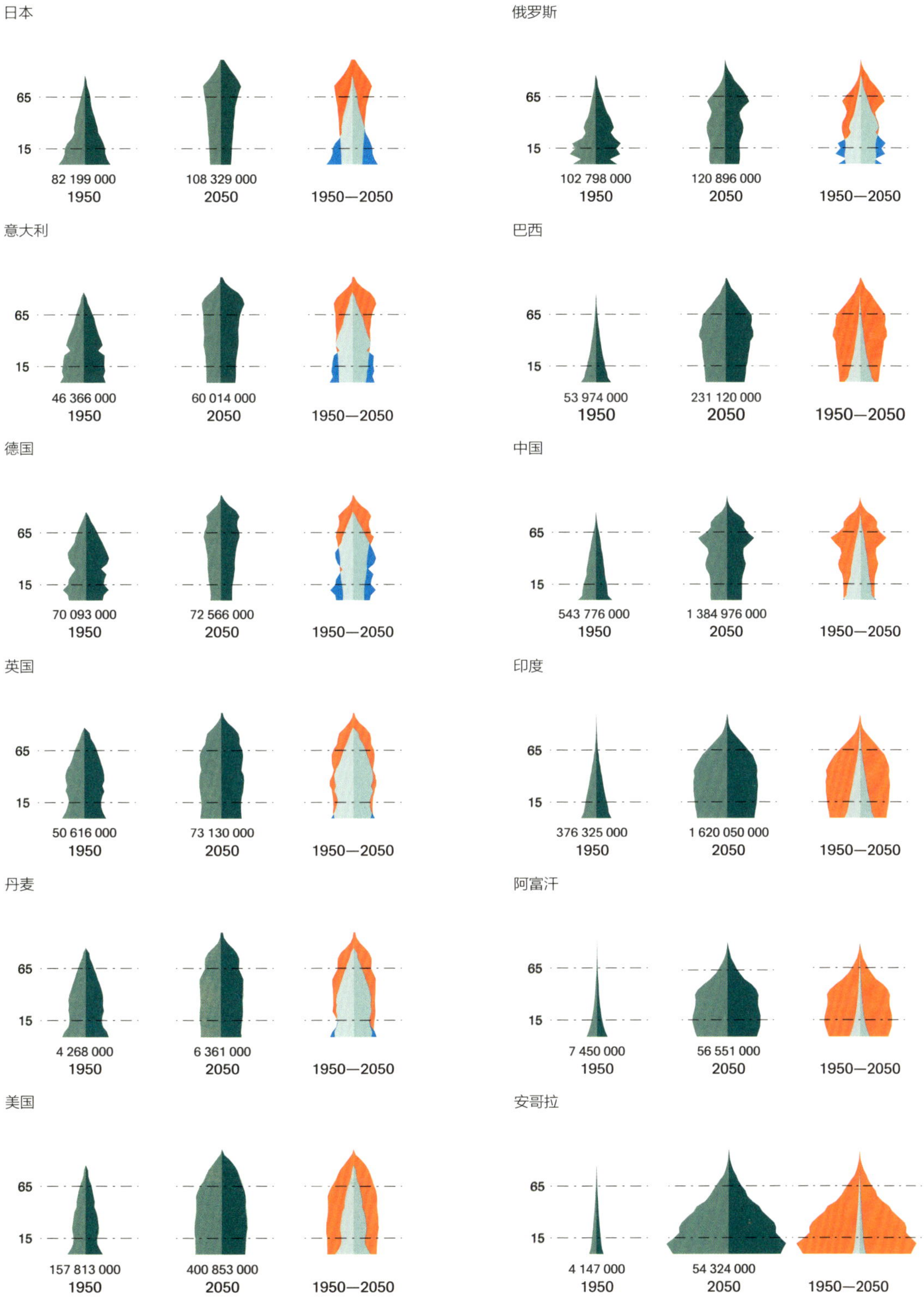

长（如在最不发达和欠发达国家或地区，或人口下降的超老龄化的发达国家或地区），人口结构调整和老龄化的情况则更为严重。资料来源：联合国经济和社会事务部人口司，《世界人口展望：2012年修订版》（中位变差）；populationpyramid.net

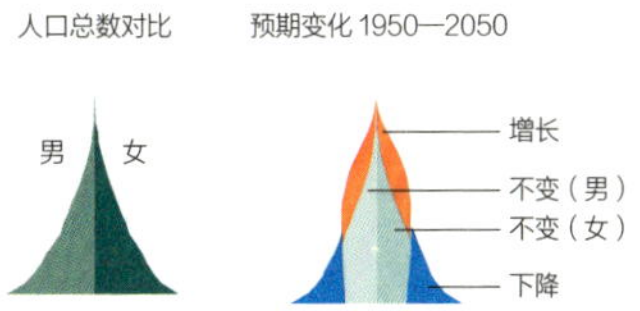

因此，基于人口转变理论，可以说人口老龄化这一根本转变并不是人类机体进化发展的必然结果，而是一系列统称为社会现代化进程的产物，包括社会、文化、经济、政治和科技等方面。就最符合这一理论逻辑的较发达地区而言，其核心是工业化和城市化进程。换言之，人口老龄化进程与城市化（和工业化）进程是同步发生的。

联合国经济和社会事务部人口司自 20 世纪 50 年代起成为国际人口老龄化数据和分析的主要官方来源，在其早期发表的一系列关于人口老龄化的知名报告中，有一份于 1956 年发表的名为《人口老龄化及其对经济和社会的影响》的报告。如题所示，该报告探讨了以较发达国家为主的人口结构变化带来的广泛影响。[39]

人口司近年出版的有关老龄化问题的出版物包括“世界人口老龄化”丛书。基于 2002 年在马德里召开的联合国第二届老龄问题世界大会，2007 年的报告总结了关于世界人口老龄化的最重要的研究成果。第一，人口老龄化是“史无前例的，是人类历史上绝无仅有的进程”。第二，人口老龄化是“普遍的，因为它几乎影响到世界上所有国家”。虽然较发达国家的人口中老年人的比例较高，但这一年龄组的数据在较不发达地区的增长速度更快。第三，人口老龄化“影响深远，对包括经济、社会和政治在内的人类生活的各个方面，都带来重大的后果和影响”。最后，“人口老龄化是持久的”。这是一个在未来不太可能逆转的进程。[40]

从数量上看，据该报告记录，1950 年至 2000 年间，全球 60 岁及以上人口从 2 亿增长到 6 亿，涨幅达 2 倍。预计从 2020 年到 2050 年，这一数字将增长 2 倍以上，老年人口将达到 20 亿，相当于 1927 年的世界总人口数量。2007 年的老年人口增长率为 2.6%，远超 1.1% 的总人口增长率。老年人在总人口中的比例从 1950 年的 8% 上升至 2007 年的 11%，预计到 2050 年将翻倍至 22%。[41] 这意味着到 2047 年，全世界老年人口数量预计将超过 15 岁以下儿童人口数量，而较发达地区在 1998 年就已达到这一水平。[42]

虽然人口老龄化进程普遍存在，但就老年人口的比例及其增长速度而言，各个国家和地区的情况并不相同。最常见的区别出现在较发达地区和欠发达地区之间。[43] 较发达地区——尤其是西欧和日本，是世界上人口平均年龄最大的地区，2007 年老年人口占总人口的五分之一以上，预计到 2050 年，这一比例将增长到三分之一。与之相比，欠发达地区 2007 年的老年人口比例为 8%，预计到 2050

年将增至五分之一（图 A.2.1）。[44]

除死亡率下降和出生率下降这两个影响人口老龄化的主要因素外，人口老龄化过程还可能受到其他事件的影响。例如，1979 年中国实施独生子女政策对中国的人口老龄化产生重大影响，尤其是当政策实施前出生的一大批人达到退休年龄时。移民也会对地区人口老龄化产生非常大的影响。最常见的例子是东欧地区（尤其是农村地区），那里的年轻人都迁往大城市工作生活。[45]

第二次世界大战后，较发达地区出现爆发式的暂时性生育率大幅上升，即 1946 年至 1964 年的“婴儿潮”人口事件，这将成为近期影响人口老龄化的因素之一。从数量上看，“婴儿潮”使得世界较发达国家产生了历史上人数最多的一代人。在 2010 年至 2029 年，7600 万美国“婴儿潮一代”将达到 65 岁的普遍退休年龄。近几十年来，大众媒体和出版物对这一情况的描述尤为夸张，如“年龄浪潮”“即将到来的代际风暴”或“黄金时代：‘婴儿潮一代’将如何革新退休改变美国”等标题。再比如，心理学家肯 · 戴奇沃迪（Ken Dychtwald）在《年龄的力量》一书中写道：“这场人口地震的威力持续在社会的各个机构中产生影响……它产生于‘婴儿潮’，不断高涨成一波老年浪潮，注定要冲上社会的海岸，改变这个过程中的一切。”[46] 在该群体的不同生命阶段都可以明显感受到这一人口事件的影响。人们普遍认为，正如 20 世纪五六十年代美国需要大规模地建设学校一样，在进入 21 世纪后的几十年里，美国将有必要相应地扩建针对老年人的设施和住宅。

退休

退休制度的历史相对较短。大约在 1880 年至 1980 年期间，退休制度在较发达地区逐渐占据主导地位，美国 65 岁及以上的男性劳动参与率从约 80% 骤降至 25%，英国从约 75% 降至 10%（图 A.2.10）。虽然这常被归因为国家养老金制度的引入，但在很大程度上也有其他原因，如对于退休的社会可接受度和期望度的变化。[47]

1889 年，德国总理奥托 · 冯 · 俾斯麦（Otto Von Bismarck）提出了《老年和残疾保险法案》，使德国成为世界上最先引入国家养老金制度的国家，当时普鲁士人的平均预期寿命为 45 岁。[48] 该法案在最初实施时，为 70 岁以上的

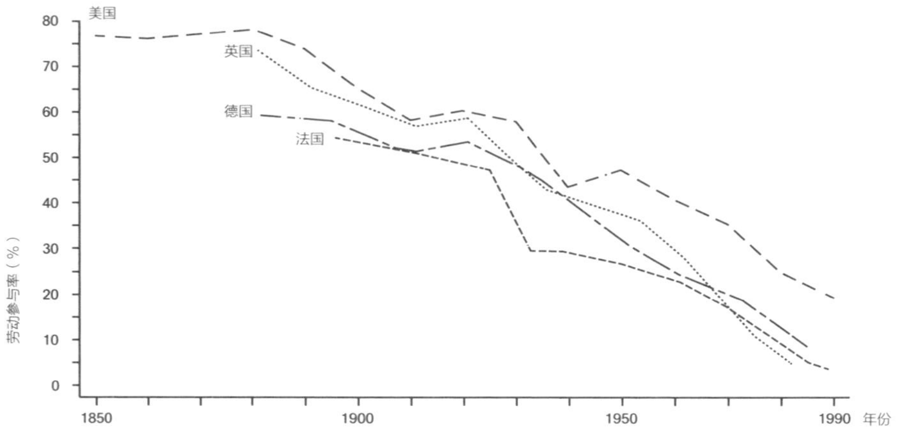

图A.2.10　1850—1990年美国、英国、法国、德国65岁及以上的男性劳动参与率。来源：多拉·L. 科斯塔（Dora L. Costa），《退休进化论》，1998年

工人提供养老金，这一年龄限制后来降低到 65 岁，此后成为国际上最普遍接受的退休年龄。该政策旨在保障年老无法工作的工人的收入，是早期德国作为福利国家的基础政策之一。然而，除了建立一种社会安全网，俾斯麦的计划还具有不可告人的政治动机，尤其是为了阻止当时的社会主义者提出更激进的改革而做出的让步。俾斯麦在 1881 年提出他的政策时坦率地说："有养老金的人比没有养老金的人更容易满足，也更容易控制。如果观察私人仆人和总理府或宫廷仆人之间的差别，你会发现后者耐受度更高，因为他们退休后有养老金。"[49] 继德国之后，丹麦（1891 年）、新西兰（1898 年）、法国（1905 年）、澳大利亚（1908 年）、英国（1909 年）和瑞典（1913 年）等国也相继立法，实施由国家提供支持的养老金制度。[50]

在美国，退休的广泛制度化是通过类似的立法——1935 年《美国社会保障法》实现的，当时美国的平均预期寿命为 62 岁。对许多人来说，这代表了一项迟来已久的行动，由此美国政府终于承担起欧洲国家几十年来一直承担着的职能。[51] 美国经济史学家多拉·科斯塔（Dora Costa）介绍说，美国退休制度的发展并不是一个特例，而是与其他较发达地区发展的趋势相一致。她认为，自 19 世纪末以来，美国、英国、法国和德国 65 岁及以上的男性劳动参与率下降的相似性表明，分析促成美国高退休率的因素不仅可以解释美国退休潮的兴起，还可以解释欧洲退休潮的兴起（图 A.2.10）。[52] 本书基于科斯塔的论点，以及美国对年轻老人城市化社区的初次尝试，将着重说明美国的退休制度，同时调查美国出现的第一批退休社区。

制定《美国社会保障法》的初衷不仅是为 65 岁及以上无法继续工作的老年人提供一个安全网，让落后于快速现代化的工业经济技术变革的老年工人退休，也可以为年轻工人创造就业岗位，从而部分缓解大萧条时期的大规模失业问题。[53] 此外，立法者和支持者也希望该法案能够刺激国内消费。

虽然美国国家养老金制度于 1935 年创立，但其社会和经济起源时间更早，包括各种私人和特定职业的养老金，如提供给前联邦军队士兵的养老金。在社会保障制度出台前的几年里，工会或行业协会通常不提供养老金，而是以“老年之家”的形式提供社会安全网，而这种机构难免让人有类似于“救济院”的负面联想。在社会保障制度出台前，老年工人有的因病被迫离开劳动市场，但最常见的是由于经济部门的广泛转型，特别是工业化进程和生产线的加速，以及技术变革，许多老年工人的技能过时了。[54] 同时，由于整体收入水平的提高和私人养老金计划变得更加普及，退休对更多人来说从经济上变得可行。[55] 在引入社会保障制度后，整体收入水平将持续提高，私人养老金计划也将变得更加普及。

研究退休问题的历史学家指出，退休本身并不曾被那些预期“享受”它的人青睐。在 20 世纪三四十年代，即使在《美国社会保障法》实施后，退休制度在美国仍然不受欢迎。从社会角度来看，退休通常被认为是一个令人尴尬的衰老阶段，在这个阶段，个人自尊心也相应变弱。[56] 这些对退休的负面看法主要因两个方面得以扭转：一是通过发展社会学理论来支持退休的相关性；二是让那些有既得利益的人在大众媒体上推广退休的正面形象。公司、工会和保险公司等格外关注退休的普及。特别是对保险公司而言，旨在补充社会保障的私人养老金计划是一项利润丰厚的业务。在 20 世纪 40 至 60 年代，所有这些支持者都投入了大量精力来改变人们对“退休后的迷茫”（出自一位著名商人）的消极态度。他们提出的解决方案是努力在全国范围内倡导人们从 50 岁开始享受休闲。相应的，通过广泛宣传以美化退休生活，美国麻省人寿保险公司副总裁肯纳吉（H. G. Kenagy）在1952年全国工业委员会会议上称，“为了改变人们对于退休的消极态度，可以不断讲述退休后幸福生活的故事，告诉人们他们在做什么，当然更多的是强调他们曾为现在的生活做过哪些准备”。[57]

根据威廉·格雷布纳（William Graebner）在《退休史》中的说法，“推销退休”已经全面启动，这从20世纪40年代保险公司在报纸上的数百则广告中可以看出，这些广告将退休描述为“工作日下午球场上的快乐”“退休远非适应不良的证明，而是社会和养老金赐予的恩惠”。[58]在退休作为一种消费品被积极地进行营销时，它作为官僚和企业合理化的控制工具的初衷就被忽视了。[59]这场营销非常成功，到20世纪60年代初：

> 退休的含义已经发生了转变。它现在成为一种休闲形式，一种在结束工作年限后度过时光的方式；它变成了生命的一个阶段，一个无法避免却可以欣然接受，甚至值得庆祝的阶段。退休曾经主要是在官僚化社会中最大化生产力的手段，现在已成为一种看似良性的、无阶级的和非政治性的存在状态。[60]

人们在提倡退休的同时，退休的理论基础也在重塑。据格雷布纳所述，休闲理论家在这一时期产生争论：

> 技术性失业可以而且必须转化为休闲生活。退休是为扩大年轻人就业而缩短老年人工作周期的必然选择。尽管人们对被迫离开工作场所可能产生负面的解读，但休闲理论家则选择强调技术为美国人创造新休闲形式的潜力。[61]

人们越来越积极地接受退休，并享受与之相关的闲暇时间，这就需要对老年有一个新的概念，一个从与工作相关的高强度活动中解放出来的概念。1950年后，脱离理论的发展满足了这一需求，并发挥了重要作用。[62]以前的活动理论范式将退休视为“违反了生物体对高度互动的持续需求”，[63]而脱离理论则将衰老概念转化为“不可避免的相互退缩或脱离，导致老年人与其所属社会体系中的其他人的互动减少”。[64]退休被定义为“对脱离的许可”，它使老年人在降低活动量的同时保持自尊心。从工作的世界中解脱出来，避免了因同事们意识到其能力下降而造成的尴尬。[65]

这种重塑退休的双重努力导致人们对人生最后几年的想象无疑是乌托邦式的——一种与休闲生活方式的全职消费相联系的乌托邦。科斯塔将这一时期称为“有闲阶级的兴起”：

> 越来越多的退休人员表示，休闲是他们离开劳动力队伍的主要动机。在 1941 年和 1951 年，在 65 岁开始领取社会保障福利金的男性中，只有 3% 的人表示，他们退休是因为喜欢休闲而不是工作……到 1963 年，这个数字上升到 17%，到 1982 年上升到 48%。[66]

科斯塔将退休生活方式的成功推广归功于平均收入的增加，因为退休后人们可以用这些收入来享受生活，但他同时强调了另一个关键因素：休闲形式和支持休闲的技术的根本性发展，以及这些技术的可获得性和可负担性。[67] 科斯塔认为，诸如广播、电视、录像机、CD 和 DVD 播放器、家用电脑和互联网等技术的进步打破了娱乐消费与地点之间的联系，从而增加了居住在农村地区的老年人娱乐的可能性，并可能促使更多的老年人迁移到生活成本较低的地区。[68] 此外，有人认为，这些休闲形式非常适合老年人群，因为它们不一定需要大量的体力消耗。[69]

第二次世界大战后，户外运动装备及其生产技术的进步使得消费者可以用较低的价格购买帐篷、防水服、船只和烹饪设备等，这在普及户外休闲活动方面发挥了作用。科斯塔同样指出，自 20 世纪中叶起，公园、游泳池和高尔夫球场等公共娱乐设施的使用率大幅提高。[70] 在这种背景下，有必要强调退休普及化进程与大众休闲普及化之间的巧合。

由于 65 岁或以上男性劳动参与率持续下降，到 1990 年左右，退休作为一种制度的主导地位逐渐形成，但自那之后，这一情况在一些较发达国家发生了部分逆转（图 A.2.11）。据联合国公布的数据显示：

> 在澳大利亚、拉脱维亚、荷兰、新西兰、葡萄牙和美国，65 岁或以上男性的劳动参与率在 1980 年至 1990 年有所下降，但在 1990 年至 2009 年又上升了 3 至 11 个百分点。其他几个欧洲国家在 1990 年后也出现了类似的小幅上升趋势。在这些国家中，55 至 64 岁男性的劳动参与率也呈现类似趋势。这种趋势至少部分地反映了政策的变化。作为一种改善养老金制度在财务上的可持续性的手段，许多发达国家的政府一直在调整养老金条例，以减少提前退休的诱因。[71]

再加上其他一些事件和变革，退休生活的面貌在不断发生变化。除了上述公

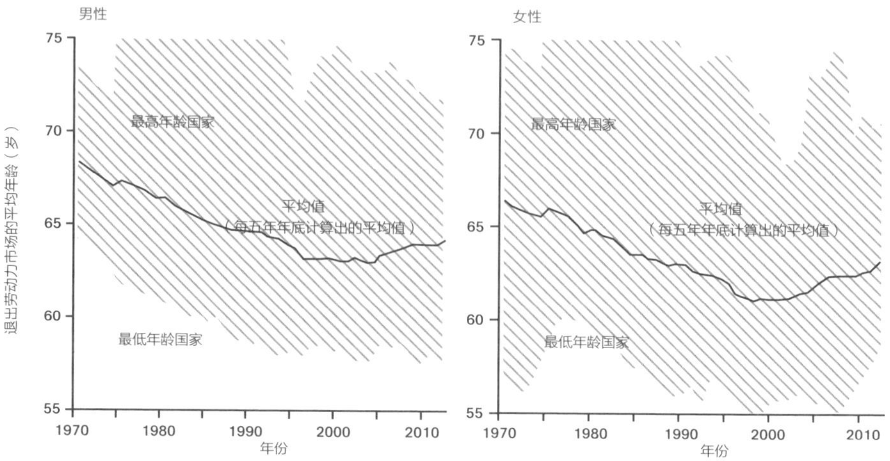

图A.2.11　1970—2012年经济合作与发展组织（OECD）国家退出劳动力市场的年龄。资料来源：经合组织，《养老金概览》，2013年

共政策的转变，美国的研究人员还发现，在过去的一二十年里，完成退休的途径越来越多样化。[72] 这与 20 世纪的观点形成了鲜明对比，20 世纪的观点认为“退休是一生中仅有一次的事件，需要立即完全退出全职工作”。对此，有四类退休的替代行为：(1) 部分退休，涉及逐步减少工作时间和责任；(2) 过渡性退休，也是部分退休的一种形式，但涉及“退出和重新进入劳动力市场，而不仅仅是逐步减少工作时间或天数”；(3) 反退休，涉及“因对财务安全过于乐观而过早退休，或因退休后遭遇意外财务冲击而重新进入劳动力市场的工人”；(4) 联合退休，“涉及双职工夫妻同时从劳动力市场中最终退出”。[73]2007 年开始的经济危机起到了进一步的催化作用，在“紧缩 ”论调主导的政治气候下，私人养老基金和公共养老金都受其影响。[74] 正因这定义了一种不断演变的退休途径概念，以及随之而来的经济不稳定性，我们有必要讨论一下退休计划——用拉斯莱特的话说，是自我实现，或者用科斯塔的话说，是休闲——在其理解方式上是如何转变的。特别是，这种转变已经形成一种被称为生产性老龄化的主流话语。在这种话语中，联合国、世界卫生组织和欧盟等超国家机构日益将以休闲为重点的退休定位为政治上不正确的行为。联合国的生产性老龄化框架将志愿工作定位为实现以下目标的关键之一：

使老年人能够继续参与社会，发挥他们的专长，保持和培养他们的目标感、内在价值感和自尊心。在世界许多地区，老年人是人口中增长最快的群体，他们是有待开发的重要资源。事实上，老年人填补了国家和市场无法或不愿填补的空白；他们还为许多组织提供了宝贵的专业技能、社交圈和知识，否则这些组织不可能运作得如此之好。[75]

还有一些更加直言不讳的观点，将这种贡献视为老年人的责任。例如，日本国际长寿中心认为，“社会需要摒弃人们在工作期间做出贡献以换取对退休的支持的观念”：

在可能的情况下，老年公民有责任继续留在劳动力市场，为社会经济做出贡献，这样也能保留技能，并尽量减轻纳税人的财政负担。雇主和社会也应支持老年人延长工作年限。

老年人有责任在退休后继续积极参与社区活动。许多老人渴望参与志愿工作，以便在退休后继续保持活力。志愿服务应该是灵活的、愉快的，并以利用他们在工作期间所积累的技能、智慧和经验为导向。[76]

3. 年轻老人的主体性和社会集体性

年轻老人的主体性

早在社会历史学家彼得·拉斯莱特提出“第三年龄”一词之前，美国老年学家伯尼斯·纽加滕就在1974年发表的文章《美国社会的年龄组与“年轻老人”的兴起》中提出了“年轻老人”这一大致相同的概念。[77] 纽加滕将“年轻老人”一词与其他在特定历史时期出现的可辨识的生命周期阶段联系起来，比如随着17、18世纪的工业化而出现的“童年”，以及在20世纪50和60年代发展起来的“青年”和“中年”。纽加滕认为：

> 目前，我们对生命周期的认识又一次发生了变化，出现了另一种有意义的划分：年轻老人和高龄老人之间的划分。尽管按时间顺序排列的年龄并不是一个令人满意的方式，却仍旧是一个不可或缺的标志。这种分类可能过于简单化，将55岁到75岁的群体大致划分为年轻老人，75岁及以上的群体划分为高龄老人。[78]

尽管纽加滕描述了中年人和年轻老人的自我认知存在重叠的现象，但她根据退休这个随机但有意义的生活事件将年轻老人与中年人区分开来。年轻老人不同于中年人，是因为他们已经退休，类似于中年人与成年人的区别是子女已经离开父母独立居住。纽加滕提出，通过引入“年轻老人”和“高龄老人”这些术语，承认老年人所面临的广泛而多样的困境，旨在对那些不加批判地赋予老年人病弱、贫穷、衰弱、孤立的一系列刻板印象的人提出质疑。[79]

纽加滕这样描述年轻老人：他们拥有丰富的业余时间，并有可能在社会和政治方面为社区做出贡献；健康状况相对较好；受教育程度高于之前的同龄人；购买力相对较强。这些特质决定了他们不同于传统意义上被疏远和遗弃的老年形象。这一年龄组在社会中的角色转变，既包括老年人不再是“智囊人物”，又包括老年人不再是经济生产者或劳动者，而是“休闲时间的使用者”。在这一新的角色中，年轻老人可被视为第一个进入未来社会的年龄组群体。[80]

纽加滕在20世纪70年代中期关于“年轻老人”的研究成果在十多年后被

英国社会历史学家彼得·拉斯莱特认为是影响其提出“第三年龄”概念的关键因素之一。他在 1987 年发表的论文《第三年龄的出现》[81] 中首次对这一概念进行了描述，并在 1989 年出版的《生活的新地图》中对这一概念进行了更广泛的阐述。[82] 拉斯莱特认为，“第三年龄”一词是发达国家在 20 世纪中叶最显著的转变结果，因为传统的三个生命阶段——童年、成年和老年，被四阶段模式取代，其中老年被划分为年轻老人（第三年龄）和高龄老人（第四年龄）：

> 四阶段模式的分类如下：第一个阶段是依赖、社会化、不成熟和受教育的时期；第二个阶段是独立、成熟、负责、赚钱和储蓄的时期；第三个阶段是个人成就的时期；第四个阶段是最终依赖、衰老和死亡的时期。[83]

与纽加滕的《美国社会中的年龄组》一样，《生活的新地图》致力于纠正对老年人的错误分类，特别是将整个退休人口按照少数患病者的情况进行分类。[84] 这与拉斯莱特所描述的将第四年龄误认为第三年龄，或将第四年龄视为所有不再处于第二年龄的人的不恰当论述相一致 [85]。

在定义人生阶段时，有许多不同层次的替代方案提供了不同的细节。一个著名的例子是威廉·莎士比亚在《皆大欢喜》[i]（*As You Like It*）中提出的人生的七个年龄阶段，包括婴孩、学童、恋人、军人、法官、老叟和孩提时代的再现——“无牙、无眼、无味、无一切”。[86] 另一种当代模式定义了由九部分组成的人生阶段，包括童年、青春期、青年（后青春期）、成年中期、成年晚期、中年（空巢期）、年轻老人、脆弱老人、高龄老人。[87] 瑞士社会学家弗朗索瓦·霍普弗林格（François Höpflinger）沿用了这一模式，描述了人生后半段的四个阶段。其结构最显著的特点是在年轻老人和高龄老人之间引入了一个以“脆弱”为特征的过渡阶段。这一模式包括成年晚期（中年）、健康退休期（年轻老人）、脆弱加剧的老年期（脆弱老人），以及在生命最后阶段需要看护的高龄期（高龄老人）。[88] 本书重点讨论纽加滕和拉斯莱特提出的四阶段生命模式，因为它们代表了争议性和权威性文本，明确阐述了超越以往单一观点的差异。[89]

---

i 译注：莎士比亚的《皆大欢喜》有多个翻译版本，这里采用朱生豪先生的译本。

拉斯莱特关于四阶段生命模式出现的论点得到了英国人口统计记录的支持，这些记录可追溯到 1540 年，显示从 19 世纪末开始，年龄构成和预期寿命发生了彻底而深刻的转变，并在 20 世纪 50 年代达到了一个临界点。[90] 现在美国人和英国人的寿命几乎是 1900 年之前的两倍……此外，在同一时期，这两个国家 65 岁以上人口的数量增加了约三倍。[91]

拉斯莱特认为，这种惊人的人口变化，使我们必须对人类经验地图进行彻底修订，特别是从 20 世纪 50 年代开始，发达国家出现了人类历史上前所未有的人口状况。这种变化归因于几个因素。首先，是前所未有的当代死亡率分布。这最明显地体现在趋向矩形的生存曲线上，表现为死亡集中在较晚的年份，暗示着第三年龄的延长和第四年龄的缩短。其次，是在人类预期寿命方面，在 19 世纪 90 年代至 20 世纪 80 年代之间发生的巨大而突然的变化。拉斯莱特称这一时期为“老龄化的长期转变”，这是由社会福利的提高、营养条件的改善、生活水平和医疗服务（包括医疗技术的进步）的提高所引发的不可逆的长期转变（图 A.3.1）。[92] 拉斯莱特表示，这种转变是“如此根本性的，以至于只能用地质学隐喻来表达，使用地质时间尺度上最短的间隔（数万年）来描述，并将景观概念传达的基本物理结构转移到社会的结构上”[93]。将这种长期转变置于生物学或进化时间的背景中，人类作为一个物种的历史大约有 20 万年，当人类寿命几乎翻倍的历史仅发生在一个世纪内时，这种转变显得更加激进。[94]

拉斯莱特指出了这一人口变化的三个关键特征，这些特征对他的论点至关重要。首先，是对目睹这一转变发生在自己有生之年的单一世代的影响；第二，这一转变在非常短的时间内不可避免地挑战了传统观念中对年龄和老龄化的认知; 第三，由于前两点的结果，第三年龄作为一种“新的社会实体”的历史发展（图 A.3.1）。最后一个特征的重要意义在于，正如序言所指出的那样，处于第三年龄的人缺乏（人类经验的）先例和范式。[95]

连续而稳定地建立这些标准或范式的过程，由于第三年龄群体的快速人口更替率而进一步受到挑战。拉斯莱特举例说，美国 65 岁以上年龄群体在 10 年间有三分之二的更替率，这种变化率之大“以至于无法为老年人创造新的行为模式并将其实践”[96]。这种相对新颖性带来的挑战，以及相关的范式缺乏问题，是本书探讨的现象核心。在这种背景下，缺乏不仅仅指个人缺乏范式，还包括第三年龄社会群体缺乏现有的社会集体模式，而最重要的是缺乏现有的城市环境模式和规程。

如前文所述，拉斯莱特认为第三年龄不仅是个体的特征，还是整个国家人口的特征。[97] 他在《生活的新地图》中试图确定各国进入第三年龄集体状态的时间点，即大多数人口可以预期享受第二年龄之后生活的时刻。[98] 拉斯莱特称其为第三年龄指标（3AI），并根据三种不同的标准进行量化。第一种标准是大多数人在到 25 岁时可以预期活到 70 岁的时刻。例如，在英国，这一时刻出现在 20 世纪 50 年代初。[99] 第二种标准要求国家人口中至少有 10% 达到 65 岁或以上。这一标准旨在确保第三年龄群体在社会中扮演足够重要的角色，在大多数发达国家，这一情况发生在 20 世纪 30 年代和 40 年代。[100] 第三个衡量标准是国家财富，拉斯莱特认为，国家财富必须相对广泛地分配，并且足够满足公民的基本需求，同时需具备必要的安排以使这一目标得以实现。最低国民生产总值的任意标准[i] 代表了一种财富水平，在这个水平上“应该能够为相当数量的人提供相对舒适的生活，尤其是在第三年龄阶段”[101]。拉斯莱特同时对这种评判方式提出了相关的警告，尤其是在“第三年龄”概念提出的早期历史时期：

> 自 20 世纪 50 年代以来，在符合第三年龄要求并且在 25 岁之后活得足够长的英国已婚女性、寡妇和未婚女性中，很少或几乎没有人能够按照本书中定义的第三年龄方式来生活。闲暇、独立和教育（尤其在英国）以及资金一直缺乏，对大多数男性来说亦是如此。可以说，第三年龄生活的原则和理念对那些贫困的老年人来说是一种嘲讽，然而，他们在退休人群中一直占有相当大的比例，令人遗憾的是，这种情况至今仍然存在。[102]

这样的论调阐述了经济条件问题对进入第三年龄的重要影响。近年来，这一问题愈加明显，表现为收入和财富分配的不均加剧，公共养老金的缩减，以及始于 2007 年的经济危机和衰退的普遍影响。虽然个人在第二年龄之后的生活

---

i 译注：这一标准是一个非正式或不严格的衡量依据，表明当国民生产总值达到某一水平时，社会可以为相当数量的人提供较为舒适的生活条件。

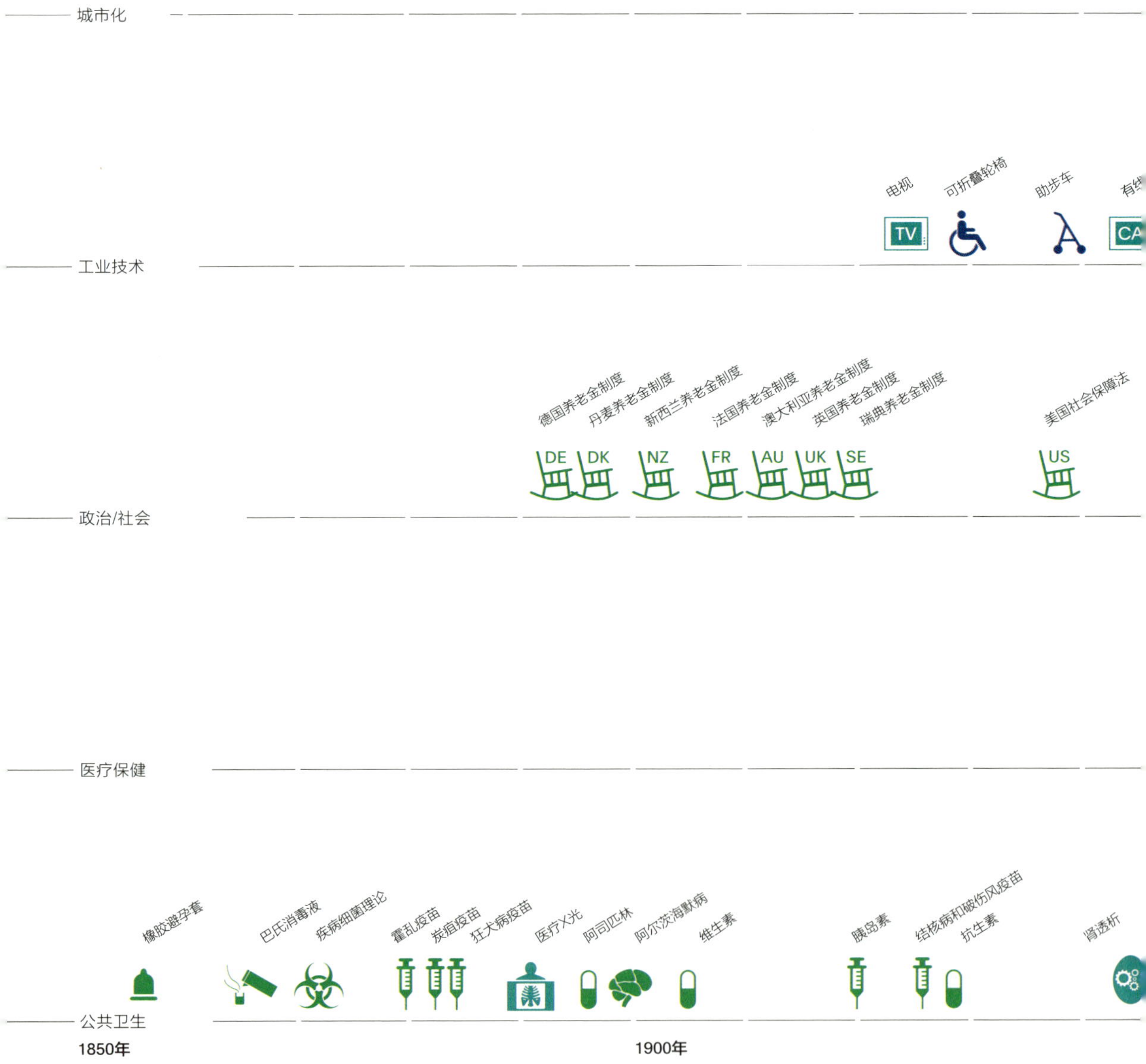

图A.3.1 高龄老人与年轻老人

随着20世纪下半叶一系列科技的发展，以及人们生活水平的提高，人类的平均寿命进一步延长。在19世纪末，一些较发达国家出现了退休养老机构，使得65岁以上的老人参与劳动率下降，可以更专心地养老。与早期的退休不干活是一件尴尬的事情相比，由于休闲娱乐事业在20世纪的大力发展，退休生活成为更具有吸引力的生活方式。与此同时，移动通信技术的发展使得老年人独立生活成为可能。在21世纪中叶，随着寿命的延长和退休概念的推广，根据美国老年病

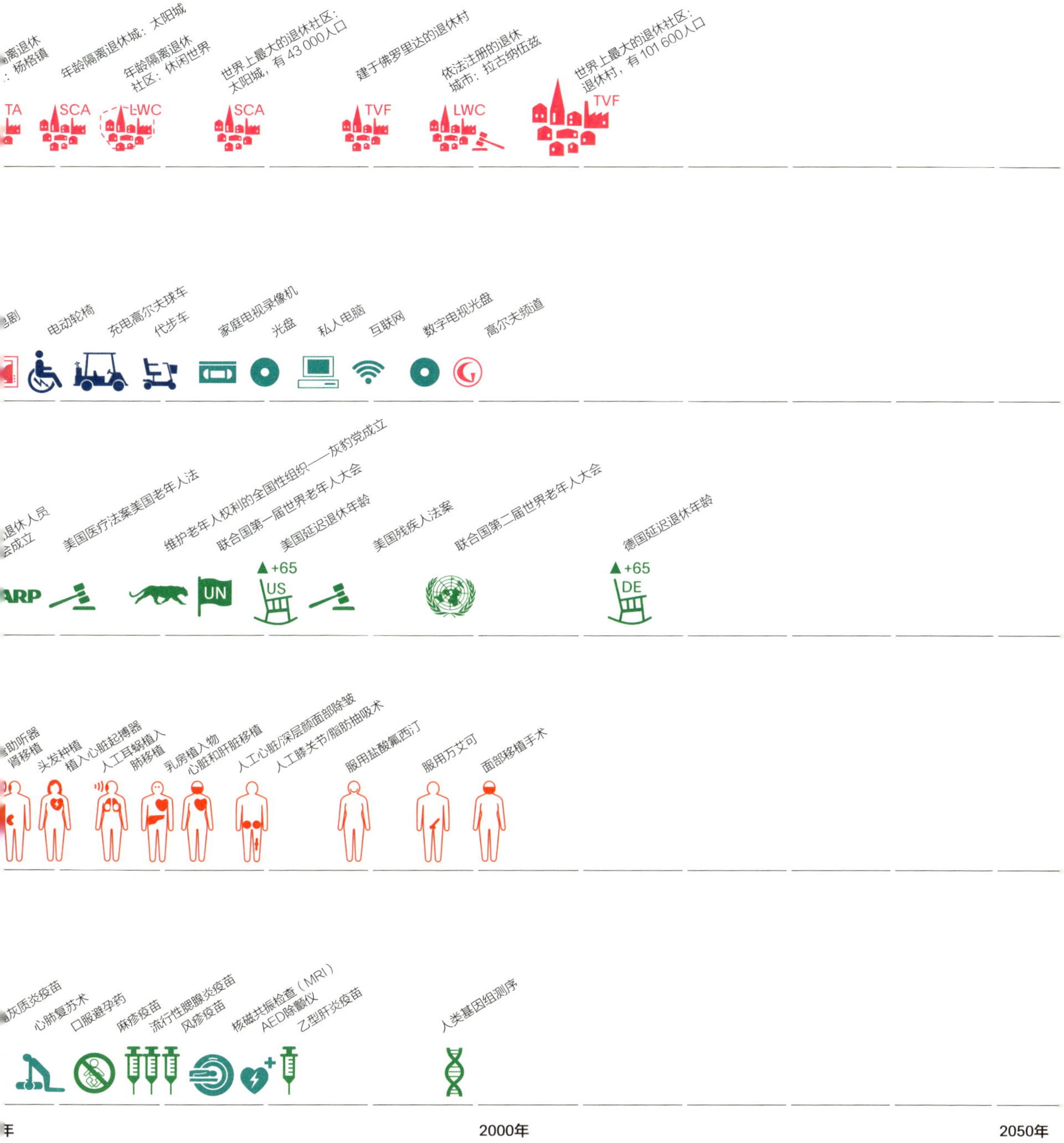

学家伯尼斯·纽加滕的研究，三个年龄阶段中的老年阶段被重新定义为两种形式，即高龄老人（Old-Old，就是“老年”原本的意思）和年轻老人（Young-Old，摆脱了成人和儿童的责任，基本不受心理和生理障碍的影响）。20世纪后半叶，将老年人的出现作为一个有组织的政治声音，并作为一个全球性问题予以重视。1950年，虽然老年之家和护士之家还有辅助护理设施有了一定的发展，但由于年轻老人特殊的需要和欲望，我们发现城市需要一种新的需求模式。

因财富和资源水平而各不相同，因此在独立性和参与活动的能力上也存在差异，但拉斯莱特的第三年龄概念是在大规模广泛转变的背景下提出的，其中“时间，或者说休闲时间，以及使用它的方式，不再由数百、数千或最多数万的精英所垄断。它正在成为我们数百万公民，我们的老年公民，即那些处于第三年龄的人的一种商品”[103]。必须强调的是，“休闲”这个词不仅包括通常与退休生活方式的营销相关的活动，如高尔夫或网球——这些活动通常需要相当高的费用，还包括所有不用于工作的时间。在这种情况下，“休闲”并不一定意味着消费产品和支出，尽管这种消费方式已经成为推销退休生活的手段。

或许并不令人惊讶，上述三种广泛的评判标准决定了那些处于“第三年龄”的国家主要是所谓的发达国家，包括西欧、斯堪的纳维亚半岛、美国、加拿大、日本、澳大利亚和新西兰等地区和国家。[104] 与此同时，拉斯莱特在提出这一评判体系时，也质疑过其普遍性。例如，考虑到俄罗斯和中国 65 岁以上人口的庞大规模，以及在许多不符合拉斯莱特所提出的三个标准的国家中，也存在着少数第三年龄精英群体。这里研究的案例中的大多数居民可能处于中等到较高的收入和财富水平，尽管并不总是如此——尤其是在美国佛罗里达的退休村、西班牙太阳海岸和美国房车社群中，收入差距显而易见。

第三年龄人口的未来前景面临的挑战不在于拉斯莱特的前两项标准，即预期寿命和老年人口的规模，而在于第三项标准中的政治经济维度，即第三年龄人口对合理比例的国家财富的获取。在新自由主义逐渐盛行的背景下，日益加剧的经济不平等对其作为一种大众现象的存在提出了挑战，公共养老金的价值不断下降，个人通常需要用私人养老金、投资或其他形式来补充收入。

《生活的新地图》的大部分内容都致力于将第三年龄描述为一种主体性模式和一种人口特征，并概述其历史背景。结尾的第三部分则专注于探讨其影响，特别是如何“利用这种突然的、前所未有的、无法预见的摆脱死亡率的机会”[105]。这一部分在很大程度上作为第三年龄潜力的宣言，面对缺乏现有模式的情况提出建议。[106] 拉斯莱特主张在“活动”和“脱离”这两种关于衰老的一般理论之间进行协调：一方面，他提出一种偏向参与活动而非闲散的模式，涉及教育、文化和其他追求的参与；另一方面，他认为脱离在社会中扮演着重要角色，有助于实现社会的“替代和更新”[107]。

纽加滕和拉斯莱特的研究形成了一种关于“年轻老人”的广泛理论，将主体定义为 55 至 75 岁之间的健康退休者，可能是已婚或丧偶。这种主体性形式在 20 世纪中期之前几乎没有先例，在 21 世纪初，这一群体在发达国家的人口中占 15% 到 30%。虽然不可能也不希望将“年轻老人”的个体主体定义为一种通用类型，但这一群体可能倾向于被归类为一种活跃的休闲主体，不再受制于成年人的传统责任；他们的身份不再由其在生产劳动中的位置决定，而是由其休闲消费行为决定。这种构建暗示了一个与以往的休闲主体性形式不同的模型：他们既不同于托斯丹 · 凡勃伦（Thorstein Veblen）于 19 世纪末所著《有闲阶级论》（*The Theory of the Leisure*）[i] 一书中有权又有钱的美国休闲阶层[108]，也不同于美国人类学家迪恩 · 麦坎内尔（Dean MacCannell）于 20 世纪后期所著《旅游者：休闲阶层新论》（*The Tourist: A New Theory of the Leisure Class*）[ii] 一书中的大众游客阶层[109]。这种休闲阶层的情形与凡勃伦的模式不同，它更像是发达地区普遍存在的大众现象，而不是只有富裕精英可以享受的生活方式。尽管我们可以看到，在当代背景下，这一群体作为大众现象正面临越来越大的压力。它与麦坎内尔的旅游者模型也不同，这两种休闲体验具有不同的时间条件：旅游者以短期、临时的方式体验休闲，而第三年龄群体则以长期或永久的方式体验休闲（或至少在保持合理健康的情况下）。

有必要强调“年轻老人”是一个动态的、不断变化的主体，而不是一个静态的、固定的主体。一个关键方面是代际群体的主题。瑞士社会学家弗朗索瓦·霍普弗林格在总结人生后半段动态的三大转变时提到了这一点。除了人口老龄化，他还描述了代际效应的重要性，这种效应是随着“具有不同生活经历的新一代变老”而产生的。最后，关于代际变化和代际效应，霍普弗林格描述了“新型老龄化形式以及应对模式”的发展。[110]

关于与代际相关的转变，霍普弗林格指出了“社会和文化流动世代的老龄化”

---

i 译注：人名与书名均采用 1964 年商务印书馆出版的蔡受百译本。
ii 译注：人名与书名均采用 2008 年广西师范大学出版社出版的张晓萍译本。

趋势。他比较了在瑞士和其他欧洲国家大约相隔 20 年的不同代际之间的差异。例如，20 世纪 50 年代出生的“婴儿潮一代”与 20 世纪 30 年代出生的“摇摆一代”在若干方面表现出明显差异。总体而言，“婴儿潮一代”经历了较少的童年困难，从文化上讲，他们的青年和成年早期受到了全球化青年文化和“传统文化价值观（关于性、婚姻、建立家庭和离婚）的迅速瓦解”的影响。“婴儿潮一代”受益于较高水平的教育，因此在应对快速的社会和技术变革方面更为得心应手。霍普弗林格认为，这些因素促使较近期的一代人在退休年龄阶段比前一代更加活跃、创新和开放。这也暗示着，“婴儿潮一代”之后的世代可能会再次以不同的方式变老。[111]

与这些转变密切相关的是新的老龄化模式和形式的出现，根据霍普弗林格的说法，这些模式和形式越来越“个性化、多元化和动态化，例如，长期伴侣的离婚率上升，45 岁以后职业变更的人数增加，50 岁及以上人群的地理流动性增加（老龄迁移），以及多元化的退休后生活方式”[112]。这些变化与霍普弗林格所描述的在技术、通信、流动性、时尚和消费等领域中年轻人行为和老年人行为之间的区别正逐渐消失的现象密切相关。这些转变也与德国社会学家乌尔里希·贝克（Ulrich Beck）和伊丽莎白·贝克－格恩斯海姆（Elisabeth Beck-Gernsheim）所描述的广泛社会个性化进程高度一致。[113] 对于贝克夫妇来说，个性化是指在过去几十年中发达国家正在发生的社会转型，其中传统的主导社会元素——家庭、阶级和邻里——日益被个体选择和自由所取代，构成了一个更加差异化和多元化的社会。在一些案例研究中，我们会更深入地看到这一点。对于年轻老人来说，个体从这些结构中的解放被夸大了，因为最初并没有明确的角色模型或预先存在的制度结构来解决年轻老人的问题。仅有的一些线索可能存在于“僵尸类别”中（借用贝克夫妇的术语）：那些依然存在但实际上已经失效的术语，例如扩展家庭[i]。[114]

具象化的年轻老人主体

进一步说，针对上述相对较新的社会人口学构建的年轻老人主体，其具象

i 译注：亦称“大家庭”，家庭结构在核心家庭的基础上还包括其他成员的家庭模式。

化方面同样具有重要意义。当代年轻老人的老龄化身体标志着人类有机体极限的一种广泛但鲜为人知的转变，采用了一套生物与技术结合的扩展技术。在 20 世纪中后期，从技术上增强身体能力的标志主要存在于科幻领域，并在某种程度上存在于军工复合体中，但与之形成对比的是，在 21 世纪初，这种标志性的生物技术安排则牢牢植根于社会现实之中（图 A.3.2）。

例如，在宇航员作为赛博格[i]的历史模型中，身体能力主要通过位于体表外的保护层和系统进行增强，使得人类能够开拓地球空间的外部极限。[115]相较之下，当代老年个体的模型则通过置于身体表面内外的干预措施来构建，延伸了人类寿命的外在时间极限。前者通常是年轻男性，而后者在统计学上可能被描述为老年女性。杰森 · 鲍威尔（Jason L. Powell）和小查尔斯 · F. 朗基诺（Charles F. Longino, Jr.）支持这一观点，认为“直接使用新技术来修改老龄化特征的外观或性能是后现代时代的症候，哈拉维（Haraway）在 1991 年提到的生物与机器实体的半机械融合，只是当前医疗趋势的延伸，即为老年人提供髋关节和膝关节置换手术”[116]。

这一主体与生物技术系统的最常见整合形式涵盖了从生物机械、生物电子到生化技术的多个方面，从延长寿命（或生命长度）到改善晚年生活质量的技术，以及从恢复性调整和修复到各种开发阶段的技术，旨在彻底消除衰老的影响。

显而易见的是，这样的身体在很大程度上成为一系列产品的组合，这些产品只有那些具备必要资源的个人（或国家医疗系统）才能使用。因此，弗雷德里克 · 詹姆逊（Frederic Jameson）在他的《未来考古学》（*Archaeologies of the Future*）中对科幻小说“长寿”流派的描述以“长寿作为阶级斗争”这一主题为中心，这或许并非巧合。[117]

根据斯蒂芬 · 卡茨（Stephen Katz）和芭芭拉 · 马歇尔（Barbara Marshall）的说法，这种所谓的“永龄长者”的生物技术构建延伸到这一群体的信息化构建，即“永龄长者市场”期望“从‘银发’中提取‘黄金’”。[118]

---

i 译注：赛博格（cyborg）意为半机械人，即人与机械的融合体。

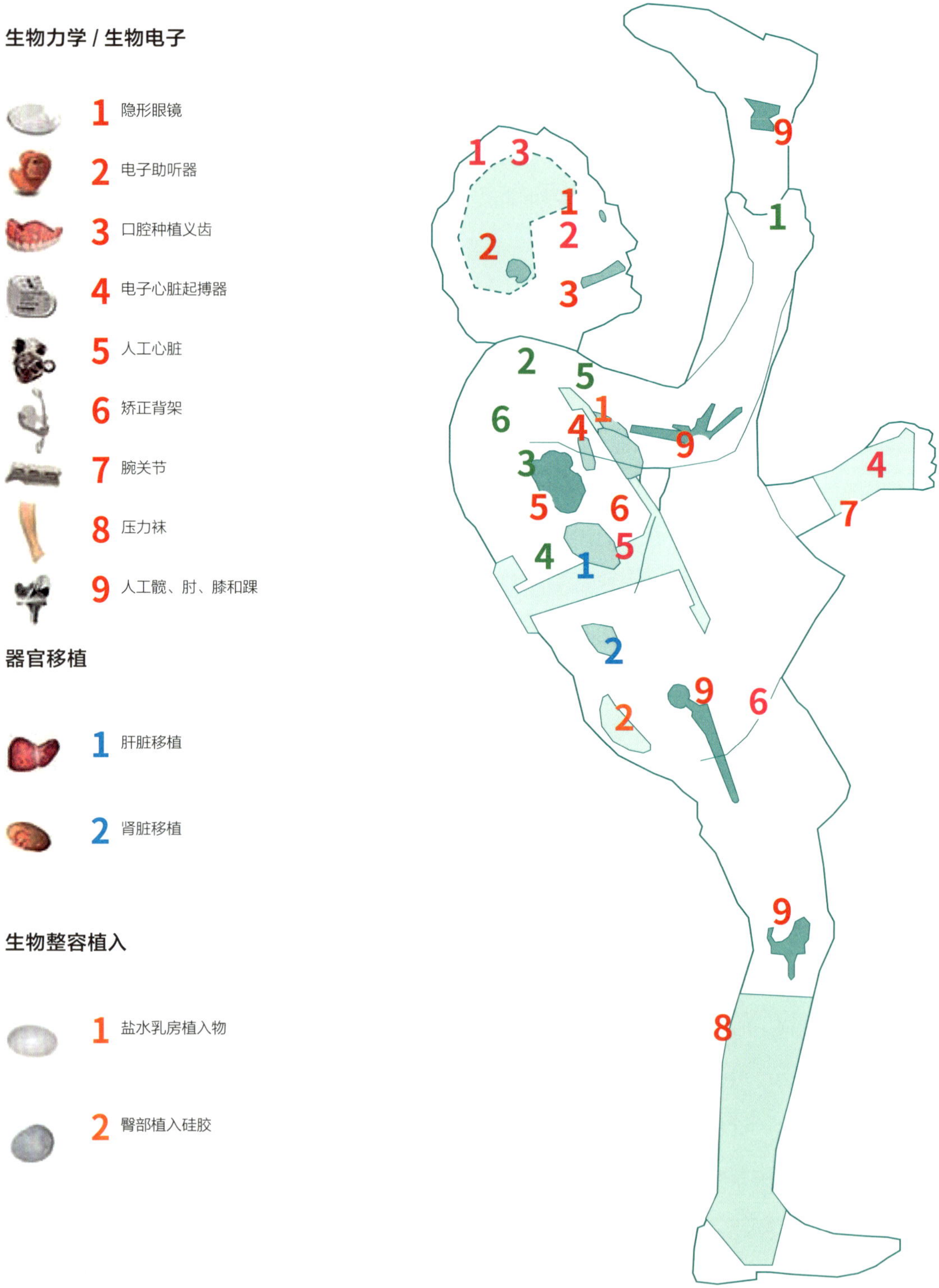

图A.3.2 年轻老人的生物技术支持

当代年轻老人的老龄化身体标志着人类有机体极限的一种广泛但鲜为人知的转变，采用了一套生物与技术结合的扩展技术。在20世纪中后期，从技术上增强身体能力的标志主要存在于科幻领域，并在某种程度上存在于军工复合体中，但与之形成对比的是，在21世纪初，这种标志性的生物技术安排则牢牢植根于社会现实之中，例如，在宇航员作为赛博格的历史模型中，身体能力通过主要位于体表外的保护层和系统进行增强，使得人类能够开拓地球空间的外部极限。相较之下，当代老年个体的模型则通过置于身体表面内外的干预措施来构建，延伸了人类寿命的外在时

生化假体

1 关节炎药物

2 酸反射治疗

3 高血压药物治疗

4 胰岛素治疗

5 流感病毒疫苗

6 慢性阻塞性肺疾病治疗

生化性促进剂

1 安眠药

2 肉毒杆菌毒素

3 抗抑郁药

4 抗炎药

5 罐装氧气

6 性欲增强剂

细胞 / 分子衰老治疗（推荐）

细胞丢失，组织萎缩（干细胞治疗）

核基因突变

突变的线粒体

死亡抵抗细胞

组织硬化

细胞外聚合

细胞内聚集

一般生命延长治疗（现行的和推荐的）

荷尔蒙抗衰老治疗

自由基处理 / 抗氧化剂

纳米机器人

基因修饰疗法

为未来复活而进行的低温贮藏

益智认知增强剂

间极限。前者通常是年轻男性，而后者在统计学上可能被描述为老年女性。年轻老人与生物技术系统的最常见整合形式涵盖了从生物机械、生物电子到生化技术的多个方面，从延长寿命（或生命长度）到改善晚年生活质量的技术，以及从恢复性调整和修复到各种开发阶段的技术，旨在彻底消除衰老的影响。显而易见的是，这样的身体是由一系列产品集合而成的，而这些产品可供那些拥有必要资源的个人（或国家医疗保健系统）使用。因此，弗雷德里克·詹姆逊在他的《未来考古学》中对科幻小说“长寿”亚流派的描述，是以“长寿作为阶级斗争”这一主题为中心，这或许并非巧合。

后者在市场术语中被描述为“新老龄化”，它基于“市场营销和消费主义所围绕的乐观向上的文化形象……广告业也纷纷效仿，将新的反年龄歧视者、积极的老年人描绘成独立、健康、性感、可灵活退休的‘公民’，他们跨越中年和老年，不受两者时间限制的束缚”。[119] 产品的构建和针对这一群体的营销是基于人口统计学意义上的市场细分实践。对于卡茨和马歇尔而言，大量文献和一系列细分公司及工具“将生命历程转变为可知、可编码和可解读的市场趋势、细分市场和消费者档案。因此，老龄化作为一个多样化的按时间计算的过程，和基于阶级、种族、性别和地域的与年龄相关的问题，被掩盖或消失在基于‘成熟’消费者行为变化的同质市场中”[120]（图 A.3.3）。

年轻老人的社会集体性

年轻老人作为一种新型主体形式的出现，与晚年社会集体形式的转变密切相关。这些转变不仅发生在社会互动和社交网络中，也反映在家庭单元的构成上，进而影响到第三年龄阶段的城市生活模式并被其影响。

在从第二年龄向第三年龄的过渡中，家庭单元外的社会互动和社交网络往往从以工作为中心转向以休闲为中心。对许多人来说，这代表了一种根本性的割裂，造成了相当大的心理困扰。[121] 一个较为极端的例子是日本的 “退休丈夫综合征”或称“秋叶综合征”。[122] 这个术语指的是那些身份和社交网络主要围绕工作关系展开的日本公司职员在退休后遭受到巨大创伤。这种创伤在社会层面上表现为退休夫妇离婚率的显著增加（大多数由女性发起），以及更令人痛心的刚退休的男性自杀率的显著上升。

从工作到退休的过渡伴随着一个重要的转变，即从强制性活动到自愿性活动的转变。根据拉斯莱特的观点，这是第三年龄阶段的一个关键机会，“社会和个人生活中的强制性活动减少，可能会让那些在取得个人成就的岁月里创造出以前未知的社会协作形式的人得到解放”[123]。现有的协作形式包括以同行和兴趣为基础的交往模式，将俱乐部、志愿者协会、课程或兴趣班置于集体社会互动的核心位置，这些集体结构与工作环境相比通常更少等级化。霍普弗林格将年轻老人集体追求的领域描述为一个不断扩展的过程，“那些以前被认为是年轻成人专属的社会活动——体育、性、教育等——越来越被定义为成功老龄化的核心先决条件”[124]。这些活动和互动的更详细的例子，以及支持它们的城市和建筑环境，将在后面的案例研究中进行介绍。

伴随着退休制度的日益普及和年轻老人作为一个社会人口群体的出现，65岁及以上人群的主要家庭类型也开始在19世纪末发生转变。特别是在较发达地区，这种转变可以被描述为65岁及以上年龄组从多代家庭（无论是扩展家庭还是主干家庭[i]）转变为由已婚夫妇或独居个人组成的更小的单代家庭。[125]从历史和地理角度，这种差异可以在发达和欠发达国家之间清晰观察到（图A.3.4）。

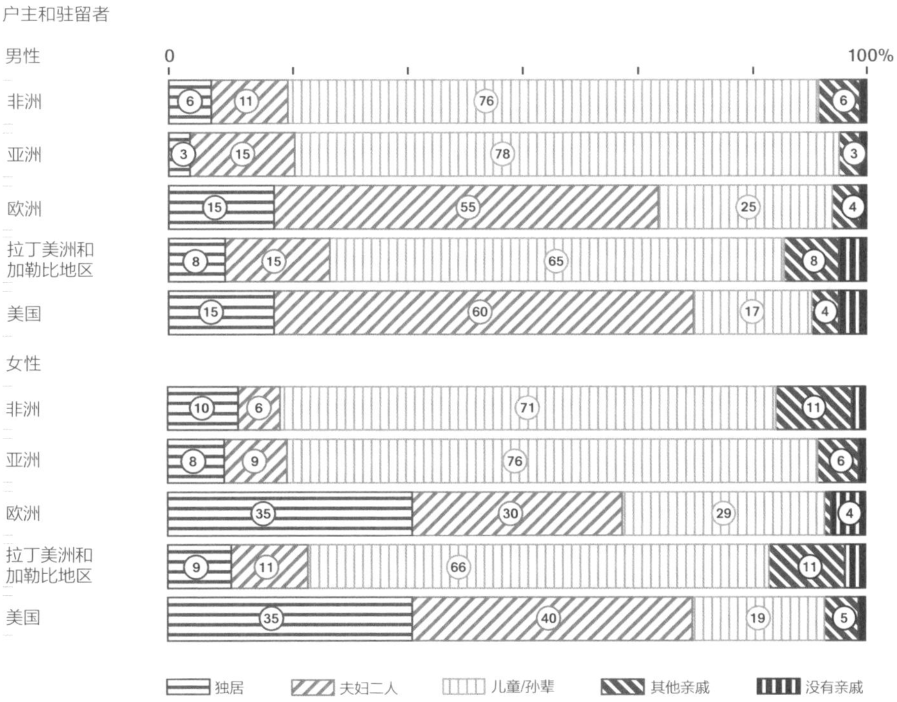

图A.3.4　20世纪末及21世纪初，主要区域60岁及以上老人的居住安排（%）。资料来源：《老年人居住安排》，联合国，2005年

i 译注：由已婚的相连两代所组成的家庭，亦称“直系家庭”，是指以父母为主干的一种家庭形式，通常包括祖父母、父母和未婚子女等直系亲属三代人。

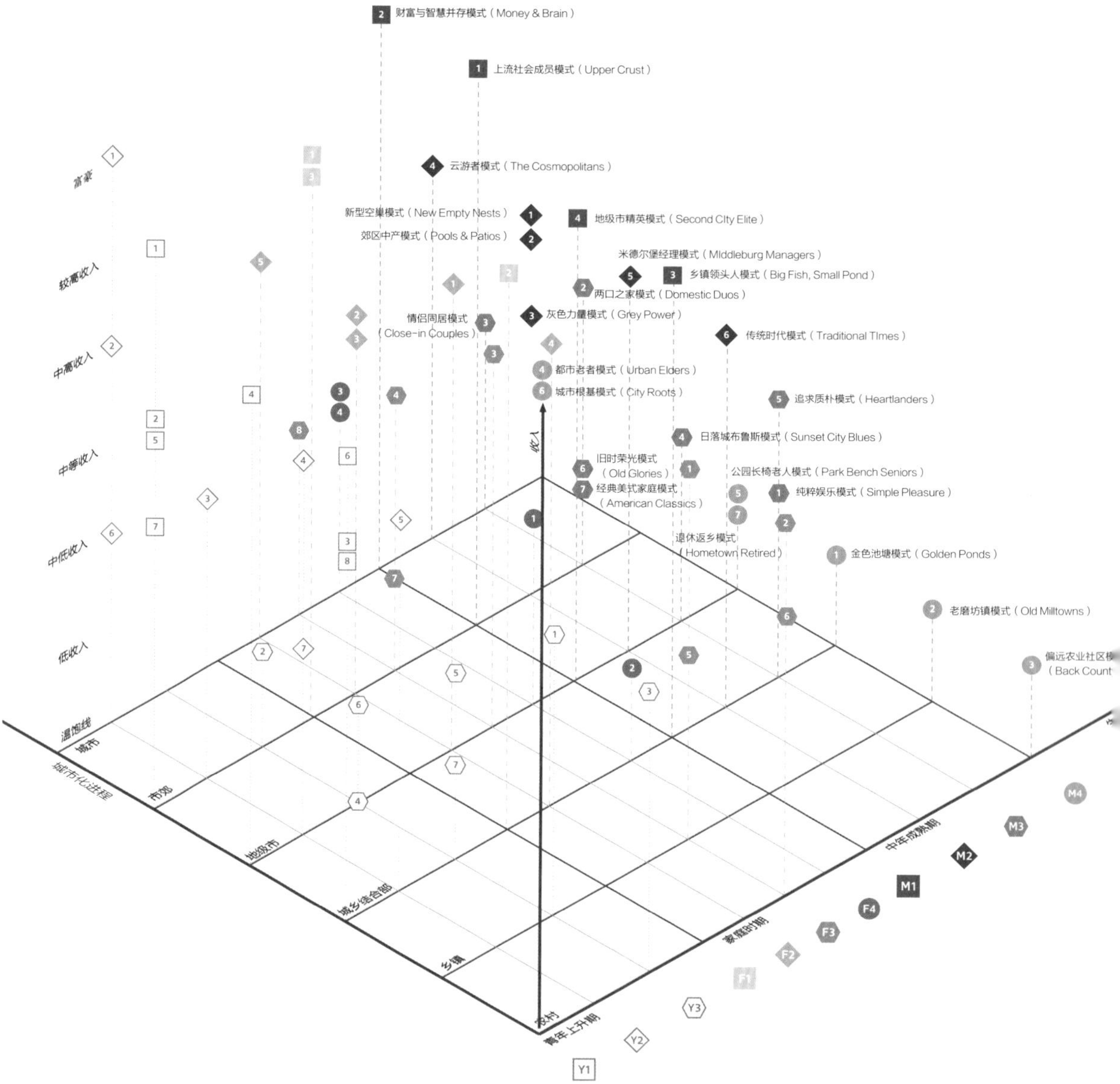

图A.3.3 人口统计：市场尼尔森细分工具/尼尔森PRIZM生活方式细分系统（饼图和三维矩阵）

自从 1956 年美国营销理论家温德尔 · 史密斯提出市场细分理论以来，市场细分实践已发展得相当成熟。市场细分通过各种"工具"进行，将市场划分为具有相似特征、需求和行为的较小、同质的消费者群体，并在人口分布不同的地区进行空间识别。其中最受欢迎的一种工具是尼尔森PRIZM细分系统，该系统根据三个关键变量——生命阶段（年龄）、城市化水平和收入——将整个美国的家庭（细分单位）划分为66个不同的细分市场（此饼图的细分片段和三维矩阵中的点）。每个细分市场的特征、需求和行为都以概况形式构建。PRIZM工具中的一个片段示例如下：

两口之家模式（Domestic Duos）：有或没有孩子的中产阶级，由65岁以上单身和已婚夫妇混合居住在位于郊区的家。由于受过高中教育且收入固定，该区域居民保持着悠闲的生活方式。居民喜欢通过打保龄球、看戏剧、参加当地兄弟会或外出就餐来进行社交。

人口统计特征：城市化程度：市郊；收入情况：中等收入；创收资产：高于平均水平；年龄范围：65岁以上；子女情况：无子女；房产所有权：大多为业主；就业水平：大多已退休；教育水平：高中毕业；种族多样性：白人、黑人、混血。生活方式和媒体特征：从Lands' End订购；加入宗教俱乐部；阅读AARP杂志；观看Hallmark频道；开雪佛兰汽车。

来源：尼尔森MyBestSegments（www.MyBestSegments.com）2014. 版权信息©2014年，尼尔森公司授权使用

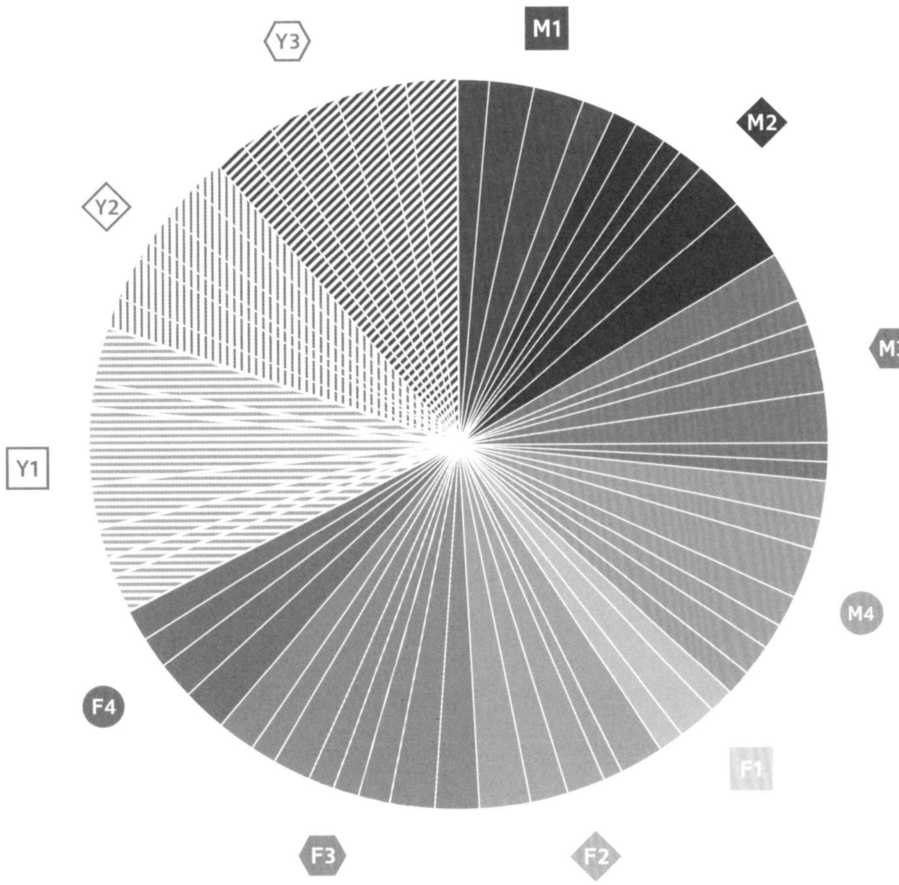

青年上升期 31.83%

Y1 中年成功人士 12.56%

1 呼风唤雨模式 1.55%
2 行政套房模式 0.85%
3 神的国模式 1.49%
4 光辉小城模式 1.71%
5 甜蜜之家模式 1.78%
6 乡村休闲模式 1.55%
7 郊区延展模式 1.25%
8 梅贝里城模式 2.38%

Y2 年少有为人士 10.09%

1 年轻电脑专家模式 1.28%
2 波西米亚混搭模式 1.87%
3 年轻的有影响力的人模式 0.87%
4 心兴人才模式 1.64%
5 绿带运动模式 1.39%
6 都市成功者模式 1.57%
7 新兴都市单身模式 1.47%

Y3 奋斗中的年轻人 10.82%

1 红、白和蓝调乐队模式 1.28%
2 新的开始模式 1.40%
3 蓝色公路模式 1.67%
4 城市创业模式 1.28%
5 年轻而质朴模式 1.86%
6 流动蓝调模式 1.34%
7 十字路口村的村民模式 1.99%

家庭时期 30.0 %

F1 富裕家庭 3.8%

1 贵族庄园模式 0.92%
2 乡绅模式 1.83%
3 胜利者的圈子模式 1.05%

F2 中产家庭 8.21%

1 向上奋斗模式 1.81%
2 环城公路婴儿潮模式 0.91%
3 处境困难模式 1.56%
4 快速成功的家庭模式 1.66%
5 美国梦模式 2.27%

F3 主流家庭 11.77%

1 新农场主模式 1.76%
2 天马行空家庭模式 1.87%
3 白色的栅栏模式 1.42%
4 可靠的蓝调模式 1.19%
5 儿童美国模式 1.21%
6 猎枪和皮卡模式 1.57%
7 郊区拓荒者模式 0.98%
8 多文化镶嵌模式 1.77%

F4 维持生计家庭 6.22%

1 家庭储蓄模式 1.90%
2 基岩美国模式 1.69%
3 大城市的蓝领模式 1.16%
4 低层生活模式 1.47%

中年成熟期 36.57%

M1 富裕空巢家庭 7.07%

1 上流社会成员模式 1.44%
2 财富与智慧并存模式 2.11%
3 乡镇领头人模式 2.17%
4 地级市精英模式 1.35%

M2 保守退休家庭 9.18%

1 新型空巢模式 1.01%
2 郊区中产模式 1.25%
3 灰色力量模式 0.87%
4 云游者模式 1.22%
5 米德博格经理模式 2.11%
6 传统时代模式 2.72%

M3 普通退休家庭 10.23%

1 纯粹娱乐模式 2.17%
2 两口之家模式 1.13%
3 情侣同居模式 1.22%
4 日落城市鲁斯模式 1.91%
5 追求质朴模式 1.93%
6 旧时荣光模式 0.91%
7 经典美式家庭模式 0.96%

M4 拮据老年家庭 10.09%

1 金色池塘模式 1.49%
2 老磨坊镇模式 1.34%
3 偏远农业社区模式 2.22%
4 都市老者模式 1.38%
5 公园长椅老人模式 1.20%
6 城市根基模式 1.20%
7 退休返乡模式 1.26%

例如，在美国，非机构照料的 65 岁及以上男性不与扩展家庭同住的比例从 1880 年的 27% 稳定上升到 1990 年的 79%，到 2010 年达到 91%（图 A.3.5）。[126] 这种趋势并不局限于美国，而是普遍存在于发达地区。在 18 世纪的英格兰，65 岁及以上已婚男性仅与配偶同住的比例约为 40%，到 20 世纪 80 年代初增加到 80% 以上。[127] 在 1970 年的瑞士，65 岁及以上人口中有 28% 生活在三口之家或更多人的家庭中，这一比例在 2008 年下降到 5%。[128] 而日本作为一个与其他发达国家相比拥有更严格的家庭社会传统的国家，同样出现了退休人员在多代同堂家庭生活的比例显著下降，同时老年夫妇和独居个体的比例显著上升（图 A.3.6）。[129]

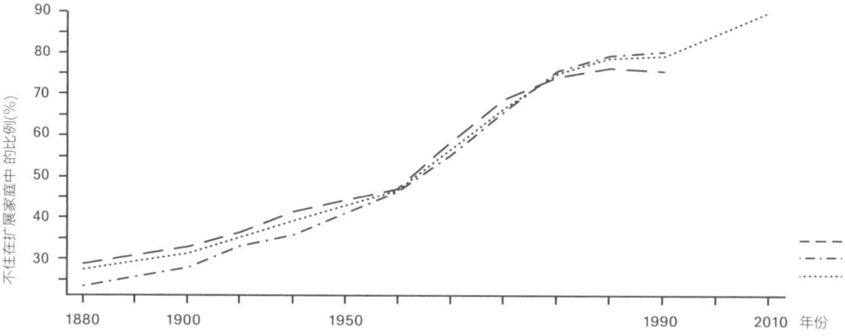

图A.3.5　美国65岁及以上不与扩展家庭共同居住且没有在养老机构居住的退休男性比例。资料来源：多拉 · 科斯塔，《退休进化论》，1998年；联邦跨部门老龄化相关统计论坛，《老年美国人》，2012年

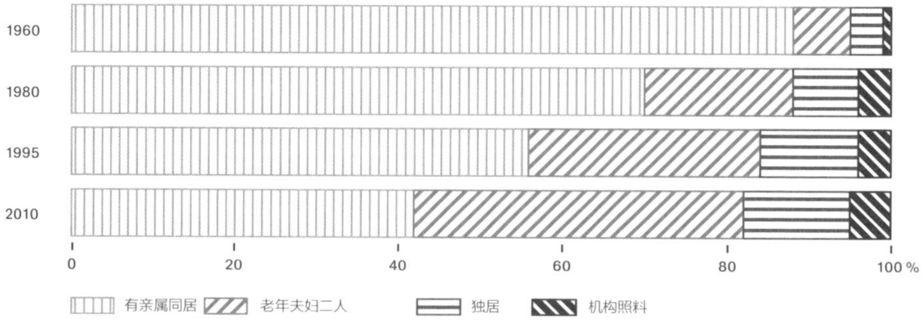

图A.3.6　1960—2010年日本65岁及以上人口的居住情况。资料来源:美国人口普查局,《老龄化世界》,2008年

尽管上述多代同堂和单代家庭类型代表了非机构化的生活安排，但也需提及一下机构化的生活安排这一相关话题，特别是因为这通常与人们对老年人的刻板印象联系在一起。也许与这种对老年的普遍认知相反，机构化的人群比例一直持续较低。例如，在美国，这一比例在 1880 年为 1% 至 2%，1990 年约为 5%，2009 年稍高于 4%（图 A.3.7）。[130] 在日本，2010 年，大约有 5% 的老年人口生活在机构中。在 19 世纪末和 20 世纪初，发达地区的这些机构主要是由工会、教会或慈善机构运营和资助的养老院。20 世纪中叶，国家在提供机构化设置方面所扮演的角色逐渐增加。近年来，机构化和半机构化的生活安排变得更加多样化和私有化，根据一系列术语分类，包括疗养院 / 长期护理、辅助生活住所、老年痴呆症 / 阿尔茨海默病护理中心、独立 / 住宅式公寓 / 集体住房、持续照料退休社区（CCRC）、医院或临终关怀中心（图 A.3.8）。[132] 由于这些机构主要针对第四年龄或第三和第四年龄之间的过渡期的需求，所以这些生活安排在本书中不会占据核心地位。

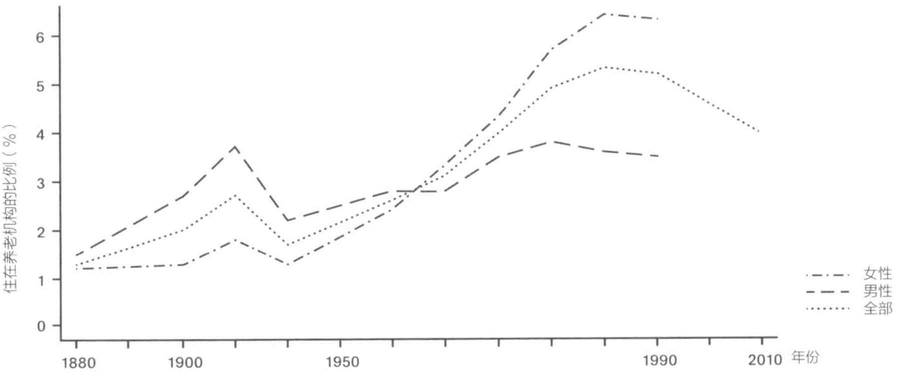

图A.3.7　美国65岁及以上老人居住在养老机构中的比例。资料来源：多拉·科斯塔，《退休进化论》，1998年；美国卫生与公众服务部，《美国老年人概况》，2011年

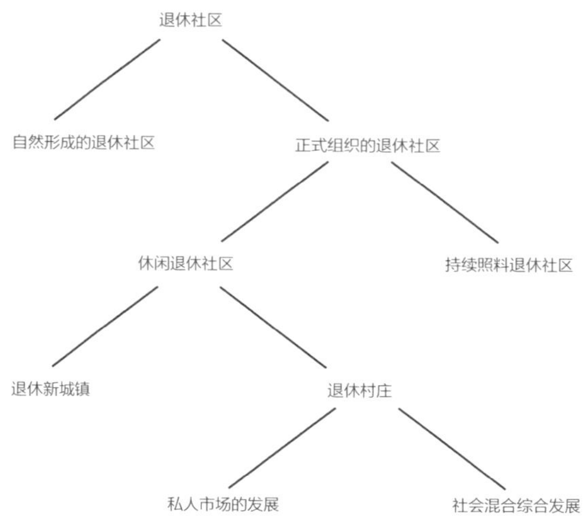

图A.3.8　退休社区类型分类。资料来源：迈克尔·帕西奥内（Michael Pacione），《退休村作为第三年龄居住环境》（*The Retirement Village as a Residential Enviroment for the Third Age*），2012年

近几十年来，在瑞士、奥地利、荷兰、丹麦和美国等国家，老年人自发组织成集体，共同生活在同一建筑物或建筑复合体中，出现了合作住房或共居住宅的多种不同的扩展形式，并重新引起了人们的兴趣。这些安排通常旨在促进参与集体社区活动，同时在居民共同老龄化的过程中，提供不同程度的相互照顾和服务。然而，这种模式并非没有内在的挑战，特别是当越来越多的居民成为高龄老人时，越来越少的健康居民将面临为越来越多的患病居民提供非正式护理的负担。

老年人从多代同堂家庭到单代家庭主要生活安排的巨大转变如上所述，这归因于一系列因素。加拿大社会科学家安德鲁·威斯特（Andrew Wister）和托马斯·伯奇（Thomas Burch）总结了四种普遍的成因理论：

> （1）经济学假设：随着实际收入的提高达到一定阈值，老年人终于能够表达他们长期以来未能实现的对独立生活的偏好。（2）人口学假设：由于长期的低生育率，亲属的可用性下降。（3）住房供应假设：可负担和易于管理的单人住宅供应增加，为老年人提供了独立生活的机会。（4）文化和规范假设：价值观的变化改变了传统的家庭规范和态度。[133]

其中最后一个假设引发了广泛的讨论，即这些价值观和亲属关系的变化是否是迫使老年人退出多代同堂家庭的无奈之举，还是老年人基于对“隐私和独立性，或通常所称的‘个人主义’”的优先考虑，自愿选择与大家庭分开生活呢？[134] 基于自己及其他人的研究，威斯特和伯奇主张，老年人选择与其他几代人分开生活主要是自愿的，并指出不同代际的不同偏好对自愿个体化的倾向性有重要影响。[135] 在成年早期时的时代影响，如大萧条或世界大战等，被认为是“当今老年人（相较于前几代人）自力更生能力形成的原因”[136]。这个假设中自愿性的意义需要特别强调，尤其是在反对路易斯·芒福德（Louis Mumford）或玛格丽特·米德（Margaret Mead）等关于年轻老人城市化的特定形式的论点时，这些论点是基于老年人被迫从三代同堂家庭和社会中脱离的假设。[137]

威斯特和伯奇提到的第一个经济假设可以通过参考科斯塔和格雷布纳的近期研究来进一步扩展。尤其是科斯塔将 65 岁以上人口的家庭规模缩小归因于整个 20 世纪实际收入的增加，这使得扩展家庭和主干家庭单元不再是大部分人口的经济必要性的结果。[138]“尽管过去的退休人员更希望过独立于其子女的生活，但他们根本无法负担”。[139] 除了总体收入水平的提高，养老金制度的引入在很大程度上也被认为是导致退休人员独居或夫妇同居增加的原因。埃莉诺·罗斯福（Eleanor Roosevelt）在 1934 年 1 月向商会发表报告支持《美国社会保障法》时表示，美国社会“应尽可能让老年人保持自己的家庭生活。老年人比年轻人更爱他们自己的东西，坐在同一张椅子上、看到一直以来看的同一幅画对他们来说意义重大。这就是老年保障法案将要做的事情”[140]。

在美国，1935 年的《美国社会保障法》对许多人来说标志着老年人护理责任从家庭（和慈善机构）向福利国家[i]的正式转变。但根据社会学家和社会历史学家的观点，在立法通过之前，家庭作用的减弱已经处于一个极高水平。格雷布纳认为：

---

i 译注：福利国家（Welfare State），根据语境，此处表示“由国家提供福利服务”。

“福利国家”的概念作为一种组织机制，有助于模糊社会保障、家庭和国家之间的关系。问题在于一个经常被重复的观点，这在历史解释中有所反映，即老年保障需要国家承担以前由其他机构委派或执行的职能。这一观点的理论基础在 1919 年得到了充分确立，当时亚瑟·W. 卡尔霍恩（Arthur W. Calhoun）发表了他的三卷本《美国家庭史》（*A Social History of the American Family*）[i]。卡尔霍恩描述了在人口分散、商业发展，尤其是在“政治民主运动使个人成为社会单位”的影响下，家庭日益解体和失序。他声称，“家庭职能的减少在很大程度上是由于将特权转移给了更广泛的社会机构”，包括学校、商店、教会和国家。[141]

多代同堂家庭的衰落，尤其是在美国这种地理跨度大的国家，部分原因是现代工业劳动力的流动性要求。美国社会学家亚伯拉罕·爱泼斯坦（Abraham Epstein）在 1922 年写道：“老年无力状况还因现代社会家庭单位的解体而进一步加剧。随着现代工业发展所必需的流动性增强，家庭纽带和家庭团结正在以越来越快的速度被削弱和破坏。”[142]

上述多代同堂家庭的总体衰退将导致“远距离亲密关系”模式的扩展，在这种模式中，老年人虽独立生活，但与子女和孙辈保持密切和定期的联系——无论是面对面，还是通过电话、电子邮件、网络电话等方式。霍普弗林格写道：

> 家庭代际关系的主导原则是多地多代家庭的模式——基于远距离亲密关系的理念，组成各自独立的家庭单元，但代际之间保持良好关系。因为每一代人都享有自己的私人空间，因而不同代际之间的关系良好而密切。[143]

与此同时，上门医疗服务在组织和性价比上的发展，使得老年人能够比以往更长时间地独立居住在自己的家中。[144] 居家养老（aging in place）因其为老年人提供居住的连续性、相应空间和与社会融合的机会而受到赞誉，成为年轻老人单代家庭单位的主导居住形式。它阐述了老年人在年轻老年阶段继续居住在家庭住所中的概念，而且在许多情况下，可以延续至高龄老年阶段。

美国地理学家格雷厄姆·D. 罗尔斯（Graham D. Rowles）和海格·瑞

---

i 译注：书名翻译参考《中国大百科全书》第三版网络版“家庭史学”条目。

伍达尔（Hege Ravdal）将日益重要的居家养老与“对所有权和地方归属感的社会认可，以及对熟悉环境的适应需求，这些老龄化的适应性特征”联系起来。[145] 结合统计数据显示的退休人员希望留在同一“地方”的愿望，罗尔斯和瑞伍达尔强调了“地方”在一生中的重要性，“提供空间结构和地理背景的地方，从而（让人）有序地安排生活”[146]。根据克劳迪·普罗切特等人（Claudine Provencher et al.）的观点：

> 随着对“地方”改善老年人福祉的潜力的兴趣日益浓厚，“居家养老”成为一个积极的目标概念（Tang, Choi, & Morrow-Howell, 2010; Vasunilashorn, Steinman, Liebig, & Pynoos, 2012）。这一研究的关注焦点之一是理解社区在促进老年人在本地区保持连续性和社会联系中的作用（Lui et al., 2009; Scharf & Keating, 2012）。居家养老概念的重要因素包括对地方的熟悉度、与景观的联系，以及熟悉和被熟悉的感觉。在现有大部分关于居家养老的文献中，有证据表明老年人希望留在他们当前社区的家中。[147]

美国退休人员协会（AARP）在 2011 年的一项调查中进一步支持了这一观点，调查显示近 90% 的 65 岁及以上的美国人希望居家养老。[148]

尽管通常被描述成截然对立的两种情况，但需要指出的是，居家养老经常自然形成退休社区（NORCs），与退休社区的发展相一致。[149] 这特别适用于最近几十年内同时建造并由相同或类似群体居住的地区或社区，这些群体将随着时间的推移一起变老。同样，正如尤金·利特瓦克（Eugene Litwack）和查尔斯·F. 郎基诺（Charles F. Longino）提及的宜居性迁移（amenity migration），通过舒适移民而产生的不受年龄限制的自然形成的退休社区也是很常见的，本书介绍的四个当代案例研究中的三例均属这种情况。[150]

尽管许多机构和组织将居家养老作为年轻老人的默认和理想住房选择，但与之相关的一系列挑战也是存在的。[151] 其中一个挑战涉及可能将地方归属感概念过分浪漫化的问题，特别是在当代社会“地方”核心性日益减弱的背景下。[152] 统计数据显示，平均每个美国人一生搬家 11.7 次，[153] 这意味着这是一个比一百年前定义的流动性更强的主体。[154] 在这样的文化环境中，家不再是绝对的终身基地，而越来越多地成为满足特定生活方式需求或人生阶段的产品。

2005年德尔·韦布(Del Webb)对“婴儿潮一代”的调查进一步强调了这一点。与AARP的调查相反，该调查显示临近退休的人群具有高度流动性，并且更有可能选择满足其当前需求的住宅。例如，在41至49岁年龄组中，“59%的人表示他们会为退休购买新房，其中45%的人愿意在州外购买”。[155]这种流动倾向代表了一种最有可能在退休之初发生的舒适移民。[156]普罗切特等人进一步探讨了居家养老面临的一些挑战：

> 戈兰特质疑一个人老去的地方是否重要，以及这种重要性是否对不同群体的老年人有不同的影响。其他人则对将“地方”视为良性和有支持性的观念持强烈反对意见。坎贝尔批评了“关于社区和身份的本质主义假设”，即将地理社区和特定身份等同起来。她强调，这种方法忽视了组成该地理社区的成员的多样性，以及那些被边缘化和无权的人……
>
> 对认为“地方”支持老龄化的另一个挑战是，社区和老年人都会随着时间而变化。关于农村社区，沃尔什等人提到“（农村）老龄化社区的背景是一个反映不断变化的经济和社会状况的动态环境”。老龄化还意味着社会关系、财务资源、家庭背景和健康的变化，这表明老年个体与其社区之间的积极互动可能充其量是短暂的。我们认为，地方对老年人始终是支持性的这些批评是有充分理由的。社区的其他方面，如归属感，似乎是理解哪些地方适合养老以及适合哪些人的重要因素。[157]

市场研究人员丽奈特·M.卢米斯（Lynette M. Loomis）、帕特丽夏·索斯（Patricia Sorce）和菲利普·R.泰勒（Philip R. Tyler）在1989年的研究阐述了使退休人员放弃在自己家居家养老的主要推动因素，以及吸引他们去退休社区的主要拉动因素。[158]尽管推动和拉动因素因个人背景和情况及不同群体而有所不同，但他们试图建立一个共同原因集合，其中许多因素已被美国建筑行业利用，用来为退休社区是比居家养老更可取的选择做宣传推广。主要的推动因素包括无法维护自己的住宅，以及觉得自己的住房和社区不够好。其他推动因素，如高昂的生活成本、恶劣的气候、不安全感和对犯罪的恐惧，以及配偶去世，很可能进一步降低他们选择居家养老的意愿。[159]

作为“空巢老人”，年轻老人通常会发现自己居住在比所需更大的家庭住宅中，拥有需要大量维护的庭院和景观。现有住宅和社区的不足有两个主要方面，一个涉及医疗保健和服务，另一个是休闲设施。根据卢米斯、索斯和泰勒的说法，居家养老可能会导致年长者在从年轻老人阶段过渡到高龄老人阶段时，与关键服务（如医疗保健）的距离问题变得尤为突出。[160] 此外，与休闲活动区的距离和其可用性的限制，也是居住在以核心家庭为主的混合年龄郊区和远郊环境中的退休人士所面临的普遍挑战，这些社区环境主要针对儿童和成人的活动。因此，退休人士经常发觉自己在社交和空间上与他人（包括同龄人、其他退休人士）隔绝，在消耗时间的休闲活动上感到孤立。[161]

拉动因素包括在退休社区中所感知到的“伴侣关系、监控系统、安全保障、社交活动”，以及医疗服务的可负担性和可获得性。[162] 除了这些因素，还需要将朋友、家人的位置以及气候和休闲设施的相对优势包括在内。纽加滕总结了这些推动和拉动因素的综合影响：

> 年轻老人在住房、地理位置和交通需求上的决策，将越来越受到他们在利用休闲时间方面的选择影响。绝大多数年轻老人将独立生活，远离子女和其他亲属。这一事实，再加上他们寻找有趣事物的愿望，将驱使他们寻找能最大化提供有意义的追求选项的环境。年龄分隔社区的增加程度，很大程度上取决于年轻老人能否在现有地点中有机会参与有意义的社区活动。[163]

特别是在 20 世纪中叶之后不久，尤其是在美国，针对年轻老人的新型城市模式尝试解决的正是这最后一个挑战。

4. 年轻老人的城市化

初期阶段

截至20世纪50年代末到60年代初，美国的退休制度出台已近25年，“第三年龄”这一极具历史意义的概念已在十年中广为人知，也正是在这一时期，美国成为规模最庞大、整合度最高且最引人注目的早期年轻老人城市化问题的实验室。

这些实验最先于美国出现的原因错综复杂，而其中一个核心要因是其时第三年龄群体虽已在诸如西欧、日本等地初具规模，但这些地区仍疲于重建在二战中遭受严重破坏的城市，着力于足量供应民众所亟需的基础住房。相比之下，美国几乎未被战争波及：城市没有遭到破坏，战时的工业生产在战争结束后得以无缝转换为国内消费生产。在此期间，美国正值经济和郊区房地产业蓬勃发展，巨额的资金可用于投资大片未经开发的廉价土地，势头强劲的房地产市场也便于退休人员出售所持房产。

美国的国土范围涵盖了各种气候类型，也包括了诸多生活成本不一的区域，这都使得退休人员可以搬到气候更宜人、生活开销更低的地区生活，而无须移居海外，更没有失去养老金待遇的隐忧。此外，美国地域辽阔，结合工业化和城市化进程，“传统”聚居模式的多代同堂家庭的分布已变得十分分散。就多代同堂家庭制度的个体化程度而言，与日本、意大利等国的退休人员相比，美国的退休人员多为一代户家庭。[164]

与上述原因密切相关的是，此时退休住房市场中一种新型消费者和新型供应商并肩而至。新型消费者，即前文所述的迅速扩张的年轻老人群体，他们对自己特有的期望和需求越来越明晰。新型供应商由私人开发商担任，业务涉及包括所有必要的基础设施和便利设施在内的城市整体性开发，其开发项目的规模和精密度远超以往的传统住宅区。

对战后新型消费者最为精妙的描述出自里昂 · A. 帕斯塔兰（Leon A.

Pastalan），其在《退休社区：美国的独创》（*Retirement Communities: An American Original*）一书的前言中写道：

越来越多的美国人面临空巢和强制退休的问题，他们在经济方面愈加有能力在住房市场中购置与其需求相适应的针对性住房，这一趋势使得对退休住宅的投资获得保障。可以肯定的是，他们中的许多甚至大多数人，将在退休社区以外的地方寻求住房。尽管如此，未来仍将同现在一样，老年家庭对住宅的特有的偏好与需求，需要由高度专精化的配套式住宅及服务来满足。这些专精化的配套服务将致力于满足老年人对独立、自主、隐私、保健、人际交往、安全及有意义的活动等方面的偏好与需求，而这些在普通社区中至今也难以得到满足。[165]

与主要负责大多数战前社区的慈善协会不同，新的供应商越来越意识到退休人员住宅市场的发展潜力，愈发能够通过人口分析和市场调研等各种技术手段来评估这些需求，也愈加善于有效地推行、宣传、塑造并营销这种生活方式套餐，以实现利润的最大化。在后继建设方面，像太阳城的开发商德尔·E. 韦布集团有限公司（Del E. Webb Corporation）这样的美国公司，凭借在规划和建设大型城市项目方面的丰富经验，在第二次世界大战后脱颖而出。在美国经济繁荣的背景下，这些公司能够在大量廉价的土地和各类气候区域中选择可供开发的目标。

“老年人住宅”的概念将从由养老院为体弱多病及垂死的传统老年人所提供的住房，转变为专为年轻老人量身定制的、以休闲生活方式套餐为卖点进行销售的退休社区。这相当于与教会、慈善机构、工会、政府脱钩，提供者及其动机转换为企业以营利为目的的产品销售。

诚如建筑师迈克尔·亨特（Michael Hunt）、帕斯塔兰等人在 1984 年出版的《退休社区：美国的独创》一书中所指出的，美国的退休社区并非完全是近来才有的现象，而是早在 20 世纪 20 年代就已蹒跚起步：

当时各种劳工组织、兄弟会及宗教团体在佛罗里达州购得了相对低廉的房产，旨在为退休人员创造一个能给予帮助的生活环境，例如其中的麋鹿乐土（Moosehaven）是由麋鹿皇家公会（Loyal Order of Moose）于 1922 年创建的，以照顾其退休人员……佛罗里达州出于慈善目的创建了许多赞助社区，直到一系列困难导致它们的发展陷入停滞，最终以 1929 年的股市崩盘画上句号。第二次世界大战后，佛罗里达州和美国其他地区的私人建筑商意识到向日益增长的美国老年人口推销住宅的潜力，从而揭开了退休社区开发的新纪元。[166]

20 世纪 50 年代初，佛罗里达州出现了一些典型的退休村（retirement villages），其规模相对较小，规划设计为包含 500 到 1000 个单元的社区，以退休人员的理想居所为卖点。据美国国家老龄化理事会（the National Council on Aging，NCOA）秘书日内瓦 · 马蒂亚森（Geneva Mathiason）称：“其中最简单的形式当属房地产开发项目，包括用于出售的小型独栋住宅，首付较低，且每月的还款额不超过退休金。通常情况下，这些项目距离任何规模的城镇都有几千米远。”[167] 这些社区并非依照法律法规进行年龄分隔，而是自然形成的退休社区：其中便利设施极为有限，一些社区会提供小型杂货店、自助洗衣店、户外休闲区，也有个别供人们开展业余爱好或手工艺制作的公共建筑。

一系列实验性的开发项目与早期佛罗里达州模式形成对照，而这形成了年轻老人城市化的雏形。创立于 1954 年的亚利桑那州的杨格镇（Youngtown，图 A.4.1），成为第一个有年龄分隔的退休社区。亚利桑那州的太阳城（Sun City，图 A.4.2）兴建于 1960 年，其设计规划首次系统地运用了人口统计学及市场细分技术，旨在为年轻老人定义消费与生活方式产品，即在人口统计学的细分基础上，提供更具实践意义的生活方式产品。太阳城后来成为 20 世纪首

图A.4.1　市政厅，亚利桑那州杨格镇，2006年。来源：Metro Shots LLC

图A.4.2 周边的休闲娱乐设施，亚利桑那州太阳城，2010年

个同时也是规模最大的有年龄分隔的高入住率退休社区。加利福尼亚州的罗斯摩尔休闲世界（Rossmoor Leisure Worlds）分别在1962年于海豹滩（Seal Beach）以及1964年于拉古纳山（Laguna Hills）投入运营，成为第一个有年龄分隔的封闭式退休社区，随后，拉古纳山社区成为首个拥有民选官员、获得自治的合法退休城市。

正如帕斯塔兰所言，对高度专精化的"配套式"住宅及服务的青睐，使得20世纪60年代兴起了全新的退休养老环境：私人开发的有年龄分隔的社区。这类社区大多选址于气候适宜地区，且生活成本普遍低于平均值，从而得以在生理、心理及经济方面都有益于长寿。这些社区将现有的近郊或远郊住宅区的规格，与诸如高尔夫、网球、游泳场地等相关休闲服务设施相结合，据此勾勒出一套初步的草案，这不仅带来了商业领域的成功，更在美国发展出一个价值数十亿美元的退休社区产业。[168] 然而这些既非国家资助的开发项目，也非慈善组织对老年人的关心，而是私营机构以营利为目的的产品开发，旨在满足消费者的需求，同时回避为该类草案所引发的广泛而棘手的社会问题承担责任。

20世纪80年代中期，亨特等人试图将这些社区归入一系列不同的退休社区分类中（图A.4.3）。

退休社区类型

退休新镇

规模	大	中	小		
居住者特征	健康年轻人占主导	健康老年人占主导	健康状况和体弱程度参差不齐的老年人		
服务水平	广泛的健康服务；户外休闲活动；其他服务	有限/无健康服务；广泛的户外休闲活动；其他服务	有限/无健康服务；户外休闲活动；其他服务	有限/无健康服务；户外休闲活动；广泛的其他服务	广泛的健康服务；有限的户外休闲活动；广泛的其他服务
营业性质	营利性	非营利性			

退休村庄

规模	大	中	小		
居住者特征	健康年轻人占主导	健康老年人占主导	健康状况和体弱程度参差不齐的老年人		
服务水平	广泛的健康服务；户外休闲活动；其他服务	有限/无健康服务；广泛的户外休闲活动；其他服务	有限/无健康服务；户外休闲活动；其他服务	有限/无健康服务；户外休闲活动；广泛的其他服务	广泛的健康服务；有限的户外休闲活动；广泛的其他服务
发起人	营利性	非营利性			

退休分区

规模	大	中	小		
居住者特征	健康年轻人占主导	健康老年人占主导	健康状况和体弱程度参差不齐的老年人		
服务水平	广泛的健康服务；户外休闲活动；其他服务	有限/无健康服务；广泛的户外休闲活动；其他服务	有限/无健康服务；户外休闲活动；其他服务	有限/无健康服务；户外休闲活动；广泛的其他服务	广泛的健康服务；有限的户外休闲活动；广泛的其他服务
发起人	营利性	非营利性			

退休住区

规模	大	中	小		
居住者特征	健康年轻人占主导	健康老年人占主导	健康状况和体弱程度参差不齐的老年人		
服务水平	广泛的健康服务；户外休闲活动；其他服务	有限/无健康服务；广泛的户外休闲活动；其他服务	有限/无健康服务；户外休闲活动；其他服务	有限/无健康服务；户外休闲活动；广泛的其他服务	广泛的健康服务；有限的户外休闲活动；广泛的其他服务
发起人	营利性	非营利性			

持续照料退休社区

规模	大	中	小		
居住者特征	健康年轻人占主导	健康老年人占主导	健康状况和体弱程度参差不齐的老年人		
服务水平	广泛的健康服务；户外休闲活动；其他服务	有限/无健康服务；广泛的户外休闲活动；其他服务	有限/无健康服务；户外休闲活动；其他服务	有限/无健康服务；户外休闲活动；广泛的其他服务	广泛的健康服务；有限的户外休闲活动；广泛的其他服务
发起人	营利性	非营利性			

图A.4.3 退休社区类型归类，1984年。资料来源：迈克尔·亨特等，《退休社区》，1984年

尽管并未像随后的太阳城及休闲世界那般声名大噪，但本杰明·施莱弗尔（Benjamin Schleifer）所打造的杨格镇作为首个年龄分隔社区而备受赞誉。此地距凤凰城中心约 32 千米，所处地块的前身为一个占地面积 129 公顷的牧牛场，这是一个专门为 50 岁及以上人员创立的社区（图 A.4.4~ 图 A.4.8）。1954 年，施莱弗尔赋予社区以年轻之名，以便“让人联想到青葱岁月与雄心壮志……让老年人感受不到苍老”；更要让他们“体面地生活并走向暮年，即使社会保障是他们唯一的收入来源”。[169] 在施莱弗尔看来，当时的疗养院存在着制度性的管制与禁锢，而杨格镇社区的出现则提供了替代性的选择。这一观点成形于施莱弗尔探访住在纽约合作养老院老友的过程中，他称那里的居民“无所事事，只等待着死亡的降临”。相较之下，设想中的社区则是基于独立自主：老年人在其中可以“保持活力，过自己的生活，不会失去自我”。[170] 广义而言，该开发项目被设想为“一个老年人可以享受无拘无束的休闲生活方式之所在”（图 A.4.9）。[171]

受限于一系列关于融资的磨合问题，以及未兑现给居民提供公共便利设施及基础设施的承诺，该社区发展迟缓。[172] 施莱弗尔在基础便利设施方面的描述可谓真假难辨：虽然早期的广告就已提及开发中将包含诸如医疗设施、交通服务和商店在内的便利设施，但直到 20 世纪 50 年代末，这些设施仍未建成。尽管资金流问题应该负有很大的责任，但施莱弗尔辩称这样的建设现状其实是杨格镇作为“精心规划设计的未完成社区”的结果，在这个到处留有空白的社区中“老年人需要能够创造和主导自己的未来”。[173] 早些年间，居民们在社区中心之外建立了自己的俱乐部，这些分布于原先牧场住宅中的俱乐部包括第一次世界大战退伍军人组织、杨格镇社交俱乐部、妇女俱乐部和周二下午俱乐部。通过缓慢而稳定的发展，该社区到 1957 年已建成 209 栋住宅。

1957 年 11 月 9 日，杨格镇在由戴弗·加洛维（Dave Garroway）主持的美国全国广播公司（NBC）的晚间电视节目《广阔天地》（*Wide, Wide World*）中一炮而红，据报道，这档节目吸引了 5 万名观众的咨询。[174] 节目播放的片段有对施莱弗尔及社区居民的采访，在采访中他们描述了这个没有严寒天气、没有小孩的环境是怎样的，生活于其中的他们年龄都超过了 50 岁，拥

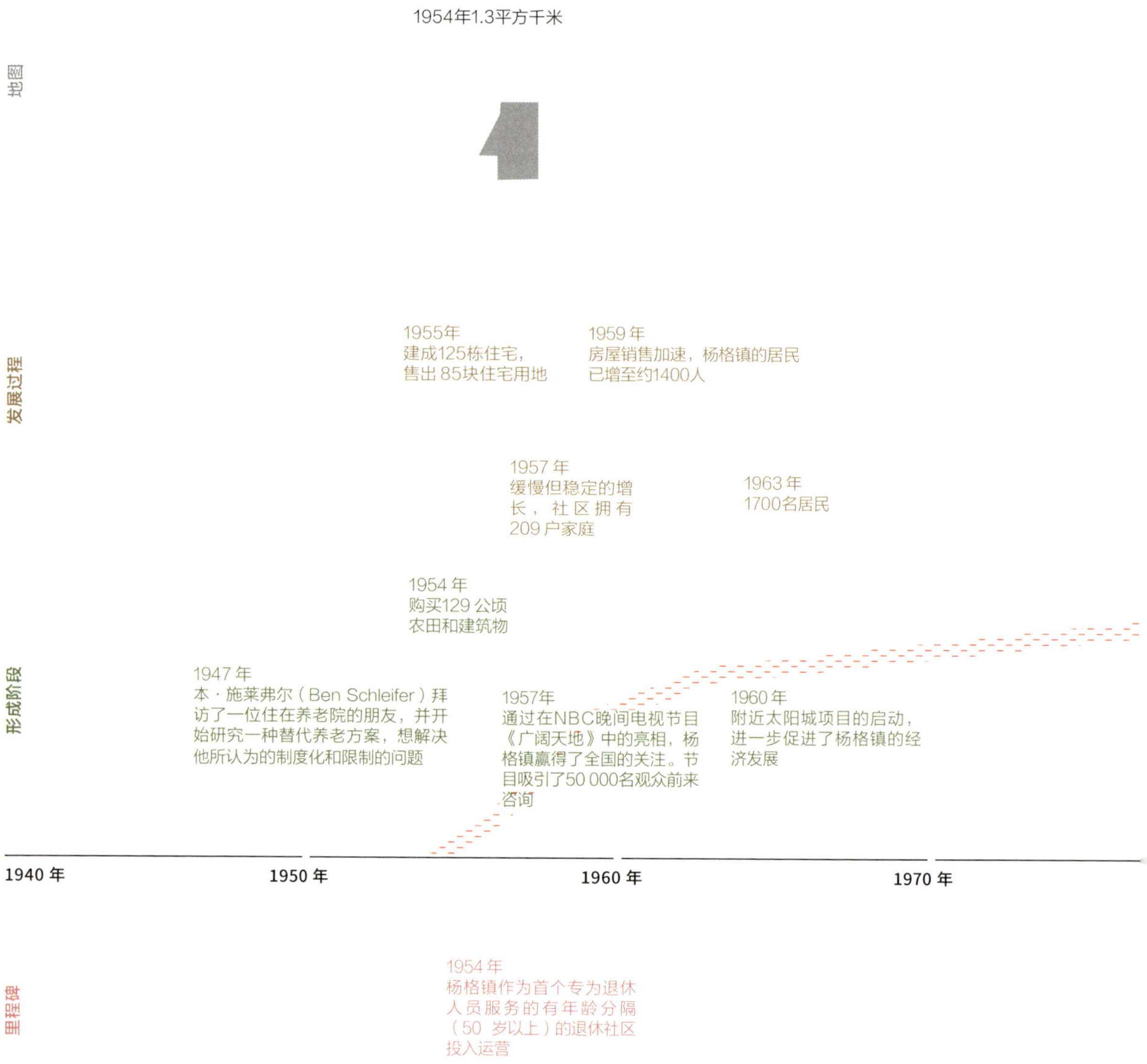

图A.4.4　亚利桑那州杨格镇发展时间轴和人口数量估算

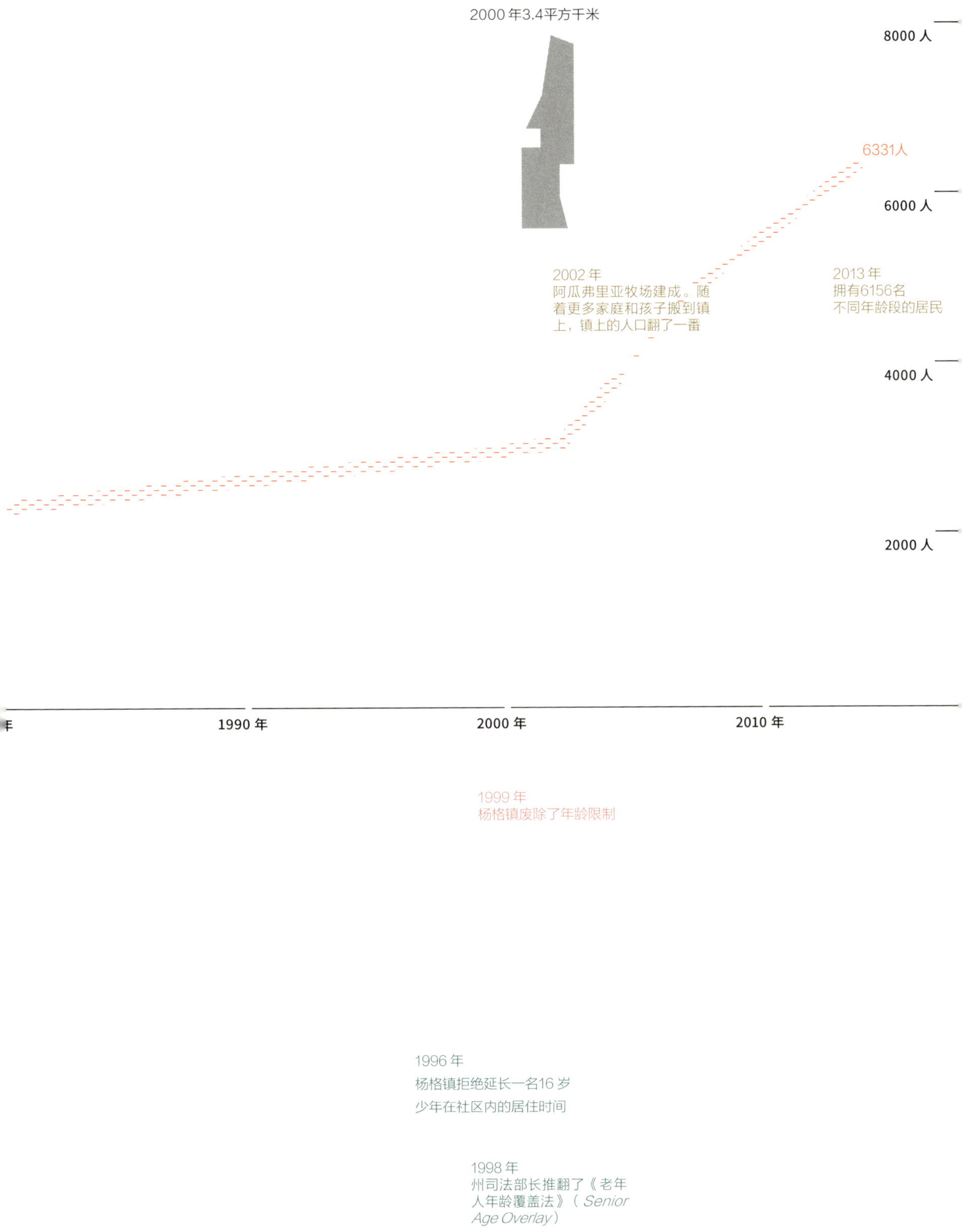
2000 年3.4平方千米
8000 人
6331人
6000 人
2002 年
阿瓜弗里亚牧场建成。随着更多家庭和孩子搬到镇上，镇上的人口翻了一番
2013 年
拥有6156名不同年龄段的居民
4000 人
2000 人
1990 年
2000 年
2010 年
1999 年
杨格镇废除了年龄限制
1996 年
杨格镇拒绝延长一名16 岁少年在社区内的居住时间
1998 年
州司法部长推翻了《老年人年龄覆盖法》（Senior Age Overlay）

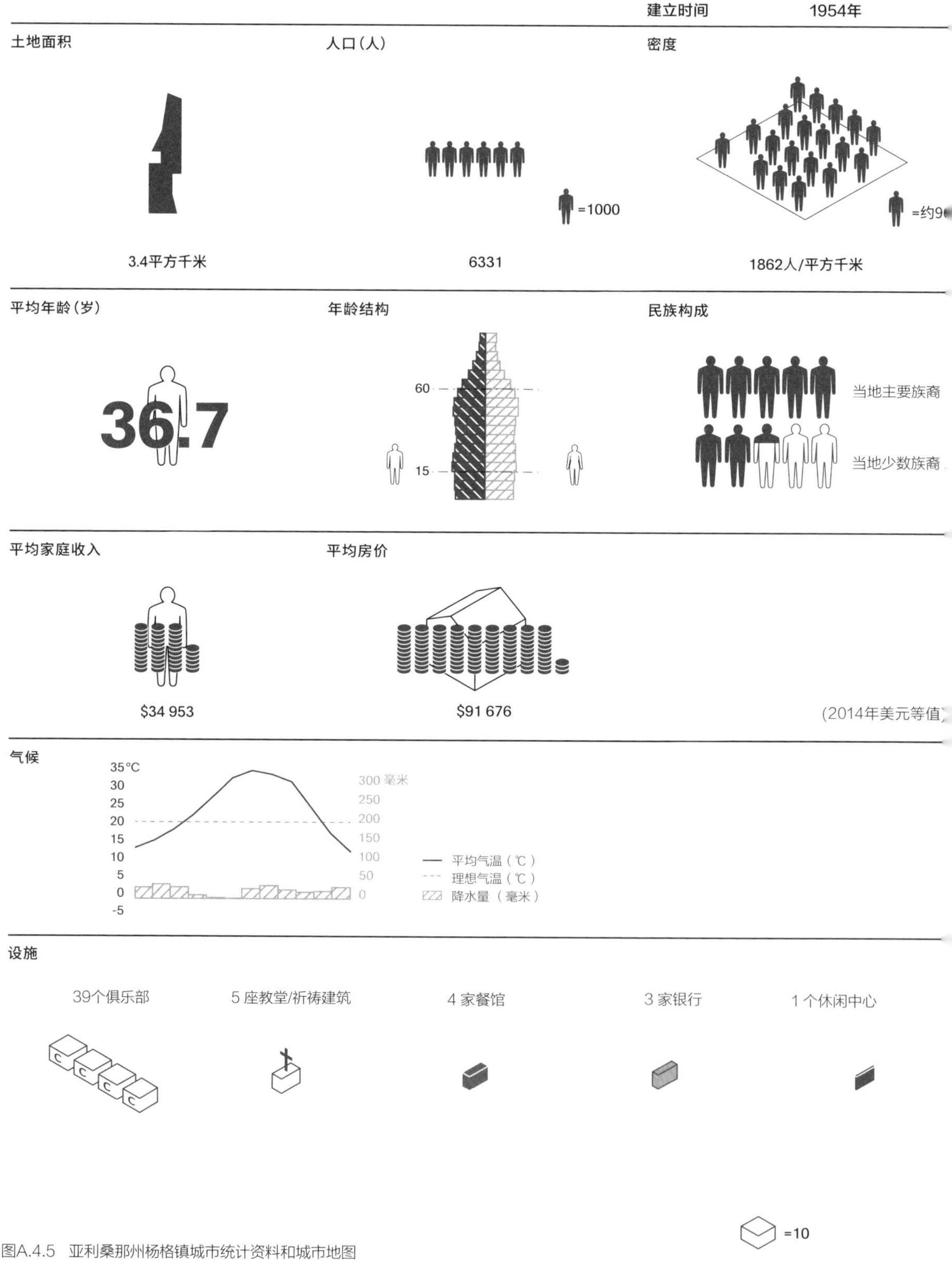

图A.4.5 亚利桑那州杨格镇城市统计资料和城市地图

来源:美国人口普查局

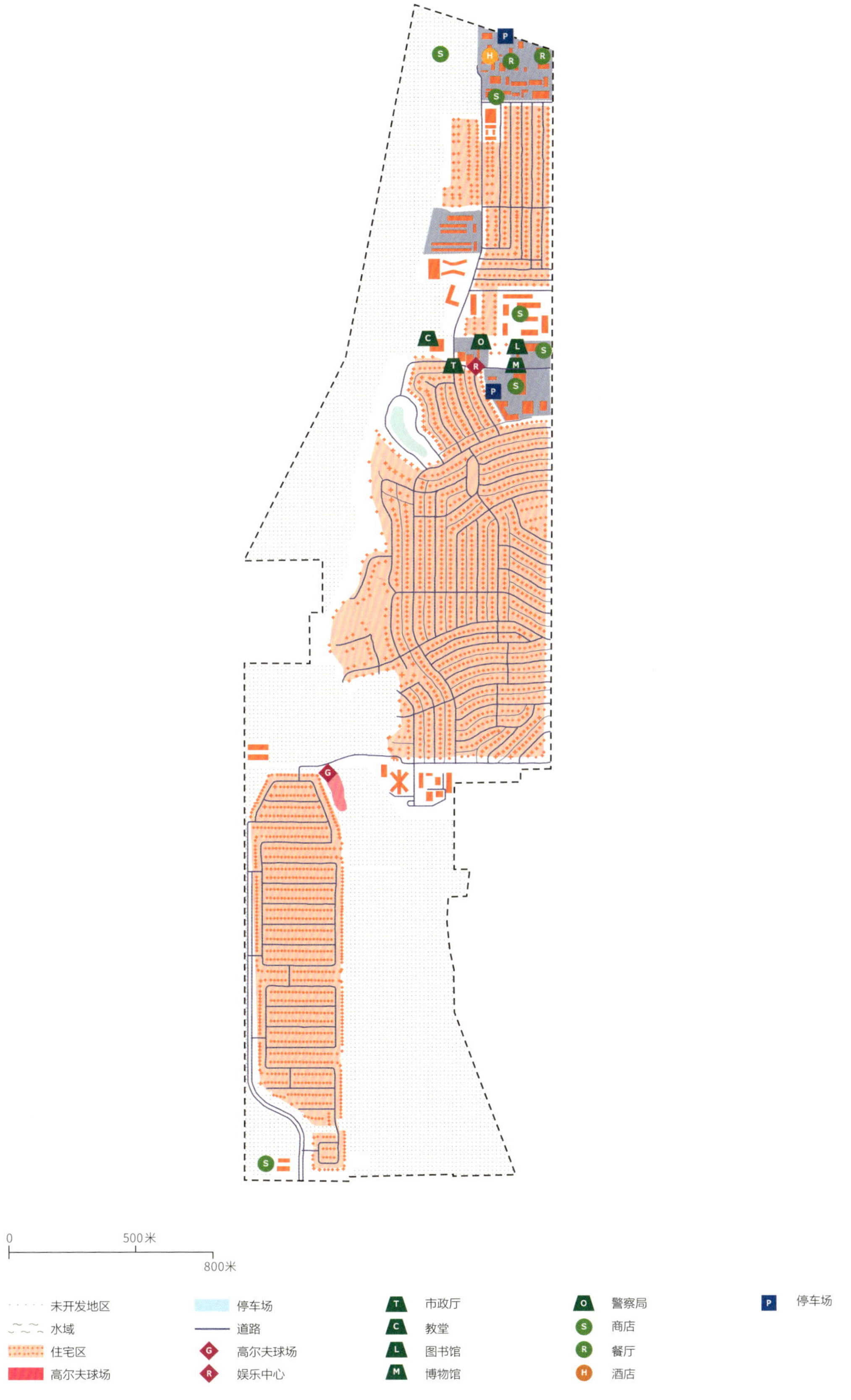
P
H
R
R
S
S
S
C
O
L
S
T
R
M
P
S
G
S
0
500米
800米
未开发地区
水域
住宅区
高尔夫球场
停车场
道路
高尔夫球场
娱乐中心
市政厅
教堂
图书馆
博物馆
警察局
商店
餐厅
酒店
停车场

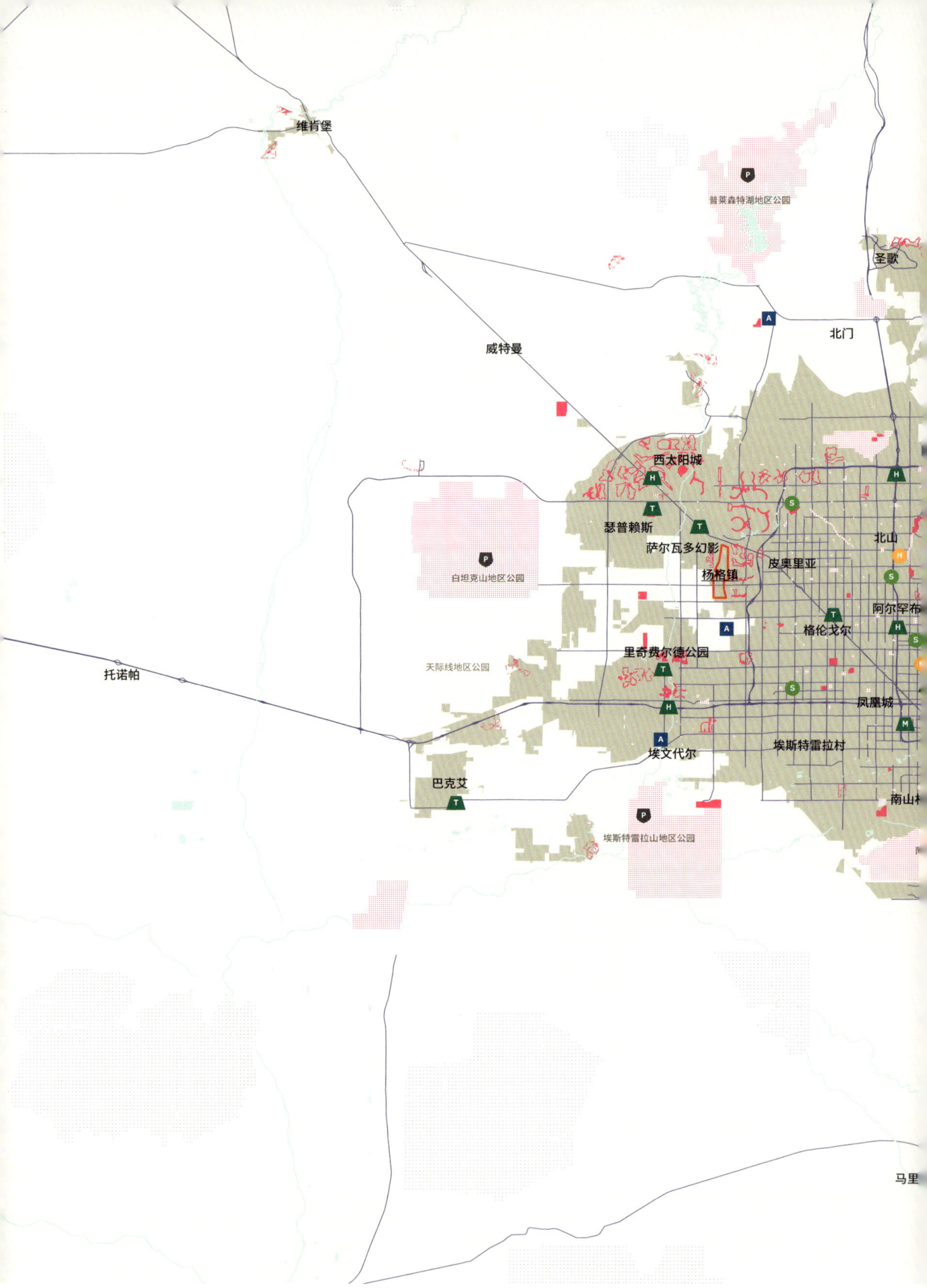

图A.4.6　亚利桑那州杨格镇城市环境和区位分析

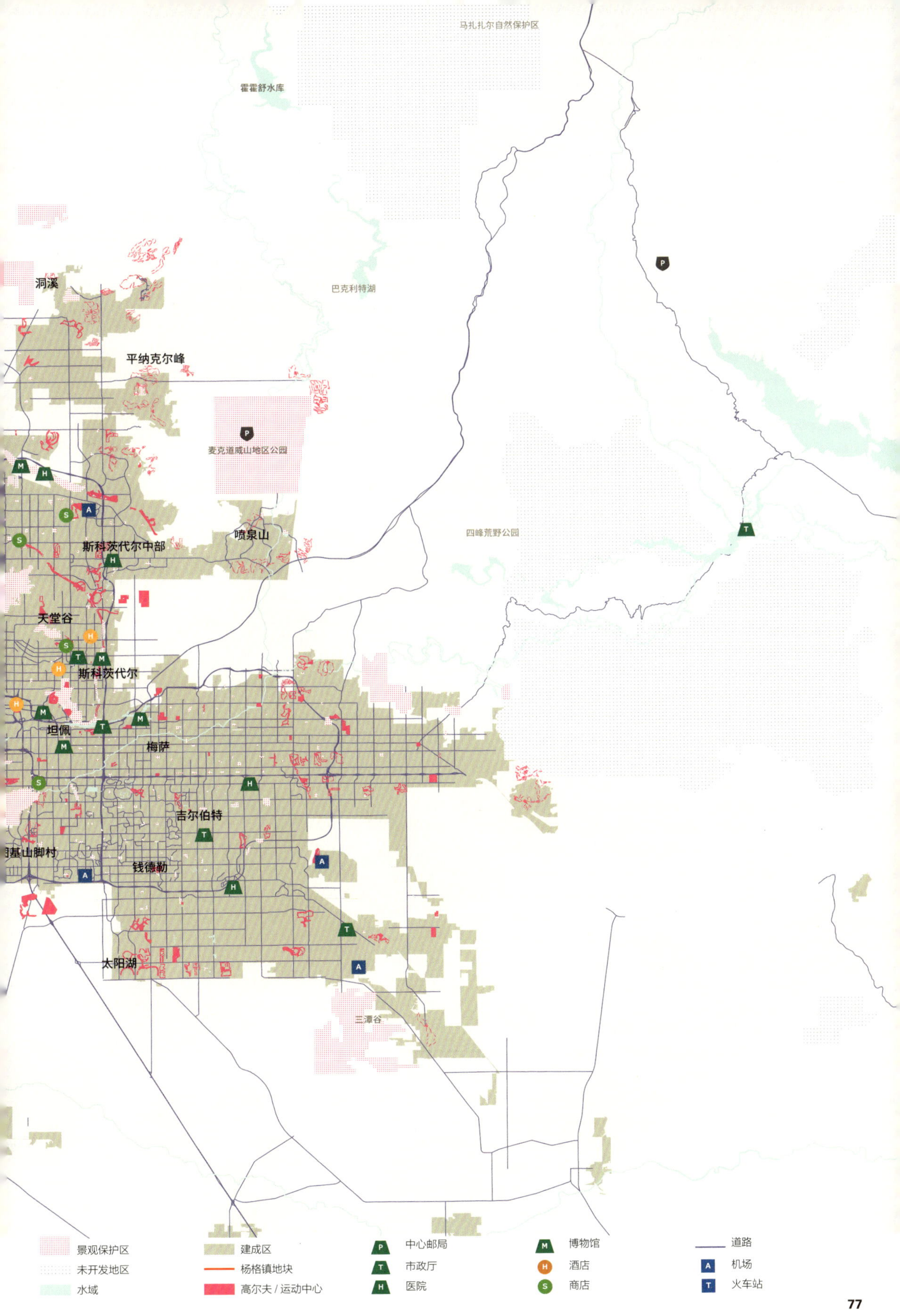

马扎扎尔自然保护区
霍霍舒水库
巴克利特湖
洞溪
平纳克尔峰
麦克道威山地区公园
喷泉山
斯科茨代尔中部
四峰荒野公园
天堂谷
斯科茨代尔
坦佩
梅萨
吉尔伯特
基山脚村
钱德勒
太阳湖
三潭谷
景观保护区
未开发地区
水域
建成区
杨格镇地块
高尔夫 / 运动中心
中心邮局
市政厅
医院
博物馆
酒店
商店
道路
机场
火车站

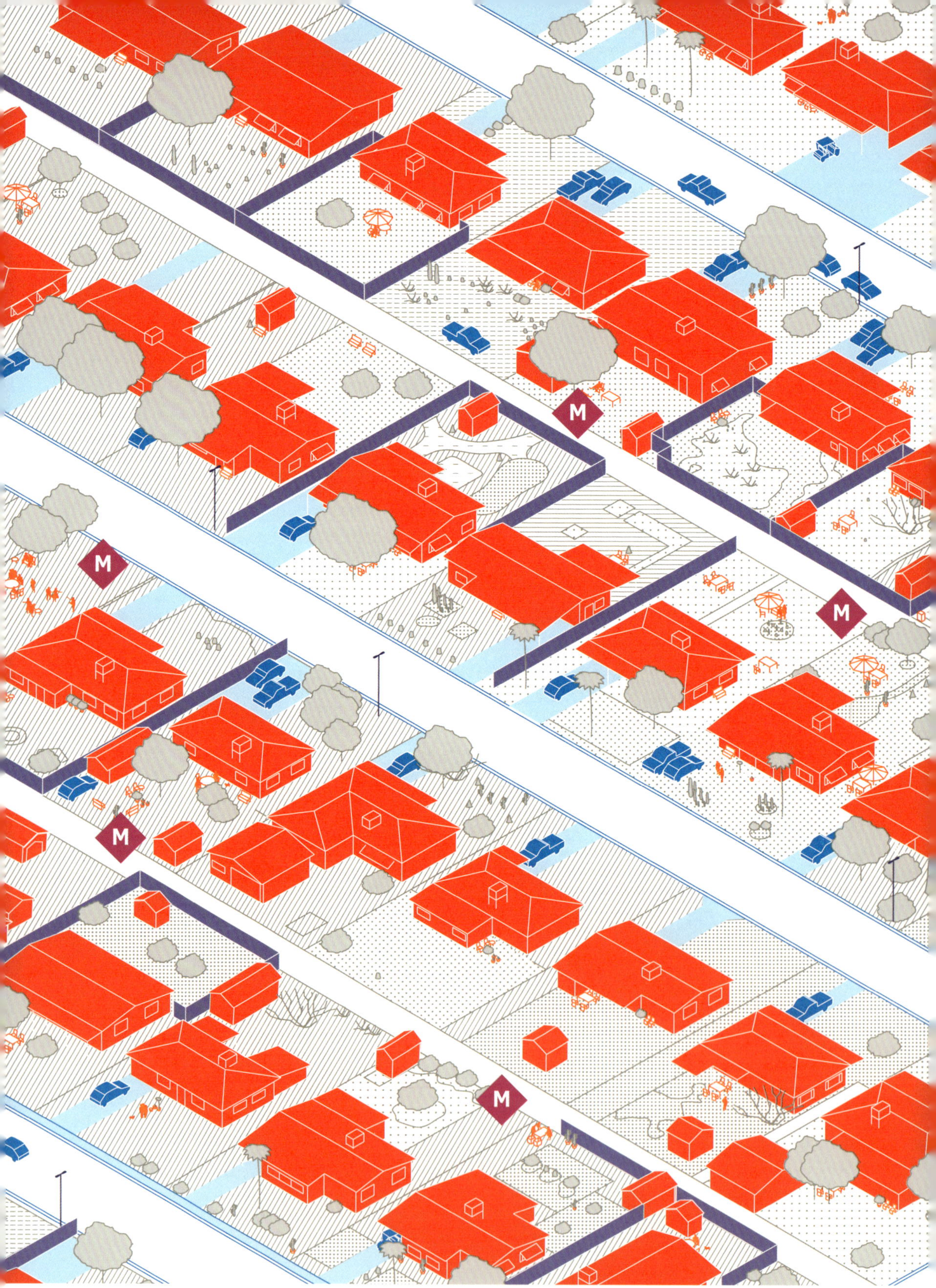

图A.4.7　亚利桑那州杨格镇城市肌理（1）

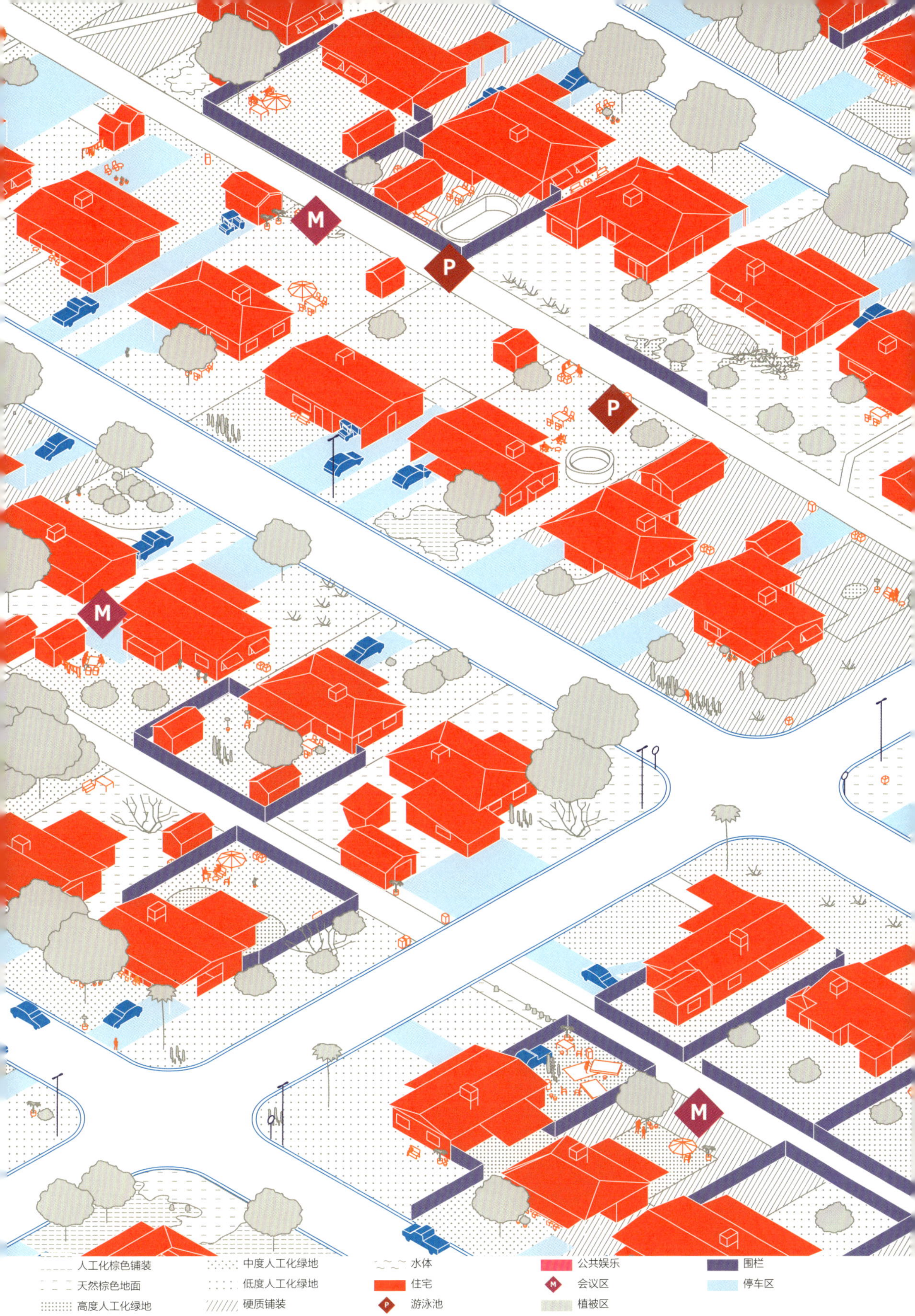
人工化棕色铺装
天然棕色地面
高度人工化绿地
中度人工化绿地
低度人工化绿地
硬质铺装
水体
住宅
游泳池
公共娱乐
会议区
植被区
围栏
停车区

图A.4.8　亚利桑那州杨格镇城市肌理（2）

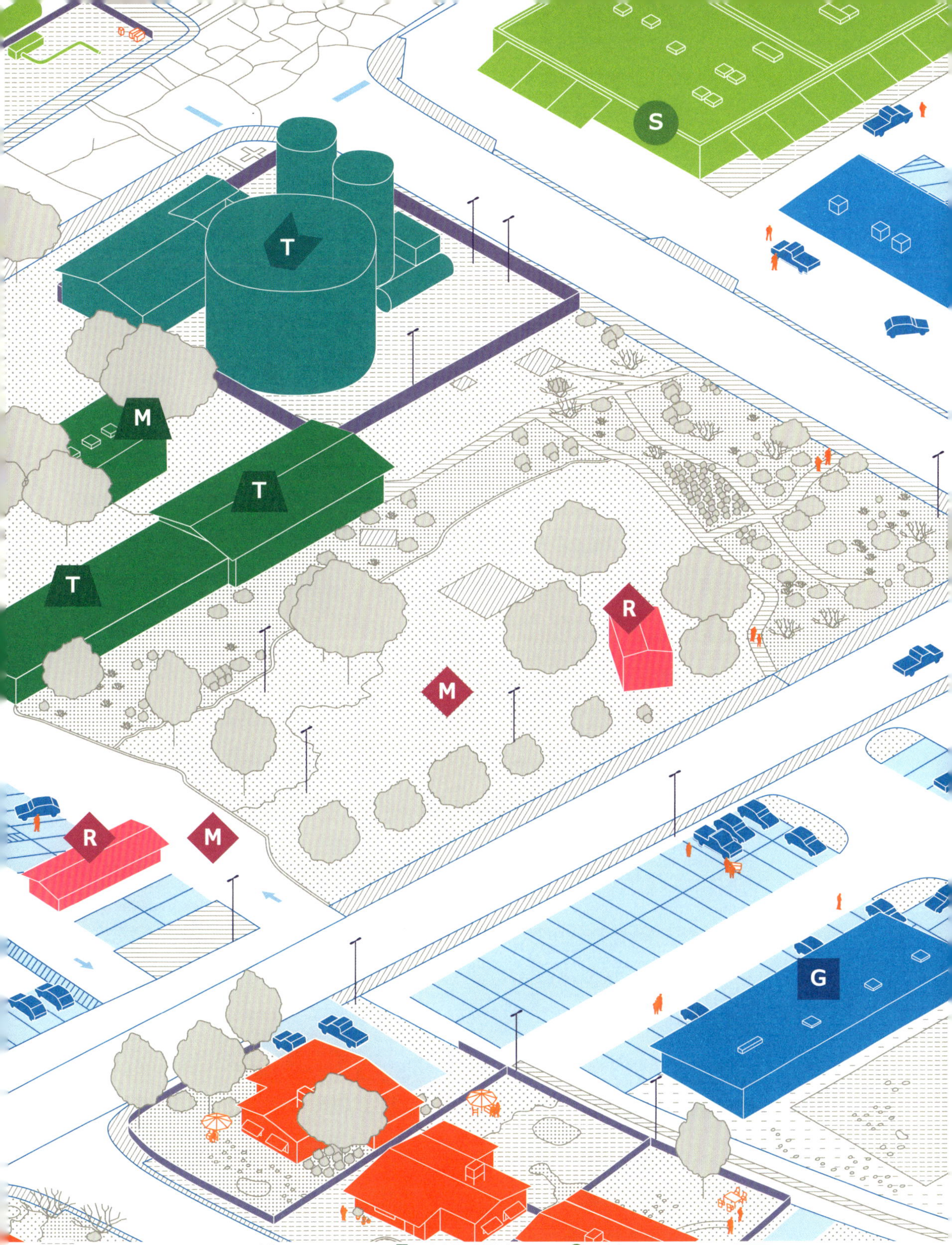

人工化棕色铺装
天然棕色地面
高度人工化绿地
中度人工化绿地
低度人工化绿地
硬化地面
种植区
住宅
公共娱乐
R 娱乐中心
M 会议区
公共市政
T 市政厅 / 市民中心
C 教堂
L 图书馆
M 博物馆
O 警察局
零售
S 商店
M 私人诊所
基础设施
T 基础设施
围栏
停车楼
停车区
G 车库

What was YOUNGTOWN

In the beginning, it was a dream.

It was dreamed by a man who had seen an old and honored friend "outlive his usefulness."

The dreamer watched in sorrow as his friend idly and aimlessly rocked to and fro in a chair at an old folks' home.

That was how it began.

The dreamer promised himself and his friend that if there was anything under the sun he could do to make old age happy rather than hapless, then God willing, he'd do it!

And when he finally did it, with God's help, it was literally "under the sun"—340 days of it per year, to be exact.

Ben Schleifer's dream and promise began to come true five years ago when the then Governor of Arizona, Howard Pyle, dedicated a brand new town being erected in the desert.

And it was called Youngtown.

But this was only a beginning.

This was merely the site where the dream and promise were yet to be fulfilled.

Here was warm, sun-drenched land, dotted now with moderate priced houses. But the people who were to come here would have to turn the houses into homes, the buildings into a community.

And now many people were muttering that Schleifer was a "nut—a nitwit" to expect aged persons to develop their own community life and recreation. "After all," they'd say, "there is no difference between rocking a rocking chair in an old folks' home in New York and rocking on a porch on the desert except that it is warmer on the desert."

But the inhabitants of the new town for older citizens moved into the houses. And soon the houses along the dusty roads had beautifully tended lawns, gay flower gardens, palm, citrus and fruit treets and little backyard vegetable plots.

And the houses became homes.

Streets were paved. A community club-house was built. Organizational meetings for churches were held. Distaff residents conducted own "Grandmother's March Against Poli

And the buildings became a community.

The dream and promise had begun to true.

The dissenters began to realize that there a difference between rocking a rocking in an old folks' home and rocking on a in Youngtown.

And the difference was that Young offered: opportunity for usefulness; desi beautify, create and build; hope for inde ence, respect, self-esteem; and a joie de that made rocking chairs almost unneces

Old age, for the 1,400 residents of Youngt has become happy rather than hapless.

And more dreams and promises are t made and fulfilled for countless other s citizens who deserve the chance to change fear of old age into the fun of old age.

Page Four

图A.4.9 节选自出版物《亚利桑那州杨格镇五周年》，1959 年。资料来源：杨格镇历史博物馆

What is

YOUNGTOWN

It is a 5-year-old community of 700 well-tended, neatly landscaped homes on a desert oasis 16 miles from Phoenix.

It is "home town" to 1,400 people who are retired or over 50.

Its inhabitants have come from every state in the union, but most have come from cold weather climes to live their Golden Years in golden sunshine.

It is a town dedicated to providing luxurious living while solving the economic problems of old age!

It is a town devoted to the leisurely life—swimming, fishing, bowling, dancing, card games, pot luck dinners, picnics, garden clubs, bingo, shuffleboard—that, come to think of it, sometimes is more lively than leisurely.

What is Youngtown?

It's the place where the people killed Loneliness, instead of dying of it.

It's a happy place where people of similar ages and dissimilar backgrounds have created a community where no man is a stranger, where the spirit of brotherhood is a fact, and where life is lived with relish and zest.

It's a helpful place, where neighbor aids neighbor and no one is a burden to others because each is an entity, contributing ideas or energy, encouragement, or effort, enthusiasm or exploit. And all are eternal equals in each other's eyes.

What is Youngtown?

It's a place that proves people must be busy to be happy, and that it is extremely easy to be busy though retired once you get the hang of it.

It's a place that proves there's lots of life in the old folks yet!

It's a place that gives testament to the poet's theory that the last of life is the best—for which the first was made.

What is Youngtown?

It's revelation, revolution, rejuvenation.

It's a revelation to its own inhabitants—and to the world—that aging people who once were lamenting that "Ol' Rockin' Chair's Got Me" are leading full, rich, successful and happy lives on a do-it-yourself basis.

It's a revolution against the fear of old age. Fear has become Fun. Old Age equals Enjoyment.

It's rejuvenation when an oldster has purpose, hope, incentive, and entity, is needed and beloved by his neighbors and community.

And that's what Youngtown is.

AND THIS IS YOUNGTOWN TODAY.

有很多共同点，每天都参与各种各样的活动。节目的播出大大促进了房屋的销售，两年后的 1959 年，杨格镇居民陡增到近 1400 人，到 1963 年更是达到了 1700 人。此时，社区已经拥有 39 个俱乐部：

> 范围从男子与女子保龄球联盟到乐福鞋俱乐部，不一而足。男性活动大多与体育相关，如高尔夫、沙狐球、掷马蹄铁和射箭等；而女性则更青睐参与卡牌游戏及社交俱乐部。与此同时，居民们已经拥有了一家业余爱好用品商店、一家工艺品商店和一家珠宝店。整个社区内还有四位医师、一位按摩师与一位牙医，以及银行、司法和购物场所。[175]

出于一系列原因，杨格镇吸引的退休者大多是来自中西部降雪带的白种人。据早期居民称，他们搬迁的首要原因普遍是气候问题，其次是出于健康的考虑以及渴望“与同龄人一起以全新的方式生活”，过一种“积极的生活”，而非在“候死室”中等待死亡的到来。[176]

德尔 · E. 韦布集团有限公司的几位员工颇为巧合地在电视上看到了美国全国广播公司的这则报道，其中一位在后来表示“他们不明白为什么自己没有想到这一点”[177]。而这标志着亚利桑那州太阳城的萌芽，作为 20 世纪末世界最大的单一地址退休社区，太阳城成为后续许多退休社区的蓝本（图 A.4.10 ~图 A.4.15）。

德尔 · E. 韦布集团最初是一家建筑公司，由德尔 · 韦布在 20 世纪 30 年代创立于亚利桑那州凤凰城，二战后迅速发展成为美国最大的建筑承包商与开发商之一。[178] 战争期间，公司竣工的大型项目之一是日本战俘营，关押着 25 000 多名战俘。在战俘营中，该公司修建了“一座包括了道路、公共设施、公共建筑以及房屋的完整城市”[179]。这些战时项目日后将作为建设 “规划”社区的相关项目经验，展现给投资者和规划者，这绝非反讽。[180] 公司通过大量的城市开发项目拓展并丰富了业务类型，这些项目包括 1948 年亚利桑那州图森市郊外占地 607 公顷的普韦布洛花园（Pueblo Gardens），及 1953 年为美国岩浆铜业公司（Magma Copper Company）打造的集住宅区、购物中心和公园为一体的圣曼努埃尔（San Manuel）大型社区。[181]

美国全国广播公司关于杨格镇的报道播出后不久，建造年龄分隔社区的想法便摆在了德尔 · 韦布的面前。尽管一些工作人员声称在很多方面他们能超越杨格镇，但据称韦布对此持怀疑态度，其担忧点在于将大量资金投入目标群体不足总人口的 20% 的发展中社区所隐藏的风险。[182] 在这时开发一种摒弃 80% 人口需求的产品要极为审慎，因为这有悖于 20 世纪上半叶商业运作的普遍市场逻辑：为大众市场大规模生产标准化产品。

德尔 · E. 韦布集团退休社区的开发由汤姆 · 布林（Tom Breen）领导，作为集团副总裁之一的他“多年来一直关注作为经济力量的老年人，并坚信这一项目会取得成功”[183]。在制定开发太阳城的规划之前，公司进行了大量的市场调查。他们首先邀请了西北大学社会学家罗伯特 · 哈维格斯特博士（Dr. Robert Havighurst）这样的专家学者参与讨论。哈维格斯特于 1954 年与尤金 · M. 弗里德曼（Eugene M. Friedmann）合著了《工作与退休的意义》（*The Meaning of Work and Retirement*）一书，书中论述了“活动理论”的理念框架，活动理论认为有组织的休闲活动可以提供“令人满意的替代品”，来替代青壮年时期工作所带来的地位、结构和“经济之外的价值”。

哈维格斯特和弗里德曼对各代人退休后对休闲生活方式的选择倾向进行了区分。他们提出，那些 1920 年以前在以工作为中心的社会中成长的人，要比那些在 1920 年后经济富足时期长大的人更难以适应休闲的退休生活方式。哈维格斯特对德尔 · E. 韦布集团关于建立大规模年龄分隔社区的提案给出了极其负面的评价：“你可能不知道自己在做什么……因为让老年人与其家人分离是行不通的。”[184] 尽管德尔 · E. 韦布集团正是想要提供“有组织的休闲活动”，但哈维格斯特的否决可能是基于两点考虑：首先，与当时的绝大多数研究者一样，哈维格斯特认为以聚居的多代同堂家庭结构生活是十分必要的；其次，正如他与弗里德曼在《工作与退休的意义》中所指出的，1920 年之前以工作为中心的那一代人，在 20 世纪 50 年代末 60 年代初退休后，很难顺利适应全然休闲的生活方式。[185] 除却邀请哈维格斯特，凤凰城的一家西方商业顾问公司（Western Business Consultants）也受雇，就德尔 · E. 韦布集团有限公司的提案发表专业意见，西方商业顾问公司同样对年龄分隔退休社区的提案表示否决。[186]

布林并未受到专家们负面反应的影响，发起了第二阶段的研究，包括为好友卢 · 西尔弗斯坦（Lou Silver-Stein）提供经济支持，让他在佛罗里达州游历，

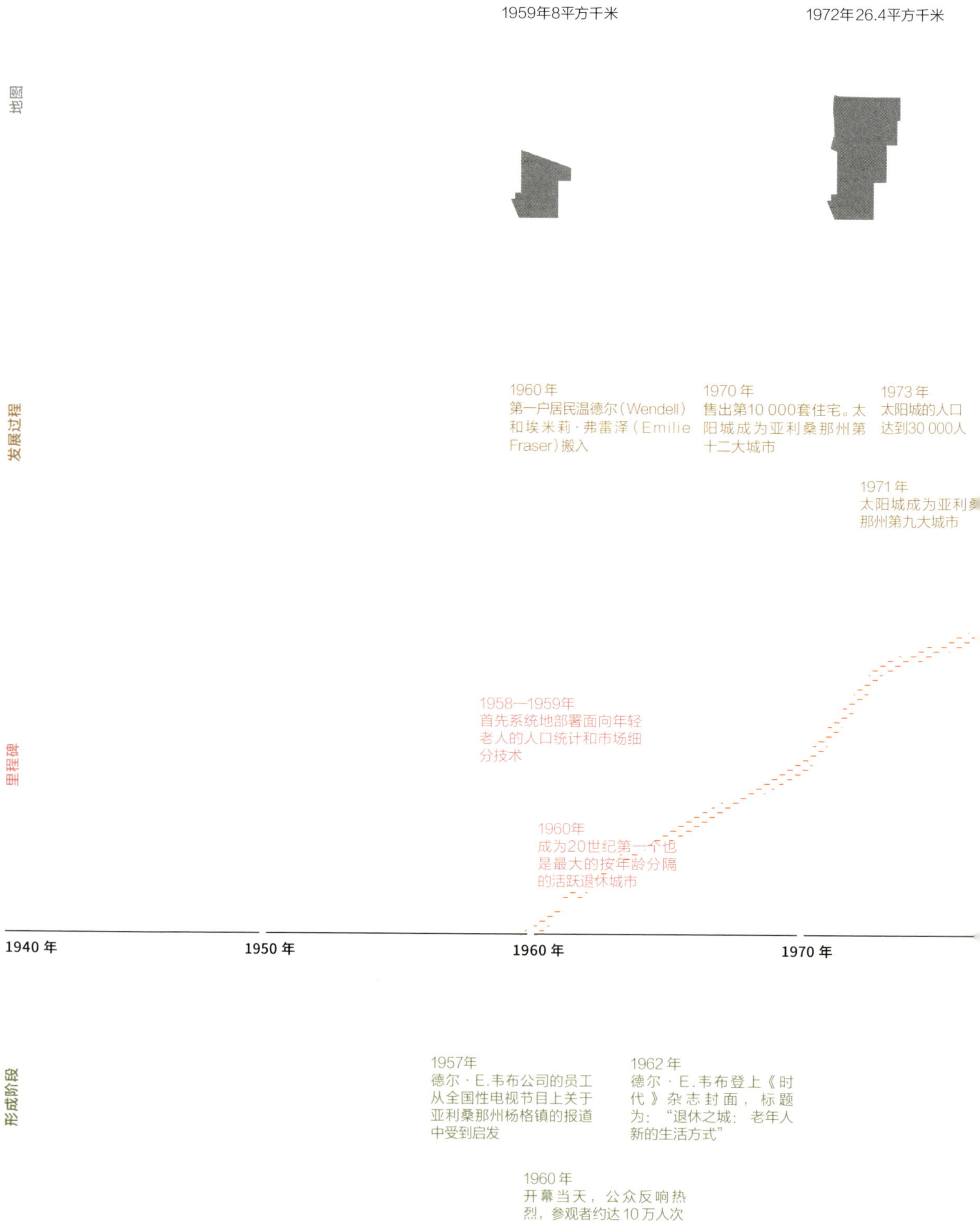

图A.4.10　亚利桑那州太阳城发展时间轴和人口数量估算

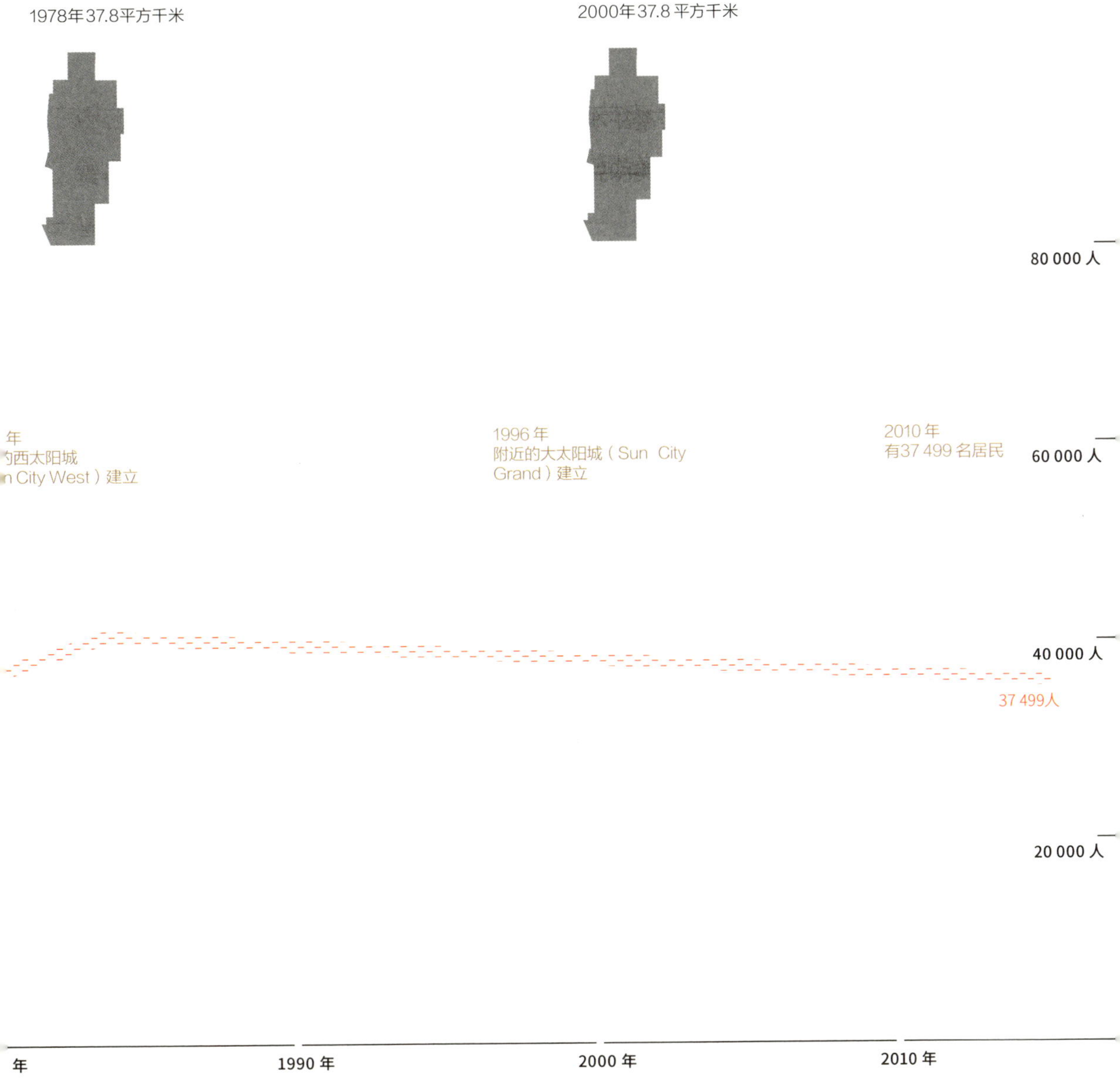
1978年37.8平方千米
2000年37.8平方千米
80 000 人
年
的西太阳城
n City West）建立
1996 年
附近的大太阳城（Sun City
Grand）建立
2010 年
有37 499 名居民
60 000 人
40 000 人
37 499人
20 000 人
年
1990 年
2000 年
2010 年

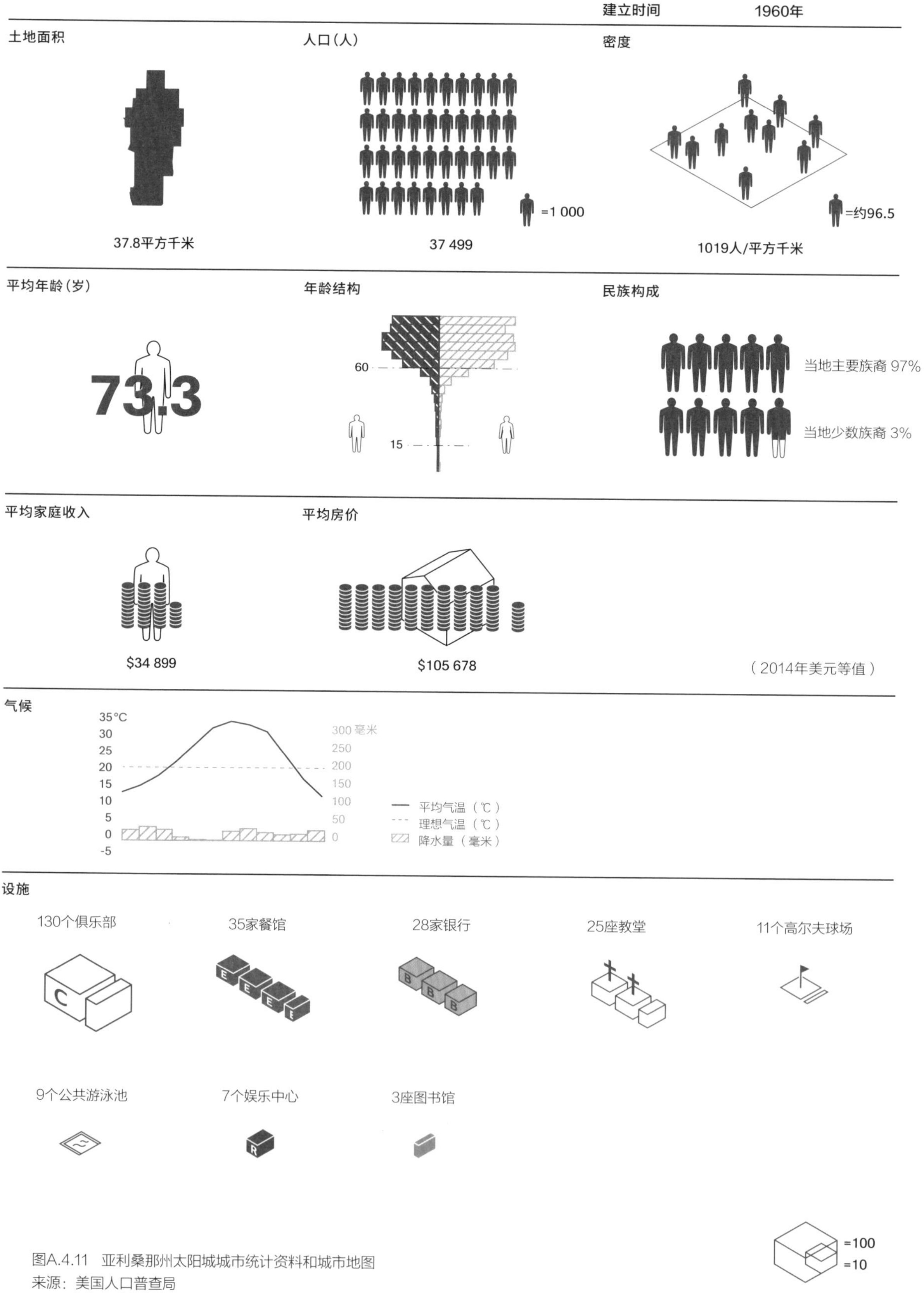

图A.4.11 亚利桑那州太阳城城市统计资料和城市地图
来源：美国人口普查局

0
500米
800米
水域
住宅区
娱乐中心
高尔夫球场
网球场
植被
教堂
商店
停车场
道路

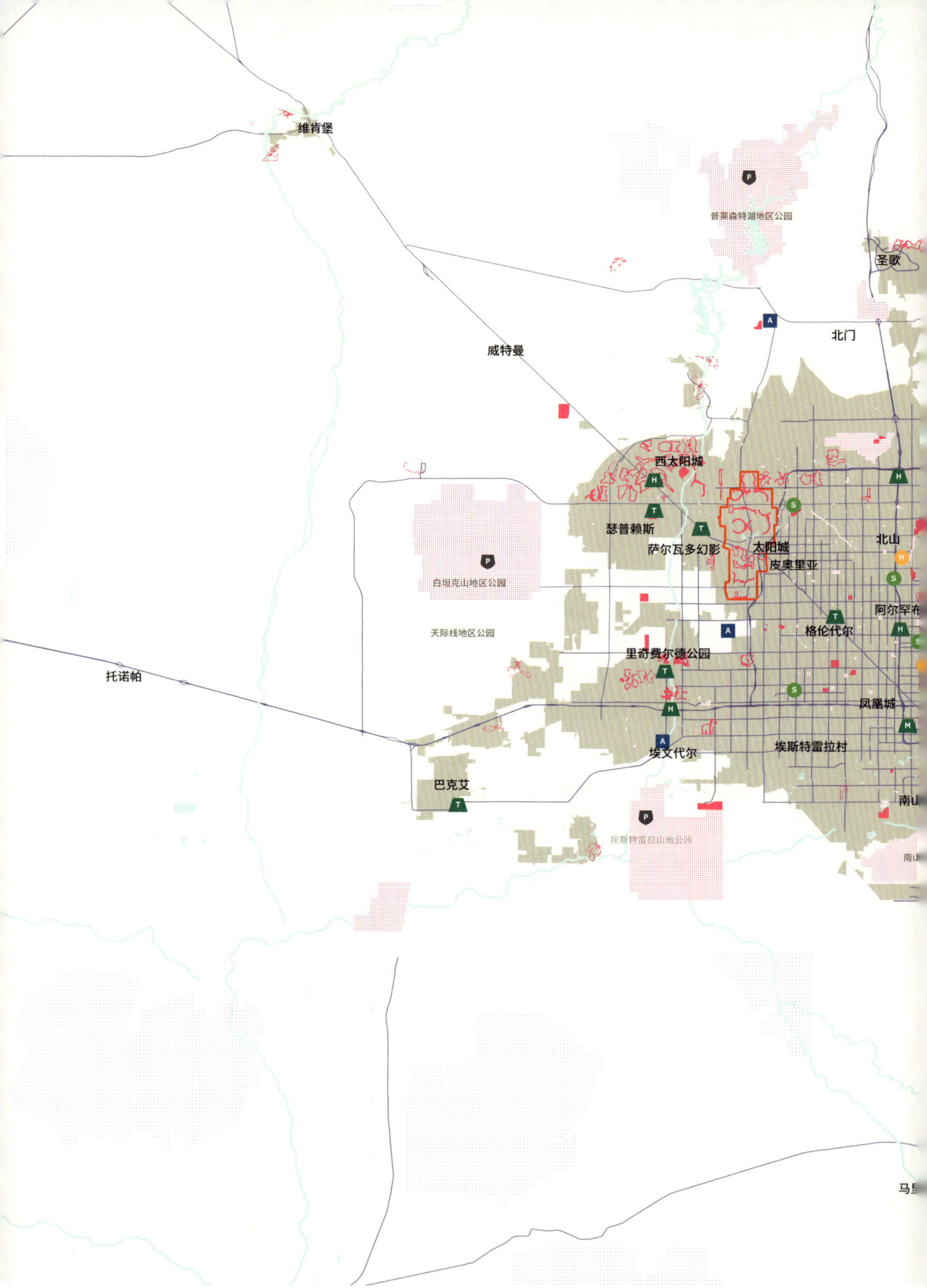

图A.4.12　亚利桑那州太阳城城市环境和区位分析

0　10千米　8千米

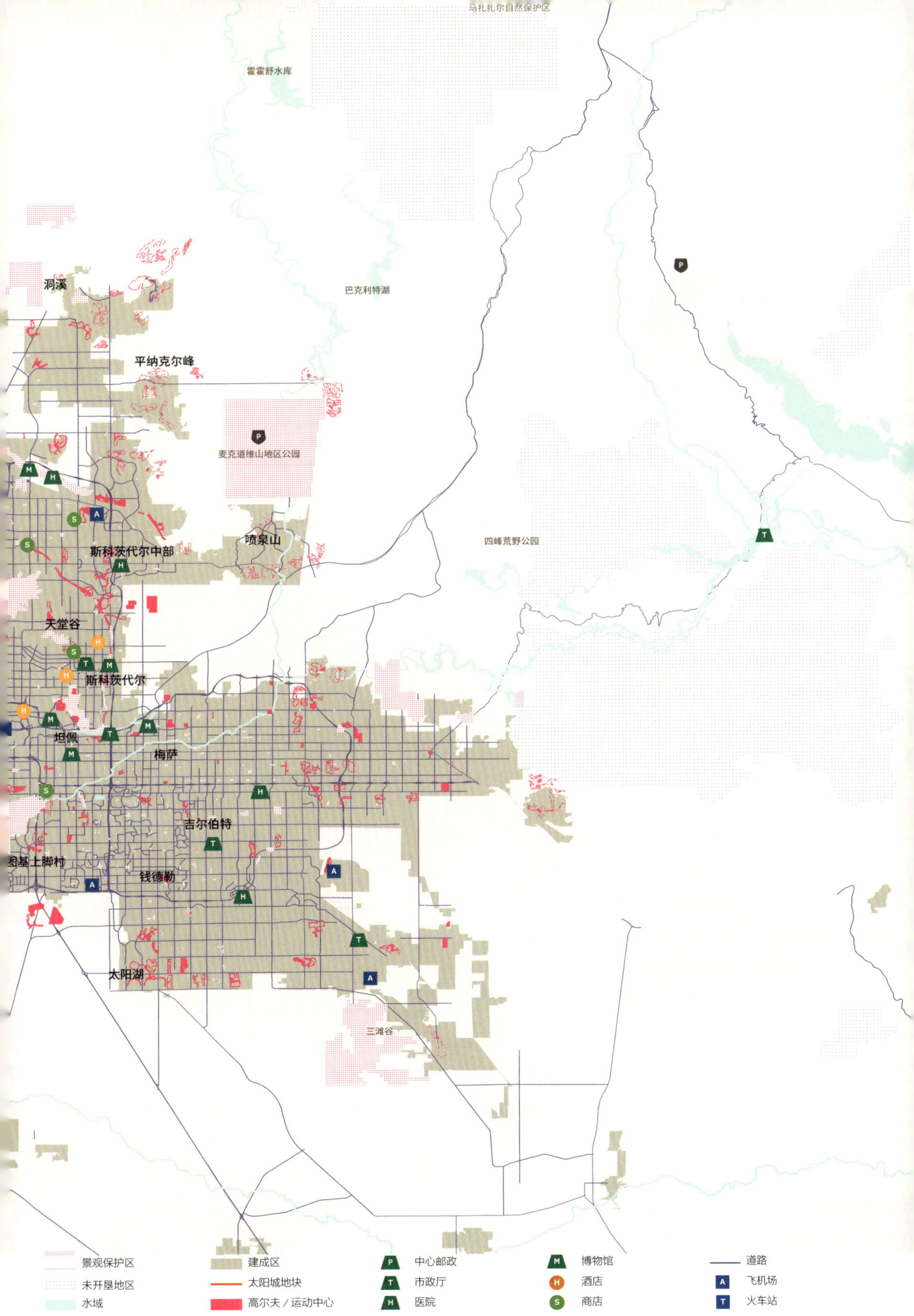
马扎扎尔自然保护区
霍霍舒水库
巴克利特湖
洞溪
平纳克尔峰
麦克道维山地区公园
喷泉山
斯科茨代尔中部
四峰荒野公园
天堂谷
斯科茨代尔
坦佩
梅萨
吉尔伯特
图基上脚村
钱德勒
太阳湖
三滩谷
景观保护区
未开垦地区
水域
建成区
太阳城地块
高尔夫 / 运动中心
中心邮政
市政厅
医院
博物馆
酒店
商店
道路
飞机场
火车站

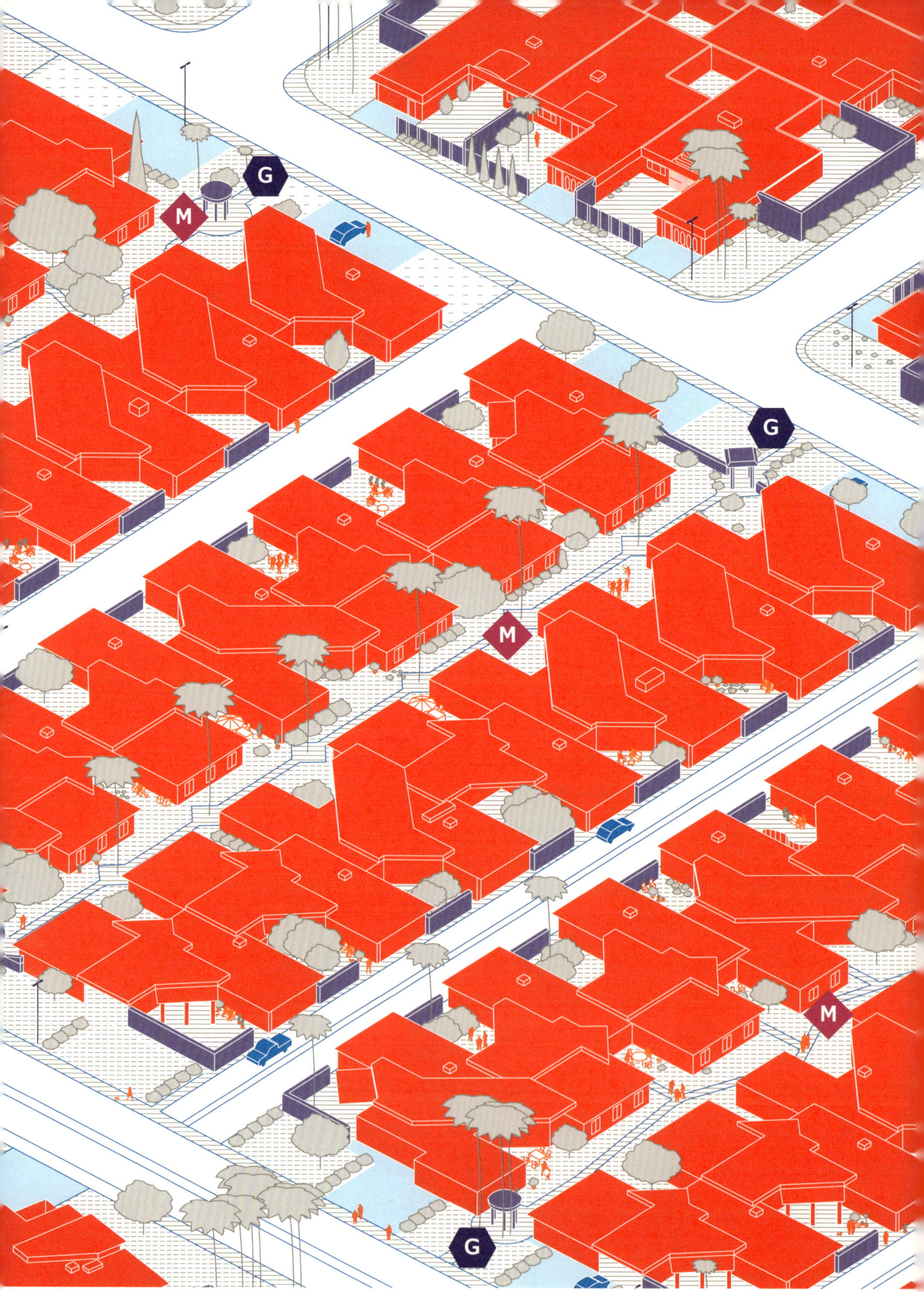

图A.4.13　亚利桑那州太阳城城市肌理（1）

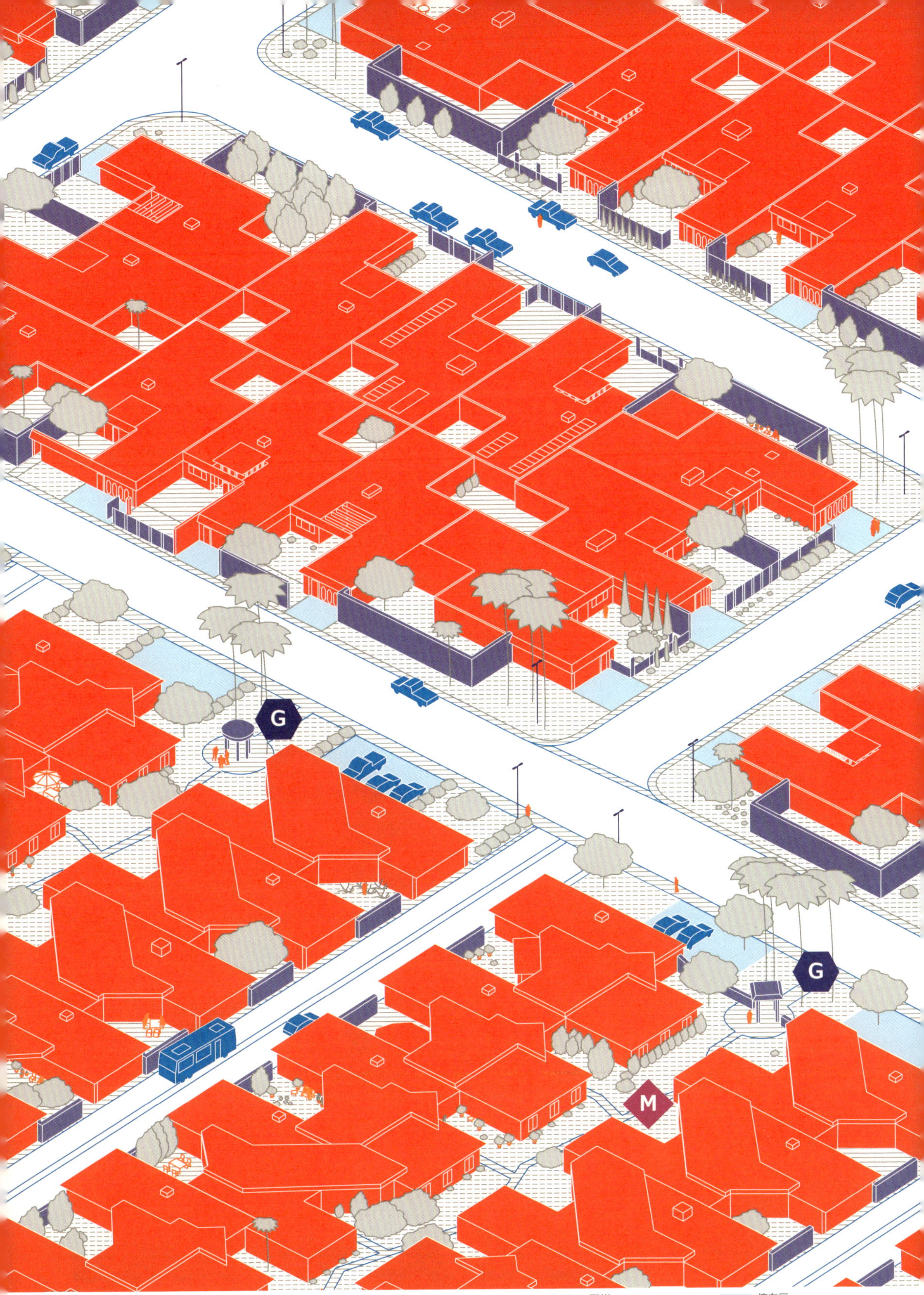

人工化棕色铺装　硬化地面　住宅　围栏　停车区

天然棕色地面　植被　会议地点　门岗

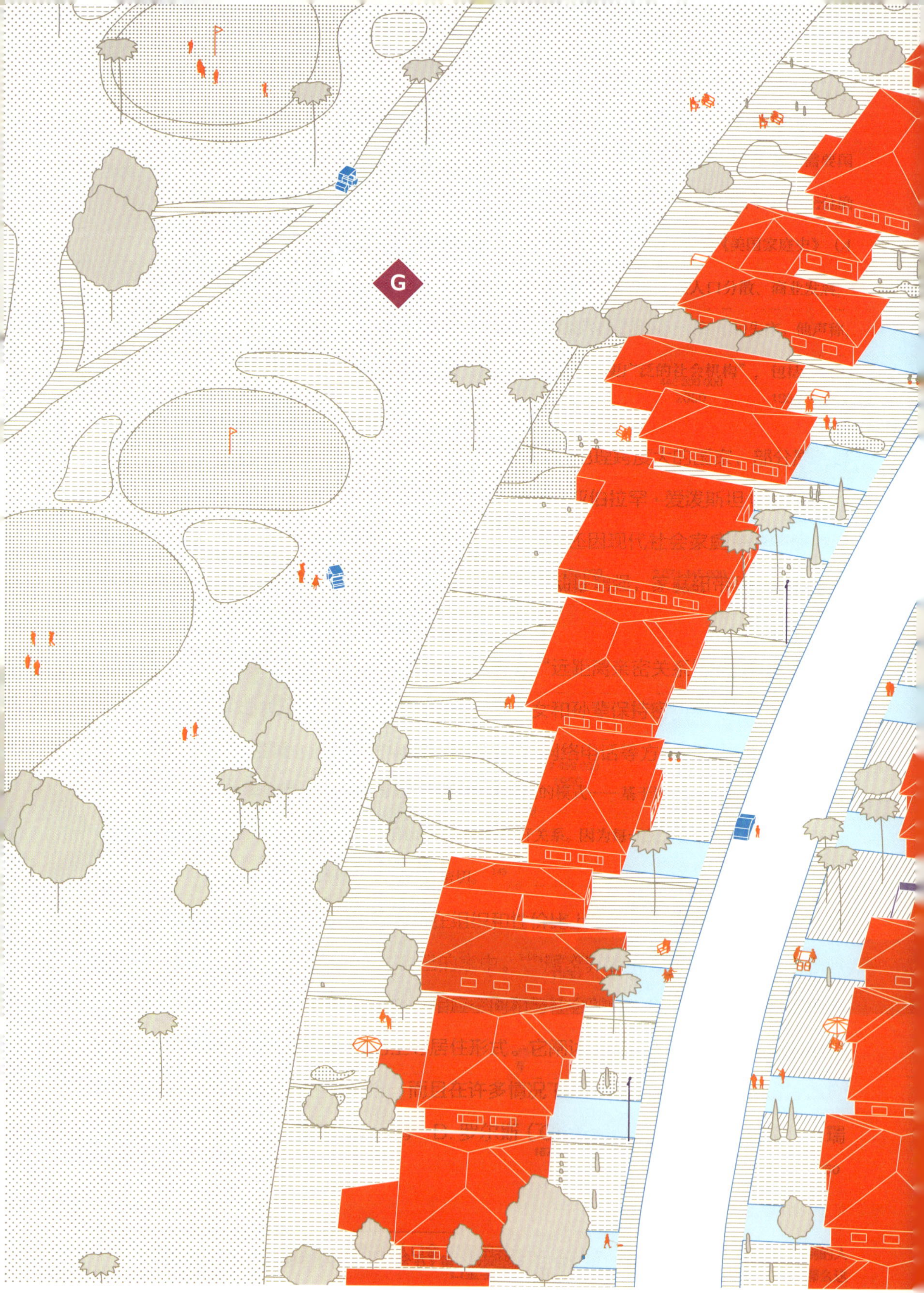

图A.4.14　亚利桑那州太阳城城市肌理（2）

人工化棕色铺装
天然棕色地面
高度人工化绿地
硬化地面
水体
住宅
游泳池
公共娱乐
高尔夫
植被
围栏
停车区

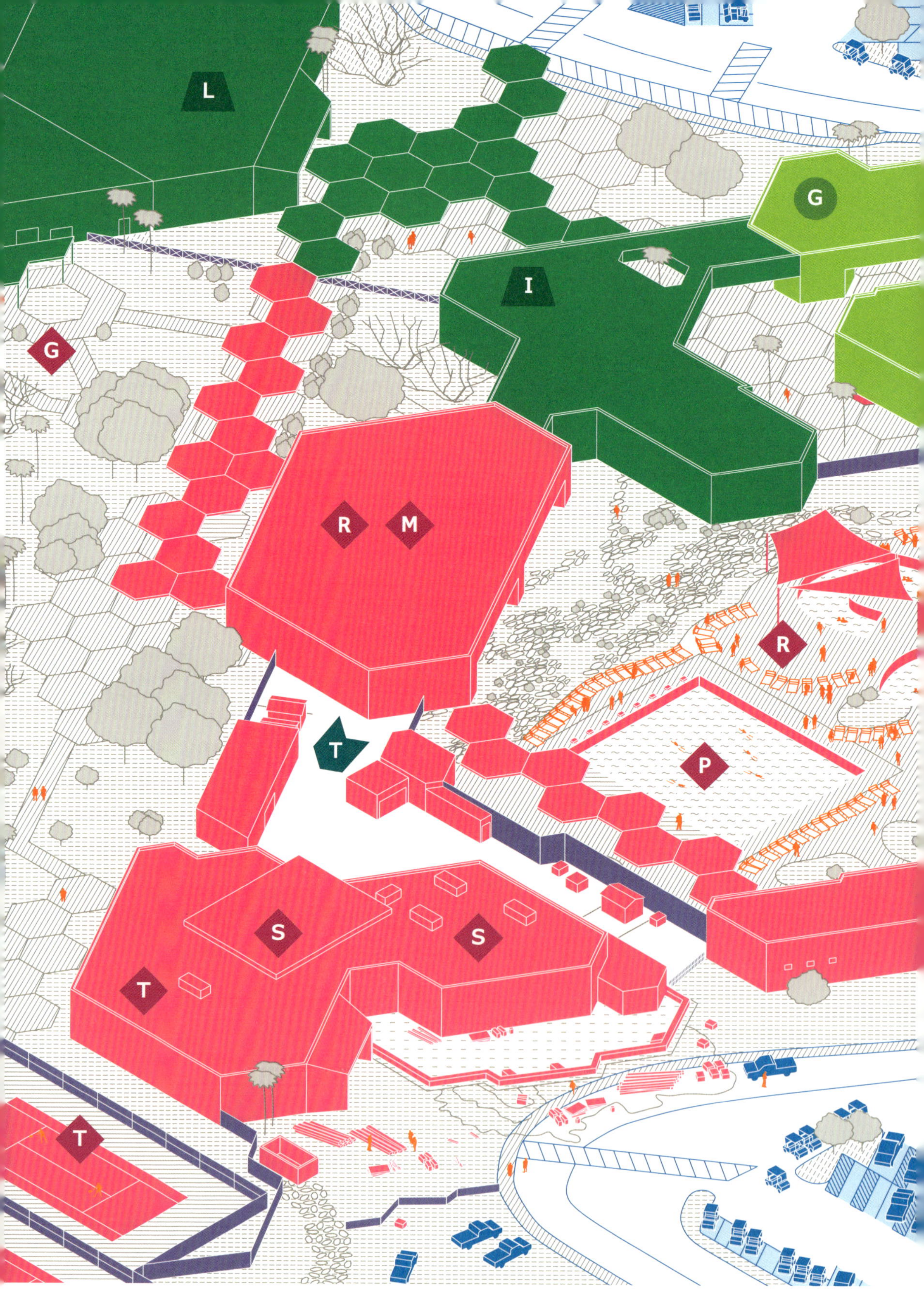

图A.4.15　亚利桑那州太阳城城市肌理（3）

人工化棕色铺装
天然棕色地面
硬化表面
水体
公共 / 娱乐设施

R 娱乐中心
G 高尔夫场地
P 公共泳池
T 网球场
S 综合体育设施

M 会议地点
公共市政设施
I 信息中心
L 图书馆
零售设施

R 餐馆
C 咖啡馆
G 画廊
植被
基础设施

T 基础设施
围栏
停车区

“对佛罗里达州住宅开发项目的居民进行现场采访，以获取第一手资料”（图 A.4.16）。西尔弗斯坦为布林带回了有价值的信息，佛罗里达州的退休居民反复声明：“我喜欢孩子和孙子，但我不想抚养别人的孩子。”此外，居民们普遍抱怨开发商承诺的便利设施并未兑现。布林在给其他高管的一份备忘录中总结了西尔弗斯坦采访对象的偏好，并将之归纳为三个可为社区的设计及营销推广提供参考的概念：“活力充沛、经济实惠和个性独立。”[187] 作为对“活动理论”的践行，“活力充沛”指退休社区通过提供“高尔夫球场、游泳池、沙狐球场及活动中心等设施”来支持充满活力、积极主动的生活方式的构想，这种生活方式同时也是“经济实惠的，因为这些都是由社区提供的”。“个性独立”则是鼓励居民自由地“在任意时间同伙伴去做想做的一切，而无须由德尔 · E. 韦布集团发号施令”[188]。

图A.4.16 美国DEVCO公司市场调查员在进行调查（电影剧照）。资料来源：DEVCO公司，《一个新的开始》，1965年

基于西尔弗斯坦从佛罗里达州带回的令人振奋的调查，布林与公司的两位高管 J.R. 阿什顿（J. R. Ashton）和 L.C. 雅各布森（L. C. Jacobson）一起，与一位凤凰城的精神病学家进行讨论，并首次获得了来自专家的积极反馈。最终，韦布公司的高管与华盛顿城市土地研究所（Urban Land Institute of Washington, DC）的几位开发商召开了为期三天的研讨会。尽管有了精神病学家的积极评价，但开发商对该提案仍持否定态度，他们普遍认为“老年人更希望有家人陪伴，而不是在一个与世隔绝的社区里扎堆”。从财务角度来看，城市土地研究所的成员们认为拟议的项目将会失败，其原因在于“食人现象”，他们预测死亡人数将远高于新居民的补充人数，从而导致不可持续的状况。[189]

学界及业界专家给出的反应褒贬不一，但基于公众对杨格镇电视报道展现的兴趣、佛罗里达州市场调研的结果、对杨格镇居民的走访以及对总体人口学趋势中退休人群飞速激增的分析，德尔 · E. 韦布集团决定冒一次险。

在毗邻杨格镇的凤凰城外，开发商从鲍斯韦尔家族（Boswell family）手中购得了原用于棉花种植的约 8094 公顷土地。1959 年，韦布与鲍斯韦尔家族签订土地购买合同，并合作组建了一家新公司——德尔 · E. 韦布开发集团（Del E. Webb Development Corporation，DEVCO）。公司计划争取于 1960 年元旦正式推出新社区，届时将有 5 套样板房完工并配备家具，还将建成并开放首个九洞的高尔夫锦标赛球场、娱乐中心、游泳池、手工艺场馆，还有草地保龄球、沙狐球、掷马蹄铁场及门球场，这里将成为“全国首个且仅有的设施齐全、规划全面的社区，为您充满活力的退休生活做好准备”（图 A.4.17）。[190]

对社区的营销推广成为 DEVCO 公司的工作重心之一，他们采用了很多新颖的手段。DEVCO 公司将自己打造为“一站式退休商店”，其营销理念不再是单纯的出售房屋，而是出售一套完整的生活方式产品。早期营销文案的摘录中也不断强调着“一种新生活，一种充满活力、积极主动的生活方式”：

> 我们在寻找谁？正是 50 岁及以上达到黄金年龄的您，正是已退休、半退休或计划退休并希冀积极享受人生最美好时光的您！这是什么社区？这是与众不同的、经过完整规划的社区，通过多年调研知晓您所需要的一切。花园式园区中漂亮的独栋住宅和拥有个性化设计的合作公寓仅需 8000 至 12 500 美元，所有的装修费用也包含其中，不另外收费。还有花样繁多的可以满足各种娱乐和创意兴趣的设施供您免费使用。
>
> 我们在哪里？美丽的亚利桑那州，阳光、欢乐与健康之都，运动爱好者、观光爱好者和人老心不老的人最青睐的乐园。您将生活在一个距离凤凰城约 20 千米的郁郁葱葱的绿色山谷中，周围是金色的沙漠和风景如画的山脉。这里终年无雪、鲜少下雨，每天都阳光明媚，空气清新干燥，让人精神焕发。[191]

同时不断强调 20 世纪 60 年代在太阳城的退休生活是来之不易的果实，充盈着活力与激情：

> 50 岁后能拥有自由是多么的美好！无须再去攀比，也无须再为您的事业与家庭操劳。美好丰富的退休时光正等候着您。但是住在太阳城中的这些充满活力的居民可不算是“退休”了，因为他们有事可做！大多数人有生以来第一次拥有了梦寐以求的个人时间，可以全情投入教会工作、市民活动及文化活动中去。“参与”是太阳城的关键词之一！在太阳

图A.4.17 太阳城广告宣传册，1960年。资料来源：太阳城地区历史学会

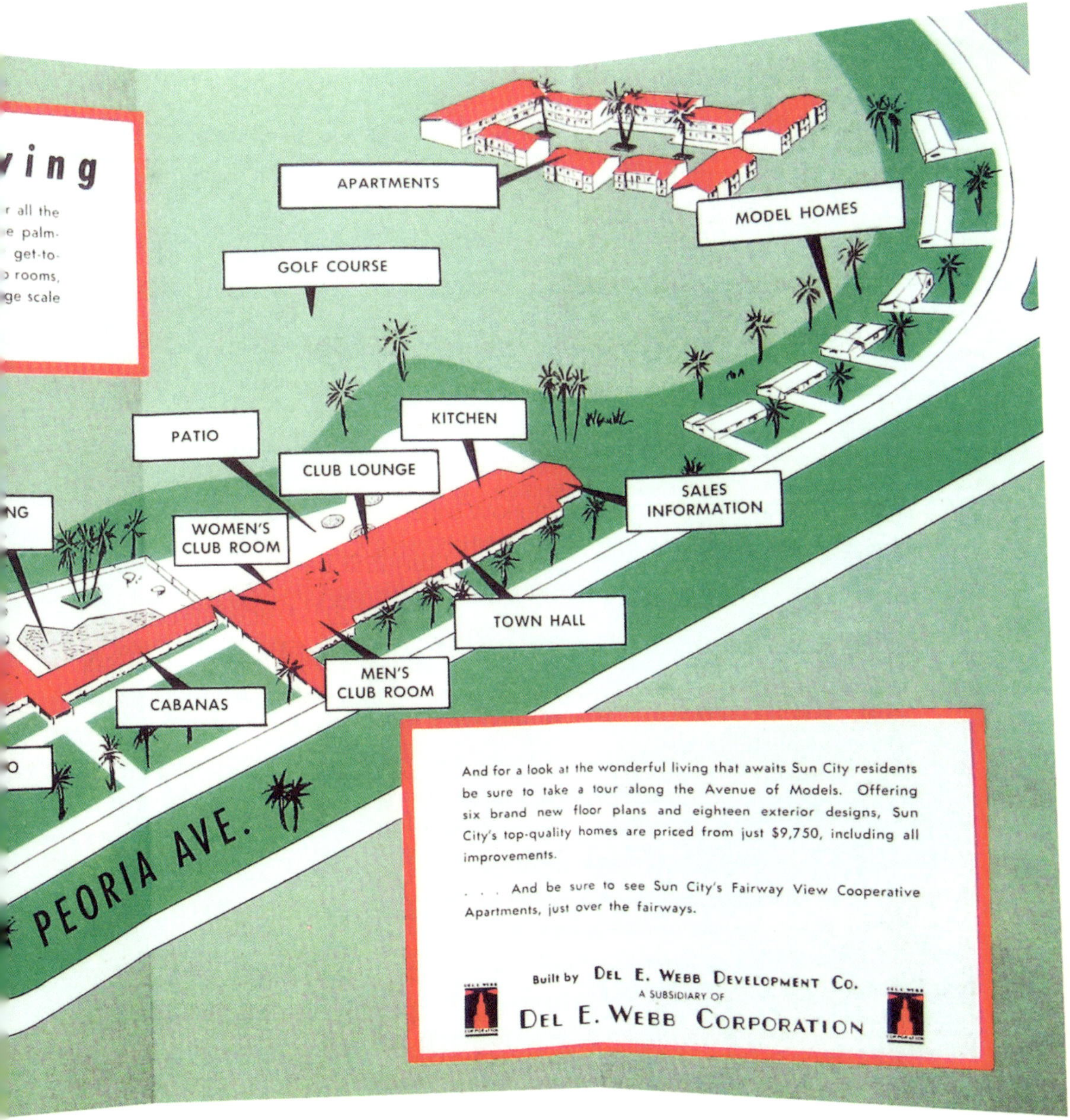
APARTMENTS
MODEL HOMES
GOLF COURSE
KITCHEN
PATIO
CLUB LOUNGE
SALES INFORMATION
WOMEN'S CLUB ROOM
TOWN HALL
MEN'S CLUB ROOM
CABANAS
PEORIA AVE.
And for a look at the wonderful living that awaits Sun City residents be sure to take a tour along the Avenue of Models. Offering six brand new floor plans and eighteen exterior designs, Sun City's top-quality homes are priced from just $9,750, including all improvements.
. . . And be sure to see Sun City's Fairway View Cooperative Apartments, just over the fairways.
Built by Del E. Webb Development Co.
A SUBSIDIARY OF
Del E. Webb Corporation

城，您永远不会有“我能干点什么”的疑虑，更多的是“先做什么好呢”的日程安排。舞蹈、高尔夫、桥牌、游泳、草地保龄球、手工艺、沙狐球……无论您有什么特别的兴趣爱好，都能找到充满生机与活力的团体与您一同畅享 。[192]

更广泛的营销策略包括：在开园前举行征名竞赛；提供度假套餐，让人们在购房前体验太阳城的生活方式；在大雪漫天的冬天针对美国北部和东部各州，在全国性出版物上刊登广告。在销售推广方面，DEVCO 公司将太阳城的现有居民视为最佳的广告牌，因为大量新入住的居民都是在作为朋友或前同事的现有居民的动员下购买的。

由于这种休闲式的退休生活方式几乎没有先例，所以在营销这些开发项目时，最常用的措辞就是度假。尤其是太阳城的尝试在商业上获得了巨大成功后，第三年龄的概念便与“全年沐浴着阳光的假期”挂钩，也与为工作奔波的第二年龄在空间与时间上形成对应。《度假式的退休生活指南：以太阳城为例》（*An Introduction to Resort-Retirement Living: The Sun City Sampler*）一文印证了这点（图 A.4.18）：

当您从一个阳光明媚的度假胜地回到家中，是否希望有一个类似的所在让您可以全年生活在那里呢？您是否曾梦想过这样一个社区：拥有完善的娱乐设施、优美的风景、宜人的气候，甚至称得上是一个令人愉快的旅游胜地，并且还拥有日常生活所需的一切，出门便是各种商店和服务机构、完备的医疗设施、各种宗教的礼拜堂呢？说到家门口，您是否曾希望在享受所有这些设施和便利的同时，还能根据生活方式和预算选择最适合您的住宅类型，从迷人的紧凑型公寓到大得足以邀请所有邻居共进晚餐的房子，应有尽有呢？而提到邻居，您是否渴望拥有与您志同道合的邻居，他们会像您一样关心自己的家园和社区呢？

这也许听起来像是未来的乌托邦，但实际上描述了亚利桑那州太阳城的现况，这是一个能让人对退休生活充满期待的社区：

下次度假时，欢迎莅临亚利桑那州太阳城，这里是一年 365 天都十分宜居的度假胜地。[193]

DEVCO 公司委托拍摄的太阳城宣传片《开端》（*The Beginning*）进一步强化了这一观点。截至 1965 年，这部 26 分钟的影片已在电视上播放了 939

次，覆盖美国的观众约达 2830 万人。[194] 剧情围绕一对来自美国中西部的夫妻展开，丈夫满怀喜悦地自公司退休后，却慢慢对新生活感到厌倦和不满：他逐渐与以前的同事失去联系，邻居家的孩子们还打碎了他新买的供鸟戏水的水盆，寒冬不期而至，这对夫妇去亚利桑那州度假，顺便拜访了住在太阳城的朋友。他们被社区中的友好与活力以及亚利桑那州宜人的气候与醉人的美景俘获了。这对夫妇结束太阳城之行，开车离去的情景将影片推向高潮。在回家的高速公路上，他们停下车短暂地交谈，而后调转车头，驶回太阳城并永久地定居于此。影片最后的字幕显示的是“开始”，而不是“剧终”（图 A.4.19）。[195]

1960 年 1 月，太阳城项目正式投入运营，大众反响热烈（图 A.4.20、图 A.4.21）。开园的周末，参观人数超过了 10 万人，第一年就售出了 2000 套房屋，远超 DEVCO 所做的前三年售出 1700 套的预估。自 1960 年 1 月 1 日到 1963 年 1 月 1 日，太阳城的人口从零激增到 7000 多人，之后增长仍在持续，到冬季人口相对稳定在 42 000 人左右（图 A.4.22）。1962 年 8 月 3 日，德尔 · 韦布登上了《时代》杂志的封面，并被杂志誉为“退休城市的发明者”，他为那些“对工作已力不从心，但死亡仍遥遥无期”的老年人“开创了一种全新的生活方式”（图 A.4.23）。

尽管都是有年龄限制的退休社区，但太阳城的发展方式与杨格镇大相径庭。最显而易见的是规模上的差别，单从名字便可看出，虽然两者的居民都是退休者，但一个是小镇的规模，另一个则接近小型城市。对此《凤凰城报》（*Phoenix Gazette*）的撰稿人伯特 · 法尔曼（Burt Fireman）表示，两者对比还应考虑规划水平与完工程度。他将杨格镇描述为一个特意不完整以留有空白的社区，居民可以在其中发展自己的活动与社区组织，其笔下 DEVCO 公司所提供的乡村俱乐部氛围则截然不同，“这是一个现成的套餐商品，没给居民留下任何自己动手的机会”。[196]

事实上，这恰恰是太阳城得以成功的撒手锏：DEVCO 收集了大量的数据，细致地为特定的人口群体量身打造了这个套餐。通过在空间上对大量高度同质化人口的集中，太阳城模式成为一种高度合理和高效的休闲机制。根据“活动理论”的逻辑，这里的 130 家俱乐部、7 个娱乐中心、25 座教堂、3 个图书馆、

图A.4.18 太阳城广告宣传册，约1965年。资料来源：DEVCO公司、太阳城地区历史学会

Your own town. Your own life to live as you wish. Your own friends right from the start, next door, across the street, and around the corner.

The best years of your life will begin with that very first morning when you awaken in your new home or apartment and look out on that wonderful world of freedom and fun, of friends and activity, of full-time living: your very own complete and beautiful city.

Here you will do the things you want to do in the way you want to do them, be the person you want to be, develop and discover your individual talents, put your abilities to full use, entertain proudly your friends, children and grandchildren.

Here you will know the personal security of accomplished goals, purposeful objectives, the inspiration of companionship with interesting minds, the promise of a bright future. And here, too, you will know material security: protection from worry about possible big medical expenses and the contentment that comes with being able to afford everything you could want or need on even a most modest retirement income.

Yes, truly, will you have the happiest life you have ever known as the proud resident of any one of these wonderful cities.

you will have the
happiest life
you have ever known

The friendship, the companionship is there from the first day you arrive. It's in the warm smiles that accompany each 'Hi' and 'Good Morning.' It's in the neighborly offers to help you get settled. It's in the many invitations to join the various clubs. It's in all the things they'll be doing to 'welcome you aboard.' It's a nice kind of friendship, though, never demanding, but always there like the warm sunshine and bright blue sky. A friendship that's interested in those letters and pictures from the folks back home, a friendship that's helpful when you're ill, a friendship with people who share your rich memories. People who watched John Barrymore and Ann Harding, listened to Caruso, remember going to the airport just to watch the planes, whose eyes will twinkle at the mention of rumble seats and roadsters, who met the challenge of the Depression, helped win our nation's wars, and have had a part in the work and achievements which have given America her greatest era. But for all the fun of memories, they're the kind of people to whom 'today' and 'tomorrow' are the most important words. Right this minute, more than 12,000 people are enjoying this wonderful way of life under the bright and sunny skies of Arizona, California and Florida. It can all be yours, too, so easily, so economically. Why settle for anything less?

you will have everything
you could want for
everything you could
want to do

Have 'shutterbug' proclivities? Bring your camera-captured memories to life yourself with the finest darkroom equipment money can buy. Enjoy ceramics, mosaics, jewelry making or leathercraft? You've never enjoyed it as much as you will in the company of the fellow-craftsmen who'll be sharing your pleasure at the cherry-red kilns, the whirling potter's wheel, the anvils and work benches. Tired of being a laundry room carpenter? Knock the suds off your blueprints and come on over where the sawdust is flying and the power planers and jointers are going full tilt, and cigar smoke's the order of the day in the fully-equipped woodworking shop. Don't have any creative hobbies? Well, the learning's easy around here. At any rate the Arts and Crafts Center is sure to see a lot of you. It's as popular for making friends as it is for making things. And all this is just PART of the fortune in facilities you get for just a nickel a day. There are also all those shuffleboard courts, and the lawn bowling green, and that big riviera-size swimming pool and even the beautiful Town Hall with its large auditorium, separate card rooms and an all-electric community kitchen. As for that fine championship golf course that winds all over each town — residents get real special low rates and they can play whenever and as often as they like.

图A.4.19　1965年太阳城广告片《开端》剧照。资料来源：DEVCO公司、太阳城地区历史学会

THE ARIZONA REPUBLIC
SNOW COVERS NATION
Step Up Efforts For

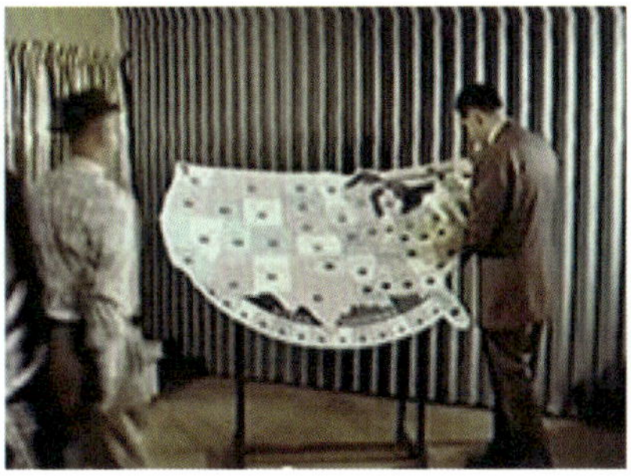

THE
BEGINNING

图A.4.20 太阳城开售日，人们前来察看样板房和生活福利设施，1960年1月1日。来源：太阳城地区历史学会

New
MODEL
HOME

图A.4.21　太阳城正式开售日的鸟瞰图，1960年1月1日。来源：太阳城地区历史学会

图A.4.22　太阳城第一批居民生活照片，1960年。来源：太阳城地区历史学会

图A.4.23 《时代》封面人物德尔·韦布，1962年8月3日。来源：时代公司

2 家医院、18 个商业中心、43 家银行及 11 个高尔夫球场能够规范并填充退休者的闲暇时光，作为一种城市机器，让他们能够在几乎永恒的明媚阳光下，抵御由退休所引发的持续性的无所事事。[197]

亚利桑那州太阳城投入运营四年后，在洛杉矶和圣迭戈之间的加利福尼亚州橙郡，罗斯摩尔休闲世界于拉古纳山落成。该设想由罗斯摩尔公司创始人、开发商罗斯·W. 柯蒂斯（Ross W. Cortese）于 20 世纪 50 年代末提出，并于 1962 年由位于海豹海滩的休闲世界首次实现（图 A.4.24 ~图 A.4.30）。亨特等人在书中写道，柯蒂斯意识到了：

> 这是一个被忽视的市场，中老年人面临着不断上涨的房产税、腐朽衰败的市政服务、受到威胁的人身安全以及变化无常的邻居等种种问题。他还注意到提前退休的势头、社会保障福利的增加、个人储蓄的增加、养老金计划的改善、人口寿命的延长，让人们对退休后的生活产生更多的渴望。从开发商的角度来看，所有这些都将使市场充满潜力。他的推论是这一群体所需要的不仅仅是住宅，因而一个全新的、完全规划的社区，应运而生的社区将提供住宅及广泛而全面的配套服务。[198]

拉古纳山的罗斯摩尔休闲世界将成为最著名的退休社区之一，旨在“满足 52 岁及以上人群的基本生活需求，营造宁静优美的环境氛围，提供娱乐及宗教设施……让居民自由自在地生活”（图 A.4.31 ~图 A.4.33）。[199] 在这些表述中，罗斯摩尔休闲世界与亚利桑那州太阳城的相似性显而易见：两者都主打具有年龄分隔的生活方式产品概念，其中不仅包括住宅，还提供全套服务以及各类便利设施，包括购物区域，培养兴趣爱好、开设培训课程、组织游戏活动的俱乐部和会所，以及游泳、网球和高尔夫等运动项目的场地（图 A.4.34）。太阳城与休闲世界都达到了一定的规模，接近一座小型城市，尽管休闲世界的规模还不及太阳城的一半，但到 1980 年，已容纳了近 21 000 名居民。[200] 两者之间的细微差别在于：休闲世界的住宅类型更加混合多样，且建筑物密度较太阳城

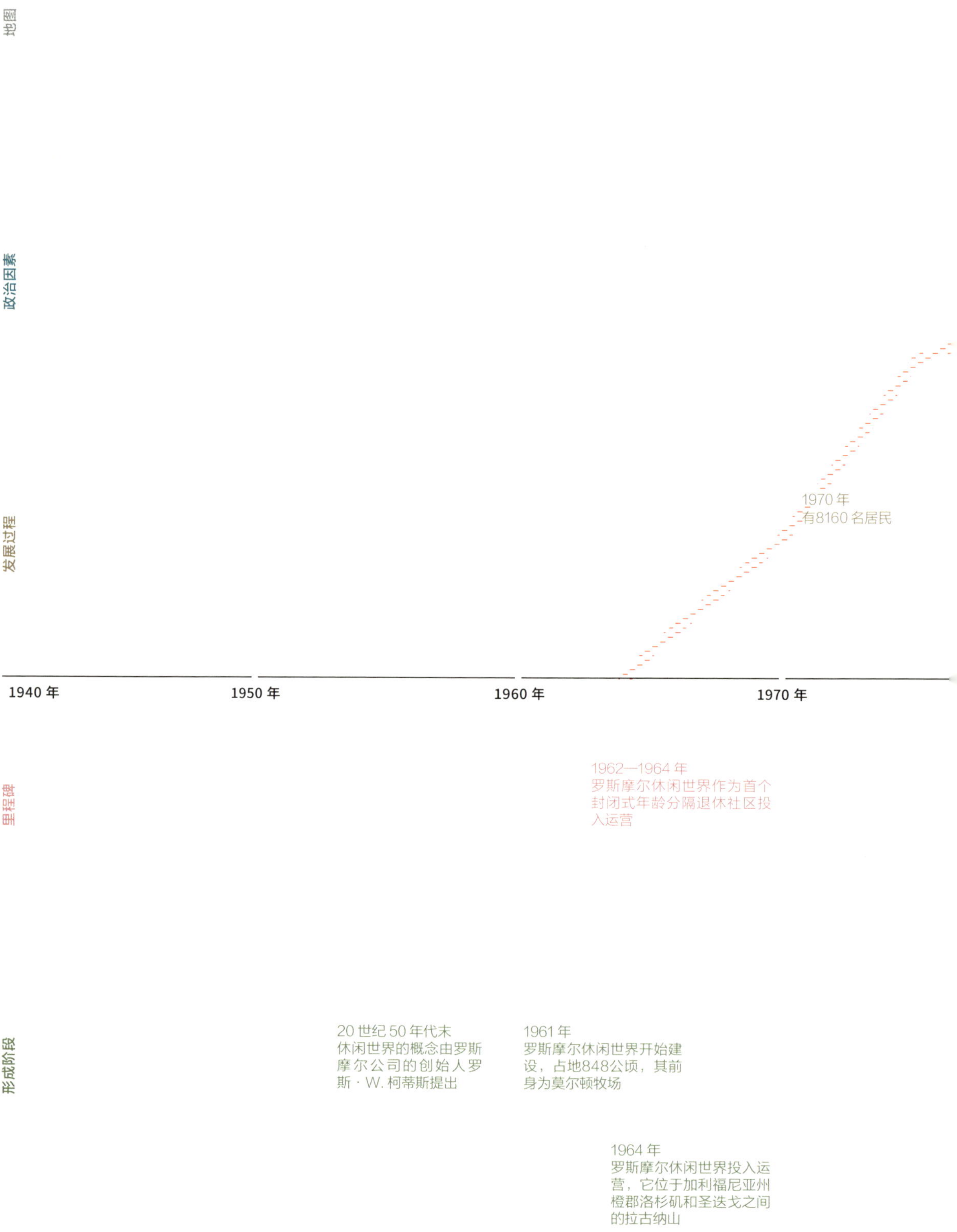

图A.4.24　加利福尼亚州罗斯摩尔休闲世界（后更名为拉古纳伍兹村）发展时间轴和人口数量估算

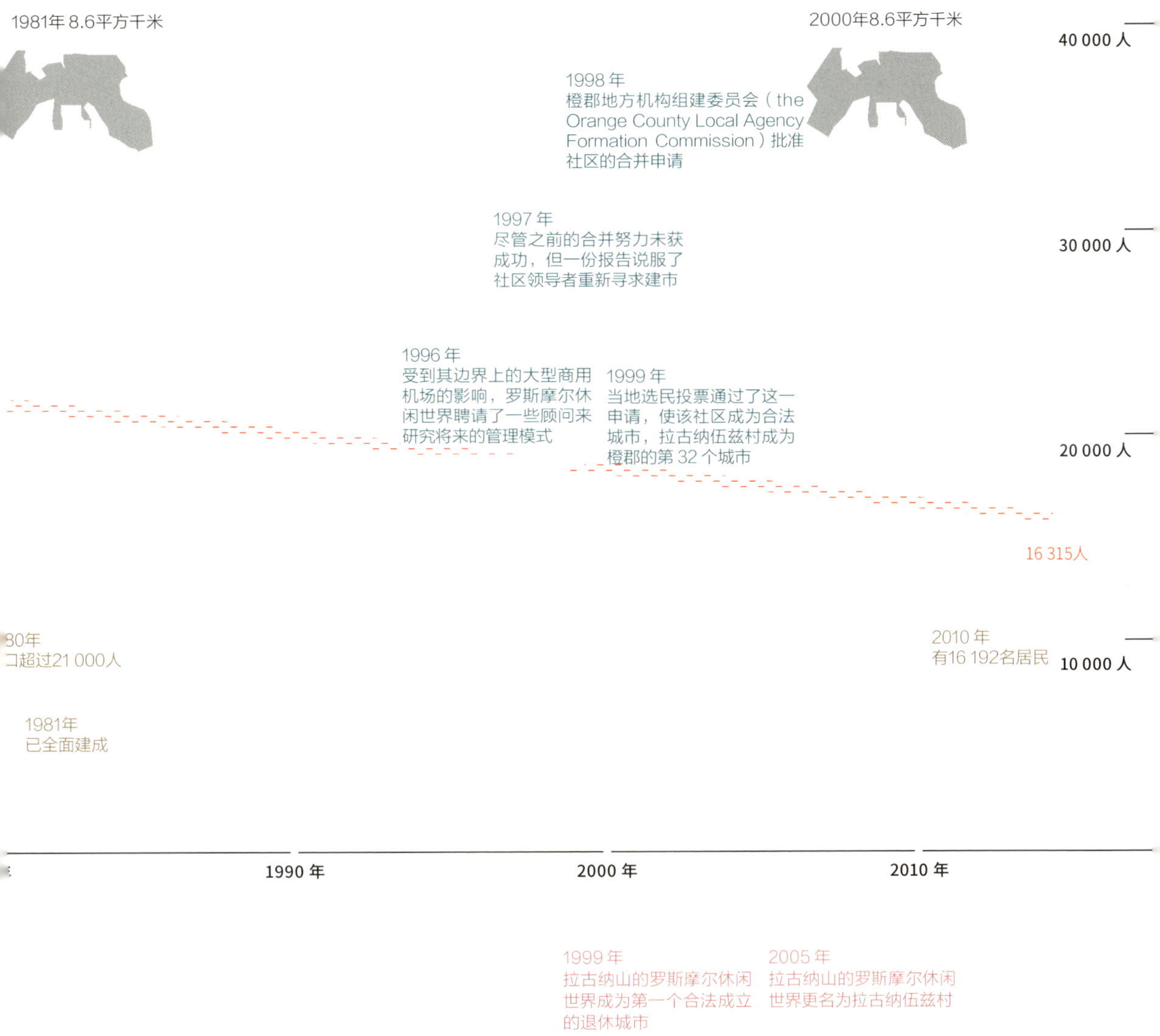

1981年 8.6平方千米
2000年8.6平方千米
40 000 人
30 000 人
20 000 人
10 000 人
1998 年
橙郡地方机构组建委员会（the Orange County Local Agency Formation Commission）批准社区的合并申请
1997 年
尽管之前的合并努力未获成功，但一份报告说服了社区领导者重新寻求建市
1996 年
受到其边界上的大型商用机场的影响，罗斯摩尔休闲世界聘请了一些顾问来研究将来的管理模式
1999 年
当地选民投票通过了这一申请，使该社区成为合法城市，拉古纳伍兹村成为橙郡的第 32 个城市
16 315人
30年
口超过21 000人
2010 年
有16 192名居民
1981年
已全面建成
1990 年
2000 年
2010 年
1999 年
拉古纳山的罗斯摩尔休闲世界成为第一个合法成立的退休城市
2005 年
拉古纳山的罗斯摩尔休闲世界更名为拉古纳伍兹村

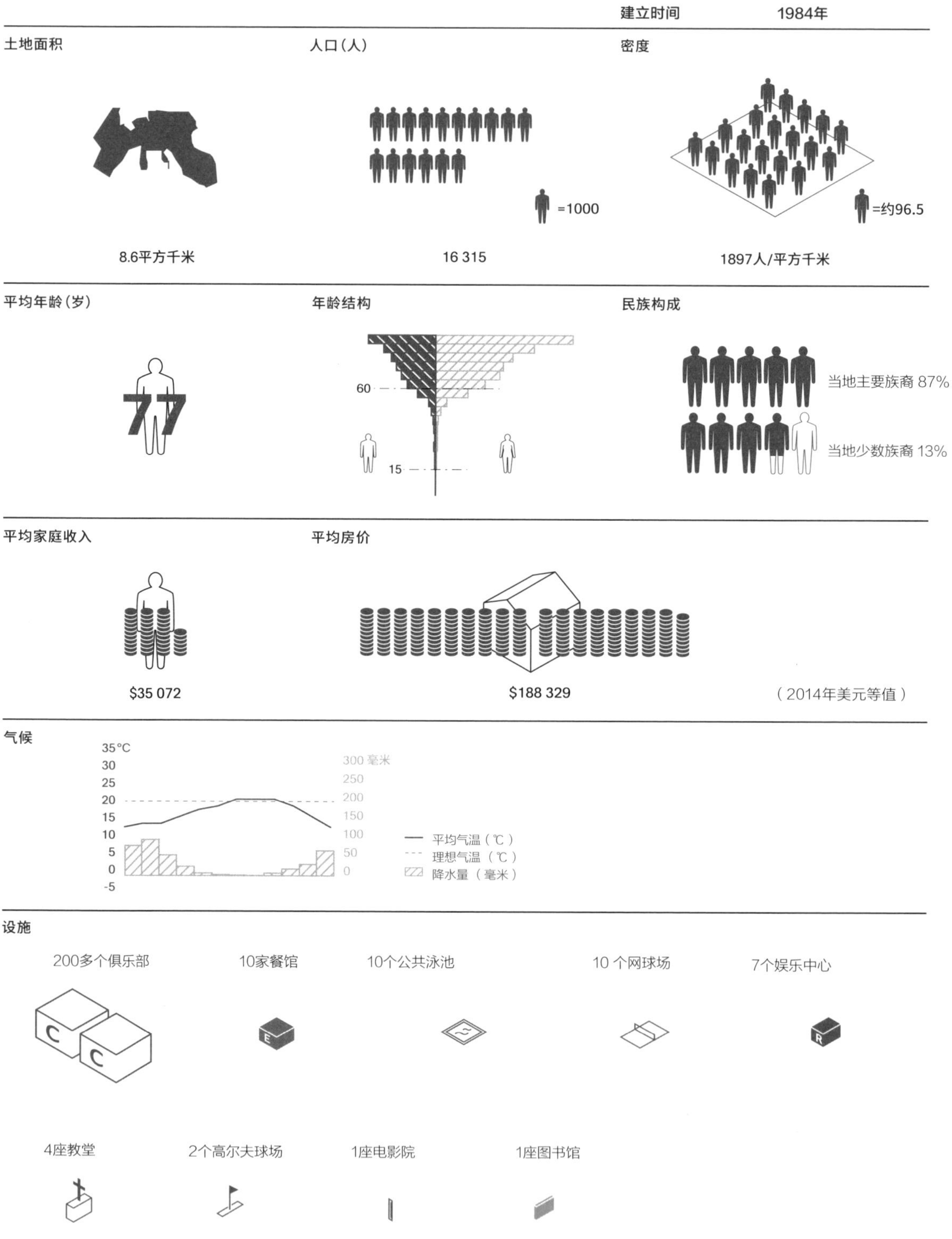

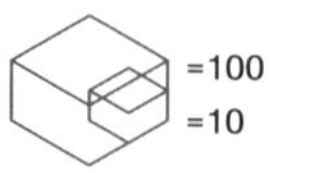

图A.4.25 加利福尼亚州拉古纳伍兹村城市统计资料和城市地图
来源：美国人口普查局

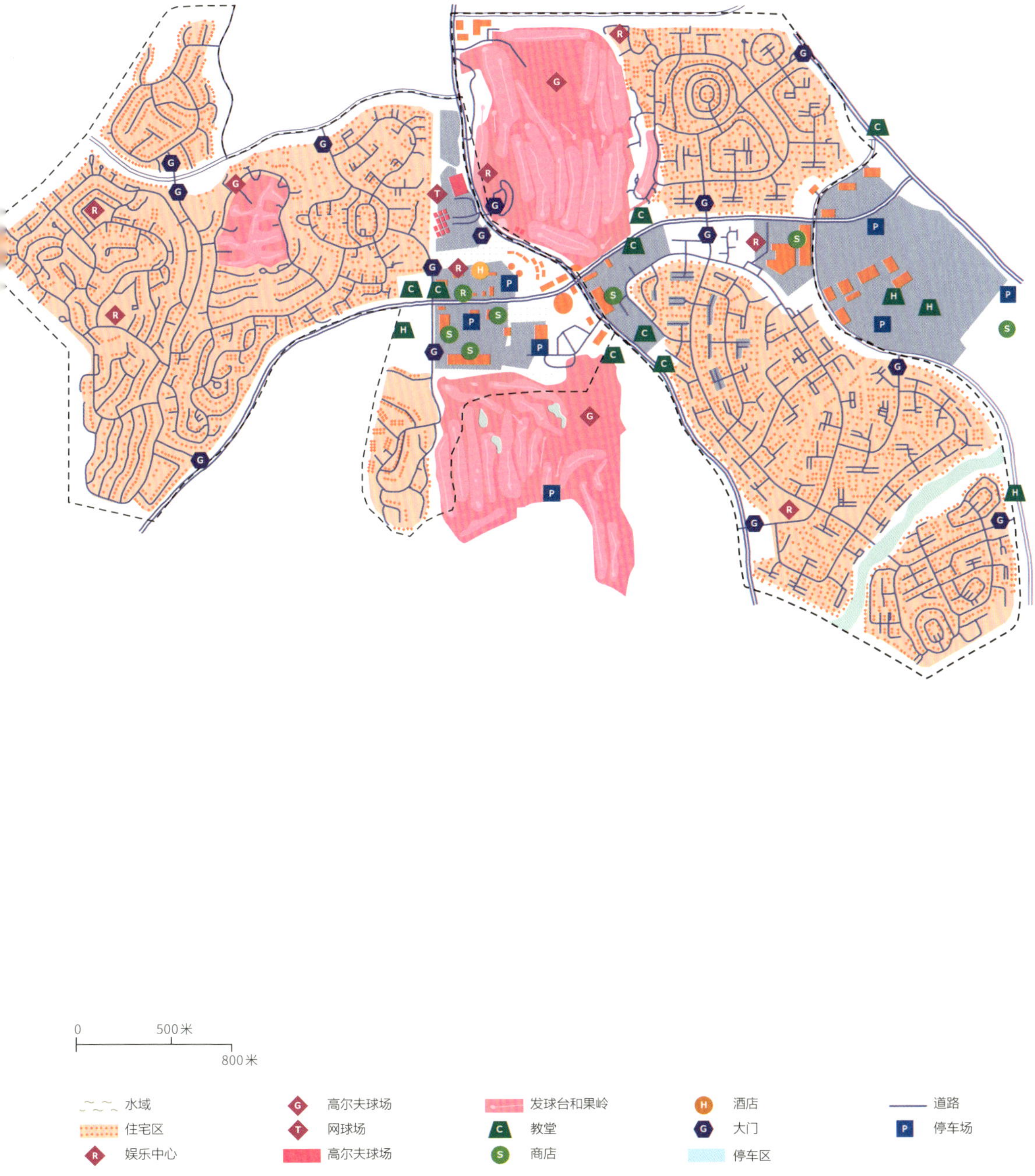
0
500米
800米
水域
住宅区
娱乐中心
高尔夫球场
网球场
高尔夫球场
发球台和果岭
教堂
商店
酒店
大门
停车区
道路
停车场

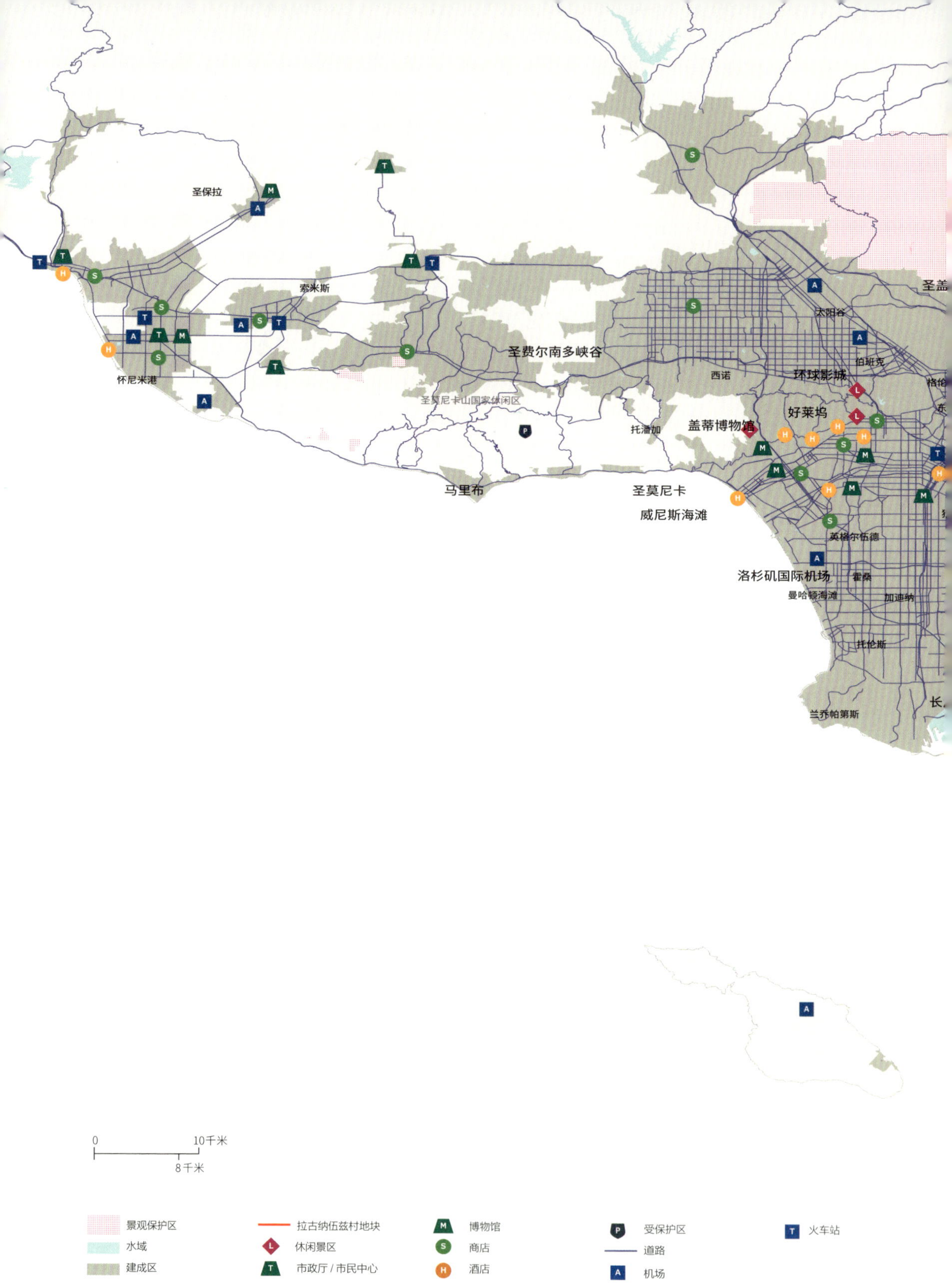

图A.4.26 加利福尼亚州拉古纳伍兹村城市环境和区位分析

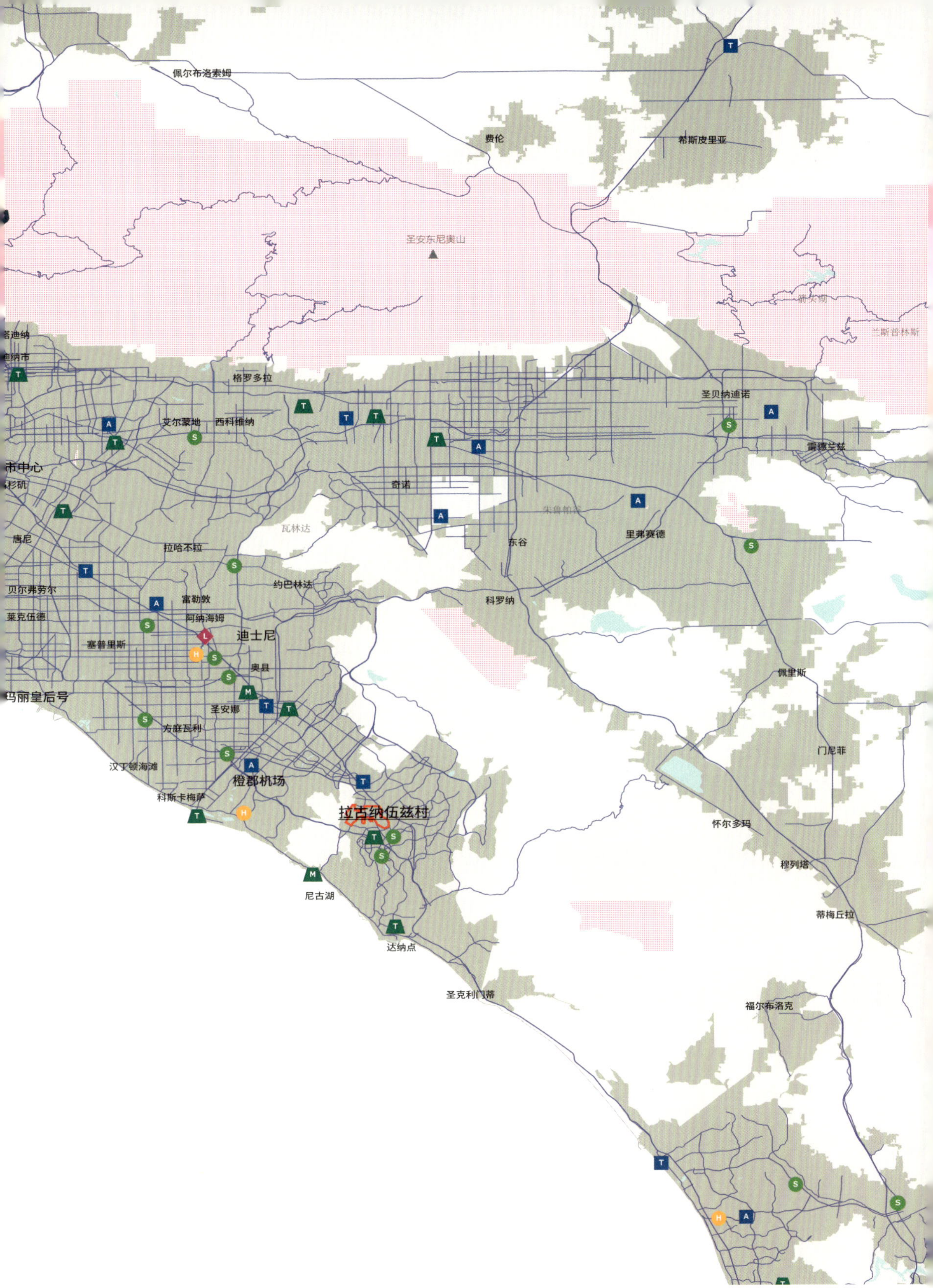

佩尔布洛索姆
费伦
希斯皮里亚
圣安东尼奥山
格罗多拉
圣贝纳迪诺
艾尔蒙地
西科维纳
雷德兰兹
奇诺
朱鲁帕谷
瓦林达
东谷
里弗赛德
拉哈不拉
唐尼
约巴林达
贝尔弗劳尔
富勒敦
科罗纳
莱克伍德
阿纳海姆
塞普里斯
迪士尼
奥县
玛丽皇后号
圣安娜
佩里斯
方庭瓦利
汉丁顿海滩
橙郡机场
门尼菲
科斯卡梅萨
拉古纳伍兹村
怀尔多玛
穆列塔
尼古湖
蒂梅丘拉
达纳点
圣克利门蒂
福尔布洛克

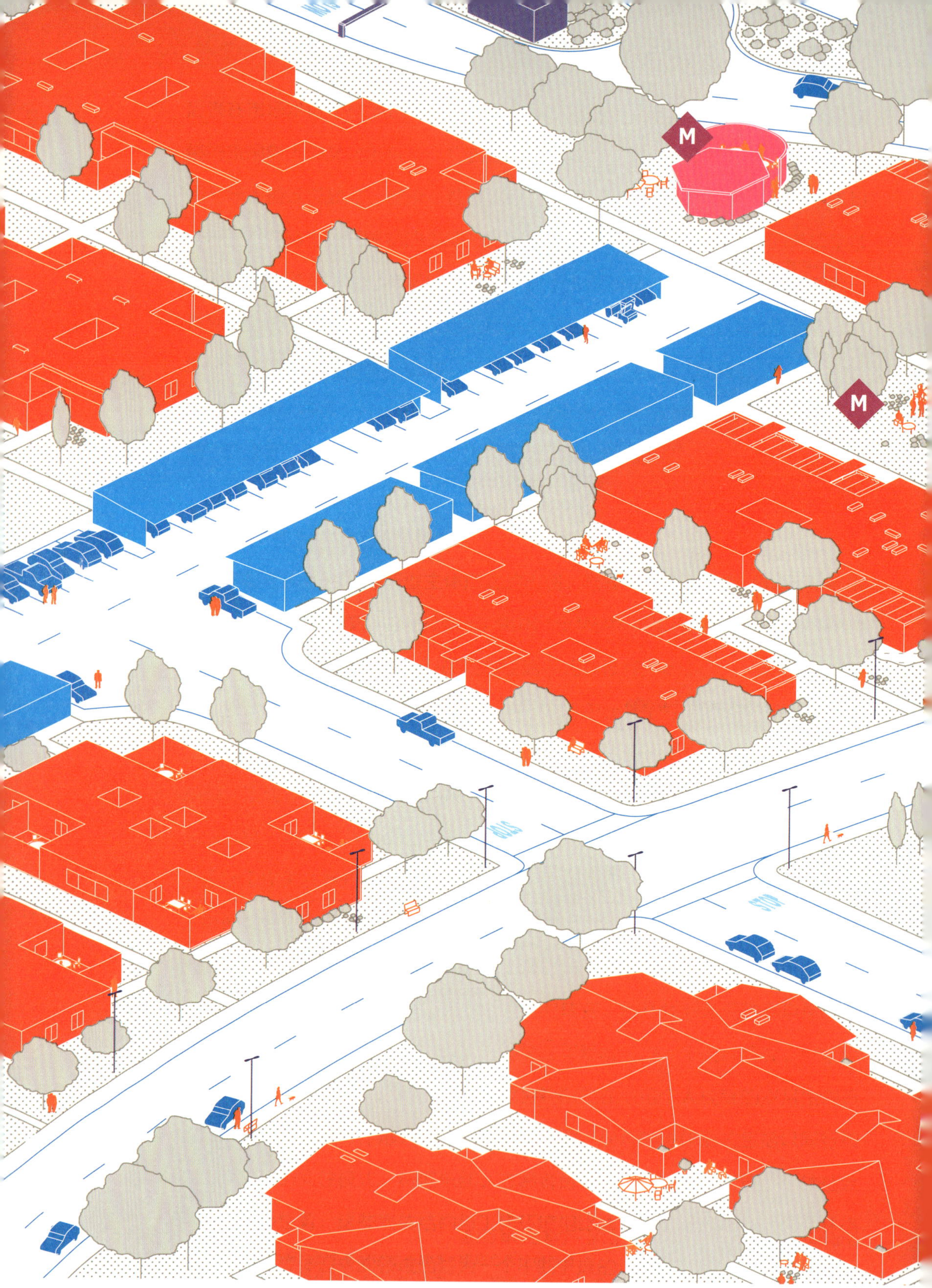

图A.4.27　加利福尼亚州拉古纳伍兹村城市肌理（1）

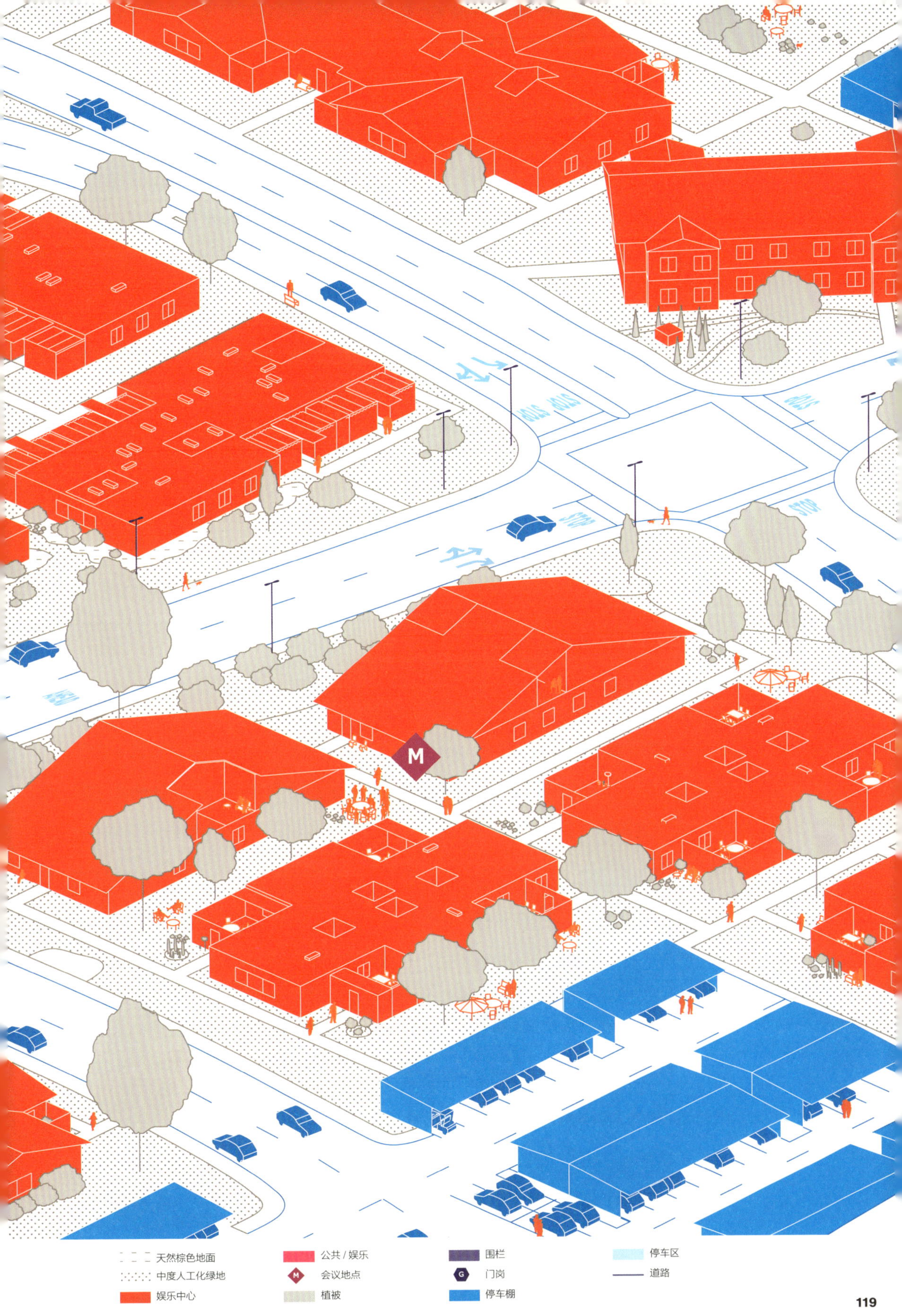
M
天然棕色地面
中度人工化绿地
娱乐中心
公共 / 娱乐
会议地点
植被
围栏
门岗
停车棚
停车区
道路

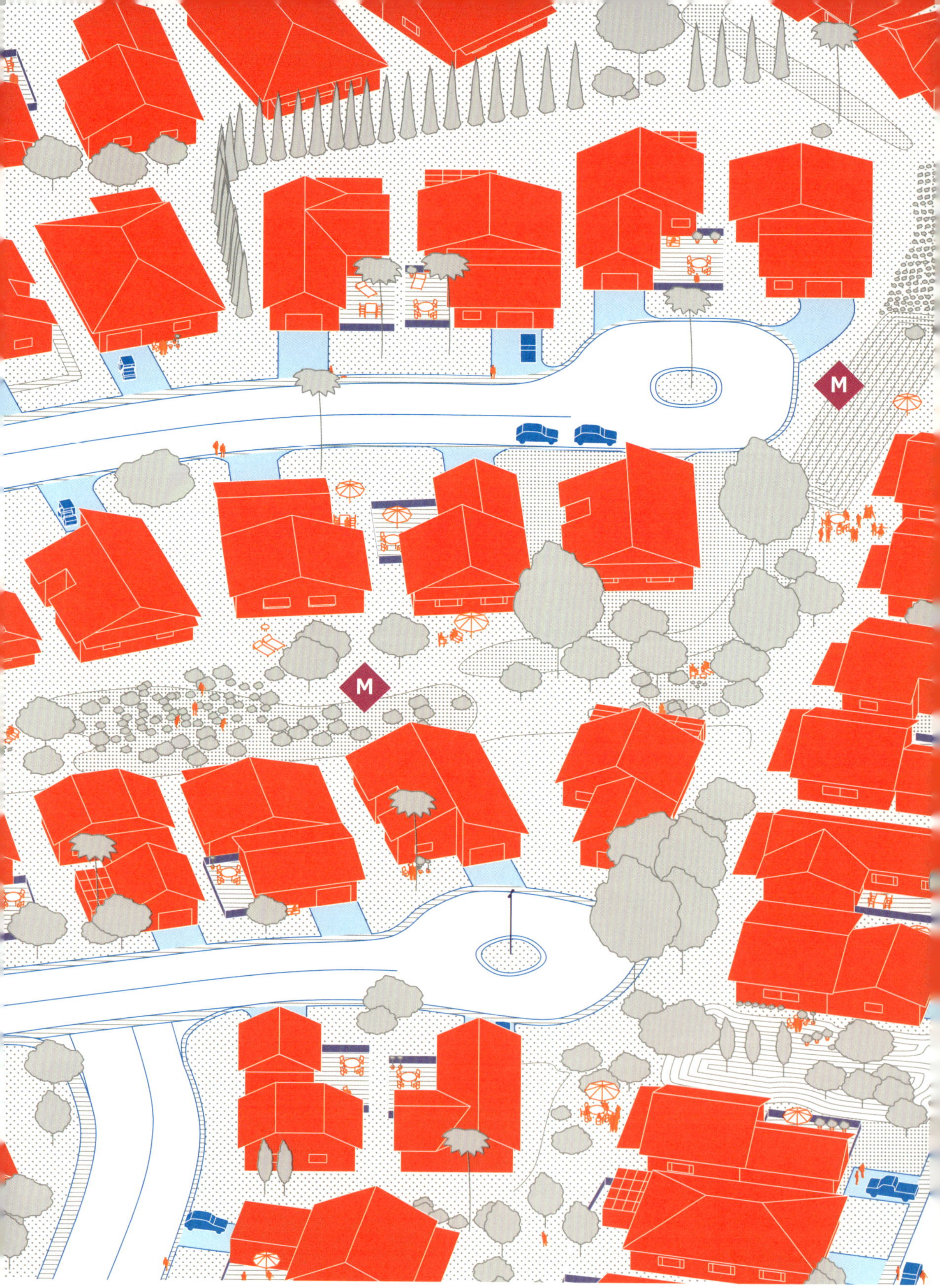

图A.4.28 加利福尼亚州拉古纳伍兹村城市肌理（2）

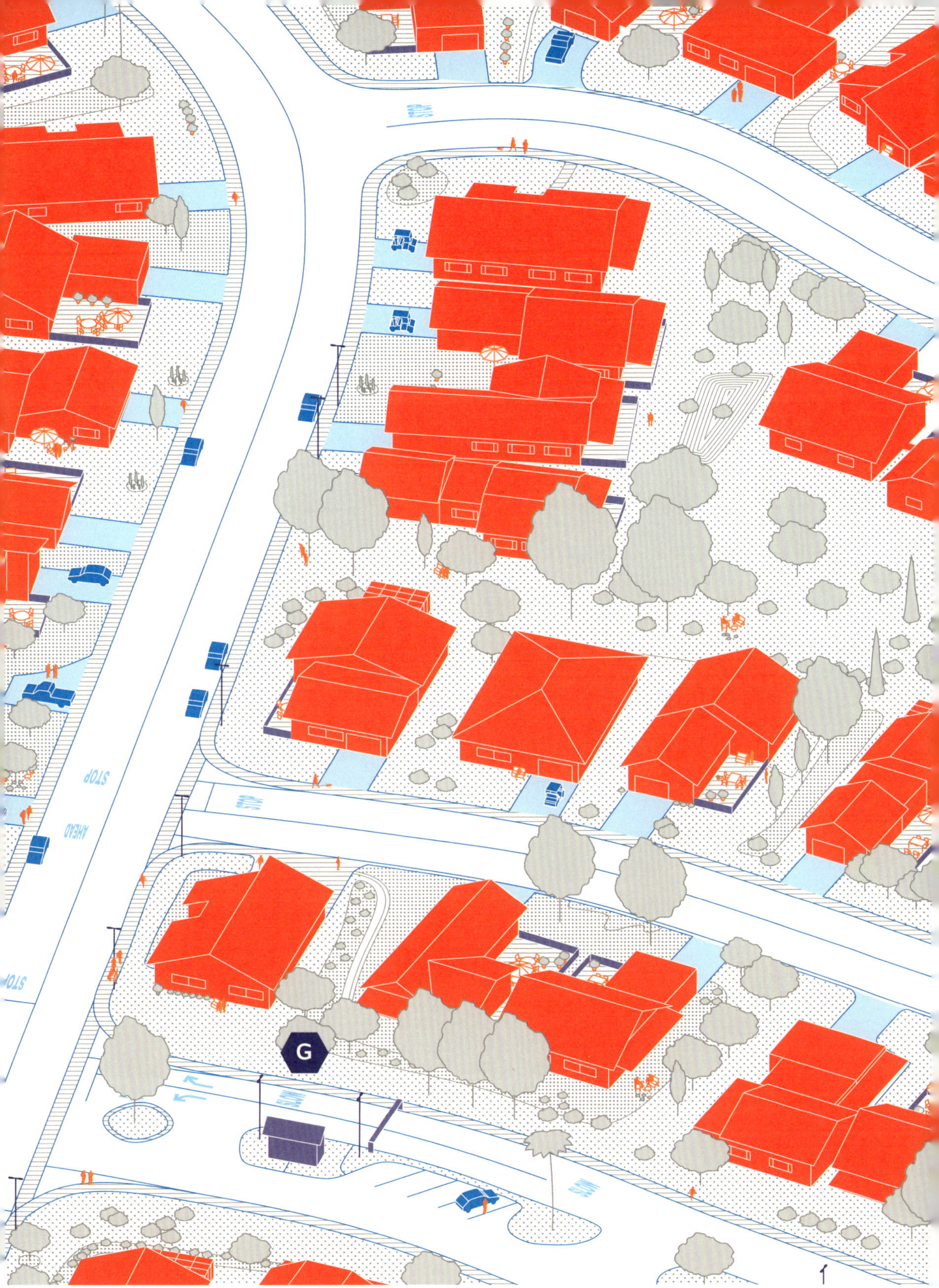

人工化棕色铺装
天然棕色地面
高度人工化绿地
中度人工绿地
硬化地面
娱乐中心
M 会议地点
植被
围栏
G 门岗
停车区

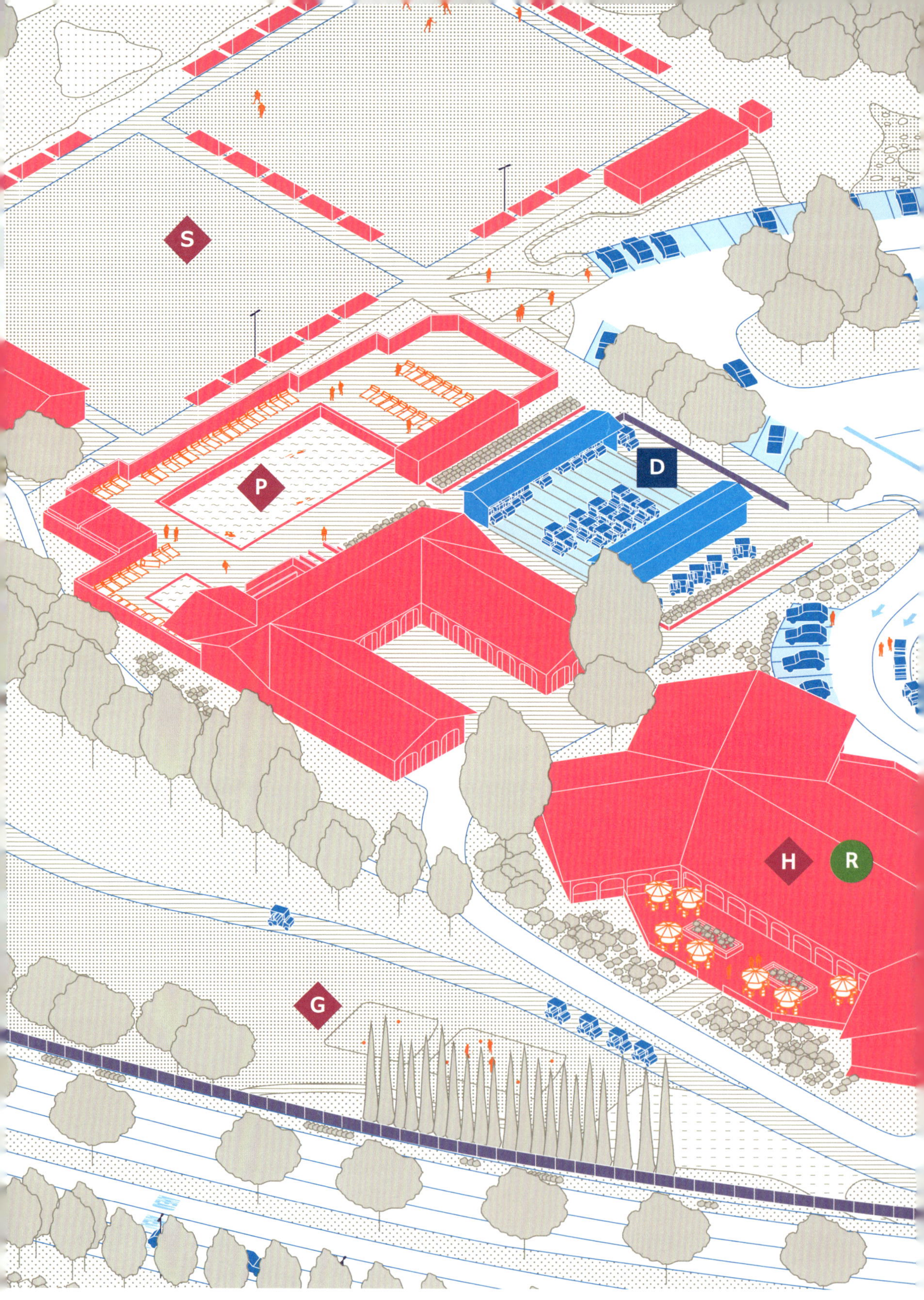

图A.4.29　加利福尼亚州拉古纳伍兹村城市肌理（3）

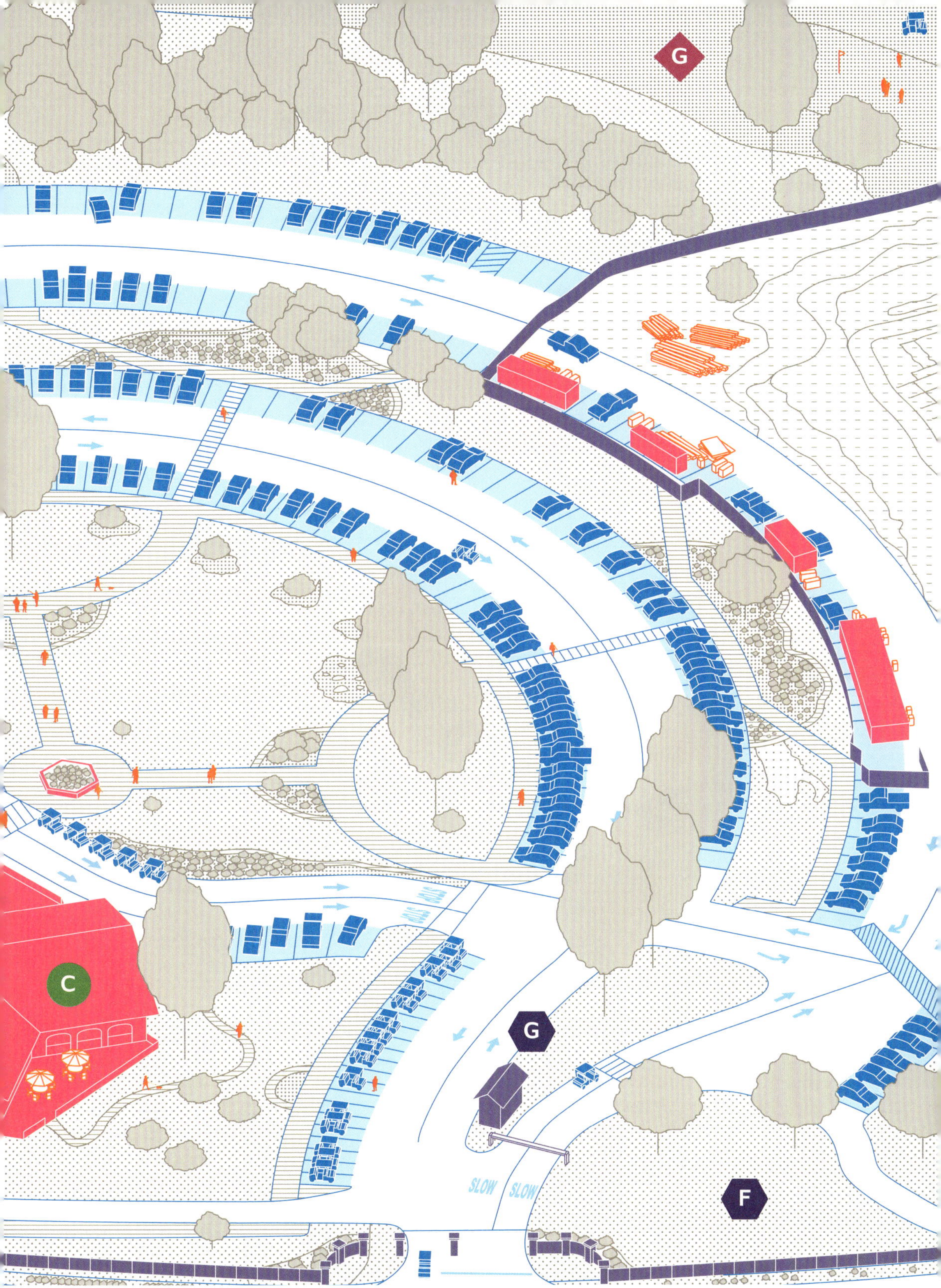

天然棕色地面
高度人工化绿地
中度人工化绿地
低度人工化绿地
硬化地面
水体
公共 / 娱乐
高尔夫场地
公共泳池
综合性体育场所
饭店
咖啡馆
植被
围栏
门岗
栅栏
停车棚
停车区

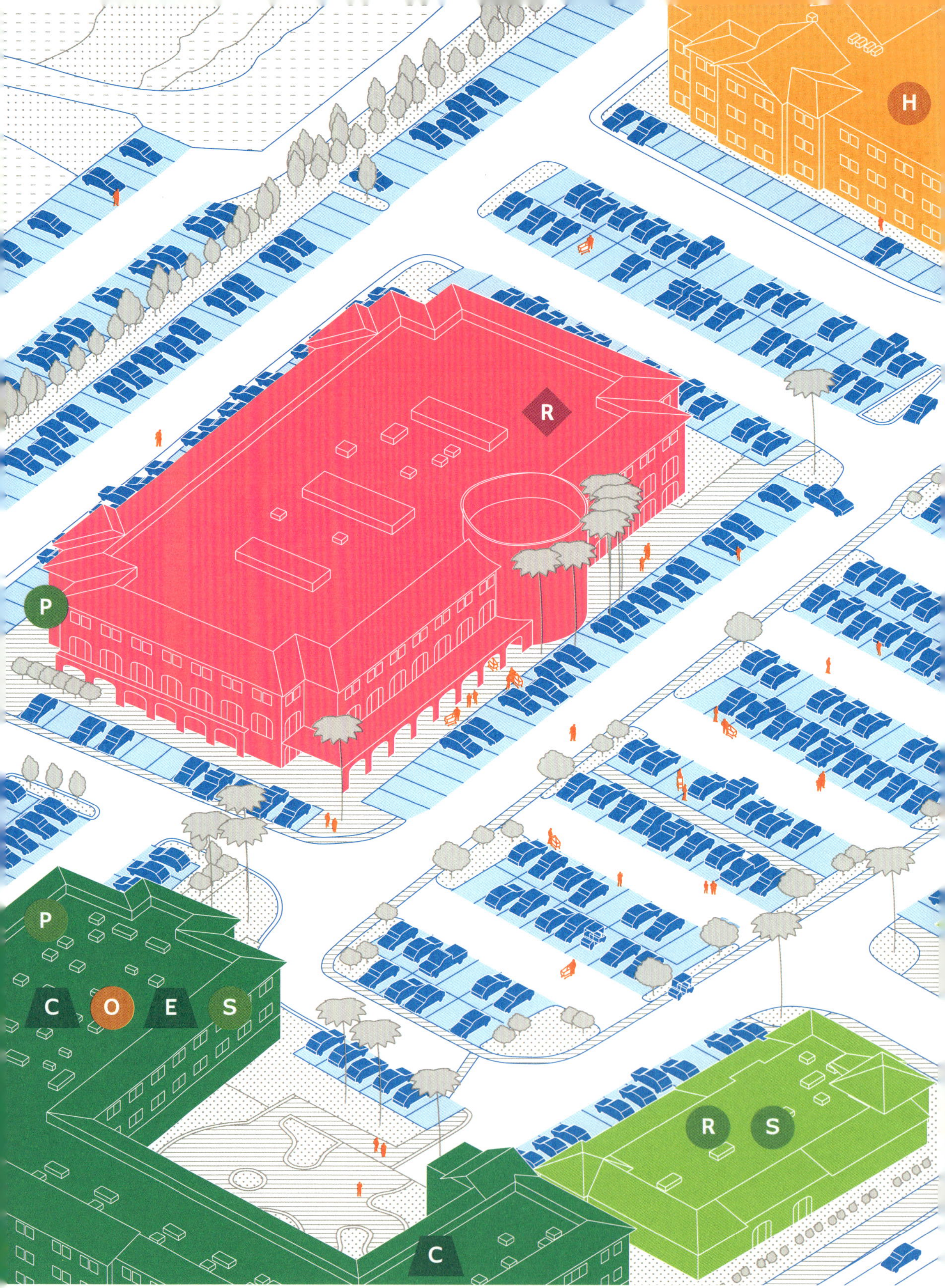

图A.4.30　加利福尼亚州拉古纳伍兹村城市肌理（4）

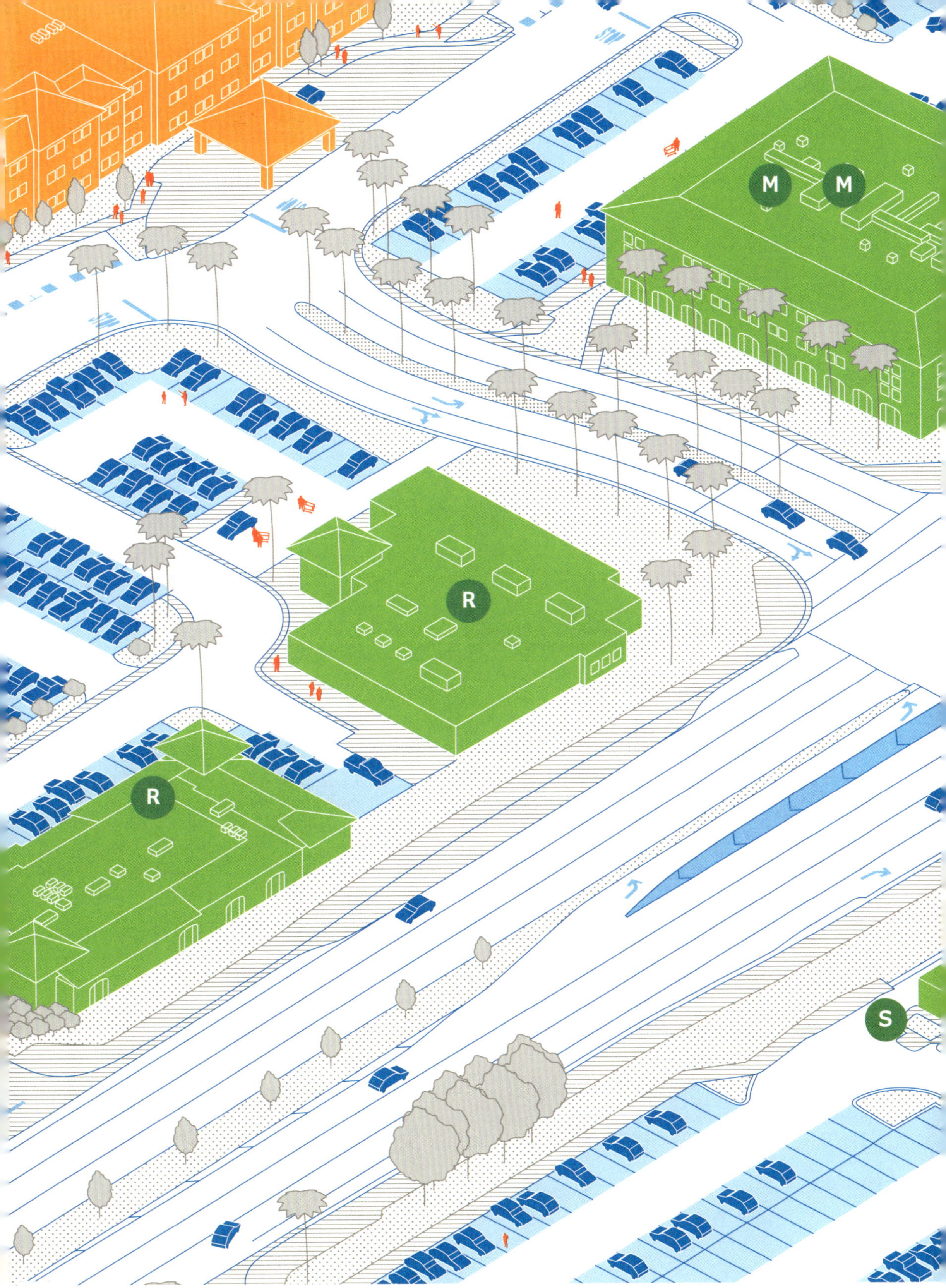

天然棕色地面
高度人工化绿地
中度人工化绿地
低度人工化绿地
硬化地面
公共 / 娱乐
娱乐中心
公共 / 市政大厅
教育机构
教堂
零售
商店
私人诊所
饭店
地产销售地
商业（非零售）
办公室
宾馆
植被
停车区

The Leisure World Concept:

A WONDERFUL "NEW WAY OF LIFE"... WHERE FREEDOM IS THE MAGIC KEY!

"Supply the basic needs of life for people 52 and over, create a serene atmosphere of beauty, provide religious and recreational facilities . . . then leave the living to the individual. This, in essence, is part of the American tradition . . . private enterprise at work to preserve the freedom of all."
—Ross W. Cortese

For most people in their fifties, sixties and up, life has changed tremendously in recent years.

The children have grown up and moved away to start lives of their own. The family home . . . with all its precious memories . . . has become too big for Mother and Dad alone. The gardening and upkeep . . . that once was fun . . . has become a physical and financial drain. Dad has retired or will be retiring in a few years. The circle of old friends has narrowed with the passage of time. Perhaps it is necessary to see the family doctor a little more often than in the past. Most of all, the cost of living somehow keeps going up . . . eating more and more into fixed, or soon to become fixed, income.

Each of these pertinent facts was accorded close scrutiny, thoughtful consideration by Ross W. Cortese and his staff in formulating the Leisure World concept of today . . . described by a nationally-known housing expert as "The most revolutionary concept in residential housing since World War II."

What *is* the Leisure World concept?

It is to build charming communities of elegant, yet sensibly priced homes for active, interesting people 52 and over on choice land within the greater metropolitan areas of the world...*exclusive* communities devoted solely to the pleasure, comfort, well being and fun of its residents...yet close enough to the nearby "big city" to allow utilization of *its* many advantages.

The Leisure World concept is to provide all facets of Leisure World living in a "one economical monthly payment" package including:

- Occupancy of a luxury cooperative-ownership manor.
- Interest, principal and taxes.
- 100% exterior maintenance and upkeep of lawns, plantings, sidewalks and streets.
- All-electric kitchen with refrigerator, range, oven, disposal and Delta sink faucet.
- Lifetime replacement of all major appliances.
- Modern well-equipped medical facilities.
- 80% payment of retail value of doctor's office calls, nurses' in-home visits and Christian Science practitioner fees.
- 24-hour security guards.
- No-greens-fee 18-hole golf course.
- Riding stables.
- No-fare Minibus shuttle service.
- King-size heated swimming pools.
- Full use of multi-million dollar clubhouse facilities.
- Game rooms, hobby shops, card rooms, 101 club, church and social activities.
- Use of all recreational facilities.

These are the basic, clearly defined, "business-side" principles of the Leisure World concept. Of perhaps greater import, even more value, to active, interesting people over 52, are the intrinsic values of that concept:

- "Freedom of Mind"... living in an environment devoid of yesterday's physical and mental pressures brought on by rising costs of living, "big home" or apartment maintenance and upkeep, astronomical medical bills, transportation costs, tiresome "all over town" shopping chores.
- "Freedom of Time" . . . to enjoy fully the "without end" social, religious and recreational aspects of Leisure World living.
- "Freedom of Choice" . . . probably the most important facet of Leisure World living. At Leisure World, you *choose* the way of life that appeals to *you* . . . *choose* to do what *you* want to do, and when *you* want to do it.

Presenting:

ROSSMOOR LEISURE WORLD...

Laguna Hills, California!

ONE OF OUR MAGNIFICENT CLUBHOUSES: Two lavish clubhouses . . . with more to come . . . are now the center for an exciting round of dances and parties, workshops and classes, card games and bridge tournaments. Over one hundred social, cultural, charitable and religious activities take place every week in these multi-million dollar facilities.

Elegant, plush Rossmoor Leisure World, Laguna Hills, with projected value of $375,000,000, is located amid golden, rolling hills less than ten minutes from the fabled artist colony of Laguna and the sparkling blue Pacific. Disneyland is 20 minutes away. San Diego is slightly more and Los Angeles slightly less than an hour away on the no-stop-light Santa Ana Freeway. A sweeping panorama of smartly, yet warmly designed manors, modern, well equipped medical facility, smart shopping center, multi-million dollar clubhouses, king-size swimming pools, riding stables, golf course and numerous other recreational facilities, Rossmoor Leisure World, Laguna Hills, is truly "another wonder of the world"...a sight to see...and one you will never forget!

RIDING STABLES — at Laguna Hills provide "the means" for endless hours of casual, carefree inspection of riding trails in the hills surrounding the Leisure World site. A stable of fine horses will be maintained for the exclusive use of Leisure World residents.

KING-SIZE SWIMMING POOLS. Shown above is part of Clubhouse #1 at Leisure World, Laguna Hills. Another king-size heated pool is a favorite relaxing spot at Clubhouse #2 in the gently rolling hills overlooking the green slopes of our 18-hole golf course.

GOLF COURSE — 18-hole, full length (5800 yards) that Leisure World, Laguna Hills residents may enjoy at no extra cost. This lovely course with its plush greens and gently rolling hills is sheer luxury for the seasoned pro or the brave beginner . . . with always a friendly foursome and never a greens fee.

TWO CHAMPIONSHIP TENNIS COURTS — where Leisure World, Laguna Hills residents can keep trim, fit . . . in hale and hearty condition for the multitude of other social and recreational activities available to them at the fabulous community development.

. . . and only short minutes away, colorful, exciting Laguna Beach . . . another world for Leisure World residents to explore at their leisure!

...linking business, social and recreational worlds at Leisure World, Laguna Hills...free intra-community transportation!

TOWERING — above the candy-striped Snack Shop (foreground) and the Sales Office (center) at Leisure World, Laguna Hills . . . the ultra-modern, $3,000,000 World Headquarters Building.

SELLING — of the Leisure World "wonderful new way of life" at Laguna Hills is conducted inside the modish, low-silhouette Sales Office. The gaily colored umbrellas of the Snack Shop patio seem to beckon jauntily on the right.

The busy, yet always relaxed environment offered at Leisure World, Laguna Hills, is clearly apparent through a study of the people pictured on this page. No-one hurries . . . no-one scurries . . . yet, all are accomplishing exactly what *they* want to . . . in *their* way . . . at *their* pace.

TRUNDLING — past the clubhouse, ever-joining business, social and recreational worlds of Leisure World, Laguna Hills . . . one of the free, intra-community buses making a regularly scheduled "run."

Time is actually unimportant at Leisure World, Laguna Hills . . . because everyone has so much of it! Here the residents are "worry poor and leisure rich" . . . with nothing to really think seriously about except what *they* would like to do next . . . and when *they* would like to do it! Everything imaginable is available to them . . . but *they* make the decisions!

BARBER SHOP: Skilled barbers are always at your service in our beautiful Laguna Hills barber shop. Just one of the many convenient shops and services in our 21-acre Shopping Center.

GIFT SHOP: For the ladies in our Shopping Center there's a convenient beauty salon, smart gift shop, modern supermarket . . . so much more. For leisurely shopping or just strolling, residents agree our Shopping Center is one of the friendliest places in town.

图A.4.31　拉古纳山罗斯摩尔休闲世界广告宣传册，约1965年。资料来源：拉古纳伍兹历史协会

LEISURE WORLD PHILOSOPHY OF FUN

WE ROMP — The "Can-Can" girls were one of the big hits in the annual extravaganza, "Scandals of Leisure World."

FREEDOM of spirit at Leisure World rings out in many ways—through the singing voices of choral groups, the youthful bicycling activities, dancing in musical productions or the warmth in tender visits with families and friends.

"Age should be no barrier to happiness, but a bank from which to withdraw knowledge and guidance or to deposit life's pleasurable experiences."

"No group (approximately 20 million people over 52 now living in America) has ever been loved as much, has ever earned more respect, or has ever responded with such enthusiasm and appreciation."

WE SING — The Sweet and Low Chorus is one of outstanding vocal groups in Leisure World, of which there are several.

WE MARCH — These residents are members of Long Beach Shrine Band. Rotary, Kiwanis, Lions, Toastmasters, are among more than 100 LW clubs.

WE COLLECT — We have collectors of almost everything. The William McClains (he's high school principal) collect bells.

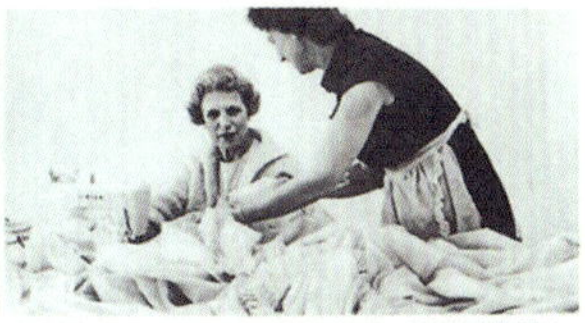

WE CREATE: Draperies with that custom look, fashionable gowns, doll beds and doll clothes for the Children's Hospital and delightful family gifts are all proudly crafted in our stitchery rooms.

For the time of your life...choose <u>your</u> way of life!

BICYCLING — a happy way to get around quickly, quietly . . . and actively.

SQUARE-DANCING — and modern dancing, too. Popular fun activity generating companionship and health.

BILLIARDS — hours of easy pleasure and utmost relaxation. A play challenge that truly sharpens the eye.

HORSESHOES—a great favorite with residents of our town . . . and such a wonderful way to meet your neighbors.

SHUFFLEBOARD — like all other facilities, the shuffleboard courts are always spic-and-span, ready to use and enjoy.

CARDS — bridge, pinochle, poker . . . or whatever your choice is, you'll find others who also enjoy your game.

CERAMICS — classes in most handicrafts are conducted on full schedule.

PARTIES — this happens to be a child's birthday party. Grown-up parties, too.

...and the smog-free healthful climate is perfect.

This modern Leisure World Medical Center was planned and built solely to meet the needs of residents. Completely equipped and fully staffed, the outpatient medical center reflects the finest of current trends in the modern world of medicine.

In Operation...and Planned:

"LEISURE WORLD, Laguna Hills...MEDICINE"

Your good health is important to you and Leisure World exerts every effort to provide the proper atmosphere and facilities to aid you in maintaining a superb personal health program. One vital phase is the unique Leisure World Medical Program which has received recognition from Leisure World residents for its excellent services. Your one monthly payment includes automatic participation in Leisure World's highly-rated "80%/20% Plan." This plan pays 80% of doctors' office visits, and nurses' and Christian Science practitioner fees...with the resident paying 20% of the reasonable costs at the time medical services are utilized. Residents may also use professional, licensed service outside the Leisure World Medical Center, with payments made in the amount of 80% of the reasonable charges in the area based on the California Medical Association Relative Value Study (CRVS).

In addition, the services of highly-qualified physicians, including recognized specialists in their respective fields of medicine, are benefits such as out patient diagnostic and treatment services...laboratory, X-ray, EKG and other diagnostic and therapeutic services...emergency service in the outpatient department of nearby licensed general hospitals for treatment of injury within 24 hours after an accident, including services furnished in connection with surgical treatment for injury requiring operating room facilities...services of a modern ambulance for transportation to or from a hospital when ordered by a licensed physician or surgeon...or in an emergency...plus home visits by Leisure World visiting nurses or Christian Science practitioners. These valuable benefits begin the first day of occupancy...except for pre-existing conditions during the first six months of residency at Leisure World. (During these six months of waiting, purchaser may use all these facilities at regular fees for services rendered.)

Medicare, beginning July 1, 1966, will pertain to residents who are covered by the Federal program when they attain their sixty-fifth birthday. Options are offered to all such eligible current Leisure World residents with the definite aim of enabling them to obtain a deduction in their monthly payment. All drugs obtained by residents from Leisure World Medical Center pharmacies can be purchased on a cost recoverable basis.

The fully-equipped modern Medical Center is already an established facility...and a smoothly functioning operation. In addition, it is planned to build a general hospital in the Laguna Hills community as the projected population justifies that ultimate requirement.

Comprehensive is the word for the effective preventive medicine and activity program designed specifically for Leisure World residents. It is simply one of so many sound reasons why thoughtful individuals are turning to this entirely new way of life where people concerned truly care.

La Capilla–

This beautiful Spanish Mission Chapel is planned to be constructed near the Leisure World globe at Laguna Hills and will be available until church groups build their own edifices at Leisure World. It may also be used by smaller religious groups who will not have their own building within Leisure World. The chapel will be administered co-operatively, with each one sharing the cost.

For Every Faith...A Meeting Place:

"LEISURE WORLD, Laguna Hills...WORSHIP"

The pealing of the bells atop Leisure World, Laguna Hills' main clubhouse on a Sabbath morning not only call the faithful to services in the temporary quarters of today . . . but seem to speak, too, of the promise for tomorrow.

Above all, the prestige community will be a place of worship for those of all faiths who desire to make use of the facilities planned for their convenience . . . and soon to become reality.

Now, groups meet at designated areas inside the clubhouse which have been set aside specifically for their use. In the coming months, however, many of these same groups of varied faiths will be erecting individual places of worship within the Leisure World community on land donated to them for that purpose by Ross W. Cortese. And, towering in splendor above all others will be the magnificent La Capilla, pictured above, and scheduled for construction near the slowly rotating globe that marks the entrance to Leisure World, Laguna Hills.

Typical of services currently a part of "the Sunday scene" at Leisure World, are those conducted by Reverend Edward James Caldwell, D.D., Laguna Hills Presbyterian Church, who is joined each Sabbath by Mrs. Harry Babbitt, as accompanist on the piano. All faiths are invited to make arrangements for use of the existing facilities through Reverend H. Carl Roessler, Co-ordinator of Religious Activities, Leisure World Foundation.

PIANIST—Mrs. Harry Babbitt is regular accompanist at church services held each Sunday in Leisure World clubhouses.

REVEREND H. Carl Roessler . . . Co-ordinator of Religious Activities, Leisure World Foundation. The Reverend Mr. Roessler assists the many religious groups who provide for the spiritual needs of Leisure World residents.

REVEREND Edward James Caldwell, D.D., Pastor of Geneva Presbyterian Church, Laguna Hills is a familiar figure every Sunday at Leisure World. Here churches of almost every faith play an integral role in Leisure World living for they are so close, right in the heart of our town.

图A.4.32　拉古纳山罗斯摩尔休闲世界广告宣传册，约1965年。资料来源：拉古纳伍兹历史协会

It's your community...

The functions of Rossmoor Leisure World are governed by the residents in a true democratic fashion. As the community is a self-contained city of almost 14,000 people, it directs virtually all of its own internal operations, such as the maintenance of community buildings, homes and grounds, management of clubhouses and activities, and of the security force. The community also directs operation of its own closed circuit television system and newspaper.

All this is accomplished through elected representatives from each Mutual (group of homes) as well as the Golden Rain Foundation which acts in a capacity similar to a city council. Directors of the Golden Rain Foundation are elected by and directly responsible to the residents of Rossmoor Leisure World.

Religious expression is a vital part of living at Leisure World. Many denominations have

Rossmoor Laguna Hills is a self contained civic community. The ultra modern facility pictured at the top of the page was recently donated to the Golden Rain Foundation, the elected governing body of our city.

We have a large community, covering acres, and many residents take advantage of our free trams and buses for their travels inside the city.

Valley Crest Landscape, Inc.
A Division of Environmental Industries, Inc.
Van Nuys • Santa Ana • Concord • San Diego

beautiful places of worship on lovely sites within the community. All major faiths are represented.

The developer of Rossmoor Leisure World, Ross W. Cortese, has contributed prime sites within the community to all major religious denominations wishing to build here. This is another way in which Leisure World meets the wishes of its residents, and enables residents to continue their religious observances in new surroundings. There are now 8 churches already built at Leisure World.

An example to other cities...

Rossmoor Leisure World Laguna Hills is a master planned community. This means control over the environment. For instance, there is uniformity of architectural style, the gracious Southern California Spanish mode. Streets and main arteries are design-controlled for safety and beauty. All utilities are underground. Grounds and buildings are maintained by qualified personnel. Shopping centers, professional buildings, service stations, banks and other commercial interests not only add to the completeness of Leisure World, but all happily conform to the local standards of architectural style and good taste.

This master plan means that regardless of how large, and active the community grows, residents will never be plagued with congestion, litter, deterioration or other unpleasant conditions of the modern age.

Great emphasis is put on civic pride and maintaining a beautiful community. Rossmoor is surely an oasis in the turmoil of urban America. Much attention is given to architectural standards and preserving the privacy and serenity of the city while offering all the services and conveniences necessary to everyday life.
The entrance to Rossmoor Leisure World (top) features our globe, symbol of the Adult Living Concept.
Manor homes and surroundings are maintained by experts to guarantee lasting beauty of the community.

Adding to the charming California style is the liberal use of ornamental ironwork, designed and built by
Cundiff Steel
Fabricating & Erecting
Orange, California
(714) 637-2211

Ross W. Cortese, innovator and builder of the Rossmoor Leisure World concept, recognized the need for adult communities more than 12 years ago. Rossmoor Laguna Hills is now the home of 14,000 active adults.

Leisure World is a way of life for thousands...

In the beautiful Laguna Hills of Southern California, there is a new and very successful living concept called Rossmoor Leisure World. Adult Living. And 14,000 happy people are proving it. There are many reasons for this success story. For you, it might be the outstanding condominium home values. Or the carefree mode of life. The great location. The peace of mind. Privacy and security. Or one of the world's near perfect climates. The millions of dollars of facilities for pleasure and for cultural activities. The companionship of people just like you.

What draws so many active, vital adults to Rossmoor Leisure World is the desire to enrich the most gratifying years of their lives.

Leisure World means freedom. And discovery. The freedom to do what you want, when you want to do it. It's discovering yourself, others, and new interests you never had time to pursue. It's living the life you want when you've earned the right to enjoy it.

Only a visit to Rossmoor Leisure World Laguna Hills can tell the whole story. Like so many others, you'll surely say, "It's almost too good to be true."

How it all started...

It is no secret that we are living in an increasingly youth-oriented world. And until the last ten years, there has been very little attention given to another growing segment of our population, the mature adult.

There is much talk about the "good life" with vast pleasure resources and the leisure time to enjoy them. But so much of what we hear seems to pertain only to youth, while the wants and needs of mature adults take a distant back seat.

The truth is, however, that these adults are the very people who have created the society in which the "good life" exists and are the ones who have the ability and the time to enjoy the fruits of their labor. Until recent years, this fact was overlooked and the areas of fulfillment for active adults were sadly lacking.

This problem was recognized by one of America's most successful builders, Ross W. Cortese. From him came the plan to create residential-recreation communities strictly for adults, completely self-contained cities, close to major metropolitan centers with all of the advantages and none of the disadvantages of convenient urban life.

The first Rossmoor Leisure World community of this type, built in 1961, was a tremendous success, gaining nation-wide attention as the

Rossmoor Laguna Hills is surely one of the most active cities in America. Residents make their own activities whether it be socializing in the patio, attending a dance, participating in planned group ventures or taking advantage of the natural beauty of the surrounding countryside.

Kennedy Mechanical Contractors Santa Ana, California (714) 547-9353

Golf is king 52 weeks a year where our 27-hole course affords some of the finest in the country. For those who prefer constructive crafts, Rossmoor Laguna Hills supplies the facilities you have dreamed about. Our equipment is the best and there is usually an expert instructor around to help out. And we emphasize that all of our facilities are available to residents when and if they want to use them.

Painting:
Keith E. Colner, Inc.
Tustin, California
(714) 837-1418

The social and personal rapport between Leisure World residents can stand as an example to everyone. Our clubhouses are a scene of constant happy activity, with music, dancing, pleasant conversation, or other meaningful educational pursuits. And not a day passes without dozens of private parties and gatherings in the community.

Surely this is the life you have been waiting to enjoy. And Rossmoor Leisure World is where it's happening.

Located in the heart of California's Fun-Land...

Although Rossmoor Leisure World Laguna Hills strives to offer satisfaction for every need, residents also find a wealth of additional activity within minutes of the community.

Living in the famous Orange County of Southern California, Leisure World citizens and their guests frequent such attractions as Disneyland, Knott's Berry Farm, mission at San Juan Capistrano, San Diego, and Mexico. It is a short *7 miles* to beautiful Laguna

Rossmoor Laguna Hills is in the most exciting area of America, yet it still enjoys the serenity of country living. We are only 7 miles from famous Laguna Beach. Just 20 minutes from Disneyland and Knott's Berry Farm where the Old West comes to life. Another neighbor is the fabulous Anaheim Stadium, home of the California Angels baseball team and other big league events.

Dateline Pipe Contracting, Inc. Anaheim, California (714) 879 2681

图A.4.33　广告片《罗斯摩尔休闲世界：一种新的生活方式》剧照，约 1965 年。资料来源：拉古纳伍兹历史协会

SCHEDULED EVENTS

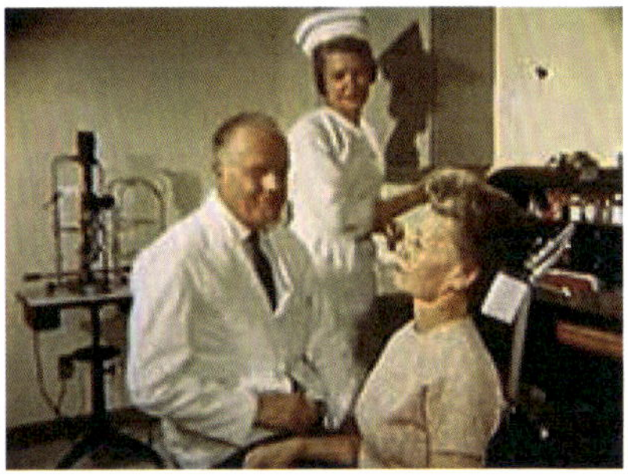

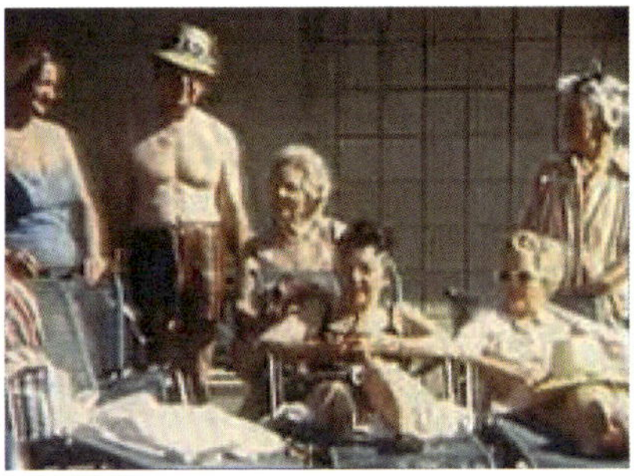

图A.4.34　高尔夫球场景观，加利福尼亚州拉古纳伍兹村，2010年

略高；[201] 休闲世界的居民来源区域相对单一，有四分之三的居民来自加利福尼亚州内。[202]

休闲世界与前两个社区有两个关键的不同点：首先是安全，其次是管理方式。太阳城与杨格镇的外围并没有持续不断的安保措施，而休闲世界则被包围在装有钩刺网的砖墙之中，13 个出入口都有安保人员把守。安保队伍主要由居民志愿者组成，并由橙郡治安官办公室的副警长进行监督（图 A.4.35、图 A.4.36），这支队伍全天候在社区中巡逻。安全被认为是居民选择入住该社区的首要原因。[203] 休闲世界的第二个核心点在于由部分居民投票表决，决定推举该社区成为合法城市并获成功，社区于 1999 年成为拉古纳伍兹市（City of Laguna Woods）。该市成为美国唯一一个可以依法分隔 55 岁以下居民的城市，除非他们同符合年龄要求的人结婚了。

图A.4.35　警卫室，加利福尼亚州拉古纳伍兹村，2010年

YOUR SECURITY DEPARTMENT OFFICERS

Resident Security officers are always ready to assist their neighbors. A unique department composed of gentlemen from various professions, continually striving through patrol, surveillance, and gate control to keep the peace throughout Leisure World and provide the security and safety all residents desire. Being residents as well as Security officers, they are doubly careful that the visitors that enter Leisure World property have a right to do so. All our Security officers perform their duties conscientiously and with the utmost efficiency. You have a Security Department of which to be proud.

图A.4.36　安保人员集体照，加利福尼亚州罗斯摩尔休闲世界，1970年。来源：罗斯摩尔休闲世界1970年的工作进展报告，拉古纳伍兹历史协会

退休社区的辩证关系

这些早期形式的退休社区及与之相类似的社区的出现，引发了评论家们截然不同的反应：一边主要从城市研究角度提出定性评论，另一边从社会科学角度进行实证定量调查。

在定性的城市研究方面，美国城市历史学家刘易斯·芒福德（Lewis Mumford）于1956年所做出的社会批判[204]与美国人类学家玛格丽特·米德（Margaret Mead）于1977年所做出的社会批判，[205]代表了随后被确立并被反复重申的立场。芒福德在《对于老年人：要融合不要隔离》（*For Older People—Not Segregation But Integration*）一文中，对佛罗里达州及美国其他地区的早期退休社区中出现的分隔倾向进行了强烈的批判，他认为这种倾向使得老年人生活在“疏离、无益和痛苦”中[206]：

> 对待老年人最糟糕的态度就是将年老者视作一个孤立的群体，在他们生命历程的某个固定点上，将他们从家人、邻居和朋友的身边，从熟悉的地方和熟悉的邻里间，从其正常的兴趣和应尽的责任中驱离，迫使他们去过一种与世隔绝又无所事事的生活，只有遇到那些与自己有着相同处境的人才能得到些许宽慰。[207]

芒福德将这种情况与家庭不断分散以及三代同堂的家庭结构土崩瓦解，从而导致老年人日益丧失尊严和目标联系起来。他将在专业化、机械化和制度化的社会技术进程中所出现的空间隔离，称为“对年老者的区隔划分”，这会导致上述情况进一步加剧。他将老年划分为三个阶段，即中年阶段或空巢期、第三年龄阶段及第四年龄阶段，而现有的住宅方案未能给这三个阶段提供一个统一通用的解决方案。值得注意的是各阶段之间的过渡导致的搬迁会带来损失与创伤，因为这意味着失去与邻里的联系以及失去花园或工作室等发展兴趣爱好的空间。[208] 随着子女的各自独立，中年阶段家庭的特点是维持成本过高或空间过大、难以收拾。[209] 第三年龄阶段通常面临退休、被迫离开职场，所以该阶段的开始往往会导致心理问题，收入、社会关系和生活意义都会减少。随着身体健康与精神水平的不断下降，可想而知，第四年龄阶段的难题与独立性和自信心的丧失紧密相关。芒福德视之为对社会的威胁，因为养老院、疗养院及医院的护理费用高昂。[210] 芒福德将老年人的生活描述为日益“无意义、无力的、寄生式的、简单反射式的存在”，对于这种现状，他勾勒出一种针对老年人的理想化的混合年龄居住区，这种居住区能够恢复“三代同堂家庭曾有的自愿照料老人的传统”。[211]

米德在 1977 年针对退休社区也提出了类似的批评，同样与三代同堂家庭的解体和美国日趋激烈的郊区城市化有关。在一次采访中米德表示：

> 过去，老年人常常与家人住在一起。那时房子很大，家里有足够的空间供姑妈和祖父母居住。一家人在社区里紧密地生活在一起。而现在，老年人口的数量大幅增长，我们的生活方式也发生了变化。在过去的 25 年里，人们纷纷迁往郊区，这对老年人造成了巨大的伤害。在这个年龄分隔、等级分化的社会中，老年人不能再居住在他们子女的附近。其中一些贫穷的老年人不得不居住在养老院——也被称为“老年人仓库”。而另外一些富裕的人尽管住进了条件较好的聚集区或者佛罗里达（太阳城），但是他们仍然感到孤单。[212]

这些强调年轻老人城市化社区的年龄分隔、讲述孤独和痛苦的社评，与退休社区的实证研究者处在完全相反的立场。实证调查研究从 20 世纪 60 年代后期开始兴起，在 20 世纪 70 年代和 80 年代最为活跃。[213] 参与调查者从社会学家到建筑师，他们都令人意外地得出了积极的结论。

美国社会学家戈登·布尔特纳（Gordon Bultena）和维维安·伍德（Vivian Wood）都是较早的退休社区调研者。在 1969 年发表的文章《美国退休社区：是祸还是福？》（*The American Retirement Community: Bane or Blessing*）中，他们对这一主题进行了较有代表性的实证研究。在面对上述意见分歧的早期探索中，他们试图对这样的事实进行分析："对于老年人居住在有年龄分隔的退休社区中是否可取，存在着广泛的不同观点。"[214] 一方面，他们阐述了社会批评家普遍持有的观点，老年人被描述成生活在一个依据"不公平也不民主"的隔离策略而建造的享乐主义社区中，过着无聊、幻灭和肤浅的生活。另一方面，他们概述了与之相对立的观点，即退休社区实际上"为老年人提供了一个独特的机会，使他们能够保持身体上和在社会生活中的活跃，避免了在传统的居住环境中所产生的困扰他们许多同龄人的孤独感"[215]。他们的研究认为，生活在亚利桑那州年龄分隔退休社区的老年人，比一些州内居住在混合年龄城镇里的老年人表现出对生活更高的斗志和更多的快乐。这在一定程度上归因于居民的不同特征，包括教育和收入水平较高，以及无子女居民比例较高。年龄分隔社区的居民表现出更高水平的满意度也部分归因于它所支持的特定社会结构，特别是"个体在适应一套新的以休闲为基础的角色行为时，如果参与到一个其他人也正在经历类似角色转变（从以工作为中心的生活方式转变为以休闲为中心的生活方式）的社会系统中，可能会感到更加轻松"[216]。布尔特纳和伍德总结道：

> （他们的）研究中没有证据表明（有年龄分隔的退休社区）对士气、退休后的满意度或社会交往水平有不利影响，结果恰恰相反。退休社区并不是对所有老年人都适用的万能解决方案，但我们也没有发现其是一群丧失适应能力、沮丧和疏离的老年人的聚居地……

20 世纪 60 年代末，社会调查员莫里斯·哈莫维奇（Maurice Hamovitch）和 A. E. 拉森（A. E. Larson）对罗斯摩尔休闲世界居民的调查显示，有四分之三以上的居民对他们的生活感到满意，超过 85%的人说他们从没想过要离开这里。[217] 美国城市规划研究人员雷蒙德 · 伯比（Raymond Burby）和雪莉 · 韦斯（Shirley Weiss）在 1976 年发表的《美国新社区》（*New Communities USA*）也得出了类似的结论，他们将两个年龄分隔退休社区居民的态度与新规划的混合年龄城镇退休人员的态度进行了比较，结果表明，在年龄分隔社区中，社会交往和联系的潜力更大，避免社会隔离的概率更高。[218]

美国地理学家、老年学家斯蒂芬 · 戈兰特（Stephen Golant）在 1985 年发表的《为年龄分隔住房辩护》一文中，通过实地调查抨击了那些毫无根据、全凭主观想象的对年龄分隔社区的抵制言论。[219] 作为对老年人在这样的社区里生活后身体和社交会被孤立的说法的回应，文章中引用了许多社区里的人与外界交流互动的例子。戈兰特认为年龄分隔社区“具有积极的功能和属性……能为老年人提供比居住着不同年龄段人群的社区更好的环境”[220]。他提出在现有的观点外，年龄分隔社区的另一个优点是：大量有着同样需求的客户的聚集，会使得那些被需求的商品或服务更优质、更便宜。[221] 这一观点将在书中的后续部分再次讨论。

戈兰特认为退休社区的模式并不是通用的，他也不建议这种模式成为老年人普遍的居住选择。他引用了老年学家欧文 · 罗索（Irving Rosow）提出的三种老年人类型来描述这种模式的适用性。这三种类型为：（1）那些具有强烈同龄人认同感的人，在以年轻人为主的地方，他们会觉得自己像局外人；（2）那些具有“偏离”年龄认同感的人，他们时常用与年轻人的比较来评价自己的行为和外表，因此，在年龄分隔的环境中，他们更能保持积极的自我形象和行为；（3）那些具有分离年龄认同感的人，他们不肯承认自己老了，尽一切可能避免与其他老人接触。第三种类型的老人并不适合年龄分隔生活方式，但是前两种都很适合在年龄分隔社区居住。[222] 戈兰特在他的文章中指出，这种类型的社区对少量需要它的人（第一种、第二种）来说是很重要的（图 A.4.37）。

这两种观点之间的辩证关系是关于“年轻老人”城市化社区的讨论中反复出现的主题，无论是在本书所介绍的历史背景下，还是在当代社会的背景下依然在持续。本书稍后将再次讨论这一问题。

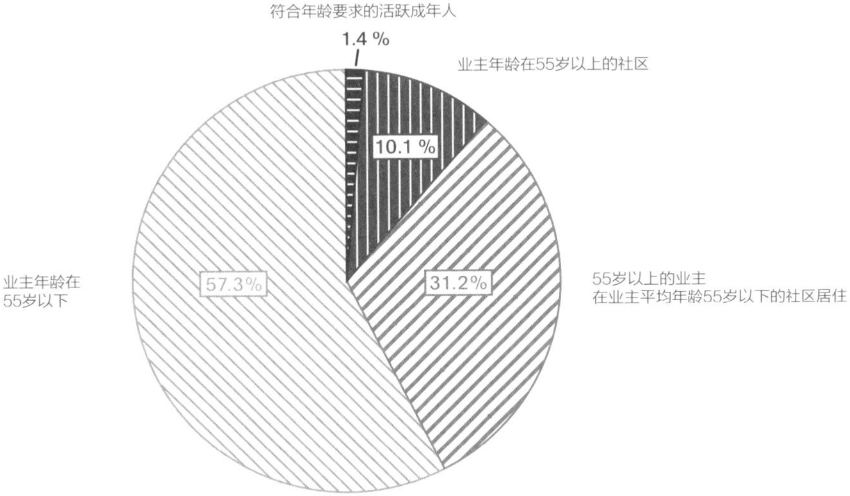

图A.4.37　在美国按社区类型分类的业主自住房屋单位份额。来源：美国人口统计局，《美国住房调查》，2005年

退休乌托邦、年龄分隔和私人治理

尽管这些先例出现在 20 世纪中叶，但它们在确定当代年轻老人城市化社区的形式和规程方面仍然发挥着相当大的作用。借鉴这些先例，有三个共同的趋势是显而易见的：退休乌托邦、年龄分隔和私人治理。[223]

像太阳城一样的退休社区，历史性地开创了一种理想的、休闲社会的新形式——退休乌托邦。由于只有退休的人在这里定居，所以不用考虑工作、养育子女以及教育等方面的问题，并有意将老年人与老年疾病和依赖的形象区分开来。由于没有整个社会生活里都是不用工作的人的先例，这种模式是根据本就存在的“兼职”乌托邦——度假胜地——来构思和营销的，所以最开始的设计工作就是考虑如何把一个临时的度假场所变成长久的居住环境。正如度假村一样，退休社区成了一个乌托邦，其核心理念是关注个性化需求，而不是摆脱束缚的休闲生活的共同愿景。

这样的退休乌托邦在很大程度上是通过年龄分隔的手段实现的——这是一种与芒福德所说的正在进行中的老龄化过程中的“专业化、机械化、制度化”相对应的策略。[224] 年龄分隔的出现是一个新的消费者群体与一种新型供应商之间的契合点，前者具有区别于其他生命阶段的特殊需求，而后者则拥有了解特定人口构成和偏好的新工具。这种对这一特殊群体的关注，能够使商品销售和服务更有效率，也更节省成本。按照德·埃拉莫的说法，太阳城能通过这一策略实现“郊区化的低居住密度、城市化的丰富而高质量的服务”。[225] 然而，正如芒福德和米德所指出的，这种看似理想的状况却引发了一系列有关城市社会更广阔愿景的问题，关于这些问题我们将在本书的最后一章进一步讨论。

最后，使 20 世纪 50 年代末和 60 年代初的这些城市先例得以实现的组织和政治框架，是一种被称为共同利益住房开发（CID）的私人治理形式。在这些退休社区中，个人参与规则的制定，并通过具体的法律文书“契约、条件和限制”（CC&Rs）来实施。更广泛的 CC&Rs 规则在维持德·埃拉莫所说的“控制的全面性和个性的缺失”方面发挥着核心作用，这些规则由私人管理的城市“议会”（房主协会）执行。[226] 有人认为，正是这种高度的原则性和自治性吸引了居民到这些地方居住，并最终将休闲世界转变为拉古纳伍兹市，这是第一个为老年人建立的私人治理城市实体，成为一个“完全符合宪法的政治主体”。[227]

年轻老人的城市化社区：从历史到现在

上述 20 世纪 50 年代末和 60 年代初的历史先例中简要指出的三种趋势，继续影响着当代年轻老人城市化社区的形式。事实上，这四个当代案例研究可以概括为对战后发展起来的退休乌托邦、年龄分隔和私人治理概念的延伸和转变。对于这样一个历史进程，科斯塔是这样说的：

> 如今，退休后的悠闲生活，充满了娱乐活动，包括大众旅游、低强度运动如高尔夫球，以及廉价的娱乐活动，这些往往是通过重新定居到气候较好或有其他环境设施或生活费用较低的社区来实现的。自 1940 年以来，即使价格上涨，老年人对居住在二月温暖地区的需求也在增加。这样的社区不一定是子女或亲属居住的社区，但一定是有更多娱乐机会的社区。随着娱乐机会的增加，（退休人员）独立生活才可能变得更具吸引力。独立生活的

吸引力日益增加，可能反过来又增加了退休的吸引力。[228]

除乌托邦、年龄分隔和私人治理的趋势之外，我们还将在最后一章通过流动性、主题化和工具化等术语，进一步介绍适用于当代案例研究的趋势。

在接下来的章节中，我们将分别详细介绍四个当代城市研究项目，重点关注每个项目的创新点和特征。以佛罗里达州退休村为例，将包括对其规模、规划、主题、基础设施、类型和管理的研究。对西班牙太阳海岸城市化社区的探索将从气候、形态、规划、类型学、新殖民化、流动性和治理等方面进行阐述。对日本豪斯登堡将从类型学和主题化的角度进行诠释。而对美国的老年房车社群将主要从家庭性、基础设施和游牧性的角度进行考察。在各个案例研究章节以及总结章节中，我们将从整体的角度对其创新性、特征和趋势进行辨析，旨在勾勒出一套与以往被称为“老年”的生命阶段截然不同的实验性年轻老人城市化社区的轮廓。

注释

1 信使乐团（These New Puritans），歌词摘自 2014 年 4 月在伦敦巴比肯艺术中心演唱的歌曲《燃林之隅》（*The Trees Are On Fire*）。引自《评信使乐团——活力、温暖与迸发的生命力》，《卫报》2014 年 4 月 18 日，https://www.theguardian.com/music/2014/apr/18/new-puritans-review-barbican-jack-barnett（译注：原文链接已发生变更，此处为文章的新网址，新网址访问于 2024 年 4 月 25 日）。

2 Wendell R. Smith, "Product Differentiation and Market Segmentation as Alternative Marketing Strategies," *Journal of Marketing* 21, no.1 (July 1956), pp.3–8.

3 《PRIZM NE：生活方式细分系统》，美国克拉瑞塔斯市场研究公司宣传手册，2006 年。

4 Stephen Golant, "In Defense of Age-Segregated Housing," *Aging* 348 (1985), pp.22–26.

5 Andrew Blechman, *Leisureville: Adventures in America's Retirement Utopias*, New York, 2008, p.111.

6 布兰登·科菲（Brendan Coffey）：《退休村幕后的亿万富翁莫尔斯》，彭博新闻 2012 年 6 月 5 日。该退休村的面积为 85.4 平方千米，几乎与 87.5 平方千米的曼哈顿面积相同。具有相似面积的城市还包括 88.3 平方千米的哥本哈根以及 87.9 平方千米的苏黎世。

7 H. Gary Morse, "Yesterday, Today and Tomorrow!," *The Villages Daily Sun* (2007).

8 Marco D' Eramo, "Bunkering in Paradise (or, Do Oldsters Dream of Electric Golf Carts？)," in *Evil Paradises: Dreamworlds of Neoliberalis*m, ed. Mike Davis and Daniel Bertrand Monk, New York, 2007, p.80.

9 该术语改编自埃亚勒·魏兹曼的"政治的可塑性"这一概念，参见：Eyal Weizman, *Hollow Land: Israel's Architecture of Occupation*, London, 2007, p.5。

10 Andrew Blaikie, *Ageing and Popular Culture*, Cambridge, UK, 1999, p.69.

11 Bernice L. Neugarten, "The Young-Old and the Age-Irrelevant Society," in *The Meanings of Age: Selected Papers of Bernice L. Neugarte*n, ed. Dail A. Neugarten, Chicago, 1996, pp. 45–46.

12 参见: Robert N. Butler, *The Longevity Revolution: The Benefits and Challenges of Living a Long Life*, New York, 2008; Ken Dychtwald, *Age Wave: The Challenges and Opportunities of an Aging America*, Los Angeles, 1988; 或 Peter G. Peterson, "Gray Dawn: The Global Aging Crisis," *Foreign Affairs* 78, no.1 （January/February 1999）。

13 Peterson, "Gray Dawn."

14 参见: Ole Bouman, "Architecture of Demography: Building on a Collective Suicide," in Architecture of Power, Part 3: Power Logic, *Volume 7* (May 2006), pp.36–41。

15 Peter Laslett, *A Fresh Map of Life: The Emergence of the Third Age,* London, 1989, pp.71–73. 拉斯莱特在第 73 页继续说道："十几岁的女孩无法想象她们十几年后会是什么样子，但这并不意味着当她们成为母亲时，她们会表现得好像不知道自己在哪里，也不知道该做什么。这是因为有大量的社会模式、规范和实践、尝试过的补救措施、支持性机构和明显的态度来支持她们。"

16 出版物类别包括：

1） 社会科学出版物，探讨与"年轻老人"相关的现象，但较少关注空间或城市问题。涉及的主题包括年轻老人的人口和社会学层面、退休史、退休社区的社会学和历史，以及年轻老人在退休社区中的经验实证研究：United Nations Population Division, *World Population Ageing 2007,* New York, 2007; Alexandre Kalache et al., "Global Ageing: The Demographic Revolution in All Cultures and Societies," in the *Cambridge Handbook of Age and Ageing*, New York, 2005; William Graebner, *A History of Retirement: The Meaning and Function of An American Institution, 1885–1978*, New Haven and London, 1980; Dora L. Costa, *The Evolution of Retirement: An American*

Economic History, 1880–1990, Chicago, 1998; Bernice L. Neugarten, "Age Groups in American Society and the Rise of the Young-Old," *The Annals of the American Academy of Political and Social Science* 415, no. 1 (1974), pp. 187–198; Peter Laslett, *A Fresh Map of Life: The Emergence of the Third Age*, London, 1989; Andrew Blaikie, *Ageing and Popular Culture*, Cambridge, UK, 1999; Raymond Burby and Shirley Weiss, *New Communities USA*, Lexington, MA, 1976。相关期刊还包括*Ageing and Society, Journal of Applied Gerontology, Research on Aging, Gerontologist, Journal of Aging and Social Policy, Ageing International,* and *Generations*。

2）历史出版物，涉及"年轻老人城市化"的案例，如太阳城和休闲世界（较少涉及）: Hubert B. Stroud, *The Promise of Paradise: Recreational and Retirement Communities in the US since 1950*, Baltimore, 1995; John Findlay, *Magic Lands: Western Cityscapes and American Culture After 1940*, Berkeley, 1992; Judith Ann Trolander, *From Sun Cities to The Villages: A History of Active Adult, Age-Restricted Communities*, Gainesville, FL, 2011。

3）特定老年人相关项目的建筑出版物。这些研究通常独立于更广泛的社会人口背景：例如 Architecture Aires Mateus, "Housing for Elderly People Alcácer do Sal," in "Aging" ed. Arjen Oosterman, *Volume 27*, no. 1 (April 2011), pp. 162–66。

4）建筑学和较少涉及的城市研究出版物，主要关注所谓老龄问题的最佳实践或功能主义解决方案，主要通过"护理""无障碍"和"通用设计"等范式应对高龄老人面临的相关挑战。Martin Valins, *Housing for Elderly People: A Guide for Architects, Interior Designers and Their Clients*, London, 1988; Bradford Perkins et al., *Building Type Basics for Senior Living*, Hoboken, NJ, 2004; WHO Ageing and Life Course Programme, *The Global Age-Friendly Cities Guide*, Geneva, 2007; AARP (American Association of Retired Persons), Andrew Kochera et al., *Beyond 50.05: A Report to the Nation on Livable Communities: Creating Environments for Successful Aging*, Washington, DC, 2005; AARP, *Aging in Place: A State Survey of Livability Policies and Practices*, Washington, DC, 2011。近年来，城市中老年人普遍面临的"问题"（以及一些临时解决方案）在以下出版物中有所提及：Philip B. Stafford, *Elderburbia: Aging with a Sense of Place in America*, Westport, CT, 2009; Henry Cisneros et al., *Independent for Life: Homes and Neighborhoods for an Aging America*, Austin, 2012; Scott M. Ball, *Livable Communities for Aging Populations: Urban Design for Longevity*, Hoboken, NJ, 2012。

5）艺术出版物或摄影师，捕捉第三年龄或年轻老人居住场所的独特美学氛围，如 Peter Granser, *Sun City*, Zurich, 2006。

6）建筑 / 跨学科出版物，批判性地探讨老龄化与建筑的主题，以及较少涉及的城市化主题。这些出版物主要探讨高龄老人或人生后半段的主题，有些则探讨空间现象，独立于对其至关重要的更广泛的社会人口背景：Andreas Huber, ed., *New Approaches to Housing for the Second Half of Life*, Basel, 2008; "Veillir/Getting Old," *L'Architecture d'Aujourd'hui*, no. 341 (July/August 2002); "Wohnen im Alter / Housing for the Elderly," *Werk, Bauen + Wohnen* 91/58, no. 1/2 (January/February 2004); Jeffrey Inaba, ed., "The Urban Conspiracy," *Volume 29* (November 2011); and Arjen Oosterman, ed., "Aging," *Volume 27* (April 2011)。

17 此类现象可在此称为"潜在"现象，因为它们尚未在现有论述中得到充分定义，因此可能还未被完全理解。

18 实地考察每次持续 3 到 15 天不等，涵盖以下地点和访问日期：杨格镇，2008 年；太阳城，2008 年、2010 年；休闲世界 / 拉古纳伍兹村，2010 年；佛罗里达州退休村，2005 年、2008 年；太阳海岸，2009 年、2014 年；豪斯登堡，2008 年、2014 年 (Ani Vihervaara)；房车社群，2005 年、2008 年、2010 年。

19 D'Eramo, "Bunkering in Paradise."

20 关于居民满意度，参见 Gordon L. Bultena and Vivian Wood, "The American Retirement Community: Bane or Blessing?," *Journal of Gerontology* 24, no. 2 (1969), pp. 209–217。

21 MetLife Mature Market Institute, *Housing Trends Update for the 55+ Market: New Insights from the American Housing Survey*, New York, 2011, pp. 7–9.
专门针对"第三年龄"人群的住房预计在未来会非常受欢迎。2005 年，接受调查的美国"婴儿潮一代"老年人（50~59 岁）中有一半表示退休后将购买新房。其中，59% 的人表示对年龄细分社区感兴趣。"2005 年德尔·韦布'婴儿潮一代'调查"，哈里斯问卷调查，http://library.corporate-ir.net/library/14/147/147717/items/191323/2005%20Baby%20Boomer%20Survey.pdf（2008 年 7 月 21 日访问）。

22 当代社会如此重视青年作为文化的推动力，而在很大程度上忽视了对年轻老人的主体性、集体性和城市化的尝试。

23 受访者包括：世界卫生组织老龄化与人生历程项目高级技术官员 Louise Plouffe 博士，世界卫生组织老龄化与人生历程项目负责人 Alexandre Kalache，苏黎世大学社会学教授、*Traditionelles und neues Wohnen im Alter* (2004) 和 *Demographische Alterung und individuelles Alter* (1999) 的作者 François Höpflinger，苏黎世联邦理工学院"老年人住房创新项目"负责人、社会地理学家兼研究员 Andreas Huber 博士，苏黎世联邦理工学院"老年人住房创新项目"研究员、社会学家 Magrit Hugentobler 博士，瑞士乌斯特市居家养老策略顾问、心理学家 Anita Baumli，佛罗里达大学盖恩斯维尔分校休闲研究副教授、老龄化和休闲专家 Heather Gibson 博士，加拿大哈利法克斯达尔豪西大学休闲研究教授、老龄化和休闲专家 Jerome Singleton 博士，谢菲尔德哈勒姆大学设计学教授、老龄人口设计专家 Chris Rust，伊利诺伊大学香槟分校艺术与设计学院教授兼院长、老龄人口设计专家 David Weightman，Bracher and Partner 和 BonaCasa 首席执行官、瑞士养老住宅开发商 Ivo Bracher。

24 Ruth Levitas, *The Concept of Utopia*, London, 1990.

25 由于城市化与人口老龄化这一话题涉及大众期待和潜在误解，因此有必要说明哪些内容不包含在本书的范围内。本书的重点是"年轻老人城市化"，因此并不旨在为传统意义上的老年人，即拉斯莱特所谓的"第四年龄"以及纽加滕所谓的"高龄老人"提供城市解决方案。基于对"年轻老人"的现行定义，以及与之相关的城市现象，本书不会直接探讨全球贫困或欠发达国家背景下的人口老龄化问题。本书的初衷为探讨年轻老人城市化理论研究，而非成为指导设计最佳退休社区的指南。

26 联合国经济和社会事务部人口司，*Technical Meeting on Population Ageing and Living Arrangements of Older Persons*, New York, 2000, p. 2. 论坛成员 Antonio Golini 在此引述。

27 人们就人类预期寿命是否会继续增长的问题争论不休。在欠发达国家，预期寿命将迅速延长，而在较发达国家，预期寿命延长的速度将下降。

28 Frank Notestein, "Population: The Long View," in *Food for the World*, ed. Theodore Schultz, Chicago, 1945, pp. 36–57; Warren S. Thompson, "Population," *American Journal of Sociology* 34, no. 6 (1929), pp. 959–975.

29 Dudley Kirk, "Demographic Transition Theory," *Population Studies* 50, no. 3 (November 1996), p. 361.

30 参见 Jean-Claude Chesnais et al., *The Demographic Transition: Stages, Patterns, and Economic Implications*, New York, 1993, p. 5。

31 Simon Szreter, "The Idea of Demographic Transition and the Study of Fertility Change: A Critical Intellectual History," *Population and Development Review* 19, no. 4 (1993), pp. 659–701. 根据 Chesnais 等人的观点，人口转变理论之所以被接受，是因为它简单明了，是"对反映当代人口变化的综合性、有条理的观点的唯一解释模式"，出处同上。

32 参见 James F. Fries, "The Compression of Morbidity," *The Gerontologist* 24 (1984), pp. 354–359。

33 参见 Tom Koch, *Cartographies of Disease: Maps, Mapping, and Medicine*, Redlands, CA, 2005。

34 Kirk, "Demographic Transition Theory," pp. 361–387。

35 比利时社会学家 Ron Lesthaeghe 提出了另一种人口老龄化理论，描述了第二次人口转变。该理论区分了西欧出生率下降的两个历史阶段：第一个过渡阶段大致发生在 1870 年至 1930 年，原因是国家的制度影响力不断增强，教会的影响力不断减弱，从而得以引入节育措施；第二个过渡阶段也是更公开的过渡阶段，发生在 20 世纪 60 年代之后，原因是妇女地位的提高、口服避孕药的出现、个人自主权的重要性超过了国家或其他集体机构的重要性，以及婚姻与性的分离。参见 Ron Lesthaeghe, "Der zweite demographische Übergang in den westlichen Ländern: Eine Deutung," *Zeitschrift für Bevölkerungswissenschaft* 18, no. 3 (1992), pp. 313–354。

36 参见 Donald T. Rowland, *Population Aging: The Transformation of Societies*, International Perspectives on Aging 3, London, 2012。

37 同上，p. 12.

38 在 21 世纪初，欠发达国家的人口转变正处于初期到中期阶段。

39 联合国经济和社会事务部人口司 , *The Aging of Populations and its Economic and Social Implications*, New York, 1956。

40 联合国经济和社会事务部人口司 , *World Population Ageing 2007*, New York, 2007, p. xxvi。

41 同上。

42 同上。

43 虽然使用较发达和欠发达国家或地区的提法（对应发达国家和发展中国家），但这种模式的局限性是多方面的。尤其是一些所谓的发展中国家，它们与所谓的发达国家具有许多相同的特征。不过，在讨论人口老龄化的人口统计学问题时，这种区分尽管过于简单，但依旧有用。

44 联合国经济和社会事务部人口司 , *World Population Ageing 2007*, p. xxvii。发展中国家的人口老龄化进程更晚，速度更快，社会经济发展水平更低。

45 Mario Reimer et al., *Spatial Planning Systems and Practices in Europe*, New York, 2014, p. 93.

46 Ken Dychtwald, *Age Power: How the 21st Century Will Be Ruled by the New Old*, New York, 1999.

47 William Graebner, *A History of Retirement: The Meaning and Function of an American Institution*, 1885–1978, New Haven and London, 1980, pp. 215–241.

48 Hajo Holborn, *A History of Modern Germany, 1840–1945*, Princeton, 1969, pp. 291–93.

49 引自 Markus M. L. Crepaz and Arend Lijphart, *Trust beyond Borders: Immigration, the Welfare State, and Identity in Modern Societies*, Ann Arbor, MI, 2007, p. 15。

50 Einar Overbye, "The New Zealand Pension System in an International Context: An Outsider' s View," *Social Policy Journal of New Zealand*, no. 6 (July, 1996).

51 Graebner, *A History of Retirement: The Meaning and Function of an American Institution, 1885–1978*, p. 181.

52 Dora L. Costa, *The Revolution of Retirement: An American Economic History*, *1880–1990*, Chicago, 1998, pp. 8–9.

53 参见 Graebner, *A History of Retirement: The Meaning and Function of an American Institution*, *1885–1978*, pp. 181–214。

54 Costa, *The Revolution of Retirement: An American Economic History*, 1880–1990, pp. 21–25。值得注意的是，在社会保障引入之前，劳动参与率的下降是由于社会发展阶段从农业向工业的转移。

55 科斯塔的数据表明，美国 65 岁及以上退休男性的住房拥有率从 1900 年的三分之一上升到 1990 年的四分之三。另一个指标是（私人）养老金计划所覆盖的私营受薪工人的百分比增加，这一数字从 1930 年的 10% 上升到 1990 年的 45%。出处同上，pp. 15–17。

56 Graebner, *A History of Retirement: The Meaning and Function of an American Institution*, *1885–1978*, pp. 227–28。"有一段时间，退休似乎永远被赋予了这个负面的定义。1952 年，《终身生活》（以'未雨绸缪者'为对象的生活杂志）找不到任何一个公司领导、劳工领袖或养老金专家愿意在公共论坛上支持强制退休"。

57 同上，p. 231。

58 同上。

59 同上，p. 215。

60 同上，p. 270。

61 同上，p. 269。

62 有关脱离理论概要，请参见 Elaine Cumming and William E. Henry, *Growing Old: The Process of Disengagement*, New York, 1961。

63 Graebner, *A History of Retirement: The Meaning and Function of an American Institution, 1885–1978,* pp. 227–228.

64 同上。

65 脱离理论后来被有选择地与活动理论重新组合，从理论上支持年龄分隔的积极退休群体。关于活动理论的概述，见 Robert J. Havighurst, "Successful Aging," *in Processes of Aging*, ed. Robert Hays Williams et al., New York, 1963, vol. 1, pp. 299–330。

66 Costa, *The Evolution of Retirement: An American Economic History, 1880–1990*, p. 133.

67 同上，p. 28。通过美国人用于生活必需品（食物、住房和衣服）的支出在总收入中的占比相对减少和用于娱乐的占比相对增加，可以证明对休闲的负担能力和支出在不断增加。1888—1890 年，约 75% 的收入用于必需品，2% 用于娱乐；1991 年，不到 40% 的收入用于必需品，近 6% 用于娱乐。出处同上，p. 136。

68 同上，p. 152。

69 同上，p. 153。

70 例如，1921 年至 1930 年间，高尔夫球场的数量增加了两倍，这引发了评论家们对高尔夫民主化的讨论。出处同上，p. 135。

71 联合国经济和社会事务部人口司，*World Population Ageing 2009*, New York, 2012, p. 41。

72 Masa Higo and John B. Williamson, "Retirement," in *Encyclopedia of the Life Course and Human Development*, ed. Deborah Carr et al., New York, 2008, p. 331.

73 同上。

74 OECD, *Pensions at A Glance 2013: OECD And G20 Indicators*, Paris, 2013.

75 联合国新闻司，"Productive Ageing: Voluntary Action by Older People," New York, 2002, http: // www.un.org/swaa2002/prkit/productiveageing.htm（2014 年 5 月 9 日访问）。

76 日本国际长寿中心，"Productive Aging for the Elderly in the World," International Longevity Centre, March 5, 2013, http://www.ilc-alliance.org/index.php/news/news_post/productive_aging（2014 年 5 月 12 日访问）。

77 Bernice L. Neugarten, "The Young-Old and the Age-Irrelevant Society."

78 同上，p. 37。

79 同上，pp. 37–38。

80 同上，pp. 45–46。

81 Peter Laslett, "The Emergence of the Third Age," *Ageing and Society* 6, no. 2 (1987).

82 Laslett, *A Fresh Map of Life: The Emergence of the Third Age*.

83 同上，p. 4。拉斯莱特认为，这些阶段更多的是与生命活动和事件相对应，而不是与特定的出生日期相对应。例如，可以直接从第一年龄进入第三年龄，或从第二年龄进入第四年龄。社会学家安德鲁·布莱基（Andrew Blaikie）认为，这种人生阶段的重组隐含着某种悲剧性的讽刺："虽然第三年龄理论提出了一种解放性的观点，将退休视为没有事业或子女责任的成人生活，但这只是通过在社会上削弱退休作为死亡前的阶段的消极影响而实现的。"见 Blaikie, *Ageing and Popular Culture*, p. 77。

84 Laslett, *A Fresh Map of Life: The Emergence of the Third Age*, p. 152。"从个人角度来看，第三年龄的到来是个人的事，而不是公众的事：它其实与实际年龄、社会年龄甚至生理年龄关系不大，最重要的是，它是一个选择问题。尽管对第三年龄的大多数人来说，只有在退休后才有可能到第三年龄，而且退休的时间和条件通常也不是退休者所能选择的，但该理论认为所有这些情况都是真实的”。

85 同上，p. 3。据统计，65岁以上的英国人中仅有3%至4%进入养老院，这凸显了这种误解的严重性（p18）。“第三年龄”一词源于法国，出自20世纪70年代的“第三年龄大学”（universités du troisième age）。拉斯莱特还感谢纽加滕在1974年于《美国社会的年龄组和年轻老人的兴起》（*Age Groups in American Society and the Rise of the Young-Old*）中提出“年轻老人”概念的这一贡献。

86 William Shakespeare, *As You Like It*, Act II, Scene VII, lines139–166.

87 参见Andreas Huber, “The Housing Market in the Tension between Demography and Phases of Life,” in *New Approaches to Housing for the Second Half of Life*, pp. 54–55。Huber描述了从后青春期开始的七个阶段，并在此基础上增加了童年和青春期。

88 François Höpflinger, “The Second Half of Life: A Period of Life in Transition,” in *New Approaches to Housing for the Second Half of Life*, pp. 32–33.

89 这并不表明从活跃老人到不活跃老人这一重要的过渡阶段不重要。

90 Laslett, *A Fresh Map of Life: The Emergence of the Third Age*, pp. ix, xi。虽然《生活的新地图》特别针对英格兰的老龄化问题，但在其引言中，拉斯莱特认为书中的内容适用于“目前欧洲、北美、非洲和大洋洲所有老龄化国家”。他提出的一个观点是，这些国家以及日本对其人口急剧老龄化的反应，必将影响世界其他国家的最终行动。因为所有国家似乎都注定会以同样的方式老龄化，其中一些国家已经走在这条道路上。第三年龄的出现迟早会在世界各地发生。从这个意义上说，这本书的读者群是全球性的，其命题旨在尽可能普遍，尽管各国的社会和文化差异很大。

91 同上，p. vii。

92 同上，p. 65。需要注意的是，拉斯莱特预期20世纪末老龄化加速的结束“至少会持续一代人左右”。这一观点受到更近期人口预测的挑战，这些预测总体上认为人类预期寿命显著增加以及60岁或65岁以上人口比例继续增长。

93 Laslett, *A Fresh Map of Life: The Emergence of the Third Age*, p.67.

94 “New Clues Add 40,000 Years to Age of Human Species,” US National Science Foundation (NSF), http://www.nsf.gov/news/news_summ.jsp?cntn_id=102968（2014年3月11日访问）。

95 Laslett, *A Fresh Map of Life: The Emergence of the Third Age*, pp.71–73.

96 同上，p. 72。

97 同上，p. 78。“尽管我们不需要，也确实不应该以我们的生日来计算自己的第三年龄，但实际上我们必须接受，对于大多数人来说，这种可能性只有在第二年龄结束，即退休后才会出现。因此，退休年龄对一个人希望在第三年龄度过的生命长度至关重要。有些人可以选择何时停止工作——实际上就是离开第二年龄。但对于大多数人来说，退休年龄在实际操作中是由他人——政府或雇主——确定的”。

98 同上。

99 同上，p. 86。

100 同上，p. 85。

101 同上，pp. 91–92。拉斯莱特表示，1988年7000美元的人均国民生产总值，相当于2014年的14000美元。

102 同上，p. 91。

103 同上，p. 202。根据经合组织（OECD）2013年关于养老金的报告，“减少老年贫困是经合组织国家最伟大的社会政策成就之一。尽管经历了大衰退，但2010年老年人的平均贫困率为12.8%，低于2007年的15.1%。在许多经合组织国家，年轻年龄段人口的贫困风险更高。经合组织国家65岁及以上人群的收入平均达到总人口可支配收入的86%，从卢森堡和法国的几乎100%，到澳大利亚、丹麦和爱沙尼亚的不到75%不等。然而，为了全面了解养老金领取者的退休需求，还需要考虑其他因素，例如住房财富、金融财富和获得公共服务的机会。经合组织国家中，平均超过四分之三的55岁及以上人口是房主。住房可以对养老金领取者的生活水平做出重大贡献，因为他们节省了租金，并且在必要时可以通过出售、租赁或反向抵押贷款将其财产转换为现金。然而，房主仍可能陷入贫困，并且可能难以支付房屋维护和日常需求的费用”，pp. 13–14。

104 可以假设，在更新后的计算中，这些 20 世纪 80 年代末被列入名单的国家可能会扩展到更多，例如韩国。

105 Laslett, *A Fresh Map of Life: The Emergence of the Third Age*, p.1.

106 需要注意的是，拉斯莱特关于第三年龄的理论因其自愿主义和规范性的观点，以及其展现的精英主义、英国中产阶级视角而受到批评。此外，该理论在方法上也存在一些缺陷，例如缺乏与现有老龄化理论的联系和实证数据。参见 Mike Bury, “Ageing, Gender and Sociological Theory,” in *Connecting Gender and Ageing: A Sociological Approach*, ed. Sara Arber and Jay Ginn, Buckingham, 1995。

107 Laslett, *A Fresh Map of Life: The Emergence of the Third Age*, pp.156–157。这些更广泛的问题将在总结章节中更详细地讨论。

108 Thorstein Veblen, *The Theory of the Leisure Class*, New York, 1899.

109 Dean MacCannell, *The Tourist: A New Theory of the Leisure Class*, New York, 1976.

110 Höpflinger, “The Second Half of Life: A Period of Life in Transition,” p.31.

111 同上，pp.33–34。

112 同上，p.36。

113 参见 Ulrich Beck and Elisabeth Beck-Gernsheim, *Individualization: Institutionalized Individualism and its Social and Political Consequences*, London, 2002。

114 同上，pp.203–204。

115 要深入了解这一现象，参见 Nicholas de Monchaux, *Spacesuit: Fashioning Apollo*, Cambridge, MA, 2011。

116 Jason L. Powell and Charles F. Longino, Jr., “Towards the Postmodernization of Aging: The Body and Social Theory,” *Journal of Aging and Identity* 6, no.4 (December 2001), p.205.

117 Frederic Jameson, *Archaeologies of the Future: The Desire Called Utopia and Other Science Fictions*, London, 2007, pp.328–344.

118 Stephen Katz and Barbara Marshall, “New Sex for Old: Lifestyle, Consumerism, and the Ethics of Aging Well,” *Journal of Aging Studies* 17 (2003), p.5.

119 同上，pp.4–5。

120 同上，p.8。George P. Moschis 的相关著作包括：*Marketing to Older Consumers*, Westport, CT, 1992; *Gerontographics: Life-Stage Segmentation for Marketing Strategy Development*, Westport, CT, 1996; *The Maturing Marketplace: Buying Habits of Baby Boomers and Their Parents*, Westport, CT, 2000; Brent Green, *Marketing to Leafing-Edge Baby Boomers: Perceptions, Principles, Practices and Predictions*, Ithaca, 2006; Mary Furlong, *Turning Silver into Gold: How to Profit in the New Boomer Marketplace*, Upper Saddle River, NJ, 2007; Judy Schriener and Mike Kephart, *Building for Boomers*, New York, 2010.

121 Robert S. Weiss, *The Experience of Retirement*, Ithaca, NY, 2005, pp.40–70.

122 Florian Coulmas, “Nasses Herbstlaub. Die Langeweilr der Japanischen Manner,” *Neue Zürcher Zeitung*, February 23, 2005.

123 Laslett, *A Fresh Map of Life: The Emergence of the Third Age*, pp.157–58.

124 Höpflinger, “The Second Half of Life: A Period of Life in Transition,” p.36.

125 在关于多代家庭作为老年人传统家庭单位的神话化问题上，特别是在盎格鲁 - 美国的背景下存在一些争议。拉斯莱特认为，在英格兰和整个欧洲，主干家庭的历史角色被夸大了，并试图驳斥“过去所有老年人都生活在家庭中的神话或误解，大多数是他们自己的家庭，如果不是，那就是他们亲戚的家庭，通常是他们已婚子女的家庭”。参见 Laslett, *A Fresh Map of Life: The Emergence of the Third Age*, p.111。根据美国社会历史学家塔玛拉·哈雷文的观点，“在美洲殖民地和工业化前的欧洲，从未有过这样的时代，即三代人共同居住在同一住宅是主要的家庭安排。现代社会传说的‘大家庭’很少存在。与现在一样，过去的家庭倾向于居住在核心单元中……老一代常住在与子女分开的住宅附近”。Tamara Hareven，“Historical Perspectives on the Family and Aging,” in *Aging and the Family: Theory and Research*, ed. Rosemary Blieszner and Victoria Hilkevitch Bedford, Westport, CT, 1994, p.16。

126 Costa, *The Evolution of Retirement: An American Economic History, 1880–1990*, p.108. Federal Interagency Forum on Aging-Related Statistics, *Older Americans 2012: Indicators of Well-Being*, Washington, DC, 2012, p.8.

127 Laslett, *A Fresh Map of Life: The Emergence of the Third Age*, p.111.

128 例如，在瑞士的背景下，霍普弗林格描述了单身老年人户和两位老年人户增加的趋势，同时，三人或更多人的多代家庭户的比例在下降。Höpflinger，“The Second Half of Life: A Period of Life in Transition,” pp.37–39。

129 在发展中地区，由于经济必要性和传统社会模式的维持，扩展家庭和主干家庭结构仍然是主导模式。详见 Costa, *The Evolution of Retirement: An American Economic History, 1880–1990*。

130 Costa, *The Evolution of Retirement: An American Economic History, 1880–1990*, p.113. US Department of Health and Human Services: Administration on Aging, *A Profile of Older Americans: 2011,* Washington, DC, 2011, p.5.

131 US Census Bureau, *An Aging World: 2008*, Washington, DC, 2008, p.72.

132 更详细的描述参见 Bradford Perkins and J. David Hoglund, *Building Type Basics for Senior Living*, Hoboken, NJ, 2004, p.3。

133 Andrew V. Wister and Thomas K. Burch，“Attitudes of the Elderly Towards Living Arrangements: Conceptual and Methodological Issues,” in *The Retirement Community Movement: Contemporary Issue*s, ed. Leon A. Pastalan, Binghamton, NY, 1989, p.6.

134 同上。

135 同上，p.8。

136 同上，p.15。乌尔里希·贝克和伊丽莎白·贝克-格恩斯海姆的研究支持了自愿个体化理论，他们将个体化过程定义为当代社会的主导趋势之一。详见 Beck and BeckGernsheim, *Individualization: Institutionalized Individualism*。

137 Lewis Mumford，“For Older People—Not Segregation But Integration,” *Architectural Record* (May 1956), pp.191–94; Margaret Mead and Grace Hechinger，“Growing Old in America,” *Family Circle Magazine*, July 25, 1977; reprinted in Anita S. Harbert and Leon H. Ginsberg, *Human Services for Older Adults: Concepts and Skills*, Columbia, SC, 1990, pp.48–53.

138 Costa, *The Evolution of Retirement: An American Economic History, 1880–1990*, pp.106–132.

139 同上，p.130。

140 Copy of Address, January 5, 1934, Washington, DC, Eleanor Roosevelt Papers, box 3027; 引自 Graebner, *A History of Retirement: The Meaning and Function of an American Institution, 1885–1978*, p.200。

141 Graebner, *A History of Retirement: The Meaning and Function of an American Institution, 1885–1978*, p.199.

142 Abraham Epstein, *Facing Old Age Dependency in the United States and Old Age Pension*s, New York, 1922. 显而易见但必要的一点是，预期寿命的增加以及对应的第三年龄的延长和健康时期的延长，进一步促进了老年人从扩展家庭中获得社会独立。

143 Höpflinger，“The Second Half of Life: A Period of Life in Transition,” pp.38–39.

144 同上。

145 Graham D. Rowles and Hege Ravdal，“Aging, Place, and Meaning in the Face of Changing Circumstances,” in *Challenges of the Third Age: Meaning and Purpose in Later Lif*e, ed.

Robert S. Weiss and Scott A. Bass, New York, 2002, p.90.

146 同上，p.92。

147 Claudine Provencher et al., "Ageing and Community: Introduction to the Special Issue," *Journal of Community and Applied Social Psychology* 24, no.1 (2014), p.5.

148 AARP, *Aging in Place: A State Survey of Livability Policies and Practice*s, Washington, DC, 2011.

149 关于自然形成的退休社区（NORCs）的更多信息，请参阅 Interboro Partners 的作品，例如"NORCs in NYC"，网址 http://www.interboropartners.net/2012/norcs-in-nyc-2（2014 年 1 月 12 日访问）。

150 Eugene Litwack and Charles F. Longino, Jr., "Migration Patterns Among the Elderly: A Developmental Perspective," *Gerontologist* 27 (1987), pp.266–272.

151 例如，AARP 的《50 岁以后》报告提倡居家养老作为老年人理想的居住模式。详见 AARP, *Beyond 50.05: A Report to the Nation in Livable Communities: Creating Environments for Successful Aging*, Washington, DC, 2005。目前大多数政府和非政府组织都推广居家养老作为老年人居住的最佳模式。

152 例如西班牙社会学家曼努埃尔·卡斯特尔斯写到从地方空间主导到流动空间的转变。详见 Manuel Castells, *The Rise of the Network Society*, London, 1996。

153 "Population Profile of the United States: Geographical Mobility," US Census Bureau, http://www.census.gov/population/www/pop-profile/geomob.html（2009 年 8 月 1 日访问）。美国大约三分之一的迁移发生在县与州之间。

154 霍普弗林格描述了老年人住房流动性的增加，例如瑞士 60 至 75 岁之间的人口"在过去的五年中改变居住地的比例从 20 世纪 70 年代的 8% 上升到 2007 年的约 20% 或 21%。Höpflinger, "The Second Half of Life: A Period of Life in Transition," p.39。

155 Harris Interactive, "2005 Del Webb Baby Boomer Survey."

156 Litwack and Longino, "Migration Patterns Among the Elderly."

157 Provencher et al., "Ageing and Community: Introduction to the Special Issue," p.5.

158 Lynette M. Loomis et al., "A Lifestyle Analysis of Healthy Retirees and Their Interest in Moving to a Retirement Community," in *The Retirement Community Movement: Contemporary Issues*, ed. Leon Pastalan, Binghamton, 1989, pp.21–22.

159 同上，p21。

160 这一挑战越来越多地通过上门服务来解决，例如在瑞典、丹麦、瑞士和日本提供的护理、清洁和送餐服务。丹麦的奥尔胡斯市由大约 40 个地方中心组成，每个中心负责本地居民的上门家庭护理。例如，弗雷德里克斯贝格地方中心为大约 40 000 名居民（包括约 4200 名退休者）提供服务，拥有 192 名全职员工，其中大多数是合格的护士。否则，许多接受上门服务的人可能需要入住护理机构。

161 Provencher et al., "Ageing and Community: Introduction to the Special Issue."

162 Loomis et al., "A Lifestyle Analysis of Healthy Retirees and Their Interest in Moving to a Retirement Community," pp.21–22.

163 Neugarten, "The Young-Old and the Age-Irrelevant Society," p.43.

164 US Census Bureau, *An Aging World*; US Department of Health and Human Services: Administration on Aging, *A Profile of Older Americans*: 2011.

165 Michael Hunt et al., *Retirement Communities: An American Original*, New York, 1984, p. xi.

166 同上，p. 1。

167 Geneva Mathiason, "Some Current Attempts at Better Buildings for the Aged," *Architectural Record* 119 (May 1956), p. 198.

168 Paul Emrath and Helen Fei Liu, "The Age-Qualified Active Adult Housing Market," National Association of Home Builders, Special Studies, August 13, 2007, http://www.nahb.org/generic.

aspx?genericContentid=80711（2009 年 11 月 11 日访问）。2007 年，活跃的年龄限制社区的年销售额为 73 亿美元。

169 引自 Blechman, *Leisureville: Adventures in America's Retirement Utopias*, pp. 28–29。

170 1957 年 11 月 9 日，本·施莱弗尔在戴弗·加洛维主持的美国全国广播公司晚间电视节目《广阔天地》中的采访，来自亚利桑那州杨格镇历史协会的档案，引自 Melanie I. Sturgeon, "'It's a Paradise Town': The Marketing and Development of Sun City, Arizona," master's diss., Arizona State University, 1992。

171 Sturgeon, "It's a Paradise Town," p. 66.

172 1955 年初，由于建成的房屋未通天然气、缺乏充足的电力，道路也未铺设完成，只有两栋房屋有人居住。施莱弗尔希望将成本降到最低，因此对牧场已有的几栋建筑进行了改造，包括将牧场工人的宿舍改造成市政厅，将挤奶站改造成业余爱好商店。第一年共建造了 125 套住房，到 1955 年末，仍有 40 套住房未售出。见 Blechman, *Leisureville: Adventures in America's Retirement Utopia*s, p. 29。

173 Sturgeon, "It's a Paradise Town," p. 62.

174 Jane Freeman and Glenn Sanberg, *A History of Sun City, Arizona, 1960–198*5, Phoenix, 1984, p. 15.

175 Sturgeon, "It's a Paradise Town," p. 63.

176 同上，p. 59。

177 同上，p. 77。

178 见 Margaret Finnerty, *Del Webb: A Man, A Company*, Phoenix, 1991, pp. 9–37。德尔·E. 韦布集团最著名的项目包括比弗利山庄希尔顿酒店、加利福尼亚州油联中心、纽约世博会美国馆、拉斯维加斯弗拉明戈酒店，以及亚利桑那州和加利福尼亚州的威廉姆斯空军基地、瓦丘卡堡军事基地和卢克空军基地等大型军事设施项目。

179 Sturgeon, "It's a Paradise Town," pp. 75–76.

180 Blechman, *Leisureville: Adventures in America's Retirement Utopias*, p. 31.

181 Sturgeon, "It's a Paradise Town," p. 75.

182 同上，p. 77。

183 同上。

184 Freeman and Sanberg, *A History of Sun City*, p. 19.

185 Sturgeon, "It's a Paradise Town," p. 78.

186 Freeman and Sanberg, *A History of Sun City*, p. 19.

187 同上。

188 Sturgeon, "It's a Paradise Town," p. 79.

189 Freeman and Sanberg, *A History of Sun City*, pp. 19–20.

190 见广告宣传手册：DEVCO, "You're just 3 steps away from your beautiful home in Del Webb's Sun City," Phoenix, 1960。

191 见广告宣传手册：DEVCO, "A new way of life—an active way of life," *Saturday Evening Post*, November 28, 1959; reprinted in Freeman and Sanberg, *A History of Sun City*, p. 27。

192 见广告宣传手册：DEVCO, "Del Webb's Sun City Arizona: A New Look," Phoenix, 1965。

193 见广告宣传手册：DEVCO, "An Introduction to Resort-Retirement Living: The Sun City Sampler," Phoenix, ca. 1965。

194 Sturgeon, "It's a Paradise Town," p. 92.

195 The Garland Organization, *The Beginning*, VHS, Phoenix, 1965.

196 Sturgeon, "It's a Paradise Town," p. 62.

197 统计数据来自：D'Eramo, "Bunkering in Paradise," p. 181; 以及"Recreation Abounds in Sun City," Sun City Visitors Center, http://www.suncityaz.org/recreation.htm（2008 年 7

月 28 日访问）。

198 Hunt et al., *Retirement Communities: An American Original*, p. 53.

199 同上，p. 26。

200 同上。

201 休闲世界内含两座 14 层的塔楼、三层式公寓楼、跃层式套房以及单户独栋住宅。

202 Hunt et al., *Retirement Communities: An American Original*, pp. 27–28.

203 同上，p. 28。

204 Mumford, “For Older People—Not Segregation But Integration,” pp. 191–194.

205 Mead and Hechinger, “Growing Old in America”; reprinted in Harbert and Ginsberg, *Human Services for Older Adults*, pp. 48–53.

206 Mumford, “For Older People—Not Segregation But Integration,” p. 194.

207 同上，p. 192。

208 芒福德将老年分为三个阶段：中年阶段是“从生育中解放”；第三年龄阶段或年轻老人阶段是“经济上的隐退”；第四年龄阶段或高龄老人阶段则是“生理性的全面溃败”。

209 Mumford, “For Older People—Not Segregation But Integration,” p. 191.

210 同上，p. 192。

211 同上。可以认为，芒福德指的是诸如广播和电视等“休闲技术”的发明。

212 Mead and Hechinger, “Growing Old in America,” p.48.

213 参见 John M. Findlay, *Magic Lands: Western Cityscapes and American Culture After 1940*, Berkeley, 1992, p.170。

214 Bultena and Wood, “The American Retirement Community,” p.209.

215 同上。

216 同上，p.214。

217 Maurice Hamovitch and A. E. Larson, “The Retirement Village,” 1966 年 2 月在南加州大学爱德怀校区国家行政人员老龄化研究所（the Institute for State Executives in Aging）发表的论文；引自 Michael Hunt et al., *Retirement Communities: An American Original*, p.2。

218 Raymond Burby and Shirley Weiss, *New Communities USA*, Lexington, MA, 1976。这些研究侧重于此类社区居民的个人幸福，往往忽略了此类现象对社会和城市的广泛影响。

219 Golant, “In Defense of Age-Segregated Housing,” pp.22–26.

220 同上，p.23。

221 同上。

222 同上，pp.24–25。

223 本书最后一章将进一步阐述这些趋势。

224 Mumford, “For Older People,” p.192.

225 D' Eramo, “Bunkering in Paradise,” p.180.

226 同上，p.184。

227 同上，pp.187–188。

228 Costa, *The Evolution of Retirement: An American Economic History, 1880–1990*, p.129.

B
年轻老人城市化
案例研究

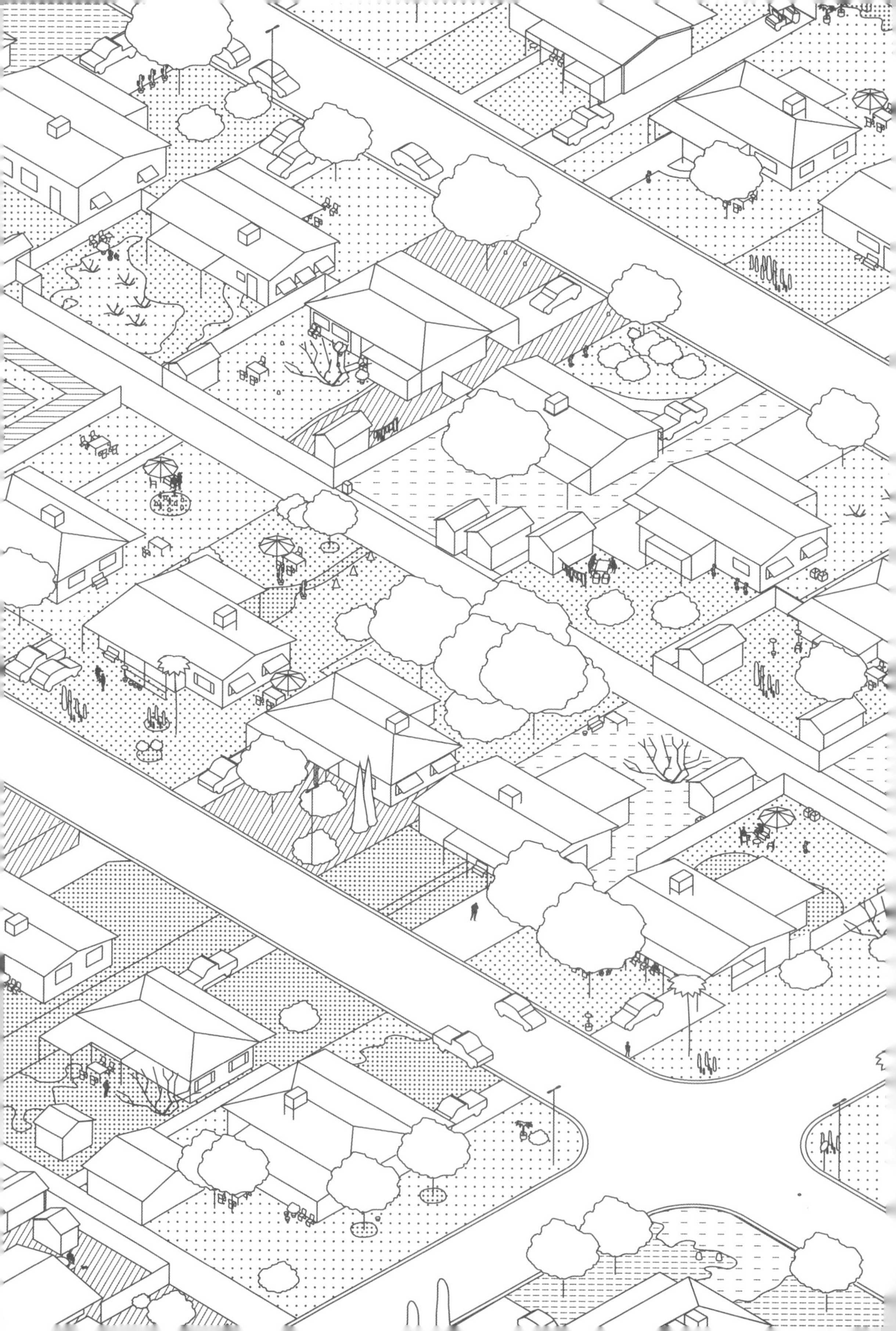

1. 美国佛罗里达州退休村：专为年轻老人打造城市生活

佛罗里达州退休村（the Villages of Florida）位于奥兰多市西北方向，距奥兰多约 1 小时车程，是为 55 岁以上年轻老人开发的私人养老项目。截至 2013 年，该社区已容纳 101 600 名居民，成为世界上最大的单址退休社区。[1] 预计到 2017 年开发项目完全竣工时，该社区的人口数量将扩大到 110 000 人，[2] 该社区是美国最新一代年轻老人的退休社区。

退休村创始人最初将其设想为"活跃退休人士的迪士尼世界"[3]，它扩展了战后美国退休城市化的主流模式，该模式起源于 20 世纪 60 年代初的德尔 · 韦布（Del Webb）的太阳城（Sun City）。本章将从规模、规划、主题、基础设施、类型和治理这些方面详细阐述退休村不同于太阳城模式的特点。

从橙花花园（Orange Blossom Gardens）到退休村

退休村的前身是 1989 年之前的橙花花园。1959 年，伊利诺伊州商人哈罗德 · 施瓦茨（Harold Schwartz）与当时的商业伙伴开始在佛罗里达州中部购买土地。直到 20 世纪 60 年代末，开发商的业绩并不突出，只有小小的约 1000 平方米的土地通过邮购出售。之后，佛罗里达州立法机关禁止了这种土地销售方式。[4] 从 1972 年到 1983 年，施瓦茨的合伙人开发并管理了橙花花园，将其作为退休人员的移动房屋（房车）公园，在 11 年的时间里共售出 390 套房屋。[5]1983 年，施瓦茨与合伙人就房产的未来发展产生了分歧，于是他直接收购了橙花花园。[6]那时，他与儿子加里 · 莫尔斯（Gary Morse），即该企业现任总裁兼首席执行官，开始了合作关系。不久之后，施瓦茨、莫尔斯以及大家族内的其他成员也搬至此地，进一步开发该项目。各种消息来源认为，施瓦茨对橙花花园的规划转变，源于莫尔斯在 20 世纪 80 年代初去亚利桑那州太阳城看望施瓦茨的妹妹埃塞尔·肖（Ethel Shaw）的经历。[7] 据报道，莫尔斯对太阳城的规模和特质印象深刻，尤其是它能够通过销售“生活方式”而非与地理位置相关的特质来吸引居民。与太阳城的情况相同，20 世纪 80 年代初，橙花花园既“地处偏僻”，又拥有良好的气候条件，尤其在冬季气候更佳。[8] 除了销售以生活方式为中心的产品并配套建设高尔夫球场和娱乐中心等设施外，施瓦茨还将安全作为“首要关注点”，在入口处修建了大门和警卫室。[9] 在随后的几年里，项目从 1983 年的约 400 栋住宅扩展到 1989 年的 3100 栋——同年，周边扩展的社区区域被称为“佛罗里达州退休村”。1983 年，施瓦茨退休，之后他把公司领导权交给了儿子，并于 2003 年去世。到 2006 年，退休村已拥有预期的 101.17 平方千米的建筑面积，计划的 56 000 套住宅中有 34 710 套已经完工。[10] 到 2010 年，已有超过 42 000 套住宅完工。施瓦茨和莫尔斯的方案取得了巨大的商业成功，退休村在 2003 年、2004 年、2005 年、2010 年、2011 年、2012 年和 2013 年均被评为美国最畅销的整体规划社区。[11] 比如，开发商在 2005 年售出了 4000 多套住宅，相当于每两小时售出一套，年总收入超过 10 亿美元。[12]

退休村所在地原为畜牧用地，现已发展成为一个大规模、低密度的总体规划养老社区，由独立式和半独立式一层独栋房屋组成，周围有人造草坪和湖泊景观（图 B.1.1）。每个“村子”都毗邻高尔夫球场、湖泊和娱乐中心，并设有单独的入口和警卫室。社区内共有 60 多个村子，每个村子都仅提供住宅并拥有名字，如帕洛·阿尔托村（Village of Palo Alto）、斯普林代尔村（Village of Springdale）、海明威村（Village of Hemingway）和桑格罗夫村（Village of Mulberry Grove）（图 B.1.2）。退休村有三个“市中心”作为娱乐和零售中心（图 B.1.3），而其他类似沿街商场的零售店和专业服务综合体则位于退休村和周边地区之间的连接处。

图B.1.1　典型村庄景观，佛罗里达州退休村，2008年

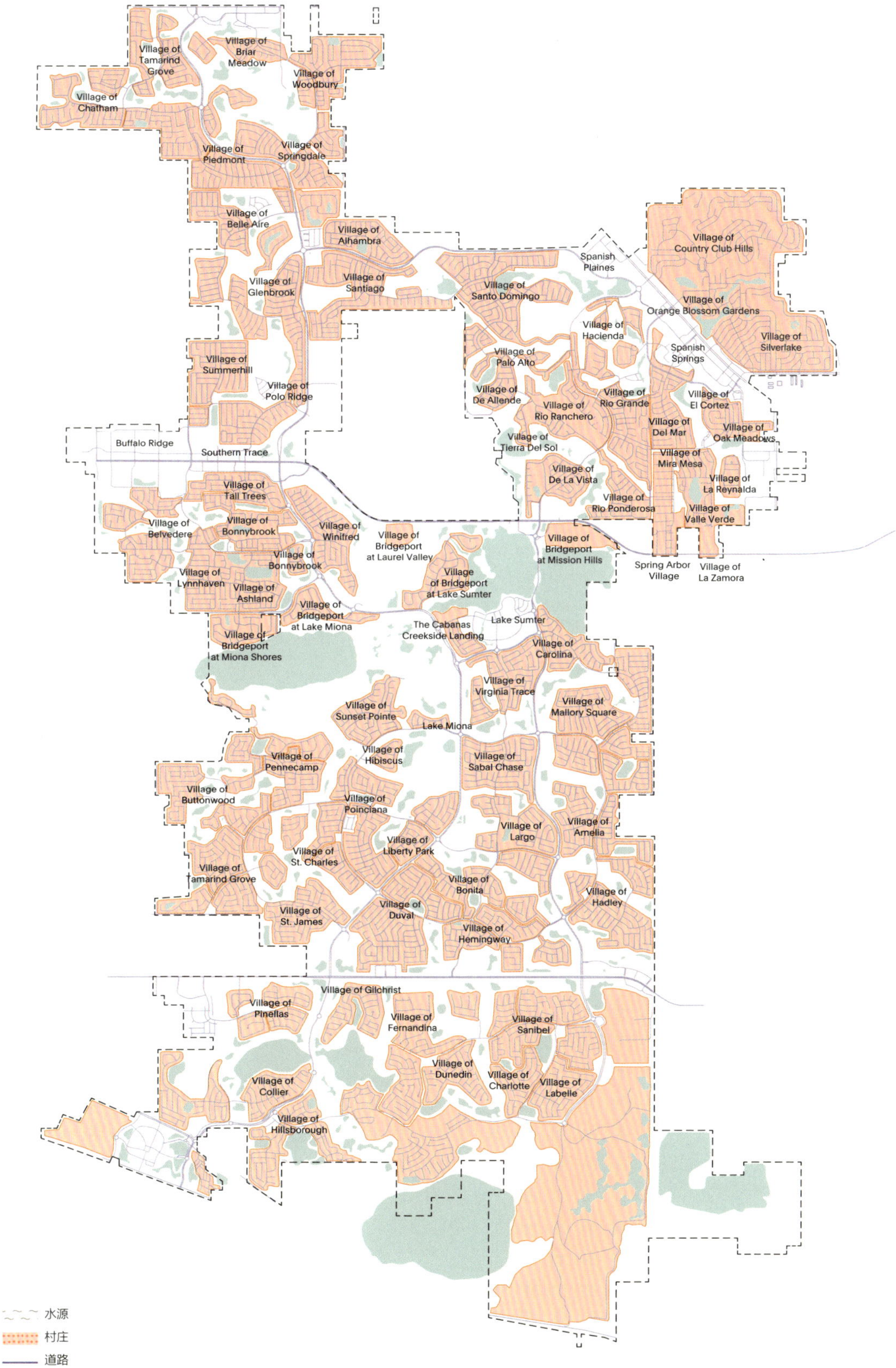

Village of Tamarind Grove
Village of Briar Meadow
Village of Woodbury
Village of Chatham
Village of Piedmont
Village of Springdale
Village of Belle Aire
Village of Alhambra
Village of Glenbrook
Village of Santiago
Village of Santo Domingo
Spanish Plaines
Village of Country Club Hills
Village of Orange Blossom Gardens
Village of Silverlake
Spanish Springs
Village of Hacienda
Village of Palo Alto
Village of Summerhill
Village of Polo Ridge
Village of De Allende
Village of Rio Ranchero
Village of Rio Grande
Village of El Cortez
Village of Del Mar
Village of Oak Meadows
Village of Tierra Del Sol
Buffalo Ridge
Southern Trace
Village of Mira Mesa
Village of De La Vista
Village of La Reynalda
Village of Tall Trees
Village of Rio Ponderosa
Village of Valle Verde
Village of Belvedere
Village of Bonnybrook
Village of Winifred
Village of Bridgeport at Laurel Valley
Village of Bridgeport at Mission Hills
Village of Bonnybrook
Spring Arbor Village
Village of La Zamora
Village of Lynnhaven
Village of Ashland
Village of Bridgeport at Lake Sumter
Village of Bridgeport at Lake Miona
The Cabanas
Creekside Landing
Lake Sumter
Village of Bridgeport at Miona Shores
Village of Carolina
Village of Virginia Trace
Village of Mallory Square
Village of Sunset Pointe
Lake Miona
Village of Pennecamp
Village of Hibiscus
Village of Sabal Chase
Village of Buttonwood
Village of Poinciana
Village of Largo
Village of Amelia
Village of Liberty Park
Village of St. Charles
Village of Tamarind Grove
Village of Bonita
Village of Hadley
Village of St. James
Village of Duval
Village of Hemingway
Village of Gilchrist
Village of Pinellas
Village of Fernandina
Village of Sanibel
Village of Dunedin
Village of Charlotte
Village of Labelle
Village of Collier
Village of Hillsborough
水源
村庄
道路

以植物命名

Orange Blossom
Briar Meadow
Tall Trees
Poinciana
Calumet Grove
Tamarind Grove
Buttonwood
Sabal

以水体名称命名

Silver Lake
Bridgeport at Lake Sumter
Bridgeport at Miona Shores
Bridgeport at Creekside Landing
Bridgeport at Lake Shore Cottages
Bridgeport at Lake Miona
Del Mar
Rio Ponderosa
Rio Grande
Rio Ranchero
Glenbrook
Lynnhaven
Bonnybrook

以地貌和地形特征命名

Summerhill
Sunset Pointe
Springdale
Piedmont
Bridgeport at Laurel Valley
Bridgeport at Mission Hills
Valle Verde
Mira Mesa
Tierra Del Sol
Polo Ridge

为纪念著名人物命名

Woodbury
St. Charles
St. James
Mallory Square
Hadley
Hemingway
Duval

以别处地点命名

Piedmont （Italy）
Chatham （UK）
Carolina
Palo Alto
Virginia Trace
Santiago
Alhambra
La Zamora
Sanibel （FL）

以人名命名

Amelia
Bonita
Winifred
Charlotte

发音好听的名字

La Reynalda
El Cortez
Largo
Sanibel
Pennecamp

以大气景象和环境特征命名

De Allende
De La Vista
Belle Aire
Belvedere

以保存完好的庄园和大片土地命名

Chase
Hacienda
Country Club
Ashland （orig. Henry Clay's renowned estate）

宗教名字

Santo Domingo

与政治事件有关的名字

Liberty Park

以时间、日期或季节命名

Sunset Pointe
Summerhill
Springdale

西班牙语发音的名字

Valle Verde
Del Mar
Belle Aire
Belvedere
El Cortez
Hacienda
Mira Mesa
De Allende
Santiago
Alhambra
La Zamora
De La Vista
Tierra Del Sol
Santo Domingo
Rio Ponderosa
Rio Grande

图B.1.2 退休村的村庄分布与名称由来

养老社区的命名惯例通常基于幽默感和地理位置特殊性，有一个广泛的可预见的范围。面对超过60个社区或村子的命名挑战，退休村的开发商使用“Village of…”的结构，部分解决了语义重复的问题。为了提供集体身份以及创造所需的熟悉感、家庭氛围和空间特异性，开发商从经典的植物或悦耳的名字、历史人物中采用折中分类的命名策略。

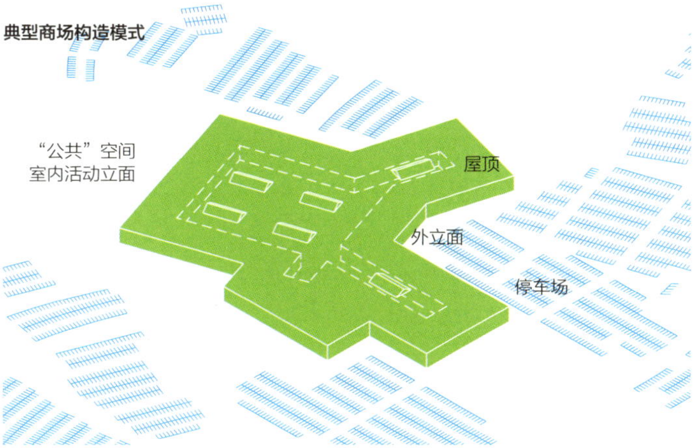

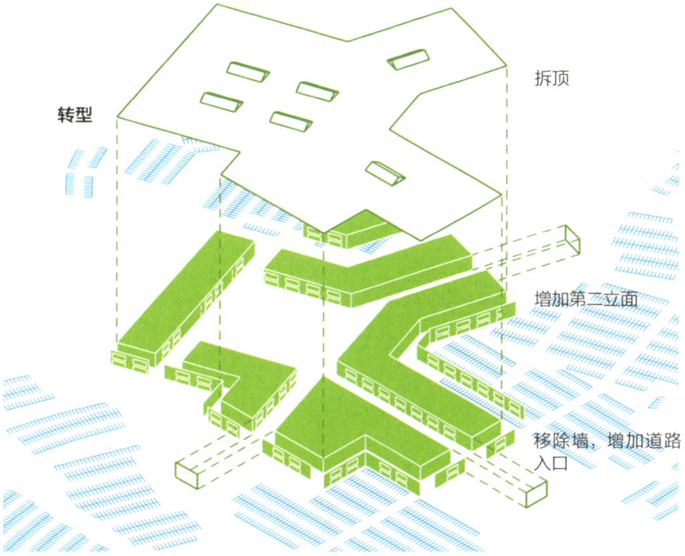

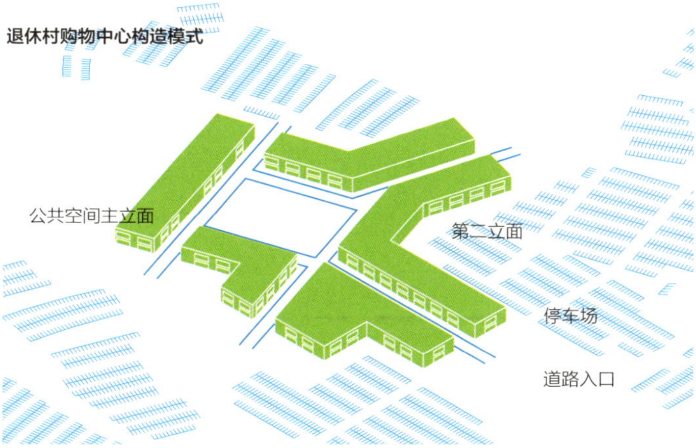

图B.1.3 从购物中心到市中心

退休村中心区的空间组织特点是由周边的大面积停车场包围中央大楼建筑群，与将四周带有停车场的商场作为中心的美国传统购物区类似。与这种商场模式的不同是去除中庭屋顶、内部空调系统与封闭的内部，形成主题“自然形成”的外部公共空间。

空白的商场标准外立面被识别度高的主题外墙所取代，加里·马克说，尽管这种额外的外部处理是立面设计费用的两倍，但仍有必要保持其独特性。并且允许车辆进入室内公共空间。

规模：小城镇的大都市化

规模扩大

虽然退休村没有申请成为建制城市，但它的规模已足以成为一个独立的城市，在佛罗里达州中部的城镇和城市区域网络中发挥着重要的节点作用。它是美国最大的单地点房地产开发项目，也是世界上最大的单地点退休社区，超过了 20 世纪战后最大、最著名的退休社区——德尔 · 韦布的太阳城。[13] 据一位房地产评论人说，退休村是“一个超大型的退休社区”[14]。退休村占地 101 平方千米，是太阳城 37.3 平方千米土地面积的两倍多。其总面积接近奥兰多的华特 · 迪士尼世界（Walt Disney World，111 平方千米），迪士尼世界在 1971 年开业时是当时世界上最大的私人开发项目，也是世界上最大的主题公园度假村，面积接近曼哈顿的 1.5 倍（图 B.1.4）。[15]

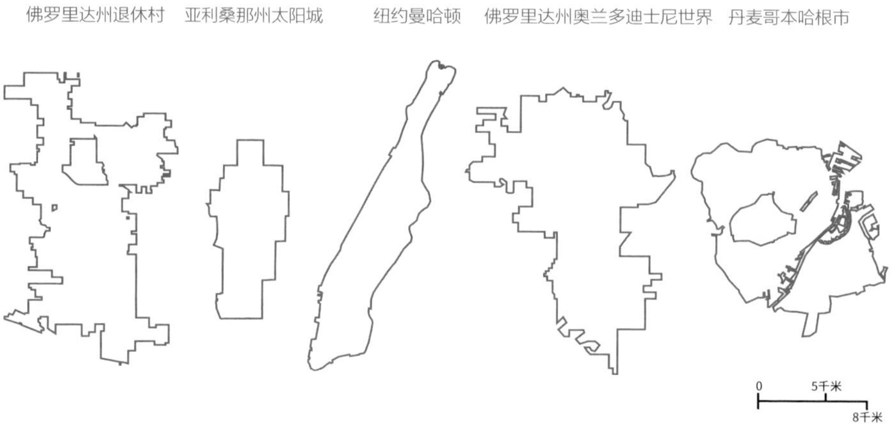

图B.1.4 规模比较：佛罗里达州退休村、亚利桑那州太阳城、纽约曼哈顿、佛罗里达州奥兰多迪士尼世界、丹麦哥本哈根市

2003 年冬季，太阳城人口达到顶峰的 42 000 人，而退休村的人口则超过了这一数字。2007 年，退休村的人口达到 68 000 人，2013 年达到 101 600 人。[16] 该项目的开发商预计，到 2017 年，这里将居住近 110 000 名居民，这将超过凤凰城附近三个太阳城飞地（包括太阳城、太阳城西区和太阳城大区）的总人口近 20 000 人。[17] 据 2007 年的人口数据显示，退休村将成为佛罗里达州第二十九大城市，而根据 2017 年的预期人口数据，它将成为佛罗里达州第十四

大城市，排名高于盖恩斯维尔（Gainesville）、博卡拉顿（Boca Raton）和棕榈滩（Palm Beach）等知名城市。[18]

同样，退休村的配套设施数量也远远超过太阳城。截至 2008 年，计划中的 91 座休闲娱乐中心、69 个游泳池和 47 个高尔夫球场已经完成了三分之二以上。[19] 相比之下，太阳城只有 7 座休闲娱乐中心、7 个游泳池和 8 个高尔夫球场。[20]

退休村已经发展到足以支持其拥有自己的媒体集团——退休村传媒集团（The Villages Media Group）的规模，该集团由开发商所有。[21] 其中包括的媒体有：退休村专属电视台 VNN2，这是一个面向 70 000~90 000 户家庭、以播放新闻和生活类节目为主的电视台，以及宣传当地活动日程的 VNN20 和预报天气的 VNN99 等其他频道；《退休村杂志》（*The Villages Magazine*）每月发行，订阅用户达 28 300 名；WVLG 640AM 广播电台；以及《退休村太阳日报》（*The Villages Daily Sun*），该报在美国报纸发行量增长方面排名第一，平均日付费订阅量近 36 000 份。[22]

正如退休村的规模是前所未有的，其人口结构也是前所未有的。60 至 85 岁的人口占 85.7%，98.3% 的人口为欧洲白人后裔，80.1% 的家庭构成为已婚夫妇。[23] 若要比较类似规模的永久性单一人口组成环境，则需要参考大型军事基地或州立大学校园。例如，得克萨斯农工大学（Texas A&M University）位于得克萨斯州大学城，在校学生为 56 256 人，大学城人口为 93 857 人，大都会人口为 228 660 人。在城市人口中，15 至 24 岁年龄段的人口占 49.5%。[24] 得克萨斯州胡德堡陆军基地（Fort Hood）是美国最大的军事基地之一，人口数为 34 795。[25] 虽然胡德堡与任何企业城市一样，可以被归类为单一功能城市，但它并不是单一人口结构的城市。虽然 97.1% 的人口年龄在 45 岁以下，但这些人口的年龄分布广泛，其中 18 岁以下的人口占 35%，15 至 19 岁的人口占 9.8%，20 至 24 岁的人口占 22.7%，25 至 34 岁的人口占 21.8%，35 至 44 岁的人口占 11.1%。[26] 虽然得克萨斯农工大学是第一年龄阶段大规模集中的典型教育机构的代表，胡德堡是第二年龄阶段集中的军事设施的代表，但这两个例子都无法与退休村为年轻老人提供城市生活方式产品时所达到的规模和人口结构的一致性相提并论。

由于这种同质人口群体的空间集中，退休村可以被理解为是一个面向老年人的大型城市模拟。虽然在这里，由 55 至 75 岁的“中产阶级”退休人员组成的人口群体占绝大多数，但在传统的混合城市环境中，该人口群体仅占总人口的 5% 至 10%。因此，要在传统混合人口环境中找到与退休村中“年轻老人”人口规模相当的人口，就必须找到一个比退休村大 10 到 20 倍的城市。换言之，退休村的人口规模大致相当于圣地亚哥或休斯敦等城市的“中产阶级”年轻老人人口。[27]

这种规模扩张在娱乐和文化活动的举办以及当地媒体的安排中显而易见——所有活动都集中在一类人口群体上。退休村的活动组织者能够邀请过去著名的艺人来为大批观众表演。因为像李 · 格林伍德（Lee Greenwood）这样在全国乃至国际上拥有众多粉丝的著名音乐家的音乐会通常只有人口较多的城市才能提供支持。所以，佛罗里达退休村出现在这些艺人的巡演城市名单上经

图B.1.5　佛罗里达州老年人奥林匹克运动会开幕式上的退休村啦啦队，萨姆特湖畔市场广场，佛罗里达州退休村，2005年

常会显得格格不入，而这份名单上所列的通常是美国东南部的大城市。退休村举办的大型活动往往与社区的实际规模不符，例如佛罗里达州老年人奥林匹克运动会（图 B.1.5），以及其他需要集中的人口基础的演出和项目。

这种规模扩张趋势与零售商能够获得的潜在经济利益密切相关，因为面向聚集的同质消费群体，能够更有效地进行产品营销、广告宣传和销售。在如此规模上建立细分市场，代表着生活方式产品的交付效率和合理化达到了新的阶段，即在该地区为特定人群构建了社会经济重心。这催生了一种可暂时称为“退休大都市主义”的城市生活形式。

规模缩小

正如退休村的人口同质性会产生规模扩大效应一样，人们也通过刻意营造小镇或村庄环境来缩小规模以抵消这种效应。社区内随处可见退休村的宣

传标语“佛州最友好之家”，它出现在标牌、横幅、出版物以及广播和电视媒体上。宣传生活方式的小册子会重点介绍小镇活动，如游行、集市和比赛。宣传视频反复提及退休村的“小镇魅力”和“邻里友好”。退休村的总裁兼首席执行官加里·莫尔斯将大多数居民描述为“小镇人”，他们“不想在退休后搬到大城市”。[28]

将区域划分为更小的街区或“村子”是缩小规模策略的第一步，即将大的退休村分割成更小的区域。每个独立的村子都有自己的名字、身份认证和便民设施，是开发项目中的基本单元，也是安全保障和出入的单元。退休村的开发商没有选择建设一个单一的城市中心来为所有居民提供服务，而是决定开发 3 个小城镇，就像所有美国人从小生活的小城镇一样。在每个方向上的几千米外都有另一个小城镇。[29] 这些构成了社会生活的核心，是缩小规模战略的第二步。每个“市中心”大约为 35 000 至 40 000 名居民提供服务，从而控制了城市区域的感知规模，防止超出一定程度的实际密度或集中程度。

小城镇的氛围营造是通过“有历史意义”的城市广场主题设计来实现的，周边环绕着具有历史感的两三层建筑。莫尔斯承认自己从小在小镇长大，不想退休后搬到大城市，他唤起了一代人和一群人的集体记忆。城市、郊区、农村的人口统计对比印证了这一点。例如，1940 年，美国 52% 的人口居住在非都市地区（人口少于 10 万的城市或地区），而到了 2000 年，这一数字下降到了 20%，另有 50% 的人口居住在郊区。[30]

与城市相比，小镇更适合退休生活，这种说法可能与战后白人中产阶级对城市生活的普遍恐惧有关，也与 20 世纪 80 年代、90 年代和 21 世纪初郊区和远郊扩张带来的疏离和无聊感有关。从这些方面来看，我们可以发现这与新城市主义者的华丽辞藻有相似之处，特别是新城市主义者打算实现“美国小城镇的复兴”，以此来解决城市扩张的弊端。他们旨在恢复以社区为基础、根植于本土文化的居住规模和形式，这与退休村的初衷不谋而合，即部分人基于对家乡的集体怀旧来重塑理想的城市规模与氛围——那时的一切都更“简单”，人们可以步行到任何地方，每个人都知道彼此的名字。[31]

这种“缩小”也体现在一系列的社会影响中——陌生人之间像朋友或熟人

一样打招呼，就像在一个小镇上一样，这是一种伪熟悉的形式。虽然不一定涉及深入的交流，但通过诸如“嗨！”“早上好！”“今天怎么样？”之类的问候语实现了一种特别的“友好”，特别是在“城镇广场”。这得益于建筑、城市和品牌的推广，佛罗里达州当地媒体将退休村宣传为“佛州最友好之家”，而居民的同质性也对此起到了支持作用，因为在这，人们几乎看不到可识别的“他者”（无论是经济、伦理、种族还是年龄方面）。

通过结合这两种截然不同的趋势——扩大规模和缩小规模，退休村代表了一种把城市规模作为整体来进行弹性设计和规划的实验。扩大是为了通过人口统计学中集中的城市过度刺激形式来消除小镇生活的程式化乏味性，而缩小则是为了通过模拟小镇的美学和居民行为熟悉度来消除大城市或郊区社会的疏离感。这贴合了乔治·西梅尔（Georg Simmel）对都市居民心理状态的典型描述，即“刺激与疏离并存”，与之相对的是小镇和村庄的“乏味与熟悉并存”。[32]退休村试图让上述两种并存并使之结合起来（图 B.1.6）。这些趋势的发展将在以下关于规划和主题的章节中进一步阐述。

规划：极度活跃的成人生活方式

根据退休村的广告，潜在居民即将购买的是一种“生活方式”，而不是“房子”，更确切地说，是一种“生活方式产品”。这种生活方式产品比广告中实际的房子更受追捧，它为潜在买家提供了几乎无限的休闲环境和活动，在美国通常被称为“活跃的成人生活方式”。

社会学家大卫·切尼（David Chaney）认为，“生活方式”一词的出现与 20 世纪中期较发达国家社会组织从生产型工作文化向消费型休闲文化的转变相关。在切尼看来，生活方式代表了一种明显的现代社会群体形式，它以消费模式为基础——这里的消费是指“人们从事的所有类型的社会活动，我们可用这些活动来描述和识别他们，而不是（或除了）他们可能为谋生所从事的活动”[33]。在这种情况下，年轻老人群体可以被看作是生活方式的象征性主体，因为根据上面的定义，他们作为退休人员，必须在工作领域之外（并在不同程度上通过对以前工作身份的记忆和联想）构建个人身份。

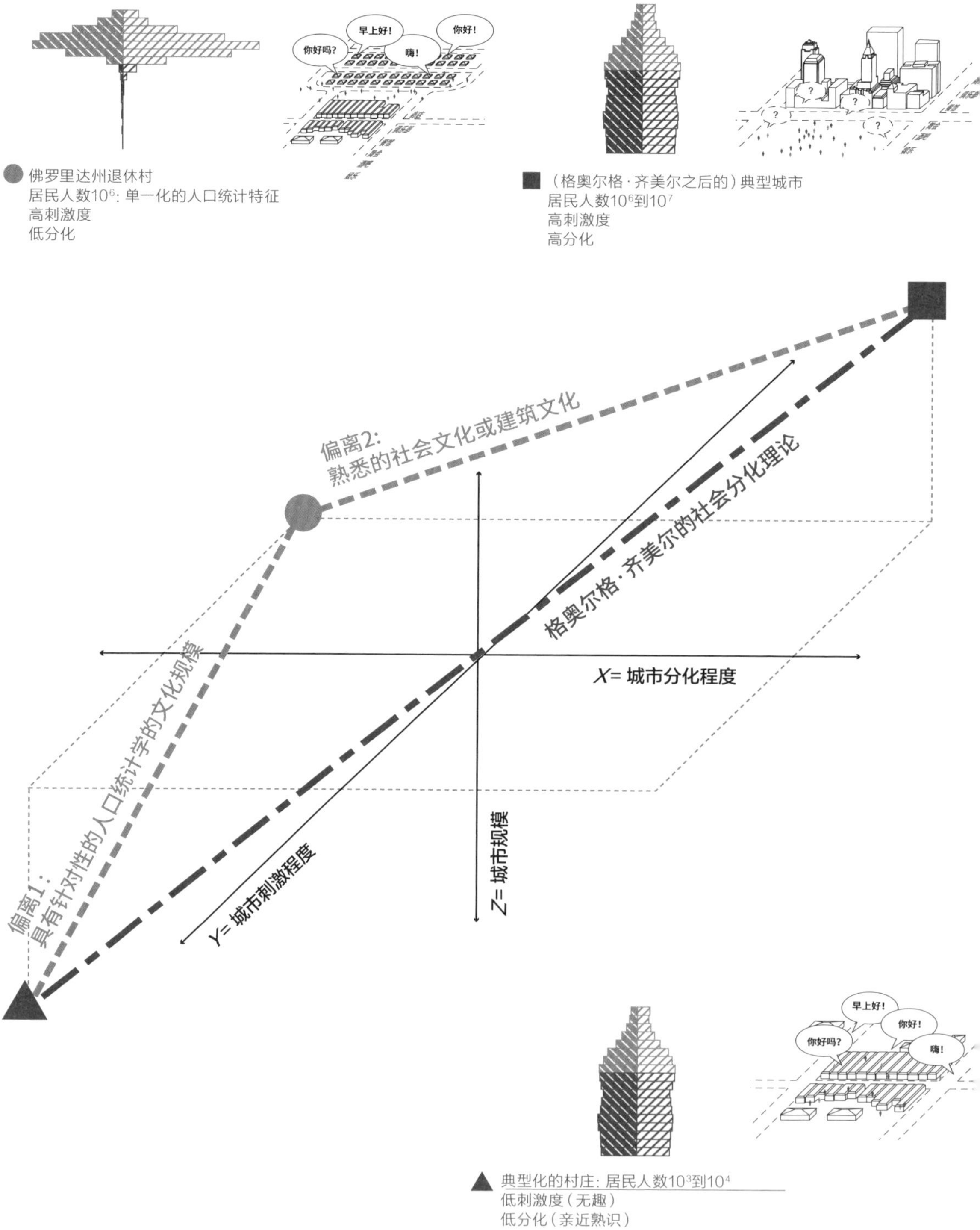

图B.1.6　小城镇的都市主义

佛罗里达退休村是对弹性结构城市规模的设计与操纵的实验。这通过同步的规模扩大和缩小实现。通过集中同类居民的城市过度刺激，有计划地减少小规模城镇生活的无趣。规模缩小是通过对小城镇或村庄美学和居民行为特点的主题模仿来减少大城市或扩展的远郊生活所带来的疏远问题。这些操作基于乔治·西梅尔对都市居民心理状态的研究，其特点是刺激与分化的配对特征。与此形成对比的是小镇或村庄的无聊和熟悉。在这些条件下，佛罗里达退休村试图调和传统乡村不可调和的聚集(无疏离)和熟悉(无趣)感。

以下片段节选自退休村的宣传视频，让我们一窥退休村是如何将这种“生活方式”打造成产品的吧。

（屏幕标题：“退休村的生活方式”）

退休村销售经理珍妮弗（Jennifer）：很多人问我退休村到底是什么。我首先告诉他们，退休村不仅仅是一个名字，它实际上是一种美妙的生活方式……

男声旁白：……哦，这是多么美好的生活啊。退休村由多个新奇有趣的街区组成，共同营造出美国小镇的氛围和设施，同时为住户提供舒适、熟悉的居家体验，包括各种娱乐设施，如社区游泳池、乡村娱乐中心、网球场，以及掷马蹄铁、地掷球和沙狐球的场地。此外，这里还有社区乡村俱乐部和餐厅。这里的生活方式轻松惬意，街道和休闲步道非常适合骑自行车、直排轮滑和晚间散步。[34]

退休村的营销方式可以理解为德尔·韦布太阳城的现代延伸，其特点是不再向退休人员出售房屋，而是出售完整的退休生活方式。与德尔·韦布的太阳城一样，退休村的生活方式也是以永无止境的度假为主题的，“您是否还记得与家人和朋友度假时享受的美好时光？每天都有新奇的体验，明天充满无限的可能，真希望时光永不停止。而这里的生活就像永远在度假！在这里，您会发现一个完美之地，让您享受梦中的生活”[35]。一系列的广告语不断强调这种不受时间限制的无限休闲生活，例如“享受终身免费的高尔夫”和“终身免费的乡村俱乐部会员资格”。

社会历史学家辛迪·阿隆（Cindy Aron）在《工作中的娱乐：美国度假史》（*Working at Play: The History of the Vacation in America*）一书中描述了一种长期存在的矛盾：一方面，人们认为休假是保持健康和高效工作状态所必需的恢复性活动；另一方面，美国新教徒的职业道德又让人们因不工作而感到焦虑和内疚。[36]退休村所推崇的是前者，同时尝试将工作习惯、组织和工作模式融入（或吸收）到休闲时间中。这种融合是通过规划一种极度活跃的成人（休闲）生活方式来实现的，这种生活方式的活跃程度远远超过了太阳城最初的活跃退休生活方式。

据统计，退休村拥有 1000 多个俱乐部，每月举行超过 1200 场活动（图 B.1.7），[37]而太阳城仅有 130 多个俱乐部。[38]每周四的《退休村太阳日报》都

A
Air Gun Club
Airheads Breathing/Exercise
Airplane Hangar Flyers
Alcoholics Anonymous Family Group
Alcoholics Anonymous Step 4
Alive N' Pickin
All In Card Group
All Things Celtic
Aloha 'O Ka Hula Dance
ALS Muscular Distrophy Support
Alzheimer's-Support
Amateur Radio
Ambrosia Frolicking Friends
Amelia Women of Leisure
American Bandstand Revisited
American Red Cross
Amigos Sports Club
Amputee Support Group
Ancestry (German)
Angel Snugs
Antique Brass Quintet
Aquatic Dancers
Archery Club Shoot
Art – China Painting
Art – Colored Pencil Painters
Art – Glass Engraving Club
Art – Watercolor Transp. Splash
Art of Aging
Asian American Club
Astronomy Club
Awakening Human Awareness

B
Baby Boomers Club
Bach with a Beat – Singers
Backgammon
Badminton Club
Bagpipe & Drum
Baha'i Study Group
Ballet – Advanced
Ballroom Blitz Dance
Ballroom Dance
Band – Dixieland Band
Band – German
Band – New Horizons Clarinet
Band – Trumpet Section
Band – Wind Ensemble
Banjolele Strings Music
Barefoot Beachcombers
Basket Weaving
Basketball (Open Shoot)
Beach Shag Dance
Beatlemaniacs
Beginner Stampers
Belly Dance (Basic)
Belly Dancers The Original Villages
Beta Sigma Phi
Bicycle – Sumter Landing Ride
Bingo Kiwanis
Boats RC Model
Book Hibiscus Ladies
Book Jane Austen Book Club
Book Ladies
Book Largo Club
Book Mystery Lovers
Borscht Belt Club
Bridge – Swiss Team
Bridge – Couples Social Bridge
Brit's Tea Dine
British American Club

C
California Club
Canasta, Mah-jongg
Canoe and Kayak Club
Car – Antique Auto Club of America
Car – Leisure Time Corvettes
Cards & Board Games (Open)
Cards & Canasta (Lessons)
Cards (Bakers Dozen)
Cards – Canasta Club
Cards – Dirty Uno
Cards – Euchre (Bid)
Caterpillar Retirees Club
Cheerleaders Chatham
Chess Club
Christian Bible Study
Christian Women's Book Study
Chula Vista Social
CIA Retirees
Civil Discourse Club
Civil War (US) Study Military
Classic Movie Lover's Club
Classic Rock Workout
Classical Music Lovers
Classic Rock N 'Roll
Clayers – Clay Arts
Clogging – Down Home Cloggers
Clogging – Rumpus Room Cloggers
Coed Volleyball
Coin – Buffalo Coins
Combat Veterans to Careers
Comic Book Collectors
Computer Apple iClub
Con Ed of NY Retirees
Concert Karaoke Club
Convertible Car Club
Cool Gun Club
Corvettes VillageVettes Car Club
Country Music Jammers
Crafts – New Crafty Ladies
Crazy Fun & Games
Cribbage
Croquet Social
Curious Cuisiners Dine

D
Dakota Club
Dance – Aloha 'O Ka Hula Dance
Dance – Broadway Bound
Dance – Cabaret Showcase
Dance – Cajun/Zydeco Workshop
Dance – Cocktail Dancers
Dance – Country 2 Step
Dance – Liturgical
Dance – Me and My Gang
Dance – Shag Club
Dance – Shaka Crew Dance Company
Dance – Silver Rockettes
Dance – Tap
Dance – Vamps
Dance Off
Dance – Aloha Friends of Hula
Dance – Les Debonaires
Dancercize
Darlington Drivers
Dart Baseball
Darts – English
Day Break Club of The Villages
De La Vista East Club
Deaf & Hard of Hearing Social
Deliver The Difference
Derringer Gang Group
Diabetic Community Club
Dirty Dozen & More
Disabled American Vet Aux
DIVAS
Divorce Support Group
Dollars for Scholars
Dominoes – Mexican Train
Dragon Boat Officers/Captains
Drill Team
Drumming Circle
Dynamic Dog Club

E
Eat Right for your Blood Type
Educators Retired
Elvis Club
Energy/Meditation Club
Exercise – Body Shaping
Exercise – Bone Builders
Exercise – Dance and Tone
Exercise – Firm It Up
Exercise – Interval Training
Exercise – Karate for Life
Exercise – Sassy Chassies
Exercise – Shake It Up
Exercise – Taekwondo
Exercise – Zumba Gold Party
Exercise in Disguise
Exercise Asian/Tahitian Dance
Exopolitics Club
Eye of the Needle Stitchers

F
Fair Tax Club
Fernandina Flockers
Fiat 500 Club
Filipino-American Club
Fillies of Fernandina
Fine Feathered Friends
Fire/Police – Retired
Fishing – Tri-County Fly Fishers
Flashback Rock and Roll
Ford Retirees
Foreign Film Discussion
Free Thinkers Darwin & Human
French Le Club Francais
Fun Time Loopers

G
Garden Club
Garden-Master Gardeners
Gem and Mineral Society
Genealogical Society
Genealogy - Family Tree Maker
Genealogy – Genetics
Genealogy – Scandinavian
Genealogy – Irish
Genealogy – Italian
Genealogy Brick Wall Solutions
Gentle Paced Activities
Gentlemen R & B Steppers
German-American Club
Gilly Mah-jongg (Open)
Girl Scouts
Girls Next Door
Golf American Singles
Golf Cart Drill Team
Greyhound Dog Club
Groovy Grover Babes
Guitar – Acoustical Guitar Town Square
Guys & Dolls III

H
Hadley Socialites
Hand & Foot (Triple Play)
Hand and Foot (Ladies)
Handicap Club
Happy Picklers
Happy Stitchers
Harmonica Band
Healthy, Wealthy and Wise
Hearing Loss Support
Heart of Dixie Club
Hengan Hooligans
Hickory Head Hammock Assoc.
Holistic Health Club
Home Brewers Club
Home Decorating Club
Hooks & Needles
Horse 'N' Around Club
Hula Hoop Fit & Fun

I
IBM Retirees Club
Idiots – Village Idiots
Independent Films
Indiana University Club
Indoor Pickleball Club
International Folkdance
Investment Growth Stock Pickers
Isle of Palms Coconuts Social
Italian American Club

J
Jacaranda Islanders Ladies Game
Jackie's Girls
Jagermeister Club
Jazz – Jazz & More Jazz
Jazz Lovers Music Club
Jewish War Veterans Women's Auxiliary
JSC (Jewish Singles Club)

K
Karaoke FUNatics
Karate 4 Beginners / Practice
Kentucky Konnection
Kite Fly-Cloud Chasers
Knitting Buddies
Korean War Veterans

L
Landscape / Garden Club
Latin Discussion
Lawn Bowling
Leathercrafting
Line Dance (Beginner)
Line Dance Connection
Line Dance Rhythm & Blues

M
Magic Hobby & Magicians
Mah-jongg (Intermediate)
Marine Corps League Auxiliary
Men's Club
Mexican Train Chicklets
Mickey's Fanatics
Military Retired Family
Miniatures Small Wonders
Mixed Nuts
Model Railroad Club
Mother Bear Project
Motorcycle-Village Nomads
Motown Movers and Shakers
MS Support
Mt. Pleasant Twisters
Music – Flute Choir

N
Needle Arts Group
New York Jets Fan Club
Newport Yachtees
Not So Famous Players
Nurses Club

O
Off Broadway Players
Old Cowboy Movie / Films Fan Club
Old Time Radio Drama
Old Tyme Dance Band
Opera Club
Operation Shoebox
Overeaters Anonymous

图B.1.7 退休村俱乐部活动列表，佛罗里达州，2014年
来源：http://districtgov.org/images/ clubslisting.pdf

会发布最全面的活动信息，提供了十几个娱乐中心、16 个电影放映厅及“33 个高尔夫球场、55 个网球场、48 个游泳池、9 个垒球场和 3 个健身俱乐部”的活动目录。[39] 此外，《退休村杂志》、广播、电视以及开发商和社区网站也会定期发布各种活动信息。

这种活动水平与职业研究人员的研究结果相吻合，他们认为人们退休后会有很大可能极有计划地积极利用闲暇时间：“认真或专注时的闲暇似乎能够发挥一些通常与就业相关的社会心理功能，如规划时间、培养兴趣及塑造社会关系、地位和身份。”[40] 这种极度活跃的模式发挥了“规范”退休时间的功能，从闲暇中制造忙碌，从而抵消长期无聊而产生的威胁。在这种情况下，无聊不仅本身就是一种威胁，它还是沉思的前奏，而沉思往往指向死亡率这个更大的问题。[41] 而后者极有可能导致第三年龄与第四年龄或年轻老人与高龄老人隔离的风险。

在当代老年学的讨论中，“积极老龄化”是一个更广泛的共识，在这种情况下，“专业实践、老年学研究和大众舆论共同关注老年活动与福祉之间的联系”[42]。在国际上有明显的政策框架，以联合国“积极老龄化政策”（Active Ageing Policy）的形式。社会学家史蒂芬·卡茨（Stephen Katz）在《忙碌的身体：活动、老龄化和日常生活管理》（*Busy Bodies: Activity, Aging, and the Management of Everyday Life*）一文中，从日常生活管理制度的角度，对老龄化领域中关于活跃的论述进行了批判性的概述。在概述中，他不仅将其置于应对人口老龄化的公共卫生措施的背景下，还将其与更广泛的政治经济议程联系起来：

> 大多数老年研究和政策论述都将活跃视为“积极”因素，而与之对立的是依赖、疾病和孤独等“消极”因素。然而，退休人员和老年人都明白，期望他们保持活跃是一个比在活动项目和文献中典型的积极、消极二元对立论所暗示的更为复杂的问题。具体来说，由于新自由主义的反福利主义议程试图通过不加批判地推广积极活动来重组依赖性，这也将老年人的身体和生活问题化，认为老年人容易依赖他人并处于“危险之中”。不但积极养老的医疗和文化形象成为主流，而且所有非劳动人口——失业人员、残疾人士和退休人员——都成为国家政策倾斜的对象。生产力和非生产力之间旧有的社会紧张关系正在被一系列跨越活跃和非活跃的价值观念取代。因此，晚年生活保持活跃是一个社会的奋斗目标，

而在这个社会中，活跃已成为解决福利国家衰落及其解决对所谓高危人群进行管理的政治困境的灵丹妙药。[43]

主题：复原时间

退休村是一个真正的主题生活社区。

——设计总监　加里·马克（Gary Mark）[44]

首席执行官加里·莫尔斯表示，他的家族希望“打造退休生活中的迪士尼世界”，一个“让退休者梦想成真”的地方，开发商希望将退休村打造成主题社区的概念也源于此。[45] 这句话暗示了复制迪士尼度假区成功案例的目标，要将退休村打造成致力于满足集体幻想和愿望的娱乐休闲体验场所。[46] 莫尔斯在他的陈述中暗示的是一个不面向儿童而面向退休人员的“世界”，这意味着“佛州最友好之家”的象征性内容的相应转变。[47]

作为主题内容的“家乡”概念最初由华特·迪士尼在首个迪士尼乐园的“美国小镇大街”中使用，后来在全球其他迪士尼乐园的“神奇王国”中得到复制（图 B.1.8）。根据社会学家马克·戈特迪纳（Mark Gottdiener）的说法，迪士尼“试图通过设计一个充满童年幻想的空间，包括再现他成长的中西部小镇，来重拾自己的青春记忆”，这个小镇指的是密苏里州的马塞林（Marceline），

图B.1.8　迪士尼乐园的美国小镇大街，加利福尼亚州阿纳海姆，1980年
来源：迪士尼公司

一个大约有 3000 名居民的农村小镇。[48] 迪士尼认为，这将产生一种与现在时空的断裂："对于我们这些还记得它所再现的无忧无虑时光的人来说，小镇大街将勾起我们快乐的回忆。对于年轻游客来说，这是一次将时间倒回至祖父年轻时代的冒险旅程。"[49] 对于"绝大多数……都是小城镇的人"的集中人口年龄组，[50] 退休村提出了一个与迪士尼所描述的立场相一致的解释框架，[51] 除了"家乡"主题内容所产生的时间断裂，也有意暗示了空间的断裂。在迪士尼看来，美国小镇大街的步行空间及整个迪士尼乐园，被有意定位为要与日常环境中以汽车为主的郊区环境形成鲜明对比。[52] 退休村对周边景观也进行了相似的设计，即创造以单一人口群体为对象的特定步行空间。

虽然"家乡"主题在整个退休村的建筑环境中随处可见，但它最集中地体现在社区中所谓的市中心，西班牙泉（Spanish Springs）、萨姆特湖畔（Lake Sumter Landing）和布朗伍德（Brownwood）的灵感都来自圣奥古斯丁（St. Augustine）、基韦斯特（Key West）和阿卡迪亚（Arcadia）等"佛罗里达本土"小镇的氛围和品质。[53] 正如宣传手册中所说的那样：

> 在每一个优秀的社区中心，都有一个"好友欢聚"的特别场所。您会发现两处迷人的地方，在这里一年四季都能享受怀旧的乐趣，它们就是西班牙泉镇广场（Spanish Springs Town Square）和萨姆特湖畔市场广场（Lake Sumter Landing Market Square）。这些世纪之交的广场会让您感觉时光倒流，回到了更简单、更愉快的生活方式。在古色古香的街道上漫步、购物、品尝美食、看电影或在我们的微型啤酒厂品尝"佛罗里达之最"的啤酒。[54]

根据设计师的设想，市中心不仅是居民的社交聚会场所，其主要目的还在于为退休村特定的娱乐休闲生活方式留下积极的印象，以便向游客和感兴趣的买家销售住宅。[55] 住宅销售中心位于退休村小镇广场的显眼位置。例如，在西班牙泉镇广场，房地产办公室位于广场的主轴线上，具有重要市政建筑的象征意义（图 B.1.9）。娱乐与消费场所的交错呼应了迪士尼对于美国小镇大街的规划组织形式，其大多数建筑（包括那些看似是公共建筑的建筑）都是专门为售卖迪士尼产品而建的。

图B.1.9　西班牙泉镇广场，中间的建筑是销售和咨询中心，佛罗里达州退休村，2008年

负责设计退休村实体环境的团队由设计副总裁特雷西 · 马修斯（Tracy Mathews）和设计总监加里·马克领导。马修斯是首席执行官加里·莫尔斯的女儿，她曾在亚利桑那州立大学学习室内设计。马克是一名加拿大建筑师，毕业于多伦多大学。他于 1987 年至 1992 年在 FORREC 公司工作。FORREC 是一家多伦多的主题公园设计公司，因在埃德蒙顿（Edmonton）设计建造了首个主题购物中心——加拿大奇幻乐园（Canada's Wonderland）而闻名。FORREC 公司设计了佛罗里达环球影城主题公园，马克曾在 1990 年公园开园前参与了该项目的大量工作。1992 年，他开始参与退休村项目，负责西班牙泉——于 1998 年开放的第一个城镇广场的设计。自 1999 年以来，他一直担任退休村的内部建筑师，负责设计萨姆特湖畔市场广场和布朗伍德围场广场（Brownwood Paddock Square），并与马修斯一起负责退休村正在开发中的所有其他环境设计工作。关于主题建筑，马克描述了他之前从其他地方借用建筑主题并引进整个环境设计的经验：“在主题公园环境中引进既有风格和外墙设计，这与我们在退休村的工作相契合。”[56]

退休村的市中心围绕精心设计的虚构故事建造，就像迪士尼将迪士尼乐园的实体建筑景点视为三维的故事讲述形式一样。这些环境主要由所谓的发明家（即具有动画电影制作背景的平面艺术家）在迪士尼乐园中开发，而非建筑师。[57] 马克说：

> 我们不会太过于严肃，又不是要去发表什么建筑宣言。我们编写故事线，然后利用它们进行设计，而这源于我过去设计主题公园的经验。故事线提供了概念，你根据它来设计立面。有趣的是，我们为其中的一些建筑编造了故事，一些居民则信以为真。他们甚至不知道这些故事是假的，因为我们还花心思在建筑上画了作旧的图案。人们以为那是一家旧的杂货店，其实并不是这样。我们曾在西班牙泉设置了一些旧的律师事务所招牌，但我后来必须把这些招牌取掉，因为每个人都会走进去，他们以为那是一家真的律师事务所。所以我们得注意这些方面，有时我们会跟居民们开个玩笑，但我们并不是故意的，只是意外。我们太投入于故事线和概念设计了，以至于居民们几乎相信了它们是真实的，而事实并非如此，所以我们会忘了去注意这些方面。[58]

休·巴特林（Hugh Bartling）分析了退休村城镇广场上所设计的故事，他认为这些故事的主题内容并非基于对历史准确性和真实性的关注，而是基于“人们（可以）与之产生共鸣的东西”，正如退休村副总裁加里·莱斯特（Gary Lester）所描述的那样。[59] 西班牙泉镇广场是所有广场中最古老的一个，它“见证了西班牙人在佛罗里达探索和定居的历史”[60]。虽然西班牙人通常仅在沿海地区定居，但他们的建筑风格影响了整个佛罗里达州。基于这一假设，巴特林写道：“西班牙泉的主题与庞塞·德莱昂（Ponce de León）寻找青春之泉的神话非常契合，据说正是这个神话促使他在 1513 年远征佛罗里达。”[61] 巴特林暗示，无论真实与否，历史在这里演变成为一种商品，并被重新构建以满足市场需求。因此，根据开发商编造的故事，以及《西班牙泉公报》（*Spanish Springs Gazette*）“历史特刊”所述，西班牙泉镇据称是由西班牙陆军上尉兼制图师鲁伊斯·波托拉（Ruiz Portola）于 1783 年率领的佛罗里达内陆探险队所建：

> 穿过一片森林茂密、丘陵起伏、湖泊众多的地区后，一行人来到了一片自然风光旖旎的地方，那里有一眼清澈的天然泉水。除了饮用水和丰富的野味，疲惫的西班牙人也被泉水的美景深深吸引，决定将此地作为大本营……并命名为西班牙泉。[62]

西班牙泉镇广场的边缘地带汇集了一系列便民设施——咖啡馆、酒吧、餐厅和餐饮俱乐部、商店、广播电台、商会、多厅电影院、教堂、小公园，以及广场上最大、最显眼的建筑——销售和咨询中心。这些建筑以夸张的西班牙殖民复兴风格为特色，外墙采用灰泥装饰，设有大型拱门、外露的黑色木梁和黏土瓦屋顶（图 B.1.10）。设计师们承认他们在引用建筑风格时有些随意，但他们也特意提到圣奥古斯丁是他们灵感的来源。[63] 尽管如此，巴特林还是对这种风格的真实性提出了质疑，他认为这种风格"更多的是受混合乡土风格的影响，1915 年圣地亚哥巴拿马 – 加利福尼亚博览会期间，盎格鲁推动者和房地产投机者发展并普及了混合乡土风格，这种风格在 20 世纪 20 年代初的房地产投机和增长时期传到了佛罗里达州"[64]。对居民们的访谈表明，他们对这类虚构的故事并不反感，也没有质疑其历史真实性，相反，他们对此反应非常积极，用"有趣""娱乐""独特""好玩""特别"和"可爱"等各种词汇来形容他们城镇广场的主题元素。[65]

广场本身——每个方向大约宽 100 米——由固定的座位、植物和边缘处的小亭子构成。广场中央有一个凉亭，每晚 5 点到 9 点都有乐队在这里表演。广场的一角有一个纪念哈罗德 · 施瓦茨的纪念碑，他是退休村的创始人，也是现任首席执行官加里 · 莫尔斯的父亲。这座纪念碑与迪士尼乐园和迪士尼世界的华特 · 迪斯尼纪念碑有几分相似之处。迪士尼乐园里真人大小的迪士尼铜像与米老鼠手拉手，高呼："伙伴们，我们相信自己的理念，那就是建造一个让父母和孩子能够一起玩乐的家庭乐园。"施瓦茨铜像上的铭文写着"退休村之父"（图 B.1.11）。

巴特林指出，哈罗德 · 施瓦茨雕像"是唯一一座纪念真实人物的纪念碑"，其他所有的纪念纯属虚构。[66] 在退休村，历史铭牌被广泛使用，在整个市区的建筑中都有体现。这些铭牌与许多城市历史街区中的铭牌类似，有助于构建虚构故事，讲述城镇起源。它们作为讲述故事的工具，在支持主题演绎方面发挥着重要作用，即唤起人们对个人和建筑物的虚构历史的回忆（图 B.1.12）。正如巴特林所言，"这些金属铭牌不仅描绘了连贯的故事，还反映了人们对历史、经济和社会互动的选择性讨论，体现了人们对美国神话的普遍理解，这种理解建立在毫无批判地推崇个人主义、资本主义和社会进步的基础上。"[67] 更

图B.1.10 “废弃”的南火车站，建于1891年，位于西班牙泉镇广场附近，佛罗里达州退休村，2008年

B.1.11 退休村创始人哈罗德·施瓦茨的雕像，西班牙泉镇广场，佛罗里达州退休村，2008年

图B.1.12 历史纪念铭牌，西班牙泉镇广场，佛罗里达州退休村，2008年

具体地说，退休村的“历史”暗含了“大家所熟知的道路，即欧洲定居者征服蛮荒之地、获取财富并在未知的荒野上发展文明社会的过程”。[68] 以下摘自《西班牙泉公报》“历史特刊”中的文章，介绍了用于构建特定叙事的一般记录方式：

“蚊子水”啤酒在西班牙泉风靡一时！

锡伦西奥（Silencio）小时候被印第安人俘虏，与当地人一起生活了几年，后来被卖去当导游。她学会了当地部落用野生谷物和其他当地原材料酿造烈性发酵酒的方法，后来和凯勒·塞巴尔德（Keller Sebald）合作，相互分享过去的经验，在短短几个月内就酿造出了一批名副其实的自酿啤酒，其烈性足以让毫无戒备的饮酒者“闻风丧胆”。这种烈性的西班牙泉“啤酒”（当地人称为“蚊子水”）成为当地首批出口商品之一。这种村子里随处可见的啤酒也吸引了一些游客，因为他们想喝到比自流泉水更刺激的东西。[69]

地方报纸的“历史话题”版块进一步叙述了每个市中心的建造历程。[70] 这些报纸的标题下印有如下的小字：“这是一本非事实的、半历史性的、完全虚构的夸张故事集，描述了从未存在过的不完整的小镇民间传说，我们花费了大量时间和精力来使之看起来真实，以供娱乐”[71]。例如，其中一篇文章将西班牙泉与庞塞·德莱昂的青春之泉联系起来：

西班牙泉：青春之泉？

同年（1852），奥凯·彼得森（Oke Peterson）从弗吉尼亚搬到西班牙泉，在塞巴尔德的新马具店旁边建了一个桶厂。镇上的人们对彼得森的动机感到困惑，因为当地对桶的需求并不大。原来，彼得森计划将西班牙泉的自流泉水装在桶里运往北方，装瓶后作为庞塞·德莱昂传说中的青春之泉水出售。由于彼得森出色的销售才能，该计划在最初几年非常成功，但最终因无法兑现“水可以长期保存”的承诺而宣告失败。1857 年，彼得森被一名男子的遗孀枪杀，因为这名男子在患病期间，除接受来自佛罗里达西班牙泉的德莱昂青春之泉的“圣水”以外，拒绝其他任何的治疗手段。[72]

设计总监加里·马克表示：“报纸和铭牌上唯一真实的是故事中的一些角色名字，他们都是我们的朋友和家人。我们只是随便写了一些名字，因为开朋友的玩笑比编造故事更有趣。”[73] 例如，西班牙泉镇广场主要的居民餐厅和酒吧“凯蒂·贝拉家的餐厅”（Katie Belle's）以退休村创始人哈罗德·施瓦茨的母亲凯蒂·贝拉·施瓦茨（Katie Belle Schwartz）的名字命名。[74] 许多道路和公园也以设计者的家庭成员的名字命名。设计团队所在办公大楼一侧的墙上用狂野的西部风格字体写着“马修斯和马克设计公司：实用与美观并重”。

为了实现这些叙述，设计团队还采用了精心设计的材料技术，以达到预期中主题的一致性。一个显著的例子是人工老化技术，该技术之前曾用于奥兰多环球影城主题公园的建设。马克说：“我们有一个术语叫作景观老化……为了让混凝土看起来有百年的历史，我们真的会用铁锤去砸它，以达到作旧的效果。”[75]（图 B.1.13）

图B.1.13 混凝土建筑，使用了“景观老化”的技术，西班牙泉镇广场，佛罗里达州退休村，2008年

西班牙泉镇广场将停车场设置在界定广场的建筑物环线后面。因此，其基本布局与传统的美国购物中心类似，即购物中心周围是停车场，除某些特殊差异之外。首先，也是最明显的一点是，这里标准的有空调设备的封闭式购物中心内部是开放的，呈现的不是人造的室内空间，而是“自然形成”的主题式室外“公共”空间。其次，标准购物中心的立面是空白的，而这里的立面则非常精致，与城市广场中央空间的外立面类似。虽然据加里·马克所说，这种额外的立面处理“使立面设计成本增加了一倍”，但退休村认为有必要保持其所推崇的城市主题的连续性。[76]（图 B.1.3）

萨姆特湖畔市场广场是退休村的第二个主题市中心，于 2004 年开放，位于西班牙泉以南约 4.8 千米处（图 B.1.14）。与西班牙泉不同，这个广场直接面向一个人工湖，其主题是 20 世纪初的佛罗里达海滨小镇，灵感来自基韦斯特、阿巴拉契科拉（Apalachicola）和水彩城（Water Color）等海滨小镇。[77]萨姆特湖南面临街是一个人工湖，深 0.6 至 3.6 米，覆盖着约 1.38 平方千米的泥炭苔矿，包括一条人工老化的木板路、一家湖畔酒店和一座灯塔。湖的北面临街主要由高尔夫球场构成。

与西班牙泉镇广场一样，萨姆特湖畔市场广场周边遍布商店、咖啡馆、餐

图B.1.14　萨姆特湖畔市场广场，佛罗里达州退休村，2008年

厅和多厅电影院。设计师们表示，这些建筑“融合了多种风格和元素，既有基韦斯特的维多利亚式建筑和加勒比海地区的明亮色彩，又有充满乡土气息的猎枪屋和新英格兰雪松屋顶”[78]。销售中心也是广场上的主要建筑，风格模仿了一个非常大的古老海滨酒店。它位于“溪边小屋”附近，可俯瞰湖面，想要体验退休村生活方式的游客可以在此以折扣价入住数日。小镇广场的总体布局与西班牙泉镇广场类似，设有中央凉亭、一块硬质铺装的露天跳舞区，周围环绕着景观、植物、售货亭、喷泉和固定座位区（图 B.1.15）。每天下午 5 点到晚上 9 点都会举办类似的活动。

图B.1.16　“废弃”的铁路，萨姆特湖畔市场广场，佛罗里达州退休村，2008年

萨姆特湖市中心区域引人注目的是，该地区对城市历史发展阶段进行了精心设计，包括一个半废弃、部分重新规划的“工业区”、滨水区废弃铁路轨道以及一个废弃的运河和堤坝系统，这些设施“从前”用于运输（图 B.1.16）。早期铁路时代的重建尤为复杂，包括建设一座曾经被“废弃”并重新规划的火车站。该建筑的铭牌上写着：

> 萨姆特湖车站
>
> 1880 年，一个雄心勃勃的项目计划将佛罗里达州东海岸的铁路向内陆延伸，该项目后来取得了里程碑式的重大成就，佛罗里达大西洋线开通了通往西班牙泉镇的铁路服务，西班牙泉位于萨姆特湖畔以北。此前一年，萨姆特湖畔的一个商业集团中标修建了一条向北通往西班牙泉的铁路支线，负责两个城镇之间运客运和货运。这条铁路被所有者命名为“萨姆特湖线”，从 1884 年建成到 1956 年停运，一直运营顺利。虽然如今大部分铁轨早已被拆除，但开车经过萨姆特湖畔北部的堤道时，仔细观察就能发现隐约可见的踪迹，这些印记见证了萨姆特湖线的历史。铭牌由萨姆特湖畔历史保护联盟提供。

布朗伍德围场广场（Brownwood Paddock Square）是退休村的第三个

城镇广场，位于开发区域的西南边缘，于 2012 年开放。根据开发商的商业房地产广告中所述，“布朗伍德的设计基于佛罗里达州旧时的古老建筑风格，它将居民带回到 19 世纪佛罗里达州牛仔和猎人四处游荡的时代”[79]。马克表示，这重现了“佛罗里达州曾是美国最大的产牛州之一”的时代。[80] 在设计布朗伍德时，设计团队在佛罗里达州阿卡迪亚市（曾经的养牛业中心）停留了一段时间，记录了这座城市的历史、建筑和文物，并采访了当地居民，其中包括“一位在佛罗里达州阿卡迪亚市长大的第三代阿卡迪亚本地牛仔”[81]。

小镇的历史沿革在《布朗伍德旗帜报》（*The Brownwood Banner*）的“1879—1929 年特别历史专刊”中有所介绍。据称，该地区最早在 19 世纪中期被佛罗里达牧牛人 K.O. 阿特拉斯（K.O. Atlas）作为其牧场所在地。1879 年，芝加哥商人威廉 · 布朗（William Brown）买下了这个牧场，并将其发展成一座小镇。根据牧场第一任主人规定，禁止拆除牧场内原有的建筑物，因此“阿特拉斯原本的狗窝小屋和畜栏、谷仓以及其余部分的牧场建筑仍然处于后来被称为布朗伍德的小镇中心”[82]。与其他市中心一样，历史建筑构成了设计的重要方面。布朗伍德的空间组织、规划和布局与其他广场——特别是萨姆特湖畔市场广场，保持了高度的相似性，这表明该类型的规划可能已经发展到了一种稳定的阶段。城镇广场包括带顶棚的类似舞台的结构，每晚都有现场乐队表演，周围有宽敞的舞池和集会场地。广场的周边有一层和两层的建筑，主要是零售、餐饮和娱乐场所。与另外两个市中心一样，广场上设有销售中心和多厅电影院。进入小镇的道路两旁大多设有零售店，单排建筑后面是开阔的停车场。一条与萨姆特湖类似的次级曲线外围道路环绕着停车场，将城市连接在一起。

建成的市中心在以建筑形式实现虚构的城市叙事细节方面达到了极高的水平，同时在主题应用方面也达到了极高的水平，将主题深入到退休村更广泛的物质和概念领域。

作为“佛州最友好之家”，退休村代表了一种广泛而集中的主题环境，这在鲍伯 · 索莫尔（Bob Somol）的“超设计”概念和马克 · 威格利（Mark Wigley）的“整体设计”概念中均得以体现。[83] 超设计是一种对主题概念化的相关诠释，其中设计被理解为一种扩展设计边界的殖民力量，“从‘设计对象’

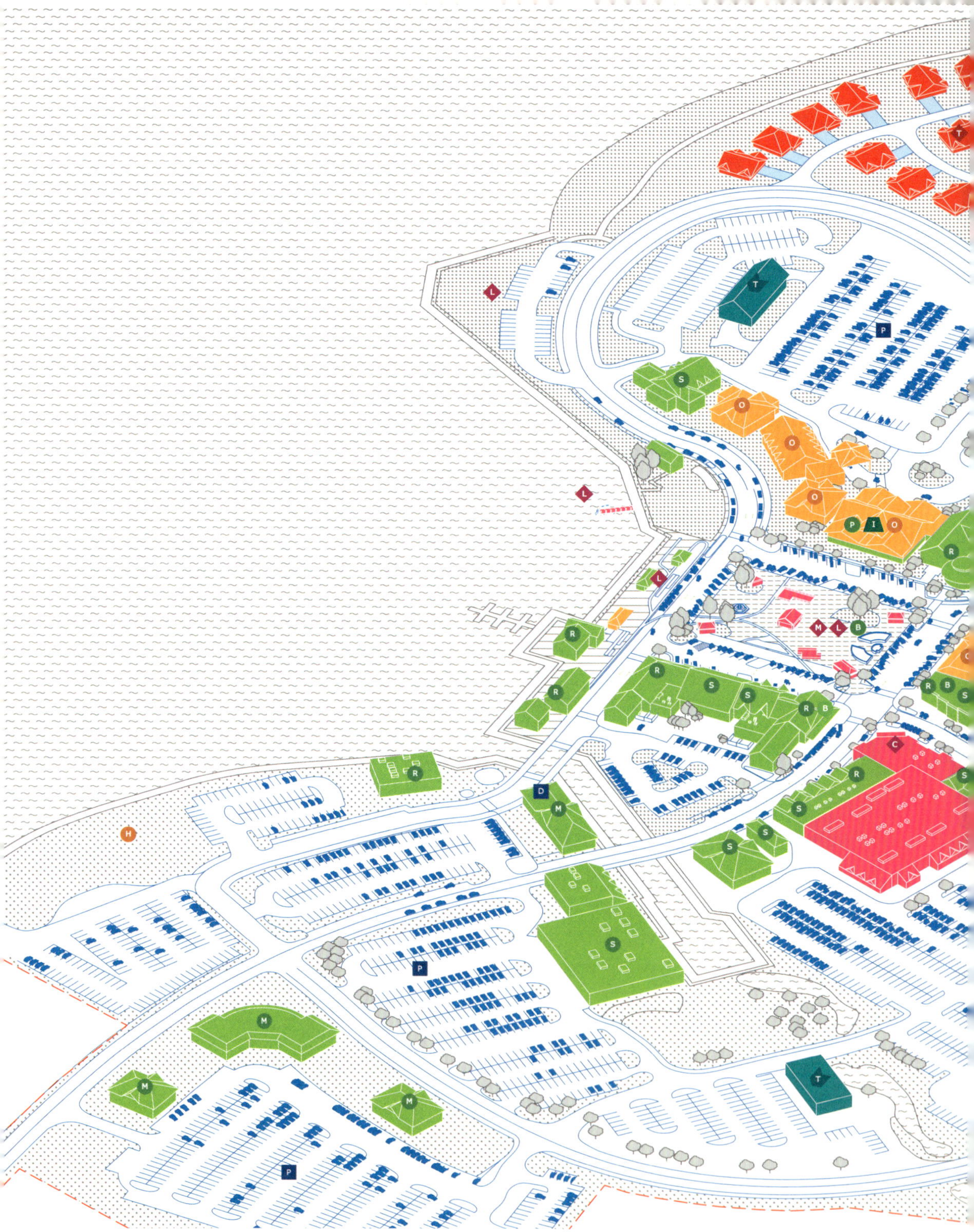

图B.1.15　萨姆特湖畔市场广场市中心区域

不仅作为居民会议场所和商业娱乐中心，设计者设计市中心的更重要目的是建立积极的方便娱乐和休闲的具体生活方式的印象，同时促进退休村房屋的销售。图中上部的红色区域显示的是被称为湖边小屋的住宅区，体现了专门销售房屋的目的，是为有短期居住需求的潜在买家准备的，体现退休村的“生活方式预览计划”。市中心规划了密集的室内公共空间，提供免费的夜间现场音乐、舞蹈和快乐时光，周边设有酒吧、咖啡店、餐厅和商店。广场东部边缘最明显的建筑就是退休村的售楼办公室。

人工化棕色铺装
高质量草坪
中质量草坪
硬质路面
水源
住宅区
样板间
公共活动场地
休闲娱乐中心
公共泳池
游客中心
会场
信息中心
银行
零售商店
购物中心
私人诊所
酒吧
餐馆
地产销售处
商业（非零售）
办公区
酒店
种植
停车区域
停车场
高尔夫球车营销商

到‘设计生活方式’，再到‘设计环境’”[84]。这种概念在封闭的飞地中得到了最具有象征意义的体现，其中描述了一种条件，设计作为一种城市化技术出现，通过资本和城市发展的逻辑，已经发展成为一种以极端的空间规定、控制、复杂性和组织为特征的整体运作。[85]这些环境被理解为一种“全面设计”，即“精心构建的方案，将居民、建筑、景观、规则和营销策略整合为视觉上协调一致且相互呼应的整体”[86]，并通过“契约、条件和限制”得以实施。[87]这种超设计模式不仅适用于配色方案和景观物种的美学控制，“还通过强制性的微观行为管理延伸到时间和空间方面，例如对洗车和垃圾收集等活动进行空间和时间上的规定”[88]。退休村正是通过这种主题设计实现了一种殖民化。索莫尔的超设计概念是在讨论加州橙郡的封闭式社区时提出的，而威格利则是在讨论类似的现代主义野心时论述了整体设计，即通过设计实现世界殖民化。威格利认为：

> 内爆式设计（implosive design）占据了整个空间，将每个细节、每个表面都纳入整体视野。即使不亲自参与设计，建筑师也负责监督一切：结构、家具、墙纸、地毯、门把手、灯具、餐具、服饰和插花。最终呈现的是一个无缝隙、无其他可能性、无其他世界的空间……内爆式设计的理念在哈佛大学设计研究生院中根深蒂固，它源于瓦尔特·格罗皮乌斯（Walter Gropius）及其“整体建筑”概念，即建筑师有权设计一切。小到茶匙，大到城市，建筑无处不在。确实，人们认为建筑师的影响力必须体现在各个层面，否则社会就会偏离正确的方向。[89]

在退休村，设计不仅限于建筑、城市设计和景观设计，还包括在环境中扮演各种角色的“道具”。这些道具包括在开发区内接送游客的巴士，其内外设计模仿了20世纪初的有轨电车（图B.1.17），以及随处可见的复古高尔夫球车——归开发商所有的电视台、杂志、报纸和高尔夫球车经销商促进了这一趋势的发展。在萨姆特湖上，道具包括沉没和废弃的渔船和划艇（图B.1.18）。据《退休村太阳日报》记者克里斯汀·佐丹奴（Christine Giordano）报道，许多旧船都是通过在线二手交易平台易贝（eBay）购买的：

> 我们用卡车把它们运到退休村。“其中一些船运到这里的费用比船本身的价值还高。”马克如是说。后来，马修斯在维尔京群岛度假时爱上了一艘船。“我当时住在一家酒店，他们负责接送我到城里。”她回忆道。我尽可能多地收集了这些船的信息，回家后，我对

图B.1.17　以20世纪初的有轨电车为蓝本的巴士穿梭于退休村，为潜在居民提供观光服务，西班牙泉镇广场，佛罗里达州退休村，2008年

图B.1.18　萨姆特湖畔木栈道上废弃的划艇和沉没的渔船，佛罗里达州退休村，2008年

> 父亲说：“我们必须有几艘这样的船，它们太可爱了。”于是我们在缅因州找到了一家船厂，他们为我们造了两艘船。[90]

在“萨姆特湖线”上，最大的两艘船上提供了有解说员讲解的湖上游览服务，讲述虚构的萨姆特湖历史。整个退休村的图形设计标识在格式、字体和装饰方面都保持了与过去相似的风格。这一点在标牌、信函、网站设计和一般广告材料中体现得尤为明显。一个值得注意的例子是促销套装，它由硬纸板制成，但经过处理后看起来像一个陈旧的皮包，里面装有一本仿照 20 世纪 50 年代相册设计的光面小册子和一张仿照 20 世纪 50 年代黑胶唱片设计的 DVD。复古主题延伸到社区的一系列规划方面，包括零售和餐饮优惠，例如以 20 世纪 50 年代为主题的约翰尼火箭连锁餐厅（Johnny Rocket）和超音速快餐店（Sonic Drive-In），超音速快餐店的服务员会穿着溜冰鞋将餐品送到顾客的车内，还有每月一次的老爷车巡游等活动。所有这些活动的背景音乐都由退休村电台播放，通过隐藏在玻璃纤维岩石和灯杆中的扬声器传送到城镇广场。据电台广告称，WVLG 640AM 电台“专注于播放有史以来最伟大的音乐”，即 20 世纪 30 年代至 70 年代的流行音乐。

以下是一些来自过去的时空参照物：1891 年的火车站遗址、1908 年的福特 T 型复古高尔夫球车、20 世纪 20 年代的复古有轨电车、每月巡游活动中展出的 20 世纪 30 年代的凯迪拉克和 1957 年的雪佛兰复古高尔夫球车。主题公园的整体设计意图在这些时空参照物中都得到了体现，即制造精确的时空位移。退休村正是通过重现“家乡小镇”的空间环境和20世纪中期青年生活的时间范围的感觉，才实现了这种时空置换，即对时空的重新构建。但这同时抹杀了当代的时间概念，封锁了人们所处的真实世界。

这种设计策略的时间效应与瑞士儿童心理学家让·皮亚杰（Jean Piaget）在1946年发表的《儿童的时间概念》（*The Child's Conception of Time*）一文中提出的“去自我中心化”（decentration）概念形成鲜明对比。[91]“去自我中心化”一词描述了儿童“不成熟”和“凭直觉”的时间概念逐渐被“成熟”和“理性”的时间概念取代的过程。儿童区分时间的概念是不可逆转且以自我为中心的，而成熟的概念则表现为对时间的理性理解，即时间具有可逆性和去中心化。皮亚杰认为，“去自我中心化和时间概念的可逆性带来的两个主要结果是：在发现当下不过是连续过程中的一个单一时刻之后，时间向两个方向展开；在任一时刻，所有时间的交叉轨迹都协调一致，构成一系列同时发生的事件的共同媒介。”[92]作为去自我中心化的结果，皮亚杰认为理性时间具有三个基本属性：同质性、连续性和统一性（图B.1.19）。有一个典型的例子可以说明“凭直觉”的时间概念与“理性”的时间概念之间的区别，那就是孩子在乘坐飞机或汽车旅行时会反复问：“我们到了吗？”

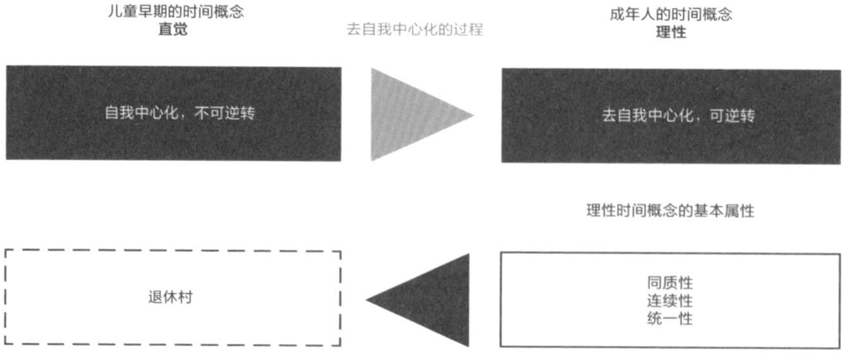

图B.1.19 “复原时间”和皮亚杰的“去自我中心化”概念的逆转
来源：让·皮亚杰，《儿童的时间概念》，1946年

对于皮亚杰来说，时间的连续性与成熟的时间概念的同质性一样，“心理发展的各个阶段都不应被视为理所当然：对于幼儿来说，时间是不连续的，也是局部的，因为任何局部运动都会使时间停止。这就是为什么他们会认为成年人已经停止衰老，以及为什么他们会认为一棵仍在生长但其他方面没有变化的树是在衰老，等等”[93]。这解释了皮亚杰关于儿童对时间的直观概念的理论核心：“一切都是相对的。”[94] 在这个框架内，对时间流逝和衰老本身的感知取决于某一事物相对于另一事物的变化。换句话说，正是对关系变化的体验才产生了对时间流逝的体验。

从这个角度来看退休村，我们可以认为，超设计或整体设计的主题环境支持了“去自我中心化”的逆转——在这种逆转中，对时间的概念回归到直觉和自我中心，进而将时间表现为不连续和不统一的。时间停留在居住者的青年时期。当下时间的碎片——无论是当代风格的公共空间、建筑、物品、活动还是时尚——在很大程度上都被消除了。可以用来体验时间的相对流逝的建筑物或物品的“过时”的现代特征几乎是找不到的。[95] 生活方式的组成元素就像“青春之泉”被作旧的混凝土一样，已经提前老化，很难找到与之相对的“新”来感知生活方式及其物质载体相对“变老”的过程。[96]

在退休村，时间的不连续性和对当下时代特征的消除可以被看作是不连续时间逻辑的延伸，这种逻辑决定了住户本身的人口构成。由于居民年龄限制在 55 岁以上，他们与年轻人之间不再有传统意义上的亲属联系，所以不会经常想到自己已经变老或者正在变老。[97] 这与加里 · 马克所描述的对城镇广场的预期效果一致：

> 我们这里的很多人都来自小城镇，而很多小城镇中都有一个城镇广场，人们在那里聚会、表演、观看表演。在我们的城镇广场，每晚都有娱乐活动，它是我们社区的中心。人们晚上在那里跳舞、购物、吃饭、看演出、喝酒，享受美好的时光。因此，我们希望有一个市中心，因为对我们和我们的住户来说，那里能唤起我们对童年或成长经历的回忆。[98]

矛盾的是，与当下格格不入的综合文化被认为是维持年轻文化的关键。从这个角度来看，退休村创造了一种可被称为“复原时间”的东西——通过以自我为中心的时间感知，让居民摆脱衰老的困境，从而唤起他们对童年往事的回忆和怀旧之情。

这种记忆里的建筑和城市运作方式与 20 世纪 60 年代末至 80 年代末对记忆的重新关注不同，后者与勒 · 柯布西耶（Le Corbusier）著名的 “瓦赞规划”（Plan Voisin）中体现的与过去决裂的现代主义正统观念截然相反。无论是在阿尔多 · 罗西（Aldo Rossi）于 1966 年出版的《城市建筑学》（*The Architecture of the City*）中将城市的建筑类型定位为集体记忆的容器；还是在彼得 · 艾森曼（Peter Eisenman）于 1986 年出版的《移动箭头、爱神和其他错误》（*Moving Arrows, Eros and Other Errors*）等作品中通过追溯历史记忆的形式层次，将城市解读为“重写本”（palimpsest）；或是在莱昂 · 克里尔（Léon Krier）和莫里斯 · 库洛（Maurice Culot）于 1978 年发表的《建筑的唯一道路》（*The Only Path for Architecture*）一文中的新传统论述中对前工业化城市记忆的回归；又或是在查尔斯 · 詹克斯（Charles Jencks）于 1977 年出版的《后现代建筑的语言》（*The Language of Post-Modern Architecture*）中阐述的交流和符号功能的表达。

相比之下，退休村提供了两种关于记忆的建构。第一种，如上所述，是通过一种整体或超设计形式产生的，它将居民带入他们的青春记忆——反过来又支持了一种不再年轻的年轻文化。第二种则与心智练习概念有关，表现在将人带入回忆的行为中。这种策略在当代环境设计方法中发挥着重要作用，它通过鼓励展示能够唤起回忆的个人老物件，以延缓阿尔茨海默病患者的记忆丧失和迷失。[99] 这表明，退休村的主题设计与其说是后现代主义建筑的一种纯粹表现形式，不如说是一种在安排主题内容时设计具有高度表演性的建筑——既能营造出一种理想化的年轻环境，又能提供一种时间感知上的心理辅导，支持记忆和心智的持续锻炼。

新（旧）城市主义

我们发现主题小镇所追求的目标和退休村市中心以行人为主的公共空间，与美国新城市主义最具代表性的一些项目（如海滨小镇或欢庆镇）有相似之处。在这里，正如新城市主义倡导者安德列斯 · 杜亚尼（Andres Duany）和伊丽莎白 · 普拉特 · 兹贝克（Elizabeth Plater Zyberk）所提出的，“重现美国小镇”[100] 似乎完全融入了城镇广场的场景设计中。然而，退休村的做法与《新城市主义宪章》（*New Urbanist Charter*）的声明之间存在一些关键的差异，主要是在规划的混合性、邻近性和密度方面。虽然小镇中心聚集了一系列功能区，即购物、娱乐和餐饮（以及开发商的房地产办公室），但住宅区则位于其他区域，即专门用于生活的独立单功能区域。这种分区或功能分隔的做法并不是根据现代主义需求在城市中引入秩序或卫生标准，而是作为一种明显的措施来巩固开发商的政治权力，避免社区居民参与市中心的决策过程。开发商绘制的社区规划图有意划定了市中心周围的边界，明确规定将住宅区排除在该区域之外，从而避免了居民在地方立法程序中的投票冲突。本章稍后将详细阐述这一主题。

面对无序的城市扩张带来的挑战，退休村的设计师们认为他们与新城市主义的原则不谋而合。在加里·马克看来，这种对过度扩张的担忧是为了解决“社区的发展问题，即社区不断扩张，人们只能开车出行，没有人行道，也没有真正的购物场所。除了在家中的生活，人们必须开车去完成所有事情。我们觉得退休村与这种状况截然不同”。[101] 马克试图将退休村与传统的无序扩张区分开来，将新城市主义对城市紧凑性的追求与社区自治的概念结合起来，将高尔夫球车的机动性与一种伪步行主义结合起来：

> 我相信，我们 80% 的居民通行都是在社区内进行的，其中大约 60% 到 70% 是坐高尔夫球车。这一点很重要，因为像我们这种规模的开发项目显然会影响周边社区的交通。我不认为我们是城市无序扩张的典型案例，因为我们社区内建有商业中心、娱乐中心和教育中心。我们认为在这里可以实现一站式购物，人们不必离开退休村就可以完成日常生活中大大小小的琐事。居民可以在这里购物，在这里用餐，在这里娱乐，在这里接受教育。[102]

尽管如此，退休村似乎并未达到新城市主义所要求的必要人口密度和邻近性，即“许多日常活动都在步行距离以内，让不开车的人，尤其是老年人和年轻人，能够独立生活。街道网络应相互连接，以鼓励步行，减少开车出行的次数和里程，并节约能源”[103]。退休村的人口密度约为 1004 人 / 平方千米，远低于海滨小镇的约 4613 人 / 平方千米，更接近休斯敦或凤凰城等无序扩张城市的人口密度，分别为约 1150 人 / 平方千米和约 1222 人 / 平方千米。[104]

住宅区作为单功能和低密度的城市化形式，复制了郊区的主要运作模式，典型的商业扩张形式（尤其是大卖场和沿街单排商业区）也出现在开发项目的外围。正如巴特林所言，虽然退休村的宣传材料突出了城镇广场小而亲切的家乡生活方式，但整个社区依赖于沿开发项目外围的更为传统的郊区或远郊沿街单排购物中心，这里有“市中心没有的便民超市、加油站和折扣店”[105]。

在讨论新城市主义时，退休村似乎同样没有解决社会多样性不足的问题，即“种族和收入的分离日益加剧”[106]。新城市主义主张包括通过“提供各种类型的住房以及不同的价格水平，使不同年龄、种族和收入的人在日常互动中加强联系，从而增强人们在个人层面和公民层面上的纽带，这一点对于真正的社区至关重要”[107]。据开发商称，“退休村居民的平均收入几乎是美国平均水平的两倍”，2008 年，每户的平均收入为 93 000 美元，当年的平均房价为 234 000 美元。[108] 尽管房价在 8 万至 120 万美元（绝大多数住宅的价格在 15 万至 40 万美元）（图 B.1.20），但居民中仍有 98.3% 是白种人，[109] 而且由于社区本身的“契约、条件和限制”，

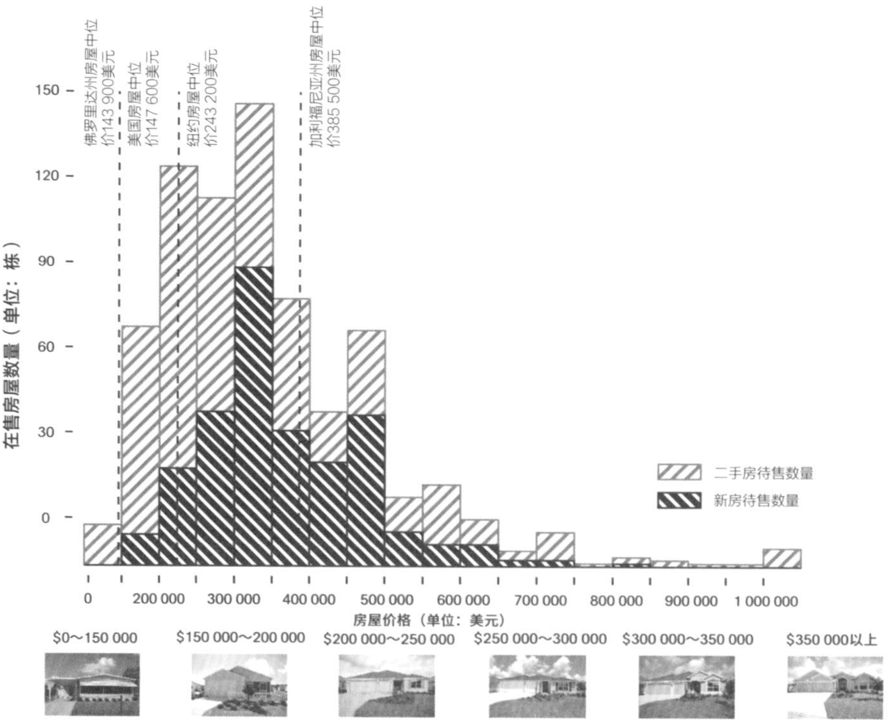

图B.1.20 房屋出售价格，佛罗里达州退休村，2014年7月。来源：thevillages.com

85.7% 的居民年龄在 60 ~ 85 岁。[110] 退休村内明显的社会经济差距以 27/441 号公路为标志，将北部最初开发的橙花花园及其“预制房屋”（移动房屋 / 拖车房屋）与南部最近开发的规模不断扩大的住宅区隔开。

因此可以说，退休村是对新城市主义教条的选择性应用，无法像绝大多数已实现的新城市主义项目那样，实现与之相关的社会、组织和生态目标。[111] 大卫 · 哈维（David Harvey）从几个层面对新城市主义提出了相关质疑。首先，大多数项目都建在“绿地”上，“主要面向富裕阶层，似乎更多的是为了使郊区成为‘更好的居住地’，而不是振兴衰败的城市核心。而且我们并不清楚……富人真正选择的是‘社区’本身，还是社区的‘形象’。集体记忆究竟是重拾起来的，还是编造出来的？更严重的是，新城市主义无法解决城市贫困化和衰败的症结”[112]。从这个意义上说，他认为，新城市主义“为那些根本不需要它的人构建了一种社区形象和一套社区公民自豪感的空洞言辞，而将那些真正需要它的人抛弃在‘底层’的命运中”。在哈维看来，这是在重蹈现代主义乌托邦的覆辙，支持“空间秩序的塑造是或者说可以是新的道德和美学秩序的基础”的观念。这场运动没有认识到，现代主义的根本问题在于它始终习惯于将空间形式置于社会进程之上。[113]

基础设施：高尔夫球车之城

退休村整体组织结构的一个重要组成部分是高度发达的基础设施系统，该系统使高尔夫球车可以在很大一部分城市区域内通行无阻。在向潜在居民宣传社区的视频中，这一特点得到了大力宣传：

> 男性解说伴随着高尔夫球车在退休村修剪整齐的景观中行驶的画面出现：“这就是居住地的一切，也可以说是家乡。说到特别的生活方式，只需乘坐高尔夫球车就能享受到所有这些便利。无论您是否打高尔夫，您都会很快发现高尔夫球车是整个退休村主要的交通工具。事实上，无论是否追求享受，许多新住户一旦体验到高尔夫球车所带来的独特便利和乐趣，就会闲置他们的其他汽车。”[114]

高尔夫球车与养老社区的渊源可以追溯到太阳城和休闲世界。从 20 世纪 60 年代初开始，太阳城的一些早期印刷品和电影广告中就出现了高尔夫球车的身影——它不仅在高尔夫球场上使用，还可作为个人购物和娱乐活动的代步工具。虽然在 1963 年，太阳城开业 3 年后开始铺设一部分高尔夫球车车道，[115] 但将高尔夫球车全面融入社区的整体城市设计和规划是最近才出现的现象，而退休村约 50 000 辆高尔夫球车和约 145 千米的高尔夫球车专用基础设施则是当代最先进的尝试。[116]

虽然关于高尔夫球车的历史众说纷纭，但大多数说法都认为是加利福尼亚人梅尔 · 威廉姆斯（Merle Williams）和他的 Marketeer 公司于 1951 年发明了高尔夫球车，并首次将其应用于高尔夫球场。这种车既能在硬地又能在软地上行驶，更具体地说，它能在草坪上行驶且不损坏草坪（图 B.1.21）。[117] 第二次世界大战期间，汽油定量供应，威廉姆斯开始对小型汽车的电动发动机进行试验。第一辆高尔夫球车就是在其早期试验的基础上开发出来的，它采用电池驱动发动机，在最高时速约为 10 千米的条件下可以续航 2 千米。20 世纪 50 年代中期，随着易事高（E-Z-GO）和 Lektro 以及卡西曼（Cushman）等制造商分别于 1954 年和 1955 年相继成立，电动高尔夫球车的商用供应量开始有所增加。在高尔夫球车发展的早期阶段，电池技术是限制其普及的主要因素之一，此外，三轮底盘的稳定性也引发了一些安全问题。高尔夫球车在文化层面上被认同还需要经过一段时间。20 世纪 60 年代中期，受伤的美国总统林登 · 约翰逊（Lydon Johnson）在高尔夫球场上使用高尔夫球车的事被大肆宣传，加速了这一进程。1971 年，第一款汽油动力高尔夫球车问世，其续航里程更长。到 20 世纪 70 年代末，电动和汽油动力高尔夫球车在高尔夫球场得到广泛应用，并开始扩展到其他领域，包括机场航站楼运输以及公园和校园的维护和安保，并在 20 世纪 80 年代和 90 年代进一步扩展到退休社区。[118]

图B.1.21 Marketeer公司的电动高尔夫球车，20世纪50年代。来源：http://highland-mi.showmethead.com

虽然电动高尔夫球车和汽油动力高尔夫球车都能实现约 30 到 40 千米 / 小时的高速行驶，但现代电动高尔夫球车的续航里程仍然有限，每次充满电后只能行驶约 48 千米，且充满电需要大约 8 个小时。由于退休村的行驶距离相对较长，所以汽油动力的高尔夫球车最受欢迎，每升汽油可满足约 12.7 千米的行驶里程。以此效率计算，高尔夫球车的燃油效率仅比美国普通汽车的每升可行驶 10.5 千米略高。[119] 电动和汽油动力的高尔夫球车的售价从 4000 美元（翻新）到 8000 美元（标准新车型）和 12 000 美元（全新带配件）不等。[120]（图 B.1.22）

根据美国法律规定，高尔夫球车驾驶员必须年满 14 周岁，但在佛罗里达州不需要考取驾驶执照。在限速不超过 56 千米 / 小时的道路上，高尔夫球车的行驶速度应低于约 32 千米 / 小时。由于这些车辆不需要驾照，所以因违规驾驶或年龄不符而导致的驾照吊销通常不会限制车辆的使用。重要的是，对于在婚后从未持有过驾照的遗孀来说，取消驾照要求有巨大的好处，因为她们以前都是依赖配偶代为驾驶的。此外，对于持有驾照的高龄老人来说，不敢开车也是常有之事。[121]

和美国汽车一样，高尔夫球车也开始出现了定制文化。在退休村，高尔夫球车的两侧通常会印上车主的名字以彰显个性。如果车主是单身人士，则会在另外的位置印上宠物或玩具的名字。其他常见的装饰包括车牌、所支持的橄榄球队或棒球队的贴花、“铁杆粉丝团”的保险杠贴纸，以及州旗和国旗（图 B.1.23）。更成熟的定制化案例包括复古风格的高尔夫球车，类似于 1911 年的福特 T 型车、20 世纪 50 年代的雪佛兰或 20 世纪 60 年代的凯迪拉克（图 B.1.24）。据经销商称，这些复古风格的车型非常受欢迎。其他定制或“秀”文化的例子包括与车主以前职业有关的高尔夫球车，例如，带有可伸缩梯子的消防车造型、州警巡逻车造型以及 20 世纪 70 年代的家庭旅行车造型。这种特殊的文化表达形式在《退休村杂志》和当地电视台 VNN 2 上都有大量报道，主题从定制文化到高尔夫球车精确演练队（The Villages Precision Golf Cart Drill Team）不一而是（图 B.1.25）。高尔夫球车作为重要的营销工具，宣传了退休村“独特、难忘、有趣”的形象。2005 年，退休村创造了一项关于高尔夫球车使用量的世界纪录（图 B.1.26）：

> 据周五发布的官方消息称，退休村创造了唯一一项由退休社区保持的吉尼斯世界纪录。九月的慈善活动几乎使上一届退休人员组织的“世界最大高尔夫球车游行”的规模翻了三倍。秋季，3321 辆高尔夫球车在退休村的小径上蜿蜒前行，对于这个庞大的社区中主要依靠高尔夫球车代步的 57 000 名退休人员来说，这个数字仅是凤毛麟角。[122]

	SUV	轿车	智能小车
最高时速（千米/时）	210	210	125
发动机功率（千瓦）	112	90	45
油耗（千米/升）	9	20	30
一次加油或充电可行驶里程（千米）	780	960	145
充电时间（小时）	—	—	—
碳排放量（克/千米）	120	87	88
重量（千克）	2040	1130	730
长度（米）	4.8	4.3	2.5
成本（新）	$35 000	$17 000	$25 000
成本（二手）	$16 000	$10 000	$10 000
座位容量（人）	5	5	2
驾驶执照要求	有	有	有

图B.1.22　移动形式比较

电动和汽油动力高尔夫球车将汽车、电动轮椅和机动摩托的性能结合在一起。作为私人交通工具的高尔夫球车得到了更广泛普及，退休村房退休村主协会的唐（Don Hahnfeldt）说道："约三分之二（退休村约有50 000辆）的高尔夫球车没有去过高尔夫球场。"

高尔夫球车（汽油动力）	高尔夫球车（电动）	摩托车	轮椅（电动）
0	30	8.5	6.4
.5	2.5	0.5	0.15
3	—	—	—
83	50	21	8.4
–	10	12	12
–	—	—	—
39	425	84	48
.4	2.4	1.2	0.8
6 000	$6 000	$2 000	$1 500
2 000	$2 000	$1 000	$750
	2	1	1
无	无	无	无

图B.1.23　定制的高尔夫球车，佛罗里达州退休村，2008年

图B.1.24 复古风格的定制高尔夫球车，佛罗里达州退休村，2008年

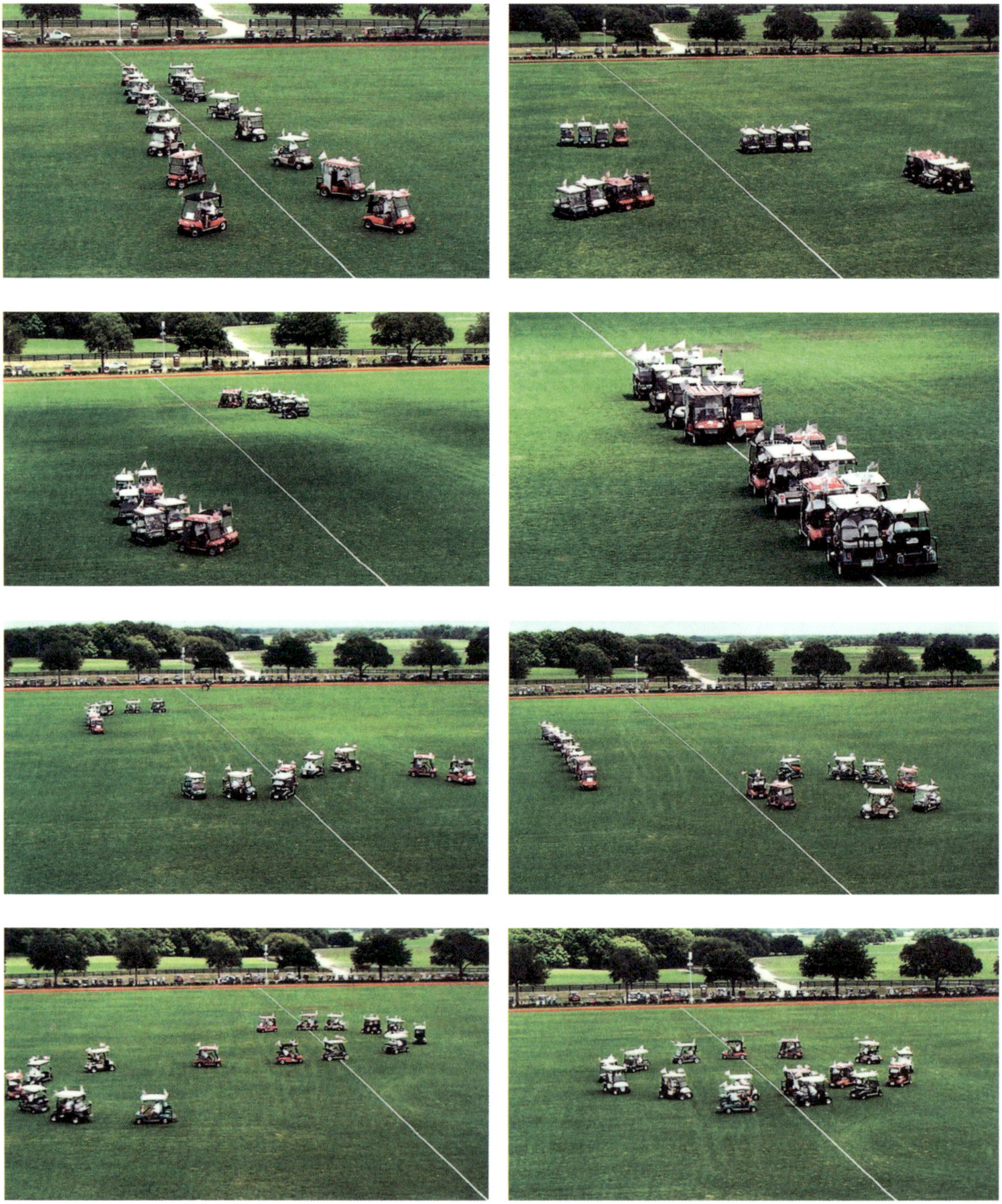

图B.1.25　高尔夫球车精确演练队视频截图，佛罗里达州退休村，2014年
来源：Gary Garrett，Irene Howe和高尔夫球车精确演练队

图B.1.26 退休村居民打破最大的高尔夫球车游行队伍的世界纪录，佛罗里达州退休村，2005年。来源：《奥兰多哨兵报》

从交通工程的角度来看，考虑到汽车、高尔夫球车以及行人的共存问题，退休村支持高尔夫球车通行的基础设施会相对复杂一些。根据不同的速度和所需的基础设施，退休村采取了一系列措施来解决该问题。具体可以分为以下 4 种典型情况：

第一种也是最复杂的情况是，如果汽车主路限速超过 48 或 56 千米 / 小时，则将高尔夫球车基础设施与汽车主路分开。高尔夫球车车道被设计为大约 5 米宽的双向曲线车道，通常蜿蜒于大约 15 米宽的草坪和种植带内（图 B.1.27）。从空间上看，它们像是高尔夫球场或周围景观的延伸，而不是街道系统的延伸。在高尔夫球车必须穿过汽车主路的地方，通过地下通道、立交桥和环形交叉路等方式，实现两种交通形式的自主通行（图 B.1.28 ~图 B.1.30）。[123]

图B.1.27　高尔夫球车车道与汽车专用道路相邻，佛罗里达州退休村，2008年

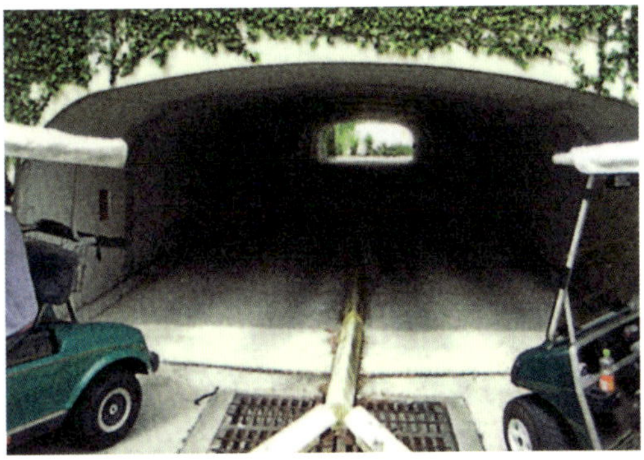

图B.1.28　高尔夫球车地下通道，佛罗里达州退休村，2008年

图B.1.29　通往高尔夫球车地下通道的坡道，佛罗里达州退休村，2008年

图B.1.30　高尔夫球车桥横跨美国27 / 441号公路，佛罗里达州退休村，2008年

第二种基础设施形式是采用经过拓宽的汽车主道，在道路两侧路缘旁各设有指定的高尔夫球车道。这种情况通常是从第一种到第三种基础设施的过渡。

第三种情况是两种交通方式在同一区域并存，汽车和高尔夫球车均被限制在 24 至 48 千米 / 小时的速度范围内。这是在封闭式住宅区和市中心最常见的情况，此时使用常规的汽车道路和信号系统。

第四种类型是设置不受限制的“高尔夫球车空间”，主要位于高尔夫球场和周边完全禁止汽车通行的休闲空间中。规划人员精心设计了过渡的区域，以避免任意两种基础设施形式的交汇（图 B.1.31）。

除了上述的基本道路系统基础设施，整个社区内还分布着大量高尔夫球车专用停车区域。这里的单车停车区域的大小约为 1.5 米 × 2.7 米，而普通车辆停车场的大小约为 2.7 米 × 5.5 米。[124] 同样值得注意的是，在退休村，几乎所有的车辆服务设施，包括免下车餐厅、免下车银行设施、免下车药店及洗车店，都能容纳高尔夫球车。

高尔夫球车的综合交通系统在一定程度上弥补了基础设施与城市景观系统之间的差异——这两种系统通常划分为沥青路面和绿植地面两种。汽车的使用范围仅限于沥青路面，而高尔夫球车的设计目的是让其能够在更大比例的地面上通行。

高尔夫球车可以看作是一种过渡性的交通工具，在汽车的速度和续航能力与代步车或电动轮椅的速度和续航能力之间架起了一座桥梁。从这个角度来看，高尔夫球车可以被解释为一种身体假肢，是一种设备范围的延伸，这些设备越来越成为“年轻老人”积极生活的标志，即提高生活质量或延长寿命的技术手段，就像心脏起搏器、人工关节、助听器、美容植入物、抗抑郁药和其他形式的药品所起到的作用一样。高尔夫球车的基础设施为那些在心理、生理或法律上无法驾驶汽车的人提供了城市交通的补充方式。

除了高尔夫球车专用基础设施和景观系统的设计，高尔夫球车的性能在退休村的整体规划逻辑中也起着相当重要的作用，这尤其适用于娱乐中心和“市中心”等便民设施的位置和数量选择方面。之所以设计多处“市中心”，部分原因是基于莫尔斯的考虑，即防止任何一个市中心的规模大于一个理想的“小家乡”，而它们的设计和建造需要确保将主要购物区内的最大行驶距离控制在大约 4.8 千米，或是大约 10 分钟的高尔夫球车车程。娱乐中心的选址也遵循类似但更密集的布局，确保最大行驶距离约为 2 千米或是 4 分钟的高尔夫球车车程。[125]

“虽然只有约 35% 的退休村居民打高尔夫球，但拥有高尔夫球车的人的比例要高得多，有的是个人所有，有的是与伴侣共同所有。”[126] 对于那些不会开车（将高尔夫球车作为替代性出行方式）和打高尔夫球（将高尔夫球车作为扩展性出行方式）的人来说，高尔夫球车的好处显而易见，但至于为什么拥有驾照和汽车却不打高尔夫球的高尔夫球车车主的比例如此之高，就不得而知了。根据退休村的宣传资料，高尔夫球车提供了“独特的便利和乐趣”。[127] 推销视频《佛州最友好之家的生活方式之旅！》（*Your Lifestyle Tour of Florida's Friendliest Hometown!*）中提供了更多线索：

> 一对退休夫妇坐在高尔夫球车上接受采访。妻子回答提问：“我最喜欢住在高尔夫球车社区的原因是高尔夫球车为我提供了便利。我可以买菜、理发、看病……一切都在社区内，我不用离开这里，也不用驱车去城里逛半天。”[128]

这表明高尔夫球车的安全性、可获得性和流动性之间存在联系。这段话也暗示，“常规”的郊区或远郊缺少社区内的便民设施，而且如果没有高尔夫球车，就会迫使居民只能开车去城里使用便民设施，居民不仅会处于不安全的环境中，还耗费大量时间。根据退休村网站的介绍，正是高尔夫球车这种替代交通方式和相关基础设施的存在，以及“各种内部商业、娱乐和医疗场所，减少了居民外出的需求，并缩短了平均出行时间。在下午的高峰时段，退休村的高尔夫球车内部占用率为 75%”[129]。

对封闭式社区的研究表明，人们对安全的担忧往往源于一种超出实际风险或危险的恐惧或偏执——在美国，这种情况导致城市中有安全强化和没有强化的空间的两极分化日益严重。[130] 退休村宣传材料的内容主要基于这种焦虑，尽管是以一种隐晦的方式。在近郊环境中，日常驾车出行的负面心理联想可能是高尔夫球车受欢迎的一个更有说服力的理由。交通拥堵日益严重，通勤时间不断延长，这都是对生活质量的主要威胁。据报道，这导致人们对汽车的热情“降温”——从将汽车等同于自由的观念转变为认为其等同于束缚。[131] 在退休村，高尔夫球车作为一种替代的出行方式出现，它强调了一种解放。与汽车相比，高尔夫球车可以

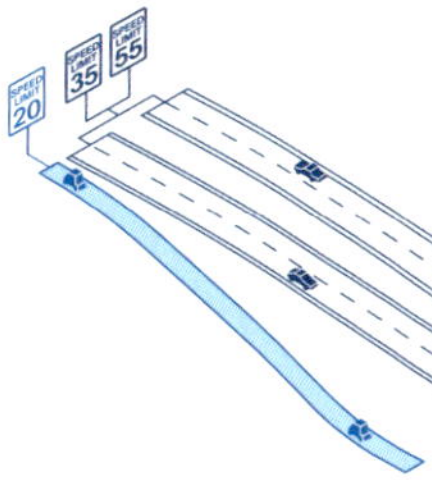

1. 从高速汽车车道中分离的高尔夫球车道

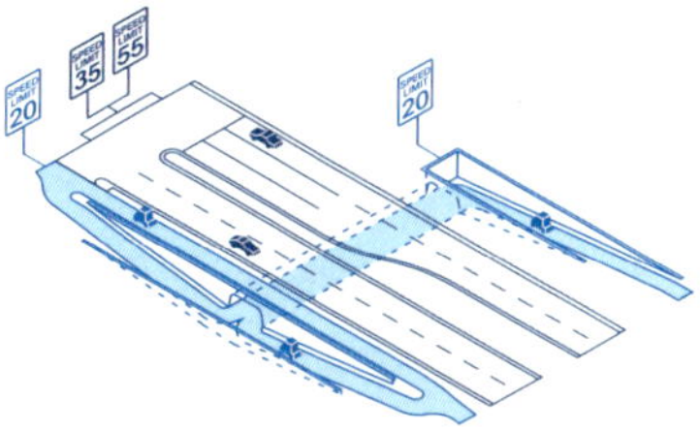

2. 带有坡道的高尔夫球车地下车道

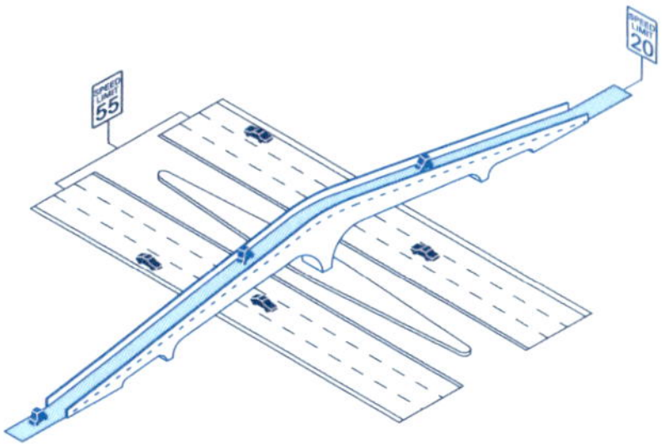

3. 主高速公路上方的高尔夫球车立交桥

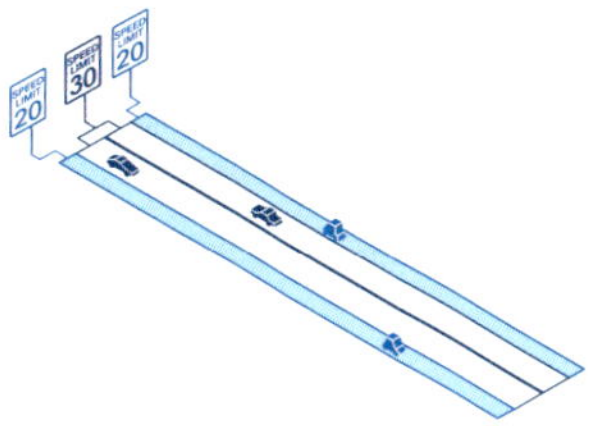

4. 高尔夫球车车道毗邻中高速汽车道

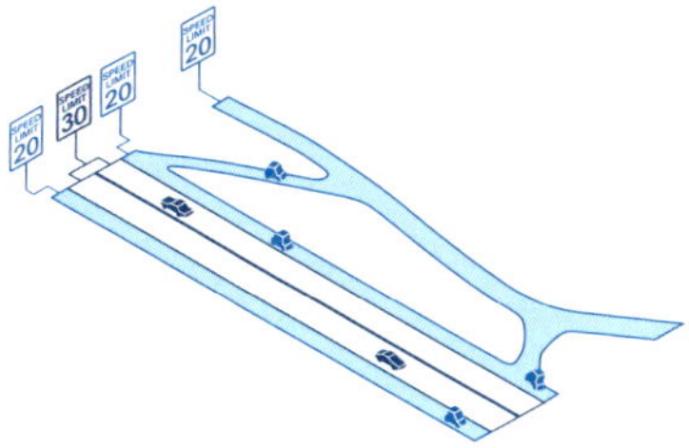

5. 上下匝道连接着两条高尔夫球车车道

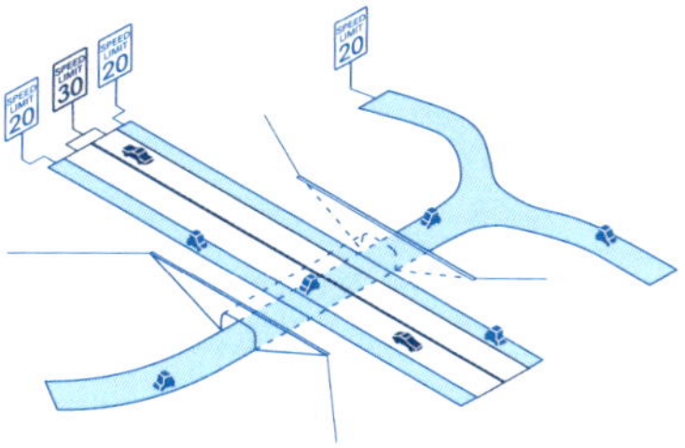

6. 高尔夫球车垂直地下通道

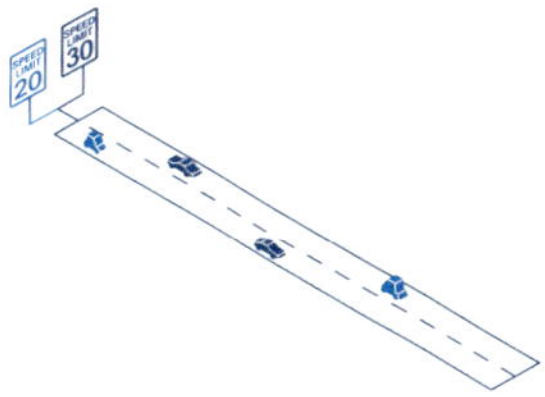

7. 限制低速时，汽车、高尔夫球车共用道路

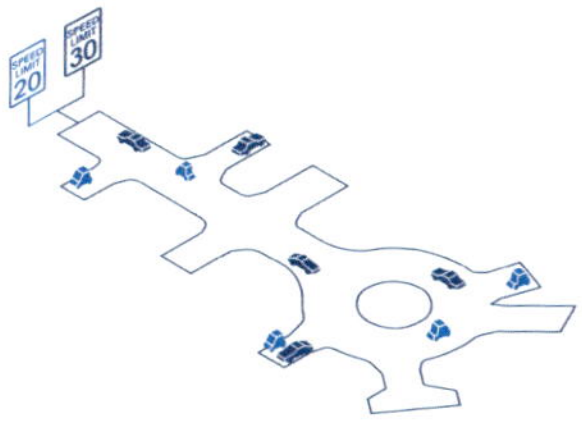

8. 限制低速时，汽车、高尔夫球车共用的住宅区道路

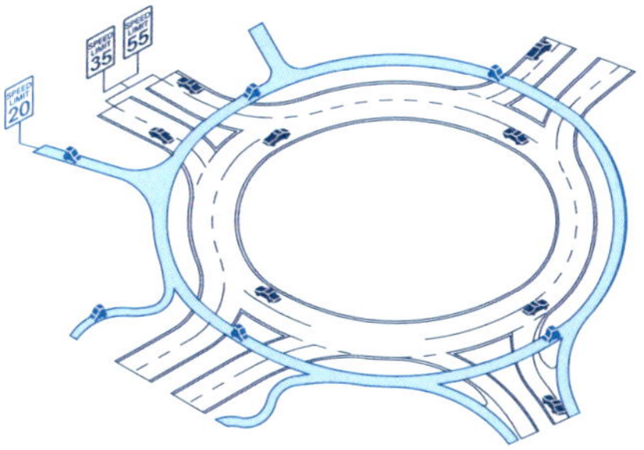

9. 汽车、高尔夫球车一体化环岛道路

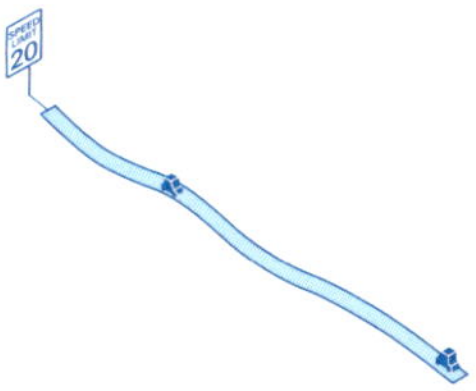

10. “开放景观”中的高尔夫球车专用车道

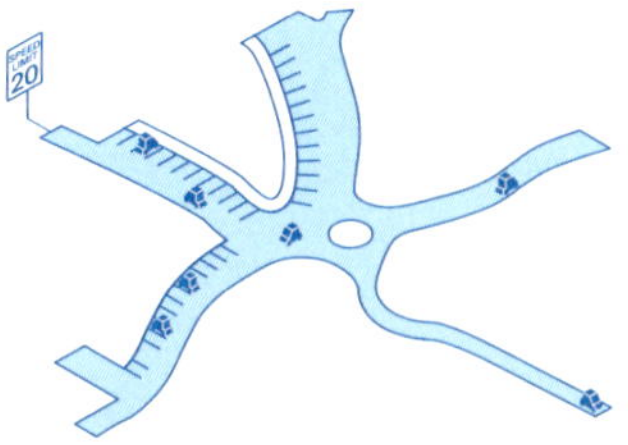

11. 结合停车场和环岛道路的高尔夫球车专用车道

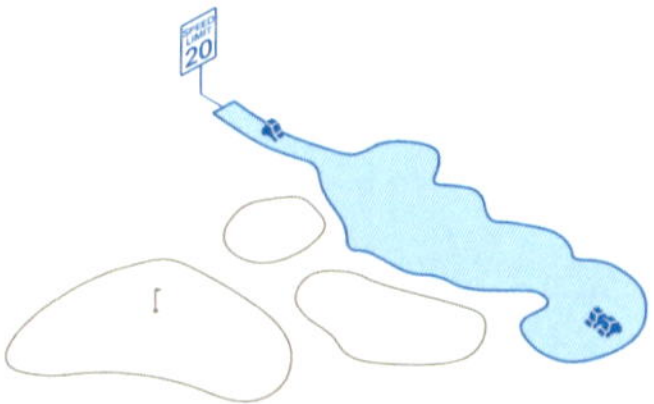

12. 过渡到高尔夫球场沙坑和果岭的高尔夫球车专用车道

图B.1.31　高尔夫球车基础设施

高尔夫球车的应用拓展超出了其最初的功能，即运送在高尔夫球场受伤或残疾的高尔夫球手，面对退休村的综合城市基础设施和移动系统，这代表了一种积极的转变。退休村的长约145千米的高尔夫球车专用车道、高尔夫球车用桥和超过30个高尔夫球车隧道连接了很多城市区域，是华盛顿1-495首都环线

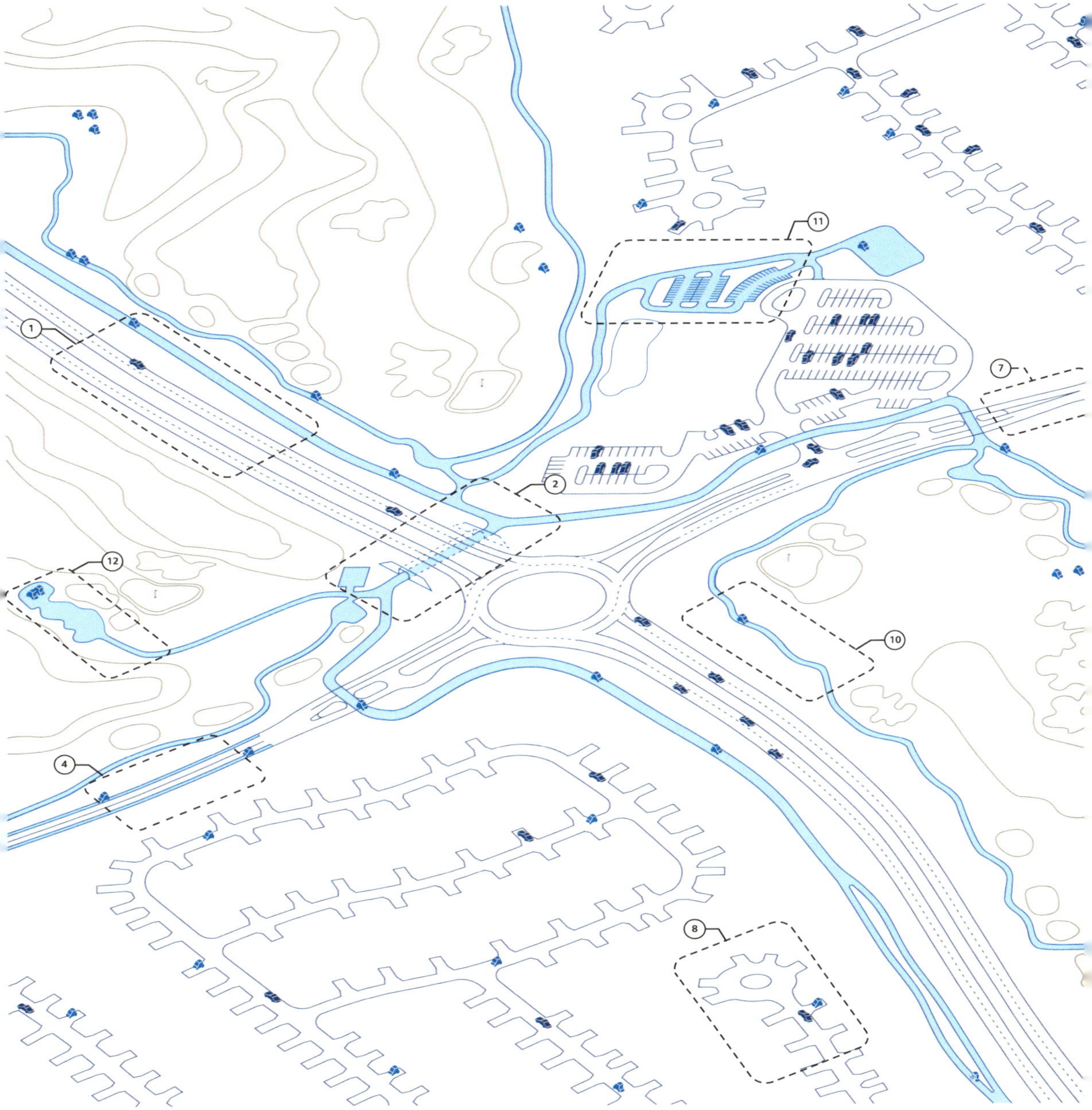

高尔夫球车车道

汽车干道

长度的一倍半，接近伦敦M25轨道环线的长度。基于汽车和高尔夫球车的速度和它们遇到的不同的城市和地形条件，出现了四种基本的高尔夫球车基础设施的部署形式。一是最复杂的，涉及高尔夫球车专用车道、立交桥和地下通道从主要汽车道路分离的部署（1~3）；二是扩宽的汽车道路和邻近路边的高尔夫球车专用车道的部署（4~6）；三是涉及在同一路面上共存的有低速限制的高尔夫球车和汽车车道（7~8），这是常见的情况，例如在市中心和个别乡村周围；四是不受限制的“高尔夫球车空间”，主要位于高尔夫球场和周边没有汽车道路的休闲空间中（10~12）。

到达的区域范围更大，从而降低了交通拥堵的可能性；高尔夫球车没有那么封闭，可以接触到（通常是好的）室外环境；高尔夫球车的体积较小，因此更方便停车；高尔夫球车的购买、使用和维护成本也比汽车更低。[132] 小型化、定制化和新款复古车型的出现似乎也是高尔夫球车广受欢迎的原因。总体而言，正如伦敦巴士、哈瓦那（Havana）老爷车或伍珀塔尔（Wuppertal）悬挂式单轨铁路等城市的交通工具或基础设施已经成为鲜明的城市特征一样，高尔夫球车及其基础设施则成为退休村独特的身份象征。

在退休村中，高尔夫球车为人们提供了另一种空间体验，即从高尔夫球场向外延伸出的城市空间，将城市打造成一种全新的流畅休闲空间。从更广泛的角度来看，高尔夫球车对城市居住区的影响似乎越来越大，尤其是对于不断增长的老年人口而言。面对前所未有的人口老龄化问题，人们将低密度、低邻近性的近郊和远郊认定为最不适合永久居住的地区，这可能会加剧上述趋势。[133]

类型：沿街医院

贯穿退休村的美国 27/441 号高速公路（7 号州内公路）是连接社区与西北部的贝尔维尤市（Belleview）和奥卡拉市（Ocala）以及东南部的利斯堡市（Leesburg）和奥兰多市的主要道路（图 B.1.32、图 B.1.33）。这条道路确定了早期橙花花园开发项目最初的南部边界。20 世纪 80 年代后期，开发项目向南延伸越过州内公路，但这条路仍作为主要交通干道，承担着退休村的进出交通。随着该地区的不断发展，道路从 20 世纪 70 年代的双车道扩展到 21 世纪初的八车道。自 2005 年以来，随着退休村向南的快速扩展，居住区的重心也逐渐转移，另一条进入退休村的道路——466 号郡内公路也变得同样重要。

27/441 号高速公路穿过退休村，全长约 4.3 千米，穿过莱克郡（Lake County）和萨姆特郡（Sumter County），然后向西北延伸至马里昂郡（Marion County）。区域内社区的正式规划主要围绕开发商提出的“专业广场”选址策略展开，这些广场是类似购物中心的单层商业空间，主要出租给医疗专业人士，且毗邻可从主要高速公路进入的停车场。[134] 专业广场沿街而建，而商业购物中心和“市中心”娱乐区则靠近主要干道而远离街道。开发商的策略是将商业活动集

图B.1.32　美国27 / 441号高速公路沿街医院西北景观，佛罗里达州退休村，2008年

中在社区边缘，以带动周边地区的交通，同时防止大量车流涌入“安静”的社区内部。这些专业广场包括各种医疗办公室和诊所，接诊范围包括心脏病学、牙科、肿瘤科、妇科、脊椎推拿、皮肤科、肺科、睡眠障碍等。沿街还分布着一些规模较小的普通零售商店，其中许多专门为附近的专业广场提供支持性服务，如沃尔格林（Walgreens）药店，内设大型处方柜台和免下车处方窗口。

退休村各区域的所有沿街专业广场和购物中心不仅可以开车到达，还可以乘坐高尔夫球车到达。高尔夫球车专用车道以及低速两用（汽车 / 高尔夫球车）车道可通往广场和购物中心。20 世纪 90 年代初修建的高速公路立交桥大大改善了高尔夫球车的通行状况。这些便民设施，特别是“医疗和专业广场”的设置，在面向顾客和潜在专业租户的广告手册和网站上占据重要位置：

> 退休村约有 78 000 名居民，他们热爱积极的生活方式，因此非常重视优质的医疗保健。这里有超过 33 个高尔夫球场、55 个网球场、48 个游泳池、9 个垒球场、3 个健身俱乐部和 1 个健康中心，每月还有 1200 项其他活动，居民们可以尽情享受健康生活！上述所有场所都可以驾驶高尔夫球车到达。事实上，高尔夫球车是大多数患者前往您办公室的交通工具，而这只是您将诊所搬到退休村后的众多独特之处中的一个方面。除约 2.67 万平方

图B.1.33　美国27 / 441号高速公路上各种沿街医院广告牌，佛罗里达州退休村，2008年

E EYE
TUTE
angeEyeCare.com
nter
CARDIOLOGY
F250

米的医疗办公空间外，退休村目前还拥有一家配有 198 张床位的急诊医院、一家正在建设中的占地约 8360 平方米的退伍军人诊所和一家正在建设中的长期护理医院。[135]

随着 20 世纪 90 年代退休村扩张速度的大幅加快，附近也出现了其他规模较小的“附属”社区。其中包括马里昂郡北部的德尔 · 韦布云杉溪乡村俱乐部（Del Webb' s Spruce Creek Country Club）和西北部的斯通克雷斯特退休社区（Stonecrest Retirement Community）。沿着一条交通更繁忙的街道，这里形成了一个更大、更分散的年轻老人消费群体，进而导致不受监管的沿街开发项目扩展到退休村所属的 27/441 号高速公路的西北部和东南部。[136]

虽然在退休村所出租的专业广场内，大量广告牌向过往的驾驶者宣传着各种与健康相关的服务，但开发商也对广告牌的大小和数量进行了一定审美层面上的控制。在非开发商所有的区域，招牌和广告牌的使用更加活泼多样，旨在吸引“行驶中”的客户。招牌规模的大幅增加、夸张的推销措辞、霓虹灯照明和广告牌上 LED 灯的使用都很明显地说明了这一点。例如，一个沿线的LED广告牌上写着:“记忆力减退？步态失衡？别再犹豫了！”（图 B.1.34）

图B.1.34　美国27/441号高速公路上的各种沿街医院的广告牌，其中一个LED广告显示：“记忆力减退？步态失衡？别再犹豫了！”，佛罗里达州退休村，2008年

罗伯特 · 文丘里（Robert Venturi）、丹妮丝 · 斯科特 · 布朗（Denise Scott Brown）和史蒂芬 · 艾泽努尔（Steven Izenour）在他们的开创性研究《向拉斯维加斯学习》（*Learning from Las Vegas*）中描述和分析了以汽车为基础的城市类型学，在很大程度上，高速公路沿线的这一特殊商业发展模式与所谓的“大道”相吻合。正如他们在“拉斯维加斯大道上的系统与秩序”

一章中所概述的那样，城市范围内呈现出一种无序的视觉印象，这种印象从视觉上来自建筑物和标志的无序与公共高速公路的有序的对比——公共高速公路从视觉上具有统一的规律和规则，包括路灯、中央分隔带、转弯半径、车道宽度、路缘石和停车规范：

> 连续的高速公路本身与其转弯规则相辅相成。中央分隔带为赌场游客提供了车道所需的U形转弯，也为左转进入与“大道”相交的市区街道提供了便利。右转道允许游客在赌场和其他商业机构处频繁右转，并缓解了从高速公路到停车场的过渡问题。在“大道”的许多地方，路灯的作用并不是照明，因为这些地方的路牌照明很充足，但统一的路灯形式和固定的位置以及一排排路灯所形成的空间可以作为白天辨识连续高速公路的标志，这种规律性与后面路牌的不规则形成了明显的对比。在高速公路区域内，大家需要遵守统一的秩序，而高速公路以外则是个体秩序。高速公路上的元素是公共的，而高速公路之外的建筑和标识则是个人的。它们的组合包含了连续性与非连续性、前进与停止、清晰与模糊、合作与竞争、群体与强烈的个人主义。高速公路系统有条不紊地实现了出口和入口的细微功能，也让“大道”给人一种“有序整体”的印象。[137]

关于采用“劝说性营销”的建筑规模，文丘里等人描述了“大道”建筑的一般情况，即“大招牌和小建筑”，其中招牌的规模和位置是根据汽车的速度和方向确定的。[138] 建筑物上的标志牌也是根据其朝向“大道”的方向而定的。因此，侧立面相比背面，发挥着更重要的作用，因为侧立面更容易被上下行的司机看到，而且观看的时间更长。退休村的情况也是如此，尤其是在紧邻非开发商所有的街道外侧的公路沿线。

自《向拉斯维加斯学习》一书出版以来，美国一般街道的基本组织和结构发生了一定程度的变化。虽然经济合理化的特殊形式导致了商店规模的扩大，出现了被称为“大盒子店”的大型商场，但决定车辆和人员流动、停车和标志使用的组织规程相对来说没有发生改变。在很大程度上，沿街商业区在美国城市日益去中心化、无等级和分散的郊区得到了扩展。出于兴趣，我们比较了退休村街道和《向拉斯维加斯学习》中的“大道”，发现对于当代美国更普遍的沿街商业区而言，最重要的不是在于它是否符合这种组织逻辑，而是在于它在规划方面的新颖之处。在拉斯维加斯“大道”规划的概述中，文丘里等人描述了一系列并排排列在“大道”上的功能区，如服务站、小型旅馆和千万豪赌的赌场，由平房改造而成的霓虹灯尖顶婚礼小教堂（可用信用卡支付）遍布在市中心的任何地方。[139] 与拉斯维加斯相比，美国一般街道的规划结构不仅仅关注娱乐方面，而是更多地将广义上的零售和娱乐体验结合在一起。一般街景的特点是，随着规模经济越来越普遍，通常采用连锁店和特许经营店的模式。这些连锁店和特许经营店部分分布于一定区域，但也包括无处不在的快餐连锁店，如麦当劳、汉堡王和肯德基，还有沃尔玛等超市和折扣店、家得宝（Home Depot）等家居装饰公司。在退休村约 8.2 千米长的大道上，这种知名商业实体数量不是很多，但致力于保养、修复和改善老年人身体的项目却占据了主导地位，大约每千米分布有 22 家诊所。在医院的类型学中，我们可以清楚地看到与健康相关的服务项目如此集中的先例。因此，可以将沿街医院定义为沿街购物中心在规划项目类型上的一种变异，也是医院本身在组织上的一种变异（图 B.1.35）。

建筑师马库斯·舍费尔（Markus Schaefer）将医院的历史划分为两个主要阶段，这两个阶段见证了医学与建筑的结合：第一阶段是启蒙时代，第二阶段是现代主义时期。在启蒙时代，医院的类型学围绕着治疗的原则而得到了巩固——从结构上看，“建筑可以让人呼吸到新鲜空气，接触到绿色植物，它们体现了对理性和自然的治疗力量的信仰”[140]。到了现代，“对技术和组织的渴望、社会关注以及新的建筑施工方法，造就了具有模块化布局和明确功能分区的治疗机器”[141]。舍费尔描述了当代医院的困境，即因规模和复杂性的不断增加而失去了建筑形式上的清晰性，“医院变成了复杂的部件集合体，往往是不同时代的建筑和基础设施的疯狂混合，这就意味着需要找到新的组织原则，从购物中心的内部街道到抽象的网格，再到一系列令人困惑的寻路方案和编号方法”[142]。

舍费尔认为，这种医院类型导致病人普遍失去了“隐私和个性”，具体表现在在启蒙时代，医院在理性和集中地制度化，而在现代主义医院中，身体往往被视为治疗的对象或工具，成为被动的、被技术操控的对象，以及在当代的巨型医院中，空间参照系或场所感的丧失。[143] 这些倾向，再加上人们对疾病和死亡的心理联想，给集中式巨型医院赋予了强烈的负面形象。

针对上述问题，自 20 世纪 80 年代以来，许多医院和医院设计师都提出了解决方案，即鼓励“从高度集中、规模过大的设施向小型、分散的设施转变”[144]，退休村的沿街医院就是这种转变的延伸。在综合医院分散化的过程中，诊所在城市区域内的分布是投机性的，有时甚至是随意性的，而退休村的沿街医院则是沿着一条直线一字排开，汽车和高尔夫球车都可以到达，而且离社区很近。这种解决方案既打破了集中式巨型建筑的负面形象，又符合分散式诊所的概念和高速公路的组织逻辑。

现代主义医院根据手术类型和相应的身体部位进行组织规划，就像组装一个集中且连贯的身体一样，而沿街医院则将这个“身体”重新分配为沿街的商品化片段。这种线性分布的商业逻辑代表了一种有意识的选择，而不是像在现代主义医院的大型建筑内被动的患者那样。在老龄身体不可避免的衰弱过程中，现代主义以个人赋权和消费者选择的名义被新自由主义精神取代，其中，疾病从身体和城市的角度被视为独立且可控的状况，而人们认为自己在这些状况中保持着优势。从这些方面来看，美国 27/441 号公路从空间上实现了一种让患者从被动状态到成为积极消费者的转变，这种转变通常与第四年龄阶段和第三年龄阶段的不同程度的健康问题相关。例如，在一条 3 千米长的路上，几家脊椎推拿医生相互竞争的广告就体现了这一点。

因此，这种沿街医院类型的出现可以在一系列因素的背景下加以理解：私家车的日益普及（就退休村而言，高尔夫球车也被纳入其中）；作为城市内支持消费的最主要和最熟悉的区域类型之一，沿街医院得到了相应的发展；退休村中年轻老人集中的特殊人口结构，反过来又催生了一个特别活跃的有关健康和身体服务的消费市场；以及最重要的是，人们希望重塑一个与疾病和死亡密切相关的机构，而这是年轻老人领域通常回避的主题。

治理：一种新的专制

退休村的开发商根据州立社区发展区（community development districts，CDD）法实行一种私人治理模式。[145] 允许这种特殊治理形式的法律框架前身，即《佛罗里达州法规》（*Florida Statutes*）第 190 章，据此，州政

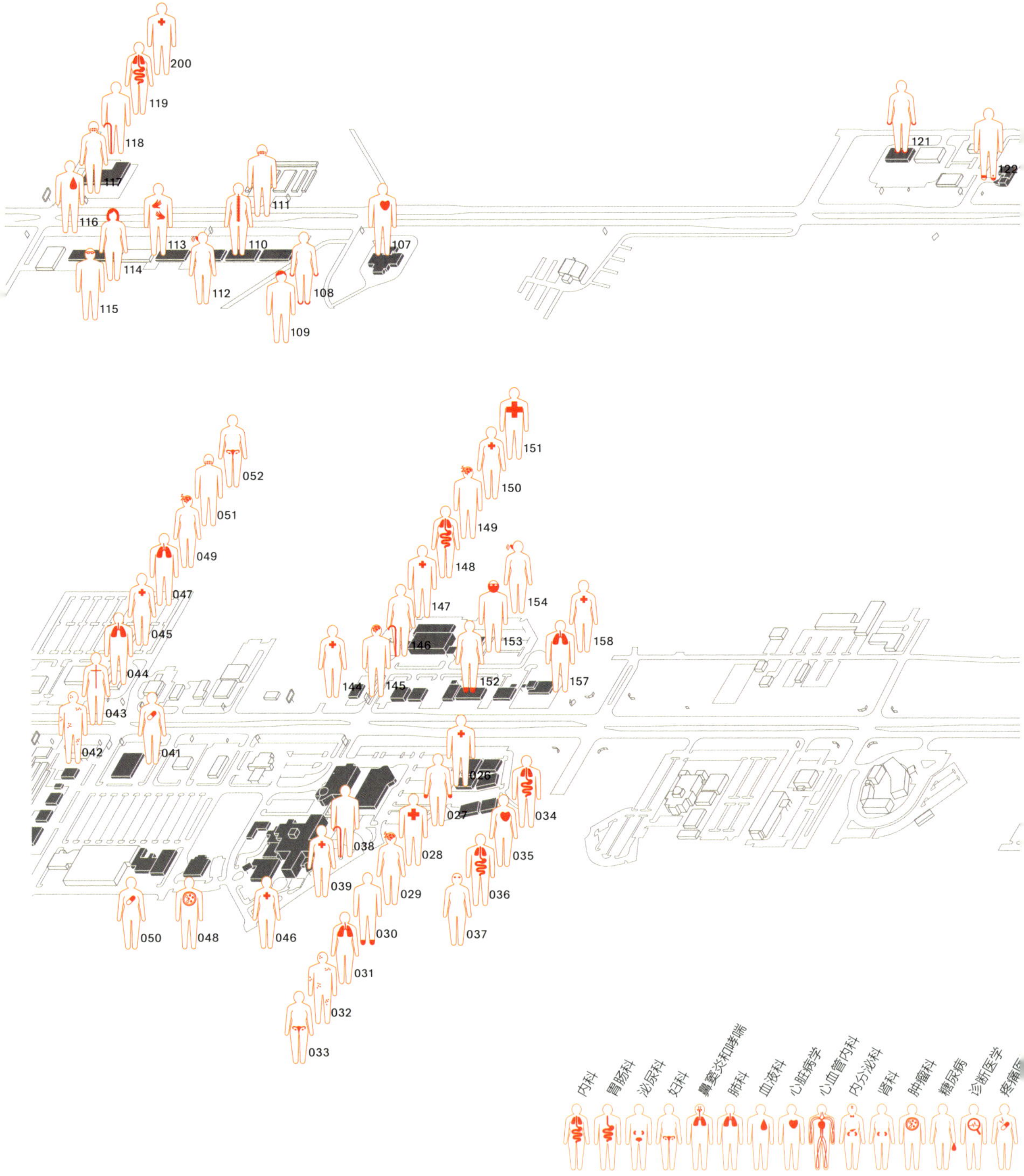

图B.1.35　沿街医院

在退休村，美国商业街类型学对医院功能的程序性改变代表了城市功能的变化，这是基于医院建筑类型空间迅速扩展、媒介化和商业化的过程。汽车可从美国27/441号高速公路进入，高尔夫球车可从第二条道路、社区停车场和高速公路周围的高尔夫球车桥上进入，城市管理体系支持商品的购买和销售服务，在很大程度上致力于保养、修复和改善老年人身体。与文丘里、斯科特-布朗、艾泽努尔的《向拉斯维加

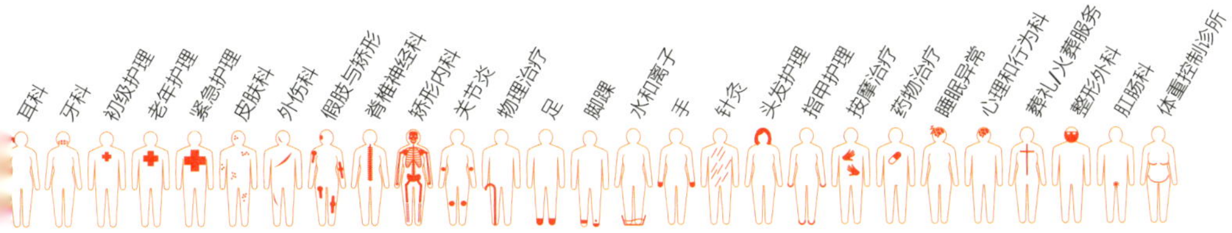

斯学习》的“大招牌和小建筑”逻辑相一致，退休村沿街医院长约8千米，支持每千米有约22家诊所。沿街医院线性分布的商业逻辑代表了一种有意识的选择，而不是像在大型医院建筑内被动的患者那样。从这些方面来看，美国27/441号公路从空间上实现了一种让患者从被动状态到成为积极消费者的转变，这种转变通常与第四年龄阶段和第三年龄阶段健康问题的不同程度相关。

府在 20 世纪 60 年代中期批准了一个特殊法定区域，该区域最终成为华特 · 迪士尼世界度假区。

华特 · 迪士尼通过各种皮包公司秘密获得了约 101 平方千米的土地，之后他首先游说佛罗里达州立法机构将这片土地指定为排水区。这种行为在当时并不罕见，州政府会设立具有政府地位的地方实体，以解决排水或土地管理等具体难题。[146] 芦苇溪排水区最终于 1966 年成立。通过对州政府的游说，迪士尼随后为这个所谓的“排水区”争取到了独立的市政地位——“不受州政府、郡政府和地方法令以及土地使用法的约束，并有权发行自己的免税债券”[147]。佛罗里达州迫切地希望获得 4 亿美元的投资，用于建设名为“明日社区的实验原型”（EPCOT）的迪斯尼的示范住宅社区，因此佛罗里达州同意改变该地区的市政地位（图 B.1.36）。这个名为“芦苇溪改善区”（Reedy Creek Improvement District）的新法律实体的成立具有重要意义，因为“它扩大了私人治理的范围，并使与开发相关的私人自治实践正常化”[148]。

图B.1.36 佛罗里达州州长在新闻发布会上宣布佛罗里达州的新“迪士尼项目”，1965年11月15日。来源：华特 · 迪士尼公司

随着20世纪60年代末和20世纪70年代佛罗里达州投机和私人开发速度的加快，该州采取了进一步的措施，制定了相关法律以支持私人实体开发土地并为基础设施建设筹集必要资金。其中一项措施是1980年通过的《佛罗里达州法规》第190章，其中规定允许设立社区发展区。1982年，坦帕市（Tampa）成为第一个社区发展区。此后，社区发展区的数量迅速增长，从1992年的43个增至2012年的600多个。正如巴特林所言，社区发展区作为一种规划工具，为私人开发提供了自由发挥的空间：

> 社区发展区是一个特殊的政府区域，由州政府在申请人提出申请后设立。一旦州政府设立了社区发展区，该区就可以承担很多地方政府的规划、开发和创收职能。对于开发商来说，这就允许社区发展区在开发的早期阶段发行免税债券，从而腾出资金用于建设主要的基础设施。而债券则在其存续期内通过对社区发展区内的土地所有者进行逐月摊款来偿还。[150]

社区发展区不是通过符合典型公民标准的投票权来实现民主，而是作为私人伪民主实体进行运作，其中遴选管理“董事会”的投票权与个人土地所有权大小相对应。巴特林写道：

> 由于开发商在项目开始时通常拥有几乎全部的土地，因此在新居民的土地数量超过开发商之前，开发商对社区发展区拥有有效的控制权。然而，社区发展区的大部分债务是在其早期由开发商控制时产生的，由于偿还期较长，这些债券通常由之后的居民偿还。这使开发商能够获得无风险的资本来源，从而人为地降低房屋的初始“标价”，进而提高开发商在住房市场的竞争力。[151]

虽然社区发展基金在资助退休村和其他开发项目方面发挥了重要作用，但受访居民对社区发展区运作方式的认知程度似乎并不高。据巴特林说，社区发展区作为地方治理的主要形式，既没有被作为主题，又没有在宣传资料中被提及，居民通常是在签署合同时才第一次了解到社区发展区。[152] 巴特林和安德鲁·布莱克曼（Andrew Blechman）都指出，社区发展区在运作时存在与利益冲突相关的道德问题。这与社区发展区定义的当地治理模式有关，在这种模式下，用巴特林的话来说，“准公共董事会成员和管理人员不受《佛罗里达州法规》中关于社区发展区的规定（第190章）中为减少利益冲突而制定的传统规则约束。由于董事会最初由开发商任命的人员控制，这就为董事会成员的可疑行为提供了空间”[153]。

退休村由12个社区发展区组成，是佛罗里达州社区发展区最集中的区域（图B.1.37）。由于两种形式的社区发展区治理方式并存，所以经常发生矛盾。其中3个商业社区发展区完全由开发商监管，而其余9个住宅社区发展区由居民负责管理，条件是需要获得房产所有权。最常见的矛盾涉及高尔夫球场使用和维护等公共事业费用过高的问题。“房主不仅每月要为自己所在社区发展区内的债务负责，还要支付高尔夫球场的使用和维护费用。”[154] 有一个例子特别值得一提，开发商的商业社区发展区部门在2004年以虚高的价格购买了高尔夫球场，并通过每月向居民收取费用来偿还债务。两个高尔夫球场地产的实际价值（800万美元）与虚高价格（5000万美元）之间的差额完全归开发商所有，而居民则通过支付更多的娱乐设施费用来承担债务。[155]

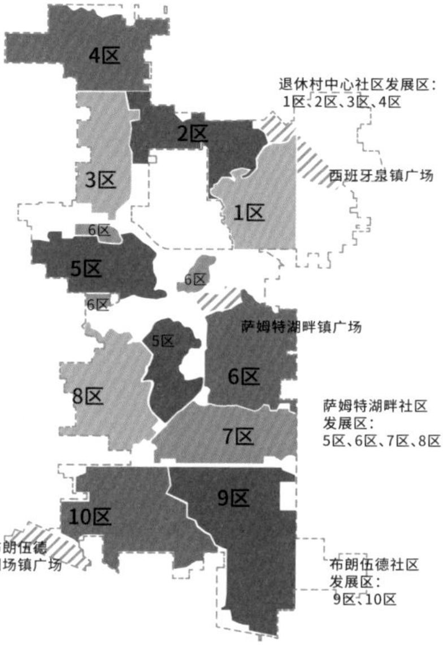

B.1.37　社区发展区（CDDs）开发地图，2009年

虽然退休村横跨佛罗里达州的3个郡，即马里恩郡、拉迪莱克郡和萨姆特郡，但绝大多数开发项目都位于萨姆特郡。社区发展区立法允许相对自治的私人治理形式，但建筑许可、综合规划、归并和执法仍由郡政府负责。[156] 布莱克曼称，为了进一步施加控制，开发商近年来通过在当地开发商所有的媒体上选择性报道和宣传，以及采取各种其他政治措施，成功在萨姆特郡政府机构中安插了盟友。[157] 这意味着，开发商通过这种方式实现了一种选择性责任分配，将基础设施和维护的经济负担最大限度地转嫁给郡政府，同时最大限度地保留了自己的决策权和经济利益。

美国国税局自2008年起对退休村进行调查，并于2013年发布备忘录，指出退休村所称的免税债券实际上并非免税。据彭博社报道，在加里·莫尔斯

26 亿美元的个人财产中，有近 100 万美元“直接来自发行免税市政债券所获款项”[158]。

为了应对开发商的持续活动，当地居民成立了独立的业主协会（POA），来组织政治抵抗活动。然而，由于在社区发展区的法律框架内，此类组织缺乏官方授权，而社区发展区的框架又偏向开发商，所以该行动最终的效果有限。1991 年，在开发商的支持下，当地成立了房主协会（HOA）来对业主协会进行反击。[159]

然而，这一组织应该与传统的房主协会区别开来，它是权力更大的法律实体组织。而传统的房主协会是由其他房主投票选出的房主组成的集体，负责管理除《佛罗里达州法规》第 190 章规定之外的住宅开发项目。在标准房主协会监督的开发项目中，依据“契约、条件和限制”实施微观控制手段。在退休村，与“契约、条件和限制”相对应的是所谓的“限制声明”（Declaration of Restrictions，DRS），由社区发展区的法人机构进行管理。与房主协会管理的“契约、条件和限制”一样，这些“限制声明”的主要目的是保护“财产价值、安全、声誉和生活方式”。[160] 在退休村，根据形成时间以及商业或住宅功能重点的不同，不同的社区发展区的限制声明略有不同。常见的住宅社区发展区限制声明规定了关于年龄、动物、景观维护等问题：

> 1. 年龄限制：退休村是一个专为 55 岁以上人群提供住房的成人社区。所有住宅必须至少有一名年满 55 岁的住户。19 岁以下人士每年最多可访问 30 天，但不得在任何住宅中永久居住。
>
> 2. 动物：只允许有家养宠物，且宠物不得发出任何无理噪声或给他人造成麻烦。宠物在户外活动时必须拴上牵引绳。出于基本的礼节，主人应清理宠物的粪便，应遵守所有市级和郡级的宠物条例。
>
> 3. 景观维护：景观绿化应得到维护，保持整洁干净。为达到这一目标，必须清除杂草、枯萎植物、草屑、垃圾和杂物。从任何住宅区移走树干直径超过 10 厘米的树木均需获得建筑部门的批准。禁止摆放草坪装饰物，不超过 30 天的季节性装饰品除外。[161]

在设有门禁的社区和业主管理的社区日益占主导地位的市场中，这些规则非常有代表性，它们与民主程序的相似度往往越来越低，但据称，退休村的特别之处在于开发商对社区各个方面的控制程度。布莱克曼认为："莫尔斯家族就像主题公园的业主一样，迎合了受众的需求。他们拥有酒品专卖店和酒品分销权、一家抵押贷款公司、几家银行、许多餐馆、两家巨型家具店以及一家名为'梦幻街'的巨型室内家具商场、一家房地产公司、高尔夫球车经销商、电影院和当地媒体"[162]。在退休村，莫尔斯家族以外的企业可以向他们租用商铺，并向他们交付一定比例的营业所得。

对当地媒体的所有权和控制权为莫尔斯家族企业提供了多重战略优势。在商业上，对广播电台、电视台、当地杂志和报纸媒体的所有权垄断了该地区利润丰厚的广告市场，开发商可以自行决定广告费用。行使编辑控制权可以编造向居民传达的信息，尤其是有关当地政治和事件的信息。布莱克曼称，这一点在节目编排和倾向性方面都表现得尤为明显，其影响超出了传统编辑的水平。例如，《退休村太阳日报》因其"对居民生活的欢快描述多于严肃新闻"而广受赞誉[163]，且对退休村之外发生的犯罪和暴力事件的坏消息报道得恰到好处，"让人觉得住在退休村里就安心了"[164]。

以新闻社论形式呈现的新闻报道往往与更大范围的商业活动或政治影响相关联。例如，《退休村太阳日报》《退休村杂志》和当地电视台 VNN 报道的关于"'秀'高尔夫球车的趣味文化"的社论故事，既是为社区做广告，又是对高尔夫球车商店的宣传，这些商店是退休村内的高尔夫球车连锁店，也归莫尔斯家族所有。

布莱克曼认为，尽管《退休村太阳日报》遵循了报纸的标准图文格式，基于公平公正的新闻道德规范，对新闻进行客观公正的报道，但它对社区内发生的一般事件的报道几乎完全是正面的，表现出对开发商行为的一贯偏向。而业主协会提出的问题，如地下水位下降是导致退休村出现沉洞（图 B.1.38）的原因等，几乎没有得到报道，对开发商控制的社区发展区董事会高价出售房产的投诉也没有得到报道。[165]

图B.1.38 退休村的沉洞，佛罗里达州，2014年。来源：Drew Glasbrenner, Bracken Engineering

退休村的开发商是共和党和前总统小布什竞选活动的主要捐助者之一，其在州政治中发挥了重要作用。例如，在 2008 年总统选举期间，当地报纸对共和党候选人的报道明显更为积极，而对民主党候选人则相反。同样，布莱克曼描述了开发商试图控制萨姆特郡地方行政董事会的行为是如何被正面化的。[166] 该董事会后来批准了大规模的基础设施建设工程，对进出退休村的道路进行了升级。

这种由开发商控制当地各种市场的私人治理模式，代表了一种极为成功的政治和经济权力的整合，而退休村中悠闲的居民所扮演的有限参与角色进一步加强了这种整合。在市政层面上，居民代表只有在做出了关于设计、融资、建设的关键决策后，才能在住宅社区发展区董事会中任职。尽管如此，居民仍需支付由开发商制定的设施建设和维护费用，当地业主协会将这种情况称为“没有代表权的征税”[167]。同时，因为有关地方和郡的政治新闻是由开发商所有的媒体公司报道的，所以郡级官员一般只有在得到开发商支持的情况下才能当选。

集体性和主体性

退休村的城市化既支持了特定形式的主体性和社会集体性，同时也被它们支持。[168] 这代表了 20 世纪 50 年代末和 60 年代初在杨格镇、太阳城和休闲世界等首批退休社区开始的“后核心家庭社会”实验的扩展。在这些城市化社区中，构成家庭集体单位的主要是退休的已婚夫妇（在退休村占 80.1%），其次是退休的单人家庭，包括遗孀（最常见）或鳏夫、单身人士及离异者。[169] 不太常见的家庭组成形式包括两人或多人合租。在此框架内，家庭单位之外的社会关系主要是基于同龄而非亲属关系，围绕年轻老人组织休闲活动，而非处于第二年龄阶段或工作场所的成人。由于退休移民大多来自其他州，这种迁移表现出的统一性进一步减少了家人和同事关系的影响。尽管宣传材料中列举了少数几个从佛罗里达州和退休村以外的其他地区迁入的例子，但新居民面临的共同挑战仍是与周围的人建立新的社会关系。[170] 从这个角度来看，退休村提供了建立新社会关系的机会，这种关系的建立并不是基于一个人过去所做的事情，而是基于一个人在退休后将要做的事情。因此，退休村支持集体和个人的重塑，正如布莱克曼采访的一位居民所说，退休村让居民“能够成为他们想成为的人，做他们以前不能做的事”[171]，并在此过程中建立新的社交网络。用加里 · 马克的话说：“如果我们用‘破茧’来比喻的话，我认为他们来到这里就获得了重生。”[172] 退休村对生活方式的营销强调的是在当地提供的一系列活动中体现出自由精神。这种现象与社会学家查尔斯 · 卡杜辛（Charles Kadushin）的描述相吻合，即从基于邻近性的社会关系（与小城镇相关）向基于网络的多元关系的转变，在这种关系中，“新的圈子是基于知识和兴趣形成的”[173]。布莱克曼采访的另一位居民说：“在退休村里，一位遗孀的唯一问题是，因为太忙以至于忘记自己是遗孀。”[174]

与“重塑自我”这一概念相关的是，由于社区与外部的人口隔离，无法找到足够的人手来承担社区内必要的服务工作，所以出现了一个有趣的意外收获：许多村民在退休后倾向于从事新的工作。在这样一个以休闲为主的环境中，许多居民从事第二职业，无论是兼职还是全职，无论是出于兴趣还是经济需要，这实在有些讽刺。作者采访的一对夫妇似乎证明了这一趋势：一位退休的警官和他退休的教师妻子在退休村经营了一家电子琴店，同时也为感兴趣的居民开设课程。[175]

除了通过全面地规划生活方式来重塑个人及其社会关系，人口分隔的规章制度以及支持退休村形象的营销活动也进一步强化了个人和社会重塑的过程。强制实施“契约、条件和限制”产生了非常一致的同龄单一人口结构，给人一种“公平”的社交环境的印象，在这种环境中，社交障碍和对“他者”（无论是由于年龄、社会经济地位还是种族的差别）的恐惧都会通过消除差异而减少。这会产生一种社会学意义上的“环境导向型栖息地”[176]。布莱克曼认为，“人们会因为与同龄人相处而感到‘更年轻’或‘永葆青春’”[177]，这种认知强化了上述情况，这种心理状态与皮亚杰的“去自我中心化”概念和对相对时间的理解相一致。随着大多数形式的“他者性”（社会经济、种族或年龄差异）被消除，一种高度人为构建的社会开放性、熟悉性和可及性被创造出来，类似于传统意义上的村庄或小镇生活，尽管退休村的规模已经接近于一个城市。虽然大部分居民互不相识——由于社区规模庞大，人们自然成为陌生人——但居民们会在街上主动打招呼，仿佛他们是一个小社区的成员一样，这实在令人惊讶。对于外来者来说，这种熟悉感似乎令人不安，特别是对于那些习惯了城市生活中的匿名和冷漠的人来说。这种“超友好”可能是全面营销的结果——通过各种媒体，包括大型广告牌，宣传“佛州最友好之家”。“与人亲近”在这里被品牌化，似乎成为居民们普遍的角色扮演形式。[178]

根据这些观察，在退休村中似乎主要存在两个层面上的社会集体：一个是多种同龄人的休闲组织网络，如体育和兴趣俱乐部、教育课程班和邻里协会，另一个是在陌生人之间人为构建的伪熟人关系网络，由于互不相干，陌生人之间被认为没有威胁。后者尤为有趣，因为它将一个原本矛盾的假设视为理所当然：以一种假装熟悉的方式来对待陌生人，这与将退休村概念化为“家乡”有关，而此处的“家乡”并不是一个人成长或度过一生中大部分时光的地方。

因此，在退休村，社区形成的社会熟悉感挑战并颠覆了传统意义上对城市主体的解读。例如，克洛德·费舍尔（Claude Fischer）曾指出：“一个人居住的社区越城市化（越大），他的社会隔离感（或社会失范感）就越强。”[179] 这一观点与西梅尔对城市主体的描述密切相关，后者为了抵御疏离感和过度刺激，对其他主体采取了一种保留和冷漠的态度。退休村所呈现的这种替代方案展示了一种城市化或城市“机器”的形式，即它能够在超越村庄或小镇的大规模的城市范围内营造熟悉感，从而产生一种非城市化的社会集体的印象。[180]

退休村的居民经常提到社区中集体主义意识非常强烈。在作者采访的几位居民看来，这与休闲活动组织的高度集体性、居民的参与度和资助有关，也与居民之间社会经济结构相对扁平的印象有关。居民们穿着几乎统一的服装，可以称之为“佛罗里达休闲装”（图 B.1.39）。

图B.1.39　退休村常见的“佛罗里达休闲装”风格服饰，2008年

尽管房子的价格水平不同，但它们的设计和建造相对统一，因为它们是由同一个开发商建造的，并受相同的法规制约。鲍勃·索莫尔在分析尔湾牧场（Irvine Ranch）开发项目时，描述了当代形式的“企业集体主义”，这种集体建设模式或许可以被视为尔湾牧场开发项目的缩影。尔湾牧场位于加利福尼亚州橙郡，是一个私人所有、总体规划的项目，始建于1960年，可容纳约 28 万居民。索莫尔写道：

> 尔湾的“乌托邦”式发展，是通过“计划生活”的官方政策实现的，尽管现在由企业赞助，但它实现了国际现代建筑协会（英文缩写为 CIAM）的一些社会愿景。在建筑外观和维护方面的集体规则，围绕住宅单元和次级开发进行基本核心规划，并且注重工作、娱

乐、交通、教育和生活的平衡，以上因素的结合表明国际现代建筑协会的（社会）目标通过其他方式令人惊讶地得以存续。[181]

退休村与索莫尔所描述的工作、娱乐等各项活动的平衡有一个明显的区别。尽管其特点与尔湾相似，但退休村社区主要排除了工作，或许可以将其定义为一种“休闲主义”。

在退休村，个性化特征的体现似乎非常明显。[182] 尽管退休村的居民与更广泛的家庭和工作场所中的主流成员有所不同，但他们在生活方式的外在表现形式上似乎相当一致。然而，某种形式的个性化确实在特定的活动以及与之相关的产品中表现得更为明显，例如高尔夫球车定制。[183]

布莱克曼认为，在退休村中，另类生活方式或更个性化的生活方式并不明显。在《休闲之都》（*Leisureville*）里，布莱克曼提及了一系列不太循规蹈矩的团体和个人：变性人温蒂 - 玛莉（Wendy-Marie）、奉行享乐主义的花花公子 Chez（绰号“午夜先生”）和一个未经证实的女同性恋团体（据称伪装成女子垒球俱乐部）。在退休村的日常社交环境中，人们很少会公开谈论自己的性取向或生活方式，这可能是由于社区内普遍存在的代际一致性。相比“婴儿潮一代”，所谓的“沉默的一代”或“艾森豪威尔一代”更符合这一特点，尽管这种平衡正在发生变化。布莱克曼写道：

“大兵一代”（1901—1924 年出生）和“沉默的（或艾森豪威尔）一代”（1925—1942 年出生）通常不会质疑权威，而是选择服从。他们从事低风险工作，收入稳定。退休对他们来说意味着在辛苦工作了一辈子后终于可以好好休息的机会。他们更喜欢集体活动，而不是个人追求。他们喜欢共同的爱好，旅行时，他们通常会结伴而行。正是这些人热情地涌入了以太阳城为蓝本的退休社区。[184]

年轻的“婴儿潮一代”在社区中发挥着越来越重要的作用，他们不太可能遵守制度化的控制形式，个性化的表现形式会越来越多。据布莱克曼称：

这一代人是追求目标的冒险者。当太阳城的人成群结队地去看劳伦斯·韦尔克（Lawrence Welk）在太阳碗体育场（Sun Bowl）的表演时，“婴儿潮一代”却在伍德斯托克（Woodstock）的雨中露营，听吉米·亨德里克斯（Jimi Hendrix）重新演绎《星条旗永不落》。他们这一代人经历了迷幻药、避孕药、水门事件和反对越南战争的抗议活动。他们积极、敢于冒险、个性十足，比起玩沙狐球、跳踢踏舞和跳广场舞，他们更可能在骑山地自行车、冲浪、喝着浓缩咖啡。[185]

无论是对于“艾森豪威尔一代”还是对于“婴儿潮一代”的居民们来说，退休村都营造了一种个人和集体的年轻文化，一种不再年轻的年轻文化。这里的年轻不仅体现在集体活动中，还体现在对个人身体的保养、修复和改善上。沿街综合医院的规划设计帮助居民实现“赛博格”化的愿望，满足了居民对各种治疗和产品的需求，从生化、生物力学到生物美容和精神化学。[186]

布莱克曼对退休村中的“唐·璜”——“午夜先生”的记录与后人类主体性的概念产生了共鸣：“他说：‘我得去拿我的万艾可。’然后很快就拿回一个棕色的包裹，‘请注意，我并不是真的需要它。它只是一种增强剂，就像圣代上的奶油和坚果。’”[187] 其他“增强剂”还包括非处方氧气罐（图 B.1.40、图 B.1.41），据说居民们用它来加速宿醉恢复。这些实验性的主体性和集体性的形式产生了意想不到的效果：

图B.1.40　在加油站收银台展示的大罐氧气，佛罗里达州退休村，2008年

图B.1.41　大罐氧气。介于医疗和保健用品之间，满足年轻老人的心理需求。据报道，这种氧气瓶“有助于缓解压力、抑郁和头痛；促进发质健康并有助于缓解过早的皮肤衰老；有助于缓解宿醉；补充体内氧气含量，解除疲劳状态；消除毒素；增强性欲和性表现”。

据当地6频道的新闻报道，一位医生表示，在佛罗里达州中部一个颇受欢迎的退休社区中，老年人中性传播疾病正在蔓延。佛罗里达州奥兰多附近退休村社区内的一位妇科医生表示，她在退休社区中治疗疱疹和人乳头瘤病毒感染的病例比在迈阿密市更多。[188]（图B.1.42）

STDs Running Rampant In Retirement Community

Doctor Blames Viagra, Lack Of Sex Education

POSTED: Saturday, May 27, 2006
UPDATED: 10:40 pm EDT May 27, 2006

Recommend 669 Print Email

Doctors said sexually transmitted diseases among senior citizens are running rampant at a popular Central Florida retirement community, according to a Local 6 News report.

A gynecologist at The Villages community near Orlando, Fla., said she treats more cases of herpes and the human papilloma virus in the retirement community than she did in the city of Miami.

"Yeah, they are very shocked (to hear the diagnosis)," gynecologist Dr. Colleen McQuade said. "I had a patient in her 80s."

"More and more senior citizens are ending up in the gynecologist office, and their diagnosis is a sexually transmitted disease," Local 6 reporter Vanessa Medina said.

"More and more senior citizens are ending up in the gynecologist office, and their diagnosis is a sexually transmitted disease," Local 6 reporter Vanessa Medina said.

Local 6 featured Louis Franklin, who used to date in the community at least three times a week.

"I have had a better dating life since I have been here than I have ever had," Franklin said. "I know there are things going around."

A doctor blamed Viagra, a lack of sex education and no risk for pregnancy for the spike in sexually transmitted diseases at The Villages.

"All I can repeat are the things I have heard which are things like, 'Should I bring the little blue pills over tonight?'" community singles group president Richard Matwyshen said.

图B.1.42　当地新闻频道对佛罗里达州退休村性传播疾病的报道，2006年。来源：WKMG Local 6

据新闻报道，当地医生把这种情况归因于社区内万艾可的泛滥、性教育缺失以及该年龄段的人没有怀孕风险。[189]然而，这里要说明的是，退休村的时空结构，包括高尔夫球车、高尔夫球车基础设施、市中心公共设施和下午茶时光，都进一步为促进亲密关系和性活动的社会环境形成做出了贡献（图B.1.43）。

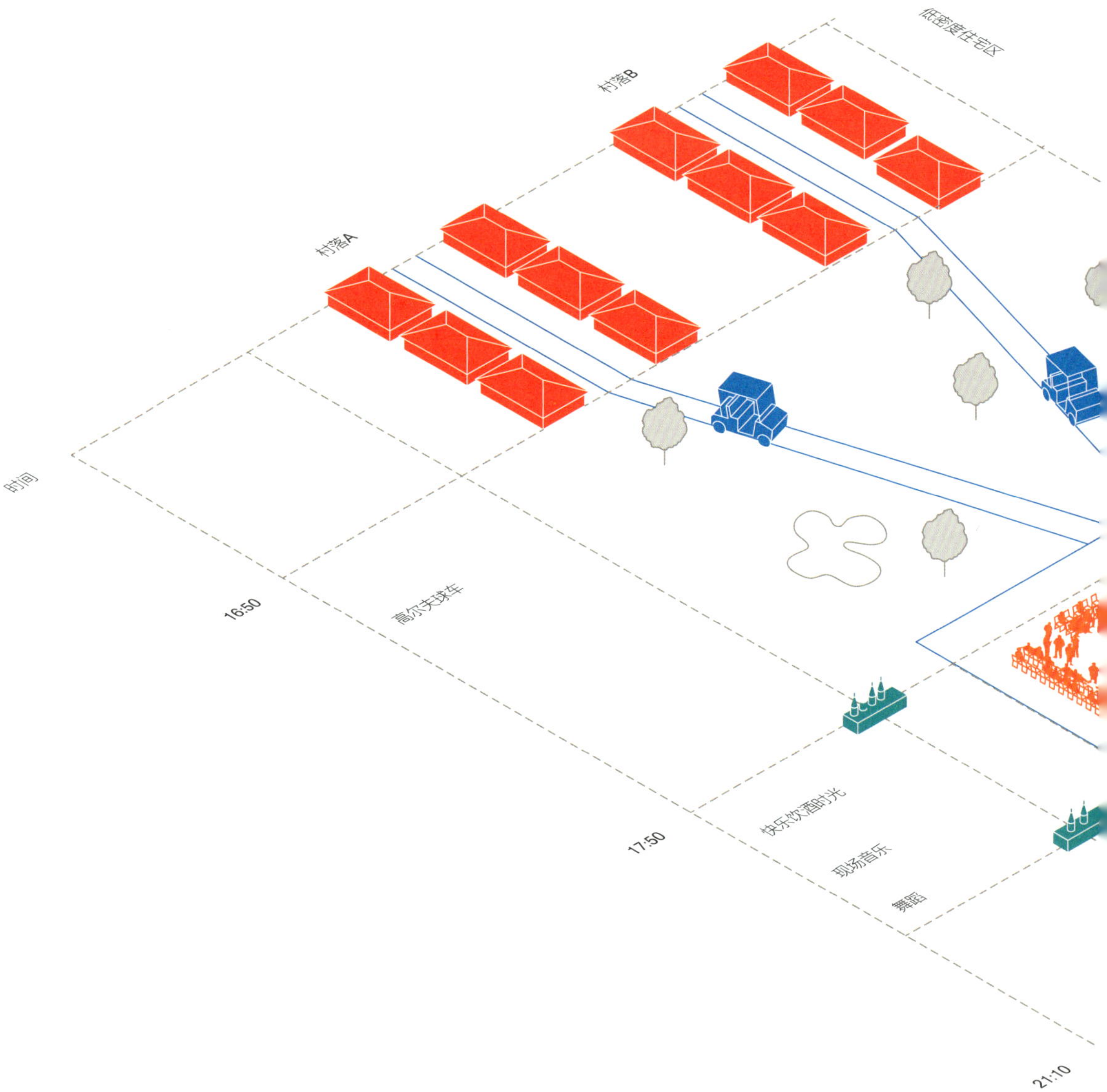

图B.1.43　退休村内没有青年的青春生活与社会空间基础设施

退休村和在这本书中提到的其他城市，可能被设想为魏茨曼术语中一种有创造力的社会人口学形式，换句话说，城市化是社会人口学统计的一种形式。社会与空间的纠缠关系可理解为技术、组织形式、法律框架、文化期望、规划条件、社会实践等不同元素的积累过程。例如，退休村为那些想要加入年轻的娱乐性的社会文化生活的居民提供了重要的基础。一方面，娱乐中心要位于道路交叉处，四周交通和基础设施能够使高尔夫球车到

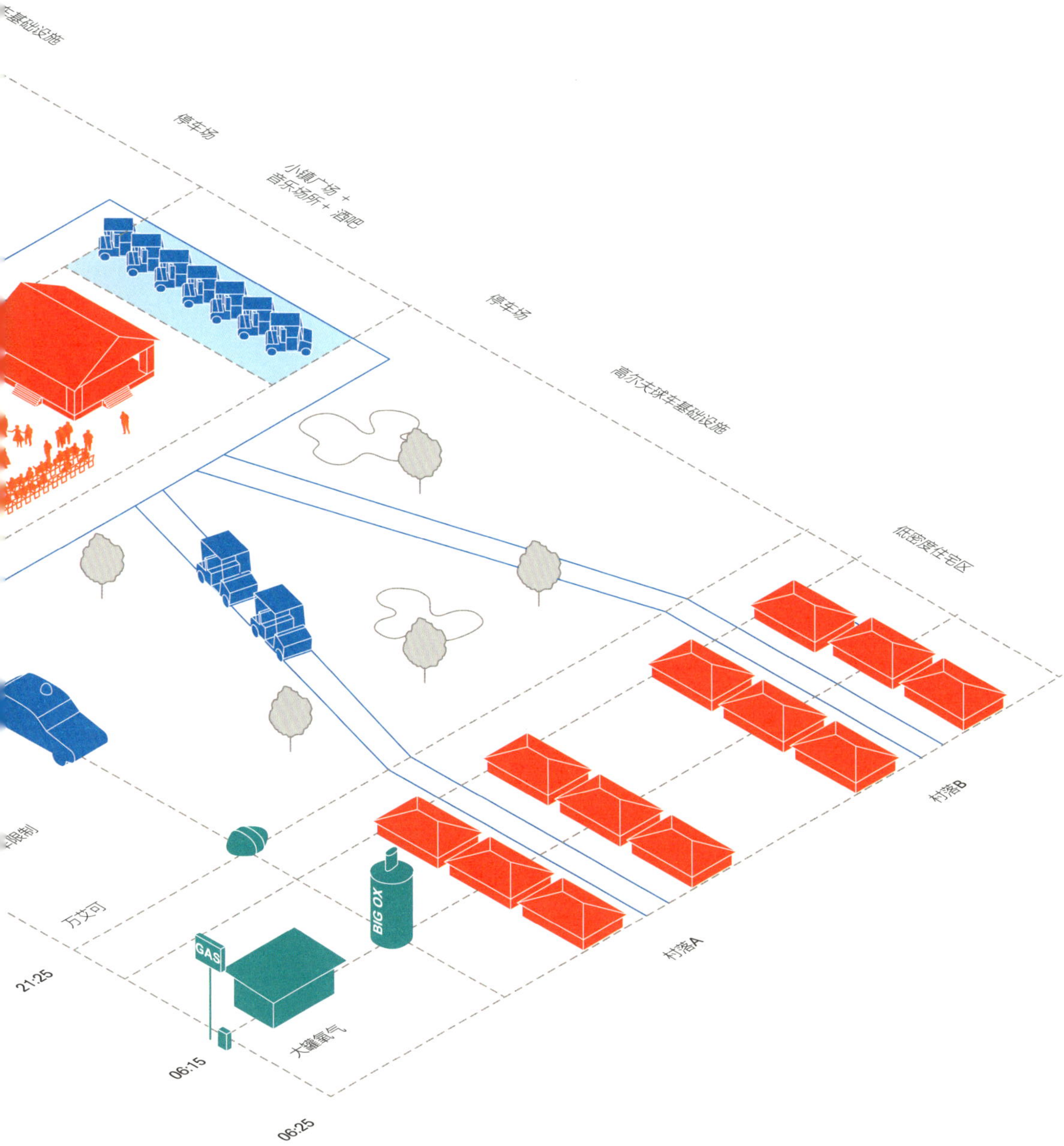

达低人口密度的村落，并且合法；另一方面，市区中心的夜生活和娱乐活动中心能够提供免费夜间现场音乐、舞蹈和买一送一快乐时光。这种生活的普及得到了在CC&Rs的年龄限制下居民单一人口条件和退休村市场营销活动的具体受众的支持。再加上诸如居民常在宿醉时使用罐装氧气，在一些特殊地点使用辉瑞制药的万艾可等现象都已经出现。2006年，媒体报道了退休村爆发性病时出现过以上现象。

结论

退休村代表了一种基于娱乐产业综合体模式的城市实验，适用于已建成的美国战后退休社区的转型。作为大型城市实体的迪士尼乐园、太阳城和退休村虽都“地处偏僻”，但其所在之地不但气候温暖，而且价格便宜，这并非巧合。这些地方的共同点是，它们都被构想成一张“白板”，然后在上面描绘出一个精心设计的休闲乌托邦。

主题公园的整体设计或超设计就像一个复杂的时空装置，旨在控制预期效果的产生。[190]以迪士尼乐园为例，这种装置为儿童构建了一个多样化的奇幻世界，而这通常位于遥远的过去或未来。但在退休村，这一装置致力于为老年人建造一个幻想世界，让他们回到“年少”时的家乡。

退休村的这种“归乡”可以被看作是对“年轻老人”这一群体年龄阶段合理性的具体体现，即否认生命的最后一个阶段——第四年龄阶段，或是衰弱、依赖和死亡的“高龄老人”阶段的存在。在这种情况下，否认是通过创造一种全面的“年轻”文化来实现的，这种文化颂扬活跃（超活跃）的生活方式，而矛盾的是，它也是一种对童年的怀念。关于这究竟是一种有成效的否认还是不负责任的否认的论点尚有争议，而对于这种方式的有效性则不怎么存在争议。本章所调查的退休村的各个方面都促进了这种年轻文化的发展，其中许多方面都与娱乐产业综合体的人工时空装置的传统密切相关。

在为年轻老人实现新的市场细分规模的同时，退休村排除了第一和第二年龄阶段（在他们面前，居民们会感觉自己“老了”）以及高龄老人（他们的基本需求和条件没有得到全面满足，因为他们代表了未来即将发生的“消极”现实）。相较于无序的外部环境，退休村的内部环境保护了幻想的“泡沫”，就像神奇王国和它周围的市郊呈现出的混乱景象截然不同一样。“城市”的规模通过程序化的超级活动提升到了一个新的高度，将忙碌（与第二年龄阶段“有意义”的角色相关）与热闹的游戏（与第一年龄阶段的乐趣有关）巧妙地结合在一起。同时，通过“家乡”的主题化，“城市”的规模被缩小，并设计了时空上的位移。作为一种从现实中的主题公园引进的建构模式，主题化通过怀旧风的综合环境得以呈现，创造了一种“可复原”的“青春时光”。“家乡”将居民与当代时间割裂开来，实实在在地将他们带回了童年往事阶段。

退休村以建筑和城市装置的形式创造了更多的新奇之处。高尔夫球车位于迪士尼世界移动项目中典型的怀旧和未来主义的交汇点，几乎占据了整个退休村地面的基础设施，它被大力宣传与游戏和“游乐”主题相关。通过刻意将医院作为与疾病和死亡相关的标志性巨型建筑进行商品化和宣传，沿街医院进一步融入了年轻文化。它将购买助听器或结肠镜检查服务的消费者置于主动消费者的位置，让他们像在沿街商店里挑选有价格竞争力的轮胎一样去消费，而不是被动地在医院看病。

娱乐产业综合体的影响延伸到了私人治理和控制的具体模式，这种模式是从迪士尼世界的规划立法中演变而来的。然而，与迪士尼世界相比，退休村的私人治理似乎更加有力、更加有利可图、更加令人质疑，它影响到日常生活的许多方面，包括对当地媒体的控制。

通过这样一个人为的、脆弱的结构，退休村展现了一个充满矛盾的现实。这种城市现实的复杂性使其无法按照现有的许多理论模式进行简单归类。正如巴特林所言，退休村“既是完全虚构的，又是异常真实的。在这里，可以永远处在度假模式，但城镇和地方的居民又面临着生活成本的增加，这威胁着他们‘度假’的时间”[191]。这些矛盾进一步延伸到一座新城市，它同时也是一个老城镇，没有一个居民在此长大的童年“家乡”，以及一个旨在维持年轻心态的怀旧文化环境。

这种陌生与熟悉间的紧张关系暗示了科幻小说中的某些部分，它们基于对现有现实的推断，其主题包括：通过控制媒体和信息对社会进行专制控制，外表“完美”的世界却隐藏着更多涉及权力和控制关系的问题，对社会的隔离和人口的控制，以及为了管理时间和避免无聊而采取的不同做法。[192]

佛罗里达州退休村城市文档

图 B.1.44 ~ 图 B.1.58 是与佛罗里达州退休村总体情况有关的一系列城市信息整理。

图B.1.44 啤酒节游行，佛罗里达州退休村，2011年。来源：Betty Brockelman Eich， bettysphotoart.com

图B.1.45 艾森豪威尔区域娱乐中心室内，佛罗里达州退休村，2014年
来源：Jack R. Taylor摄影

BOATS

1984 年3.1 平方千米

地图

里程碑

发展过程

1940 年　1950 年　1960 年　1970 年

形成阶段

1959年
商人哈罗德·施瓦兹与商业伙伴开始在佛罗里达州中部购置土地

20世纪60年代末
通过邮购出售了一块约1000平方米的土地，取得了商业上的初步成功

1972年
从1972年到1983年
瓦兹的合作伙伴开发
理橙花花园，这个为
人员打造的移动房屋
车）公园，在11年的
内销售了390栋住宅

图B.1.47 佛罗里达州退休村发展时间轴与人口数量估算

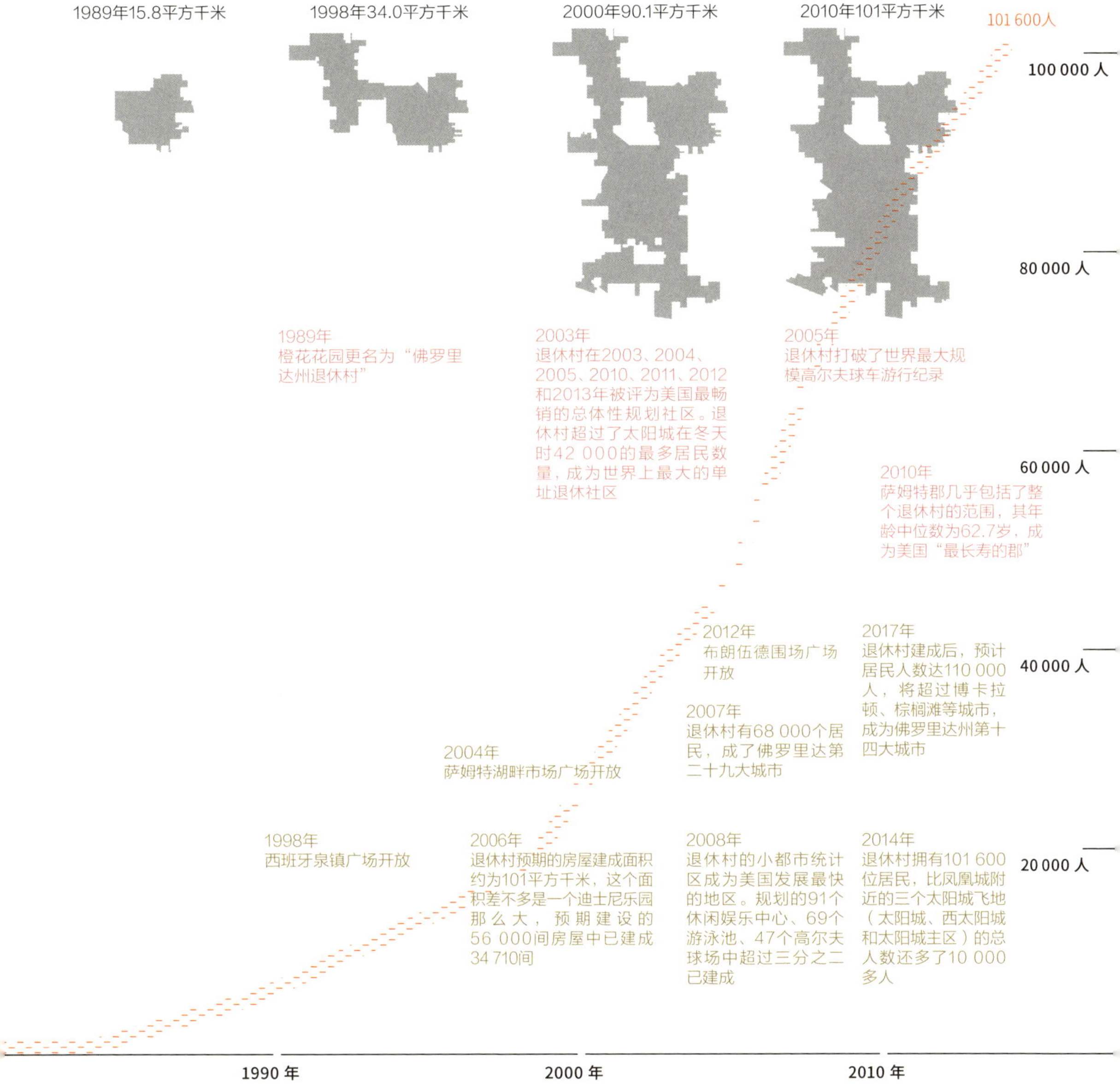

1989年
橙花花园更名为“佛罗里达州退休村”

2003年
退休村在2003、2004、2005、2010、2011、2012和2013年被评为美国最畅销的总体性规划社区。退休村超过了太阳城在冬天时42 000的最多居民数量，成为世界上最大的单址退休社区

2005年
退休村打破了世界最大规模高尔夫球车游行纪录

2010年
萨姆特郡几乎包括了整个退休村的范围，其年龄中位数为62.7岁，成为美国“最长寿的郡”

2012年
布朗伍德围场广场开放

2017年
退休村建成后，预计居民人数达110 000人，将超过博卡拉顿、棕榈滩等城市，成为佛罗里达州第十四大城市

2007年
退休村有68 000个居民，成了佛罗里达第二十九大城市

2004年
萨姆特湖畔市场广场开放

1998年
西班牙泉镇广场开放

2006年
退休村预期的房屋建成面积约为101平方千米，这个面积差不多是一个迪士尼乐园那么大，预期建设的56 000间房屋中已建成34 710间

2008年
退休村的小都市统计区成为美国发展最快的地区。规划的91个休闲娱乐中心、69个游泳池、47个高尔夫球场中超过三分之二已建成

2014年
退休村拥有101 600位居民，比凤凰城附近的三个太阳城飞地（太阳城、西太阳城和太阳城主区）的总人数还多了10 000多人

1982年
在20世纪80年代初期，施瓦兹的儿子加里·莫尔斯参观了亚利桑那州的太阳城，拜访了施瓦兹的妹妹埃塞尔·肖，这使施瓦兹对橙花花园的规划有了转变

2003年
退休村创始人哈罗德·施瓦兹去世

1983年
在关于房地产的未来发展与合作伙伴有了分歧后，施瓦兹收购了橙花花园。施瓦兹退休后，把领导权移交给他儿子加里·莫尔斯。莫尔斯和其他伙伴搬来此地对项目进行进一步开发

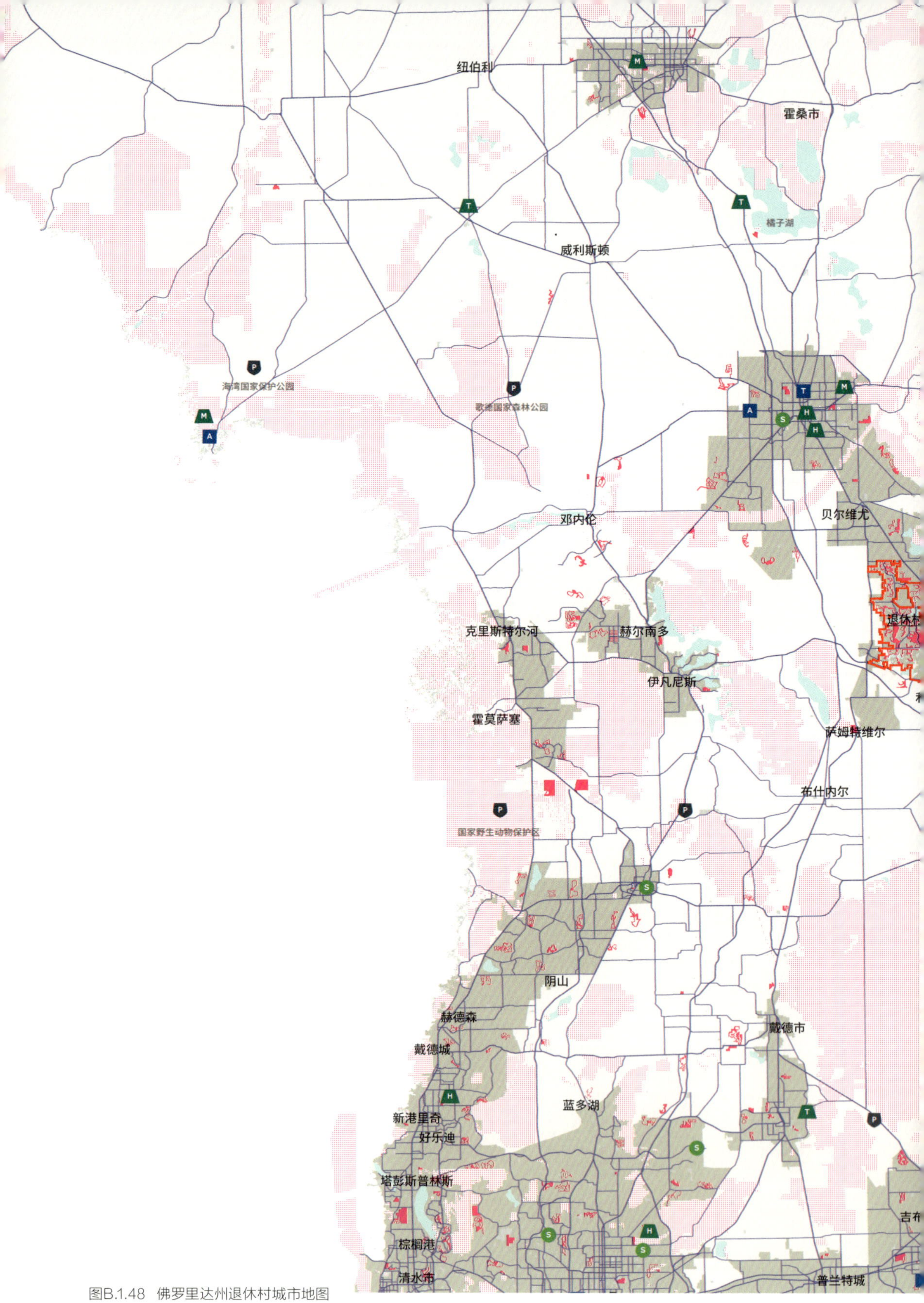

图B.1.48　佛罗里达州退休村城市地图

0
10千米
8千米

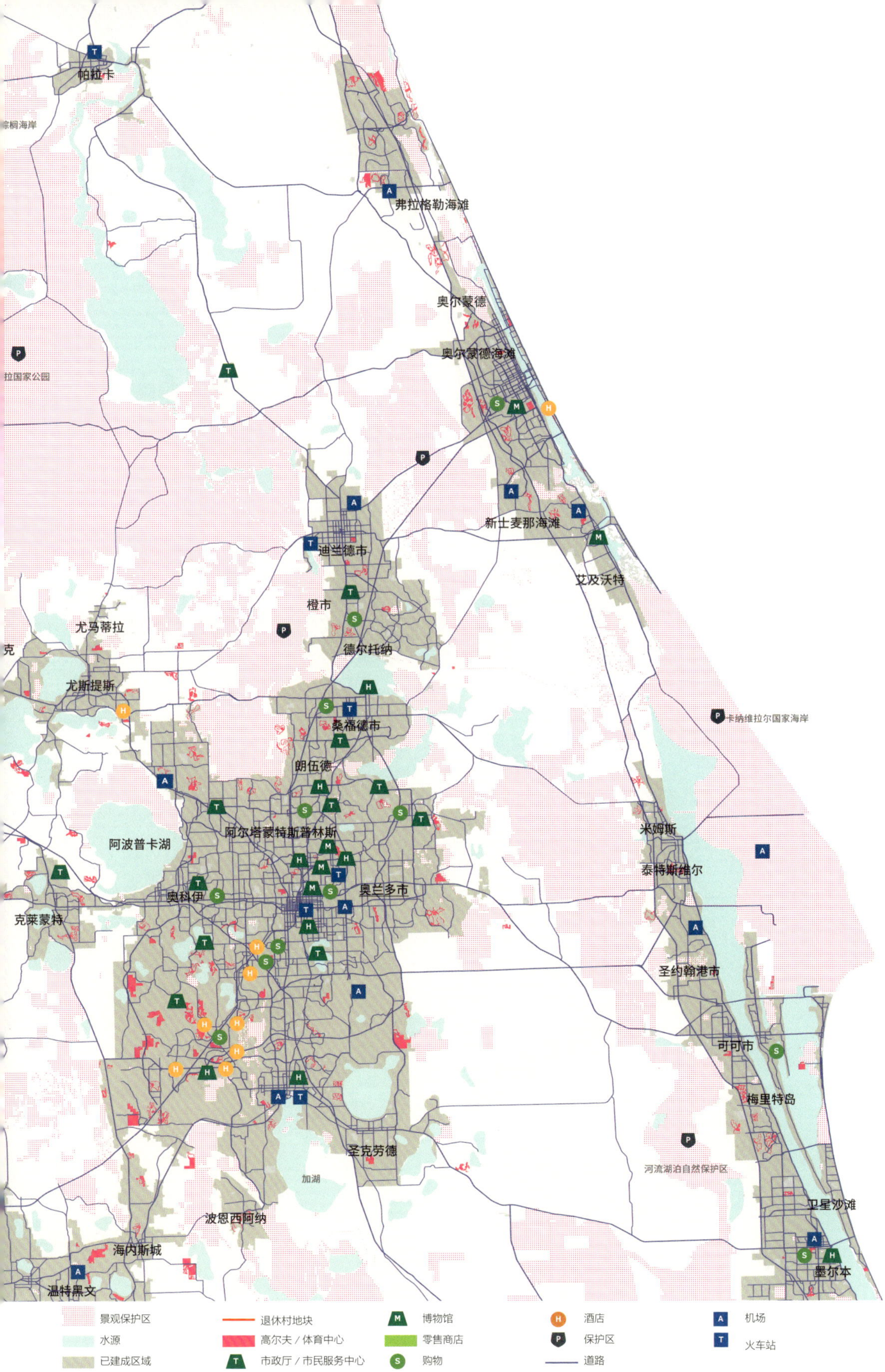
帕拉卡
棕榈海岸
弗拉格勒海滩
奥尔蒙德
奥尔蒙德海滩
拉国家公园
新士麦那海滩
迪兰德市
艾及沃特
橙市
尤马蒂拉
德尔托纳
克
尤斯提斯
卡纳维拉尔国家海岸
桑福德市
朗伍德
米姆斯
阿尔塔蒙特斯普林斯
阿波普卡湖
泰特斯维尔
奥科伊
奥兰多市
克莱蒙特
圣约翰港市
可可市
梅里特岛
圣克劳德
河流湖泊自然保护区
加湖
卫星沙滩
波恩西阿纳
海内斯城
墨尔本
温特黑文
景观保护区
水源
已建成区域
退休村地块
高尔夫 / 体育中心
市政厅 / 市民服务中心
博物馆
零售商店
购物
酒店
保护区
道路
机场
火车站

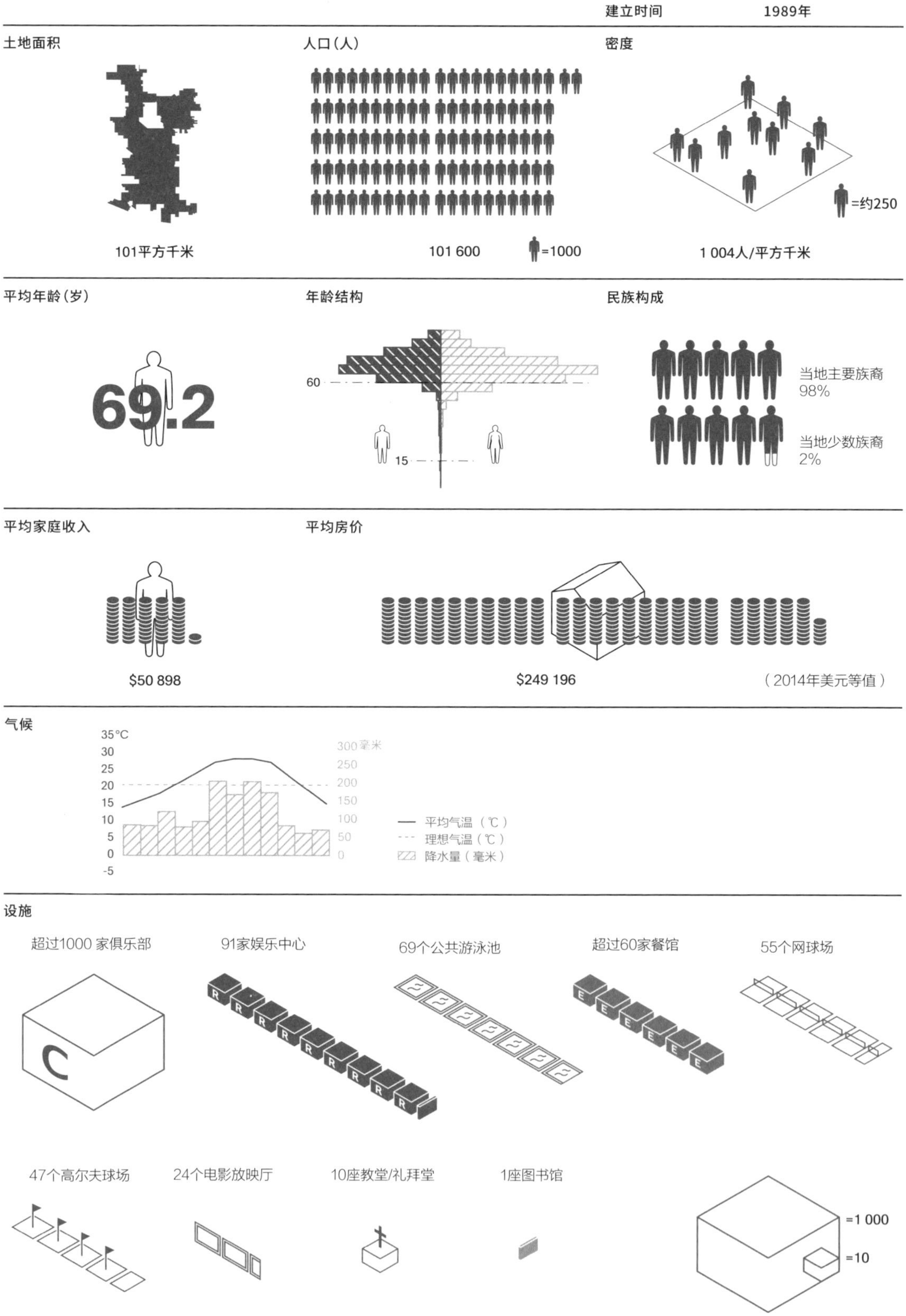

图B.1.49 佛罗里达州退休村城市统计资料和城市地图
来源:美国人口普查局,多样化的来源

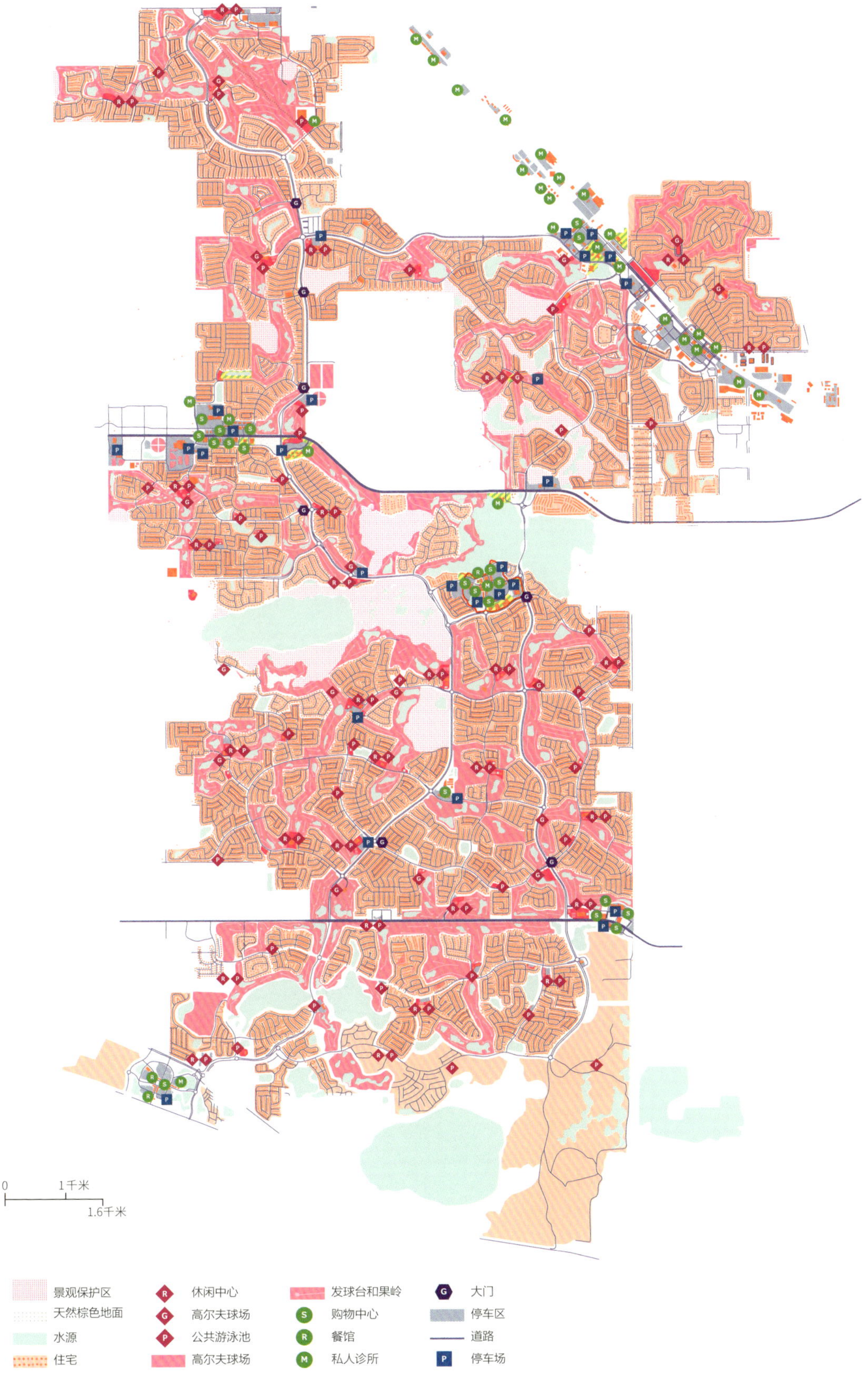

0
1千米
1.6千米
景观保护区
天然棕色地面
水源
住宅
休闲中心
高尔夫球场
公共游泳池
高尔夫球场
发球台和果岭
购物中心
餐馆
私人诊所
大门
停车区
道路
停车场

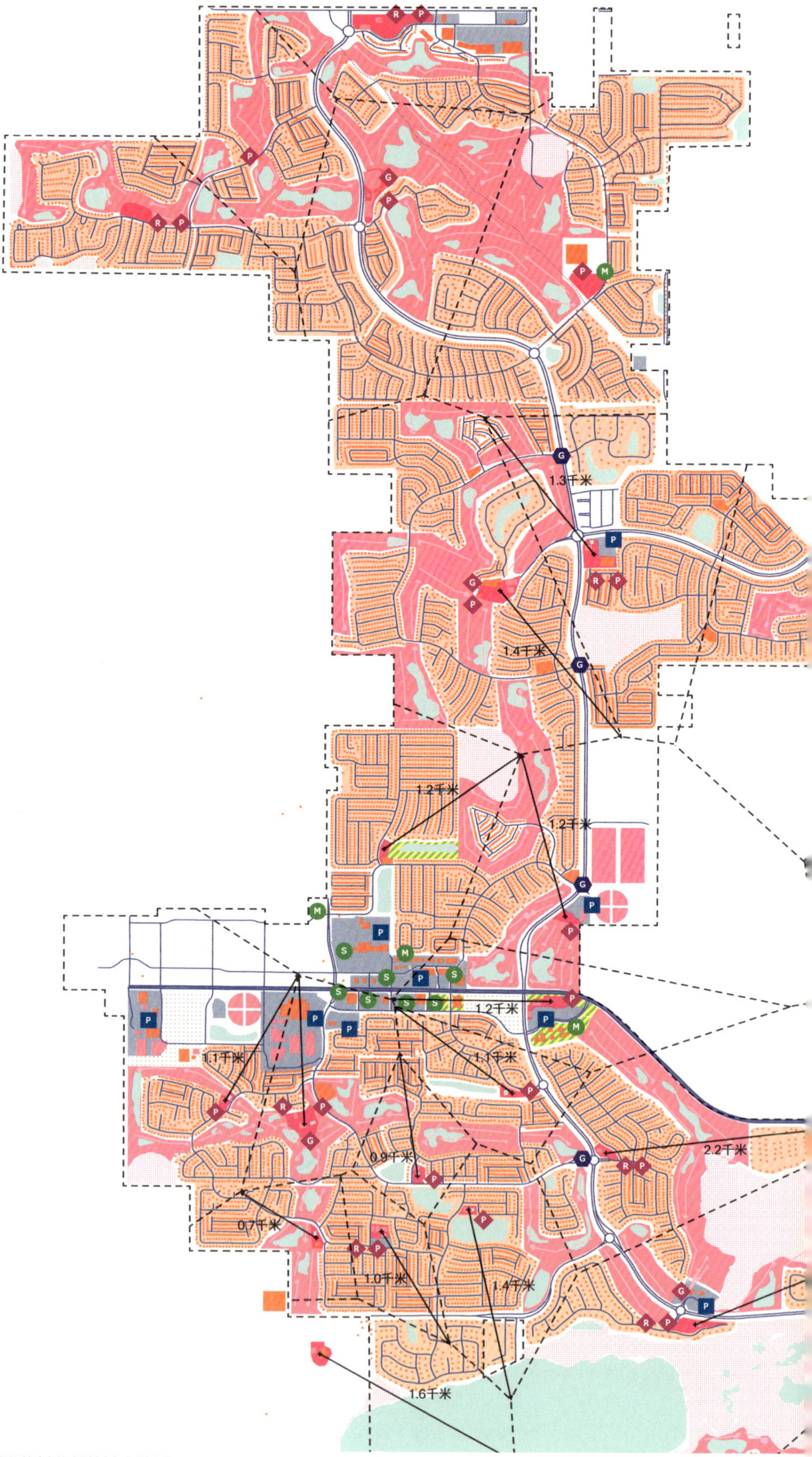

图B.1.50　佛罗里达州退休村北部的城市地图

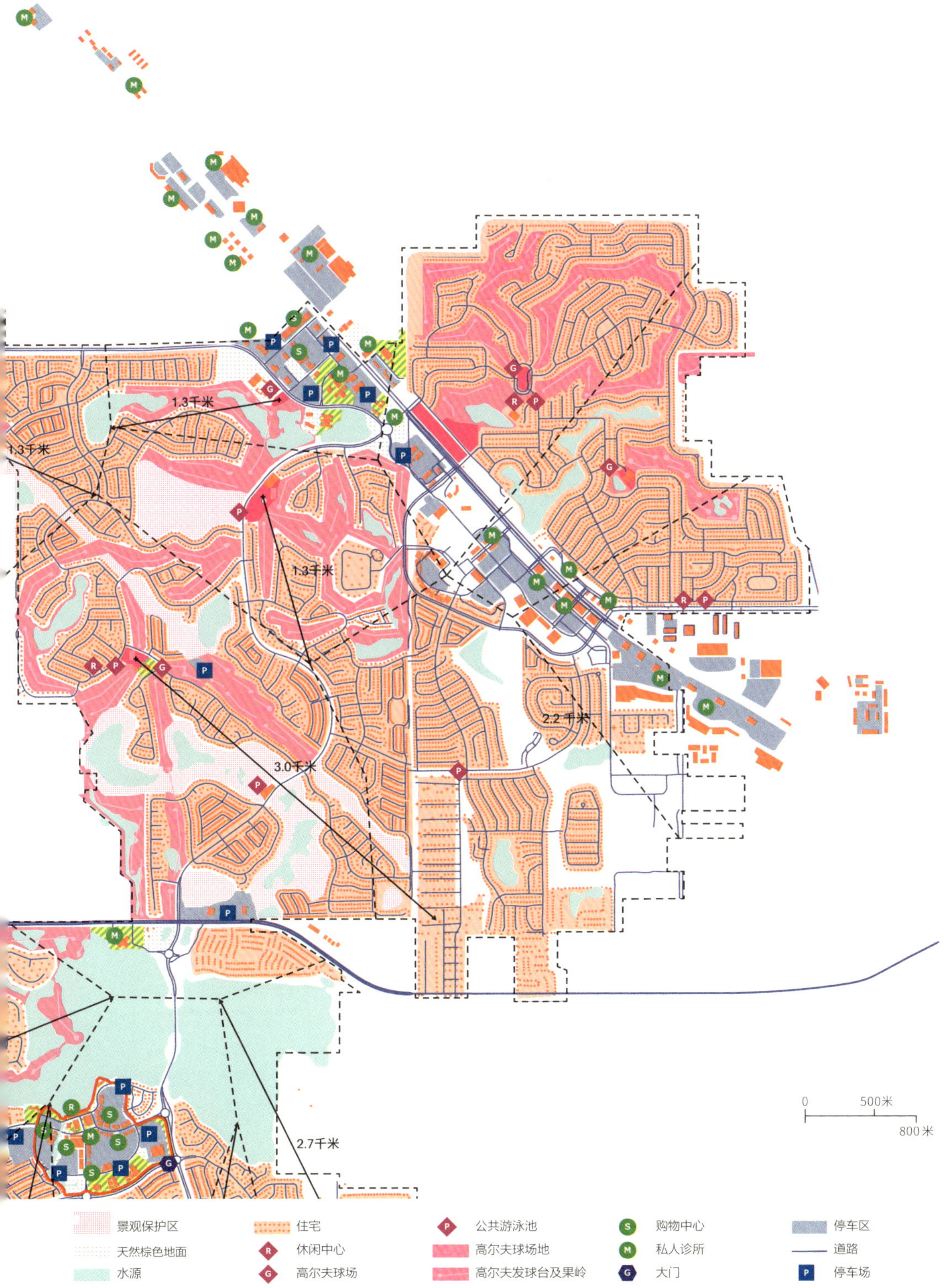

1.3千米
1.3千米
1.3千米
3.0千米
2.2千米
2.7千米
0
500米
800米
景观保护区
天然棕色地面
水源
住宅
休闲中心
高尔夫球场
公共游泳池
高尔夫球场地
高尔夫发球台及果岭
购物中心
私人诊所
大门
停车区
道路
停车场

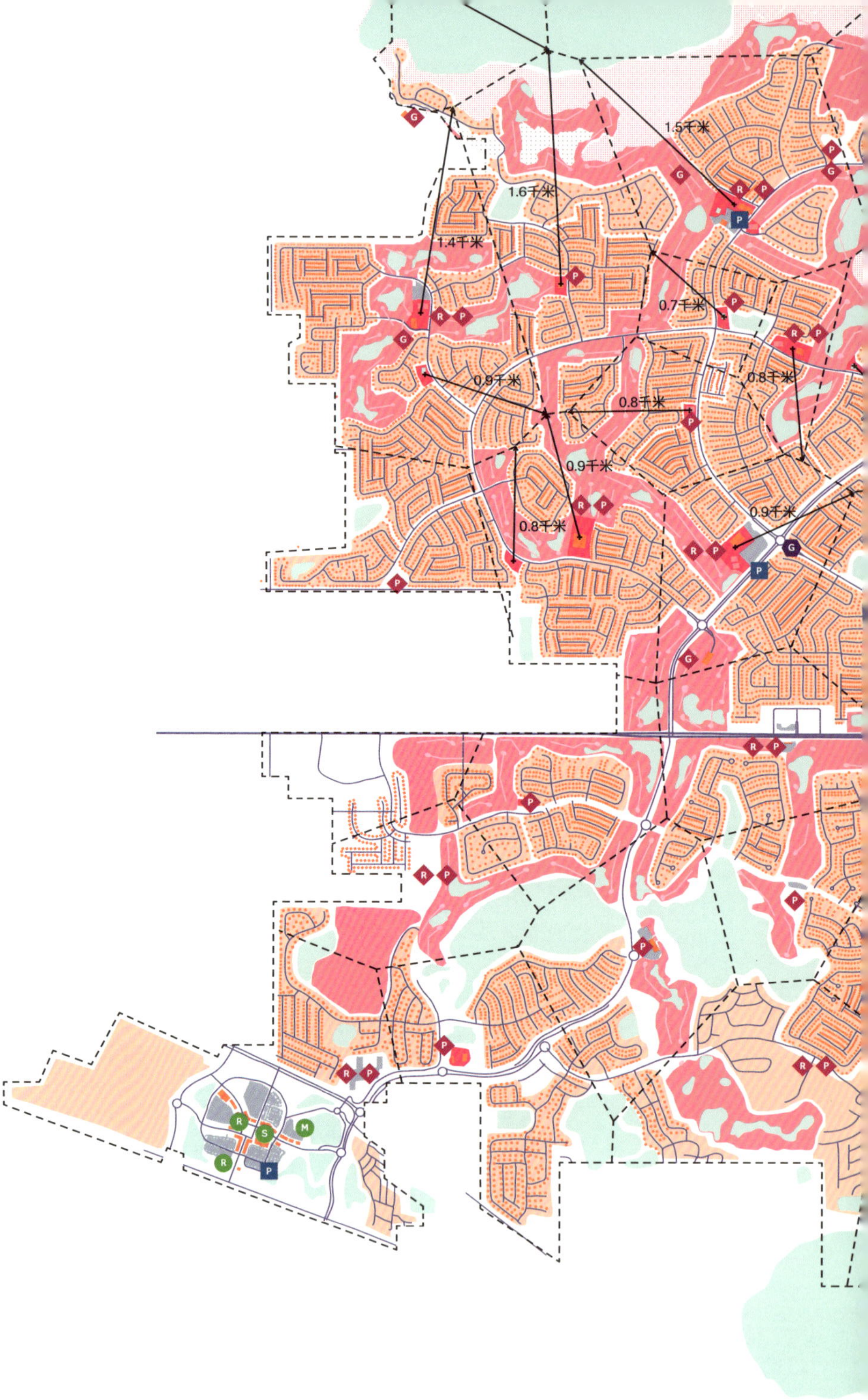

图B.1.51　佛罗里达州退休村南部的城市地图

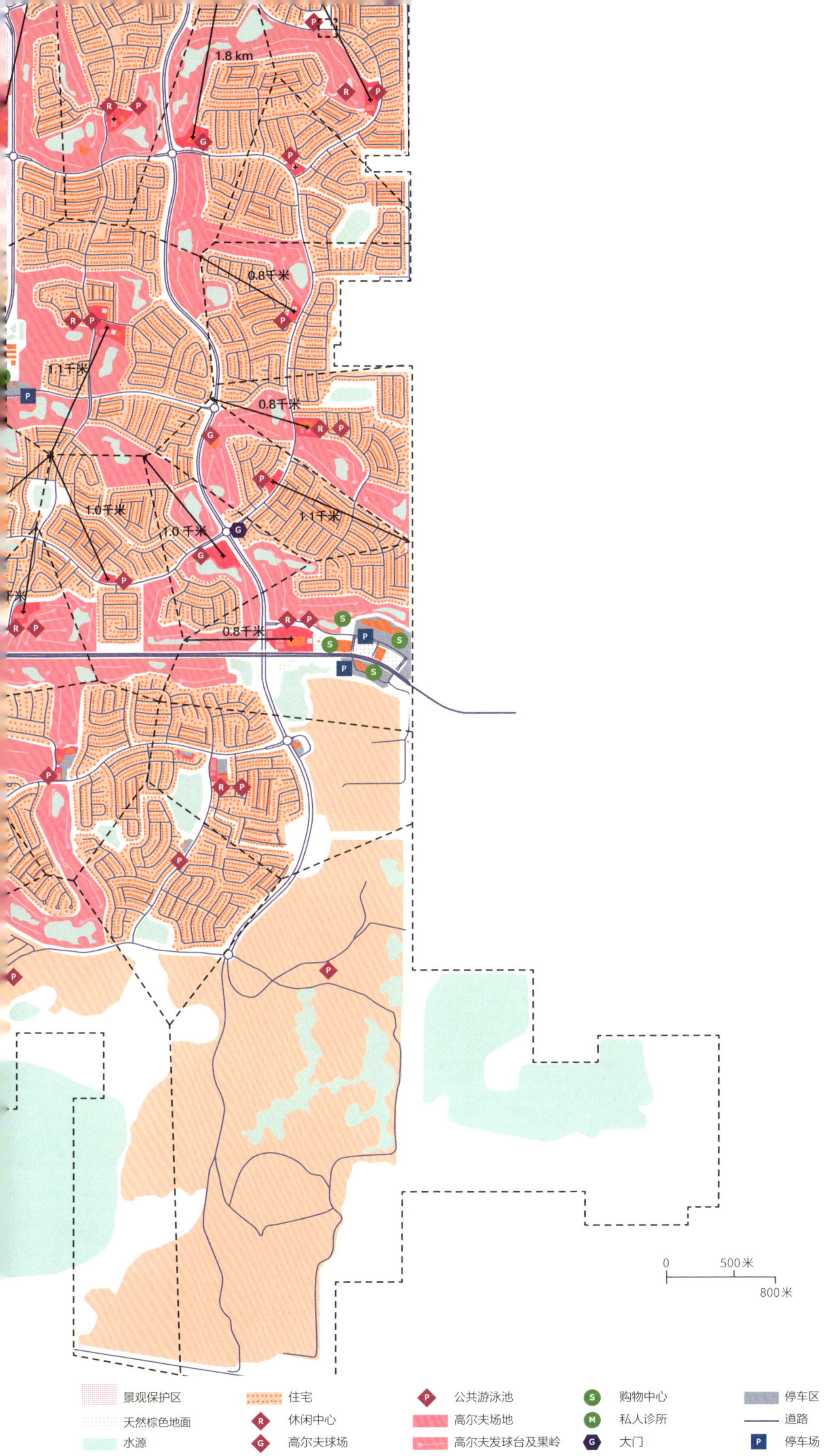

1.8 km
0.8千米
1.1千米
0.8千米
1.0千米
1.0千米
1.1千米
0.8千米
0
500米
800米
景观保护区
天然棕色地面
水源
住宅
休闲中心
高尔夫球场
公共游泳池
高尔夫场地
高尔夫发球台及果岭
购物中心
私人诊所
大门
停车区
道路
停车场

图B.1.52　佛罗里达州退休村的城市肌理（1）

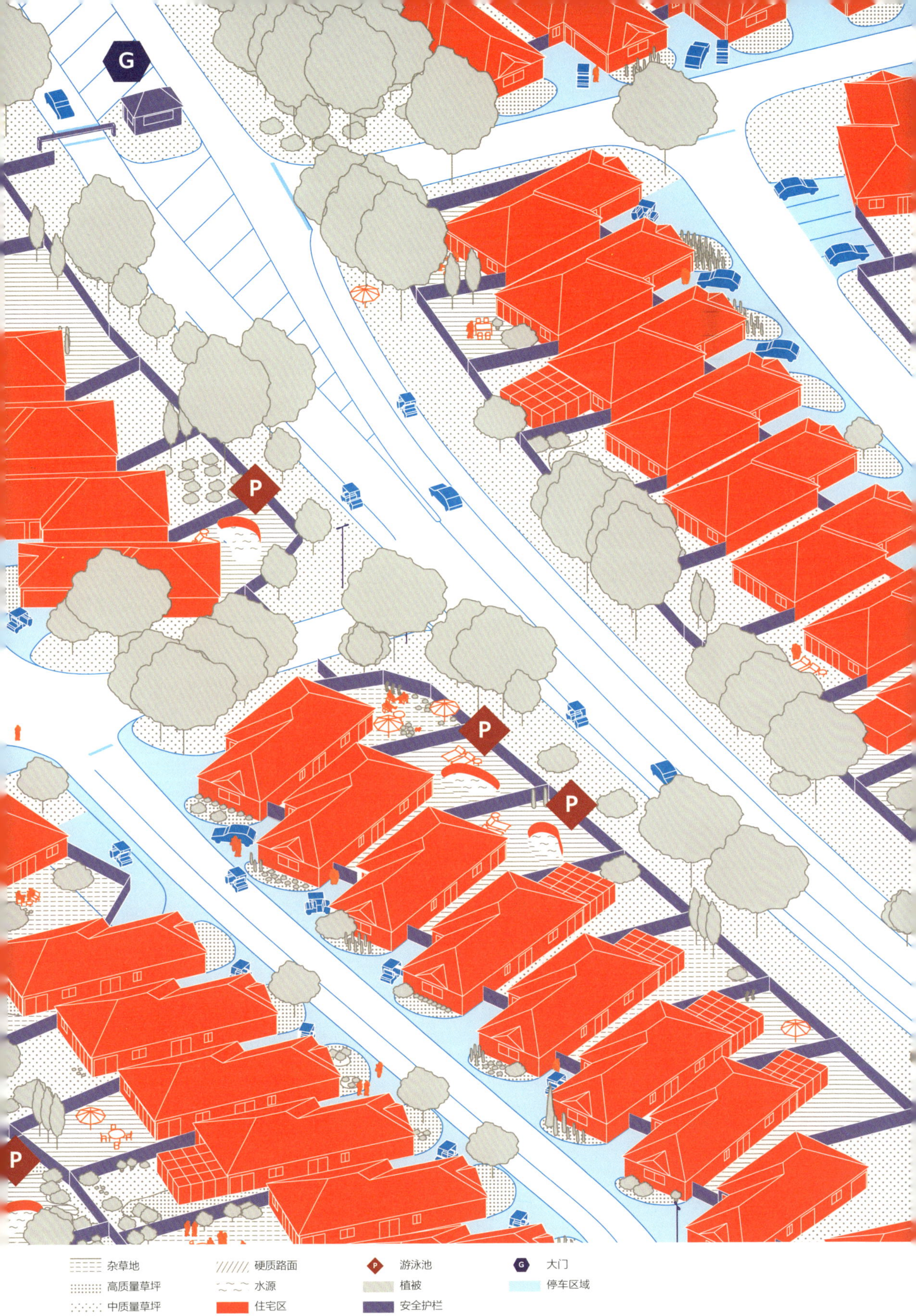
G
P
P
P
P
P
杂草地
高质量草坪
中质量草坪
硬质路面
水源
住宅区
游泳池
植被
安全护栏
大门
停车区域

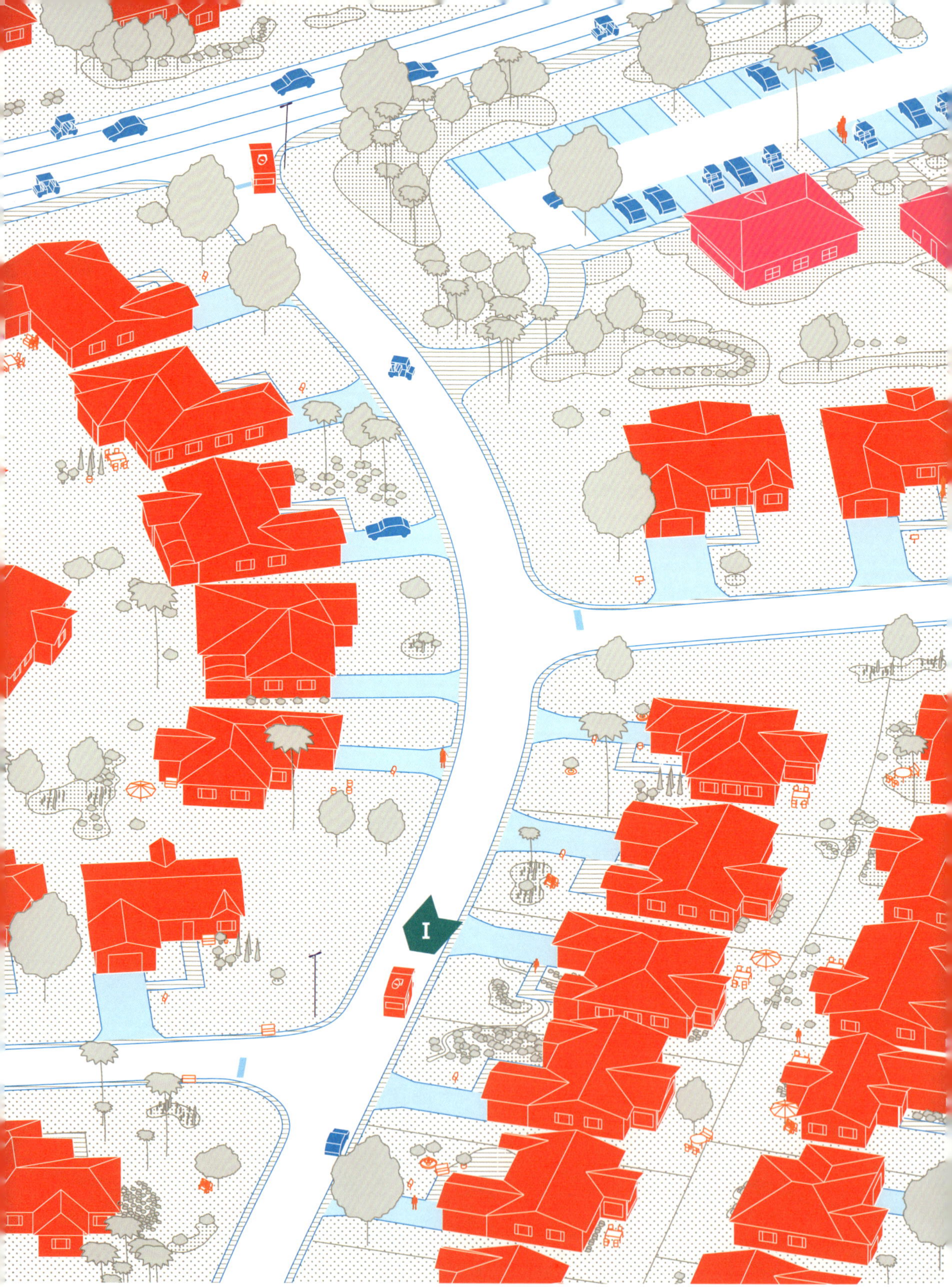

图B.1.53　佛罗里达州退休村的城市肌理（2）

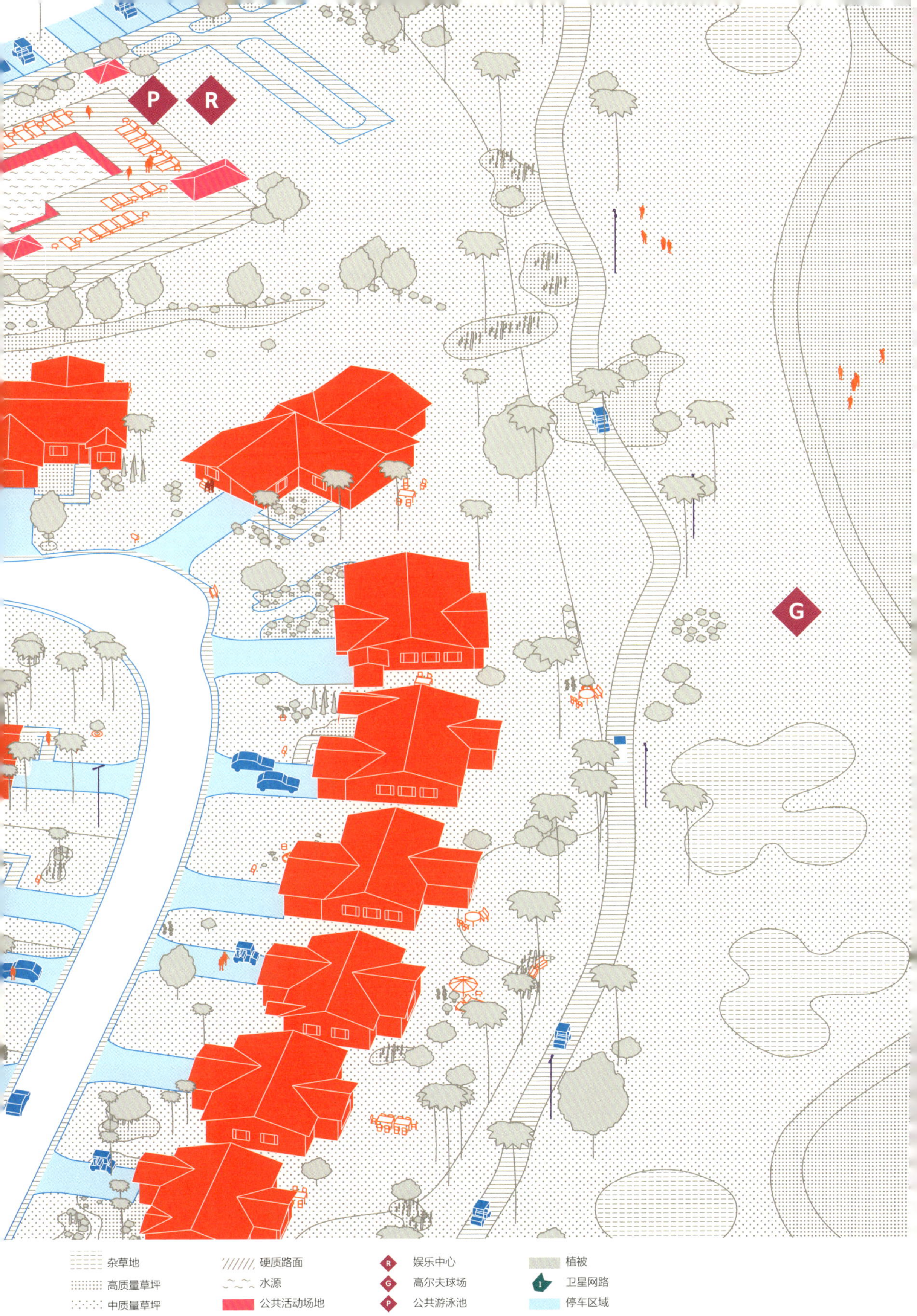
P
R
G
杂草地
高质量草坪
中质量草坪
硬质路面
水源
公共活动场地
娱乐中心
高尔夫球场
公共游泳池
植被
卫星网路
停车区域

图B.1.54　佛罗里达州退休村的城市肌理（3）

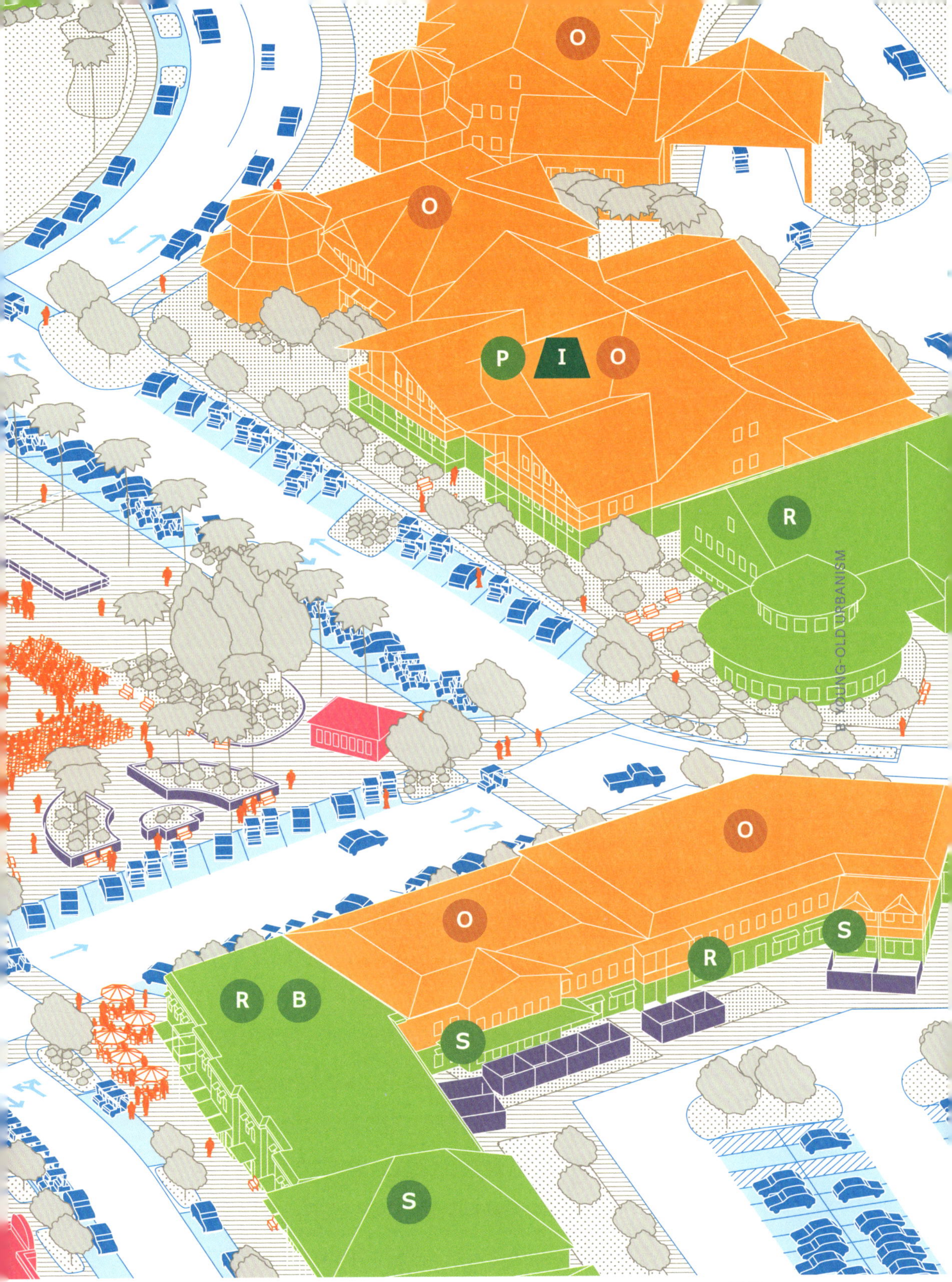

高质量草坪
中质量草坪
硬质路面
水源
公共活动场地
游客中心
电影院
会场
信息中心
零售商店
购物区
餐馆
酒吧
地产销售中心
商业（非零售）
办公区
植被
安全护栏
停车区域

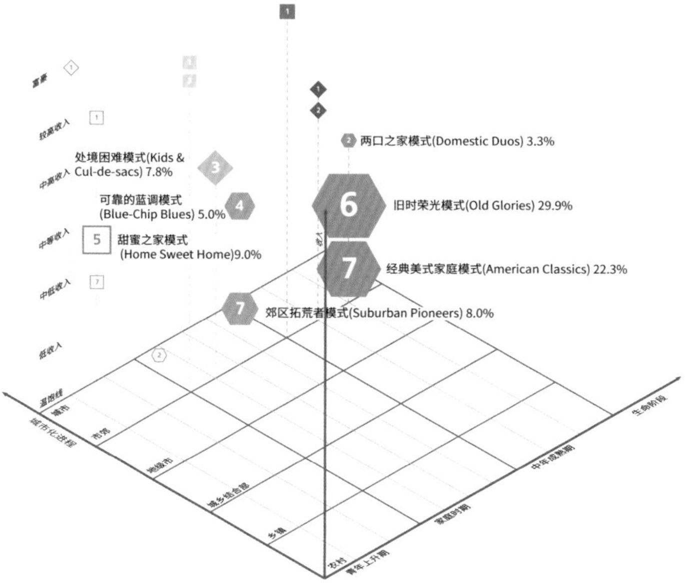

亚利桑那州杨格镇

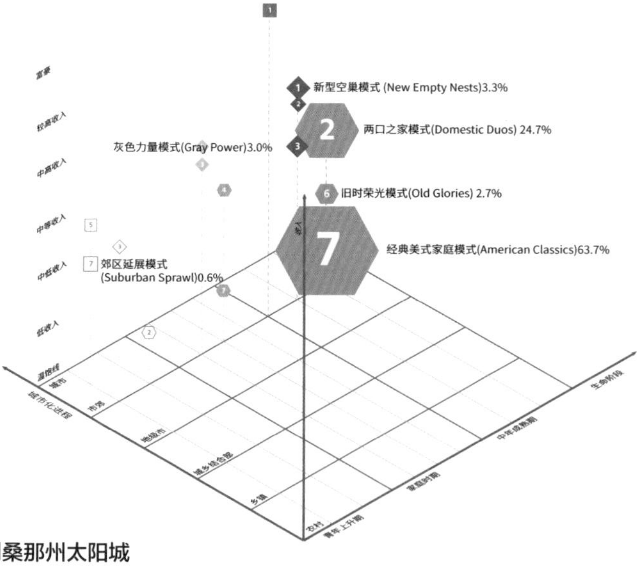

亚利桑那州太阳城

图B.1.55 四个案例的尼尔森PRIZM “生活方式细分布局”

尼尔森PRIZM公司提供的美国四个地点的研究案例的邮政编码数据在此转化为三维图表，坐标轴分别对应：生命阶段也即年龄段、城市化进展程度及收入程度，展示了“生活方式细分”的分布情况，图标根据每个细分群体的百分比加权缩放。可以看出，这些社区不仅存在年龄分隔，而且尽管尼尔森PRIZM公司共划分了66个生活方式细分群体，这些社区还是通常由一两个细分群体占据主导地位。其中太阳城的同质化程度尤为明显：“经典美式家庭模式”占比63.7%，“两口之家模式”占比24.7%，这两者就占了太阳城总人口数的88.4%，也占了全美总人口数的2.2%。在佛罗里达州退休村也是同样的情况，有三个群体占了其总人口数的87.7%，分别是：“米德博格经理

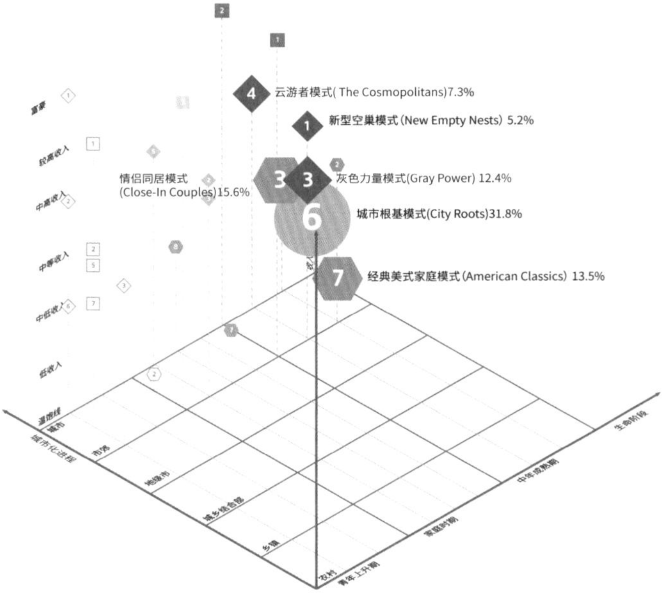

加利福尼亚州拉古纳伍兹村

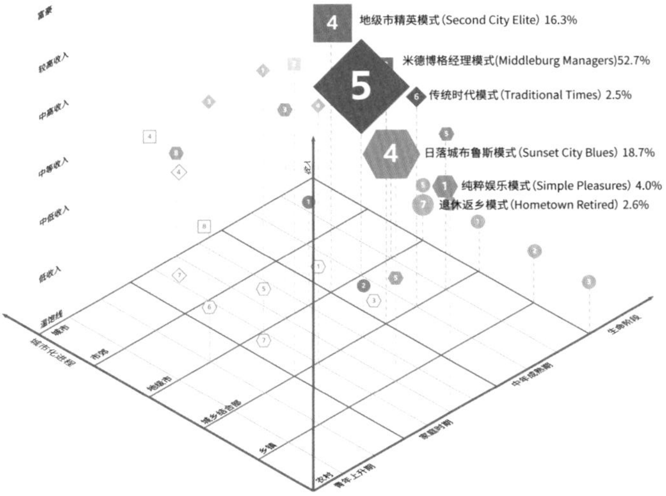

佛罗里达州退休村

模式”占比52.7%，“日落城布鲁斯模式”占比18.7%，以及占比16.3%的“地级市精英模式”。亚利桑那州的杨格镇在其中则是个例外，其居民由不同年龄段的人群混合而成。这是其在1998年取消了年龄限制的结果，也被称为对老年的全面覆盖。尽管目前该社区已没有年龄限制的规定，但其半数以上的居民仍是处于中老年成熟期的人，这表明一个之前受年龄限制的社区需要一段时间才能转变为一个混合人口结构社区。

来源：www.mybestsegments.com，2014年。版权信息@2014年，尼尔森公司授权使用

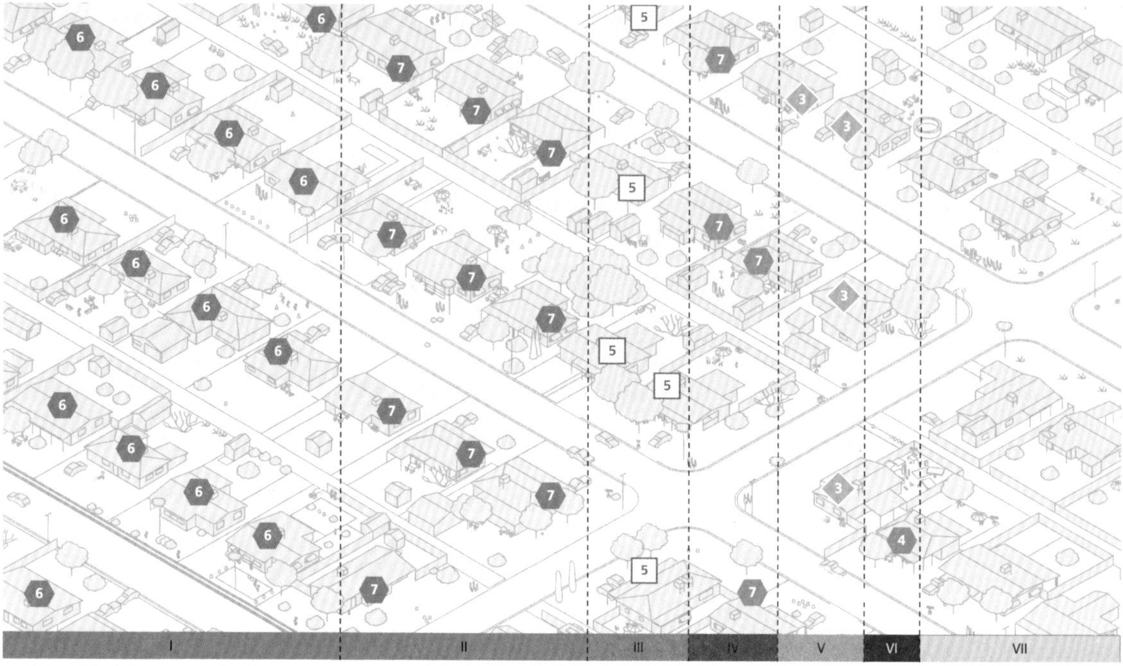

亚利桑那州杨格镇：I旧时荣光模式 29.9%，II 经典美式家庭模式 22.3%，III 甜蜜之家模式 9.0%，VI 郊区拓荒者模式 8.0%，V 处境困难模式 7.8%，VI 可靠的蓝调模式 5.0%， VII 其他

亚利桑那州太阳城：I 经典美式家庭模式 63.7%，II 两口之家模式 24.7%，III 新型空巢模式 3.3%，IV 灰色力量模式 3.0%，VI旧时荣光模式 2.7%，VI 郊区延展模式 0.6%，VII 其他

图B.1.56　四个案例的城市肌理和尼尔森PRIZM“生活方式细分布局”

图示的布局为尼尔森PRIZM“生活方式细分布局”在城市肌理中的覆盖图样。此外，对主要细分群体的描述也进行了延展：

典型美式家庭模式：作为亚利桑那州太阳城的主要生活模式，尼尔森PRIZM的细分市场考察者指出：“这种模式中的居民可能大多是年龄较大的退休者，但他们仍践行着‘居者有其屋’的美国梦。很少有其他细分市场群体能在拥有住房的比例上超过他们，而这一事实正反映出这些以白人和非裔美国人为主的单身男女和夫妇与他们的社区有着深厚的联系，他们享受着更加舒适的生活方式。”其人口统计学特征为：城市化程度：市郊；收入情况：低收入；创收资产：低于平均水平；年龄范围：65岁以上；子女情况：无子女；房产拥有情况：多数拥有房产；就业水平：多数已退休；教育水平：高中毕业；种族多样性：白人、黑人及混血。其生活方式及媒体接受特征为：在里昂比恩（L.L.Bean）官网上订购商品，收集邮票，阅读退伍军人杂志《美国士兵》（*American Legion*），观看基督教电视连续

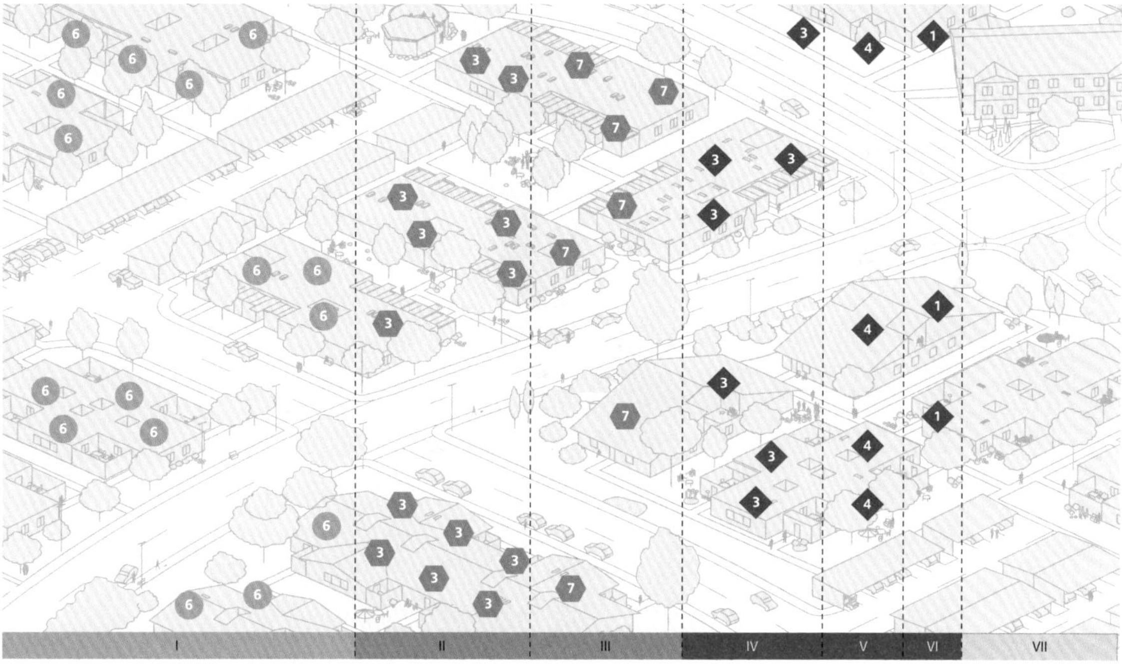

加利福尼亚州拉古纳伍兹村：I 城市根基模式 31.8%，II 情侣同居模式 15.6%，III 经典美式家庭模式 13.5%，IV 灰色力量模式 12.4%，V 云游者模式 7.3%，VI 新型空巢模式 5.2%，VII 其他

佛罗里达州退休村：I 米德博格经理模式 52.7%，II 日落城布鲁斯模式 18.7%，III 地级市精英模式 16.3%，IV 纯粹娱乐模式 4.0%，V 退休返乡模式 2.6%，VI 传统时代模式 2.5%，VII 其他

剧《700俱乐部》（*The 700 Club*），驾驶起亚锐欧汽车。

米德博格经理模式：尼尔森PRIZM的细分市场考察者对退休村的这一主要群体是这样描述的："米德博格经理模式的出现与空巢老人选择在卫星社区定居直接相关，因为这些卫星社区的生活成本相对较低，生活节奏较为悠闲。而如今，这一模式所涵盖的群体多是中产阶级，他们拥有稳定的白领工作及舒适的退休生活。他们居住在老旧的住宅中，尽情阅读、演奏乐器、享受室内园艺与翻修家具。"其人口统计学特征为：城市化程度：地级市；收入情况：中高收入；创收资产：高于平均水平；年龄范围：55岁以上；子女情况：无子女；房产拥有情况：多数拥有房产；就业水平：白领、混合；教育水平：大学毕业；种族多样性：白人、黑人及混血。其生活方式及媒体接受特征为：在Pottery Barn官网购物；乘邮轮度假；阅读《私家地理》杂志（*Travel+Leisure*）；观看《华盛顿一周》（*Washington Week*）；驾驶现代伊兰特旅行版汽车。

来源：www.MyBestSegments.com，2014年。版权信息@2014年，尼尔森公司授权使用

01

04

图B.1.57　佛罗里达州退休村的象征物

01. 位于西班牙泉镇广场北边水景中的纪念碑，是用来纪念退休村的创始人，也即现任首席执行官加里·莫尔斯的父亲哈罗德·施瓦茨。这座纪念碑在材质、规模和形式上与迪士尼乐园和迪士尼世界的华特·迪士尼纪念碑相似：真人大小的迪士尼铜像与米老鼠手拉手，并高呼："伙伴们，我们相信自己的理念，那就是建造一个让父母和孩子能够一起玩乐的家庭乐园。"其铭文写着："退休村之父"。

02. 退休村内使用极为普遍的产品是罐装氧气，这是在社区加油站的柜台上出售的。虽然乍一看这似乎是医用的氧气补给设备，但据加油站服务员说，它最常被居民用来治疗宿醉。

03. 与男性相比，女性更为长寿，这就造成了年龄组统计中的性

02

03

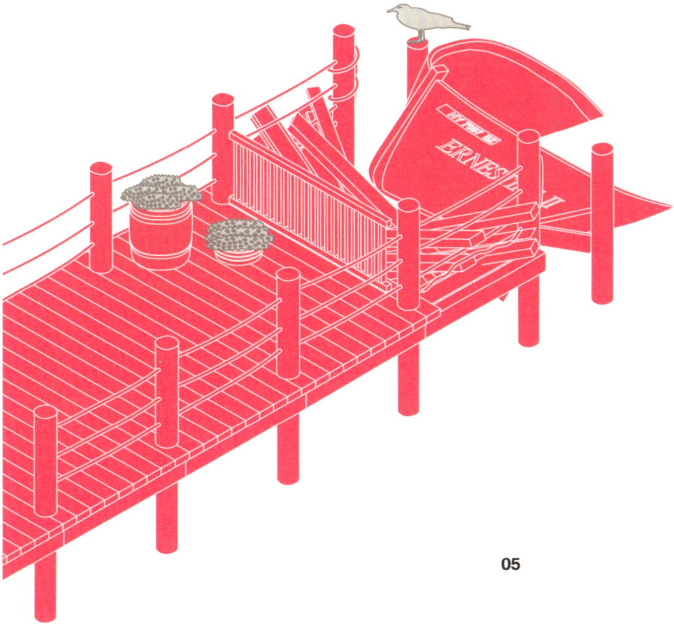

05

别失衡。以80岁及以上的年龄组为例，女性人数是男性的两倍。像退休村这样的退休社区往往是这种人口现象的集中地。这款螺丝刀上密集的花朵图案就是一个明显的表现。这是一个传统上面向男性销售的家庭维修产品发生演变的例子，这些产品被赋予女性化的特征销售给越来越多的老年单身女性。

04. 在退休村，可以根据业主退休前的职业定制高尔夫球车。比如图中显示的是退休的消防车公司的队长定制的高尔夫球车。

05. 在萨姆特湖畔，一艘小艇的“旧日风景”是退休村主题化项目的广泛而密集的象征。这是具有遥远历史的码头发生巨大碰撞后的废墟，上面摆放着盆栽，用装饰栏杆隔开。

图B.1.58 退休村的艺术风格

退休村画廊出售的一系列精美艺术品初步勾勒出当地居民喜爱的艺术类型、主题和相关关注点。其中包括：著名的高尔夫球场、爱国主义形象、圣经场景、带有政治色彩的雕塑和绘画，以及最受欢迎的夕阳下社区中风景如画的房子。

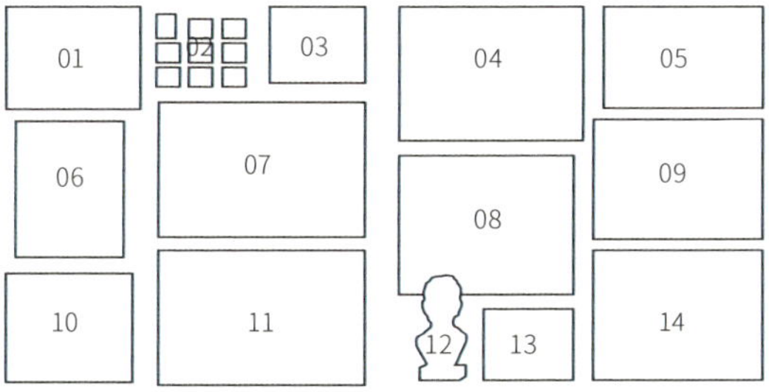

1. 托马斯·金凯德（Thomas Kinkade），《信仰之桥》，2002
2. 托马斯·金凯德，《秋天的祝福》（微型画），2003
3. 迈克尔·R.米勒（Michael R. Miller），《夜晚迁徙的候鸟》，1994
4. 汤姆·杜博伊斯（Tom DuBois），《聚会》，2004
5. 迈克尔·R.米勒，未知的标题和日期
6. 托马斯·金凯德，《美国的骄傲》，2004
7. 安迪·托马斯（Andy Thomas），《大帮》，2006
8. 托马斯·金凯德，《麦基诺岛上的秋天》，1999
9. 拉里·戴克（Larry Dyke），《十六世纪的早上》，1998
10. 托马斯·金凯德，《埃弗雷特的小屋》，1997
11. 安迪·托马斯，《忠实的保守派》，2006
12. 林恩·托马斯（Lynn Thomas），《罗纳德·里根》，2004
13. 未知的艺术家、标题和日期
14. 拉里·戴克，《奥古斯塔的十一世纪》，1998

注释

1 “The Villages Passes the 100,000 Resident Mark”，Complete Guide to The Villages，http://www.thevillagesfloridabook.com/thevillages-passes-the-100000-resident-mark（2014 年 5 月 22 日访问）。

2 “Welcome”，The Villages Commercial Property Sales and Leasing，http://www.thevillagescommercialproperty.com（2014 年 5 月 22 日访问）。

3 H. Gary Morse，“Yesterday, Today and Tomorrow!”，*The Villages Daily Sun*，2007.

4 Andrew Blechman，*Leisureville: Adventures in America's Retirement Utopias*，New York，2008，p43.

5 Morse，“Yesterday, Today and Tomorrow!”

6 Gary Corsair，“Villages Founder Schwartz Dies at 93”，*The Villages Daily Sun*，2003 年 12 月 24 日。

7 Blechman，*Leisureville*，p43；同上。

8 一月的日平均最低 / 最高气温为 9° C/21° C（49° F/70° F），七月的日平均最低 / 最高气温为 23° C/32° C（74° F/90° F）。参见 Paul Eisenberg，*Fodor's Florida 2005*，New York，2005，p19。

9 Corsair，“Villages Founder Schwartz Dies at 93”，指 1994 年对 Harold Schwartz 的采访。

10 Morse，“Yesterday, Today and Tomorrow!”

11 参见“RCLCO—Top-Selling MPC Reports”，RCLCO，http:// www.rclco.com/top-selling-mpc-reports（2014 年 5 月 22 日访问）。

12 Blechman，*Leisureville*，p39.

13 “The Villages Market”，The Villages，http://www.thevil-lagescommercialproperty.com/the-villages-market.asp（2008 年 7 月 22 日访问）。开发商不愿透露财务信息，特别是关于开发所花费的资金。

14 Blechman，*Leisureville*，p39。

15 “Walt Disney World Resort Landscape Facts”，Walt Disney World，http://wdwnews.com/viewpressrelease.aspx?pressreleaseid=99849&siteid=1（2008 年 7 月 23 日访问）。

16 截至 2008 年，太阳城的常住人口为 27 000 人，另有 15 000 名季节性居民，他们大多在夏季离开。Sun City Visitors Center，*Sun City Statistics*，Sun City，AZ，2008。

17 三个不相连的太阳城社区的总人口为 91 000 人。*Sun City Statistics*；The Villages，“The Villages Market”。

18 “US Census Bureau Estimates”，US Census Bureau，http:// www.citytowninfo.com/places/florida/alphabetically（2008 年 7 月 24 日访问）。

19 Morse，“Yesterday, Today and Tomorrow!”

20 *Sun City Statistics*.

21 本章“治理”部分将详细讨论这一主题。

22 “Commercial Property”，The Villages，http://www.thevillagescommercialproperty.com/media.asp（2014 年 5 月 22 日访问）。

23 “American FactFinder”，US Census Bureau 2010，http://factfinder2.census.gov/faces/tableservices/jsf/pages/product view.xhtml?pid=acs_12_5yr_dp05（2014 年 5 月 22 日访问）。

24 “Texas A&M University Enrollment Profile: Fall 2013”，Texas A&M University，pp1—2，http://dars.tamu.edu/dars/files/a9/a93856ca-3063-4829-87df-7fb9d7136827.pdf（2014 年 5 月 6 日访问），“American FactFinder,” US Census Bureau 2010，http://factfinder2.census.gov/faces/tableservices/jsf/pages/productview.xhtml?pid=dec_10_dp_dpdp1（2014 年 5 月 6 日访问）。

25 “American FactFinder”，US Census Bureau 2010，http://factfinder2.census.gov/faces/tableservices/jsf/pages/productview.xhtml?pid=acs_12_5yr_dp05（2014 年 5 月 6 日访问）。

26 同上。

27 “Population Density and Urbanization: City Proper”，United Nations，UN Statistics Division，http://unstats.un.org/unsd/demographic/sconcerns/densurb/citydata.aspx?id=United%20States（2008 年 12 月 2 日访问）。

28 Morse，“Yesterday, Today and Tomorrow!”

29 同上。

30 “Demographic Trends in the 20th Century”，US Census Bureau，http://www.census.gov/prod/2002pubs/censr-4.pdf（2008 年 10 月 12 日访问），pp32-33。

31 本章稍后将在“主题”部分详细讨论与“佛罗里达退休村”相关的“新城市主义”。

32 Georg Simmel，“The Metropolis and Mental Life”（1903），in *The Blackwell City Reader*，ed. Gary Bridge and Sophie Watson, Oxford and Malden，MA，2002，pp11–19.

33 David Chaney，*Lifestyles*，London and New York，1996，p14.

34 The Villages，*Your Lifestyle Tour of Florida's Friendliest Hometown!*，DVD，Florida，2004.

35 The Villages，*The Villages: Our Hometown*，The Villages，FL，2007，p3.

36 Cindy Aron，*Working at Play: A History of Vacations in the United States*，New York，1999.

37 “Medical and Professional Plazas”，The Villages，http://www.thevillagescommercialproperty.com/ProfessionalPlazas.asp（2014 年 5 月 22 日访问）。

38 “Recreation Abounds in Sun City”，Sun City，http://www. suncityaz.org/recreation.htm（2008 年 7 月 28 日访问）。

39 “Medical and Professional Plazas”，http://www.thevillagescommercialproperty.com/professionalplazas. asp（2014 年 5 月 6 日访问）。

40 Kenneth Roberts，“Great Britain: Socioeconomic Polarisation and the Implications for Leisure”，in *Leisure and Life Style: A Comparative Analysis of Free Time*，ed. Anna Olszewska and Kenneth Roberts，London，1989，p55.

41 Harry R. Moody，“The Meaning of Life and the Meaning of Old Age”，in *What Does It Mean to Grow Old?: Reflections from the Humanities*，ed. Thomas R. Cole et al.，Durham，NC，1986，p21；Andrew Blaikie，*Ageing and Popular Culture*，Cambridge，UK，1999，p61。

42 Stephen Katz，“Busy Bodies: Activity, Aging, and the Management of Everyday Life”，*Journal of Aging Studies 14*，no.2(2000)，p135.

43 同上，p147.

44 Gary Mark，2008 年 1 月 17 日与作者的访谈，佛罗里达退休村。

45 Morse，“Yesterday, Today and Tomorrow!”；Corsair，“Villages Founder Schwartz Dies at 93”.

46 Gary Morse 以不接受采访且不与媒体互动而闻名（他本人控制的媒体除外）。因此，此处为笔者推测 Morse 此言的本意。

47 对于 Morse 提到的迪士尼世界度假区，另一种解释是指大规模“私人治理”的复刻。

48 Mark Gottdiener，*Theming of America: American Dreams, Media Fantasies, and Themed Environments*，Boulder, CO，2001，p121.

49 Henry Caroselli，*Cult of the Mouse: Can We Stop Corporate Greed from Killing Innovation in America*，Berkeley，2004，p85.

50 Morse，“Yesterday, Today and Tomorrow!”

51 这种与周围环境的断裂也是通过“永久度假”的方式实现的, 即在各种宣传资料中阐述的“佛罗里达退休村”的生活方式。

52 戈特迪纳 (Gottdiener) 在迪士尼乐园发现的其他形式的断裂还包括家庭权力关系的逆转, 在这种关系中, 儿童的愿望凌驾于成人的愿望之上，给人一种游乐设施和娱乐消费是免费的假象，并且休闲和游戏也凌驾于工作之上。Gottdiener，*The Theming of America*，pp122–125。

53 Gary Mark，2008 年 1 月 17 日采访。

54 The Villages，*The Villages: Our Hometown*，The Villages，FL，2008，p4.

55 Gary Mark，2008 年 1 月 21 日与作者的访谈，佛罗里达退休村。

56 Gary Mark，2008 年 1 月 17 日采访。

57 20 世纪 50 年代初，当华特・迪士尼从二维动画片过渡到三维主题公园空间环境设计时，他使用了同样的动画片专业人士（艺术家、布景设计师、特效专家、编剧等）来设计空间环境。建筑师被排除在设计过程的早期阶段之外。这标志着“想象者”（想象与工程的结合）的形成，与阿纳海姆迪士尼乐园的开发不谋而合。迪士尼和想象工程团队以电影故事板的形式构思迪士尼的建造。如参见 Beth Dunlop，“Walt Disney World, Off to Work We Go,” in *Building a Dream: The Art of Disney Architecture*，ed. Beth Dunlop，New York，1996；以及 Karal Ann Marling，ed. *Designing Disney' s Theme Parks: The Architecture of Reassurance*，Paris，1998。

58 Gary Mark，2008 年 1 月 17 日采访。

59 Hugh Bartling，“Tourism as Everyday Life: An Inquiry into The Villages, Florida”，*Tourism Geographies* 8，no. 4 (November 2006)，pp390–391.

60 同上，p391。

61 同上。

62 The Villages of Lake Sumter。“Spanish Springs Gazette: Special Historical Edition, 1783–1905”，*The Villages Daily Sun*，1998.

63 Gary Mark，2008 年 1 月 17 日采访。

64 Bartling，“Tourism as Everyday Life”，p393.

65 佛罗里达退休村居民与作者分别在 2005 年 5 月和 2008 年 1 月的访谈。

66 Bartling，“Tourism as Everyday Life”，p391.

67 同上。

68 同上。在巴特林看来，“这种神话强化了特定的社会、政治和经济偏见，这些偏见构成了该国当代政治和社会弊病的实质，但同时也是有效的主题策略”。

69 The Villages of Lake Sumter，“Spanish Springs Gazette”，pp4—5.

70 Gary Mark，2008 年 1 月 17 日采访。马克说，“我们通常会写一份小报……我想如果你读了它，你会从中得到一些乐趣。但这些都不是真的。”

71 The Villages of Lake Sumter，“Spanish Springs Gazette”，pp1.

72 同上，pp7-8。

73 Gary Mark，2008 年 1 月 17 日采访。

74 位于佛罗里达退休村西班牙泉镇广场凯蒂·贝拉家的餐厅俱乐部外的牌匾，内容如下：“凯蒂·贝拉·范·帕腾（Katie Bell Van Patten），杰克逊维尔商人约翰·德克尔·范·帕腾（John Decker Van Patten）之妻凯蒂·贝拉·范·帕腾的同名酒吧。该酒吧位于范·帕腾酒店（Van Patten House Hotel）内，约翰·德克尔·范·帕腾与其他一些投资者于 1851 年共同创建了这座豪华酒店。最初，范·帕腾先生以妻子的名字来命名这家酒吧，只是为了恭维他的妻子。让他大吃一惊的是，凯蒂·贝拉在得知酒吧是以她的名字命名后，所做的第一件事就是从杰克逊维尔舒适的家中前往西班牙泉镇广场，进行她所谓的考察之旅。当她到达并参观了即将完工的酒吧后，她立即叫停了所有工作，宣布酒吧的内饰和平面布局简直就是一场灾难。当天，她就解雇了建筑师和室内设计师，转天一早，她就对丈夫说，她要搬到西班牙泉镇广场去，监督“她的”酒吧完工。此外，她还表示，既然酒吧将以她的名字命名，她个人就有义务确保酒吧的正常运营。约翰·德克尔·范·帕腾徒劳地辩解说，经营酒吧不是一个诚实的女人该做的事，更何况是他的妻子，但他没能得逞。凯蒂·贝拉把酒吧当成了展示自己的场所和王国。她凭借柔弱却有力的双手成功地经营了酒吧近 40 年，并因此使凯蒂·贝拉酒吧成为当地的一处传奇之地”。

75 Christine Giordano，“Fashion Statement: Style Design; The Team that Holds It Together”，

The Villages Daily Sun，December 2, 2004.
76 Gary Mark，2008 年 1 月 17 日采访。
77 Giordano，“Fashion Statement”.
78 同上。
79 “Commercial Property: Brownwood Paddock Square”，The Villages，http://www.thevillagescommercialproperty.com/prop-brownwood.asp（2008 年 11 月 11 日访问）。
80 Gary Mark，2008 年 1 月 17 日采访。“我不知道你是否知道‘大老粗’（cracker）这个词。‘大老粗’用来形容土生土长的佛罗里达人。这取决于你和谁交谈，有些人认为这有点贬义，但我认为很多人都很随意地使用它。它就像（停顿）“乡巴佬”（redneck）这个词，它来自佛罗里达牧牛人的鞭子声，因为他们在这里用鞭子赶牛，因此，布朗伍德市中心将围绕佛罗里达牧牛人这一主题展开”。
81 同上。
82 The Villages，“The Brownwood Banner: Special Historical Issue, 1879–1929”，*The Villages Daily Sun*，2007，p1.
83 同样适用的还有Miodrag Mitrasinovic的“整体景观”概念，该概念将在关于豪斯登堡的章节中详细阐述。
84 Robert Somol and Orange Studio，“Endless Orange”，*Transscape*，no.11 (2003)，p93.
85 同上。
86 同上。
87 关于 CC&Rs，另见本章后面的“治理”部分。
88 Somol and Orange Studio，“Endless Orange”，p93.
89 Mark Wigley，“Whatever Happened to Total Design?”，*Harvard Design Magazine*，no.5 (Summer 1998)，p18。
90 Giordano。“Fashion Statement”。
91 作者感谢弗朗索瓦·霍普弗林格关于研究皮亚杰的与时间设计相关工作的建议。
92 Jean Piaget，“The Child' s Conception of Time”，in *The Essential Piaget*，ed. Howard E. Gruber and J. Jacques Vonèche，London，1995，p571.
93 同上。
94 Gruber and Vonèche，*The Essential Piaget*，p646.
95 例如，没有 20 世纪 80 年代后期的解构主义建筑，也没有 20 世纪 90 年代的极简主义建筑。
96 有人可能会说，一个小型的“自然形成的古镇”——相比人工设计的主题公园古镇——也会产生这种不连续的历史时间感。虽然这种说法部分正确，但佛罗里达退休村在这方面的成功之处在于其时间设计的全面性，这种方法延伸到街道设施、公共交通，更重要的是，延伸到了“小镇”中人为构建的人口居住情况。
97 佛罗里达退休村居民与作者分别在 2005 年 5 月和 2008 年 1 月的访谈。当问及居民感觉自己有多老时，他们的普遍回答是“我不觉得自己老，我觉得自己就像十几岁时一样”。
98 Gary Mark，2008 年 1 月 17 日采访。
99 Tania Giovannetti et al.，“The Influence of Personal Familiarity on Object Naming, Knowledge, and Use in Dementia”，*Archives of Clinical Neuropsychology*，no. 21 (2006)，pp607—614.
100 Andres Duany and Elizabeth Plater-Zyberk，“The Second Coming of the American Small Town”，*The Wilson Quarterly* 16，no. 1 (Winter 1992)，pp19—48.
101 Gary Mark，2008 年 1 月 17 日采访。
102 同上。
103 Congress of the New Urbanism，“The Charter of the New Urbanism”，in Peter Calthorpe and William Fulton，*The Regional City*，Washington，DC，2001，pp279—285.
104 “The Villages, FL: Basic Information”，基于美国人口普查局 2010 年数据，http://www.usa.

com/the-villages-fl.htm（2014 年 5 月 22 日 访 问）；“Census Urban Area List”，US Census Bureau，http://www2.census.gov/geo/ua/ua_list_ua.xls（2014 年 5 月 22 日访问）。与之相对的，2013 年曼哈顿的人口密度为 27 346 人 / 平方千米。“New York County (Manhattan Borough), New York State and County QuickFacts”，US Census Bureau，http://quick facts.census.gov/qfd/states/36/36061.html（2014 年 5 月 22 日访问）。

105 Bartling，“Tourism as Everyday Life”，p389。另据 Gary Mark 于 2008 年 1 月 17 日的采访：“我们有意识地将‘商业中心’（不同于我们的市中心）集中在我们社区的外围，以限制后者的影响，原因在于外部交通，我们不希望外部交通影响我们的社区。我们不希望有人从利斯堡开车穿过我们的社区去购物中心。”实际上，通过在开发过程中将与扩张相关的商业元素边缘化，我们就能够将交通影响挡在“外面”。

106 “The Charter of the New Urbanism”.

107 同上。

108 “The Villages Commercial Property Sales and Leasing”，The Villages，http://www.thevillagescommercialproperty.com/ index.asp，http://www.thevillagescommercialproperty.com/ index.asp（2014 年 5 月 10 日访问）。以下数据引自美国人口普查局。佛罗里达退休村的每户平均收入为 93 000 美元，而美国的每户平均收入为 42 228 美元，佛罗里达州的每户平均收入为 36 421 美元。

109 “American FactFinder”，US Census Bureau 2010，http://factfinder2.census.gov/faces/tableservices/jsf/pages/product view.xhtml?pid=acs_12_5yr_dp05（2014 年 5 月 22 日访问）。

110 同上。

111 安德列斯・杜亚尼对布莱克曼关于“佛罗里达退休村”一书的评价有些令人费解，“休闲村就像库尔特·冯内古特（Kurt Vonnegut）的科幻小说，只不过它是现实。多么伟大的国家啊！”基于布莱克曼在介绍佛罗里达退休村时与新城市主义背道而驰的观点，我们不清楚最后一句话是否具有讽刺意味。

112 David Harvey，“The New Urbanism and the Communitarian Trap”，*Harvard Design Magazine*，no. 1 (Winter/Spring 1997)，p69.

113 同上。哈维认为，“这种社群主义的阴暗面仍未得到说明：从大规模城市化和工业化的最初阶段开始，‘社群精神’就被视为社会混乱、阶级战争和革命暴力威胁的解毒剂。‘社区’一直是社会控制和监督的重要场所之一，有着一种近乎公开的社会压迫”（p70）。

114 The Villages，*Your Lifestyle Tour of Florida's Friendliest Hometown!*

115 Jane Freeman and Glenn Sanberg，*Jubilee: The 25th Anniversary of Sun City Arizona,* Phoenix，1984，p108.

116 见“Carting The Villages”, Carting The Villages, http://cartingthevillages.com/index.php（2014 年 5 月 23 日访问）。

117 参见 Aileen McCready,“Villages Residents Have Watched Golf Carts Evolve over Five Decades”, *The Villages Daily Sun*, July 24, 2008。其他资料显示 Melvin Havorson 于 1962 年发明了高尔夫球车, 最初是为了帮助球场上受伤的高尔夫球手。

118 “Golf Carts: An Overview” Articlesbase，http://www.articlesbase.com/business-articles/golf-carts-an-overview-361199. Html（2008 年 7 月 24 日访问）。

119 村庄经销商提供的高尔夫球车数据。汽车数据来自：US EPA Fuel Economy Ratings, 2004 Average MPG。

120 Karen Johnson，“The Villages Golf Car Store: Customizing Golf Cars”，*The Villages Daily Sun*，March 4, 2004.

121 根据萨姆特郡警方的资料，无驾照居民因违章驾驶而被拦截的情况屡见不鲜。

122 Erin Cox，“Golf-Cart Parade Sets Record”，*The Orlando Sentinel*，March 4, 2006.

123 Morse,“Yesterday, Today and Tomorrow!”2004 年之后, 佛罗里达退休村将这些道路重新命名为“休

闲小径”，试图将其推广为自行车和步行者也可使用的道路。参见 The Villages，“Traffic Counts”。“有机会也可以让居民利用其他形式的交通方式通行，最好的例子就是在整个社区修建独立的多模式交通网络，如高尔夫球车、自行车、步行小径”。

124 作者于 2008 年 1 月现场测量。

125 南佛罗里达大学最近进行的一项调查反映了高尔夫球车的相对受欢迎程度。参见 The Villages，“Traffic Counts”。最新的“起点—终点”研究表明，仅高尔夫球车就占到了佛罗里达退休村出行总量的 33%。测量的交通方式比例还显示，汽车仅占出行的 64%，这已经远远低于佛罗里达州全州平均水平的 91%（根据南佛罗里达大学的分析）。同一调查结果显示，在佛罗里达退休村，一半以上的出行目的是购物，其次是社交和娱乐活动，再次是高尔夫和就医。

126 “The Villages”，The Villages，www.thevillages.com (2006 年 1 月 12 日访问)。

127 The Villages，*Your Lifestyle Tour of Florida's Friendliest Hometown!*

128 同上。

129 The Villages，“Traffic Counts”.

130 参见 Mike Davis, *City of Quartz: Excavating the Future in Los Angeles*, London, 1990; Edward J. Blakely and Mary Gail Snyder，*Fortress America: Gated Communities in the United States*，Washington，DC，1997；Setha Low，*Behind the Gates: Life, Security, and the Pursuit of Happiness in Fortress America*，New York，2003。

131 无独有偶，这也是新城市主义对当代美国城市的主要批评之一。如参见 Andres Duany et al.，*Suburban Nation: The Rise of Sprawl and the Decline of the American Dream*，New York，2000。

132 电动高尔夫球车作为一种不依赖化石燃料的替代交通方式，在汽油价格不断上涨和石油储备即将枯竭的背景下也具有重要意义。

133 郊区的生活设施分布分散，这促使无法驾驶汽车的人与世隔绝。

134 截至 2008 年 1 月，在佛罗里达退休村内的 27/441 号公路沿线共有 65 家不同的医疗机构及相关企业，其中许多都是在 20 世纪 90 年代中期建立的。

135 “Medical and Professional Plazas”，The Villages，http://www.thevillagescommercialproperty.com/ProfessionalPlazas. asp（2014 年 5 月 22 日访问）。

136 截至 2008 年 1 月，佛罗里达退休村西北部和东南部的公路沿线另有 108 家医疗机构和配套企业。

137 Robert Venturi et al.，*Learning From Las Vegas*，Cambridge，MA，1972，p20。

138 同上，p13。

139 同上，p20。

140 Markus Schaefer，“Building Hospitals—Hospital Buildings”，in *The Architecture of Hospitals*，ed. Cor Wagenaar，Amsterdam，2006，p202。

141 同上。

142 同上。

143 同上。

144 Stephen Verderber and David J. Fine，*Healthcare Architecture in an Era of Radical Transformation*，New Haven，2000，p126.

145 见 Bartling，“Tourism as Everyday Life”；Blechman，*Leisureville*.

146 Hugh Bartling，“Private Governance，Public Subsidies: The Cultural Politics of Exurban Sprawl in Florida, USA”，the 4th International Conference of the Research Network Private Urban Governance and Gated Communities，Paris，June 5, 2007，p3.

147 Blechman，*Leisureville*，pp105—106.

148 Bartling，“Private Governance, Public Subsidies”，p3.

149 同上，pp4—5。

150 Bartling, “Tourism as Everyday Life”, pp396—397.

151 同上，p397。

152 同上。

153 同上。

154 同上，p398。

155 同上。

156 Blechman, *Leisureville*, p104.

157 参见 Blechman, *Leisureville* 中“Government Inc.”和“Foreign Policy”章节。

158 “Billionaire Morse' s Florida Dirt Bonds Not Tax-Exempt”, Bloomberg News, http://www.bloomberg.com/news/2013-06-05/florida-billionaire-s-development-bonds-not-tax-exempt-irs-says.html (2014 年 5 月 2 日访问)。

159 参见 Blechman, *Leisureville*, pp112—119。

160 Somol and Orange Studio, “Endless Orange”, p89.

161 “Deed Restrictions and Covenants”, The Villages, http://www.districtgov.org/vccdd/deedrestrict.asp（2008 年 6 月 10 日访问）。

162 Blechman, *Leisureville*, p111.

163 同上，p110。

164 同上。

165 同上，pp109—112。

166 参见 Blechman, *Leisureville*, “Foreign Policy”章节，pp144—160。

167 同上，p113。

168 这既表明有条件地接受环境决定论关于集体和个人安排的论点，即 Simmel 或 Benjamin 的模式，也表明环境受到个人和集体生活的更广泛的社会、文化、经济环境的影响，并在一定程度上是这种环境的产物。

169 “American FactFinder”, US Census Bureau 2010, http://factfinder2.census.gov/faces/tableservices/jsf/pages/productview.xhtml?pid=dec_10_dp_dpdp1（2014 年 5 月 6 日访问）。

170 作者在 2008 年 1 月采访佛罗里达退休村居民时的常见回答。

171 Blechman, *Leisureville*, p24.

172 Gary Mark, 2008 年 1 月 17 日采访。

173 Dirk de Meyer et al., eds., *The Urban Condition: Space, Community, and Self in the Contemporary Metropolis*, Rotterdam, 1999, pp125—126.

174 Blechman, *Leisureville*, p13.

175 20 世纪末的经济衰退很可能会加剧这种“自我生产性”——在一个自足的城市实体中工作与休闲的共存。

176 2009 年 5 月 5 日，弗朗索瓦·霍普弗林格与作者的电子邮件交谈。

177 Blechman, *Leisureville*, p181.

178 几位接受笔者采访的居民表示，他们惊讶于首次造访退休村时被友好相待的程度之高。许多人还表示，在搬入该社区后也会对其他居民采取同样的态度。

179 Claude Fischer, “On Urban Alienations and Anomie: Powerlessness and Social Alienation”, *American Sociological Review* 38 (June 1973), p312。据 Louis Wirth 1938 年的文章“Urbanism as a Way of Life”重印于 *Classic Essays on the Culture of Cities*, ed. Richard Sennett, New York, 1969, pp143–164。

180 参见前文“规模”部分。

181 Somol and Orange Studio, “Endless Orange”, p91.

182 正如乌尔里希·贝克（Ulrich Beck）所承认的，当代个体化是指行为模式越来越多地由社会控制形式（邻居、公司和家庭）来定义，而较少地由传统的意识形态组织和机构（无论是政治还是宗教）来定义。

例如参见 Ulrich Beck and Elisabeth Beck-Gernsheim，*Institutionalized Individualism and Its Social and Political Consequences*，London，2002。

183 定制的高尔夫球车是身份形成的个例，有时则代表了以前的职业身份。例如，前消防员大卫·米勒（Dave Miller）和前州警罗德尼·林奇（Rodney Lynch）在 2007 年 11 月出版的《退休村杂志》中都有显著特征，两人都是从过去职业的角度来表现自己和他们的高尔夫球车的。

184 Blechman，*Leisureville*，pp188—189.

185 同上，pp188—189。

186 Donna Haraway，“A Cyborg Manifesto: Science, Technology, and Socialist-Feminism In the Late Twentieth Century”，in *Simians, Cyborgs and Women: The Reinvention of Nature*，New York，1991，pp49—81。根据哈拉威（Haraway）的描述，赛博克是“一种控制论有机体，一种机器与有机体的混合体，一种社会现实的产物，也是一种虚构的生物”，它模糊了人类世界与动物世界、有机体与机器、物理与非物理之间的界限。

187 同上，p203。

188 “STDS Running Rampant in Retirement Community: Doctor Blames Viagra, Lack of Sex Education”，WKMG Local 6 News，http://www.local6.com/news/9283707/detail.html（2014 年 4 月 2 日访问）。

189 “Doctors in Retirement Community Seeing Increase in STDS，” WFTV News，http://www.wftv.com/news/news/doctors-in-retirement-community-seeing-increase-in/nfb8g（2014 年 3 月 4 日访问）。

190 total landscape 一词被作为类型学的主题公园的概念构建，详见 Miodrag Mitrasinovic，*Total Landscape, Theme Parks, Public Space*，Aldershot，2006。

191 Bartling，“Tourism as Everyday Life”，p400.

192 这些情况的显著案例分别包括，George Orwell 的《1984》，London，1949；Peter Weir 的电影《The Truman Show》，1998；William Nolan 和 George Clayton Johnson 的《Logan' s Run》，New York，1967 以及 J. G. Ballard 的《Cocaine Nights》，London，1996。

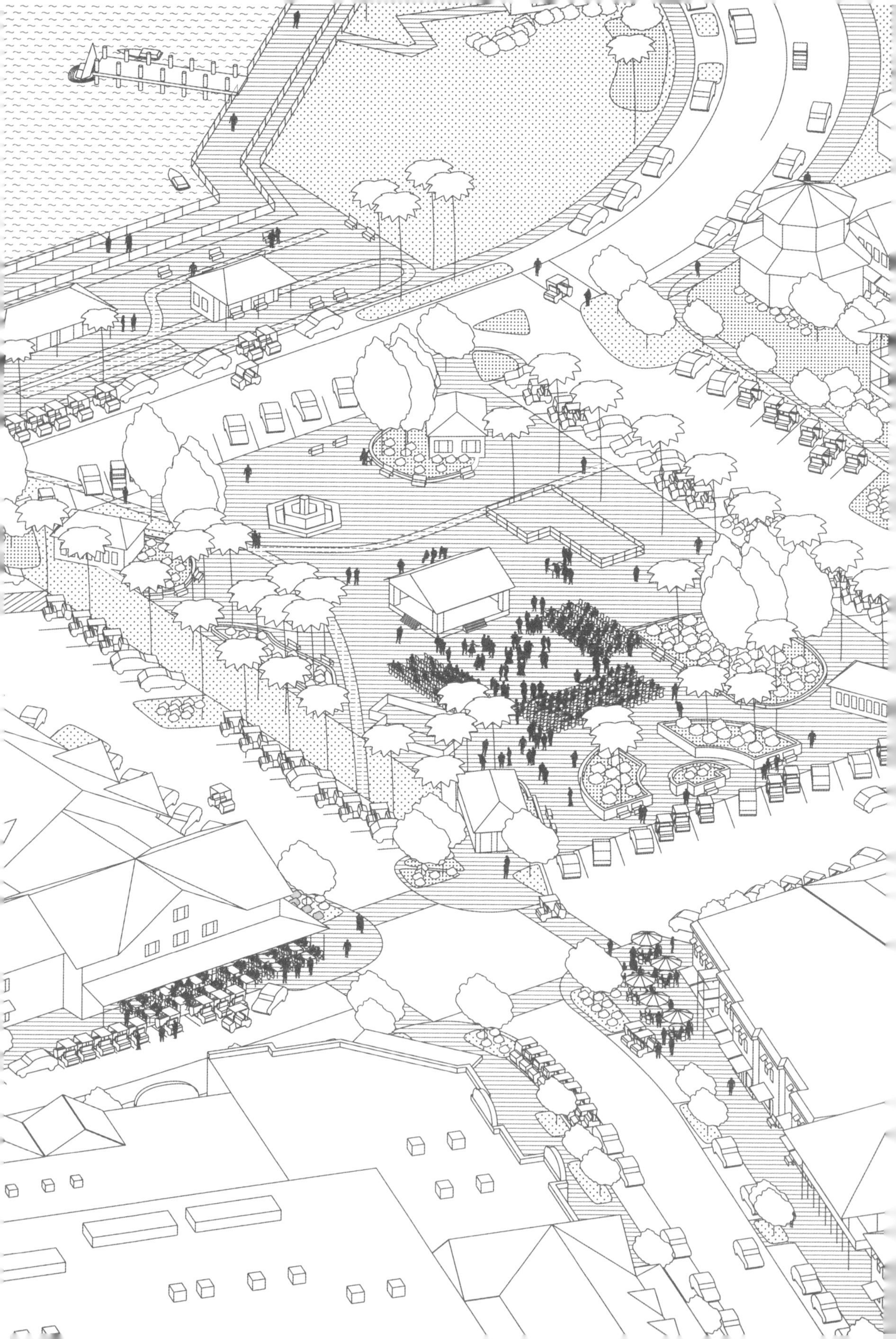

2. 西班牙太阳海岸的城市化社区：国际退休移民的阳光乐园

佛罗里达州和亚利桑那州光照充足、气候宜人，是美国退休人士移居首选的阳光地带，西班牙的太阳海岸（Costa del Sol）和白色海岸（Costa Blanca）则是欧洲退休人士移居时所青睐的阳光地带。[1] 位于安达卢西亚自治区的马拉加省（the province of Málaga, Andalusia，后简称马拉加）的太阳海岸称得上是“吸引外籍退休移民最多、移居密度最高的欧洲地区”，[2] 因而也常被称为“欧洲的退休之家”，[3] 特别是自 20 世纪 80 年代以来，数十万来自英国、德国、法国、瑞典、丹麦、挪威、比利时和荷兰等西欧及北欧国家的退休人员被吸引到此地（图 B.2.1）。[4] 尽管北美和欧洲的退休移民大多都是为了追求更宜居的气候条件和更低的生活成本而进行远距离迁移，当然对生活成本的考量近年来已逐渐淡化，但对于欧洲而言，主要区别在于移居到这里跨越了国家文化和语言的藩篱，而这种跨文化互动的空间条件将是本章关注的主要议题之一。

由于大多是未登记注册的外籍居民这样的“隐蔽人口”，所以退休移民这种现象的确切规模尤为难以量化。[5] 太阳海岸沿海城市 2013 年的官方登记总人口为 1 252 872 人，其中外籍居民人数为 231 545 人，但实际上据估计，外籍居民的人数高达 600 000 人，其中英国人是人数最多的单一民族（图 B.2.2）。[6]

现有的文献主要以三个主要群体——原住居民、游客和退休移民（即官方所称的“气候居民”）之间的分时共享逻辑来描述太阳海岸的城市现象，而本章将根据三种主要空间生态的共存来强调凸显各群体的组织。[7] 这些历史名镇、旅游胜地和城市化社区的布局安排，记录了 20 世纪后半叶及 21 世纪初海岸地区的历史沿革与规划转型。在外籍退休移民的主导下，城市化社区在空间及领土方面已成为主导生态。在历史悠久的渔村和旅游胜地之间，在大致位于埃斯

图B.2.1　在太阳海岸注册的非西班牙裔欧盟（欧盟15国）居民分布

据估计，未注册的国际退休移民人数超过了已注册居民的相应统计数据，但已注册的非西班牙裔欧盟15国移民的人口空间分布图表明，这些居民主要居住在退休社区，并集中在太阳海岸的海岸线附近。资料来源：统计与地图学研究所，安达卢西亚，人口空间分布，2013年，http://www.Juntadeandalucia.es/institutodeestadisticaycartografia/bd/GRIDvisor/nacionalidades.jsp

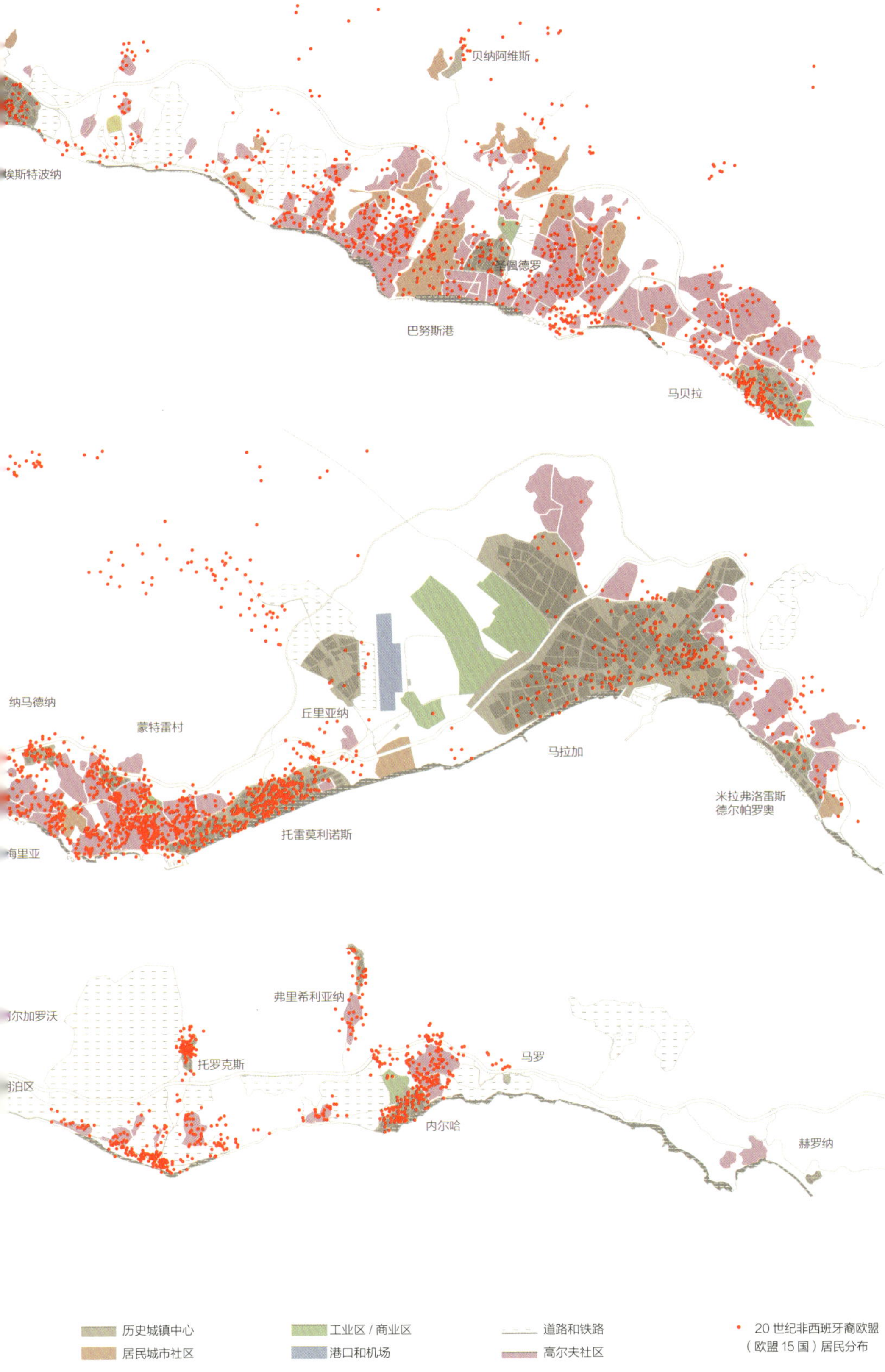
贝纳阿维斯
斯特波纳
圣佩德罗
巴努斯港
马贝拉
纳马德纳
蒙特雷村
丘里亚纳
马拉加
米拉弗洛雷斯
德尔帕罗奥
托雷莫利诺斯
海里亚
弗里希利亚纳
尔加罗沃
托罗克斯
泊区
马罗
内尔哈
赫罗纳
历史城镇中心
居民城市社区
工业区 / 商业区
港口和机场
道路和铁路
高尔夫社区
20 世纪非西班牙裔欧盟
（欧盟 15 国）居民分布

图B.2.2 西班牙国际退休移民最集中的两个地区：太阳海岸和白色海岸。旗帜的大小对应按国籍登记的移民相对数量。资料来源：西班牙统计数据引自安德里亚斯·胡贝尔（Andreas Huber）和凯伦·奥莱利（Karen O' Reilly），“在个体化的现代性条件下构建家园：瑞士和英国老年人在西班牙的生活”，《老龄化与社会》（*Ageing and Society*），第24期，2004年

特波纳（Estepona）与内尔哈（Nerja）的定居区域之间（图 B.2.3），数以百计的城市化社区拥塞其间，形成了近乎绵延不断的线性城市化“地毯”，沿着 150 多千米的海岸线延伸开来。这个外城系统通过大量休闲的基础设施为庞大的退休人口提供了支持。

诚如凯伦·奥莱利等社会学家所言，太阳海岸的国际退休移民创造了一种介于两种文化、两个地域之间的主体性，而城市化社区本身又代表了一种介于度假胜地和封闭社区之间、介于安达卢西亚原住民村庄和殖民前线地带之间的混合城市的形态。与本书中介绍的其他“年轻老人城市化”案例一样，这些城市化社区在很大程度上也是基于休闲度假村这类临时性的休闲类型设施向全时段的休闲用途设施的转变。因此，度假胜地的样态是在形成城市化社区过程中最具参考意义的模式，通过一系列诸如高尔夫球场、游泳池、网球场、俱乐部和酒吧这类公共休闲基础设施，创造并提供了私人形式的社交空间。总体而言，这些城市化地区并没有为城市带来连贯的整体结构，反而形成了一个与周围环境在组织结构和社会文化层面上都有很大差异的碎片化实体群。太阳海岸的组织结构可以被理解为线性的郊区发展模式，即形成了一种没有明确的组织或生

产重心的后都市状态——除了马拉加太阳海岸机场或许在促进实现这种状态所需的跨国流动方面发挥了作用。

在社会方面，由于英国、德国及其他欧洲地区的人相对集中聚集，城市化社区较为显著的特点往往是趋向形成单一民族的文化环境，[8]这种集中型社区被冠以“殖民地”这种极具争议性的名头，而奥莱利则对此提出了质疑。本章将继续强调“殖民地”和“殖民化”这些术语的描述潜力，但采用的框架不同于奥莱利所主张的与19世纪民族国家有关的殖民话语，亦迥异于20世纪末期跨国公司的殖民控制。我们将从基于栖息地的人口统计学与消费殖民形式的角度来阐述——这种殖民与其说是自上而下权力统治的产物，不如说是城市区域自下而上的集体性消费的结果——每个组成部分都与美国建筑师凯勒·伊斯特林（Keller Easterling）所称的“空间产品”的逻辑密切相关。

本案例研究的结论不仅适用于解释西班牙的退休移民现象，还阐述了一套关于退休生活方式的方案，且这套方案随着诸如汇率、房地产价格、相对生活成本、法律地位以及在欧盟等地区或超国家组织中的条约成员资格等当地具体条件的变化，开始“殖民”其他地区。这些变量的特殊变化导致城市化社区模式迁移到克罗地亚、保加利亚或土耳其等地。作为一种易于复制的模式，城市化社区以气候乌托邦的形式运营：在将当地的异国情调作为产品进行包装的同时，还模仿移民者“家乡”的特定文化背景。这一切都发生在远离工作和阴雨的环境中，一个被构建为“不是家却胜似家”的环境中。[9]

国际退休移民

太阳海岸这种城市规模的移民现象，构成了英国社会学家罗素·金（Russell King）、托尼·温拿斯（Tony Warnes）和艾伦·威廉姆斯（Allan Williams）所称的“国际退休移民”（IRM）中持续时间最长、涉及人口最多的案例。金等人将“国际退休移民”视为一种当代现象，其从积极意义上挑战了退休人员体弱多病、负担沉重的传统印象。特别是，“与国际退休移民相关的创新居住环境与生活方式，是这些来自不同收入阶层和各类职业背景的老年人新的、积极的、具有发展抱负的一种表现”[10]。

图B.2.3　西班牙太阳海岸城市化社区的城市地图

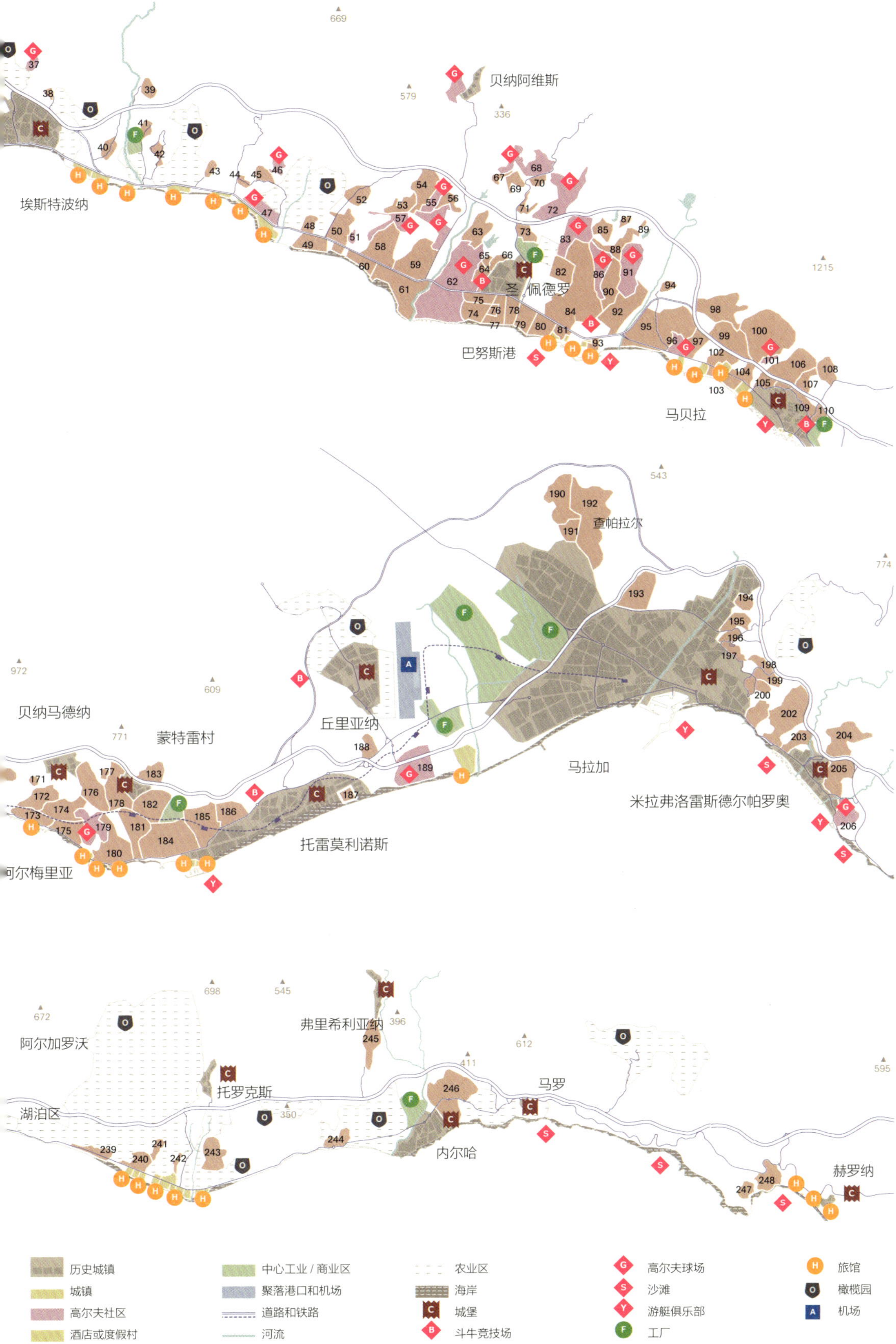
贝纳阿维斯
埃斯特波纳
圣佩德罗
巴努斯港
马贝拉
查帕拉尔
贝纳马德纳
蒙特雷村
丘里亚纳
马拉加
米拉弗洛雷斯德尔帕罗奥
托雷莫利诺斯
阿尔梅里亚
阿尔加罗沃
弗里希利亚纳
托罗克斯
湖泊区
马罗
内尔哈
赫罗纳
历史城镇
城镇
高尔夫社区
酒店或度假村
中心工业 / 商业区
聚落港口和机场
道路和铁路
河流
农业区
海岸
城堡
斗牛竞技场
高尔夫球场
沙滩
游艇俱乐部
工厂
旅馆
橄榄园
机场

从早期的18世纪欧洲富裕精英阶层移民到内陆温泉地区，到19世纪初海滨度假胜地风尚的兴起，金等人将“国际退休移民”划归为退休演变三部曲的第三阶段。在这个通常被称为老年生活迁移进程[11]的架构中，第一阶段为由城市向农村的迁移，即退休后回到儿时的家乡，[12]此类迁移的程度受到特定地区城市化进程的影响。在第二阶段，当地的地方因素及物质环境条件的影响增大，如自然环境的吸引力、交通便利性、社会支持和住房供应情况，而之前的那种童年情愫对退休地点选择的影响逐渐减弱，20世纪20年代、30年代和50年代向英国海滨度假胜地的迁移就是这一阶段的典型例子，这一时期铁路的大规模连接、扩张以及汽车的日益普及也为此提供了支持。第三阶段则是更多的人更纯粹地为了生活方式或出于对环境舒适度的考量，移居到多个不同地区享受退休生活。

根据金等人的研究，相比于其他国家，第三阶段英国退休移民的具体背景更为复杂，这反过来又为他们到国外退休养老提供了相当大的激励。例如，“英国的帝国历史为决定与家庭相关的定居地提供了颇多选择；英国实现了高水平的业主自住；与其他大多数西欧国家相比，英国早期的城市化以及现在的偏远地区城市化无不意味着，只有较少的人还与他们祖祖辈辈生活的农村或外省地区有着紧密的联系”[13]。

欧洲的这种地点驱动型退休养老的国际化，是在“老年人收入和资产状况获得根本改善”以及20世纪和21世纪初老年的“社会建构”，特别是其选择权与机会都发生了巨大变化的背景下产生的。[14]本书导言部分已经对后者进行了详细论述，而就经济条件改善而言，根据金等人的研究，英国人的实际平均收入在1975年至1995年间翻了一番，且此后仍有明显的增长。[15]因此，“退休后选择移居的人都有较多的实际收入及资产，他们自己也要求更好的住房和居住环境。他们越来越倾向于住在有吸引力的、‘未经破坏’的风景区，移民从而被分流到农村地区，尽管其中一些地区的服务设施直到近期仍旧落后，人口不断流失”[16]。2007年后，经济形势更加复杂多变，退休人员的财富水平因金融危机而有所下降，但此后又有不同程度的回升。[17]

在退休年龄选择远距离移居的人数陡增的现象通常被称为“退休高峰”[18]，

此时移居往往出于积极而非消极的原因，包括改善居住环境、促进自我发展、强化社会及家庭关系，抑或仅仅是出于享乐主义的目的。[19]

金等人认为，近几十年来国际移民潮的兴起主要有三大因素：对海外目标定居地的熟悉程度提高、交通便利性的改善以及在国外生活的制度和法律障碍的减少。[20]

从 20 世纪 60 年代开始，出国度假频率的大幅增加，使得旅游成为帮助人们进一步熟悉外国文化的主要活动。出国旅游的英国人人数从 1965 年的 500 万增加到 1980 年的 1 200 万，在 1995 年进一步增加到约 2 400 万，到了 2012 年，更是增加到 5 600 万，这得益于老年人出国旅游的日益频繁。[21]

交通的不断便利——特别是在降低实际运输成本和缩短运输时间方面——是国际性退休移民壮大的一个关键因素。交通运输发展过程中的重要事件包括：二战后欧洲高速公路网的改善与扩张；20 世纪 50 年代末波音 707 客机的问世；旅游包机市场规模的扩大，特别是在 20 世纪 60 年代和 70 年代；以及 20 世纪 90 年代及千禧年间廉价航空公司航线的增加。[22]

第三个关键因素是在民族国家及欧盟层面的制度性和法律性阻碍的减少。除 20 世纪 70 年代西班牙的民主化之外，1986 年签署的《单一欧洲法令》也支持欧盟公民在欧盟范围内自由流动和获得财产权。正如金等人的记录：

> “国际退休移民”被囊括在欧盟的重要制度与社会政策考虑之中，这包括关于劳动者自由流动的《罗马条约》第 48 条和第 49 条、消除成员国间产权壁垒的《单一欧洲法令》、赋予联盟公民有限选举权的《欧洲联盟条约》第 8 条，以及设想协调整个联盟的养老金和福利制度的《欧洲社会宪章》。[23]

正如金等人所说，这种“社会和医疗服务权利的国际可转移性的增强”鼓励了许多英国人选择退休后到国外养老。相关的法律变革始于 20 世纪 80 年代，当时英国扩大了向海外居民支付政府养老金的双边协议，而到了 20 世纪 90 年代初，随着欧盟“社会欧洲”愿景中更多政策目标的实现，这种法律变革变得越来越具体。这一进程同样反映在“社会互惠或代际家庭支持和义务的减少”中，这将进一步降低退休人员对当地人际网络及联系的依赖。[24]

近年来，国际退休移民得到了欧盟委员会明确的政治及经济支持。需要特别指出的是，欧盟委员会并没有将这些领取养老金的国际退休移民视为地方财政的损失——尽管这是十分常见的说法——而是有意将他们称为长期游客。换句话说，这些创造税收的旅客能极大振兴当地经济：

> 流动自由的理念正不断被强化，以确保任何年龄段的人都可以在欧盟内自由旅行，甚至可以长时间停留。这对于已经退休的老年人尤为重要，因为他们为了更好的气候或更低的生活成本，可能希望在其原籍之外的欧盟地区居住数月。实际上，这相当于长期旅游。[25]

过去几十年来，公共养老金制度的改革席卷整个欧盟，如提高退休年龄和进行经济情况调查，再加上 2007—2008 年金融危机所造成的困难，养老金的领取资格有了新的限制。[26] 尽管如此，这并没有中断国际退休移民的进程。

近几十年来，国际退休移民的现象已扩展到其他地区，如美国公民会选择到加勒比地区或拉丁美洲退休养老，以及少数德国人选择前往东南亚，但历史最悠久、规模最大的国际退休移民浪潮，是南北欧洲的退休人员向西班牙海岸的聚集性移居，这是特定的地理、社会、文化、经济和政治因素造成的。

太阳海岸的旅游业和国际退休移民

从历史上看，随着 19 世纪地中海沿岸逐渐演变为欧洲的“冬季乐园”和“周边游乐胜地”，北欧人才关注到太阳海岸。[27] 作为温泉度假胜地，马拉加从人满为患的法国里维埃拉（Riviera）海岸吸纳游客的现象尤为突出。[28] 到了 20 世纪 30 年代初，马拉加西面的托雷莫利诺斯（Torremolinos）的游客也进一步增多，当时的酒店和旅店仍以吸引富裕的有闲阶层为主。在西班牙内战和第二次世界大战之后，马拉加、托雷莫利诺斯和马贝拉等更广阔的区域被成功宣传为外国度假者的高级旅游胜地，而当时的太阳海岸除这些地区之外，几乎没有与旅游业相关的产业建设。自 1950 年起，随着国际大众旅游的兴起，该地区发生了翻天覆地的变化，“该地区作为旅游目的地的社会建构”[29] 将被彻底颠覆。金等人在书中这样写道：

> 地中海沿岸的大众旅游业是围绕大海、沙滩、阳光展开的，但旅游目的地的当地文化特色却鲜少被提及。成本的降低使出国度假首先延伸至中下阶层，随后大部分的工人阶级也接受了这一度假方式；与此同时，旅游公司对规模经济的追求使这种市场扩张成为一种

迫切的经济需求。换言之，大众旅游的扩张存在不断累积的因果关系。这种扩张的规模是巨大的，约三分之一的国际游客被吸引到了地中海地区。[30]

20 世纪六七十年代兴起的包价旅游现象是这一转变的主要因素之一。[31] 太阳海岸作为旅游胜地的受欢迎程度迅速上升从统计数据中可见一斑：到访的游客人数从 1959 年的 51 000 人增加到 1968 年的 925 000 人，1975 年又增加到 250 万人，到了 2013 年，进一步增加到 790 万人。[32] 或许除马贝拉的部分地区外，这种增长与太阳海岸从高档特权旅游地向大众旅游地的转变是相对应的。

20 世纪 80 年代是一个特殊的转变期，西班牙地方政府和中央政府试图通过鼓励沿海地区土地和房地产的海外投资，来抵消旅游业典型的季节性经济波动所带来的不稳定影响。由于成本相对较低，“开发商利用这一新兴市场，在许多大受欢迎的度假胜地不受监管地修建了造价低廉、通常构造简陋的高层公寓。在这些度假胜地及其周边地区，新的、密集的别墅开发项目所构成的城市化进程，以一种自发的、往往无计划的方式涌现”[33]。

在此期间，英镑对西班牙货币的汇率持续走高，1985 年汇率甚至达到 1 英镑兑 220 比塞塔。奥莱利认为，“此时大量游客涌入西班牙，被低廉的价格、合适的汇率、阳光和大海以及旅游区日益完善的基础设施吸引，开始考虑将西班牙作为定居地。”[34] 改善后的基础设施促进了比别的地方更高水平的国际交流互通、公共交通、购物及娱乐。[35] 这一时期，外籍退休移民的增长最为迅速，英国人效仿德国人开始在西班牙海岸购置退休住宅和度假屋。这引发了一场急剧变化，使得“旧有的村庄中心和海滨酒店群被现代化的城市化社区迅速包围”[36]。在整个发展过程中，该地区的发展重心从温泉小镇变为高档度假胜地，又转变为大众旅游地，最后转变为大规模退休移民的综合性居住地。[37] 最后的这次扩张转变适逢 20 世纪 80 年代中期英国经济复苏及英国房地产市场的大规模扩张时期，这使得许多英国人在出售自己在英国的住房时获得了相当可观的收益，可用于投资西班牙等地的廉价房地产，“为自己换得更好的退休生活，或者通过投资为游客和新定居的侨民提供社区服务的小微企业为自己带来收益”[38]。

20 世纪 80 年代末，由于经济衰退的影响，西班牙沿海地区的旅游业首次遇冷，但国际退休移民的数量却稳步增长。与大众旅游业紧缩相伴的，是度假房和养老住宅市场的竞相增长，与此同时，西班牙旅游局也在大力推动文化旅游，尤其是在远离拥挤海岸线的内陆地区。[39]

自 1990 年起，汇率的进一步波动和全球经济的发展既影响了来此定居的外籍退休人员的增长速度，又影响了太阳海岸新开发项目的选址及规模。更具挑战性的还包括：20 世纪 90 年代初的经济衰退，1993 年，汇率跌至 1 英镑兑 167 比塞塔；[40]21 世纪初的小幅经济衰退；以及最近，房地产市场崩盘与 2008 年至 2009 年的国际经济衰退，这一事件与英镑兑欧元的持续贬值近乎同步发生（图 B.2.4）。太阳海岸沿线的退休住宅开发项目在这期间仍持续增长，尽管速度有所放缓。因此，马拉加等昔日人口密集、繁华拥挤的城市在这一时期扩展成了一个“线性后都市化区域”，数以百计的城市化社区囊括其间——尽管在撰写本报告时，部分城市化社区仍有闲置。

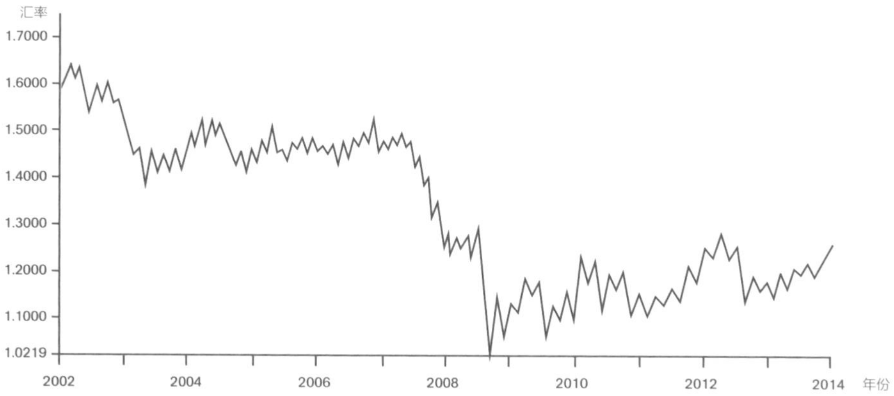

图B.2.4　2002—2014年英镑兑欧元的货币汇率历史。来源: fxtop.com

隐性的人口

由于英国和其他（欧盟）国家退休人口在西班牙太阳海岸的流动性问题，准确量化这一群体的规模向来困难重重。根据法律，欧盟公民如果一年中在任何地方停留超过 6 个月，必须在当地警察局注册。然而，据信大量外国居民未登记且不愿填写人口普查表格。其原因是多方面的：首先，奥莱利指出，申请和获取留居许可的过程昂贵、耗时且官僚主义十足，这本身就是个“噩梦”；此外，还存在被拒的风险，一旦被拒，就必须在几天内离开，这进一步增加了居民的顾虑。[41]另外，居民可能不清楚自己要停留多久，其间可能会频繁更换公寓。许多人还认为作为欧盟公民，他们有权留在西班牙，因此不应被要求持有留居许可。对这样一个难觅踪迹的人口群体进行精确统计的困难在奥莱利的《英国人在太阳海岸》（*The British on Costa del Sol*）一书中有明显的体现。

> 根据C. 贝尔·阿德尔（C. Bel Adell）（1989年）的数据，1986年西班牙全境有46 914名英国居民，而到了1989年，这一数字增加到73 555人。根据欧洲委员会的数据，1991年，有86 000名英国人居住在西班牙。1995年，D. 克雷菲尔德（D. Creffield）报道称，根据英国大使馆的估计，有300 500名英国人在西班牙生活。另一份资料则指出：大约有100 000名英国人居住在太阳海岸。根据各种报告估计，到2000年，整个西班牙将有100 000至300 000名英国人，以及大约100万其他国家居民；而早在1986年，据称就有100万外国人在西班牙沿海地区拥有房产。1999年6月，《娱乐者》（*Entertainer*）报道，有600 000名说英语的外国人生活在西班牙南部。[42]
>
> 社会科学家弗朗西斯科·儒尔道（Francisco Jurdao）和玛丽亚·桑切斯（Maria Sánchez）推测，1990年在米哈斯居住的英国人超过25 000人，而当时该村庄的总人口仅有36 000人！另外，1993年，在马拉加省注册为常住居民的英国人有34 000人。与此同时，英国领事迈克尔·巴特鲁姆（Michael Bartrum）估计，有20 000名英国人在米哈斯和沿海地区生活。根据米哈斯市委员会1994年收集的人口普查数据，当时该市有6379名英国居民和136名爱尔兰人。[43]

据奥莱利和胡贝尔的描述，在马拉加省有25 126名注册英国居民，占注册外籍居民总数的30%，是占比最大的国籍群体。其中，超过三分之二的英国居民年龄在45岁以上。而2011年的相关数据记录有41 931名注册英国居民，占外籍居民总数的近20%。[44]这些官方数据与其他对实际人口数量的估计形成了鲜明对比。据《卫报》（*Guardian*）记者2007年的报道：“在英国之外，现在居住在西班牙的英国人比在任何其他欧洲国家的都多，英国大使馆工作人员同样表示，实际人数可能比官方估算的数据高出三倍。仅太阳海岸南部区域，即使不包括游客，流动的英国人口最高就可达到30万人。”[45]因此，这里不会试图确定一个具体的人口数字。

气候：太阳乌托邦

金等人认为“环境舒适度与生活方式对退休地点选择的影响”[46]与日俱增，而国际退休移民的选择正反映了这一现状。这可以放在与家庭相关的居住地决策因素的重要性相对下降的背景中来研究。[47]在吸引北欧人向南欧进行退休迁移的各种因素中，如气候、较低的生活成本和房价以及对南方文化和生活方式的熟悉度，气候是迄今为止外国居民选择移居到西班牙太阳海岸的最重要因素。例如，在金等人 1996 年进行的一项调查中，48% 的受访者将气候列为居住在太阳海岸的最重要因素，而 29% 的人将其列为第二重要因素。[48]

位于地中海亚热带气候区，太阳海岸的年平均日照时长可被量化为 2800 小时左右，相比之下，伦敦为 1500 小时，柏林为 1700 小时，斯德哥尔摩为 1500 小时。冬季一月时的平均日间温度在 11℃至 18℃，而伦敦、柏林和斯德哥尔摩分别为 2℃至 8℃、-2℃至 3℃和 -5℃至 -1℃；夏季八月时的平均日间温度则在 26℃至 32℃，相比之下，伦敦、柏林和斯德哥尔摩分别为 13℃至 23℃、14℃至 23℃和 13℃至 20℃。太阳海岸的水平均年降雨量为 233 毫米，而伦敦、柏林和斯德哥尔摩分别为 593 毫米、603 毫米和 554 毫米。并且，西班牙沿海地区几乎不会下雪。[49]

从气候角度看，太阳海岸可以被视为太阳乌托邦。在沿海房产的推广和销售材料中，这种气候及与其相关联的生活方式有着重要作用。[50]西班牙建筑师胡安·帕洛普－卡萨多（Juan Palop-Casado）将全球这类气候宜人的区域集合描述为“乐园般的几何地带”——实际上是由两条亚热带“好天气走廊”构成的，其中蕴含着“独特的能源、经济、技术、地理、生活方式、生物、时间和地点储备”[51]。这些“好天气走廊”越来越多地成为旅游业和退休移民社区的地理重叠的地带，而本书的所有案例研究都位于这些“走廊”内，这并非偶然（图 B.2.5）。[52]在这方面，它与美国以佛罗里达州和亚利桑那州为中心的退休移民聚居现象有着明显的相似之处，与维持老年人在先前居住地的传统优势（尤其是长期相处的家庭成员、朋友以及更广泛的社交和功能性网络）相比，气候的吸引力日益增强。

[53] 围绕这一点，金等人说道：

宜人的气候，这一主导性的描述背后意味着什么？最受赞赏的特征包括冬季气候的温和、阳光普照和相对干燥，以及没有霜冻，总体印象是令人放松和舒畅的。地中海气候的冬季不仅允许，甚至鼓励人们在户外活动。对一些人来说，可进行高尔夫、网球或冒险远足运动；对更多人来说，可以在露台上用餐、悠闲地观光购物，或在海边或俱乐部与朋友相聚。对于一些人来说，他们喜欢夏季的炎热，有些人则不然。对于我们的数百名受访者而言，炎热并非主要考量因素，他们明确表示，这里的气候提升了他们的精神面貌。[54]

这些观点在金等人对居民进行的一系列访谈中尤为明显，以下是一些访谈摘录：[55]

"布拉瓦海岸（Costa Brava）的冬天并不理想；气候上有点像法国南部，你需要去更南边……我们认为，太阳海岸的气候是欧洲最好的。即使现在是二月，我们也穿夏季服装。"[56]

"我们曾去丰希罗拉（Fuengirola）和马贝拉度假，所以对这一地区，包括内陆非常熟悉。而且这里阳光更充足，气温简直棒极了。"[57]

"（地中海气候）令人感到十分宜人——空气干燥，碧空如洗，阳光明媚，仿佛整个大自然都闪烁着生命的活力……我每天都惊叹于新的一天竟如此美好，气候对生活的影响实在太大了！"[58]

"我们在一月里晒太阳，那真是美妙极了。"[59]

"（优越的气候条件）使得老年人更加活跃——没有漫长、寒冷而黑暗的夜晚。"[60]

奥莱利认为，对于许多英国人来说，西班牙已经被旅游业全面塑造成一种社会建构空间，是代表"度假、逃离、休闲、乐趣、边缘性、富饶和新起点"[61]的场所。这在构建太阳海岸作为旅游目的地的言论中表现得尤为明显：

如同家一般的避暑胜地，加上西班牙特有的阳光、沙滩和桑格里亚酒，令人全然沉浸于西班牙风情。[62]

对于英国游客来说，去太阳海岸度假是一种熟悉的享受，酒店、酒吧和俱乐部都迎合着盎格鲁 - 撒克逊人的口味。将这份熟悉与西班牙的明媚阳光和地中海温暖的海水相结合，对许多人来说，这就是完美的度假配方！尽管这里有许多提供英式体验的场所，但想深入了解独特的安达卢西亚文化，你也不必走太远。[63]

在近期广泛营销的太阳海岸旅游业推广中，"太阳"被塑造成一种享乐主

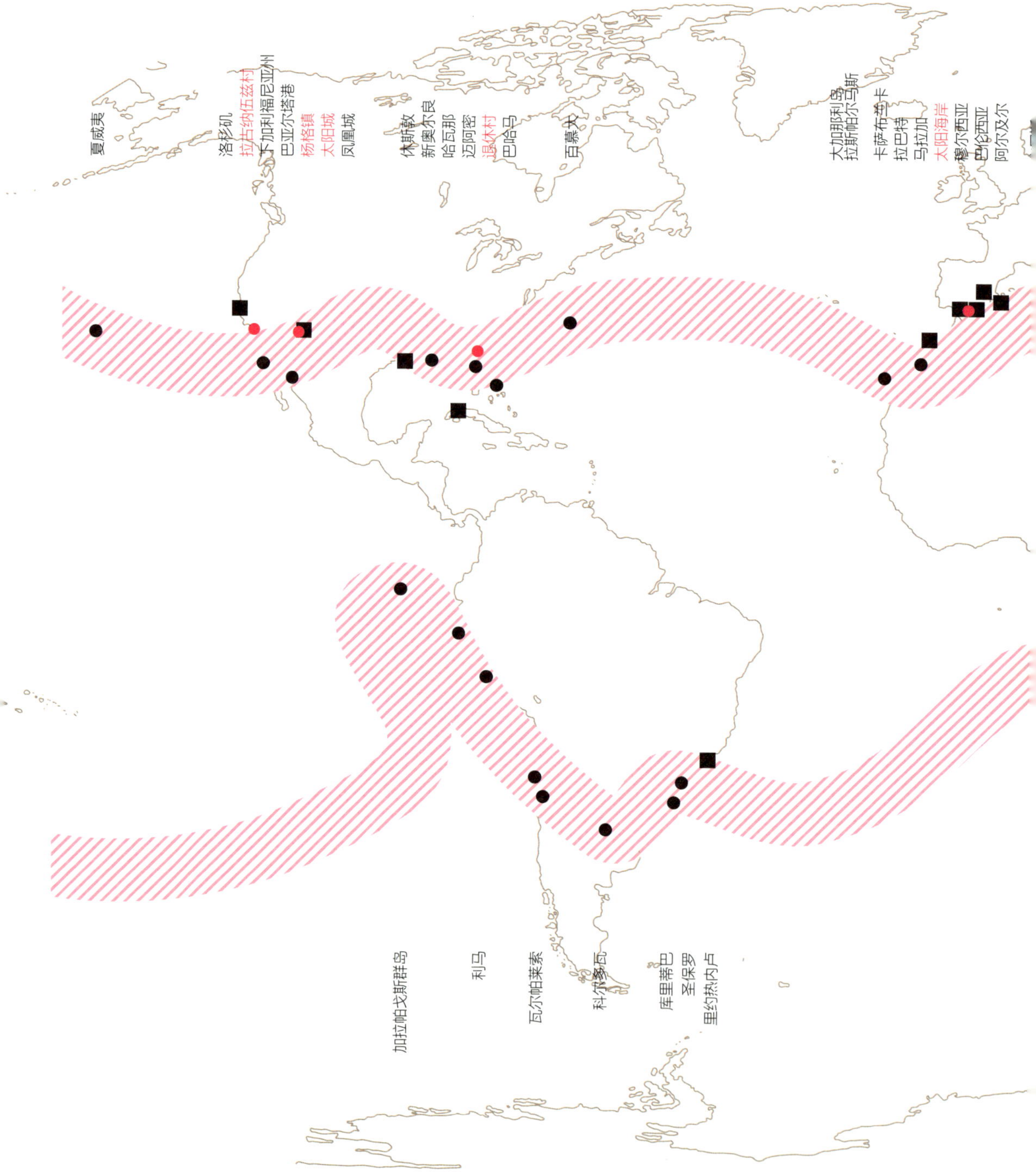

图B.2.5　乐园般的几何地带

西班牙建筑师胡安·帕洛普-卡萨多将全球最适宜居住的气候区描述为“乐园般的几何地带”，本书选取的案例就位于这些区域。从全球退休移民现象可以明显看出气候等因素相较于将老年人留在以前居住地的传统机构，具有更强的吸引力，尽管在原居住地，他们可以与家庭成员和朋友保持长期亲密关系，还可以生活在各种熟悉的社会和功能网络中。资料来源：胡安·帕洛普·卡萨多，规划和建筑实验室（LPA），《城市的光合作用：规划和建筑实验室项目及作品，2002—2009年》（*Urban-Photosynthesis: Projects and Works by Laboratory for Planning and Architecture, 2002-2009*）

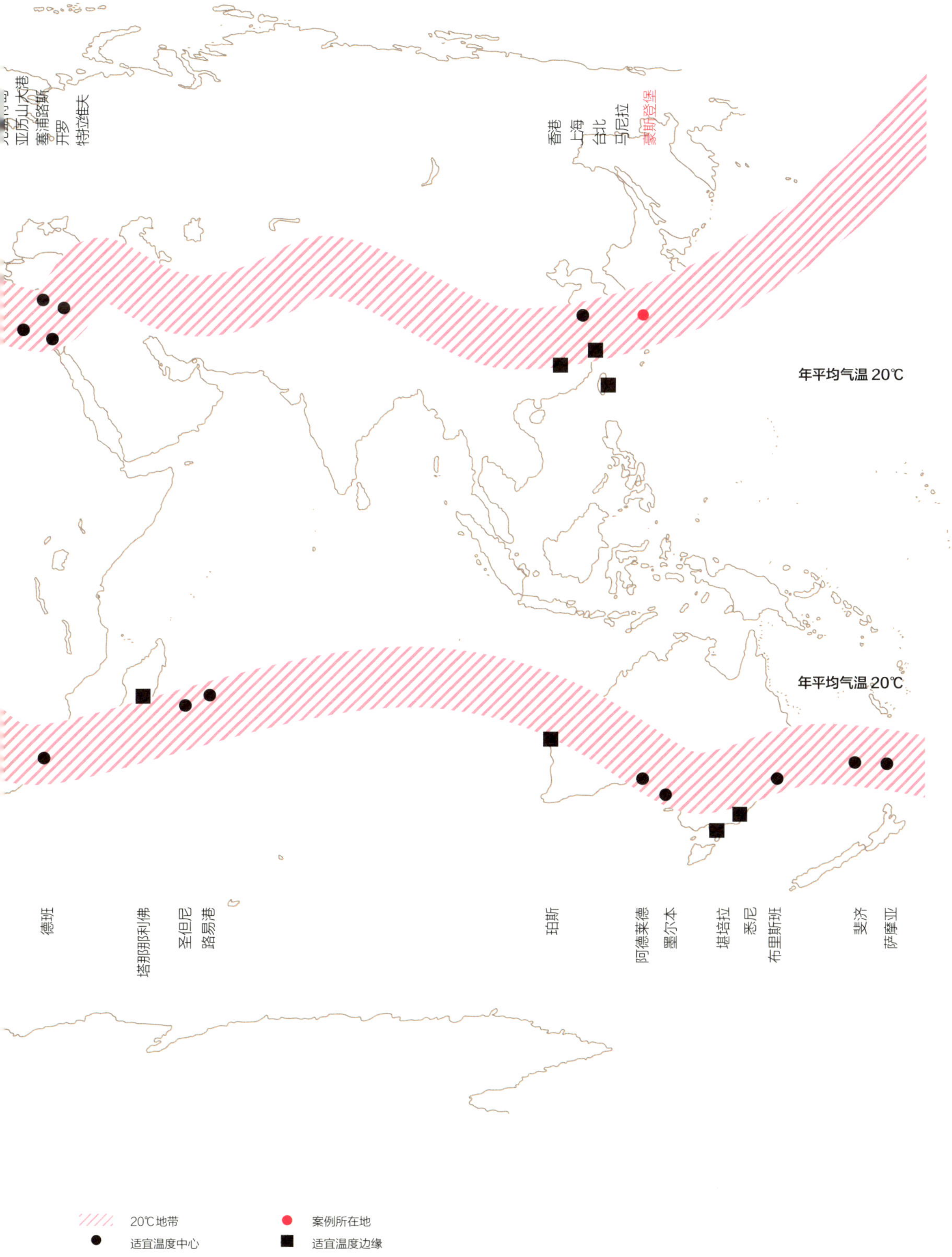
亚历山大港
塞浦路斯
开罗
特拉维夫
香港
上海
台北
马尼拉
豪斯登堡
年平均气温 20℃
年平均气温 20℃
德班
塔那那利佛
圣但尼
路易港
珀斯
阿德莱德
墨尔本
堪培拉
悉尼
布里斯班
斐济
萨摩亚
20℃地带
适宜温度中心
案例所在地
适宜温度边缘

义的休闲商品。然而，从像太阳海岸这样18世纪和19世纪地中海冬季度假胜地的历史长河来看，阳光充足的环境并非仅限于让人享乐，或者“重获乐园”，如历史学家马克·布瓦耶（Marc Boyer）所言，还包含了其他两种功能。首先，这是一种炫耀，即“特权阶层过着阳光下的生活，而其他人则在雾气中因寒冷而颤抖”[64]；其次，是治疗性，这是基于气候被认为能帮助恢复健康的特性。事实上，这种治疗效应是早期地中海旅游发展中最重要的驱动力之一。布瓦耶在其著作中提道：

> 在19世纪初，医生拉埃内克（Laénnec）建立了一个理论：“没有什么疾病不能通过改变环境来缓解。”在那个时期，浪漫主义的“世纪病”（mal du siècle）是“肺结核”。拉埃内克在1820年左右发明了听诊法和听诊器，可以诊断出肺结核，但不知道如何治愈这种疾病。为了阻止或延缓病情的发展，医生建议病人到法国南部去，希望病人“充分利用南部的气候”来应对肺结核。在19世纪，许多关于地中海地区的医疗条例和指南就是这样开始的。[65]

类似的，在19世纪三四十年代，马拉加作为健康疗养胜地而崭露头角，吸引了希望避开人满为患的法国里维埃拉的外国人。在19世纪末和20世纪初，阳光和“户外生活”在对肺结核等疾病的治疗中发挥着越来越重要的作用。随着20世纪70年代和80年代太阳海岸逐渐发展成为大众旅游目的地，其他沿海地区的显赫地位逐渐削弱，20世纪80年代到90年代，大量外国退休人员的到来，使得阳光在太阳海岸的疗愈功效再次成为宣传话语强调的重点。当作者采访的一些英国退休移民谈到气候温暖和低湿度对风湿病和关节炎等常见疾病的症状有缓解作用时，这种印象得到了强化。一位受访者表示：“这里的气候对我的老风湿关节非常有帮助。”[66]近年来，由于长时间暴露在阳光下导致皮肤癌的问题日益引起关注，特别是对于习惯较寒冷、阳光较少的北方气候的皮肤类型，这打破了“阳光是健康赋予者”的简单印象。当前和未来的退休人群可能不会彻底割裂阳光与健康之间的孪生关系。金等人在2000年发布的访谈和调查数据表明，与欧洲退休移民的其他迁居地相比，太阳海岸的受访居民更频繁地提及其迁移的要因是“为了健康”，这无疑强调了阳光对健康的积极作用：[67]

> “我丈夫身体不适，他不想再经历英国的冬天了。”[68]
>
> “英国的潮湿气候实在糟糕，会让人显得苍老。”[69]

城市形态：线性后大都市地区

在这个海岸，西班牙企业家、国际度假公司和北欧居民彻底改变了直到最近还以农村为主的大片地区，在这个过程中，创造了一个前所未有的、独特的欧洲“理想型”社会。在过去的30年里，欧洲的其他地区都没有因娱乐和退休住宅的发展而发生如此大的变化。

——罗素·金、A. M. 温拿斯（A. M. Warnes）、托尼·温拿斯和艾伦·M. 威廉姆斯[70]

二战后，太阳海岸的迅速扩张引人注目，从西北的埃斯特波纳到东南的内尔哈，马拉加省的官方注册人口从1960年的77.5万人增长到1991年的116.1万人，再到2014年的1 619 497人，反映了劳动人口流动和休闲退休移民迁移的趋势。[71] 例如，从1950年到1991年，人口增长率最大的个别城镇包括贝纳尔马德纳（Benalmádena），人口增长了12倍，托雷莫利诺斯（图B.2.6）的人口增长了9倍，丰希罗拉的人口增长了6倍。[72]

图B.2.6　托雷莫利诺斯（Punta de Torremolinos），太阳海岸，1959年
来源：Pat Jackson

自20世纪50年代以来，这一地区也经历了与人口增长同样激进的转型。1950年时，由276 222名居民构成的紧凑型、相对人口密度高的城镇主导着这里，只在沿海零星分布着其他历史悠久的小渔村和城镇。而目前的居住模式几乎覆盖了马拉加省的整条海岸线，以不同密度不断延伸约150千米。[73] 这个大约500平方千米的居住区不是一座集中的城市，也不是一个个孤立村庄的集合，而是一个共存的生态系统系列，共同组成了一个具有不同厚度和强度的线性结构（图B.2.7、图B.2.8）。安达卢西亚建筑师何塞·玛丽亚·罗梅罗（José

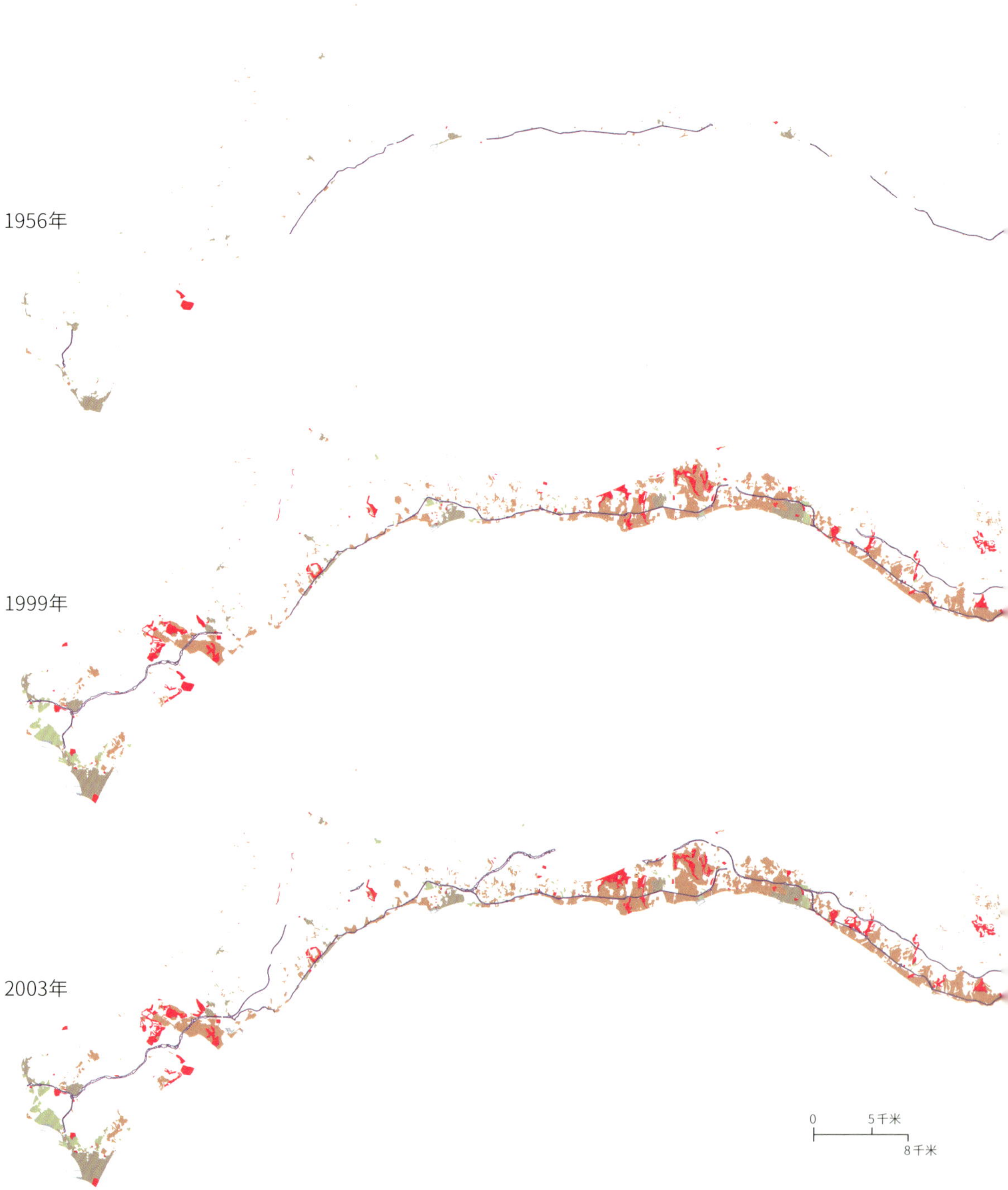

图B.2.7　太阳海岸城市发展历史

从太阳海岸城市发展历史简介中可以看出，在大约50年的时间里，太阳海岸的城市发展呈现爆炸式增长。这可以从太阳海岸沿线土地不断开发的进程来理解，首先是作为旅游地的开发，其次是成为国际退休移民居住地。尤其是后一阶段的发展，迅速占据了大片位于历史城镇之间以及集中在海岸线边缘的酒店、度假村周边的土地。但这种发展态势在2008年金融危机后基本上处于停滞状态。

历史城镇中心
城市化社区
工业 / 商业区
港口和机场
道路和铁路
高尔夫社区

图B.2.8　从空中俯瞰太阳海岸贝纳尔马德纳、托雷莫利诺斯和马拉加方向，2009年

María Romero）称之为“线性大都市状态”[74]。

退休“郊区化”可以用来形容该地区相当大的一片区域。在这个远郊聚落中，发展在很大程度上是分散的，即在功能意义上独立于城市中心运作——只有马拉加太阳海岸机场是个例外，它位于市中心西南 8 千米处，对支持旅游和退休移民所需的流动性发挥着核心作用。

在这个城市结构中，鲜有专门的生产区域，相反，由于旅游业和退休移民在空间和组织上的主导地位，消费空间与生产空间恰好相互重叠。地理学家爱德华·索亚（Edward Soja）在描述加利福尼亚州橙郡的相似情况时称其为“一种新型工业化，催生出新型边缘城市化，一种补偿性的城市形态，以及灵活经济专业化的人造景观”[75]。在这种背景下，太阳海岸形成了类似边缘城市化的形式，但其基础是排除了传统的“生产性”城市元素，如工业和商业，转而接纳一种分布于整个地区的工业化休闲形式。

正如记者乔尔·加罗（Joel Garreau）将购物中心和办公园区视为美国“边缘城市”分散且相对同质化的标志性元素，当代太阳海岸的相应可识别的城市形态可能体现在作为城市边缘的海岸本身、高尔夫球场以及城市化社区。这标志着从加罗定义的边缘城市向休闲饱和的程序性转变，但加罗赋予它的那些期待对于太阳海岸来说，显得恰如其分，“自开创以来，这是试图创造出类似新伊甸园的最有目的性的尝试”[76]。

太阳海岸的整体结构具有明显的线性特征，这是由地理特征在确定其发展以及相应的基础设施规划方面的重要性所决定的。海岸线尤其发挥了主导作用，其海滩通道和海景成为吸引游客的关键因素。与海滩相邻的山脉发挥了与水体边缘类似的作用，限制线性结构“后部”可建设开发的范围。支撑这一结构的主要基础设施是地中海高速公路，即从内尔哈到阿尔赫西拉斯的 A-7 号高速公路以及 AP-7 号收费高速公路。除了有限的海岸线，在马拉加和丰希罗拉之间没有铁路连接，只有有限的公共汽车连通各个居住区、旅游胜地和城市化社区，而且许多新开发项目距 A-7 号公路的距离越来越远，因此，私家车是在该地区生活不可或缺的条件。[77]

该地区的快速扩张，加上政治不稳定和规划管理不当，给这些线性基础设施系统带来了日益增大的压力。这在 A-7 号公路的马拉加至马贝拉路段上尤为明显，不得不应对车流量的大幅增长。例如，在垂直的支线道路与限速 80 或 100 千米 / 小时的 A-7 号高速公路主干道的交汇处，会出现 90° 或接近 90° 的停车标识，以及由于受限的视野条件，拐角处高速公路上的车辆无法被及时看见。因此，为了缓解压力，在与海岸线平行的主干道（公共道路）增加了车道并提高了限速，而早期由私人开发的垂直接入道路及其连接线则保持几十年前建设时的原样。公共汽车系统占用 A-7 号公路的情况进一步强化了该地区的线性布局，增加了公共交通选择的有限性。这个系统因与高速公路“入口匝道”类似的快速增长而备受困扰。因为没有专用公交车道，高速公路会设置零星的停车“凹位”，这对跟随和并入车流造成巨大挑战（图 B.2.9）。

图B.2.9　太阳海岸A-7号高速公路上一个典型的公交车站，2009年
资料来源：谷歌地图

规划设计：生态共存

太阳海岸的繁荣水平在某种程度上遵循着一种时间与季节的规律。《伊比利亚海岸：休闲城市的兴起》（*Costa Iberica: Upbeat to the Leisure City*）这本书，从平行时间的视角探讨西班牙海岸整体的线性休闲城市化，并集中分析了白色海岸沿线的小城市贝尼多姆：

> 这种“线性城市”，包括整个伊比利亚半岛的海岸线，无法用传统的城市用语来描述。它主要由人们在非常特定的社会情境下暂时聚集而成。春天，以及比此时更冷的时候，众

多退休的老年人逃离他们寒冷、可能不利于健康的故乡，来到这里享受温暖的天气；夏天，这里有世界上最大规模的青年聚集，就像是一个当代迪斯科世界盛会；秋天，这里成为西班牙人自己的疗愈胜地；而在冬季，这个地方则变成了一片寂静纯粹的“鬼城”。[78]

人们目前对于太阳海岸的城市解读主要集中在这些季节性的旅游节奏，很大程度上忽略了对城市中不同使用群体共存的空间理解。

例如，塞萨尔·波特拉（César Portela）的《太阳海岸建筑》（*La Arquitectura Del Sol / Sunland Architecture*）专注于沿西班牙海岸线打造“大众旅游机器”，同时试图在这种模式下，从大量“虚假、庸俗和最平凡的标准化”的建筑中找出有趣之处。[79] 书中只是顺带提及“许多在西班牙有房子并且在西班牙温暖的冬季和欧洲温和的夏季间候鸟式居住的外国人，使我们的国家成为一种季节性的‘养老院’”[80]。

在太阳海岸，这些季节性的节奏在海岸的临时性社会构成中起着关键作用：临时与永久、国内与国外、年轻人与老年人之间同样具有明显的空间需求差异。虽然从空中乍看起来，太阳海岸似乎是一片连续的城市区域，但实际上，沿海地区的结构是由多个对比鲜明的地缘区域组成的碎片组成，这可以归因于三种主要的共存城市生态系统：历史城镇（及其周边区域）、酒店综合体和旅游度假村，以及城市化社区（图 B.2.10）。这三种生态系统之间的关系在官方旅游地图中体现得最为明显（图 B.2.11），在这张地图中，每种生态系统都占据着自己独特的空间区域——对应着太阳海岸顺次发展的各个历史阶段。例如，根据金等人所说：“太阳海岸……已经持续地成为时尚的旅游热门地，这里既是最早和最受欢迎的大众度假胜地之一，又是欧洲吸引外籍退休居民最多、人口最密集的地方。”[81] 能将如此不同的城市生态系统集合在一个区域中，得益于一系列基础设施的支持，包括高速公路和道路系统以及其与国际交通枢纽——马拉加太阳海岸机场的联系。[82]

第一种生态系统——历史小镇，通常由西班牙当地居民主导（除了位于市中心和海滨的旅游核心区）。历史上，像托雷莫利诺斯、贝纳尔马德纳海岸、

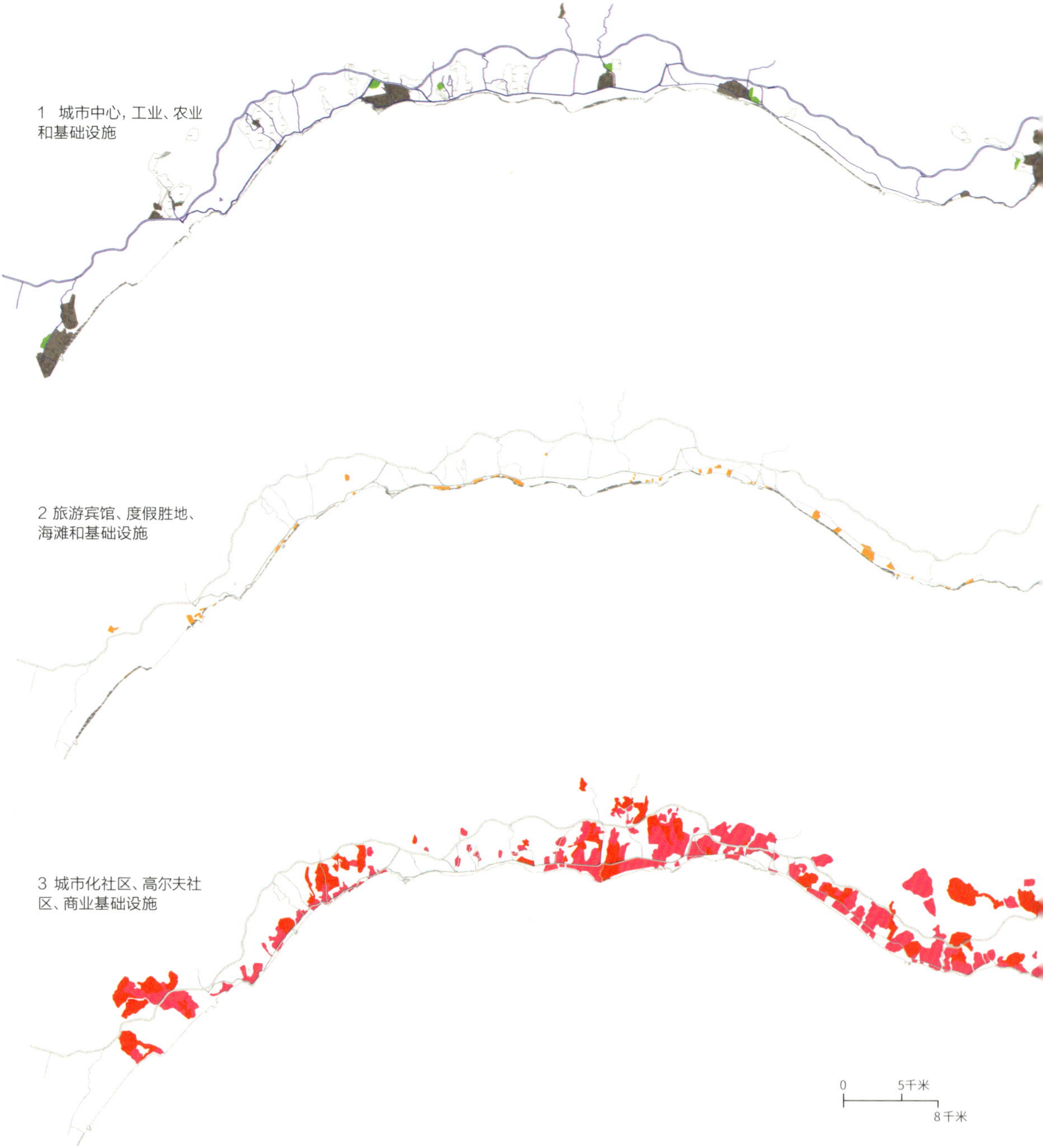

图B.2.10 太阳海岸的三种城市生态

虽然这三种共存的城市生态之间存在重叠，但每种城市生态都与各自独特的地域相关联，也与太阳海岸沿线连续的历史发展阶段相对应。第一种城市生态——传统城镇或城市核心区——一般以西班牙常住居民为主（除了位于市中心和海滨的旅游核心区）。这些城市核心区对应“（基础设施的）项链上的珍珠”结构。第二种城市生态由20世纪60年代至80年代迅速崛起的旅游胜地和酒店组成。这些地方过去和现在都主要由外国游客临时居住。自20世纪80年代以来，由度假村和酒店构成的第二种城市生态的发展以及支持它们的基础设施，对太阳海岸第三种城市生态（即主要由国际退休移民居住的退休社区）的形成和发展起到了重要作用。

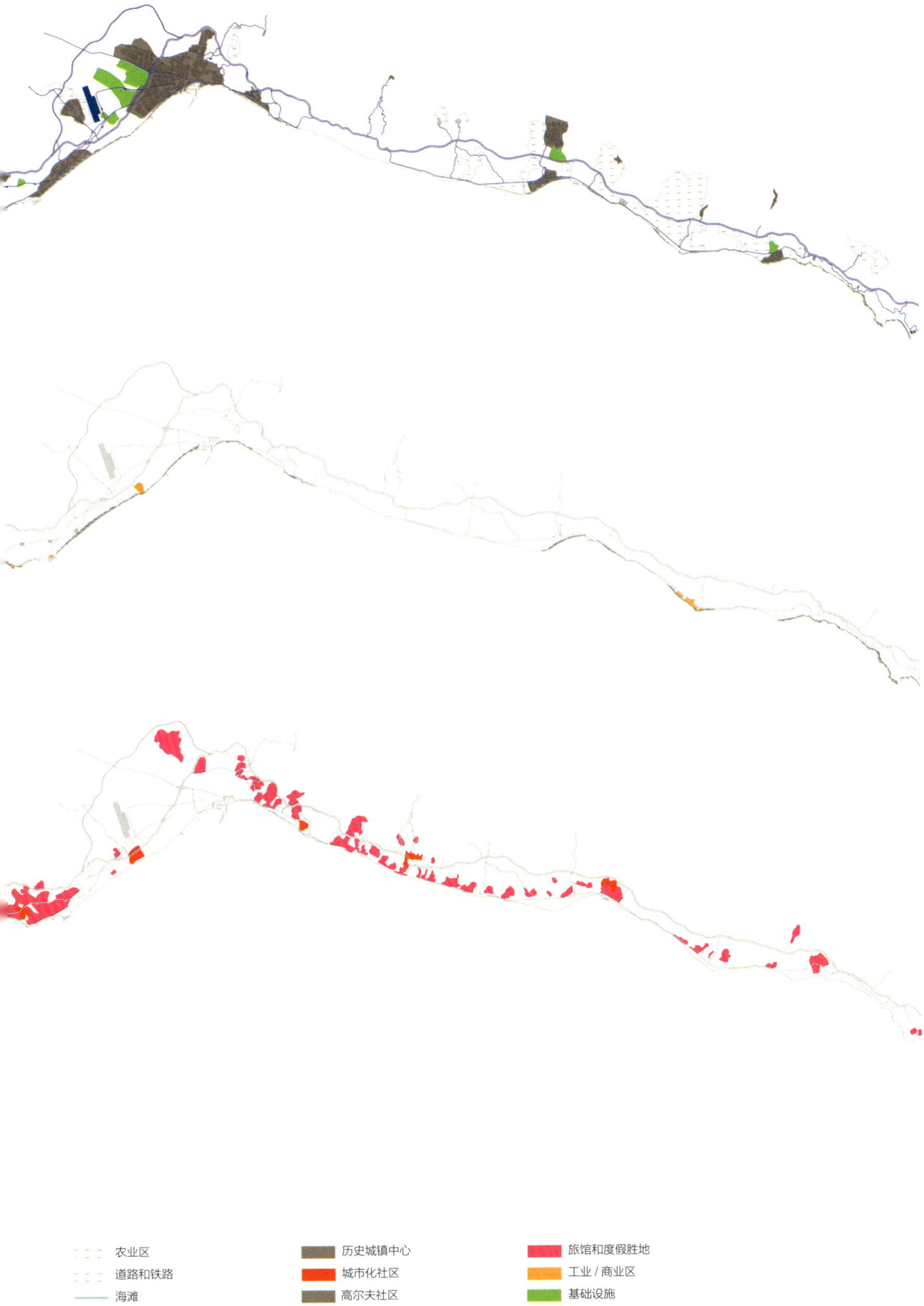
农业区
道路和铁路
海滩
历史城镇中心
城市化社区
高尔夫社区
旅馆和度假胜地
工业 / 商业区
基础设施

图B.2.11 太阳海岸城市官方地图，马拉加，2009年
来源：Producciones GeoGraphic

丰希罗拉、埃斯特波纳、内尔哈和米哈斯等城镇具有相当特殊的特点，并且比马拉加和马贝拉等较大的定居点要小。这些小镇有不少曾是存在了几百年的小渔村，尽管在建筑外观上没有明显的变化，但在 20 世纪末和 21 世纪初，由于适应了“功能和社会特征上不可抗拒的变化压力”[83]，而发生了根本性的转变（图 B.2.12）。即使是最新的地图，大多数也更侧重于呈现这些最初的城镇定居点，描绘了沿海边错落分布的一系列小镇和村庄，而不是迅速增长并填补了小镇和村庄之间空白的旅游胜地或退休人员的城市化社区（图 B.2.13）。

图B.2.12 太阳海岸埃斯特波纳历史城镇核心区的航拍景观，2009年

图B.2.13 典型的太阳海岸地图，将城市形态表现为项链上的小“珍珠”，约2005年
来源：Michelin

图B.2.14 太阳海岸米哈斯村历史明信片，约1965年
来源：David Wall, AboutSpainTravel.com/Ediciones Postal Inter. Burgos

这些“传统城镇和村庄”的功能核心早已由渔业和其他小型产业转向以服务业为主导的旅游和养老产业。虽然由这些城镇的战前建筑构成的城市肌理大部分得到了延续，但也有很多建筑在考虑到其代表性、象征性和旅游功能的前提下进行了翻新。因此，我们可以观察到一系列主题化的设计（图 B.2.14），这在米哈斯村（Mijas Pueblo）这样一个越来越像主题公园的小镇中尤为明显。为了营造出一种 18 或 19 世纪安达卢西亚山城（Andalusian hillside town）的氛围，这里最珍贵的历史区域大部分建在了现在的多层停车场之上。

数百家旅游度假村和酒店构成了第二种生态系统。这些度假村和酒店在 20 世纪 60 到 80 年代间的增长最为迅速，直到现在仍主要服务于到这里旅游的外国游客。它们的形式非常多样，从位于海滨的酒店综合体，比如托雷莫利诺斯的纳塔利酒店（Natali Torremolinos），到“一站式”旅游度假村，如丰希罗拉和贝纳尔马德纳之间庞大的假日世界度假酒店（Hotel Holiday World）（图

B.2.15）。这些度假项目主要位于靠近历史城镇的滨海地区。近年来，随着沿海土地日益稀缺，它们已经向远离城镇的海滨，或者濒临海滩的地域扩展，最近甚至扩展到了有新建高尔夫球场的内陆地区。

图B.2.15　贝纳尔马德纳附近的假日世界度假酒店的航拍视角，太阳海岸，2009年

第二种生态系统中的旅游度假村及其基础设施的建设，对于太阳海岸第三种生态系统的形成和发展至关重要：以国际养老群体为主的城市化社区。这种生态系统有如厚度不一的线条，一端在第二种生态系统的滨海酒店和度假村之后，另一端则在山前。金等人认为，旅游业对国际退休移民的影响包含两个层面。第一个层面涉及“鼓励个体探索空间并提高海外生活归属感”，第二个层面则是“度假胜地开发过程中旅游业和退休移民的相互作用”。[84] 关于第一点，金等人将国际退休移民现象描述为“从 20 世纪 60 年代开始，大众旅游热潮改变了欧洲的国际旅游和度假方式”[85]。他们描述了一种代际效应，即那些经历了“这场追寻阳光的旅游繁荣”的人是 20 世纪六七十年代时的中青年人，因此当这些人在 20 世纪八九十年代退休的时候，他们依然会被吸引到地中海沿岸养老。[86]

第二个层面的影响涉及度假胜地运营周期的各个阶段，包括发现、发展、饱和及衰退，这是英国地理学家理查德 · 巴特勒（Richard Butler）提出的理论。[87] 特别是，对国际退休移民的推广被视为沿海度假胜地在竞争激烈的全球旅游市场中，应对市场份额流失的一种极具可行性的策略。[88]

旅游目的地对于那些计划退休后移居的人具有吸引力，这一论断肯定有一定的道理。卡恩（Karn）提供了英国旅游业与退休之间存在联系的证据。更具体地说，福斯特（Foster）和墨菲（Murphy）对北美地区的研究发现，相较于衰退阶段，退休移民对度假胜地的“发展”或“巩固”阶段的影响显得更为重要。究其原因，大规模的舒适性退休移民是基于景观和气候的吸引力，以及最低限度的基础设施和社交需求。这些吸引力在很大程度上可与旅游业共享，而旅游业也提供了部分基础设施以及能满足退休人员的社会需求。[89]

太阳海岸的度假城市化社区及其配套的基础设施与退休移民对生活方式的需求相吻合，这符合退休后将度假转化为无尽假期的理念。这进一步模糊了第二和第三种生态系统之间的界限，例如，度假村中被常住居民全年租住的套房，或者在城市化社区中业主返回原居地时出租给度假者的房屋。

类型学：城市化社区

构成第三种生态系统的城市化社区，主要坐落于第一和第二种生态系统之间的土地上，由英国、德国和其他国家的“常驻游客”或“候鸟居民”[90]全天候或部分时段使用。总的来说，这构成了一种新形式的养老居所，或可以被称为“欧洲的佛罗里达”，是一个由成百上千个城市化社区构成的中低密度沿海大都市。[91]（图 B.2.16）

典型的城市化社区包括几十到几百个独立、半独立或联排的自住房屋。瑞士社会地理学家安德里亚斯·胡贝尔的研究是对西班牙养老城市现象最复杂的社会空间研究之一。胡贝尔主要研究西班牙白色海岸的社区项目（在实际目的上与太阳海岸的社区非常相似），他将城市化社区定义为：

位于历史城镇边界之外、有着完善规划与结构的多尺度居住区。它们通常由一个购买大片土地的“推动者”（建筑商或总承包商）发起，并通过一系列法律程序转化为住宅建设用地。这种转化使投资者能够在后期建设必要的基础设施，从而使土地“城市化”，以便出售住宅地块或自己建造房屋。[92]

对于胡贝尔来说，“这些‘城市化社区’既不能被称为城市，也不能被称为郊区。它们属于远郊，因为它们可能位于城镇或大型村庄附近，但并不真正

图B.2.16　贝纳尔马德纳附近的城市化社区航拍视角，太阳海岸，2009年

属于它们。这些社区无法与任何形式的传统住区相比较，尽管一些‘城市化社区’确实具有村庄的某些特征。”[93]（图 B.2.17）

大多数城市化社区共享诸如游泳池、花园甚至高尔夫球场等公共设施，通常由同一国籍的居民主导。[94] 整个区域的城市化社区扩散现象并非高度协调或受控制的活动，大概率是自发和投机的，并且在不同程度上与发展腐败的特定地区文化联系在一起。

城市化社区在很大程度上可以被描述为多种住所的混合体，包括外国度假胜地、美式封闭社区、安达卢西亚村庄和殖民前哨站。

正如前文所述的旅游基础设施非常适合为退休移民提供区域性支持一样，将外国度假胜地的组织和程序框架理解为一种城市形态，同样适合用于支持城市化社区建设。外国度假胜地通常位于划定的外国人聚集范围内，围绕共享的休闲设施如游泳池、草坪、网球场和高尔夫球场等，形成一种伪社群主义，将其定位为休闲而非聚焦工作的环境，与周围的本土环境对比，形成了截然不同的世界。度假胜地的独特世界及其包含的住宿设施，体现了一种本土化与国际化之间的对话，向（如英国的）游客或居民展现了一个具有异国情调的旅游目的地（如城市化社区进程中的西班牙），同时又按照全球趋同的模式对项目目标、语言、技术、食物等方面进行运作。在度假胜地的背景下，当地的，尤其是建筑和景观表达方面的美学特质，通常被视为一种添加到国际标准化“基础结构”上的“贴花”。将这种方法扩展到退休移民的生活方式产品中，主题技术被越来越多地应用在娱乐产业综合体和城市化社区的建筑与景观设计中。

尽管城市化社区和外国度假胜地都定义了完全私密的住宿空间和休闲设施，但两者之间最关键的区别不在于城市和建筑基础设施的特征，而在于居民在这种环境中居住的时间长度以及随着时间推移在这种共同环境中形成的社交联系。

在胡贝尔对城市化社区的理解中，核心方面是与美式封闭社区模型进行比较，这种比较揭示出两个平行特征：第一个特征在于标准化的住宅和景观设计的运用，第二个特征涉及集体或公共设施的供给。然而，在这两种情况下，都有必要描述一下西班牙案例特有的一些具体方面。

胡贝尔用“兜圈子”的感觉来描绘城市化社区的标准化，这是由环境的惊

图B.2.17　城市化社区航拍视角，太阳海岸，2009年

人同质性引起的。这可以被理解为一种经过验证的城市规划和建筑模式，其变化范围非常有限。从规划角度来看，这可以被描述为一系列保障交通便捷同时确保安全的规划章程。这些章程包括将郊区和村庄的规划框架融合，最明显的例子是公共空间十分有限的纯住宅区，这里的道路都是羊肠小道和死胡同。

从建筑角度来看，有一种特定的“风格”形式占主导地位：一组在当地房地产行业中被称为“地中海乡村”风格的代表性装饰元素，其特点是相对密集的两至四层高的住宅复合体，有用黄土瓦覆盖的屋顶，以及用白色、米色或土色的灰泥涂料涂抹而成的墙体（图 B.2.18）。独栋别墅较少，但往往使用与公寓或联排别墅相同的材料搭配。米哈斯的山坡村庄常被看作是这种建筑形式的典范，尽管有些评论家将其建筑的原真性与马拉加机场相提并论（图 B.2.19）。虽然各个城市化社区项目中灰泥涂料的饰面色调从标准的米白色到赤土色、赭色或杏色等不断变化，但这种基本配色展示了令人惊讶的风格标准化水平。正如胡贝尔所提到的，这与迪恩 · 麦坎内尔关于旅游空间的“舞台真实性”理论相一致：“麦坎内尔的论点不仅适用于游客，还适用于在西班牙海岸过冬的长期度假者以及常驻居民。他们同样被实现在西班牙买房养老这一多年夙愿的可能性支配。要买的房屋不能是老房子，但也必须符合他们对‘西班牙’房屋的想象。”[95] 这种“正宗”又具有异国情调的西班牙特色的样子是相当特殊的，其中描述最精妙的概念可能是玛丽 · 洋子 · 布莲恩（Mary Yoko Brannen）的“改良异国情调”，这一概念主张在展示异国情调时，既要让人感到亲切和熟悉，又要保留一定的异域风情。[96] 在地中海乡村的案例中，尤其是在建筑的外观上，它的“角色”是代表一个当地“正宗”的西班牙村庄形象，这个形象对外国退休者来说必须足够有异国情调，让他们感觉自己并非生活在家乡（图 B.2.20）。与此同时，通过常见的现代设施和基础设施让建筑令人熟悉也是很有必要的。无论是从室内感知还是城市尺度上，这些基础设施和那些在英国或德国的建筑几乎没有什么不同。从人口、规划还有很大程度上的文化等角度来看，在太阳海岸的退休生活与在英国时基本相同，但是在风格方面，这种生活方式不可避免地被“地中海乡村风格”的审美构建否定和伪装——这是相对有限的影响因素导致的，如薄薄的一层油漆和粉刷过的砖或砌块墙体、略有差异的屋顶瓦片

图B.2.18　典型的山坡城市化社区，太阳海岸，2014年

图B.2.19　太阳海岸米哈斯镇，2006年。来源：让·克洛德·佩雷斯（Jean Claude Perez）

图B.2.20　托雷莫利诺斯附近典型的地中海乡村风格城市化区域，太阳海岸，2009年

轮廓，还有去除雨水檐槽的屋顶边缘。

有组织地提供集体设施、社交俱乐部和休闲活动证明了胡贝尔提出的美式封闭社区的第二个平行特征。这包括“为进行体育活动而提供多样化的休闲设施以及全面的零售单位网络、健康中心、外国居民俱乐部、银行和安保服务”[97]（图 B.2.21）。除去这些有限的支持服务，城市化社区仍然主要是单一功能的住宅开发项目，没有学校、教堂、警察局或市政厅。正如典型的美国封闭社区一样，由于私人所有权和可达性的限制，这些共享设施并没有产生传统形式上的公共空间，而是如何塞·玛丽亚·罗梅罗所提出的，产生的是一种被私人社交空间主导的社会空间，而非公共社交空间。[98] 这里的后者等同于传统理解中的公共空间，主要体现在海滩（尽管有些已被部分私有化）以及部分城镇中心的街道上，而前者在地中海海岸蓬勃发展，主要集中在受控的商业空间，例如购物中心和休闲俱乐部，从私人游泳池、高尔夫俱乐部和温泉到网球和马术俱乐部等各种形式，其中大部分需要会员资格。[99] 最活跃的此类私人社交空间之一是位于或靠近较大城市化社区的典型英国或爱尔兰酒吧。这种建筑形式在建筑学上的显著之处在于，传统的西班牙“地中海乡村”风格外观（尽管带有典型的英国或爱尔兰酒吧招牌和名称）和古老的英国或爱尔兰酒吧内饰的碰撞与融合。这形成了与奥莱利提出的存在于两种文化和

图B.2.21 拉科尔蒂耶拉（La Cortijera）城市化社区的入口标牌，太阳海岸，2009年

两个地点之间的英国退休移民主体特征非常相似的类比。根据访谈记录，永久居民倾向于通过让自己看起来不像英国游客的形式来自豪地展示在西班牙环境中的“融入”能力，然而在同一时间几乎只能与英国退休移民交往。[100]

根据罗梅罗所说，太阳海岸公共社交场所被私人社交空间取代，导致历史城镇和城市化社区之间的角色和地位的倒置。这个过程与历史城镇核心地区的主题化过程相一致，如“这些地方的居民人口变得稀少，充斥着观众、游客和消费者……与此同时，传统城市中心之间的主题化空间正在经历城市化过程，即将成为充满活力和差异性的现代城市空间”[101]。在这种背景下，被定义为太阳海岸最大、最重要“城市”的马拉加，被认为是“罗梅罗所说的‘太阳海岸大都会区’的住宅郊区”[102]。这勾勒出一幅画面，即城市化社区的私人社交空间比以往的“中心地区”更具生机和多样性。

场景：高尔夫太阳海岸

在过去的几十年中，太阳海岸沿线的高尔夫球场景观一度在城市化过程中发挥着重要作用，高尔夫现如今已成为该地城市景观发展的主要概念与组织手段——而这与美国高尔夫社区现象不无关系（图 B.2.22）。对于退休者而言，这是一项很理想的运动，[103] 不仅能亲近户外自然、呼吸新鲜空气，在不搭乘高尔夫球车的情况下可以悠闲漫步三四个小时，同时进行社交活动，还能将其他运动所涉及的冲击或碰撞性风险降至最低。这与美国经济史学家多拉·科斯塔（Dora Costa）所提及的退休者迁居的实践十分相似。

为了尽可能开发那些离热门沿海区域较远的地块，同时试图推广全年无休的高尔夫活动以吸引冬季的游客，由此平衡太阳海岸的季节性占用，一个区域性的联合品牌战略随之启动——太阳海岸的名称便扩展为“太阳－高尔夫海岸”[104]（图 B.2.23）。高尔夫球场自 20 世纪 90 年代起数量陡增，到 2009 年时已有近 60 个，使这里成为欧洲高尔夫球场最为集中的地区。[105] 基于马贝拉等地对独特性的持续追求，太阳海岸的大部分高尔夫球场都在其周围也就不足为奇了。一位太阳海岸的房地产经纪人在接受采访时表示：“其实大多数的退休者并不打高尔夫，但他们热衷于住在球场附近。在西班牙，高尔夫正日渐风靡。”[106]

图B.2.22　崭新的绿色“海岸线”，埃斯特波纳附近的高尔夫球场城市化社区，太阳海岸，2009年

图B.2.23　A-7号高速公路上反复出现的“太阳-高尔夫海岸”标志牌，2009年

高尔夫成为地位与声望的代名词，因而也成为城市化品牌建设的重要工具。

近几十年来，随着高尔夫成为可以实况转播的国际性运动，从美洲大陆到欧亚大陆，它也进一步成为公认的财富与地位的象征。新加坡的《商业时报》（*Business Times*）援引一家中国高尔夫开发公司的经理杨辉光（Arthur Yeo）的声明恰恰指明了这一点，“中国人对西方的生活方式颇为赞赏，而高尔夫正是一项带有特权意味的运动……高尔夫如同奔驰或宝马车一般，成为‘上流社会’的标杆。”[107]“高尔夫”一词被认为可以抬高产品身价，尽管这些产品可能与高尔夫运动无关，甚至也不在球场附近。这一现象甚至拓展到了城市街道、住宅、社区的命名，如高尔夫大街、高尔夫花园、高尔夫露台或高尔夫之星（图B.2.24），甚至将某种地理学的特征描述为“高尔夫山”（Monte del Golf）。

凯勒·伊斯特林将高尔夫描述为“一种全球性的房地产现象，开发商对其的上瘾程度丝毫不亚于那些寻求娱乐放松的人”[108]，太阳海岸的近期发展证明了此言不虚，高尔夫球场在这里已成为核心规划工具之一，且越来越倾向于将其自身区域定义为一组离散型城市的“内部空间”——这与美国建筑师、建筑理论学家鲍勃·索默尔（Bob Somol）对美国高尔夫社区现象的描述不谋而合。索默尔认为高尔夫球场展现了：

> 当下可采用的最受欢迎的规划技术；可以不费吹灰之力地将个人安全与群体活动、社区认同和地形变化相结合……对封闭性的需求亦是高尔夫球场成功的要诀……新型的家宅场地规划将外部空间转化为内部空间，天然的景观不仅成为修养身心和可探险的自然资源，还标志着价值与安全。[109]

“高尔夫”一词为开发商提供了命名的附加值，而国际著名高尔夫球星的名字则为推广高尔夫球场及高尔夫社区创造了更大的升值空间。于2011年逝世的塞维·巴列斯特罗斯（Seve Ballesteros）是西班牙最著名的高尔夫巨星，太阳海岸的数条街道都冠以其名，他还以自己的名气带动了该地区高尔夫社区

图B.2.24　将“高尔夫”作为品牌战略的城市化社区，太阳海岸，2009年

的宣传（图 B.2.25）。巴列斯特罗斯不仅在西班牙家喻户晓，还蜚声海外，他的名声在国内外都获得了广泛认可。在宣传埃斯特波纳附近的罗马谷高尔夫度假村（图 B.2.26）时，巴列斯特罗斯起到了至关重要的作用。他不断出现在宣传片中——挥动高尔夫球杆击球，在会所中畅谈，向观众介绍这个令人印象深刻的项目及现在绝佳的投资机会。宣传文案中刊印着巴列斯特罗斯的赠言：

> 我非常荣幸地向您介绍罗马谷高尔夫度假村——环境独特、建筑奢华、品位非凡，为懂得选择的您量身打造。与此同时，服务与设施一应俱全，让您尽享舒适、奢华的生活，更能在迷人的高尔夫球场感受四季、自在挥杆。现在您能理解为什么我选择居住于此了吧！这美好的一切将很快照进现实，希望我们能于此相会。塞维·巴列斯特罗斯静候佳音。[110]

伊斯特林以“高尔夫之王”阿诺德 · 帕尔默（Arnold Palmer）及其公司阿诺德 · 帕尔默高尔夫管理公司（APGM）为例，介绍了著名高尔夫球手们的名字在美国和国际高尔夫社区特许经营中发挥的类似作用。据伊斯特林所说，“APGM 公司收集了有关高尔夫促进相关房地产增值的统计数据。他们利用哈佛商学院的一项研究证明，明星品牌化的球场及高尔夫产品能为周边房地产带来的增值高达 20 个百分点。研究同样表明，潜在的顾客对明星品牌化的高尔夫社区的广告有更多的兴趣。”[111] 伊斯特林认为这种价值的增加是马克思的商品拜物教与皮埃尔 · 布尔迪厄（Pierre Bourdieu）提出的象征性资本的“非理性活动”的不寻常融合。

图B.2.25　以知名高尔夫球手塞维 · 巴列斯特罗斯的名字命名的街道，太阳海岸，2009年

尽管 APGM 公司的策略与巴列斯特罗斯在太阳海岸的宣传作用相仿，但高尔夫作为一种身份认同以及一种品牌类型化的生活方式，

在各自的推广策略中所占比重却大不相同。对于美国的 APGM 公司而言，高尔夫在单个开发项目中发挥着品牌推广的作用，而在太阳－高尔夫海岸度假村中，高尔夫作为整个地区的集体品牌战略，其影响覆盖 160 万居民和每年约 800 万游客。鉴于此，“高尔夫海岸”变成了成功的综合性养老环境的“代名词”。而此区域所创造的最大优势在于，当海滩沿线因各类增建或因法律法规的禁令已无立锥之地时，无须如迪拜等地那样被迫进行海滨填海工程，高尔夫球场景观有可能创造出第二条房地产“前沿”——高尔夫海岸在沿海山脉的山麓划出一条修剪整齐的绿色内陆海岸线。

限制：管理、安全和年龄控制

尽管如上文所述，城市化社区的三个特点——标准化、公共设施建设和高尔夫——与美国封闭式社区的逻辑颇为相近，但胡贝尔提出涉及管理、安全与年龄控制的三点差异以表明两者的大相径庭。

尽管美国的封闭式社区和西班牙的城市化社区都是由私营部门投资建设的，但美国的封闭式社区在竣工后便交由民选产生的居民自治会全权管理，与之不同的是，西班牙的城市化社区“在工程竣工后即被划归为受议会管理的辖区，由地方议会全权负责”[112]，社区内居民委员会的成立并未受此影响，尽管此差异的确影响到不同区域的管理权限，也使得部分专有权受限——社区的马路及人行道完全“对外开放”，因为在这里它们是由市政当局管辖与维护的“公共空间”。

由此引出了第二点差异——安保的范围与级别。美国封闭式社区往往通过围墙、沟渠、堤岸以及警卫严守的大门来围合社区边界，充分保护社区安全。城市化社区却大相径庭，安保范围通常限定为独栋建筑或建筑群自己的围墙、栅栏及安保系统内部。安保公司的标志或印有警卫与警犬的贴纸无处不在，市区的街道上不时有私营安保公司的警卫车辆进行巡逻（图 B.2.27）。这无疑将个人化的印象无限放大，因为在此被严格保护的是家庭的个人财产，而非社区范围内的集体性财产。尽管进出城市化社区中所谓的公共街道是受法律支持的，但在多数情况下，那些被视为外来者的人在这里往往是不受欢迎的。[113]

图B.2.26　罗马谷高尔夫度假村局部开发模型，太阳海岸，2009年

图B.2.27 里维埃拉德尔索尔和米拉弗洛雷斯城市化社区中随处可见的安保标识，太阳海岸，2009年

此外，美国的封闭式退休社区大多要求有 55 岁的最低年龄限制，这在太阳海岸城市化社区是几乎不存在的。从这个意义上来说，城市化社区符合“自然形成的退休社区”（NORCs）的分类。尽管在各种各样的城市化社区中，大多数居民都在 55 岁以上，但这并非如美国一样是“契约、条件和限制”（CC&Rs）等一系列法律制度化的结果。

文化：侨居社区

这些囊括了许多专为退休人员设计的基础设施的“城市化社区”，大都属于侨居之地。因而，如在英国人聚居的区域内，有以英国传统美食和文化为卖点的英式餐馆、酒吧及俱乐部，里面会有斯诺克、飞镖、卡拉 OK、宾果游戏和英国足球比赛的现场直播。

——安德里亚斯·胡贝尔[114]

尽管上文所提的管理、安全和年龄控制这三个方面，让西班牙的城市化社区与美国的封闭式社区有所差异，但还有一个两者间更为迥异的地方——侨民社群。

虽然在具体的城市规划与建筑形态上几无差别，但是单一民族的主导倾向还是在语言、媒体、消费环境及社区生活的重要场所所建构的带有背井离乡色彩的微观文化中展露无遗。例如在米拉弗洛雷斯高尔夫社区这样的城市化社区中，居民大多是来自英国的退休者，这里几乎成为“英语区”，英国人开的商店和超市出售着英产地的商品，报刊亭里几乎能找到所有英国主流的日报，街道、商店、酒吧和餐厅的名字无不彰显着英国特色——丘吉尔酒吧、康沃尔荣耀酒吧、苏格兰人和爱尔兰人酒吧以及伦敦酒吧。当地酒吧和餐馆的内部装潢一丝不苟地遵循着英式风格，形成某种近似于“文化移植”的形式，并延伸到从“猜谜之夜”到“英式周日烤肉”等耳熟能详的文化活动中。毫无疑问，这些元素在当地共同营造了一个“英国本土世界”（图 B.2.28）。奥莱利对此总结道：

> 丰希罗拉地区有 100 多家英国人经营的酒吧和 50 多家英国俱乐部，这些俱乐部几乎涵盖了各种爱好与活动：保龄球俱乐部、板球俱乐部、艺术中心、苏格兰乡村舞蹈俱乐部、桥牌俱乐部、戏剧团、女童军、徒步俱乐部、联谊会、筹款团体，等等。这些酒吧和俱乐部的顾客与会员大多是英国人，该地区甚至还有一座圣公会教堂和一块英国墓园。这里还有英国面包店、英格兰和苏格兰肉店、名叫“英格兰之味”的英国杂货店和英国书店。对居住于此的英国人而言，日常生活就是与英国人相处，反而鲜少同西班牙人打交道。[115]

图B.2.28　城市化社区中的英国酒吧的餐饮宣传板，太阳海岸，2009年

在马拉加以东，靠近托罗克斯（Torrox）等地的德国城市化社区中，类似的民族统一性也有所体现。首先，最明显的是英语被迅速切换至德语；待客方面，从杂乱的深色木质装潢的室内餐桌上摆放着冒厚厚白沫的健力士啤酒搭配炸鱼和薯条，转变成露天的啤酒花园餐桌上的卢温堡狮牌啤酒和咖喱香肠。诚如金等人的分析，尽管整个太阳海岸试图成为民族文化交融的天地，试图打造一种“彩虹文化”，但就城市化社区而言，更多是由极具民族特征的离散区域所主导，这在上述这些城市化社区中的“微型英国”“微型德国”体现得最为显著。

不同谱系的社会科学家们在研究太阳海岸时，经常从身份认同和融合，特别是缺乏融合的角度，来讨论这种文化移植现象。比如金等学者认为，这些自治独立的大型城市化社区中， 英国居民所占的比重过高是导致该地区英国人和本地居民交融性低的主要原因。这种现象不仅仅出现在英国人身上，以德国人和芬兰人为主的城市化社区，如芬兰街社区（Avenida Finlandia）也同样如此。[116] 奥莱利则认为迁居到西班牙的英国人“没有融入西班牙社会，这一点无须辩驳。他们没能好好学习西班牙语，所以无法与西班牙居民交流，因而他们大多数的工作和休闲时间都是和其他的英国人一同度过的。他们甚至构建了一个边缘化的、非正式的社区与经济形式”[117]。

由于语言和文化上的壁垒，加之气候和生活方式又在很大程度上决定了人们是否想要移居到太阳海岸，因此金等学者认为，相较于游客而言，移居到此的英国退休者更看重“宾至如归”的感觉，而非入乡随俗。“因此，大多数退休者试图在异乡重建一个‘故居’，以自己的文化背景重塑一个新家——太阳海岸随之出现了密集的极具英国埃塞克斯地区风格的精致小平房。文化的融合和礼仪的混杂，让无论是太阳海岸这种旅游胜地，还是托斯卡纳地区的国际化乡村，都让到此的每个人有一种‘回到故乡’的错觉以及可以将自己的民族风俗自在地在各处‘延续’的冲动”[118]。

尽管城市化社区中各民族文化相对集中的情况，延宕了从英国移居来的退休者与当地西班牙文化的融合，但也可以认为这种集中强有力地促进了英国移民间的社会整合。金等学者认为，“拥有许多内部封闭道路和居民自治委员会的城市化社区，事实上更近似于微型村庄，常住居民彼此相熟。这种小型群落的特点之一便是新来者往往能够迅速融入当地的社交网络中”[119]。

通用语言区域

针对外籍退休移民群体与西班牙社会文化不融合的现象，语言问题可以说是其核心议题。尽管部分移民者努力学习当地语言、积极与当地人交往，但据数据显示，太阳海岸的移民者里只有约四分之一的人能流利使用西班牙语。金等学者将之归因为两点。首先，当地绝大多数西班牙人依赖国际旅游业谋生，因此会讲英语，英语也由此成为“太阳海岸的通用语言”。[120]奥莱利记录了与当地的英国退休居民的谈话，“不会说西班牙语也没关系，在这里一样能过得很好”，这种说法强化了他们对“阳光普照的英格兰”[i]的共同愿景。[121]其次，英国城市化社区的集中度和密度高，英国移民者的绝大多数社交活动集中在这些区域。[122]这种观点也在奥莱利的描述中得到证实：居住在太阳海岸的英国人有种团结一致的集体感，“使人追忆起战时英国曾回荡着的那些激昂雄辩的话语，并浮现出爱国情结和团结一致的场景”[123]。

当地及英国出版的日报、杂志等英国媒体的普及（图 B.2.29），特别是卫星电视的覆盖，无不进一步强化了这些城市化社区的语言的“屏障性”，鲜有英国退休居民阅读当地的报刊、观看当地的电视节目。[124]这一说法得到了多拉·科斯塔的理论支持，她认为去更偏远、气候更适宜的地方享受退休生活，得益于当代技术和媒体的支持，通过电视、DVD、CD 及其他媒介文化，海量的信息及娱乐消遣方式便以低廉的成本传送到远方的各个角落。

这种文化移植的综合性特点直观地表明，太阳海岸地区的外来退休移民文化与当地的西班牙文化及安达卢西亚文化格格不入、难以融合。但胡贝尔和金等学者却不约而同地对“融合”这一概念及其相关问题提出质疑，金甚至称这一概念为“天方夜谭”：

---

i 译注：真正的英格兰地区是阴雨连绵、浓雾笼罩的，而太阳海岸上这个再建的“英格兰”既满足了英国人对本国的眷恋，又满足了他们对阳光普照的期许。

图B.2.29 太阳海岸的英文报刊，2009年。来源：《太阳海岸新闻》（*Costa del Sol News*）、《英文简报》（*Sur in English*）、《太阳海岸报》（*Costa Sun*）、《奥利弗新闻报》（*The Olive Press*）、《欧洲周刊》（*Euro Weekly*）、《海岸生活报》（*Coast Alive*）

> 坦率而言，如果英国退休者与其他说英语的居民比邻而居，如果当地的超市可以满足居民的所有需求且无须过多交涉，如果在这附近有“英式”酒吧和饭店，如果与他们打交道的当地人能说几句英语，那他们何必费力劳神地去学当地的语言，又何必尽心竭力地去融合呢？此外，要融入什么呢？特别是在太阳海岸，当地社会在很大程度上是由度假者和外国居民的需求驱动的，是近代城市化的产物，与未发展大规模旅游业时所形成的安达卢西亚社会可谓相去甚远。[125]

胡贝尔还对语言语境融合的意义提出了质疑，并从三个方面指出外籍退休移民者学习“当地”语言的困难。首先是安达卢西亚方言与语言学校所教授的标准西班牙语之间的差别；其次是老年人常见的记忆力衰退问题；最后是在外来居民的日常生活交往中，无论是在超市、餐馆、酒吧、休闲俱乐部，还是在阅读报刊或看电视时，都不一定要使用或需要听懂当地的语言（图 B.2.30）。如金等学者的思考一样，胡贝尔也提出要警惕对“当地”二字不加辨别的理解，并指出：

图B.2.30　使用英文标志的面包咖啡馆，丰希罗拉，太阳海岸，2009年

关键问题不在于为什么外来居民要融入其中，而是他们应该融入哪种文化之中。所有的“城市化社区”都是新的发展产物，都是基于本地居民、外国游客、长期度假者及永久居民的共同需求应运而生的。因此即使需要，这里也没有任何一个历史悠久之处供人们去融入。相反，外来人口在那些过去既有地区内的空间分布与分散状态，并不能保证较高水平的社会交流，因为居住在“原本”西班牙村庄的外国人并不会因为定居而被自然而然地接纳为“自己人”。但对于生活在“城市化社区”中的人而言，事实上反而更容易被当地人接纳为“自己人”，这是因为“城市化社区”中的居民往往拥有同样的社会及文化背景。[126]

非场所

可以感受到，与马拉加和格拉纳达相比，太阳海岸的部分地区与曼彻斯特和盖特威克机场有更深刻的功能性联系。海岸的一些地区还有着极其“非真实”的氛围，因而太阳海岸也被称为“幻地”。

——罗素·金、托尼·沃恩斯和艾伦·威廉姆斯[127]

只要太阳照常升起、生活节奏缓慢依旧，我们便能纵横四海。

——马尔科姆（Malcolm），太阳海岸的英籍退休居民[128]

奥莱利和胡贝尔提议将移居者的城市化社区构想为“非地理学场所”[129]，在另一篇文章中，胡贝尔借用法国人类学家马克·奥热（Marc Augé）的术语对这一概念做了扩展，即以“非场所”（non-places）一词来描述这种“专门建造的、具有年龄限制的聚居地或通常位于历史上自然形成的村庄外的殖民地”[130]。

奥热的这一术语可以理解为，试图从人类学家的立场解释晚期资本主义的空间布展[i]，如机场、购物中心、酒店、超市及高速公路，这些布展也使这门学科的基础性前提变得备受质疑，而这门学科通常关注的是地方建设与其居民之间关系的“有机”连续性、特殊性和真实性。胡贝尔将城市化社区与奥热对人造空间

i 译注：此处“布展”一词使用了张一兵对空间理论进行论述时采用的术语。

的描述并置，认为相较而言城市化社区缺乏：（1）身份认同：特定地点所具有的地方特色；（2）关系性：与更广泛的直接环境的连接性；（3）历史性：特定地点世俗考古层的连续性。虽然奥热的“非场所”最具象征性的例子主要是因序列化的建筑或城市生产系统而产生的过境或短期居住地点，而城市化社区则意味着其潜在的分类对象已拓展到包含了永久性迁居的居住条件。[131]

退休者殖民地

> 城市化社区难免使人联想到（战时）第三世界城市中的殖民区，其基础设施的建设也是根据这些外籍退休人员的需求量身定制的。
>
> ——凯伦·奥莱利与安德里亚斯·胡贝尔[132]

> “殖民者”和“侨民”这两个标签暗含着，缺乏融合是有意为之的，因为他们想要殖民一块“阳光之地”，试图复制英国的一隅。
>
> ——凯伦·奥莱利[133]

“殖民地”一词已经经常被一些评论家们用以形容外籍退休移民聚居的西班牙城市化社区，通常带有贬义。英国人类学家凯伦·奥莱利在其著作《英国人在太阳海岸》中，对“殖民地”与“退休隔离区”等术语的合理性提出质疑：

> 尽管……居住在丰希罗拉地区的英国人无论在种族认同还是更具体的行动上，都不能被视为融入了更广泛的西班牙社会，但如果就此便给他们打上“殖民者”的标签，也并非是对现实的忠实体现。他们的确没有“融入”或“趋同”，但……他们并未在此重建一个阳光普照的微型英格兰，也没有掌握政治或经济的话语权。事实上，他们倒是被西班牙主流机构排挤在外。[134]

奥莱利反对将英国退休者的城市化社区视为“殖民地”的主要原因在于，这一沿用自 19 世纪政治化移民的术语在此并不适用。“殖民地”一词通常指在一国内被另一个民族国家“以经济或其他剥削为目的”[135]施行统治的土地或区域。她认为城市化社区“既非由这些外籍移民的所属国家或州郡进行统治，又非由移民自己进行管理，甚至也不是一种不易察觉的经济支配或掌控”[136]。

与19世纪殖民主义那样占据社会中心地位与手握统治权的做法大相径庭的是，奥莱利认为这些英国退休移民在西班牙社会处于边缘化的位置，在经济、社会、结构性及意识形态的领域皆近于失语。[137] 不过她认为这种边缘化对英国人而言是有益的，这能够让他们在各个文化中进行选择并融合其精华，不用受所谓一体化愿景的束缚。[138] 其结果就是，太阳海岸的英国城市化社区被称为“一个介于两种文化与两个世界间的社区，这个英国国民聚居地不可思议地反映了英国与他国之间摇摆不定、瞬息万变的关系”[139]。

奥莱利虽然同意英国移民在太阳海岸的经济及政治方面处于边缘位置，但她关注到一个显著的例外状态，即这些英国移民的居住所构成的“领土性”占有——她暗示，英国人在这方面是占据上风的。基于英籍城市化社区的土地占有比重，奥莱利所声称的那种较高的经济边缘化程度是存疑的。尽管英国移民并不一定代表一种有组织的经济力量，如公共或私营部门、企业或是政府组织，但总体而言，他们在区域经济中明显占据主导地位，尤其是该地区经济的增长很大程度上得益于土地交易与开发。这些开发与建设首先仰仗主要由英国游客掀起的大规模旅游热潮，其次仰仗大多由英国退休人员构成的外籍退休移民热潮。这并非以强力的单一殖民话语统治该地区，而是成千上万的英国消费者所凝结成的一种经济力量，加之英国与西班牙的开发商根据从人口统计学角度所理解的消费者群体的感知愿望，已然对大片土地进行建设或正在发展建设（图B.2.31）。[140] 除了经济及消

图B.2.31 鸟瞰托雷莫利诺斯、贝纳马德纳与丰希罗拉方向，太阳海岸，2009年

费层面的影响，还有一些政治影响，登记注册了的“气候性居民”有权在市政选举中投票。这类居民占据了米哈斯市 43% 的人口，在这类“气候性居民”占比较高的城市，其对市政议程所产生的影响几乎不言而喻了。

西班牙建筑师卡洛斯·加西亚－德尔加多·塞格斯（Carlos García-Delgado Segués）描述了在文化交汇处，不同文化共同建设旅游环境时所面临的相似性问题：

> 以阳光与沙滩旅游资源为生的原住民很快便意识到，他们的任务就是为游客提供其所寻求的服务，这种使命感会因其对往昔缺乏经济收入的记忆而成倍增加。紧接着，他们开始崇尚那些个人经济条件远比他们富裕的文化所具有的价值观，并试图用这些价值观中可进行商业化的仿制品来取代本地已有的价值观。这一过程中无可避免的曲解便显而易见了：因为事实上当地所能提供的并非是本土真正具有的，也绝非游客们所找寻的，而是当地人认为的游客希望找到的。在这些地方，这样的声音不绝于耳：“德国人想要的是……”紧随其后的却是些杜撰，由那些试图为自己及其国家重塑一个最有利形象的人们口口相传。[141]

这种说法表明，移民于此地的定居形式显然与 19 世纪的殖民地形式截然不同，19 世纪的殖民是基于海外帝国主义国家暴力、直接、自上而下的政治意志与经济意志的强力施行。同时，这种定居也迥异于 20 世纪基于跨国公司或隐或显的经济意志所主导的新殖民主义方式。相反的，它代表了一种当代的、更是 20 世纪末或 21 世纪初的城市化移民形式，其基础是消费者群体有具有人口统计学意义的意愿期许，将自下而上、强有力地影响开发商及供应商的产品及服务，使它们投其所好。换言之，在全球化力量、个性化力量及市场力量的交汇点上，数以万计的微观环境——也即人口统计学的个体——集中于一处，形成了近乎无意识的集体性影响，产生了自下而上的强大影响。

奥莱利对殖民也提出了与此类似的另一重解释——生态学意义的殖民，它更接近于“人向新开垦的农田、新修高速公路的路肩区域或是近来被洪水淹没的山谷这样的新栖息地”进行空间或环境的扩张。她认为城市化社区符合这种环境的拓展占有形式，但她也警告说，将英国人视为不会融合的独立“物种”——这一基于“危险预设”而产生的标签是极为偏颇的。[142] 然而，正如奥莱利所言，

“在西班牙的英国人可以说是一个极具民族特色的群体：他们自始至终从本质上都是英国人。”[143] 尽管他们自己有意地有别于英国本土的英国人，但仍因与当地缺乏融合而显得格格不入。从他们构建的社会生活、使用的语言、浏览的媒体和消费的产品来看，他们充当了一个“亚种”——本土西班牙人之外的另一个族群。在这一背景下，对在新地中海栖息地的英国人进行殖民的生态学角度的理解似乎是恰如其分的。这是对由个体行动者所构成的自下而上的集体性行为的理解，这种行为导致了一种对空间及经济的支配形式，它与单一的有意识协调的政治或公司意志无关，而是迈克尔·哈特（Michael Hardt）和安东尼奥·奈格里（Antonio Negri）著作中所称的“蜂群”（swarm）的产物，是对“蜂群”占据新栖息地的期许。[144]

移动性：空间产品的新前沿

随着“非地理性”、具有殖民地特征的城市化社区的延伸，“空间产品”这一概念变得越来越清晰。凯勒·伊斯特林将空间产品描述为一种建筑或城市规划形式，其产生不完全依据规划和设计的传统工具，比如图形背景关系或公私空间的规定，而是通过货币汇率、税收规定和政府间移民规定等方面的抽象计算来实现。这种组织计算对于塑造城市化社区栖息地的吸引力至关重要，具体来说，它可以被定义为包括以下变量的聚合：（1）根据全年舒适的气温、水温、湿度和日照时间对地区的明确划分；（2）退休移民受到的法律和制度壁垒；（3）养老金和医疗保障权利可否跨境流通；（4）交通是否发达且费用低廉；（5）物业成本和生活费用；（6）房地产市场是否稳定或呈上升趋势。（图 B.2.32）

$$IRMP_{UK\text{-}ES} = RE\frac{£_{UK}}{€_{ES}} + W\left[\frac{SD_{ES}}{SD_{UK}} \times \frac{0.5\,(TS_{ES}+TW_{ES})}{0.5\,(TS_{UK}+TW_{UK})}\right] + \frac{1}{LB_{UK\text{-}ES}} + PW_{UK\text{-}ES} +$$

$$\frac{AF_{UK\text{-}ES}}{AC_{UK\text{-}ES}} + X\left[\frac{PV_{UK}}{PV_{ES}}\right] + Y\left[\frac{CLI_{UK}}{CLI_{ES}}\right] + Z\left[\frac{MS_{ES}}{MS_{UK}}\right] + FT_{UK\text{-}ES} + LQ_{ES}$$

$IRMP_{i\text{-}j}$ —国际退休人员从原籍国 i 移民到目的地 j 的倾向因素
RE —相对货币汇率因素
SD_j —地点 j 每年平均日照天数
TW_j —j 位置冬季的平均气温(摄氏度)
TS_j —j 位置夏季的平均气温(摄氏度)
$LB_{i\text{-}j}$ —从原籍国 i 移民到目的地国 j的法律障碍因素
$PW_{i\text{-}j}$ —福利条款(养老金、医疗保健等)从原籍国 i 到目的地 j 的可转移性的因素
$AF_{i\text{-}j}$ —位置 i 和位置 j 之间航空旅行服务频率的因素
$AC_{i\text{-}j}$ —位置 i 和位置 j 之间航空旅行成本的因=素
PV_j —位置 j 的平均房产价值
CLI_j —地点j的生活成本指数 j
MS_j —决定位置 j 房地产市场稳定性/优势的因素
$FT_{i\text{-}j}$ —从出发地 i 到目的地 j 的游客熟悉度的因素
LQ_j —位置 j 当地宜居性的因素
W, X, Y, Z = 倍数因子

图B.2.32 太阳海岸作为空间产品对英国退休移民潜在吸引力的初步计算，2014年

最后两个因素代表了一些较易波动的经济变量的预算结果，这些变量受到经济表现、房地产和货币汇率市场的影响。在 20 世纪八九十年代和 21 世纪初的大部分时间里，相对强劲的英国经济和房地产市场、相对强劲的英镑以及西班牙相对较低的生活成本，确保了西班牙城市化社区对英国退休移民的吸引力。然而，到了 2005 年左右，西班牙的生活和房地产成本开始上涨，相对于外汇（如英镑兑欧元）的价值下降，许多在西班牙的欧洲退休移民的养老金也在减少。自 2007 年开始的房地产市场和金融部门的危机增加了国际退休移民持有的资产价值缩水和流动性的压力。其他问题也限制了在太阳海岸的外国退休移民的增长，比如关于非西班牙籍的欧盟公民在西班牙医疗保健方面的资格争议、公共医疗保健预算和服务的普遍紧缩，以及马拉加东部地区被视为违法的城市化社区的拆迁威胁（由于它们位于 1988 年西班牙海岸法案，即《海岸法》规定的数百米海岸线保护区内）。[145]

2007 年后，西班牙海岸退休移民潮似乎出现了停滞，据统计数据显示，2007 年至 2009 年间，太阳海岸的房屋销售量下降了 51%，尽管后期有部分回升也无济于事。[146] 这种转变在 2009 年的实地调查中有着明显体现。至 2014 年，情况更为严重，许多店铺、住宅和房地产办公室或空置或被废弃，房价下跌，被收回的房产增多，许多建筑项目也在部分完成时停工（图 B.2.33、图 B.2.34）。与此同时，随着外国人和当地人的收入水平趋于一致，以及西班牙内陆较大地区的退休人员考虑在海岸购置退休房或度假屋，部分地区产生了房产“重新国

图B.2.33　太阳海岸的废弃城市化社区，靠近埃斯特波纳，2014年

图B.2.34　太阳海岸的废弃房地产办公室，丰希罗拉，2009年

有化”的趋势。例如，贝纳马德纳的唐娜玛丽亚庄园城市化社区。该区成立于 2002 年，据报道，居民构成从 2005 年左右的 90%英国居民转变为 2009 年的 50%西班牙人、20%斯堪的纳维亚人和 30%英国人（图 B.2.35）。[147] 然而，这似乎并非普遍现象，据报道，许多城市化区域仍然保持了其单一国籍的特征。[148]

相比结束这种形式的退休移民，2008 年左右的金融和房地产危机更像是暂时限制了太阳海岸的退休移民潮，转而支持其扩展到欧盟边缘——如克罗地亚、保加利亚和罗马尼亚等国家的沿海地区——因为它们作为空间产品的规划与考量变得越来越令人满意。这些国家拥有类似的宜人气候和便捷的航空服务，且生活成本远低于西班牙；自加入欧盟以来，这些国家中有许多都提供了类似的且可转移的养老金福利和医疗保障服务。这样的转变可以根据金等人早前描述的太阳海岸从旅游胜地向退休移民目的地的过渡来加以解释。这意味着一批稍微年轻一点的退休人员，实际上是“婴儿潮一代”，考虑退休到比西班牙晚成为热门旅游目的地的地区——比如土耳其、希腊和巴尔干半岛的其他国家。[149]

在这些新的退休移民前沿地区产生的空间环境与西班牙的相似之处非常引人注目。高尔夫球场仍然是许多当代社区建设围绕的核心，强化了这些空间产品发展模式的可复制性。位于克罗地亚巴巴里加（Barbariga）的波托马里奇奥度假村（Porto Mariccio Resort）就是一个例子，其中包括由杰克 · 尼克劳斯（Jack Nicklaus）设计的标志性高尔夫球场（图 B.2.36）。[150] 在这种新兴的模式中，作为一种全球化生活方式的产品，类似度假者选择度假目的地的方式也被应用于选择永久性退休目的地。这一转变定义了一种产品，即既能体验度假胜地的异国风情，又可享受与故乡类似的家庭舒适感——但天气更宜人，且全年可享受高尔夫的乐趣。

图B.2.36　克罗地亚巴巴里加（Barbariga）的波托马里奇奥度假村（Porto Mariccio Resort）总体规划，2014年。来源：A.M. Architects

治理：法律边缘

在各个层面上，太阳海岸的居民和机构以在法律边缘行事而闻名。例如，在英国小报媒体中，太阳海岸一开始被描述为英国职业罪犯的理想退休场所（被称为“犯罪之海”），而近几十年来，这里成为英国警察的退休首选（被称为“警察之海”）。举例来说，奥莱利引用了英国一家小报的报道，提到“臭名昭著的银行劫匪罗尼·奈特（Ronnie Knight）拥有的酒吧里，有一位曾经负责处理他案件的前警察经常光顾”。[151] 这种伪合法性从英国退休移民的刻板印象（无论是警察还是罪犯）一直延伸到当地政府及其与地方利益特别是开发商的商业往来中。沿着太阳海岸，当地市长和市政官员因涉及腐败的罪行而入狱的频率令人瞠目结舌。[152]

尽管欧盟和西班牙的一系列法律着眼于保护海岸线、防止土地侵占以及其他环境滥用问题，但太阳海岸仍可能被认定为最具“自由主义”的规划地区。太阳海岸的当地英语报纸报道了许多国际退休移民的案例，他们的西班牙退休梦想被强制拆除令摧毁。多数腐败案件涉及开发商对当地市长和官员进行竞选捐款和贿赂，以获得在发展项目批准上的优惠待遇，其中许多项目位于受保护

图B.2.35 西班牙太阳海岸唐娜玛丽亚庄园（Finca Doña María）的广告宣传册摘录。资料来源：贝纳马德纳投资股份有限公司（Benalmádena de Inversiones，S.A.），“全新感受的生活”宣传册，2009年

FINCA
DOÑA MARÍA
GOLF TORREQUEBRADA
Space for a living
The predominant location of the houses, on top of two hills, offer you an exciting life panorama. From its spacious terraces you will enjoy breathtaking views of the Mediterranean Sea, the golf course and the Sierra of Málaga.
All in the greatest privacy and under delightful weather, 300 days of sun a year. Discover a home full of light, designed to make space a way of life.
Space

usivity
Your life with Exclusivity
The exclusivity of living next to one of the most challenging golf courses on the Costa del Sol: Torrequebrada Golf. Finca Doña María is an integral part of this famous course, with its 18 hole vibrant golf course path, designed for the complete satisfaction of golfers. Living in Finca Doña María will allow you to enjoy the exclusive services of Torrequebrada's Golf Course. The Casa Club has all you need for your favourite sport: putting green, practice range, restaurant, boutique...
TORREQUEBRADA
GOLF

或有争议的土地上（图 B.2.37）。下面这段当地媒体的摘录可以给我们一个大致的印象：

> 上周，阿尔考辛市阿克萨基亚（Axarquía town of Alcaucín）涉嫌腐败的问题再次登上头条，有消息称调查人员可能发现了大笔现金账户中的巨额资金失踪。今年 2 月，该镇镇长和其他 12 人因涉嫌市政规划腐败而被捕。何塞·曼努埃尔·马丁·阿尔巴（José Manuel Martín Alba）在被拘留并被送往监狱时辞去了阿尔考辛镇长的职务，直到 6 月才以 12 万欧元的保释金获释。上周，据透露，前镇长及其两个女儿和其他五人于 8 月初再次接受了西班牙国民警卫队的问询。据报道，这一新的调查线索源自警方在 2 月对阿尔考辛市政厅的初次突击搜查中查获的文件。调查重点集中在 2004 年在卡里翁街（Calle Carrión）出售和购买的一块土地上，该地块现已建成两个街区的 36 套公寓，配有车库和游泳池。该土地被归类为“不可开发”，因此不可建造房屋。[153]

2006 年春季，西班牙南部度假胜地马贝拉爆发了一场丑闻，很快人们就发现这只是一场庞大腐败的冰山一角。在被称为“马拉亚行动”的春季行动中，警方在涉嫌洗钱、房地产开发违法行为（包括在受保护的土地上建造、操纵公共招标、接受贿赂以及改变市政服务价格）的指控下逮捕了该市的市长和副市长。在第二次调查“马拉亚行动 2”中，新的违法行为浮出水面，导致大约 30 名市议员和商人被指控腐败。[154]

NEWS

Roca denies Liechtenstein money laundering link

Judge has added eight new charges against the alleged Malaya mastermind

Unknown damages

Juan Antonio Roca during a court appearance

Vélez tranvía extension may open next week

图B.2.37　对马贝拉地区持续发生的地方发展腐败案的报道，《太阳海岸新闻》，2009年。来源：《太阳海岸新闻》，2009年4月2–9日私营和公共部门之间的这种“灵活”和机会主义关系的证据可以在一系列的空间和情况下显现，特别是在私人开发空间（至少在建造时）和基础设施的公共空间之间的边缘地带，这个领域似乎更多地受到短期赶超策略和利润最大化的影响，而不是长期的基础设施投资愿景的影响。来自同一个社区的英国退休老人，积极利用自身位于两种法律体系之间的特定优势，针对这些功能失调和涉嫌违法的情况，每个月都往《英文简报》和《太阳海岸新闻》等英文报纸编辑处寄送几十封投诉信。这些交易涉及一种非正式经济形式，旨在“逃避政府的要求，如注册、税收和社会保障义务，以及卫生和安全规定”[155]。根据奥莱利的说法，这些活动包括“家庭维修、装修和熨烫，以及出租车、泳池维护和汽车维修”，通常是为了补充固定或逐渐减少的养老金收入。[156]

集体性和主体性

太阳海岸的英国退休移民与居住在佛罗里达州退休村的美国退休者在社会集体形式方面有很多相似之处。其中很重要的一点在于都是后核心家庭结构占主导地位——退休的已婚异性恋家庭居多（在 70% 到 75% 之间）。[157] 这也可以从“与家庭相关联”的迁徙到“与生活方式相关联的移民”的普遍转变来加以解释（图 B.2.38）。金等人将这一现象与一种涉及“对亲属关系的重视程度普遍下降以及个人主义观念逐渐普及与传播”[158] 的群体思维转变联系起来。他们引用了英国社会学家安东尼·吉登斯（Anthony Giddens）著作中的话：“‘婴儿潮’出生的那一代人，以摒弃道德约束著称，倾向于追寻亲密情感、享乐主义和‘自我实现’的价值观。”[159] 在这一背景下，最新一批前往太阳海岸生活的退休群体大多数就是在“婴儿潮”的保护伞下生活的——在太阳海岸的他们也明显践行着这些价值观。因此，大多数情况下退休后选择出国养老的都是夫妻双方结伴而行，以摆脱在出生地地点固定且十分集中的大家庭的束缚。[160]

与佛罗里达州退休村一样，对太阳海岸的居民而言，家庭外的人际交往大多数是朋友而不是亲属，而且主要是在娱乐休闲活动中结识的。两地社会集体形式中的一个主要区别是，英国退休者在西班牙太阳海岸这一异国背景下的大

图B.2.38　清晨散步的人们，丰希罗拉海滨（Fuengirola beachfront），太阳海岸，2009年

量聚居现象十分明显。正如前文提到的，尽管外国人社区与本地社区之间明显缺乏融合，但在英国退休者们的内部倒是有一种紧密的、补偿性的融洽联系。金、贝蒂与卡希尔等人的相关研究表明，在这种环境下，不仅没有形成一种英国文化的幽闭恐惧现象或是通常与工作或家庭生活相关的社会价值缺失的“冷漠地带”[161]，反而促成了一种“结构良好的生活方式，总体而言，使在太阳海岸生活的英国退休者保持忙碌、快乐和健康”[162]。

对此至关重要的是门类齐全的俱乐部、社团和活动。值得注意的是，每一种活动都能唤起人们与“故土”之间的联系，从较为正式的组织，从英国皇家退伍军人协会（一个由前英国武装部队军人管理的慈善组织），到托雷莫利诺斯社交俱乐部、宾果俱乐部、高尔夫俱乐部、桥牌聚会、业余剧团、草地滚球俱乐部、苏格兰舞蹈俱乐部、教会团体和戒酒互助组，还包括在英国酒吧和餐馆进行的非正式的社交活动。其中能与西班牙文化背景产生直接互动的活动是比较少见的，如“当地名胜古迹大巴游、一些长途的度假之旅（探索‘真正的西班牙’）、英国小型借阅图书馆、‘专家们’关于西班牙生活和习俗的讲座，以及一直很受欢迎的关于西班牙健康、法律和金融问题的信息交流会”[163]。

来到西班牙太阳海岸的新移民通常会受到老移民的欢迎，并在抵达后不久就融入当地的社交网络。虽然这些集体形式的特征是缺乏等级制度，但在这一群体中，根据在西班牙居住的年限，也存在一些有限的社会等级。奥莱利对英国移民中的此种社会集体性进行了更为细致的描述，认为这种集体性“（更多）是从网络和交流以及象征性社区的构建而非居住隔离的角度来理解的”[164]。在她看来，志愿工作、社会交换以及做零工这种非正式的经济活动在这样的环境构建中扮演着重要的角色，她说道：“在这些英国人之间，除了大量的非正式工作，还有很多有关建议、信息、帮助，甚至视频和书籍等商品交换的网络和交流。”[165]奥莱利认为，对于太阳海岸的英国社区居民来说：

> 他们的社会地位、自我价值以及归属感是从其他英国人那里获得的；所以如果他们的人数不够多，或感觉到人际关系网无法维系时，很多人就会感到无能为力、与世隔绝、迷失和孤独，所以对他们来说至关重要的是有更多且固定的成员。英国人在人际关系网和社会群体中变得越来越能够自给自足，并逐渐从西班牙社会中独立出来。他们不断加强自己

的边界，不断确认自己在西班牙人心目中的边缘地位。随着他们在实际生活和情感方面变得越来越依赖彼此，相应的对于融入西班牙的需求也就越来越少。[166]

奥莱利用以下文字描述了这一社会群体的中间特质——他们在英国时是非常傲慢的，而在西班牙则能完全融入当地的英国移民中，“他们离开的英国在过去并不为他们所认同，但这个历史悠久的国家仍然是他们的一部分。他们并不期望融入当地的西班牙社会，他们对家乡社会保持着强烈的依赖，有时是经济上的，有时是情感上的。他们始终确信，如果一切都失败了，他们可以（而且确实可以）回家”[167]。基于这种理解，奥莱利提出将在西班牙的英国人定义为一个因共同来源而聚集在一起的集体流动群体，换言之，即侨民社群。[168]

在主体性问题上，太阳海岸的英国人与退休村的居民有着更多相似之处。作为新来的移民，他们都面临着环境和社会的双重挑战，需要在这个新的环境中建立起身份认同感。与工作时的情况不同，在悠长的退休生活中，人们获得认同感往往是通过参与休闲活动，或是发展自己的兴趣爱好——这些活动更多专注于实现年轻时的梦想以及享受生活。[169]

对于这一主体，即太阳海岸的英国退休人员的概念以及在法律上如何分类是一个颇具争议的话题。例如，罗梅罗将其概括为“流动的主体”，以阐明在法律上和统计学上未注册的外国退休移民在此居住的短暂性。[170] 对不同类型的外国居民进行分类面临着诸多挑战，需要反复考虑一系列问题，从每年在西班牙逗留的时间长短、是否在西班牙合法居留，到是否在英国或其他国家拥有房屋所有权，不一而足。金等人通常将一年中在西班牙居住六个月以上的注册外国居民归类为“气候型居民”，提出可将其分为四种类别。第一类是长期居住的国际游客，他们通常没有自己的房产，而是租房居住，一般情况下只是为了躲避寒冷的冬季，每年在一个固定的地方停留超过一个月。第二类是拥有第二套住房的业主，他们是工作年龄的游客，只做短暂的逗留，通常情况下这第二处房产会逐渐演变为退休房产。第三类是季节性移居者，与拥有第二套住房的业主的不同之处在于，他们会停留更长的时间，并且很可能已经退休。他们又可以被分为两类，即雪鸟（snowbirds）和太阳鸟（sunbirds），其中雪鸟是指更多的时间待在北欧地区，冬天会南下以躲避北方的严寒，而太阳鸟是指更多的时间待在南欧地区，夏天会北上以躲避南方的酷热。以太阳海岸的米哈斯小镇为例，根据市政府的官方数据，有 44% 的外国居民每年在西班牙境外居住的时间超过三个月。最后一类是永久居民，指的是已经退休的移居者，他们大多数拥有自己的房产，全年居住在南方。[171]

因此，根据上述的分类、作者的实地访谈以及奥莱利和金等人的观点，可以明显看出并不存在某种“在西班牙的典型的英国退休人员”，但金等人描述了这一群体的某些变化趋势：他们发现大多数国际退休移民都有在他们选择的退休目的地度假的经历，据此预测随着时间的推移，西班牙的外国退休移民会发生社会阶层的转变——从“精英”转变为“大众”居民。[172]

> 对到达年份的数据分析支持了这一预测。“国际退休移民”（IRM）的出现开始于 20 世纪六七十年代，当时主要是精英阶层人士，而在 20 世纪八九十年代获得了更广泛的社会基础。退休前地域流动性的部分记录显示，我们的研究对象在选定目的地定居之前有着相当丰富的移民和旅行经历。他们早期的迁移路径主要受先前“殖民地”间的联系，以及参与现代全球经济而形成的技术性国际移民潮影响。虽然在国外的旅游、工作和居住的经验是很重要的，但研究结果证实，对大多数人来说，最终目的地的选择主要受先前的假期旅行经历影响，而对一部分人来说则是由于在那里购置了第二处房产并期待着退休生活的到来。[173]

奥莱利这样描述与居住在西班牙的英国退休人员相符合的“心理空间”——一幅融合了西班牙和英国两国特征而构建的组合图景，凸显了他们在寻求两国身份之间的不同而存在的一系列矛盾，试图通过融合两者的精华来实现两全其美，但是在英国和西班牙之间，他们明显更倾向于英国。

> 他们的生活、身份以及社会团体都是为了在想象中的西班牙和过往的英国之间寻求平衡——这就是他们为自己创建的现实。而其中总是存在种种矛盾：既想要融入当地社会，却又不能完全融入；建立了一个孤立的社会群体，却要假装认为这是一个与当地社会完美融合的集体；他们热爱西班牙，却为此感到沮丧；生活在西班牙，像西班牙人一样，却并不真正知道这意味着什么；他们感到自己被边缘化，却又无所作为；他们的行为符合道德规范，却又在自我否定。[174]

这种心理是内心两面性或者说是精神分裂的体现：一方面对“英国啤酒流氓”

的心态表示厌恶，将英国与“沉闷、无聊、灰暗、寒冷、老龄化、犯罪以及缺乏对老年人的尊重”联系在一起，表达对英国的不满；[175] 另一方面，他们大部分时间又只与英国人在一起，在英式酒吧里看英国的足球比赛（图 B.2.39）。他们一方面赞扬西班牙的“温暖、阳光明媚、善于交际、健康、悠闲、安全及对老年人的尊重”[176]，但在另一方面又埋怨西班牙的“事情能拖一天是一天的态度”。

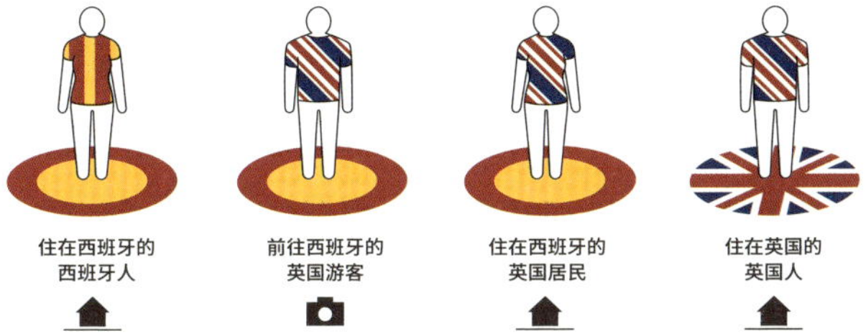

图B.2.39 太阳海岸英国退休移民的弹性主体性

总结

自 20 世纪 80 年代以来，北欧和西欧的退休移民已经在西班牙的太阳海岸形成了多个“微型英国”和“微型德国”。它们是地中海沿岸旅游度假区和包办旅游套餐服务的扩展和延伸，同时这个洋溢着阳光的退休乌托邦地区之所以能形成，老龄化人口在其中起了决定性的作用。他们成为推动全球化的一股重要力量，其中最显著的变化是国际交通和可达性的改善、在国外生活的制度和法律障碍的减少，以及人们对外国目的地的日益熟悉。此外，这些转变还促进了“文化和经济的融合”，从而使得国际退休移民在外国的文化环境中能够更成功地进行交流。金等人明确提到了这一点：

> 如今，如果一个人知道如何拨打国际电话、如何在超市进行每周一次的采购，或者通过取款机从自己的银行账户中取款，那么他们在西欧任何地方做同样的事情都不会遇到困难——然而在 20 年前可并非如此。这些活动反映了“文化和经济融合”的总体进程，这是产品的标准化设计，以及在电信、金融服务中简化“用户界面”所带来的便利。[177]

这种文化和经济的融合和国际旅游业的发展相辅相成。在西班牙太阳海岸，支持旅游业发展的因素有景观和气候的吸引力、完善的公共基础设施和满足社会需求，如机场可达性和足够的休闲娱乐设施。从这些方面考虑，当地非常适合国际退休社区的快速扩张，这一现象导致城市远郊社区模式的地毯式发展，几乎延伸至整个沿海地区。将语言的维度添加到更有形的现象即“文化和经济的融合”上是很有必要的，尤其是它在旅游业和退休移民的基础设施建设中发挥了关键作用。特别是，这种融合是通过英语的国际化及其在太阳海岸的旅游和退休社区中的主导作用而实现的。促进退休社区发展的一个因素是社区的治理方式，其特点是公共部门和私营部门在合法范围内建立非正式和创新的联盟。[178]

加上“临时游客”，太阳海岸容纳了三个主要群体，他们占据了“历史城镇”“旅游胜地”和“退休社区”三部分的地域生态。由这三部分组成的空间模式是对已有论述的补充，该论述主要集中在对该地区的时间性和季节性的解读上。这种空间分布在官方导游地图中体现得最为明显，[179]地图直观显示了三种生态的地域划分，并且与该地区相应的历史发展阶段相吻合。地图上最多的气泡表示的是退休者的“城市化社区”，它们几乎连续不断地铺满了几个分离的半圆形历史城镇和沿海岸线分布的酒店和度假村之间的区域，体现了当代文化和领土的“新殖民化”形式。这种形式既不是凭借一个国家具有的支配性权力（凯伦·奥莱利正确地将“城市化社区”的产生条件与其进行了区分），也不是依靠某家公司的经济实力，它们是由于消费者对空间养老产品需求的大规模聚集而出现的，通过市场的理性和非理性机制来供给——一种基于所谓的“蜂群”人口逻辑的生态殖民形式。

正如城市区域内的旅游基础设施能够满足退休移民的需求一样，社区中，外国度假村的规划和设计也有着同样重要的影响作用。这种环境是以休闲宜居而不是以工作为重点的，社区围绕公共休闲娱乐设施组织，如游泳池、草坪、网球场、高尔夫球场。度假村通常会划定其用地的边界，形成有别于周围本土环境的世界。其独特的环境参与了当地与全球的对话，向（英国）游客或居民展示了异国情调的目的地（西班牙），同时又使用了我们熟悉的全球趋同的模式运营。在度假村的环境中，这种“异国情调”的符号多以一种装饰的形式出现在建筑底层。在将这些方法扩展到退休移民环境的过程中，可以看到娱乐产业综合体的主题化技术越来越多地被应用到社区的建筑和景观设计中。

在组织上，退休社区作为一种空间产品，具有新殖民主义形式的流动性和可复制性。在 2007 年金融危机前后，基于相对货币价值的变化以及区域联盟的不断扩大，在欧洲东南部，一些新兴城市化社区的迅速出现，证明了这些规划草案易于重新部署。这种退休生活方式类似于套餐式度假产品，能够满足他们的愿望，从而构建出将“异国情调”的目的地和熟悉的“家”融合在同一空间的产品。

正如在日本长崎的豪斯登堡（Huis Ten Bosch）形成的介于荷兰和日本之间的第三种文化一样——这将是下一章的主题，在城市退休社区中产生了介于西班牙和英国之间的第三种文化，进而产生了介于西班牙人与英国人之间的第三种主体，他们作为“策展人”，有权去挑选、编辑并重新组合每一种文化和每一种身份中最理想的部分。对于在西班牙太阳海岸的英国人来说，这种实验性项目的实施在很大程度上得益于退休移民同胞在这种异国生活方式的实验中紧密生活在一起时，民族文化团结所带来的安全感。

太阳海岸城市化社区的城市文档

以下是与太阳海岸的城市化社区总体情况相关的一系列城市信息整理，如图 B.2.40 至图 B.2.50 所示。

ALHAURÍN GOLF URBANISATION

Living in the Mountain near the Sea

The Alhaurín Golf Urbanisation is a consolidated residence complex. Nowadays there is a promotion of residences and luxurious apartments full equipped, with a good value for money.

All the buildings are Mediterranean style with beautiful gardens, swimming pools and places to go for a walk around the Urbanisation.

All the buildings are at the edge of the golf course.

The Urbanisation is only 30 minutes drive from the International Airport of Málaga and close to Mijas, Fuengirola, Benalmádena, Torremolinos and Marbella.

Alhaurín Golf is surrounded with wide open spaces in a nature unique atmosphere, caring for green zones and environment values.

This neighborhood is located in the mountain in Sierra de Mijas, at 340 meters of altitude above sea level in front of Natural Park and World Reserve of the Biosphere of Sierra de las Nieves. In this mountain area you can enjoy a microclimate with 320 sunny days a year.

Vivir en la Montaña cerca del Mar

La Urbanización Alhaurín Golf es un conjunto residencial totalmente consolidado. En la actualidad se están desarrollando varias promociones de villas y apartamentos de lujo totalmente equipados, a precios de alta relación calidad precio.

Todos los edificios de la Urbanización son de estilo mediterráneo, con magníficos jardines, piscinas y zonas de paseo que rodean el conjunto urbanístico.

Todas las promociones se encuentran en primera línea del campo de golf.

La Urbanización se encuentra a 30 minutos del aeropuerto internacional de Málaga y cercana a las poblaciones de Mijas, Fuengirola, Benalmádena, Torremolinos y Marbella.

Alhaurín Golf es una Urbanización que está rodeada de grandes espacios abiertos en un entorno natural único, en el que se han cuidado las zonas verdes y respetado los valores medioambientales.

El conjunto urbanístico está situado en la cornisa de la Sierra de Mijas, a 340 metros de altura sobre el nivel del mar y frente al Parque Natural y Reserva Mundial de la Biosfera de la Sierra de las Nieves. Se encuentra en una zona de montaña que goza de un microclima ideal en todas las épocas, con 320 días de sol al año.

Semi-detached houses of the Alhaurin viewpoint. Road of the h

Villa facing the Golf Course and Sierra de Mijas.

图B.2.40~图B.2.42　西班牙太阳海岸阿拉吾林高尔夫社区（Alhaurin Golf）的广告宣传册摘录
资料来源：西班牙地产公司（Grupo Inmo）的宣传册，“住在太阳海岸的山顶是一种特权”，2009年

the Pueblo Andaluz

Apartments of the Atalaya I Housing Estate

1959年 1382平方千米

地图

政治因素

1975年
弗朗西斯科·佛朗（Franco，曾为西班国家元首）去世。西牙开始民主化进程

发展过程

20世纪50年代
该区域最重大的变化始于20世纪50年代，随着国际大众旅游现象的出现，该地区的面貌彻底改变。太阳海岸作为旅游度假地，每年的游客数量迅速攀升，从1959年的5.1万人上升至1968年的92.5万人，1975年升至250万人，2002年为850万人，2012年为1520万人

形成阶段

20世纪40年代后期
战后欧洲高速公路网的扩展和完善

1958年
引进波音707客机

20世纪六七十年代
旅游包机和一价全包旅游市场的拓展

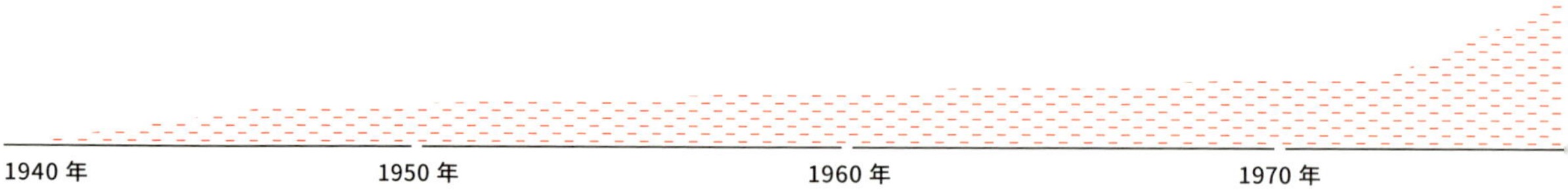

经济因素

1975—1995年
据报道，1975年1995年间，英国人平均实际收入增加一倍

图B.2.43　太阳海岸城市化社区发展时间轴和人口数量估算

1990年1382平方千米

世纪80年代
扩大了向海外居民
政府养老金的双边

1986年
《单一欧洲法令》支持欧盟国家的公民自由流动和获得财产权的可能性。西班牙在这一年加入欧盟

21世纪
受到在西班牙生活和财产相对成本增加以及欧盟扩张等因素的影响，开拓了更多对国际移民有吸引力的退休目的地

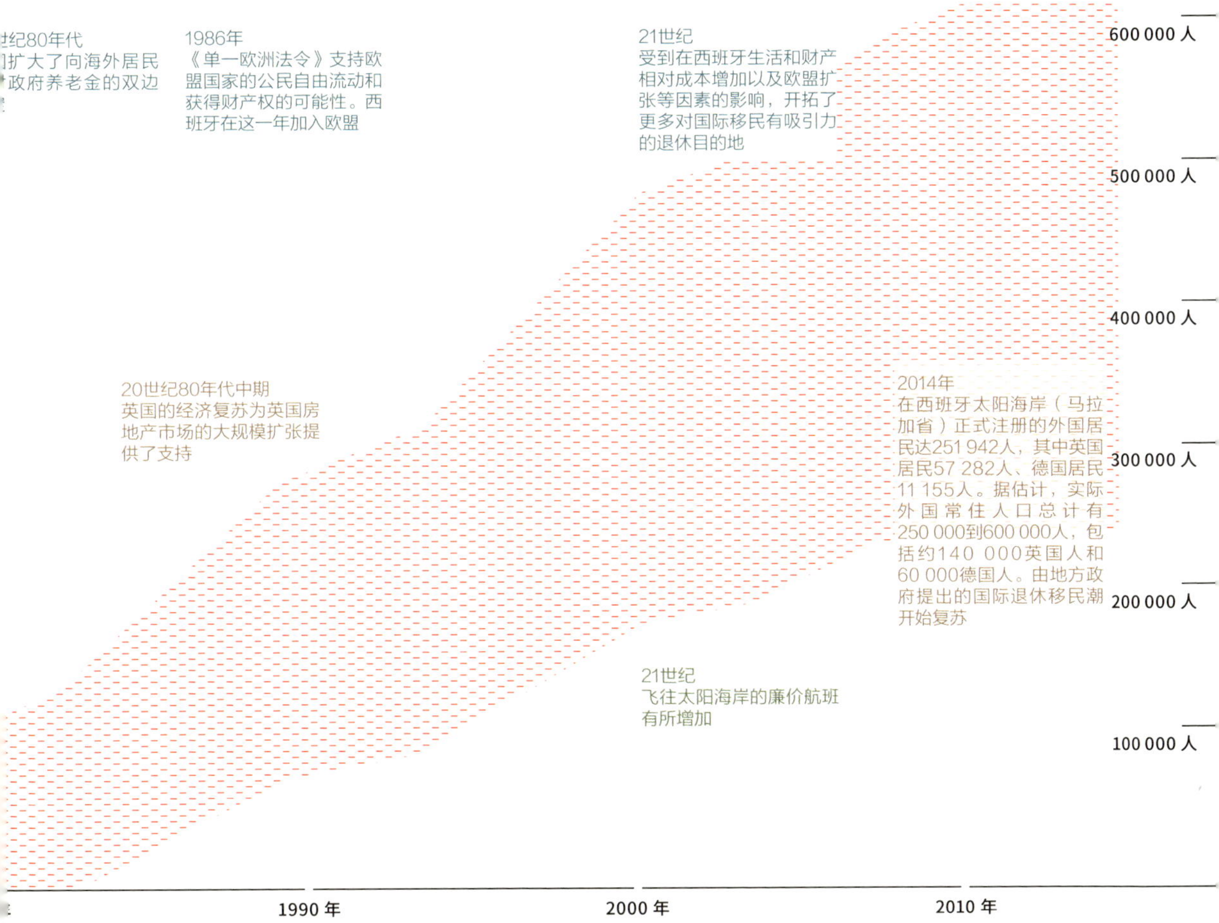

20世纪80年代中期
英国的经济复苏为英国房地产市场的大规模扩张提供了支持

2014年
在西班牙太阳海岸（马拉加省）正式注册的外国居民达251 942人，其中英国居民57 282人、德国居民11 155人。据估计，实际外国常住人口总计有250 000到600 000人，包括约140 000英国人和60 000德国人。由地方政府提出的国际退休移民潮开始复苏

21世纪
飞往太阳海岸的廉价航班有所增加

世纪80年代
方和中央政府试通过促进外商在海地区的土地和动产投资，抵消游业典型的因季性经济波动而带的不稳定影响

1985年
英镑汇率上涨，达到1英镑兑220比塞塔（当时西班牙货币）

20世纪80年代后期
经济持续衰退，西班牙海岸第一次出现了旅游业的萧条景象

20世纪90年代
汇率的波动和全球经济的衰退影响了外国退休移民的增长速度及新开发项目的选址和规模。1993年，英镑汇率下跌至1英镑兑167比塞塔

2008年
全球金融危机、西班牙房地产市场崩溃、公共服务减少、英镑较欧元进一步贬值等因素，共同影响了国际退休移民前往西班牙太阳海岸的脚步

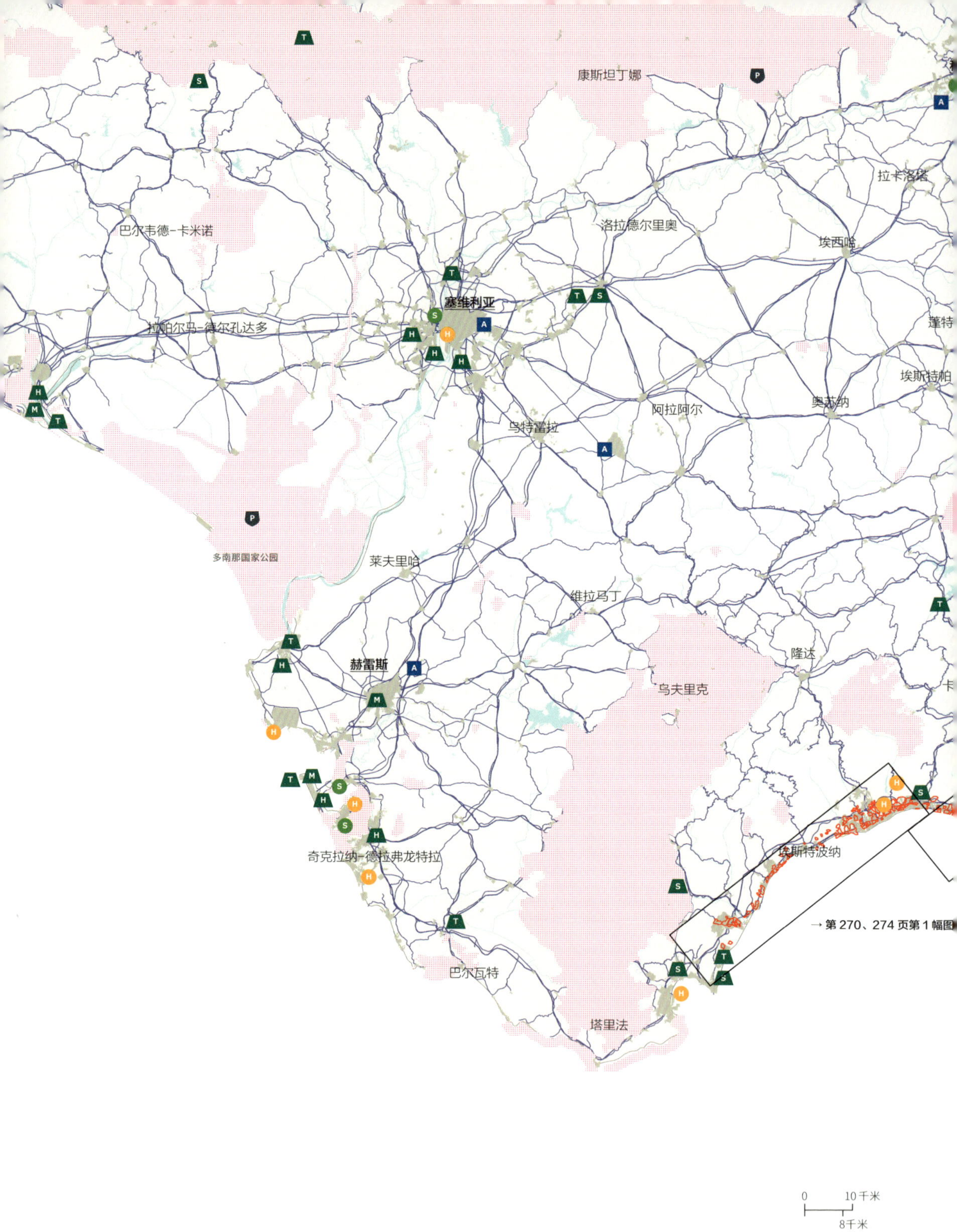

图B.2.44　西班牙太阳海岸城市化社区城市环境和区位分析

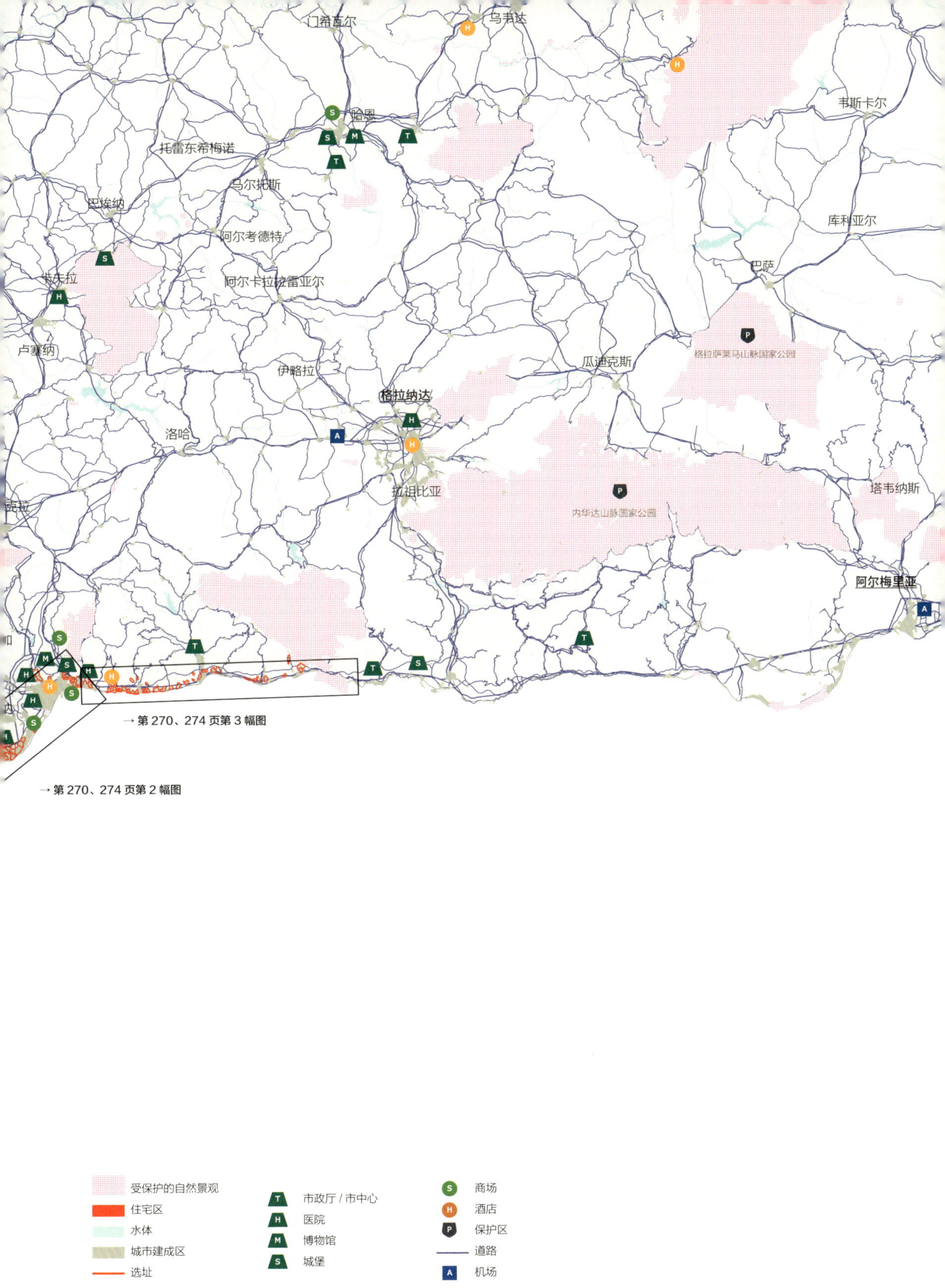

→ 第 270、274 页第 3 幅图
→ 第 270、274 页第 2 幅图

建立时间　约20世纪70年代

土地面积

1382 平方千米

人口(人)

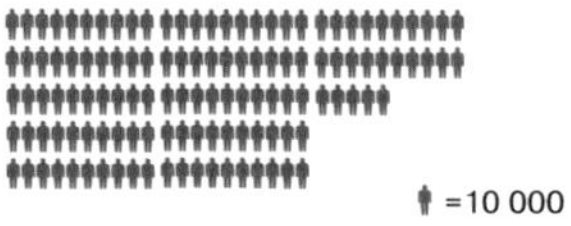

1 252 872（总计）
231 545（注册外国人口）
250 000～600 000（预估外国人口）

密度

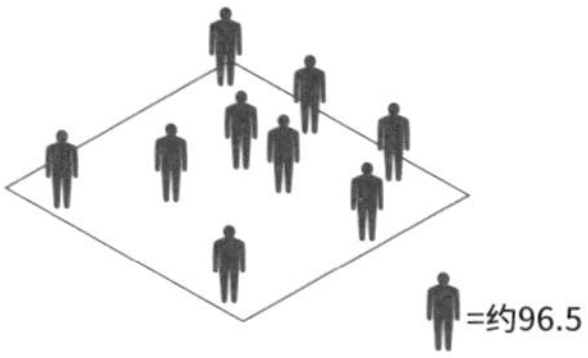

906.6人/平方千米

平均年龄(岁)

（在安达卢西亚注册的英国人）

年龄结构

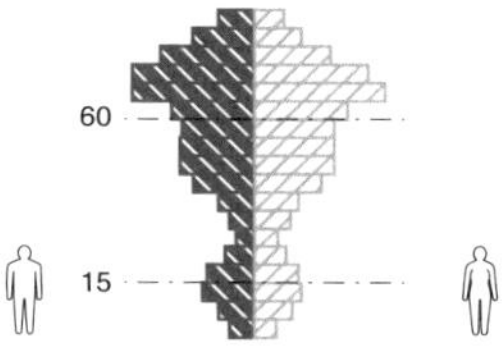

（在安达卢西亚注册的英国人）

民族构成

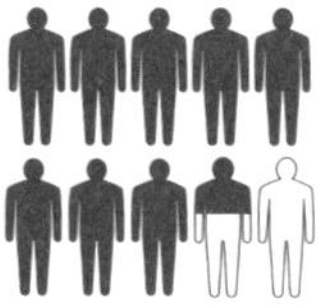

当地主要族裔
84%

当地少数族裔
16%

平均家庭收入

€ 22 749（$28 737）

平均房价

€ 292 000（$368 900）

（2014年美元等值）

气候

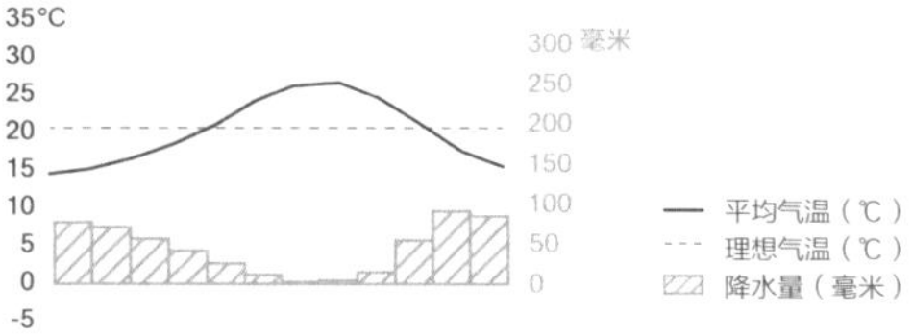

设施

60余个高尔夫球场

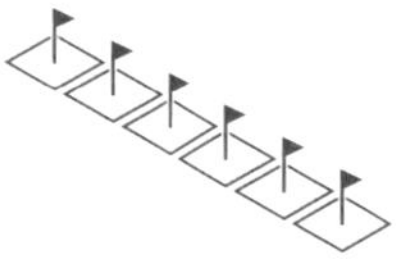

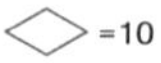

图B.2.45　西班牙太阳海岸城市化社区的城市统计资料和城市地图
西班牙太阳海岸里维埃拉德尔索尔和米拉弗洛雷斯社区
来源：安达卢西亚统计和制图研究所等

野生绿地
水体
住宅
娱乐中心
高尔夫球场
网球场
高尔夫球场
发球台和果岭
警察局
商场
私人诊所
餐厅
咖啡厅
酒吧
房地产销售
旅馆
停车场
道路

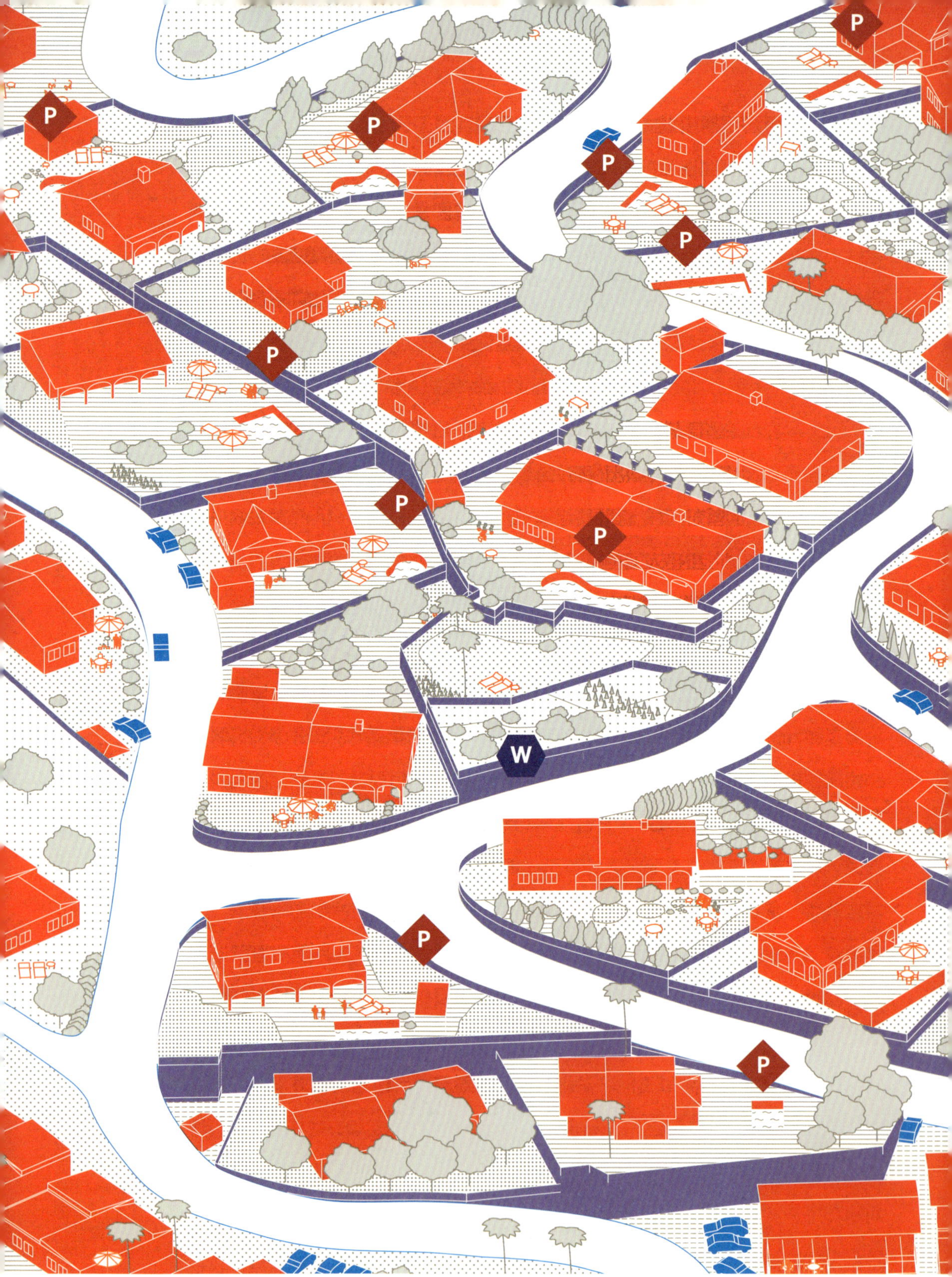

图B.2.46　西班牙太阳海岸城市化社区城市肌理（1）

高度人工化绿地
中度人工化绿地
低度人工化绿地
硬质铺地
水体
住宅
游泳池
植被
安全防护
墙体
停车场

图B.2.47　西班牙太阳海岸城市化社区城市肌理（2）

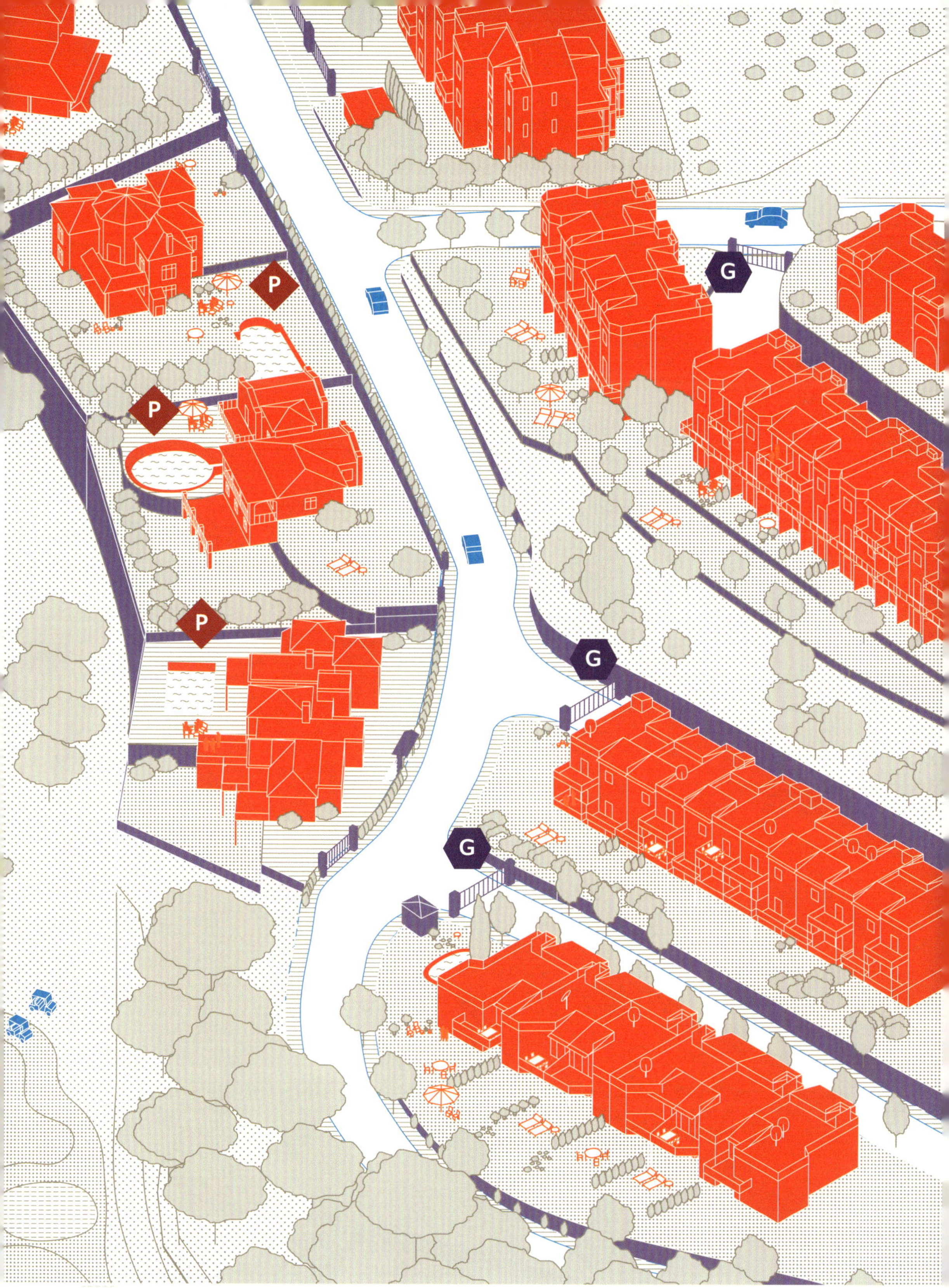

人工化棕色铺装 硬质铺地 游泳池 大门
高度人工化绿地 水体 植被 墙体
中度人工化绿地 住宅 安全防护 停车场

图B.2.48 西班牙太阳海岸城市化社区城市肌理（3）

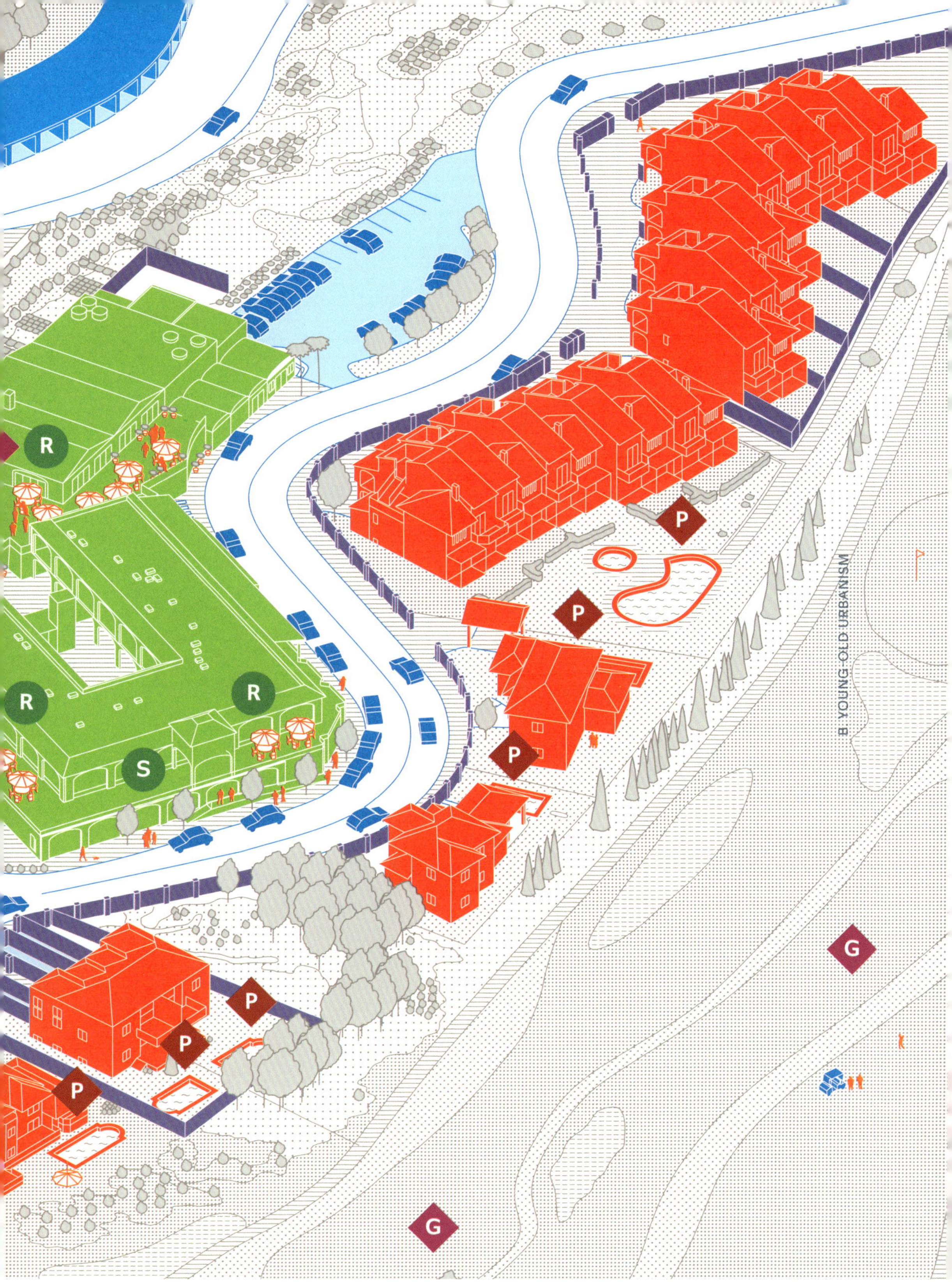

高度人工化绿地
中度人工化绿地
低度人工化绿地
硬质铺地
水体
住宅
游泳池
公共 / 娱乐
高尔夫球场
公共游泳池
会议场所
零售
商场
餐厅
酒吧
植被
安全防护
停车楼
停车场
车库

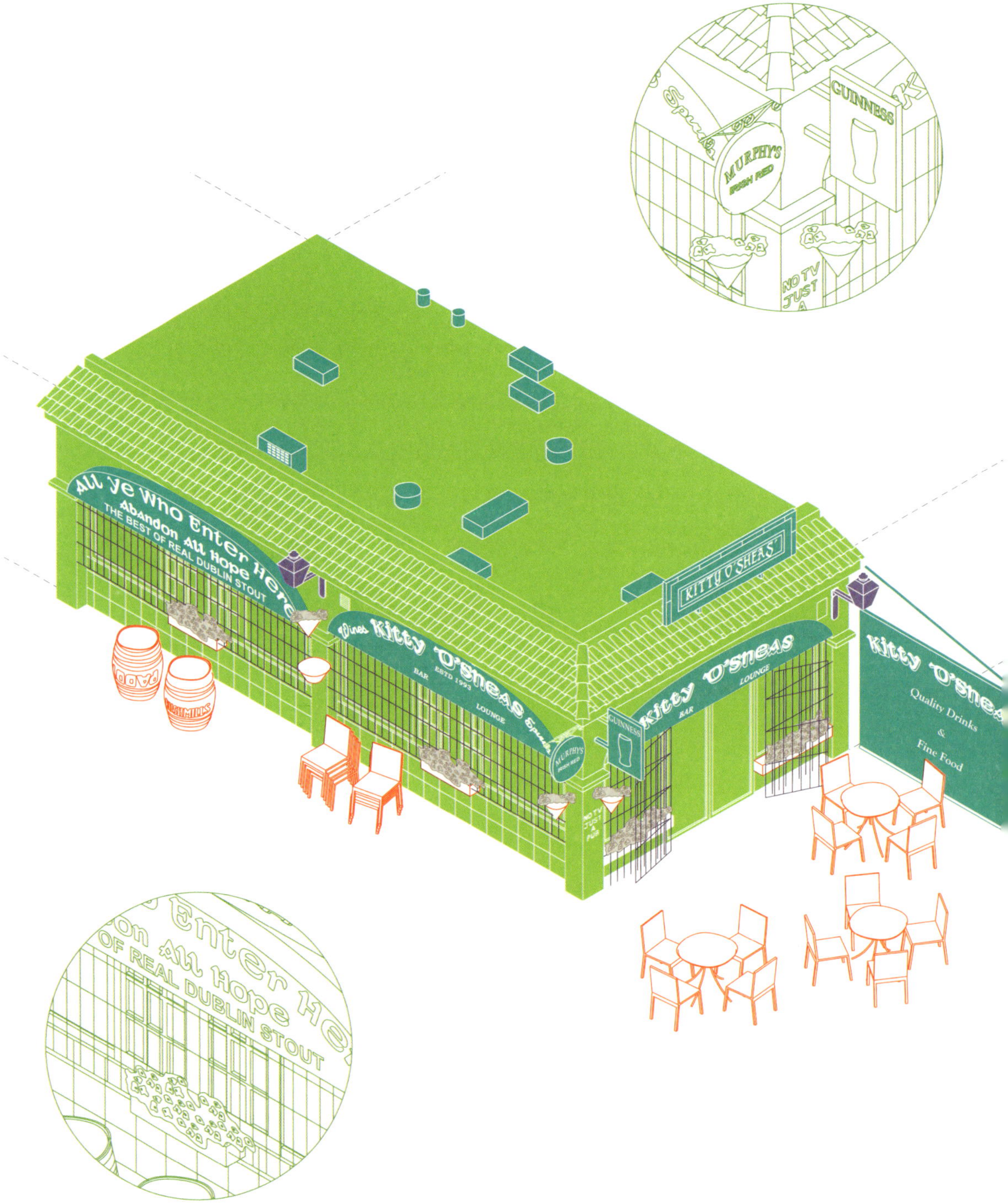

图B.2.49　内外差异显著的建筑：地中海风格的建筑外观与爱尔兰风格的室内设计

太阳海岸沿线最活跃的国际退休移民私人社交场所之一就是位于或临近大城市的典型的英格兰或爱尔兰酒吧。这类建筑最值得注意的是其在形式方面所体现出的矛盾性。它拥有以传统西班牙地中海小镇为主题的外观（除了英格兰或爱尔兰酒吧的标志和名称外），同时有着古老英格兰或爱尔兰酒吧的室内设计。这恰好对应了奥莱利对英国退休移民的主体性形态的描述——游走于两种文化与两个地点之间。正如访谈所记录的那样，永久居民往往为其能够“融入”西班牙社会而自豪，他们不让自己看起来像英国游客，但同时他们却主要与来自英国的退休移民交往。

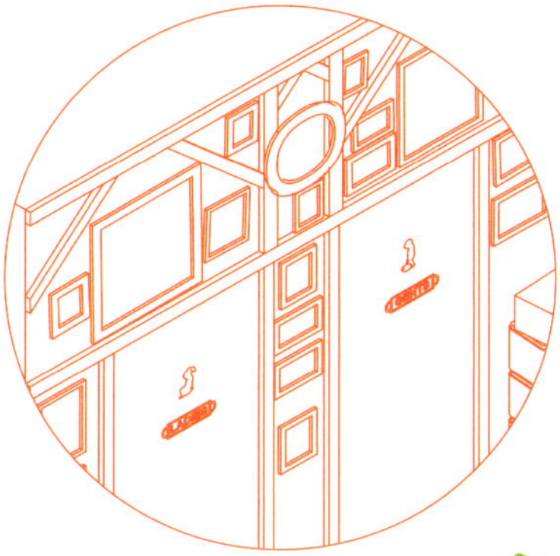

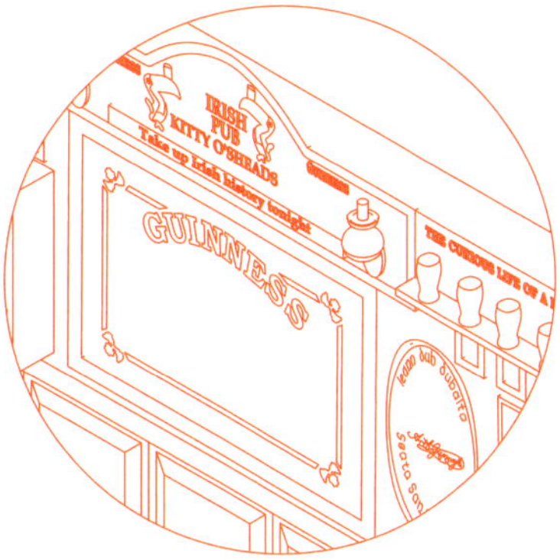

IRISH
PUB
KITTY O'SHEADS
Take up Irish history tonight
GUINNESS

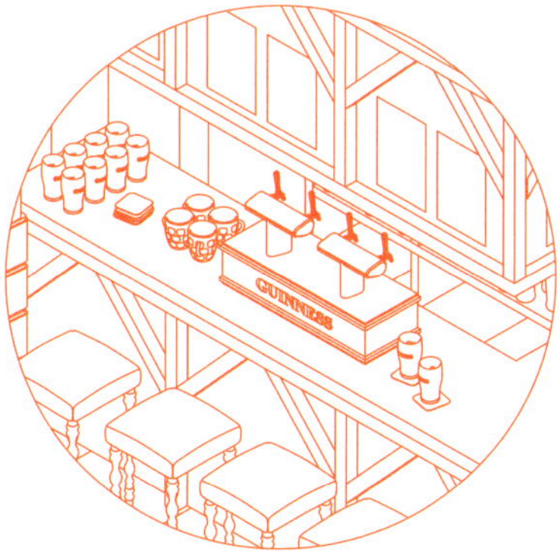

GUINNESS

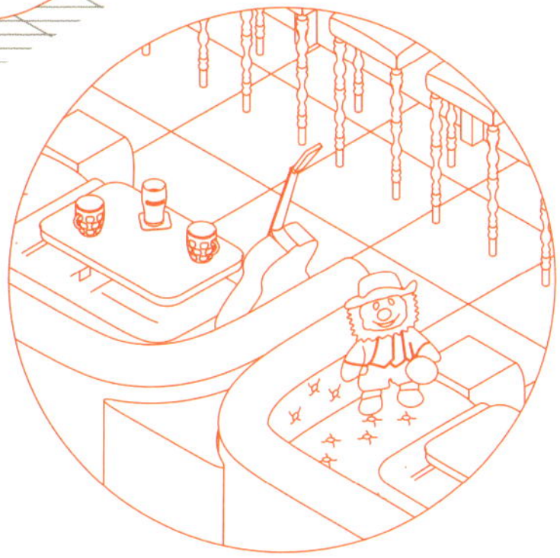

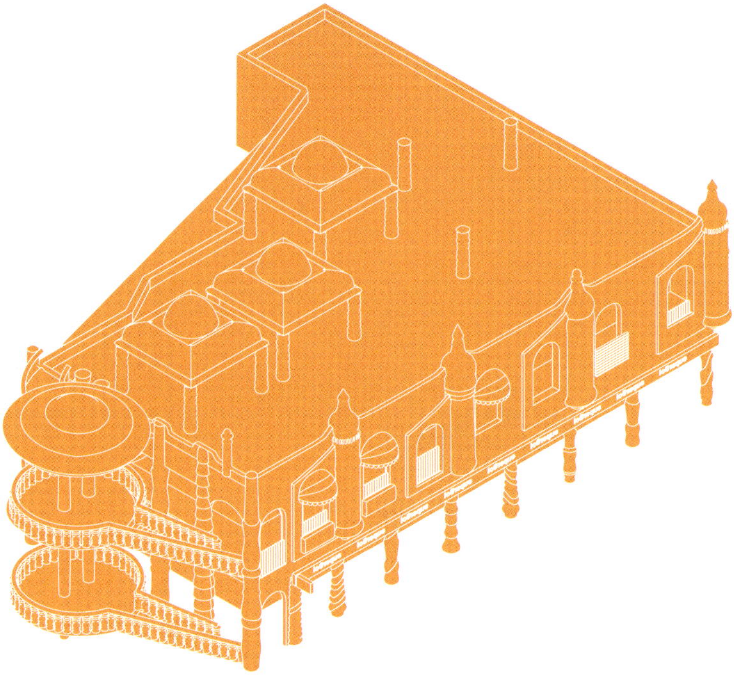

01

03

图B.2.50　太阳海岸标志物

01. 被称为洛斯西普雷斯购物中心和埃尔坎帕纳里奥的商业中心是精心运用富有表现力的地中海风情建筑语汇的案例之一。值得注意的是现代开发商对摩尔风格的创新演绎，包括下层立柱轮廓的多种形式组合，以及上层独特的柱头和穹顶设计。

02. 服务于埃尔佐科（El Zoco）购物中心和卡拉翁达（Calahonda）地区的摆渡车，是火车、拖拉机和汽车的完美结合体。

03. 地中海风格的运用不仅限于市政、商业和住宅建筑，还扩展至基础设施和服务性建筑。在距离罗马谷（Valle Romano）度假村入口1000米外的变电站，也尽其所能呈现出地中海风格，尽管

02

04

这与其使用功能毫不相关。

04. 太阳海岸-高尔夫海岸的众多“高尔夫球场的特色”之一，就是位于拉诺里亚（La Noria）高尔夫球场的栩栩如生的塑料驴雕像。因为它与山坡上的米哈斯（Mijas）小镇有着很深的渊源，而且自20世纪60年代起就被用于旅游业。它位于第七洞发球台附近，以每分钟1圈半的速度围绕着一个钢轴转动。驴是太阳海岸最具象征性的动物之一，这一雕塑作品的中心由水车和喷泉组成，它们位于石材饰面的混凝土结构上。

注释

1 本章将聚焦太阳海岸而非白色海岸，这主要是由于英国退休人员在太阳海岸占据了主导地位。据推测，太阳海岸聚集的英国退休者可能远超白色海岸，而且有针对这些地区的文献可供参考，这里也是 2009 年 3 月和 4 月笔者进行实地考察的重点。

2 Russell King et al., *Sunset Lives: British Retirement Migration to the Mediterranean*, Oxford, 2000, p. 207.

3 “欧洲退休之家”（Retirement Home of Europe）一词在专家访谈及作者与太阳海岸居民的访谈中被反复提及。

4 安德里亚斯胡贝尔（Andreas Huber）、凯伦奥莱利（Karen O' Reilly）、罗素金（Russell King）、托尼温拿斯（Tony Warnes）和艾伦·威廉姆斯（Allan Williams）等地理学家和社会学家都曾研究过欧洲退休人员向西班牙移民的现象。详见：Andreas Huber and Karen O' Reilly, “The Construction of Heimat under Conditions of Individualized Modernity: Swiss and British Elderly Migrants in Spain,” *Ageing and Society* 24（2004）, pp. 327–351; Andreas Huber, “Retirement Settlements in the Spanish Coastal Regions: A New Kind of Non-Place?”, unpublished paper, 2004; Karen O' Reilly, *The British on the Costa Del Sol: Transnational Identities and Local Communities*, London, 2000; King et al., *Sunset Lives*。

5 何塞·玛丽亚·罗梅罗曾用“隐蔽人口”（veiled population）一词来描述这一现象。据罗梅罗统计，太阳海岸都市区中约有 1200 万居民，其中包括未登记的常住游客（外来居民）、观光客及商务旅行者。详见 José Maria Romero, *Territory ZOMECS: Urban Attributes*, Granada, 2004, p. 3。

6 “Población de Andalucía por provincia de residencia, nacionalidad y sexo,” Junta de Andalucía, Instituto de Estadística y Cartografía de Andalucía, http://www.juntadeandalucia.es/institutodeestadisticaycartografia/padron/avance/tab/padron2014_prov_t2.xls（2014 年 5 月 25 日访问）http://www.juntadeandalucia.es/institutodeestadisticaycartografia/padron/avance/tab/padron2014_prov_t2.xls（2014 年 5 月 25 日访问）。O' Reilly, *British on the Costa Del Sol*, p. 49. 1999 年的 60 万这一数字，指的是西班牙南部的外籍居民人口数。

7 这些社会和空间类别之间存在着一定的模糊性，例如非酒店住宿的长住式旅游和气候居民之间的区别。在西班牙语中，residente climático 可直译为“气候居民”，指“在一年中的大部分时间里将住所迁往地中海或类似气候地区的人，季节气候是其做出决定的主要因素，他们不应被视为旅游者”。Junta de Andalucía, *Plan General de Turismo Sostenible de Andalucía 2008–2011: Informe de Sostenibilidad Ambiental*, Málaga, 2007, p. 10。

8 O' Reilly, *British on the Costa Del Sol*, pp. 119–120, 140–143, 161–163。

9 Armando Montilla, “The Creation of the New German 'Extra-Metropolitan' Suburbia,” unpublished conference paper, 2002, p. 3.

10 King et al., *Sunset Lives*, p. xii。此外，“虽然国际退休移民主要针对收入范围处于前三分之二左右的人，但在海外的英国退休人员中基本上涵盖了大部分的教育背景、职业背景及居住历史背景”。King et al., *Sunset Lives*, p. 4。

11 见 Donald T. Rowland, *Population Aging: The Transformation of Societies*, New York, 2012, pp. 97–98。

12 King et al., *Sunset Lives*, p. 22.

13 同上，p. 27。

14 同上，pp. 1–2。

15 同上，p. 15。“退休人员的可支配收入增加了，但其他人的可支配收入却相应减少了”，*Guardian*,

December 2, 2013, http://www.theguardian.com/news/2013/dec/02/disposable-income-retired-financial-crisis（2014 年 5 月 25 日访问）。

16 King et al., *Sunset Lives*, p. 22.

17 见 OECD, *Pensions at a Glance 2013: OECD and G20 Indicators*, Paris, 2013, pp. 9–15。

18 King et al., *Sunset Lives*, p. 18。这些通常“由较富裕的已婚夫妇和自住业主承担”。

19 同上，p. 6。

20 同上，pp. 30–31。

21 同上，p. 31。2012 年的数据请参见英国国家统计局的“旅行与交通”， http://www.ons.gov.uk/ons/taxonomy/index.html?nscl=Travel+and+Transport（2014 年 5 月 25 日访问）。

22 同上。

23 同上，pp. xi–xii。

24 同上，p. 13。然而，他们也指出，减少海外生活的制度障碍及法律障碍的作用可能被夸大了，因为尽管规模较小，但早在西班牙加入欧盟之前，就已经有退休人员移民到西班牙了。

25 European Commission, *Tourism in the European Union: A Practical Guide*, Brussels, 1996; 引自 O' Reilly, *British on the Costa Del Sol*, p. 36。

26 OECD, *Pensions at a Glance 2013*; Anne Leonora Blaakilde, “A Challenge to the Danish Welfare State: How International Retirement Migration and Transnational Health-Promotion Clash with National Policies,” in *Nordic Seniors on the Move: Mobility and Migration in Later Life*, ed. Anne Leonora Blaakilde and Gabriella Nilsson, Lund, 2013, pp. 175–202.

27 同样的论述还有 Eustace A. Reynolds-Ball, in *Mediterranean Winter Resorts*, London, 1899; 引自 King et al., *Sunset Lives*, p. 32。

28 King et al., *Sunset Lives*, p. 34.

29 同上。

30 同上。

31 O' Reilly, *British on the Costa Del Sol*, pp. 31–32.

32 King et al., *Sunset Lives*, p. 59. 2013 年的数据来自“International Tourists in Andalucía,” Andalucia.com, http://www.anda-lucia.com/spain/statistics/tourism.htm（2014 年 5 月 25 日访问）。

33 O' Reilly, *British on the Costa Del Sol*, p. 33.

34 同上，p. 34。

35 同上，p. 35。

36 据贾岛（Jurdao）和桑切斯（Sánchez）估计，到 1969 年太阳海岸将会有 470 个城市化地区，其中米哈斯有 120 个、马贝拉有 105 个，且大多数城市都包含有快速增长的外国社区。King et al., *Sunset Lives*, p. 59。

37 奥莱利采访了一对 20 世纪 60 年代搬到丰希罗拉的英国双职工夫妇，“那时候没有这些大街区，没有这些服务设施，也没有什么人，当时只是一个小渔村……当时的西班牙人大都很穷且多数是文盲。当时这里所有的英国人都互相认识，我们会互相拜访、喝酒吃饭。那时的我们是一个小团体，不像现在。现在有这么多人，不可能认识所有人，而且大多数人都并不与我们志趣相投。”出自其著作 *British on the Costa Del Sol*, p. 31。

38 O' Reilly, *British on the Costa Del Sol*, p. 34.

39 同上。

40 同上。

41 同上，p. 46。

42 同上，p. 49。

43 同上，英国领事馆估计这里有 50 000 名来自英国的永久居民，而 1991 年的人口普查数字约为 15 000，其中年龄在 50 岁以上的人群占半数以上。1991 年的同一人口普查估计，这里的外国人口总数为 47 000 人。

King et al., *Sunset Lives*, pp. 60–61。根据奥莱利的说法，“贾岛和桑切斯在1990年估计，米哈斯市外国人口占总人口的70%，而其中50%是英国人。1998年，英文报纸《娱乐者》（*Entertainer*）援引了一个数字，即有600 000名讲英语的外国人居住在西班牙南部。”O' Reilly, *British on the Costa Del Sol*, p. 34。值得注意的是，官方人口统计的低估会产生负面影响——特别是会导致医院、邮局等公共服务以及道路等其他基础设施的资金不足。

44 Junta de Andalucía, “Población de Andalucía por provincia.” 见 O' Reilly and Huber, “The Construction of Heimat,” p. 332。

45 Giles Tremlett, “Spain,” *Guardian*, January 27, 2007.

46 King et al., *Sunset Lives*, p. 202.

47 这种转变与乌尔里希（Ulrich）和伊丽莎白·贝克-格恩斯海姆（Elisabeth Beck-Gernsheim）所提出的且在本书导言部分讨论过的个体化的日益增强这一更广泛的社会现象相一致。

48 King et al., *Sunset Lives*, p. 95。

49 气象统计数据来自 www.theweathernetwork.com、www.worldclimate.com 和 www.weather.com（2009年11月12日访问）。

50 通常所说的活动包括海滩日光浴、高尔夫、网球、园艺和户外餐饮。

51 LPA,（Juan Palop-Casado）, *Urban-Photosynthesis: Projects and Works by Laboratory for Planning and Architecture, 2002–2009*, Las Palmas de Gran Canaria, 2009, p. 9。“1996年，美国锡拉丘兹大学气候学系得出结论，大加那利岛拉斯帕尔马斯市是世界上气候最好的城市之一。当‘气候’一词总是伴随着诸如气候变化、温室效应、海平面上升等坏消息时，我们情不自禁地回应了这一好消息……并问道——这对建筑和城市化意味着什么？从那时起，我们在每个项目中都将‘隐藏的议程’或‘有意识的分心’作为好天气的主题。在开展专业工作的同时，我们还沿着地球的两个亚热带区域开展了研究，以确定这一现象的总体规模。项目和研究工作让我们发现，这种气候条件包含了独特的能源、经济、技术、地理、生活方式、生物、时间和地点储备，值得去解析，并在空间上进行重新编码。”

52 此外，有必要提及的是，这些气候宜人的目的地往往因生活费用低廉而更具吸引力。本章稍后将详细讨论这一点。

53 King et al., *Sunset Lives*, pp. 33–36.

54 同上，pp. 179–180。

55 “人们无数次地向我们解释在南方生活的好处，说这里的气候更干燥、更温暖。阳光催生出积极的生活，让人重新振作和欢呼，而更长的冬日和晴朗的夜晚则让人可以做更多的事，看更多的风景。”King et al., *Sunset Lives*, p. xiii。

56 同上，p. 101。

57 同上。

58 同上，p. 212。

59 同上。

60 同上。

61 O' Reilly, *British on the Costa Del Sol*, p. 106.

62 “Holidays in Costa Del Sol,” Thomson Holidays, http://www.thomson.co.uk/destinations/europe/spain/costa-del-sol/holidays-costa-del-sol.html（2009年11月28日访问）。

63 “Costa del Sol Holidays—Cheap Last Minute Holidays and Package Deals to Costa del Sol,” Cooperative Travel, http://www.co-operativetravel.co.uk/holidays/costa-del-sol（2009年11月28日访问）。

64 Marc Boyer, “Tourism in the French Mediterranean,” in *Mediterranean Tourism: Facets of Socioeconomic Development and Cultural Change*, ed. Yiorgos Apostolopoulos et al., London, 2001, p. 42.

65 同上。

66 基于 2009 年及 2014 年对居民的采访。
67 King et al., *Sunset Lives*, pp. 179–180.
68 同上，p. 212。
69 同上。
70 同上，pp. 208–209。
71 同上，p. 62。2014 年的数据参见 Junta de Andalucía, "Población de Andalucía por provincial"。
72 King et al., *Sunset Lives*, p. 62. 自 20 世纪 90 年代以来，这种增长趋势始终持续。
73 Gonzalo Malvárez García et al., "Origins, Management, and Measurement of Stress on the Coast of Southern Spain," *Coastal Management* , no. 28 （2000）, p. 228.
74 在罗梅罗的《Territory zomecs》一书中，罗梅罗将这一特定区域称为"ZoMeCS"，即"太阳海岸都市区"的简称。
75 Edward Soja, "Inside Exopolis: Scenes from Orange County," in *Variations on a Theme Park: The New American City and the End of Public Space*, ed. Michael Sorkin, New York, 1992, p. 97.
76 Joel Garreau, *Edge City: Life on the New Frontier*, New York, 1991, p. 14.
77 罗梅罗在书中写道："太阳海岸的人均高速公路长度是西班牙其他地区的两倍，甚至也比欧洲平均水平长，约为欧洲平均水平的 2.5 倍。" Romero, *Territory ZoMeCS*, p. 4。
78 MVRDV, *Costa Iberica: Upbeat to the Leisure City*, Barcelona,2000, pp. 72–73.
79 César Portela, ed., *La Arquitectura Del Sol / Sunland Architecture*, Valencia, 2004, p. 12.
80 同上，p. 8。
81 King et al., *Sunset Lives*, p. 207.
82 廉价航空公司的出现是加强沿海地区和欧洲其他地区联系的关键因素。航行速度快，价格低廉。
83 King et al., *Sunset Lives*, p. 210.
84 同上，pp. 33–34。
85 同上，p. 81。
86 同上。
87 R. W. Butler, "The Concept of a Tourist Area Cycle of Evolution: Implications for the Management of Resources," *Canadian Geographer* 14, no. 1 （1980）, pp. 5–12；引自 King et al., *Sunset Lives*, p. 81.
88 King et al., *Sunset Lives*, p. 81.
89 同上，pp. 33–34。
90 "常住游客"是当地的官方说法，指常年居住在太阳海岸的外国居民。此外，还有一部分外国人只在西班牙海岸度过冬季以享受舒适温暖的气候，而在夏天则回到欧洲母国享受温和的夏季（即"候鸟居民"）。
91 卡洛斯·罗萨·希门尼斯（Carlos Rosa Jiménez）对马拉加以西（西太阳海岸地区）和以东（阿克萨基亚地区）的城市进行了区分。马拉加以西的城市往往更接近于美国封闭式社区的模式——正规、密集、具有强大的社区内部凝聚力，而马拉加以东的城市则往往不那么正规化，而是稀疏、分散、社会自治的。出自作者对 Carlos Rosa Jiménez 教授的采访，2014 年 4 月 9 日，马拉加。
92 Huber, "Retirement Settlements," pp. 2–3.
93 同上。
94 同上。
95 同上，p. 10。
96 Mary Yoko Brannen, "Bwana Mickey: Constructing Cultural Consumption at Tokyo Disneyland," in *Remade in Japan*, ed. Joseph J. Tobin, New Haven, 1992, p. 219；引自 Sarah Chaplin, "Authenticity and Otherness: The New Japanese Theme Park," *Architectural Design* 68, no. 1/2 （January/February 1998）, p. 77.

97 Huber, “Retirement Settlements,” p. 8.

98 正如胡贝尔所言，公共空间的开发并不符合城市化开发商的利益，因为公共空间无法出售，也就不会产生那么多收入。

99 Romero, *Territory ZoMeCS*, p. 3.

100 O' Reilly, *British on the Costa Del Sol*, pp. 140–166.

101 同上，p. 2。

102 同上。

103 Dora L. Costa, *The Evolution of Retirement: An American Economic History, 1880–1990*, Chicago, 1998, p. 135.

104 Margarita del Cid, “Golf makes our destination 100 per cent attractive throughout the year,” *Andalucia Golf*, no. 223 （2014）, p. 74.

105 作者对罗马谷房产中介的采访，2009 年 4 月 4 日，西班牙埃斯特波纳。

106 同上。

107 Arthur Yeo, general manager of a Chinese golf development, cited in Keller Easterling, *Enduring Innocence: Global Architecture and Its Political Masquerades*, Cambridge, MA, 2005, p. 91.

108 同上，p. 80。

109 Robert Somol, “Golf Space: The New Town Square Has 18 Holes,” *Wired* 11, no. 6 （June 2003）, p. 163.

110 “Valle Romani Golf Resort”, Severiano Ballesteros, Football Village, http://www.footballvillagespain.co.uk/football-village-ballesteros.htm（2009 年 12 月 12 日访问）。

111 Easterling, *Enduring Innocence*, pp. 81–82.

112 Huber, “Retirement Settlements,” p. 7.

113 作为一名田野调查研究者，居民们不断投来的怀疑和不友好的目光，加剧了我那种不受欢迎的感觉。对此一位居民则解释说，一个 30 多岁的男子独自开车在太阳海岸的城市街区拍摄住宅区，很容易被居民怀疑为正在踩点的潜在窃贼。

114 Huber, “Retirement Settlements,” pp. 3–4.

115 O' Reilly, *British on the Costa Del Sol*, p. 90.

116 King et al., Sunset Lives, p. 145。近年来，这种情况发生了一定程度的变化，越来越多的西班牙人在英国人聚居的城市化社区购买住房，用于养老或作为第二度假屋。

117 O' Reilly, *British on the Costa Del Sol*, p. 160.

118 King et al., *Sunset Lives*, pp. 162–163.

119 同上，p. 150。

120 同上，p. 131。

121 O' Reilly, *British on the Costa Del Sol*, pp. 91–92.

122 King et al., *Sunset Lives*, p. 131.

123 O' Reilly, *British on the Costa Del Sol*, pp. 91–92.

124 King et al., *Sunset Lives*, p. 150.

125 同上，p. 137。

126 Huber, “Retirement Settlements”, p. 5.

127 King et al., *Sunset Lives*, p. 144。“英国退休居民在伊比利亚南部的分布取决于较为主要的度假胜地的位置、大规模规划住宅区的发展以及邻近的内陆村庄和丘陵地貌等。归纳而言，离马拉加机场越远、越靠近内陆的区域，移居者与西班牙当地居民的接触就越频繁。”

128 受访者 Malcolm，出自 O' Reilly 的 *British on the Costa Del Sol*, p. 26。

129 O' Reilly and Huber, “The Construction of Heimat,” p. 348。另见 Graeme Chesters, *Foreigners*

in Spain: Triumphs and Disasters; Real-Life Stories from Expatriates in Spain, London, 2004。

130 Huber, "Retirement Settlements"。胡贝尔还以德语发表了一系列相似题目的论文，如*Sog des Südens*、*Auswandern im Alter* 以及 *Heimat in der Postmodern*。

131 正如奥热的"非场所"一词为外国的"城市化社区"现象提供了一个合适的概念，其他类似的概念还有福柯的"异托邦"或"另类空间"，作为与社会主流场所相对立的场所，具有飞地、岛屿、度假胜地、退休社区和殖民地的特征。而最后这个术语"殖民地"则在有关英国退休移民者迁居西班牙海岸的讨论中发挥了至关重要的作用。参见 Marc Augé, *Non-Places: Introduction to an Anthropology of Supermodernity*, trans. John Howe, London, 1995, pp. 77–86。

132 O' Reilly and Huber, "The Construction of Heimat," p. 334.

133 O' Reilly, *British on the Costa Del Sol*, p. 142.

134 同上，p. 144。

135 同上，p. 142。

136 同上。

137 同上，p. 17。永久性移民，也就是那些选择在西班牙定居的人，并没有奥德赛式衣锦还乡的打算。他们的种族身份既未被公开，也未被政治化；而对种族身份的强调既不是为了强调其独特性，也不是为了争取权利。事实上，当他们与西班牙人来往时，两者鲜有相似之处；而当与那些短期的移民来往时，他们与西班牙人的相似处又被大大凸显出来。此外，这些英国移居者也并未想殖民至其居住地。

138 O' Reilly, *British on the Costa Del Sol*, p. 160.

139 同上，p. 17。

140 此外，英国人还是城市化社区内私人土地和房产的所有者。虽然这些地区在明面上由西班牙和欧盟法律进行管辖，但事实上，在业主委员会内部存在着大量非正式的控制和管理，这些独立的团体制定了有关物业维护的规定及外观要求——这些规则往往与英国人对郊区约定俗成的概念密切相关。

141 Carlos García-Delgado Segués, "Living from Tourism, Dying from Tourism," in *La Arquitectura Del Sol / Sunland Architecture*, p. 176.

142 O' Reilly, *British on the Costa Del Sol*, p. 142.

143 同上，p. 86。

144 该议题可结合"无等级形式的网络组织"概念进一步探讨，参见 Antonio Negri and Michael Hardt, *Multitude: War and Democracy in the Age of Empire*, New York, 2006; 或 Eric Bonabeau, Marco Dorigo, and Guy Theraulaz, *Swarm Intelligence: From Natural to Artificial Systems*, New York, 1999。

145 "The Coast is Clear... or Not?", *The Olive Press*, http://www. theolivepress.es/2009/02/09/the-coast-is-clear-or-not/（2009 年 11 月 30 日访问）。

146 "Home sales down 10pc in August, best result this year," *Spanish Property News*, October 15, 2009, http://www.spanish-propertyinsight.com/buff/2009/10/15/home-sales-down-10pc-in-august-best-result-this-year（2009 年 11 月 30 日访问）；"Foreign buyers in the ascendancy", Spanish Property Insight, http://www.spanishpropertyinsight.com/2014/02/26/foreign-buyers-ascendancy（2014 年 5 月 25 日访问）。

147 2009 年 4 月 2 日，作者对唐娜玛丽亚庄园城市化社区房产中介的采访，西班牙贝纳马德纳。

148 作者在 2009 年 4 月和 2014 年 4 月对太阳海岸的几位房产中介的采访。

149 King et al., *Sunset Lives*, p. 213.

150 "The Istrian 18 holes for the king of golf," Nicklaus.com, http://www.nicklaus.com/design/portomariccio/index2.php（2009 年 12 月 14 日访问）；"Porto Mariccio—The Development of Luxury on the West Coast of Istria, Croatia: A Kempinski Hotel and a Nicklaus Golf Course at Center of Development," hotel-online.com, http://www.hotel-online.com/News/PR2007_1st/Feb07_PortoMariccio.html（2009 年 12 月 14 日访问）。

151 O' Reilly, *British on the Costa Del Sol*, pp. 4–5.

152 安达卢西亚建筑师何塞·玛丽亚·罗梅罗认为，这种地方形式的政府腐败决定了太阳海岸政治的特殊性。Romero, *Territory ZoMeCS*, p. 11。

153 “Ex-mayor Questioned Again in Corruption Probe,” Costa News, August 26, 2009, http://www.costa-news.com/index.php?option=com_content&task=view&id=3591&Itemid=122（2009年12月3日访问）。

154 “Marbella Awaits New Elections after Most Local Politicians Are Accused of Corruption,” City Mayors: Politics, November 16, 2006, http://www.citymayors.com/politics/marbella_corruption.html （2009年12月3日访问）。另见“ 'Malaya' Corruption Case 'involved 670 million euros of laundered money,' ” Think Spain, October 10, 2009, http://www.thinkspain.com/news-spain/17166/malaya-corruption-case-involved-670-million-euros-of-laundered-money （2009年12月3日访问）。

155 O' Reilly, *British on the Costa Del Sol*, p. 122.

156 同上。关于西班牙跨国退休移民的经济生存问题参见 King et al., *Sunset Lives*; O' Reilly, *British on the Costa Del Sol*; Anne Leornora Blaakilde and Gabriella Nilsson, eds., *Nordic Seniors on the Move: Mobility and Migration in Later Life*, Lund, 2013。

157 O' Reilly and Huber, “The Construction of Heimat,” p. 333; “American FactFinder,” US Census Bureau, 2010, http://factfinder2.census.gov/faces/tableservices/jsf/pages/productview.xhtml?pid=dec_10_dp_dpdp1（2014年5月6日访问）。

158 King et al., *Sunset Lives*, p. 203.

159 Anthony Giddens, *The Transformation of Intimacy, Sexuality, Love and Eroticism in Modern Societies*, Stanford, 1992; 引自 King et al., *Sunset Lives*, p. 203.

160 King et al., *Sunset Lives*, p. 89.

161 对于许多人来说，退休后的一段时间可能会给他们带来些许创伤，因为他们试图“适应环境的彻底改变，适应一种‘完全的转换’，这让人们不确定自己在一个陌生的环境中处于什么位置，他们生活中的传统支柱已经消失。人们可能会发现自己生活在 J. G. 巴拉德（J. G. Ballard）所称的‘无情感区’，这里没有传统定义的诸如工作、家庭、邻里等活动和结构。这让他们能够为自己打造全新的角色”。King et al., *Sunset Lives*, p. 148。

162 King et al., *Sunset Lives*, p. 149。另见 Charles Betty and Michael Cahill, “British Expatriates' Experience of Health and Social Services on the Costa del Sol,” in *Into the Margins: Migration and Social Exclusion in Southern Europe*, ed. Floya Anthias and Gabriella Lazaridis, Aldershot, 1999, pp. 83–113。这些记述及奥莱利和胡贝尔的《故乡的建构》（*The Construction of Heimat*）一文都勾勒出这幅图景的细微差别，其中孤独、无趣、思乡、酗酒、健康衰退等无一不是现实存在的问题。

163 King et al., *Sunset Lives*, p. 149.

164 O' Reilly, *British on the Costa Del Sol*, p. 120.

165 同上，p. 122。

166 同上，p. 153。

167 同上，pp. 159–160。

168 同上。

169 虽然这通常被认为对实现自我有积极的作用，但这种永久的休假状态也会带来各种形式的“后果”，包括酗酒、抑郁和孤独等常见问题。参见“Black Spots in Paradise”一节，O' Reilly and Huber, “The Construction of Heimat,” p. 345。

170 尤其值得注意的是，这些人的隐匿状态对太阳海岸公共服务和基础设施——医院、高速公路、污水处理厂等的需求评估产生了负面影响。

171 King et al., *Sunset Lives*, p. 44。奥莱利提出了一个由五部分组成的分类系统，与金等学者的分类系统大致相同。该系统包括：旅居侨民，对应金所提出的永久性居民；居民，对应第一种季节性移民；季节性游客，对应第二种季节性移民；回返者，对应拥有第二套住房的业主；以及旅居者，对应长期逗留的国际旅客。O' Reilly, *British on the Costa Del Sol,* p. 140。奥莱利指出，他对使用“移民”一词来归类西班牙国际退休移民的做法提出了质疑，因为这些人并非“无权无势、占少数、往往是有色人种”。

172 “20 世纪六七十年代，那些受过不寻常高等教育的人开创了这种定居点，包括讲师、教师、艺术家等‘知识分子’。自20世纪80年代以来，这种现象开始变得普及，生产业及服务业的从业者比重不断升高。”King et al., Sunset Lives, pp. 88–89。在金等学者看来，在西班牙的典型英国退休人员“大多十分富裕，受教育水平高于平均水平，主要是商业、管理和专业技能领域的从业者”。King et al., *Sunset Lives,* pp. 88–89。这与一般的欧洲国际退休移民，特别是前往英格兰南部海岸的英国休闲移民有一些相似之处。在该书的第 204 页，金等学者在提到他们在研究中遇到的各种人时，强调了太阳海岸退休移民的异质性，其中包括“一位专注于迦太基考古学的实地考古研究者、一位热衷于当地教堂礼仪的研究者、几位钟情于游艇的女士，以及其他无私奉献于社区服务的人；所有这些人都与相对少见的派对狂热爱好者、前殖民沙文主义者及‘另类’公社居民截然不同”。

173 King et al., *Sunset Lives,* p. 89.

174 同上，p. 153。

175 同上，p. 145。

176 同上。

177 同上，p. 201。

178 在此特定背景下，这些联盟致力于实现公私双方经济双赢，但公共部门的收益主要局限于政府官员经济状况的改善。

179 Producciones GeoGraphic, “Guía Oficial Map of Costa del Sol Urbanizaciones,” Málaga, 2009.

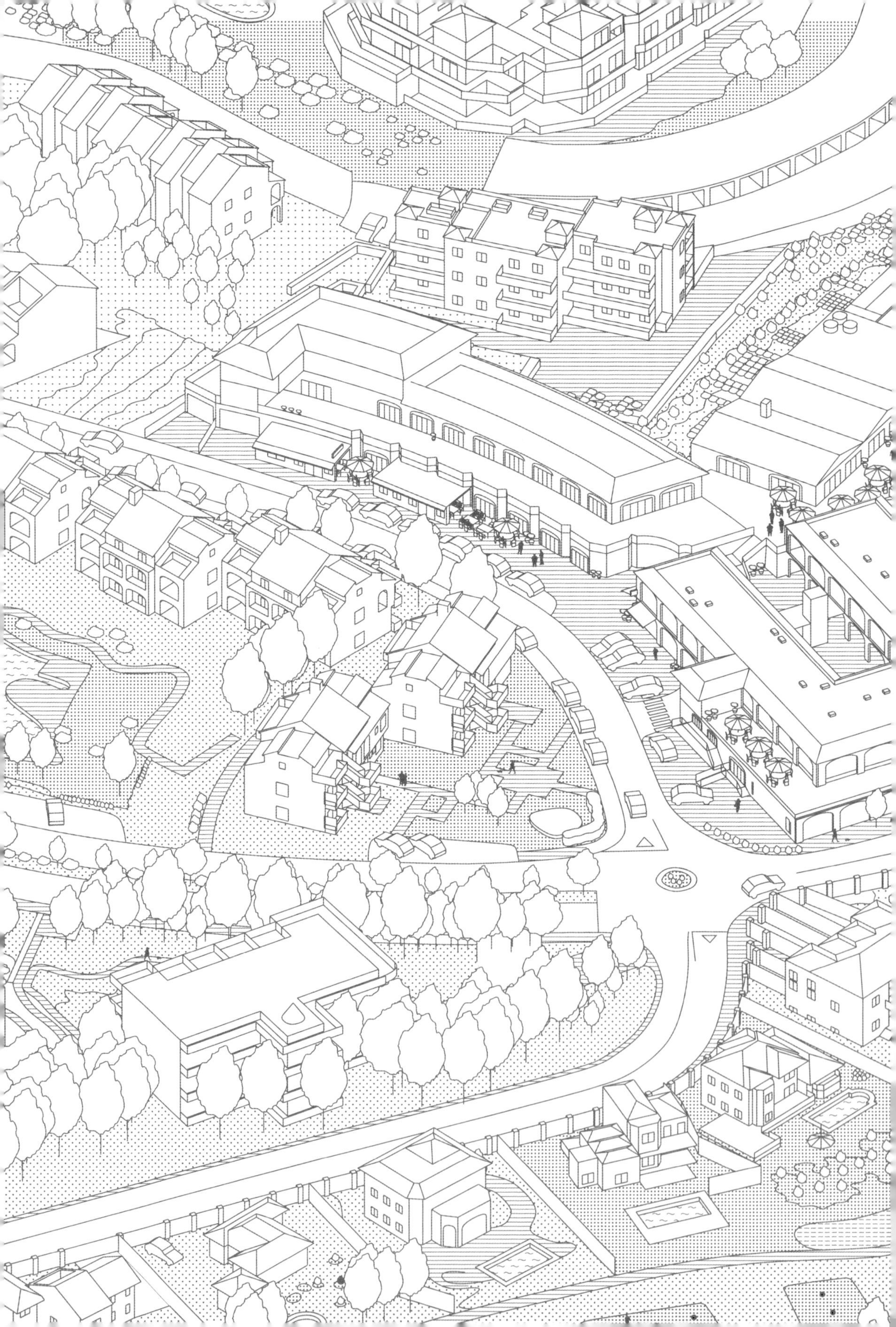

3. 日本九州岛的豪斯登堡：年轻老人的远程城市化

主题公园中的巅峰之作。

——乔伊·亨德瑞（Joy Hendry）[1][i]

豪斯登堡被誉为史上规模最大、最复杂精致的主题公园之一。[2]园区于1992年在日本长崎附近投入运营，占地151公顷，面积是美国阿纳海姆迪士尼乐园（Disneyland in Anaheim）[ii]的五倍。整个园区由货真价实的荷兰砖砌筑，是对荷兰的历史建筑、城市景观和风景进行原尺寸复制与诠释的城市综合体（图B.3.1）。

以复制异域的标志性建筑物进行主题环境营造的方式由来已久，从18世纪英国花园中建造希腊式神庙、19世纪的大型展览、20世纪之初美国康尼岛（Coney Island）的游乐园，到二战后华特·迪士尼（Walt Disney）的主题公园[iii]、拉斯维加斯的赌场以及当代日本的外国村（gaikoku-mura）都是此种类型。虽然豪斯登堡延续了这一传统，但作为传统主题环境和住宅社区的类型混合体也颇具研究意义。对于本研究而言，重要的是主要由退休人员所组成的豪斯登堡的常住居民，因为这代表了当代社会人口条件与特定日本经济和文化背景交织的状况。

---

i 译注：名字参考复旦大学国际问题研究院日本研究中心副教授贺平：《日本研究是否有章可循？》中的译法。

ii 译注：迪斯尼是曾用名。1995年第5期总24期的米老鼠杂志第一页中，刊登了一篇关于“迪斯尼”改名字的通知。里面提到，由于中国大陆、台湾和香港三个地方对其的称呼各不相同，大陆叫“迪斯尼”，台湾叫“迪斯奈”，香港叫“迪士尼”，为了把中国市场统一起来，因此改名为“迪士尼”。据相关消息称，另外一个原因是“士”字比“斯”字笔画少，容易认，方便小朋友识别，故综合所有原因，改名为“迪士尼”。

iii 译注：这里原文为“to Walt Disney’s postwar theme parks”，但根据上下文分析，postwar应该是用于定位时间节点及跨度关系的，而不是主题公园的修饰词，遂此处的翻译调整了语序。

图B.3.1　小孩堤防风车区（Kinderdijk area），日本豪斯登堡，2008年

在概述了豪斯登堡的历史背景，包括对其作为未来生态模型城市的概念化处理之后，本章将基于老龄化的人口统计，探讨主题公园城市类型学的演变，以及依据娱乐工业综合体逻辑的退休社区城市类型学的演变。在主题环境中引入永久性居住地的基础上，将重新审视形塑主题公园的时空和社会效应的传统术语，即位移、外在性和仿真。值得注意的是，主题化的表现性和象征性的运作将被纳入讨论范畴，这表明运行机制不仅产生了地点与空间的交织，还产生了主体性与集体性的混合观念。

悖论：在经济与生态之间

作为企业家神近义邦心血的结晶，豪斯登堡主题公园被认为是位于西南 10 千米处的已有的长崎荷兰村（Nagasaki Holland Village）的扩建版（图 B.3.2）。豪斯登堡距长崎 36 千米，占地 151 公顷，建基于第二次世界大战期间为军事用途和战后工业发展而开垦出的土地上。[3] 该项目的面积相当于四分之三个摩纳哥公国，建设耗资高达 5.4 万亿日元，堪称日本历史上最大的公私合营项目之一（图 B.3.3）[4]。这期间，神近义邦在组建财团资助项目方面发挥了关键作用，该财团由 30 个合作伙伴组成，包括长崎县（Nagasaki）和佐世保市（Sasebo）政府以及日本政策 投资银行（Development Bank of Japan）、日本兴业银行

图B.3.3　正在建设中的开发项目，日本豪斯登堡，约1989年

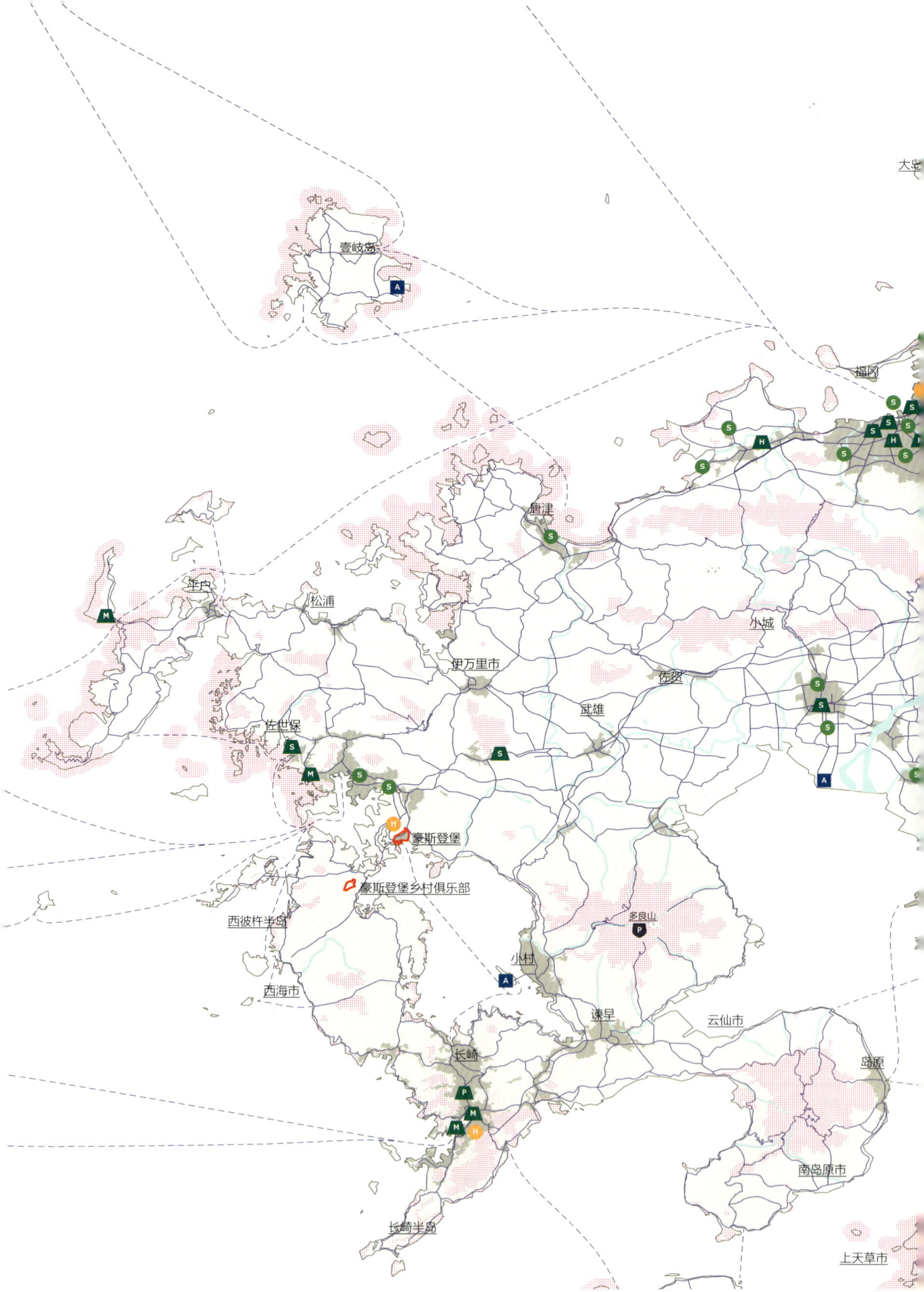

图B.3.2　日本豪斯登堡城市背景图

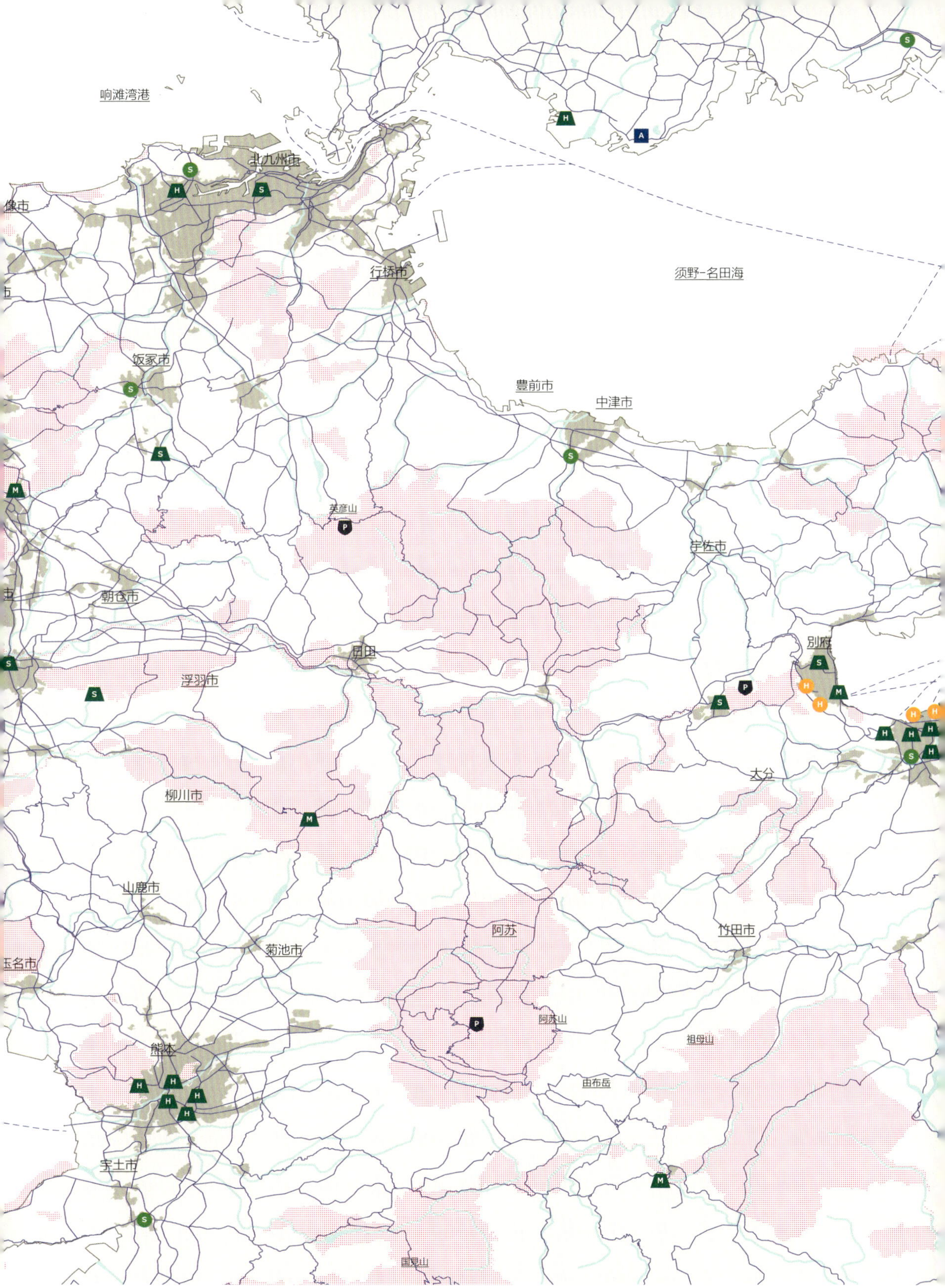

景观保护区
水体
建成区
豪斯登堡地块
邮政总局
博物馆
历史文化景点 / 城堡
商场
旅店
保护区
道路
机场

（the Industrial Bank of Japan，瑞穗银行的前身之一）、JR 九州铁路（the local railway JR Kyushu）、西部瓦斯株式会社、九州电力、三菱（Mitsubishi）和富士通（Fujitsu）等几家大型企业。[5]

豪斯登堡在荷兰语中意为“森林中的房子”，原指荷兰皇室位于海牙附近的夏宫，是日本九州地区复制的 150 多座荷兰建筑和城市景观中的一个。整个综合体相当于一个城镇，包含 6 家酒店、60 家餐厅、68 家商店、12 个娱乐场所、12 座博物馆、6 千米长的运河，以及若干家银行、一座邮局、一个消防站、一所医院和一个码头，还有数百套住宅和公寓。1996 年豪斯登堡的游客人数达到 420 万人次的峰值，成为继日本东京迪士尼乐园和东京海洋世界公园之后日本最大的主题公园景点之一，但这一数字已于 2008 年降至 180 万人次。作为以文化景观而非娱乐景观为主导的场所，豪斯登堡的主要受众是较为年长的女性群体，[6] 一日游的通票售价为 4800 日元。该主题公园作为旅游胜地，其吸引力很大程度上归功于荷兰文化中那些独特且辨识度极高的品牌性元素，比如风车、郁金香、运河和运河屋，以及凡·高（Van Gogh）、维米尔（Vermeer）和伦勃朗（Rembrandt）等画家的传世之作。

对于负责该项目的日本设计株式会社的首席建筑师池田武邦来说，豪斯登堡的建设开发体现了一种意识形态，“一种应当成为日本进入 21 世纪后城市发展标准的新的价值体系”。[7] 据其创建者称，这个雄心勃勃的体系框架代表着“日本首次以实现‘生态与经济共举’和‘荷兰和日本文化互融’为目标而建设的城镇”（图 B.3.4）。[8] 在此背景下，“生态”与“经济”这两个经常相互矛盾对立的框架的共存可以理解为一种愿景：构建一个可持续发展的城镇的范例，以类似江户时代的对自然生态的敬畏为根基，同时基于日本文化主题公园的成功先例来确保经济上的可行性。就豪斯登堡而言，其灵感来源于九州地区在江户时期与荷兰的商业和文化往来[i] 的历史。在理论家米奥德拉格·米特拉斯诺维科（Miodrag Mitrasinovic）看来，这种历史与生态主题的结合产生了一种“令

---

i 译注：江户幕府时期日本实行锁国政策，严禁与外国贸易，禁止日本与海外交往，只许同中国、朝鲜、荷兰等国通商，而且只准在九州岛长崎一地进行。

图B.3.4 从大教堂钟楼（Domtoren）向东眺望瓦森纳和豪斯登堡，日本，2008年

人有些困惑的概念分层”，但这一概念层通过颇具见地的营销策略，在涉及“生态问题、另类生活、作为旅游目的地的荷兰、国家历史”等诸多概念层上得以突显。[9] 每当有人将豪斯登堡称为主题公园时，创始人兼生态学家神近义邦先生就会恼怒，而这恰恰突显了这些协商与结合的复杂特性：“这不是个主题公园，而是一个未来的生态城市。”[10] 神近表示，豪斯登堡的所有主题性景观都是对资助该项目的公司、市政当局和公用事业公司经济利益的让步。

日本的“外国村”

作为一种主题环境，豪斯登堡的发展与 20 世纪 80 年代和 90 年代初日本的经济、文化、社会和人口的变化紧密相连。这一时期，国民经济蓬勃发展，国民财富[i] 水平在六年内翻了一番，引发的其他影响还包括对外国商品和体验的需求激增（图 B.3.5）。[11] 日本政府征收的高额进口税和关税，使得西方商品价格过高，声名在外的高昂价格也助长了日本民众对西方事物的迷恋[12]。

经济的繁荣使得西方化的休闲消费形式迅速流行，比如 20 世纪 80 年代初

i 译注：国民财富（National Wealth），社会学术语，指在一定时间节点上全社会（国家、集体、个人）在国内外所拥有的物质资料的总和。

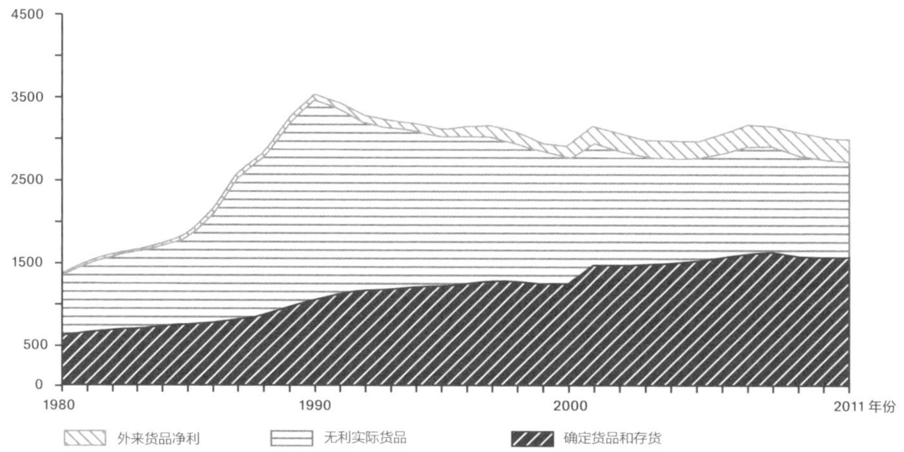

图B.3.5　日本国民财富水平（单位：万亿日元），1980—2011年。资料来源：《日本统计手册》（*Statistical Handbook of Japan*），2013年

开始在日本出现的主题公园和游乐园。这其中最早也是最著名的当属 1983 年投入运营的东京迪士尼乐园，作为目前世界上最受欢迎的主题公园之一，每年可迎来大约 1720 万人次的游客。[13] 这种形式的游乐园在日本出现并迅速发展的同时，另一种被称为“外国村”的文化主题公园或异国村庄类型的休闲公园也随之出现。

以提供替代出国旅行、消费体验和感受国外文化为理念，外国村在类型学中可以理解为是对日本人有限的假期时间和有限收入等实际束缚的一种反馈调节，同时在语言、习俗和食物所构成的舒适而熟悉的环境中，便利地体验外国文化。自 20 世纪 80 年代中叶以来，日本出现了数十个外国村，再现了包括新西兰、土耳其、加拿大和意大利在内的世界多个地区。一些较为知名的外国村包括：位于北海道的“格鲁克王国”，以一个历史悠久的德国小镇为原型，于 1990 年投入运营，于 2001 年歇业；位于丸山的“莎士比亚乡间公园”，或称为“罗斯玛丽公园”，以英国埃文河畔威廉 · 莎士比亚的故乡斯特拉特福为原型，于 1997 年投入运营；以及位于志摩的“西班牙村”，其以西班牙小镇为原型，于 1994 年投入运营（图 B.3.6~ 图 B.3.8）。而豪斯登堡将成为其中最大、最著名的一员。

图B.3.6 志摩西班牙村游览图，日本，2009年。资料来源：志摩西班牙村

图B.3.7 志摩西班牙村广场景观，日本，2010年

图B.3.8　丸山莎士比亚乡间公园的艺术家渲染图，日本，1997年。来源：朱利安·比克内尔与合伙人，伦敦

日本与荷兰

豪斯登堡选择以荷兰作为文化原型与日本长崎地区特定的地方历史有关。在 17 至 19 世纪闭关锁国的江户时代，荷兰和中国是日本与世界其他地区的唯一联系点。这一时期日本规定不得进行宗教传教活动，在此规定下，荷兰人在长崎湾的人工岛屿出岛上与日本保持着贸易往来（图 B.3.9）。[14] 出岛面积约为 14 700 平方米，通过一座设有守卫的木桥与九州岛相连，成为西方知识和商品的唯一来源，包括造船、天文学、导航术、火炮射击术及医学（图 B.3.10）。荷兰的影响现在仍然在该地区存在，比如当地方言中还保留着一些荷兰语词汇。池田认为，“荷兰在日本的现代历史中扮演了重要角色。然而，日本公众几乎不知道这些贡献，更缺乏对这些贡献的认识。通过重新审视我们与荷兰的贸易史，其不同于日本的文化可以使我们重新认识自己国家的文化，并借此机会思考当今的日本。”[15]

图B.3.9　日本江户时代长崎地图，1801年。荷兰占领的出岛是左上角扇形的岛屿。
来源：长崎出岛博物馆

图B.3.10　日本江户时代关于荷兰贸易船和商人的绘画，19世纪。来源：长崎出岛博物馆

主题化荷兰

豪斯登堡的规划与开发是由日本设计株式会社建筑师池田武邦所领导的，由日本及荷兰建筑、建造和文化方面的专家组成的十五人委员会共同监督。[16] 荷兰城市规划师珍 · 希林（Jan Heeling）在豪斯登堡的整体规划设计中发挥了关键作用，他认为豪斯登堡是规划设计符合“荷兰城市的历史和传统……在这个项目所在地上构建一座想象之城”[17]。

> 这座想象之城位于河流的入海口处，历史设定始于 12 世纪，其最初是一个以捕鱼为主兼有一些农耕的渔村。在 12 至 14 世纪期间，这个渔村建立了内港和外港，建造了教堂、市政厅，并修建了防御墙和大门以保护村庄免受敌人的侵袭。在 14 至 17 世纪期间，为东亚贸易公司建造了一个大型仓库。此外，豪斯登堡宫殿也在这个时期建成。19 世纪，随着工业的蓬勃发展，港口被扩建，豪斯登堡宫殿也得以扩建。到了 20 世纪，随着郊区环境的完善，人们建造了度假屋，并在原本的空地上开凿了运河，还种植了成片的树木。这座城市再次焕发新的生机，成为一座与周围自然环境融为一体的新城。港口被改造成一座游艇码头，停泊着一排排的帆船。[18]

单体建筑和城市景观的设计则源于对荷兰 18 座城市的详尽研究和调查。荷兰政府与王室对此给予了支持，王室同意日本复制豪斯登堡宫殿，并且允许新的日本小镇以其名字命名。此项目除了豪斯登堡宫殿，还制作了 11 座标志性的独立建筑的精确复制品，包括豪达的市政厅和秤量房（De Waag）、莱顿的克伦布茨桥、斯尼克的水门和布勒克伦的尼金罗德城堡，它们成为各个广场的视觉中心（图 B.3.11~ 图 B.3.13）。[19] 复制建筑的建造图纸由荷兰政府和荷兰地方市政当局提供。由于这些建筑归荷兰公共部门所有，因此不存在任何的版权争端。另外 16 栋建筑在建造时“做了细微的调整，如设计上的略微改动或缩小尺寸”[20]。这些单独的复制品已经根据不同历史时期和现有荷兰城市景观环境，与相邻的建筑和城市景观精心地交织在一起。根据“更新设计”的逻辑，解决了荷兰原建筑和日本复制品之间功能不匹配的问题。根据日本设计株式会社的说法：

> 不允许更改历史建筑的外观。因此通过改变建筑物的内部来充分利用城市资源，这样不仅有了全新的功能，同时还保持了建筑的外观不变。许多建筑都经历了这种形式的改造，

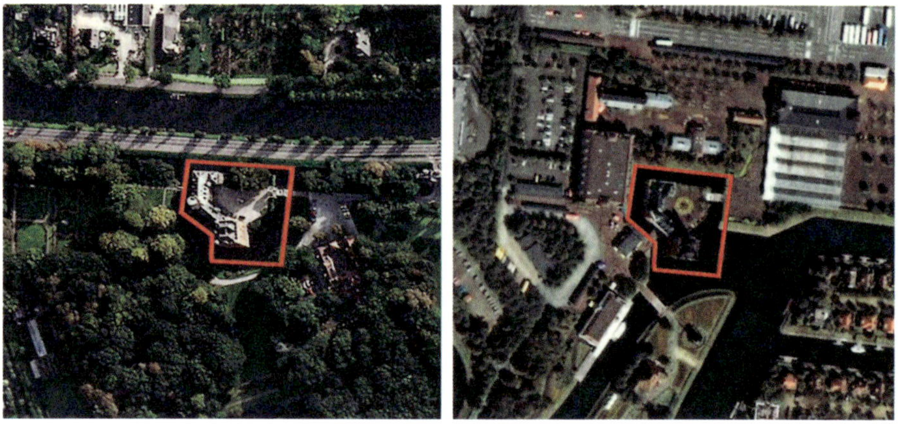

图B.3.11 荷兰布勒克伦的尼金罗德城堡（左）；日本豪斯登堡（右）。来源：谷歌地图

图B.3.12 荷兰布勒克伦的尼金罗德城堡（左）；日本豪斯登堡（右）。来源：塔科·米乌森

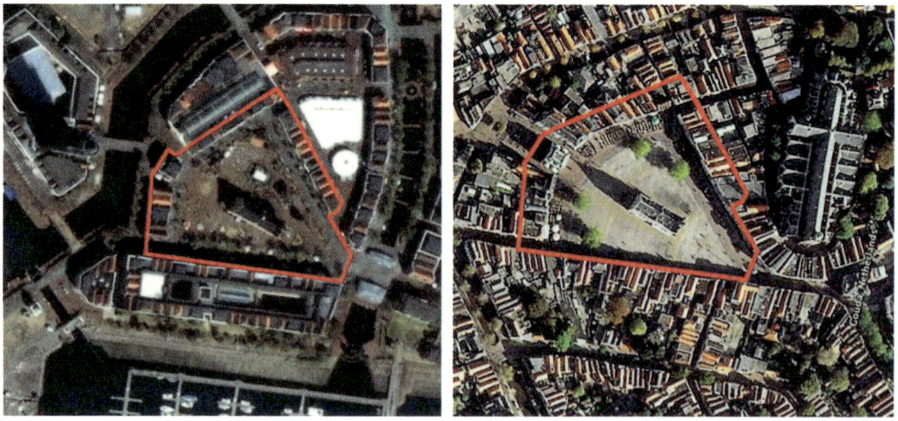

图B.3.13 荷兰豪达镇广场（左）；日本豪斯登堡的威廉·亚历山大王子广场（右）。来源：谷歌地图

例如，教堂可能被重新改造为一个住宅综合体或博物馆。乌得勒支的圣马丁主教堂塔楼最初只是从属于教堂的钟楼，但在豪斯登堡摇身一变成了观景台。同样，豪达的市政厅既是装饰玻璃博物馆，又是休息所。[21]

在豪斯登堡，规划设计团队不仅对复制品的形式准确性给予了极大关注，还对材料和施工技术予以了重视。在建造过程中，荷兰工匠被请到日本监督建筑工程，并将技术传授给当地工人。例如，在 12 公顷的路面工程中，设计团队从荷兰进口了 1000 万块砖，并在荷兰砖匠的监督下完成铺设。[22]

豪斯登堡的整体空间是由 8 个集体性的“公共”广场，也就是米特拉斯诺维科称之为“剧场”的区域组织起来的。[23] 每个剧场都有自己的特色和特定的功能倾向，并以荷兰的特定地区命名（图 B.3.14）。[24] 这些独立的剧场通过两条环路系统连接：第一条陆上环路系统通过桥梁连接各个“岛屿”剧场，而第二条水上环路则由运河系统连接（图 B.3.15~ 图 B.3.18）。

按照每天、每周、每月和每季的时间框架，各个剧场精心编排了一系列的常规活动和“虚构事件”（图 B.3.19、图 B.3.20）。每天都会有杂耍艺人、画家或街头音乐家在公园内轮流上演“即兴”街头表演。每个剧场都支持一系列特定的活动项目，并在公园的整体编排中轮番上演。公园最初开放时，这些常规活动包括每天在小孩堤防剧场及海鲜市场中由荷兰农艺学和农学的学生进行的奶酪制作演示，以及乌得勒支剧场每日四次的荷兰五人乐队演奏。每天最重要的展示活动是皇家马队游行：从弗里斯兰马地开始，绕过整个公园到达豪斯登堡宫殿，在那里与身着荷兰服饰、扮演荷兰皇室成员的演员汇合，然后带着演员们再次穿过公园返回出发地。这些“皇室成员”乘坐“由 12 匹从荷兰进口的弗里斯兰马牵引的三辆传统的17 世纪荷兰马车”[25]。与皇家马队游行方向相反，一组意大利旗手表演队同时沿着该条环路行进。除此之外，每周还会安排其他活动，包括每周五、周六和周日举办的配合烟花表演的运河水上幻想秀。每月和每季还有一系列通常与花卉主题相关的节日：三月和四月是郁金香节，六月和七月是绣球花节，从九月到十一月的丰收节以及十二月的圣诞节则分别用大波斯菊和三色堇的花卉主题代表。[26]

图B.3.14　从乌得勒支圣马丁主教堂大钟楼眺望威廉·亚历山大王子广场的景象，日本豪斯登堡，2014年。豪达镇广场的复制品。来源：Ani Vihervaara

图B.3.17 从桥上眺望小孩堤防风车村的景象，日本豪斯登堡，2008年

图B.3.18　背景是乌得勒支圣马丁主教堂塔楼的运河和水上出租船景象，日本豪斯登堡，2008年

图B.3.15　艺术家绘制的豪斯登堡总体效果图，约1991年。来源：豪斯登堡、日本设计株式会社

图B.3.16　文化公园用户地图，日本豪斯登堡，2009年。来源：豪斯登堡

IOW TO USE YOUR TICKET?

Vith the 1-Day Passport or Official Hotel Resort Passport you have free entry at:

- **Museums**
- **Attractions**
- **Classic Bus**
- **Canal Cruiser**
- **Kanko-Maru** (Omura Bay cruiser, operates March-November)

Passport sign indicates free entry for Passport olders, as well as for Passcard holders.

o those who use an Entrance ticket

Passcard can be obtained from vending nachines inside the park. It is also possible to pay ash to enter rides or facilities.

ycle | Wheelchairs (free of charge) | Strollers (free of charge)

Ash-Tray | Medical Aid | Parking

2

图B.3.19 豪斯登堡宣传手册中的皇家马车巡游、丰收集市和鲜花日历等节日活动，1998年。来源：豪斯登堡

ドリーム イン ザ スカイ

を彩る30万本の花々

ウステンボスを訪れる人にとっての大きな魅力のひとつが、街を埋め尽くすよう
て迎えてくれる色鮮やかな花のある風景。
のチューリップからポピー、紫陽花、ひまわり、コスモス、菜の花と、一年を通して
万本の花が咲いている魅力的な風景を楽しむことができるのです。

の街全体が感動のステージ

街は、いつでもフェスティバルの賑わいに満ちています。
れぞれの季節の魅力があふれるテーマで街全体を染めるシーズンイベント。そして、
そのものをステージとして大スケールで見る人を惹きつける、さまざまなレギュラー
ベント。どれも、この街独自の文化として、忘れられない思い出を心に刻みます。

& FLOWER CALENDAR

イベント&フラワーカレンダー

3月	4月	5月	6月	7月	8月	9月	10月	11月	12月	1月

●ロマンティックヨーロッパ

●チューリップ祭

●クイーンズセレブレーション

●パラダイスサマー

●VIVA・ヨーロッパ

●千年の街のクリスマス

チューリップ

ポピー

あじさい

ひまわり

コスモス

菜の花

●カウントダウンショー
●ニューイヤードリーム
●オリエンタルニューイヤー

图B.3.20　活动和生活福利设施宣传，豪斯登堡宣传手册，1998年。来源：豪斯登堡

◆ストラン

欠かすことのできないグルメ。
ンボスには、約60店舗の個性
ストランがあります。気軽なフ
ードから本格的なディナーコ
ューまで、世界各国の料理を、
わせて気軽に味わえます。

◆ショッピング

オリジナルグッズやおみやげ品などのショッピングだけでなく、ヨーロッパの街角でのショッピングのように、輸入雑貨やブランドファッション、ジュエリー、インテリアなど約70店舗のさまざまな専門店で、ショッピングそのものを楽しむことができます。

イトスポット

の夜に迷い込んだような雰囲気の
ジノ・バー、ダンシングシアターで、
くつろいで過ごすリゾートの夜。

◆場内アクセス

広い場内で快適に過ごしていただくために、ハウステンボスには次のような場内交通が用意されています。

2階建て遊覧バス

カナルクルーザー

クラシックタクシー

クラシックバス

共施設

メーションセンター（案内所）
んのこと、ひとつの街である
テンボスには、警察、消防、メ
センター、薬局、電報、電話
らしに欠かすことのできない
設が設置されています。

インフォメーションセンター

消防

◆ゲストアテンダント

ハウステンボスの街をご案内する、オランダの文化・歴史からハウステンボスの隅々までを知り尽くした専任の女性スタッフたち。お客様のご希望に合わせてオリジナルのコースでご案内いたします。

〈お問い合わせ〉
ハウステンボス総合予約センター
TEL.0956-27-0001

实验性的未来生态城市

怀着日本传统的对自然的敬畏之情，我们在长崎的荷兰村启动了豪斯登堡项目。尽管主要以荷兰建筑为模板，但我们尝试按照江户时代城市的风貌和理念来建设这个小镇。

——池田武邦[27]

虽然项目的营利性质决定了以荷兰为主题的外国村庄概念，但企业家、生态学家和项目创始人神近义邦的生态抱负仍然赋予了项目更复杂的内涵。从这个角度来看，豪斯登堡背后的理念是对当代日本城市发展的反思。池田列举了当代城市发展中的三个基本问题："对自然的敏感度减弱""某些现代理性主义理想与传统文化及环境关注之间的矛盾"，以及"现代理性主义思想中缺乏内在的约束"。换句话说，这是一种"对人类行为没有明确限制"[28]的理念。因此池田和神近主张，以江户时代的生态和发展方法以及当代荷兰对环境的处理方式为借鉴，构建豪斯登堡生态处理的核心框架。[29]根据池田的说法：

> 荷兰城镇和村庄的环境与日本实现现代化之前的环境有很多共同之处。换句话说，豪斯登堡这种荷兰式的环境与过去的日本有许多相似之处，当时的城镇外观反映了敬畏自然的文化内涵。这得益于荷兰没有屈服于 20 世纪那种摒弃自然而以效率和经济至上的发展理念。[30]

总而言之，我们的目的是"建造一个与自然和谐共处的城镇，一个让水、光、声音和废弃物等自然元素与能源供应和智能城镇系统等先进技术共存的环境"[31]。设计中，生态领域关注的重点是水环境，运河系统的设计是为改善当地的海洋生态系统，通过潮汐水位的改变来实现定期换水，并确保没有废水被排入大村湾。各类设施产生的废水在水处理厂经过三级处理后，可回收用于冷却系统、卫生设施和植物灌溉。在地下，一个超过 3 千米长的隧道系统包含了供水、能源和通信设施——根据豪斯登堡的宣传材料，这形成了一个"有趣的矛盾体"，即地上看起来是一个 17 世纪的荷兰小镇，地下却是一个高科技的隧道系统（图 B.3.21）。[32]在设计这一综合体时，还特别注意限制光污染和噪声污染，减少废物，并最大限度地提高回收率（图 B.3.22）。

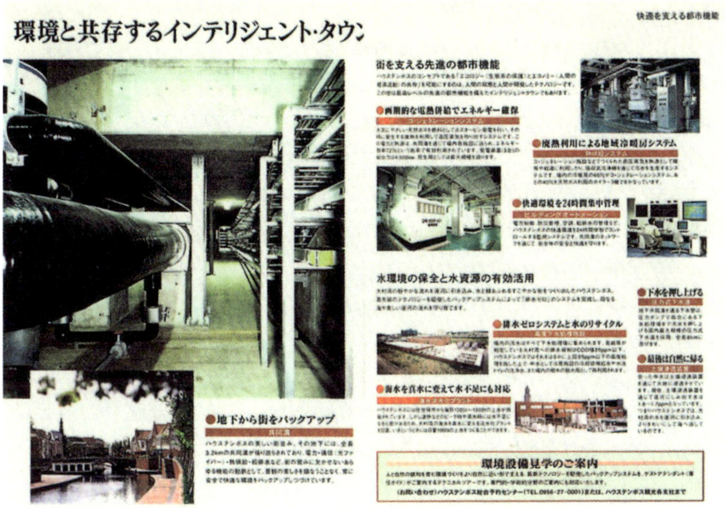

图B.3.22 环保措施推广，宣传册摘录，日本豪斯登堡，1998年。来源：豪斯登堡

据豪斯登堡的设计师所说，它是“（日本历史上）首次实现以‘生态与经济共存’和‘荷兰与日本文化和谐’为目标而建造的城镇”。在这一背景下，“生态”与“经济”这两个往往相互矛盾的框架共存，就可以理解为希望建造一个类似江户时代以崇尚自然生态为基础的、可持续发展的模范城镇，这主要通过不可见的地下基础设施如服务隧道和处理厂等来实现，同时，基于日本文化主题公园的成功先例，可确保运营的企业取得良好的经济效益。例如豪斯登堡，是以江户时代荷兰人在九州的地方历史为基础，通过可见的地上部分的建筑组群来体现的。

应用这些可持续发展的方法可谓是一次生态考察之旅，令人联想到迪恩·迈坎内尔在《旅游者》一书中描述的“舞台化的真实性”[33]。在这样的展示中，根据麦坎内尔的说法，旅游者暗自追寻着失去的真实性，并最终通过场地展现的专业技术和环境的“魔法”形式获得了“真相”。

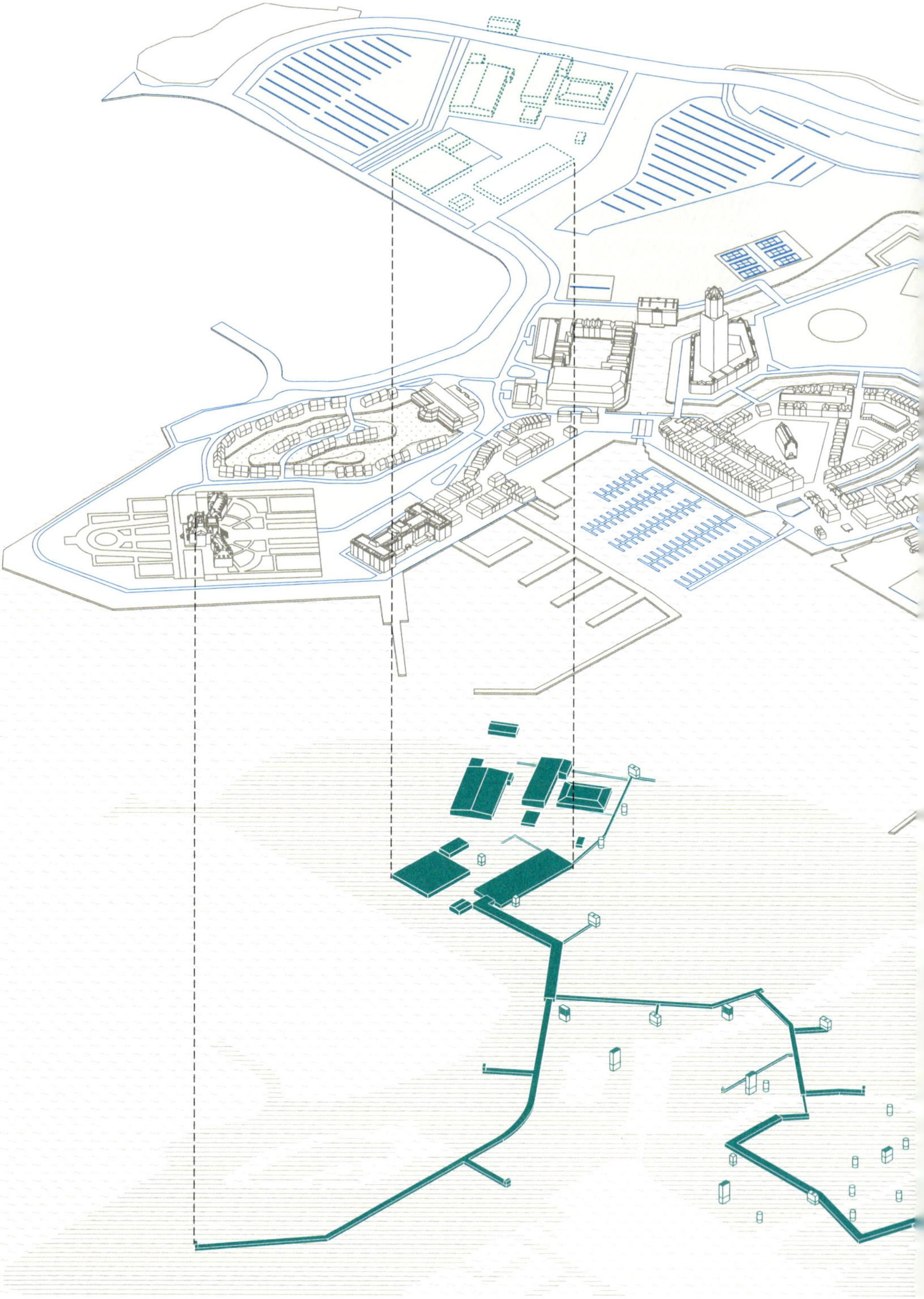

图B.3.21　地上与地下的经济与生态

据豪斯登堡的设计师所说，它是“（日本历史上）首次实现以‘生态与经济共存’和‘荷兰与日本文化和谐’为目标而建造的城镇”。在这一背景下，“生态”与“经济”这两个往往相互矛盾的框架共存，就可以理解为希望建造一个类似江户时代以崇尚自然生态为基础的、可持续发展的模范城镇，这主要通过不可见的地下基础设施如服务隧道和处理厂等来实现，同时，基于日本文化主题公园的成功先例，可确保运营的企业取得良好的经济效益。例如豪斯登堡，是以江户时代荷兰人在九州的地方历史为基础，通过可见的地上部分的建筑组群来体现的。

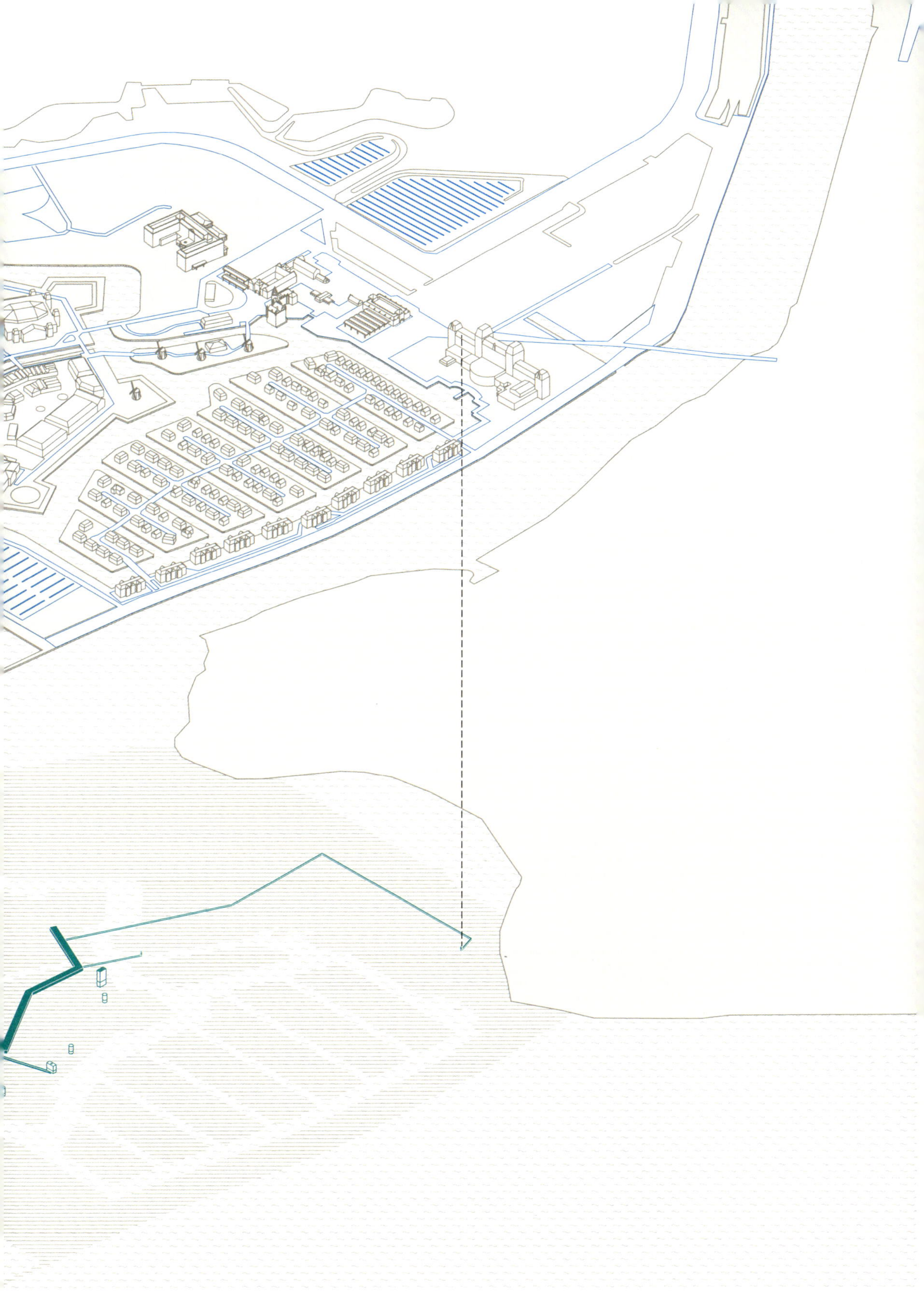

硬质铺地　　基础设施
水体　　道路

住宅主题公园

神近对豪斯登堡的构想超越了传统主题公园的逻辑框架，作为一种未来生态城市的典范，其核心在于有永久居民的居住。[34] 因此，豪斯登堡被规划为一个“生活小镇”，在这里，人们可以享受全天候活力充沛的生活方式。[35] 神近设想的住宅区是一个甄选社区，由优秀的退休艺术家和作家组成，他们以前在东京工作，但可能成长于长崎或附近地区，他们构成了一个富有创造性和生态参与性的群体，致力于开发一种可持续城市生活的新模式。这种社会工程化的“文化退休社区”在泡沫经济时期供不应求，据内部人士称，“当时公司拒绝医生和律师购买住宅，因为觉得他们自私，并且是潜在的麻烦制造者。”[36] 按照神近的设想，居民也可在公园运营、引导游客等方面发挥志愿者作用，随着时间的推移，甚至可以在将要设立的行政委员会中担任核心角色，从而将豪斯登堡打造为一个不收门票的开放城镇来管理。[37] 但随着日本经济在 1989 年底崩溃，就在综合体开幕之前，豪斯登堡的住宅突然供大于求，神近关于甄选社区居民的构想变得越来越难以实现。[38] 最终形成的社区在一定程度上符合神近的愿景，居民大多是退休或半退休人员，主要是平均年龄在 50 多岁的年轻老人群体。[39] 不太符合这一愿景的是，许多住宅单元大部分时间都无人居住，多数被用作第二居所。

豪斯登堡规划的住宅社区已建成 190 套别墅和公寓，位于公园管理区域的边缘。最著名的瓦森纳（Wassenaar）街区包括 130 栋独立别墅和 60 套公寓，分布在入口、小孩堤防风车村和毛里茨广场（Maurits Square）剧院的两侧（图 B.3.23）。[40] 借鉴了荷兰西南部瓦森纳地区运河屋的设计，这些两层到三层楼

图B.3.23 瓦森纳街区全景，日本豪斯登堡，2008年。来源：豪斯登堡

高的别墅采用斜瓦屋顶和红色的荷兰砖建造，门、窗框和其他细节则以白色来突显。别墅建在狭长的地块上，临街的主入口处有一个小花园，而沿着运河边还有个更大的花园，其中设有船只停泊设施，因此从运河和街道都可以进入住宅区（图 B.3.24）。瓦森纳的 60 套公寓位于社区东部，是四层高的新古典主义风格建筑，可俯瞰运河和船坞设施。公寓和别墅的入口都有门禁和安保人员（图 B.3.25）。

豪斯登堡的居民可以通过所谓的“豪斯登堡护照”全年免费进入主题公园的公共空间、商店、餐厅和设施，这种入园证件上带有业主照片和其他身份信息（图 B.3.26）。主题公园的空间相当于居民的集体活动空间或“城市客厅”，里面有欧式咖啡馆、餐厅和商店，以及一家超市和杂货店（图 B.3.27）。[41]

图B.3.24　瓦森纳街区的不同景色，日本豪斯登堡，2008年

图B.3.25　瓦森纳街区入口处的保安岗亭，日本豪斯登堡，2014年。来源：Ani Vihervaara

图 B.3.26　居民“护照”，日本豪斯登堡，摄于1992年。来源：豪斯登堡

图B.3.27　户外咖啡厅，鹿特丹小孩堤防，日本豪斯登堡，2014年。来源：Ani Vihervaara

在豪斯登堡开业时期设计的瓦森纳营销宣传册中，描绘了穿着典雅的中年居民在豪斯登堡的“自然”景观中享受欧洲文化生活的情景，包括在运河和海湾上进行休闲帆船活动；在市场上购买法国葡萄酒、荷兰奶酪、面包和海鲜；参观陈列着欧洲大师的古典绘画作品的博物馆画廊；购买珠宝、领带和海洋主题礼品；以及在别墅前享用新鲜的海鲜烧烤，背景是停泊在运河上的游艇。瓦森纳的宣传册还完整地展示了欧洲家庭的室内装修、家具和生活配饰。有关家庭生活的宣传图片描绘了夫妻在壁炉前品尝着白兰地，通过卧室的阳台能欣赏到运河景色，室内装饰有挑高的中庭入口以及带有四根帷柱的床（图 B.3.28 ~ 图 B.3.30）。

这些广告所宣传的内容与接受采访的居民所描述的瓦森纳街区的几个“令人向往”的关键特质相互印证，其中最为突出的特质是美丽的风景以及随之而来的宁静祥和。人们沉浸于“绿色”自然、运河和海岸环境之中，而且具有一种克制的“美感”，这里的宁静祥和与日本城市中地上电缆、霓虹灯和街道噪声的密集而杂乱形成了鲜明的对比（图 B.3.31 ~ 图 B.3.33）。其他特质包括住宅社区的安保和门禁，以及到达长崎和福冈机场的便捷性。更重要的“令人向往”的特征是，瓦森纳居民在豪斯登堡主题公园享受到的各种设施和休闲娱乐机会，包括博物馆展览、季节性花卉展示、购物和餐饮场所。豪斯登堡在公园内的“学院”也会组织许多课程和活动，供居民和游客选择。这些活动具有明显的荷兰和欧洲风格，涵盖了拼布、花卉压制、英语课程以及制作法贝热彩蛋等。此外，还有瑜伽和普拉提等活动。在作者参观学院课程以及对参与者的访谈中发现，参与者以瓦森纳居民为主，主要是退休人员或者年龄较大的家庭主妇（图 B.3.34）。[42]

图B.3.34　学院的压花艺术课堂，日本豪斯登堡，2008 年。来源：川岸升

图B.3.28　瓦森纳住房宣传手册，约1996年。来源：豪斯登堡

戸建住宅 2LDK

ミデルハウスB-8〉物件概要
敷地面積／376.15㎡(約113.79坪)
延床面積／127.26㎡(約38.49坪)
1階面積／73.90㎡(約22.35坪)
2階面積／53.36㎡(約16.14坪)
工法／在来工法

暮らすほどに愛着が生まれる2LDK

動きやすい生活導線と、ゆとりある空間を確保した設計の2LDKは、データ以上の広さを感じさせます。豊かな四季折々の自然との調和を、いつも身近に感じながら暮らす…。プライベートをどこまでも楽しむ、そんなこれからのライフスタイルをお楽しみいただけます。

《1階平面図》

《2階平面図》

《敷地配置図》

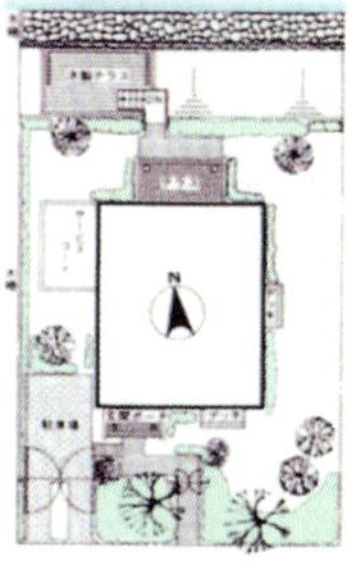

および図面はモデルハウスB-8のものです。設計・設備等が異なる物件もございます。また、家具や調度品、小物は販売価格に含まれておりません（当該物件（B-8）は家具付き販売となります）。予めご了承ください。（平成13年7月撮影）

マンション 2LDK

'3-102〉物件概要
専有面積／71.49㎡
テラス・バルコニー面積／
8.96㎡・3.15㎡
駐車場1台分
工法／RC工法

ンフラット3号棟

ゆったりとしたくつろぎが満ちてくる

19世紀のオランダの邸宅をモデルにした3階建てのマンション、ウィルヘンフラット。ヨーロッパ調のバルコニーから眺める運河に映える景観はオランダそのもの。マンションという枠を超越した優しさに満ちたくつろぎを、心ゆくまで満喫していただけるゆとりが待っています。

W7-201

《間取り図》 W3-102

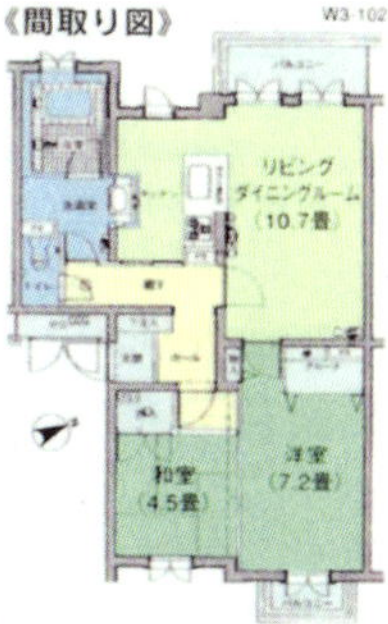

および図面はW3-102,W7-201のものです。設計・設備等が異なる物件もございます。また、家具や調度品、小物は販売価格に含まれておりません。予めご了承ください。（平成13年7月撮影）

住むほどに、味わいを深めます。

ヨーロッパの伝統的な生活思想をとりいれた戸建住宅。
しかも、日本の気候風土のなかで生活を楽しむ。
人の動線、空間のゆとり、設備の工夫はハウステンボスオリジナル。
住まいへの愛着を育みます。

C-20 2階踊り場よりダイニン

※このページでご紹介する写真は戸建住宅（C-20、D-3）を撮影したものであり、設計、設備、仕様等ウィルヘンフラットとは異ります。また、写真中の家具、調度品、小物等は販売価格に含まれておりませんのであらかじめご了承下さい。（平成3年9月撮影）

27

图B.3.29　瓦森纳住房宣传手册中的室内细节展示（1），约1992年。来源：豪斯登堡

C-20 リビング

C-20 ダイニングキッチン

C-20 主寝室

のページでご紹介する写真は戸建住宅(C-20、D-3)を撮影したものであり、設計、設備、仕様等ウィルヘンフラットとは異ります。また、写真中の家具、調度品、小物等は販売価格に含まれておりまのであらかじめご了承下さい。(平成3年9月撮影)

28

住まいの中へ、人の中へ。いごこちを追求しました。

開放的なキッチン空間。

C-2

フードボックスをなくしたシステムキッチンを採用。キッチンスペースを広々と、機能的に利用できます。(一部住戸を除く)。

いごこちの良い住まいには、収納スペースも欠かせません。

一部の住戸にウォークインクローゼット、
小屋裏収納スペースを設置。収納スペースにもご注目ください。

C-20

ホームサウナで、シェイプアップ。

一部の住戸にホームサウナを設置しました。
いつでも汗を流すことができ、気分壮快です。

C-20

わが家の風呂で、疲れをいやす。

心地よい気泡が疲れをほぐす、マッサージシャワーと
ブローバスを採用しました(一部住戸を除く)

C-2

※このページでご紹介する写真は戸建住宅(C-20、D-3)を撮影したものであり、設計、設備、仕様等ウィルヘンフラットとは異ります。また、写真中の家具、調度品、小物等は販売価格に含まれておりませんのであらかじめご了承下さい。(平成3年9月撮影)

29

图B.3.30　瓦森纳住房宣传手册中的室内细节展示（2），约1992年。来源：豪斯登堡

C-20

C-20

C-20

C-20

C-20

全住戸の暖炉に、炎がともります。

薪木にともる炎のゆらめき。本物の暖炉は心をなごませ、
家族の語らいの場となります。

プライバシー重視のサービスコート。

外からの視線を気にかけることもないサービスコート(洗濯物干し場)。
生活面での機能性と、街の景観を両立させました。

鏡の前で、髪も洗えます。

髪をいつも美しく。女性の方には欠かせない設備、
ハンドシャワー付洗面化粧台を採用しました。

ウォッシングスペースを設けた、カウンター付トイレ。

手洗い場を設けウォッシュレットを採用。いつでも気持ち
よく、清潔にトイレが利用できます。(一部住戸を除く)

クラシックカーが似合う、カーポート。

おしゃれなレンガ敷のカーポートです。街の景観にそって、クルマ
をコーディネイトするのも楽しいものです。(一部の住戸には、建物そっくりの車庫がつきます)

C-20

D-3

C-20

※このページでご紹介する写真は戸建住宅(C-20、D-3)を撮影したものであり、設計、設備、仕様等ウィルヘンフラットとは異ります。また、写真中の家具、調度品、小物等は販売価格に含まれておりませんのであらかじめご了承下さい。(平成3年9月撮影)

图B.3.31　瓦森纳生活方式宣传手册节选（1），约1994年。来源：豪斯登堡

シーフードマーケット「スヘーヘニンゲン」

食欲と知性をくすぐるマーケット。

人生で大切なのは、食べること、遊ぶこと、愛すること。そんな欧州哲学にしたがって、グルマンを気取りながら食材の吟味から始めてみる。
こだわりのマーケットを近くに持つと、腕のふるい甲斐が違ってきます。初めて出会った素材の名前をひとつずつ覚えるごとに、食欲と知性がうずいてきます。

専門店街

シーフードマーケット

シーフードマーケット内

シーフードマーケット内

ワールドリカーショップ

チーズ農家「フールシカース」

特別なディナーのメインは、地元大村湾や近海から届くとれたての鮮魚。ヨーロッパの港町に買い出しに来たような気分のシーフードマーケットでは、生きたままの素材が活きの良さそのままに泳ぎ回っています。美味な食卓には、美味なるお酒が欠かせない、となれば、世界に名だたる銘醸ワイン、日本の地酒を揃えたワールドリカーショップへ。本場のチーズをはじめ、ハム、ソーセージなど、ヨーロッパにひけを取らない豊富な種類と味わいの食材も手軽に揃い、新たなる食文化の誕生を期待させるに充分な環境をつくりだしています。

シクラメン通り邸宅

大いなるくつろぎが宿る住空間。

少しハネを伸ばし過ぎた日は、火照った心を癒し、心地よく眠るための時間を。大切な家族と静かに交わす会話、夫婦で傾けるグラス。
まだ寝てしまうには惜しい夜は、ゆったり流れる豊潤な時間に身を任せてみましょう。幸せの肌ざわりまでつぶさに感じられることが、うれしい驚きです。

シクラメン通り邸宅ダイニング

シクラメン通り邸宅リビング

シクラメン通り邸宅寝室

シクラメン通り邸宅内部

マンション窓からの風景

マンションリビング

オランダ屈指の高級住宅街、ワッセナーと同じ名を持つこの街にはヨーロッパのくつろぎが漂っています。それぞれがエキゾチックで個性的な風貌の内側に、日本の生活に合わせて工夫を凝らした一戸建てとマンションが、運河に面してゆったりと、開放的に並んでいます。昼は風や日差しをいっぱいに誘い込み、夜は星が瞬く空と街の夜景を見せてくれる窓。リビング、ダイニングからベッドルームやバスルームに至るまで、充分な広さと洗練された空間が豊かな生活を演出してくれます。朝から夜まで、あらゆる生活シーンを美しく包み込んで、快適な時間をつくりだす住まいです。

图B.3.32 瓦森纳生活方式宣传手册节选（2），约1994年。来源：豪斯登堡

海から上がったら、必ずクラブに顔を出す。赤銅色の顔に、いたずらっぽく輝く瞳を見れば、海に魅せられた同じ仲間。
自慢話、笑い話を飛ばし合ったあげく、次はトローリングで勝負する約束を交わす、トワイライトタイム。今日初めて会ったはずが、旧友のような親しさです。

大村湾洋上マリーナ

大村湾洋上

大村湾洋上マリーナ

大村湾洋上

マリンクラブハウス

マリンクラブハウス

マリーナに隣接して建つクラブハウスは、海を愛する仲間の社交場です。夕方にはアフタークルージングを粋なシャンパン・パーティで楽しむ語らい、一方では、明日の航海のために海図をみたり、潮や風の状況を調べる真剣なまなざしの男たち。海の話から、ビジネス、世界経済へと話は尽きることがなく、情報交換に格好の場となっています。クラブではクルージングだけでは飽きたらない人のために、充実したマリーンスポーツ器材のレンタルサービスを提供。セイリングやトローリング、スキューバダイビングなど多彩なメニューで、退屈知らずのマリンライフが展開されます。

ワッセナーから車で20分。ここは、自分の庭のような近さのホームコースです。クラブハウスに到着すると、VIPとしてまずカバナへ。ライバルにだけは負けられない、
そんな気負った気持ちも、落ち着いたカバナの雰囲気の中でほぐれていきます。海を見下ろす景色に、勝負より大切なものを教えられたりします。

18番ホール

18番ホール

ティーラウンジ

カバナ(プライベートスペース)

クラブ・イン・スパ

ストレッチジム

入り組んだ海岸線が美しい大村湾と佐世保湾を望む高台に、ハウステンボスカントリークラブはあります。九州で初のジャック・ニクラウス設計コース。クラブハウスは、オランダの古城をモデルにした瀟洒な外観。豪華で洗練された空間には、日本では初めて!パーティルームのカバナを設けています。カバナとは、プレイの前後にくつろぐ、プライベート空間。食事なども楽しむことができます。クラブ・イン・スパでは、ジャグジー、サウナをはじめ、健康を総合的に考えるウェルネス・サービスとしてストレッチジム、メディカルチェックの施設も完備しています。ハイグレードなくつろぎとVIPとしてのおもてなしに身をゆだねてください。

图B.3.33　瓦森纳宣传片剧照，约1992年。来源：豪斯登堡

ライフスタイル
Life Style

WASSENAAR

豪斯登堡的未来城镇

“由于第一阶段只建造了250套住宅，因此需要对豪斯登堡主题公园收取门票。然而，随着第二和第三阶段建设的完成，预计社区人口将分别增长到1万和15万，届时将不再需要对豪斯登堡收取门票。”

——斋藤茂芳[43]

1992年豪斯登堡开业之前，原计划在2010年要将其从一个收费的私人主题公园转变为一个完全成熟的城镇。[44] 预计每年平均接待400万人次游客，到2010年公园将能够偿还其最初的开发成本，然而预期游客人数仅在最初几年实现，之后年平均游客数量逐渐减少，基本保持在180万上下。[45] 从私人主题公园向公共城市转变的过程主要因1989年底发生的日本经济衰退而受挫，同时也因豪斯登堡在完工时资金不足、2003年的破产以及为了符合地方规划和建筑法规（如街道拓宽）而加重的财务负担。[46]

类型学：主题公园的人口变迁

从类型学的角度来看，豪斯登堡可以被视为主题公园的一种变化形态，由于人口结构的变化影响了潜在的游客，进而影响到潜在的意向居民（图B.3.35）。

在《整体景观》（*Total Landscape*）一书中，米奥德拉格·米特拉斯诺维科详细描述了当代主题公园作为一种机制，通过各种媒体形式同时激发消费

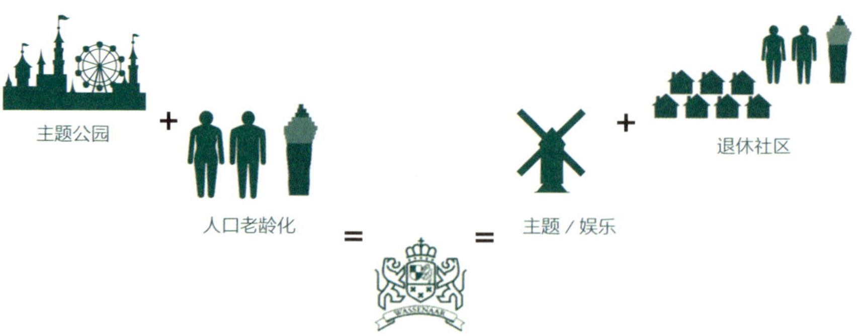

图B.3.35　豪斯登堡是两种变化类型的结合

者的欲望和幻想，构建交通基础设施来把消费者带到场地，并将主题公园“建设为一种物质建构、象征性环境和体验工厂”。[47]

在评估主题公园选址和可行性的过程中，两个主要的战略实践是经济区位模型和人口特征分析。经济区位模型评估潜在商业区所在地对休闲娱乐（AEL）的需求。[48] 例如，利用市场饱和理论，根据 AEL 需求与 AEL 供应的比率，以及反映市场整体潜力的购买力指数（BPI）来对市场进行评估。

结合这些实践，米奥德拉格描述了人口特征分析在识别和比较潜在的“贸易舞台”中的重要性。这种类型的人口特征数据涉及“人口、家庭基础、人口增长潜力、收入潜力、年龄构成、日间工人数量、学生、游客、职业结构等”[49]。这些信息通常从专注于将现有数据与地理信息系统（GIS）数据进行格式重组的人口特征数据供应商处购买。这些信息对于评估项目可行性、选址、拟建景点类型以及豪斯登堡的目标居民类型有着重大影响。换句话说，“这些供应商将消费者人口特征、购买行为、生活方式和其他相关数据的信息进行分析与空间上的可视化处理，从而形成多维地图”[50]。

在将主题公园作为私有城市化模式发展的背景下，消费者、游客或其他目标群体不仅通过“市场”人口特征数据来划分，更重要的是通过“生活方式细分”的视角来界定。作为基于位置的人口特征数据的推断，生活方式细分定义了特定位置内特定人口群体的活动、观点和兴趣。据提供此类产品的公司称，“生活方式细分”是识别客户特征、位置和市场潜力的关键概念。尼尔森·科拉瑞塔斯（Nielsen Claritas）的市场细分法（PRIZM）就是这样一种产品，它将美国消费者归纳为 66 种生活方式档案。例如，该档案第 14 种类型描述了“新空巢家庭”细分群体：

> “新空巢家庭”由那些孩子刚刚长大离家的上流社会美国老年人组成，他们追求积极的甚至是激进的生活方式。近四分之三的居民年龄在 65 岁以上，但他们对养老院生活毫无兴趣。这个群体是包价旅行套餐的顶级消费群体，他们最喜欢的旅行目的地是意大利。[51]

目标人口分析和生活方式细分是主题公园开发中的关键，两者在豪斯登堡的开发中都发挥了重要作用。

历史范式：主题公园与人口统计

人口特征变化因此成为解读主题公园各个历史阶段的核心视角。例如，在《整体景观》中，米特拉斯诺维科强调了 20 世纪 50 年代中期迪士尼安纳海姆公园与 20 世纪初康尼岛公园之间的辩证关系，这种关系在很大程度上取决于主要人口群体的转变，从而导致主要消费群体的变化。最初的康尼岛公园，如梦境乐园（Dreamland Park）或月球公园（Luna Park），提供的是面向移民单身汉的大都会娱乐形式，即通过“休闲娱乐的改革框架将不端行为制度化”（图 B.3.36）；[52] 而迪士尼乐园则为面向家庭的郊区娱乐活动以及“重新制度化‘适当的家庭娱乐’这一保守观念”提供了范式。对于迪士尼来说，康尼岛代表了早期、过时的娱乐愿景，是一个“具有缺陷、规划不良、传统的主题公园”[53]。这也与米特拉斯诺维科对纽约的看法有关，他认为纽约是一个消费受限的环境，是一个充满恐惧和疏离感的地方，而这恰恰与他对美国中西部小镇生活的理想化看法形成对比。[54] 米特拉斯诺维科用一个更现代的例子描述了人口变化对主题公园设计的类似影响，“在 20 世纪 90 年代后期，随着“婴儿潮一代”逐渐老去，美国的主题公园运营商开始认识到需要提供更平衡的娱乐，更关注小型演出和‘街头表演’，以及提供更高质量的娱乐活动，以区别于 20 世纪 90 年代早期的刺激性游乐设施”[55]。

图B.3.36　华特·迪士尼展示迪士尼公园的规划，阿纳海姆，加利福尼亚州，摄于1955年。来源：华特迪士尼公司

这种受人口影响的主题公园类型的转变，表明了豪斯登堡在这一历史的第三阶段中的标志性地位。在这一进程中，19 世纪世界博览会之后，主题公园人口结构发展史的第一个阶段以 20 世纪初的游乐园为代表：以单身为主题的康尼岛梦境乐园代表了以年轻移民为主的社会人口结构，这些移民大部分都是单身。一些评论家将这些公园描述为城市反疏离设施，其中著名的“爱意满满”（Barrels of Love）就是一个典型例子（图 B.3.37）。[56]

图B.3.37　梦境乐园的夜景明信片，康尼岛公园，纽约，约摄于1905年。资料来源：康尼岛公园历史项目

第一个现代主题公园——以“家庭娱乐”为核心理念的迪士尼乐园，于1955年在美国加利福尼亚州阿纳海姆开业，成为主题公园人口结构发展史第二阶段的标志，这一阶段是由“婴儿潮”以及核心家庭为主导的社会时期。以上两个阶段都非常重视打造面向大众消费的动感体验及更能刺激触感的体验。第三阶段则是基于20世纪末及21世纪初占主导地位的“婴儿潮一代”的文化娱乐形式，豪斯登堡正是这一转变的典型代表，且在日本特有的人口结构条件下而格外突出。在日本，60岁以上人口占比为32%，拥有世界上占比最多的老龄人口，且男性80岁、女性87岁的平均预期寿命在全球名列前茅，预计日本人口老龄化进程将在21世纪上半叶持续发展。[57] 就休闲娱乐产业而言，日本人口中的老年人群，特别是年轻老人群体，规模庞大、可支配收入相对较高、闲暇时间相对充裕，这对日本游乐与文化主题公园的发展起到了促进作用，而且这种作用将会越来越明显。老龄人口的实际情况以及高龄女性比例的增加，在定义豪斯登堡体验设计所针对的访客类型方面至关重要。特定的人口特征和社会条件，在豪斯登堡主题公园体验的结构内描绘了潜在的居民画像。[58]

混合住宅主题公园

前文描述的主题公园三个阶段的人口结构发展史，恰好与结合主题公园和住宅社区混合模式实验的几个历史时期相吻合。这里将讨论两种形式：一是由永久居民居住的主题公园，二是带有主题特色的住宅区。

前一种混合模式的历史寥落且短暂。两个相关的案例包括 20 世纪初在康尼岛梦境乐园短暂存在的小人国（Lilliputia）[i] 和 50 年后由华特 · 迪士尼构想但未实现的新纪元乐园（EPCOT Center）[ii]。虽然这两者都不是为退休人员设计的，但它们各自勾画出了主题公园与其住宅区之间的作用机制。[59]

小人国是康尼岛黄金时期的三大游乐园之一“梦境”中最重要的景点之一。在 20 世纪的第一个十年的夏季，每逢周末便有数十万的游客乘地铁涌向康尼岛。

小人国成立于 1904 年，位于如今的纽约水族馆所在地，由威廉 · 雷诺兹（William H. Reynolds）开办，聚集了 300 名原本分散在北美各地马戏团和游乐场中的侏儒人。小人国一度成为备受追捧的景点，直至 1911 年整个“梦境”化为火海被迫关停。小人国的建筑模仿了 15 世纪的纽伦堡风格，实际上是用硬纸板建造的等比例缩小的版本。从建筑物、卧室家具、卫生间，到袖珍马、矮脚鸡和迷你洗衣工等，都缩小了一半的比例。在 24 米 ×53 米的区域内，小人国作为一个自成体系的城市运行，包括议会、剧院、马戏团场地、马厩、配有救生员的海滩，以及每小时应对一次虚拟警报的小人国消防队。游客被鼓励进入小人国，体验自己与侏儒人之间的尺度对比——这种对比在梦境乐园另一个景点的巨人定期造访小人国时更加明显。[60] 在小人国中，居民既是员工同时又充当演员，成为游客关注的焦点（图 B.3.38、图 B.3.39）。小人国最令人着迷的地方是作为一种社会实验的构想，正如雷姆 · 库哈斯（Rem Koolhaas）在《癫

图B.3.38 小人国消防局，康尼岛梦境，纽约，约1904年。来源：康尼岛历史项目

图B.3.39 艺术家对纽约康尼岛梦境中小人国的想象，约1904年。来源：康尼岛历史项目

---

i《格列夫游记》中将 Lilliputia 翻译为“小人国”，之后采用这个词命名的地方基本都被称为小人国。

ii EPCOT 有两种翻译形式，“艾波卡特”和“新纪元乐园”，这里采用后者。

狂的纽约》（*Delirious New York*）[i] 中所指出的那样：

在小人国首都的围墙内，惯常的道德律法被系统地忽视了，这一点被广为宣传以吸引参观者。侏儒们全都冠满了贵族头衔，突显出隐喻和现实间的沟壑。小人国代表着雷诺兹对不检点行为的体制化，对一个打算摆脱维多利亚时代余荫的社会而言，这是一种持续的“叶公好龙”。[ii][61]

华特·迪士尼的新纪元乐园，意指“未来社区实验原型”（Experimental Prototypical City of Tomorrow，EPCOT）[iii]，代表了主题公园和居住社区两种社区空间类型的重要碰撞。EPCOT 最初的愿景是在佛罗里达州奥兰多附近的华特·迪士尼世界度假村内建造一个可容纳 2 万名居民的乌托邦城市范式。EPCOT 的详细计划首次亮相是在 1967 年 2 月上映的一部电影中，这是华特·迪士尼（图 B.3.40）在其去世前两个月，即于 1966 年 10 月拍摄的影片，迪士尼在其中展示了他构想中的环绕中央核心组织起来的径向城市。城市的核心将是一个有着玻璃屋顶的气候可控区域，包含商业设施、办公室、市政组织、餐馆、市场摊位和娱乐设施。两座办公楼将耸立在城市核心上方，低层住宅公寓建筑紧邻中央区域，边缘处环绕着径向道路与城市核心相连的低密度住宅区（图 B.3.41）。EPCOT 的游客将体验到在各个分区之间顺畅而合理的交通服务。据报道，迪士尼建造 EPCOT 的愿望不仅受到了利润的驱使，也是出于迪士尼的“公共服务理想主义和爱国主义”，当时正值美国郊区化进程发展时期，以及迪士尼高度关切的冷战高峰期。[62]EPCOT 的初衷是成为：

图B.3.40 华特·迪士尼（1901—1966）

图B.3.41　华特·迪士尼制作的电影《佛罗里达计划：全新迪士尼世界》剧照，1966年。©迪士尼。来源：华特·迪士尼公司

i 采用生活·读书·新知三联书店 2015 年版译本。

ii 译文引自雷姆·库哈斯：《癫狂的纽约：给曼哈顿补写的宣言》，唐克扬译，生活·读书·新知三联书店 2015 年版，第 77 页。

iii 在本书里写的是 EPCOT（Experimental Prototypical City of Tomorrow），但是迪士尼原本提出的理念是 EPCOT（Experimental Prototype Community of Tomorrow），city 的说法仅在一部美国电视剧中出现过。

一个规划完善的、精心管理的社区；一个展示美国工业发展、科学研究和文化教育的窗口；一个人们可以真正体验世界上独一无二的生活方式的地方。EPCOT 将成为未来的“生活蓝图”……一个拥有超过 2 万人口、具备完善运行体系的社区。在这里，美国的自由企业将不断引入、测试和展示新的概念和技术，并居于世界领先地位。[63]

史蒂夫 · 曼海姆（Steve Mannheim）的《华特 · 迪士尼和社区探索》（*Walt Disney and the Quest for Community*）[i]详细记录了埃比尼泽 · 霍华德（Ebenezer Howard）和 CIAM 现代主义规划原则对 EPCOT 计划的深远影响。[64]社区不是由当地政府代表来管理，而是由“私营企业”，即迪士尼公司通过自上而下的集中规划和管控来组织。根据迪士尼所说，“在 EPCOT 中，不会有贫民窟，因为我们不会让它们发展起来；不会有土地所有者，因此也没有选举控制权，人们会以适中的租金租房子而不是买房子；不会有退休人员，因为每个人都将根据自己的能力就业。”[65]虽然 1967 年的影片中对计划的就业条件描述不多，但可以推测，“安逸”和“福利”是迪士尼在后一句话中的目标。

迪士尼早期对 EPCOT 的构想是，一个没有“贫民窟”、退休人员或地方政治代表的乌托邦，一个披着美国自由主义和自由企业制度外衣的新型中央集权国家式集团公司。未能实现的 EPCOT 的居民应该是模范公民，与小人国居民所要求展现的个性化行为截然不同。

随着迪士尼的去世，EPCOT 计划被搁置，随后进行了大幅修改。1982 年开放的新纪元乐园与 1966 年提出的设想迥异。建成的公园并不支持任何居民居住，其主要由两个部分组成：未来世界，包括展示企业技术创新的一系列展馆；以及世界展示区，由围绕一个公共环礁湖设计的 11 座国家展馆组成。

主题社区

虽然上面提到的例子代表了较少见但更激进的主题公园和社区混合形式，即由永久居民居住的主题公园，但更常见的形式是主题住宅社区。例如，在美国，

---

i 此书没有查到中文版。

这种主题住宅社区在新的“总体规划”类住宅社区的发展中趋向常态。通过在风格上参考某些历史时期和地点，暗示某种生活方式，以主题化为工具拉动消费者需求，为开发项目提供易于识别且“连贯”的身份或品牌。

最常被提及的主题住宅社区之一是于 1994 年开放的迪士尼庆典城（Disney’s Celebration）[i]。虽然庆典城处于上述两种主题生活形式的灰色地带，但将庆典城与迪士尼最初对 EPCOT 的愿景区分开来的是主题公园策略的主导程度。尽管在迪士尼去世时尚未完全确定是否对进入 EPCOT 的游客收取门票费用，但它被构想为沿着“迪士尼佛罗里达项目”中轴线连接起来的不到 6 个主题景点和基础设施元素中的一部分，“迪士尼佛罗里达项目”后被更名为如今我们所熟知的迪士尼世界度假区。EPCOT 主要被设想为一种集成到主题公园主轴体验中的景点模式，其次才是一个城镇。虽然建在华特 · 迪士尼世界度假区里，但庆典城从未被设想为一个需要游客支付门票的区域，也没有被整合到原始主轴的单一循环逻辑中。庆典城令人称奇之处在于，迪士尼在部署三维叙事主题逻辑时所展现的对于细节的把控和关注。这明显体现在追求理想化的 20 世纪初美国小镇形象的程度，以及额外的“增强效应”被吸收到这种逻辑中的程度，典型的如通过玻璃纤维岩石传送音乐和人工鸟鸣声。

相比于雷诺兹的小人国“畸形秀”和迪士尼新纪元乐园的“模范社会”，以及迪士尼后来基于新都市主义“模型小镇社区”愿景建造的庆典城，神近的豪斯登堡为居民提供了一种与众不同的以“生态”与休闲为主的脚本。这种脚本基于居民与主题公园游客之间的不同，其差异性取决于每个群体的自由进入、购票进入或不进入的程度，以及主题区域的相应范围。小人国的购票游客可以进入住宅区和梦境以及更广泛的主题区域；EPCOT 的购票游客也可以进入华特 · 迪士尼世界，而居民则主要作为“日常生活”表演者被限制在小人国中；庆典城则允许游客和居民自由进入其公共主题空间。尽管瓦森纳被纳入了豪斯登堡广义上的主题环境中，并且从视觉上可供游客远观，但实际上它是一个独

---

i 迪士尼在奥兰多的 World Celebration 翻译为“庆典世界”，所以这里将 Disney’s Celebration 翻译为“迪士尼庆典城”。

立的封闭社区，仅供居民私人使用，游客无法进入。许多瓦森纳的居民自愿免费进入主题公园的游客区，享受在公园内观察游客人群的活动，这反映了一种与小人国中的观察者和被观察者情况倒置的现象。

豪斯登堡在反映主题公园类型学这一应对老龄化人口和与生活方式细分相关的营销策略转变的同时，也可以看作是根据娱乐产业综合体的普适性策略，特别是主题化策略，就大众化退休社区进行的转型（图 B.3.42）。

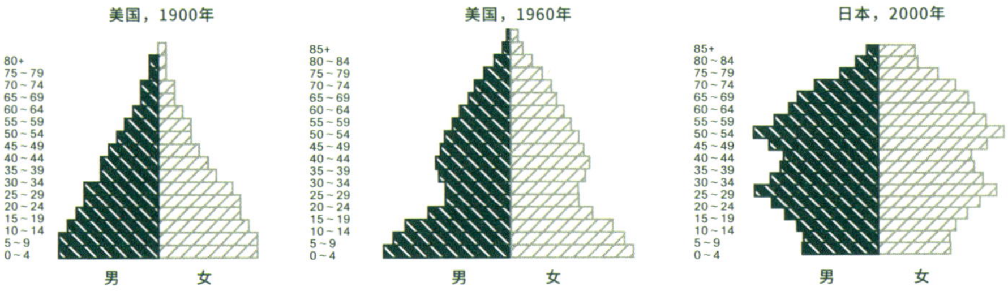

图B.3.42 主题公园历史时期美国和日本相对应的人口金字塔。资料来源：美国人口调查局（US Census Bureau）与日本统计局（Statistics of Japan）

类型学：退休社区的主题化激变

了解日本及其他发达国家的社会变革，有助于更好地理解豪斯登堡的建造契机，它是三代同堂这样的日本主流退休养老方式，也即“日式家庭”[66]的一种特殊替代形式。近几十年来，这种状况的主导性地位已大不如前：1980 年，65 岁以上三代同堂的日本人有近 50.1%，而到了 1990 年已降至 39.5%，2011 年降至 15.4%。[67]促成豪斯登堡这类环境兴起的直接因素包括：富裕水平普遍、长期的上升，特别是老年群体财富水平的上升，降低了维系多代同堂生活的经济需求；以及许多老年人希望保持一定程度的社会独立性。从人口统计学角度来看，随着每个家庭中子女数量的持续下降，子女越来越难以“照顾父母，特别是当夫妻双方的父母都有养老需求的情况下。最后，当代女性的晚育也意味着她们往往不得不同时照顾两代人，或者几乎不间断地照看两代人”[68]。

作为个性化的另一种体现，同其他国家一样，日本多代同堂式的大家庭的衰落，导致了日本退休人员住宅市场的扩张，其中包括专门面向年轻老人的住房。[69]养老院不再作为封闭的实体场所进行营销，而是逐渐作为生活方式的产品进行买卖，这种转变类似于在“退休村”这一章中的描述。这类供以居住的生活方式产品，通过空间设计及时间设计的叠加融合，越来越多地按照休闲娱乐产业综合体的逻辑构建出一种“生活的风格方式”——瓦森纳正是此类产品的综合性实例。豪斯登堡的空间架构包括房屋主体之外的诸多设施：运河景观、码头及游艇停泊区；城市与街景：餐厅、咖啡馆和酒吧；机构性建筑与景点：博物馆和剧场；以及其他的娱乐空间或公园式的空间，如花圃、马厩、高尔夫球场等。正如前文“主题化荷兰”一节所述，时间性活动的策划涵盖广泛且组织严密，包括节日庆典、市集、音乐会、展览及课程。这些都为年轻老人提供了体验与其工作时期相类似的时间结构与纪律的可能性：“建构时间秩序，满足兴趣爱好，体现社会关系、地位及身份”[70]。

这种模式的娱乐休闲生活方式可能与日本文化背景相关，在工作至上的信条下，退休总是与无所事事和一无是处等负面概念相关联。例如，日语用“秋叶”来指代男性退休者，近年来，退休对曾为公司职员的男性造成了一定影响：在经历了 40 年每周 80 小时的工作之后，他们突然迎来全职休闲生活，这种影响造成的严重社会问题已然显露。在许多情况下，个人的福祉、身份认同、自尊心以及婚姻等关系都受到了极大的冲击。[71]在此背景下，豪斯登堡既提供了正式的情境事件，又提供了非正式的活动。显然，几乎所有受访居民都在一定程度上参与了这两种活动。主题景观中主要支持的非正式活动包括钓鱼、帆船、皮划艇、独木舟、园艺或风景画等爱好。

以豪斯登堡为例，荷兰的民族文化特征为年轻老人社区建设和品牌推广提供了大量的素材，并以具有高度可识别性及差异化的生活方式产品的形式呈现。对日本，特别是对该地区而言，与荷兰的联系是多层次的。作为日本游客的首选旅游目的地之一，荷兰代表着一个先进的西方社会，在艺术、设计、建筑、市容、景观、美食、君主制等方面拥有丰富的历史和文化积淀。荷兰不仅被日本视为当代西方异国风情的圣地，而且在约两百年的历史中，它曾是日本窥向西方世界的唯一窗口，这点十分重要且至今仍根植于日本人的心目中。[72] 通过这种主题机制，豪斯登堡一方面满足了人们对荷兰文化和城镇景观这些"异国"他者的渴望，另一方面又相悖地巩固了"故乡"或本土的概念。米特拉斯诺维科认为，日本自 20 世纪 90 年代初开始大力推广的"故乡"概念，与重寻根脉和传统有关，因为"在漫长的现代化及工业化进程中，那些具有理想化色彩的'本土景观'大多已经荡然无存了"[73]。这还引发了日本老年人的行为模式的转变："海外旅行转变为国内旅行，目的是探访故乡本土的乡村、城镇"[74]。意识到这一点后，豪斯登堡的营销推广"对准了居住在东京和其他大都市地区的九州岛本地人，他们退休后青睐于更方便地定居于'当地'的高档退休社区中"[75]。

这种巧妙地将地方和全球联系起来的做法同样适用于过去和现在。豪斯登堡一方面发挥着时空穿梭的功能，即回到 16 世纪的荷兰或江户时代的出岛，同时也被宣传为当代城市景观环境的可持续范例，辅以最先进的当代技术。这与日本日益提高的环境意识有关，特别是战后工业引发了各种环境问题。

因此广义而言，主题机制表明了退休社区从早期的"疗养院"形式转变为支配休闲时间的密集型活动景观，如豪斯登堡便聚焦于荷兰的历史及文化内涵。

主题化：位移、外在性与仿真

在对豪斯登堡进行展开解读前，需要阐明与主题化论述相关的三个术语：位移（displacement）、外在性（exteriority）[i] 与仿真（simulation）[ii]。居民在任何主题环境中的永久性融入而非暂时性的沉浸，都会扩展这些术语的传统含义。

---

i 译注：exteriority 在此译作"外在性"，主要参考福柯《话语的秩序》一文的论述，及列维纳斯在论述乌托邦、异托邦概念时的用法。

ii 译注：simulation 在此译作"仿真"，参考鲍德里亚著作《拟像与仿真》（*Simulacra and Simulation*）一书的术语概念使用，下文中的 simulacra 译作"拟像"亦参考此书。

第一个术语“位移”涉及旅游议题，即“远程地点”（tele-place）概念。身处豪斯登堡，就空间而言近似于一种“海外”旅行，但无须真正到达海外；就时间而言则相当于全职性的日常旅游，而非空闲时间的走马观花。第二个术语“外在性”，即生活在“他者空间”（other-place）[i]概念，论述了乌托邦与异托邦问题。豪斯登堡的主题公园集合体旨在构建一个空间和时间上具有差异性的整体景观，有意与当代日本城市环境形成鲜明对比。第三个术语“仿真”，或称作“拟像空间”（the space of simulacra）或“拟仿空间”（simulplace），引入了真实性的问题。就豪斯登堡而言，由于日本文化语境中对真实性一词的特定理解，以及这种“模拟”环境的日常表现对时间概念的扩展，有关真实性的传统辩证法遭到质疑。

主题：位移（远程地点）

> 豪斯登堡的每条街道、每栋建筑和每所酒店都是对真实存在于荷兰某地的对象的复刻，可以将其视为一种远程呈现形式。
>
> ——戴维·德海利[76]

诚如戴维·德海利所言，豪斯登堡制造了一种同时作用于时间和空间的位移或远程瞬移：将一个陌生的地点与一段远去的时光，即15—18世纪的荷兰，拉入日本。“远程瞬移”（teleportation）一词由美国作家查尔斯·福特（Charles Fort）于20世纪30年代初创造并使用，他将意为“遥远的”希腊语前缀tele-与意为“传送”的拉丁语后缀portare串联，用以描述一种“传送的力量”：“通过远程瞬移这一方式，通常隐藏于另一位层的事物可以从任何位置，突然跨越并侵入我们所处的位层。”[77]最广为人知的远程瞬移出自科幻电视连续剧《星

i 译注：other-place在此译作“他者空间”，主要参考福柯在论述异托邦时使用的“他者空间”概念，此概念的英文表述还有other space，中文译法主要包括“另类空间”“异质空间”“他者空间”“他性空间”等，但鉴于异质空间一般在英文中用heterogeneous space表示，而福柯的other-place带有明显的马克思主义色彩，因而此处译法参考：汪行福.空间哲学与空间政治——福柯异托邦理论的阐释与批判[J].天津社会科学,2009,(03):11-16以及张一兵.福柯的异托邦：斜视中的他性空间[J].西南大学学报（社会科学版），2015,41(03):5-9+189。

际迷航》(*Star Trek*),剧中的“传送器”可以实现从飞船到飞船、从飞船到星球亦或反方向的瞬间位移。据报道,该装置是由《星际迷航》的编剧兼制片人吉恩·罗顿伯里(Gene Roddenberry)[i]引入的,目的是为避免“每周在一个新星球上降落一艘星舰所需的极为昂贵的视觉特效开销”[78]。这则轶事显然与日本的这个异国退休社区文化的逻辑有异曲同工之处,相较于飞往遥远的异国文化景点,这里不失为一种经济、省时的替代方案。

主题公园作为一种“时空位移”机制已有相当长的历史,包括18世纪凡尔赛宫中仿建的中世纪村落、19世纪巴伐利亚路德维希二世的奇幻中世纪城堡、20世纪早期康尼岛游乐园中的威尼斯运河以及20世纪中叶迪士尼乐园中的明日世界与边域世界园区。这种位移模式一方面是为了便利,可以省去人们昂贵而耗时的旅行跋涉,另一方面也是意图显示高超的技术。在调节时空环境的“完美”位移时,需要做出一系列有意识的设计决策(图B.3.43、图B.3.44),豪斯登堡似乎仔细研究了这一调节过程。城市学家马克·特雷布(Marc Treib)认为:

> 日本当地或亚洲其他游客很容易相信自己已置身荷兰:这里的城市景观、食物及饮品、环境氛围都恰到好处,即使这里山峦环绕,就算充斥着日本人的面孔及语言也无妨。最重要的是,他们无须担心时差、新的语言和货币问题,以及在国外旅行中要面对的所有实际的不便与困难。正如马歇尔·麦克卢汉(Marshall McLuhan)在其著作《理解媒介:论人的延伸》中所指出的那样,种类繁多的旅游景点目的都是为了消解旅行中的煎熬。[79]

作为一种类型化的日本异国性质退休社区,这或许代表了一种最有效的伪位移模式,即在使“异国情调熟悉化”与维持“异国情调的异域化”之间,准确地找到了日本方式的平衡,[80]这指的是日本公司在组织到海外的包价旅行时,

i 译注:Gene Roddenberry 的中文译名版本繁多,此处参考上海交通大学科学史与科学文化研究院教授江晓原在著作及论文中的译法。

在餐饮、酒店房间、日程安排等方面都以“日本人友好型”为设计准则，其他国家的旅游活动设计同样如此。这些做法的主要目的是制造位移，但要“以自己的方式”执行。

位移的游客概念与旅行者的概念是一致的，主题化机制让位移的游客或旅行者在一段时间内得以沉浸在一个全然陌生的环境中。其运作模式类似于电影中的“悬疑”场面，都依赖于对所选世界的全然沉浸。沉浸感越“彻底”，主题公园与日常现实环境的差异越包罗万象，位移置换的效果就愈发强烈。

在旅游业的范畴中，始终将时空位移概念化为一种暂时或短期现象。例如，在迪恩·麦坎内尔的《旅游者》一书中，旅游被描述为一种暂时享受休闲时光的现代性社会实践活动。约翰·厄里（John Urry）在《游客的凝视》（*The Tourist Gaze*）[i]一书中明确界定了就暂时性及日常性逻辑而言的旅游社会实践的“最基本特征”：

> 旅游乃休闲活动是也，不过旅游有个大前提，必须先有个对立面，也就是有条理而规律的工作。由此可见，现代社会把工作和休闲划分成两个泾渭分明的社会行为范畴……旅游的目的地及逗留地专挑居住与工作以外的地点。居留他地属于短期、暂时性质。游客有近期内返“家”的打算……游客的目光会径直投向自然景观和城镇风貌中那些可以把他们从日常经验之中抽离开来的特质。这些特质之所以被看见，从某种意义上来说，是因为游客觉得它们不寻常。[ii][81]

在豪斯登堡中，临时访客及游客不仅“离开”了日本，还从日常生活的现实中抽离，转而投入到集体性的幻想中。[82]这就引发了一个疑问：时空位移机制是如何作用于永久或半永久居民，而非仅仅作用在临时访客或游客身上呢？“异域”环境变成“日常”环境意味着什么？在此提供两种可能的“全职”时空位移者角色：首先是“长期度假者”，其次是移民。

---

i 译注：该著作在中国有诸多版本，此处参考约翰·厄里、乔纳斯·拉森著，黄宛瑜译 . 游客的凝视 [M]. 上海：格致出版社、上海人民出版社，2016。

ii 译注：该段译文参考并引用约翰·厄里、乔纳斯·拉森著，黄宛瑜译 . 游客的凝视 [M]. 上海：格致出版社、上海人民出版社，2016，第 5 页。

图B.3.43 从荷兰到日本的建筑和城市的远程瞬移

豪斯登堡的单体建筑和城市景观设计，是在对荷兰18座城市进行广泛研究和调查的基础上完成的。除豪斯登堡宫殿外，还精确复制了其他11座标志性单体建筑，它们构成了各个广场的视觉焦点。另外16座建筑和一座风车则进行了一些修改，如设计上的细微变化或尺寸的缩小而建造的。

"稍作改动的" 复制品

13. 冯·西博尔德住宅，荷兰莱顿（Von Siebold Huis, Leiden）

14. 布鲁克拍卖博物馆，荷兰朗厄代克（Veiling, Langedijk）

15. 荷兰东印度公司仓库，荷兰阿姆斯特丹（VOC Pakhuis, Amsterdam）

16. 荷兰国家海事博物馆，荷兰阿姆斯特丹（Scheepvaart Museum, Amsterdam）

17. 秤量房，荷兰霍伦（De Waag, Hoorn）

18. 荷兰东印度公司仓库2，荷兰阿姆斯特丹（VOC Pakhuis 2, Amsterdam）

19. 市政厅，荷兰霍伦（Stadhuis, Hoorn）

20. 磨坊，荷兰豪斯登（Molen, Heusden）

21. 磨坊，荷兰莱岑丹（Molen, Leidschendam）

22. 欧洲酒店，荷兰阿姆斯特丹（Hotel de l' Europe, Amsterdam）

23. 乌得勒支圣马丁主教堂塔楼，荷兰乌得勒支（Domtoren, Utrecht）

24. 磨坊，荷兰豪斯登（Molen, Heusden）

25. 海尼根啤酒博物馆，荷兰阿姆斯特丹（Heineken Brouwerij, Amsterdam）

26. 阿姆斯特尔河皇帝运河，荷兰阿姆斯特丹（Keizersgracht Amstel, Amsterdam）

27.购物街，荷兰海牙（Passage, The Hague）

尼金罗德城堡，布勒克伦

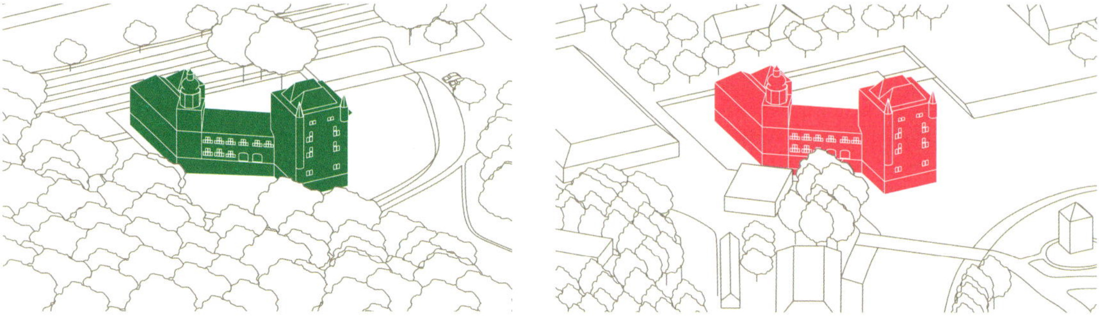

乌得勒支圣马丁主教堂塔楼，乌得勒支

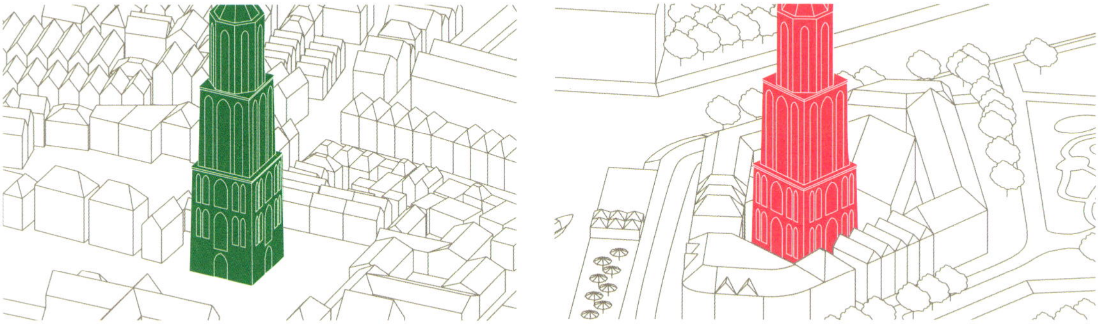

市政厅，豪达

豪斯登堡宫殿，海牙

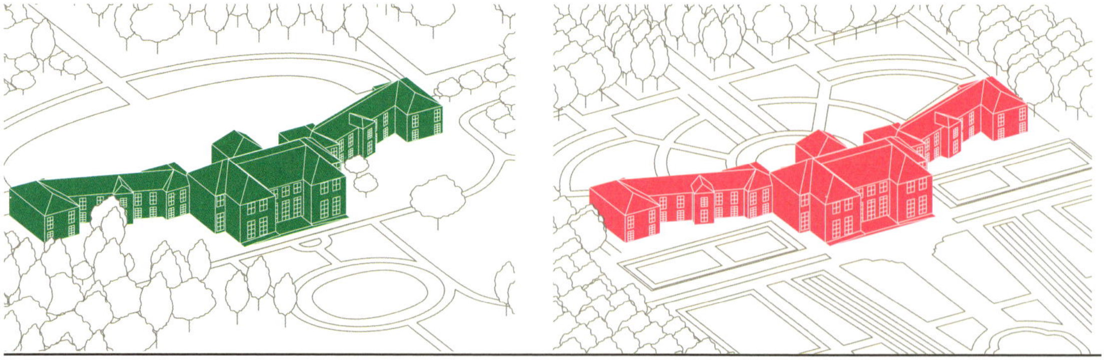

图B.3.44　从荷兰到日本的适应性语境

据豪斯登堡的设计师介绍，“这些建筑物（复制品）的选择和定位基于对荷兰18座城市的调查，以及与所建城镇历史相关的审美研究，其中的景观网络也是以这些复制品为核心建筑来

荷兰国家海事博物馆，阿姆斯特丹

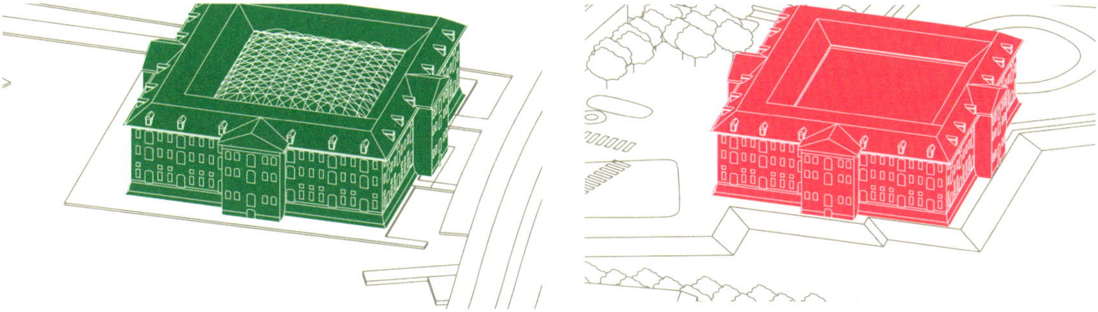

东大门，代尔夫特

欧洲酒店，阿姆斯特丹

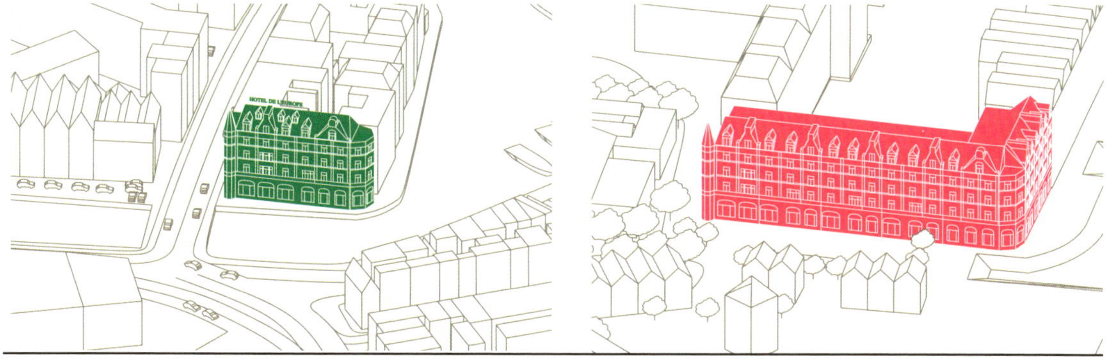

乌得勒支大学学术楼，乌得勒支

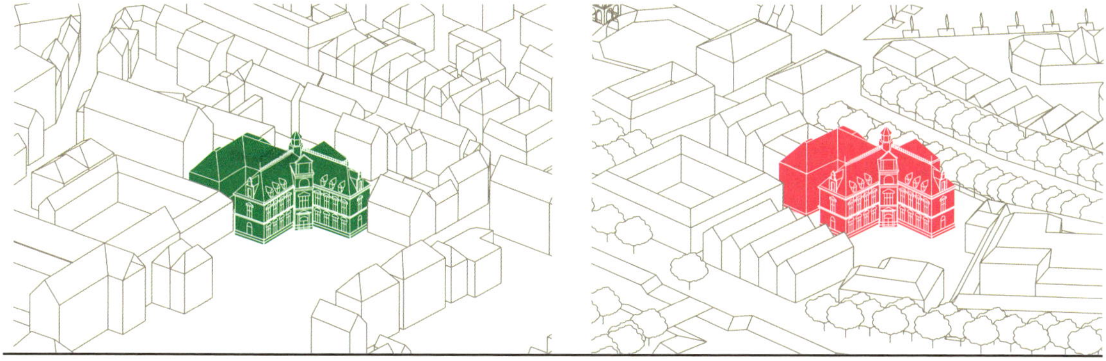

进行布局的。这些复刻的建筑与其为该城镇创造的想象中的历史相吻合，营造出一种独特的荷兰氛围。”在这一适应过程中，城市空间和景观发生了有趣的微妙变化。

如果说对于第二年龄段的旅行者而言假期意味着从一整年的工作周期中短暂逃离一周、两周甚或更长时间的话，那么第三年龄段，即年轻老人其本身就代表了从专注于工作的人生阶段中永久性逃离，或说长久性度假。这表明与第二年龄段的时间模式相比，年轻老人变更了时间模式，其假期或远行出游时间与周期都大幅延长。居民不再被视为永久性的，而是根据对临时性的延长情况来定义居民，以此与被视为临时性的游客形成对立关系，也就可以将这些居民视为享受退休生活的长期游客，他们所度过的假期是用一生的辛劳工作所换取的。退休这一概念时常被包装成这些词语，这无疑也是向潜在居民推销度假式退休社区的方式，豪斯登堡也不例外，其极具异国情调的环境与在日本城市中工作终身、居住终身的理念形成鲜明对比。许多城市评论家都用远非乌托邦的术语来形容当代日本城市及其所支持的生活方式，例如特雷布提到了当代日本城市中土地资源的稀缺情况，除非有人特别富有，否则很难在其中拥有自己的住宅：

> 这里充满活力的氛围让西方人赞赏有加，对于那些需要在这里养家糊口的人来说也是十分慰藉的。安藤忠雄的朴素建筑备受赞赏，也主要是因其在看似混乱的世界中创造了片刻的宁静。如同安藤的建筑一样，尽管有些刻意，但豪斯登堡还是给人们提供了暂时的清静，好像是一台播放着异国风土人情的电视机一般。年轻人和单身人士仍在日本的城市中工作和学习，但婚姻却迫使夫妻及家庭走向周边区域，搬进杂乱无章又拥挤异常的公寓，随之而来的还有每天的通勤问题。豪斯登堡的宁静与井然有序如同一剂短时的良药。一切都好像一场梦：一个能够从现实的空间与时间中抽离的梦，一个有关大洋彼岸那个未曾存在过的某地的梦。[83]

异国梦幻冲击力的削减，毫无疑问是长期或永久置身于豪斯登堡所带来的影响之一。随着时间的推移，新鲜感会逐渐减少，视觉性的新鲜感首当其冲。在特定环境中日复一日地形成居住习惯，得以产生一种持续性的位移，从而有可能与豪斯登堡界外的日本保持差异。在这种背景下，豪斯登堡的永久性时空位移表明了一种习惯性的按计划施行的位移形式，其中部分特定的计划衍生了一套完全不同的社会活动。正如米特拉斯诺维科所指出的："在露天咖啡馆喝咖啡享受放松的人群，坐在长椅上凝视路过的人们，甚至是独自观察郁金香、观察运河上穿梭的船只以及直面欧洲酒店的复制品，这些社会习俗在历史上并不为日本人所熟悉"（图 B.3.45）。[84]

图B.3.45　室外咖啡厅，豪斯登堡的小孩堤防区，日本，2008年

居民不仅居住在具有异国情调的城镇景观和风景之中，还置身于具有异国情调的生活方式之中，这一概念构成了主题公园永久性位移的另一种观念体系的基础：与其将居民视为长期旅行者或度假者，还不如试着将之视为移民角色。他们长期有计划地通过消费来获得一种位移性的生活方式，理想状态下甚至是一种有所改进的生活方式。从游客的角度看，在豪斯登堡中居住的人是停留的旅行者，而聚焦于豪斯登堡居民的视角，他们在创造了一种移民形式的同时，却从未真正地离开自己的祖国。这体现了一种介于荷兰和日本之间的生活状态：既不完全在日本，也不完全在荷兰，由之产生了第三种空间和第三种文化（图 B.3.46）。[85]

图B.3.46　在威廉·亚历山大王子广场的表演，日本豪斯登堡，2014年。图片来源：Ani Vihervaara

主题：外在性（他者空间）

豪斯登堡创造了一种时空的外在形式，或者说创造了一个“他者空间”。由于这是一个与其他场所相对立的真正的“反场所”[i]，因此可以将其与米歇尔·福柯（Michel Foucault）的“异托邦”概念相关联。豪斯登堡符合福柯在《他者的空间》（*Of Other Spaces*）[ii]一文中对异托邦的原则性描述：“异托邦能够将几个相互间不能并存的空间和场所并置为一个真实的地方。最常见的是，异托邦同时间的片段相结合……当人类处于一种与传统时间完全中断的情况下，异托邦开始完全发挥作用……异托邦总是必须有一个打开和关闭的系统，这个系统既将异托邦隔离开来，又使异托邦变得可以进入其中。”[iii][86]

---

i 译注：counter-site 译为“反场所”，主要参考：张一兵．福柯的异托邦：斜视中的他性空间 [J]. 西南大学学报（社会科学版），2015，41（03）：5-9+189。

ii 文章名在学术界有诸多译法，此处参考：汪行福．空间哲学与空间政治——福柯异托邦理论的阐释与批判 [J]. 天津社会科学，2009，（03）：11-16。

iii 译注：此段引文参考并引用：M. 福柯著，王喆法译：《另类空间》，《世界哲学》2006 年第 6 期，第 55-56 页。部分文字由于哲学的范畴概念陈述可能与常规语文用词用句不同，并非错别字，提请注意。

豪斯登堡同时符合解决老龄化危机的异托邦、老年人“殖民”聚居地[i]和幻象空间的范畴。[87]危机异托邦[ii]是专为就社会及周围环境而言处于危机状态的个体所设计的特殊外部场所。福柯认为危机异托邦正在消亡，寄宿制学校是一个残留的例子，其意味着青春期的“危机”“发生在家庭之外”。[88]偏离异托邦（heterotopias of deviation）[iii]是指“人们将行为异于一般要求或标准行为的个体置于其中的场所”[89]。福柯所举的最为突出的例子是监狱、精神病院这些体现社会性规训与控制的场所。幻象异托邦则创造了一个幻象空间，“显露出每一个真实空间，显露出所有人类生活在其中被割裂开来的场所，使它们变得更加虚幻”[90]，对此福柯给出的例子是传统的法国妓院，其房间是根据所划定的历史时期主题进行“装扮”的。

以游客的视角来看，豪斯登堡具有幻象异托邦的功能。基于对自由的幻想，幻象异托邦将图像放在首位，以使人们摆脱日常结构化生活的束缚。尽管所购买的住宅可归为幻象异托邦范畴，但就居民而言，豪斯登堡的运作则应是偏离异托邦，特别是随着时间的推移，对环境的感知会逐渐为习惯所掩盖。偏离异托邦是对感官的一种补偿，因为作为另一个真实的空间，“与我们的空间一样完美、一样细致、一样井井有条，而我们现实中的空间则凌乱不堪、构造不善、杂乱无章”[91]，其基础是通过各种形式的规训来强制贯彻权力系统。对豪斯登堡的居民而言，其核心恰恰在于对休闲的规训：这既体现在对主题公园的空间环境的全面控制上，又体现在对公园内及其周边进行的活动与事件的时间结构的全面分割上。豪斯登堡为被规训的休闲生活方式提供了参照：尽管无法完全替代第二年龄段的工作规范，但至少是以相似的程度被建构起来的。这是一种自愿的、自我规训的时间形式，与福柯的偏离异托邦截然相反：偏离异托邦通常是由作用于无意识主体的国家通过各种形式的自上而下的规训权力构成的。

---

i 福柯在论述异托邦的空间设置时重点提及了“幻象空间”与“殖民地”，此处的翻译沿用这两个词语，但由于“殖民地”一词本身带有歧义，因而此处改成“‘殖民’聚居地”。

ii 译注：“危机异托邦”为固定用法。

iii 译注：“偏离异托邦”为固定用法。

主题：仿真（拟仿空间）

由于豪斯登堡是对现有建筑、城镇景观及风景的模仿与复制，因此它起到了时空仿真的作用。对于传统的西方文化而言，特别是从欧洲文化的视角来看，这类产物的价值被认为是低于原作的，甚至还会被贴上粗俗或刻奇[i]的标签。

尽管豪斯登堡的身份与异国空间相关，但也确实构建了其自身特殊的身份形式，这一形式或多或少地与这个异国地区的特定历史有关，而与其所占据的确切地点并无特定的历史性关联。豪斯登堡于 20 世纪 80 年代末、90 年代初修筑于一块空地上，与周围的环境几乎没有相似之处，以至于邻近的山丘被认为不适合用来模拟荷兰标志性的平坦地形。但豪斯登堡巧妙利用了这里特有的港口环境，同时关联了铁路、公路网等已有的基础设施系统。总而言之，豪斯登堡缺乏传统的“有机”连续性及真实性，但这恰恰表明了其建造另一种形式空间的主张，尽管这种空间是对另一个空间的仿真。关于豪斯登堡与“空间”的互动交流，更换术语可能有助于构建对其更具差异化的描述，特别是有关仿真与原真性的问题。

首先被引入的替换性术语是“超空间”（hyper-place）[ii]，意指历史上被称为“人类学场所”（anthropological places）的地点的当代转变，这一转变可以结合大规模城市旅游的广泛性和集中性两方面的现象进行理解。城市旅游的风靡相应地加剧了城市形象的品牌化及营销竞争，而这又反向引发了对城市环境本身的“地方性”或特征的夸张化处理。雷姆 · 库哈斯（Rem Koolhaas）在《广普城市》（*The Generic City*）一文中定义了一种与“广普城市”概念相对立的涉及可识别性[iii]的当代现象。库哈斯认为，随着世界城市人口呈指数级增长，有限的现有城市的物质性历史，或是马克 · 奥热所称的城市“人类学场所”

---

i 译注：kitsch 出自德语，也译作“媚俗”，但 kitsch 在中文中并无确切的对应词语，与“媚俗”也有所出入，我们在做艺术理论研究时一般直译为“刻奇”，意指对已有的、受肯定的艺术风格进行缺乏品位地复制与模仿，供参考。

ii 译注：对该术语的译法还有“超场所”，此处参考吴庆军 . 当代空间批评评析 [J]. 世界文学评论，2007，（02）：46-49。

iii 译注：作者名、文章名及 identity 即“可识别性”的译法参考：雷姆 · 库哈斯著，王群译 . 广普城市 [J]. 世界建筑，2003，（02）：64-69。

正承受着越来越大的压力：

> 持续增长的旅游大军到处挖掘“特性”，将原本成功的可识别性化为毫无意义的尘埃……可识别性越强，就越具有禁锢性，越不能容忍扩展、诠释、更新和矛盾。可识别性宛如一座灯塔，固执而又武断：它只有以破坏航行为代价才能改变其自身的位置或者改变发射的光型。巴黎只能变得更加巴黎——事实上它正在成为超级巴黎——一幅精心修饰的讽刺画。[i][92]

从这个意义上来说，超空间的代表是游客蜂拥而至的文化城市中心，如威尼斯、巴黎或罗马。超空间通过过量或过度的可识别性发挥作用，与包价旅游的宣传手册的概念相吻合，其中呈现的图像旨在强化其独特性，以打造独树一帜的可识别性。阿姆斯特丹正是凭借其运河及两岸历史悠久的河滨住宅而被视为标志性的超空间。

再来参考一个或许更贴切的术语：拟仿空间，顾名思义是指以复制的逻辑对“空间”的图像进行模拟。[93] 拟仿空间的构建逻辑，基于以能采用的最高技术手段，尽心竭力地忠实复制特定空间的可识别性以及相关的历史细节。由于拟仿空间不可能与原“空间”位于同一地点，因此其与周围环境的关系也会随之改变。

在豪斯登堡中，对独立的建筑、建筑群、城镇景观以及风景的复制模拟都异常精确，对于细节的考究以至于建造用砖都是从荷兰运来的。豪斯登堡并未沿用主题公园常见的规模缩小法，如迪士尼乐园中的美国大道将两旁建筑的上部楼层缩小了三分之二，而豪斯登堡几乎所有的建筑及城镇景观都是以 1 ∶ 1 的比例进行建造的。对乌得勒支圣马丁大教堂塔楼的复制是为数不多的例外，据称由于空中交通的要求而不得不将其缩短了 10 米。而像豪达市集广场，则由全尺寸的街道立面、市政厅中心、公共广场及街道设施共同构成，日常市集中所兜售的产品与空间布局也严格仿照了荷兰“原版”。豪斯登堡对细节的重视与精益求精还有个令人津津乐道的故事：豪斯登堡宫殿外立面的很大一部分经历

---

i 译注：该段译文引用雷姆 · 库哈斯著，王群译：《广普城市》，《世界建筑》2003 年第 2 期，第 64 页。

了拆除重建，只是因为开发商发现砖块之间的砂浆缝隙较正常宽了2毫米（图B.3.47）[94]。意大利理论家翁贝托·艾柯（Umberto Eco）是这样描述公众对纯熟的赝品制造技术的赞叹的：“古人便已知晓，模仿的乐趣是最原初的人类精神之一。”[95]

图B.3.47　豪斯登堡宫殿的建筑细节，日本豪斯登堡，2008年

尽管从单个建筑或特定的“公共”空间的尺度来看，“原作”与豪斯登堡中的“复制品”之间的差别几乎难以察觉，但对来自荷兰各地的特定元素的采样与重组，却产生了一整套新的关联与组合，形成了一种截然不同于荷兰原作的弗兰肯斯坦式的荷兰风格（图B.3.48）。戴维·德海利是用“再合成的旅游手册”这一概念来进行描述的：“想象一下吧，掏出荷兰的旅游手册，认真谨慎地选取文字，然后再将所有的照片合进一张图像里……好了，欢迎来到豪斯登堡，一个‘真实’荷兰小镇的等比例摹本。”[96]（图B.3.49）放眼望去，豪达市政厅与乌得勒支圣马丁大教堂塔楼之类的标志性建筑、平坦开阔的荷兰运河景观，与周围的日本山峦相碰撞，形成了荷兰人眼中陌生又神秘的图景。

城镇景观的各个组成部分几乎与荷兰原址一一对应，许多商店都售卖着荷兰的商品，包括进口奶酪、服装及饰品等，一些商店原先有来自莱顿大学的荷兰交换生身着民族服饰招徕生意。在仿真“荷兰风格”的过程中还进行了一系列的调整，以适应当地人独特的口味以及对主题公园的特殊期待。[97]调整包括一些供应日本料理的餐厅，游客在园区内的行为也尽量保持日本式的礼仪与礼节，事实上正如德海利所说的：“这里没有寮屋，运河里没有生了锈的被盗自行车，也没有毒品和红灯区。”[98]

法国哲学家让·鲍德里亚（Jean Baudrillard）在对仿真问题以及辩证的真实性的反思中，以迪士尼乐园为典型案例，论述了一系列复杂的关系。作为一个实体环境，迪士尼是“真实的美国”与“美国式生活”的微缩化、凝结化。但他又强调：

这遮蔽了其他的东西……迪士尼乐园以虚构的形式呈现，以便让我们相信除此之外的地方是真实的，而事实上，整个洛杉矶及其周围的美国早已不再真实，而是超真实与仿真的秩序空间。这不再是对真实或意识形态的仿制再现的问题，而是通过掩盖事实以模糊真实，从而保存所谓的真实性原则的问题。迪士尼乐园的幻想非真亦非假：它是一个威慑机器，旨在反向恢复对真实的虚构。[99]

这意味着一个有关于“真实性”的类似质疑，而日本豪斯登堡正是以“真实”为蓝本的。鲍德里亚会说，它是在已经被建构为“荷兰”的实体的基础上构建的。因此，日本的豪斯登堡既不是原物，也不是复制品，而是对一个已经存在的超空间的仿真。因此，并不存在“真正的”荷兰，因为它本身就是以旨在推销它的旅游手册为蓝本而设计的。[100]

如果作为仿真“超空间”的豪斯登堡主要是用来给临时的旅游者居住的，那么当它用于永久或长期居住时，是否就意味着需要另一种居住条件呢？在这里，随着时间的推移，通过居民日常的使用和偶然性的感知，这一荷兰小镇“复制品”的视觉吸引力渐渐减弱，并慢慢隐退融入背景中。从参观者对环境外观的关注（与原型和复制品的辩证关系有关）转向了居民对环境氛围的体验。因此，尽管它明显是“伪造”的，但也必须承认其作为一个“真实”小镇而存在。鲍德里亚描述的制造纯粹的赝品，即一种绝对不真实的赝品的难度，更加说明了这一点。例如，他描述了模拟的（而非“真实的”）银行抢劫案的过程：

务必检查武器是否无害，并劫持最值得信赖的人质，以免有生命危险，不然就有了犯罪的危险。索要赎金，并安排好行动，尽可能制造最大的骚乱。但你不会成功——人为的想象将与真实的因素错综复杂地交织在一起：警察真的会当场开枪；银行客户会晕倒并死于心脏病；他们真的会把假赎金交给你。简而言之，你会在不知不觉中发现自己立即置身于真实世界，而真实世界的功能正是吞噬每一次模拟的尝试，将一切还原为某种现实。[101]

这表明，尽管豪斯登堡是一个仿真的小镇，尽管许多人扮演游客和主题公园工作人员的角色，但它仍然是一个真正的小镇，有真正的退休人员生活在其中。居民们在当地商店购买日用品、在邮局寄信、在咖啡馆与朋友喝咖啡。实际的城市生活已经产生，虽然它是通过介于日本和荷兰之间的文化形式得以实现的，而且有一定的局限性，但不可否认的是，它是一种真实的城市生活形式——

图B.3.48 德海利所称的弗兰肯斯坦式的城市化，从塔楼向小孩堤防区及入口处望去的视野，日本豪斯登堡，2008年

必ずお読みください

ご案内とご注意 136 138

空港税等 138

旅行条件(要約) 裏表紙

Holland オランダ

アムステルダム 6/8

運河沿いのカフェ(イメージ) フリータイム

〈写真提供/オランダ政府観光局 www.holland.or.jp〉

OP オプショナルツアー〈別料金〉

味わいディナー

※12ページの「味わいディナーのご注意」を

アムステルダム

エビと肉のクロケット

〈運行事業者：JTB Netherlands B.V.〉

クロケットとは「コロッケ」のこと。一説にはオランダが発祥ともいわれています。前菜はスモークした魚介の盛り合わせ。メインには本日の白身魚をご用意。デザートとコーヒーまたは紅茶も付きます。

■予約予定時間：19:30
■ドレスコード：なし
■手配不可日：4/30、夏期休業日
■最少催行人員：2名

コースNo.	ZL216
料金	9,900円

Super Enjoy Card スーパーエンジョイ…をご提示いただく…時に1ドリンクサー…特典が付きます。

アムステルダムから行く 小旅行プ…

近郊の都市へ小旅行するプランもご用意しています。

▶▶▶ 詳しくは109ページを…

追加代金でアレンジできます

P.7 Super Enjoy Card　C クラス P.122　ちびっ子プラン P.123　最終地延泊 P.141　小旅行プラン

コースNo.・旅行代金・出発日は下記の代金表をご覧ください

出発地	関空	関空以外からご参加の場合：P.140参照	ケース4
ホテル・グレード 選べます	B	確約なし (P.126・127記載のBグレードホテルのいずれか)	
		確約 ポルト・ファン・クレーフ	
	A	確約なし (P.126・127記載のAグレードホテルのいずれか)	
		確約 NH バルビゾン・パレス	
	L	確約なし (P.126・127記載のLグレードホテルのいずれか)	
		確約 デル・ヨーロッパ	

食事 日数	朝	昼	夕
6日間	4	0	0
8日間	6	0	0

※朝食はL・Aグレードホテルの場合アメリカンまたはビュッフェブレックファスト、Bグレードホテルの場合、コンチネンタルブレックファストになります

選べます 日本発着時利用航空会社	航空会社確約なし P.136参照
	KLMオランダ航空(往路直行便)
添乗員	同行しません 現地係員がご案内します
最少催行人員	2名(各コースNo.ごと、各プランごとに2名)
渡航手続きについて	P.136の「渡航手続きについて」にてご確認ください

日次		スケジュール
1	1	09:50~14:00：関空✈ヨーロッパ内乗継✈ 夜：アムステルダム着 ホテルまでの送迎・係員付 アムステルダム
2~4	2~6	終日：自由行動 OP 味わいディナーをご用意しています(別料金／上記参照) アムステルダム
5	7	空港までの送迎・係員付 午前：アムステルダム✈ヨーロッパ内乗継✈関空 機中
6	8	08:00~16:00：関空着

ご注意

※送迎については10・11ページをご覧ください。
※Bグレードホテルの客室のバスルームはシャワーのみです。お部屋によってはバスタブ付きとなる場合があります。

B グレード ポルト・ファン・クレーフ Die Porte Van Cleefe 新登場

観光に便利な立地が魅力のホテル。またショッピングセンターにも隣接しているので買い物にも便利です。

◆ホテルからのうれしいお知らせ◆
Bグレードホテルではコンチネンタルブレックファストとなりますが、当ホテルではビュッフェブレックファストとなります。

お部屋の一例 ※お花は代金に含まれません。

ホテル施設		客室設備	
レストラン	○	金庫	○
バー&ラウンジ	○	ミニバー	×
プール	×	湯沸しポット	○
スパ	×	ヘアドライヤー	×
日本語案内書	×	バスローブ	×
総客室数 120室		冷暖房	○
客室面積 約24m²~		インターネット回線	○

アクセス MAP❶ (P.106) Dma Square (ダム広場)駅より徒歩約5分

A グレード NHバルビゾン・パレス NH Barbizon Palace

アムステルダムの中心である中央駅の近くにあり、…ピングにたいへん便利です。

お部屋の一例

ホテル施設	
レストラン	○
バー&ラウンジ	○
プール	×
スパ	○
日本語案内書	×
総客室数 269室	
客室面積 約24m²~	

アクセス MAP❷ (P.106) Amsterdam C… (アムステルダ…) 徒歩約5分

L グレード デル・ヨーロッパ Hotel Del Europe

王宮やダム広場に近い市の中心部にあるホテル。運河沿いに建つ優雅なたたずまいは、長崎ハウステンボスのホテルのモデルとなったことで有名です。ムント塔や花市場にも近く、観光やショッピングに大変便利です。

お部屋の一例 ※お花や果物は代金に含まれません。　レストラン

※トリプル(3人1部屋)利用は…

ホテル施設	
レストラン	○
バー&ラウンジ	○
プール	○
スパ	○
日本語案内書	×
総客室数 100室	
客室面積 約25m²~	

アクセス MAP❸ (P.106) トラムMuntple… (ムントプレイン…) 徒歩約2分

※ホテルからのうれしいお知らせは、当パンフレット掲載のホテル確約コースで、2008年4/1~10/31出発の場合のみ

アムステルダム6/8 旅行代金

※旅行代金に燃油サーチャージは含まれておりません。(P.138参照)

出発日 〈アムステルダム6〉2008年4/1~29、5/2~9/6、9/18~10/31の毎日出発 〈アムステルダム8〉2008年4/1~27、4/30~9/4、9/18~10/31の毎日出発

設定除外日 デル・ヨーロッパ確約コース:6日間の4/26発、8日間の4/24・30発 (宿泊除外日:●Bグレードホテル確約なし:5/6~8・27泊 ●Aグレードホテル確約なし:5/5~9・26~28、6/3~6、10/26~29泊 ●NHバルビゾン・パレス:4/1~4、5/6~9、5/26~6/6、6/23~25、8/5~12、9/23~30、10/27~30泊)

140ページの旅行代金カレンダーをご覧ください

ホテル名・ホテルグレード	旅行日数	コースNo.	A	B	C	D	E	F	G	H	I	J	K	L	M
Bグレード確約なし	6	QP274	189,800	209,800	232,800	239,800	249,800	261,800	270,800	280,800	291,800	299,800	309,800	329,800	369,800
	8	QP275	222,800	242,800	265,800	272,800	282,800	294,800	303,800	313,800	324,800	332,800	342,800	362,800	402,800
ポルト・ファン・クレーフ	6	QP276	191,800	211,800	234,800	241,800	251,800	263,800	272,800	282,800	293,800	301,800	311,800	331,800	371,800
	8	QP277	225,800	245,800	268,800	275,800	285,800	297,800	306,800	316,800	327,800	335,800	345,800	365,800	405,800
Aグレード確約なし	6	QP278	213,800	233,800	256,800	263,800	273,800	285,800	294,800	304,800	315,800	323,800	333,800	353,800	393,800
	8	QP279	257,800	277,800	300,800	307,800	317,800	329,800	338,800	348,800	359,800	367,800	377,800	397,800	437,800
NH バルビゾン・パレス	6	QP280	218,800	238,800	261,800	268,800	278,800	290,800	299,800	309,800	320,800	328,800	338,800	358,800	398,800
	8	QP281	264,800	284,800	307,800	314,800	324,800	336,800	345,800	355,800	366,800	374,800	384,800	404,800	444,800
Lグレード確約なし	6	QP282	268,800	288,800	311,800	318,800	328,800	340,800	349,800	359,800	370,800	378,800	388,800	408,800	448,800
	8	QP283	338,800	358,800	381,800	388,800	398,800	410,800	419,800	429,800	440,800	448,800	458,800	478,800	518,800
デル・ヨーロッパ	6	QP284	310,800	330,800	353,800	360,800	370,800	382,800	391,800	401,800	412,800	420,800	430,800	450,800	490,800
	8	QP285	400,800	420,800	443,800	450,800	460,800	472,800	481,800	491,800	502,800	510,800	520,800	540,800	580,800
航空会社追加代金 KLMオランダ航空			全出発日 一律 5,000円												

旅行代金(航空会社確約なし) おとな・こども同額

Cクラス席プラン 122ページをご覧ください。

空港税等について 約6,700円 左記金額は、決定航空便及び乗継地により増額または減額となる場合があります。為替による変動と併せ、ご出発35日前に確定後、販売店にお支払いください。

108

图B.3.49 豪斯登堡是德海利所称的日本参考荷兰景观所作的再合成的旅游手册
来源：全日空旅行(ANA Travel)

リュッセル・アムステルダム
ら行く

自由行動時にプラス

小旅行プラン

とくとくチョイス　小旅行プランご参加中は基本コースのホテルを一旦チェックアウトして、宿泊代金を旅先のホテル代の一部にする経済的なプランです。

らくらくチョイス　小旅行プランご参加中は、基本コースのホテルのお部屋をキープしている楽々なプランです。

小旅行プラン共通のご注意

※125ページの「小旅行プラン共通のご注意」を必ずお読みください。

リュッセル発 帰り/1泊2日　運河と美しき橋の街 ブルージュ

中世の街並が今もなおそのまま残っている水の都ブルージュ。その歴史ある街を歩きながら、ベルギーワッフルを食べたり、世界遺産のベギン会院（修道院）等を訪れてみてはいかがでしょう。

中世の面影を残す運河と街並み

420年に完成した歴史ある市庁舎 フリータイム

日次	スケジュール 日帰り	スケジュール 1泊2日
1	午前：ブリュッセル🚃(2等) ブルージュ(約1時間) 午後：自由行動	午前：ブリュッセル🚃(2等) ブルージュ(約1時間) 午後：自由行動
1	夕刻：ブルージュ🚃(2等)ブリュッセル(約1時間) 夕刻：ブリュッセル着	ブルージュ
2		午前：自由行動 夕刻：ブルージュ🚃(2等)ブリュッセル(約1時間) 夕刻：ブリュッセル着

●利用ホテルグレードB（P.125参照）
●食事（1泊2日コースのみ）朝食（コンチネンタルブレックファスト）1回・昼食0回・夕食0回
●現地係員は同行しません
お客様ご自身で行動していただきます
●最少催行人員:1名　●集合・解散:なし
●ブリュッセルでお渡しするもの:ホテル宿泊確認書（1泊2日コースのみ）、往復列車乗車券

※ホテルのチェックインやチェックアウト、列車の乗車はお客様ご自身で行っていただきます。
※ホテル～駅間の移動費用はお客様ご負担になります。
※ブリュッセル～ブルージュ間の列車は自由席となります。
（単位：円）

プラン出発日	2008年4月1日～11月10日の毎日（但し、1泊2日コースは4/21～24、6/18～20、9/13～16を除く）					
コース名	日帰り	1泊2日				
プラン名		とくとくチョイス				らくらくチョイス
コースのホテルグレード		Bから	Aから	Lから	SLから	ー
コースNo.	ZK274	ZK275	ZK276	ZK277	ZK278	ZK279
追加代金（2名1室利用）	9,000	13,000	11,000	7,000	1,000	26,000
お1人部屋追加代金（相部屋不可）		5,000	3,000	※1	※1	18,000

※1 基本コースのお1人部屋追加代金のみで、小旅行プランのお1人部屋追加代金はありません。

上記2点写真提供：©ベルギー観光局

ムステルダム発 日帰り　目で味わう 春のキューケンホフ公園　季節限定

何百万本という数のチューリップが咲き乱れるキューケンホフ公園。この季節だけ楽しめる景色です。

スケジュール
午前：アムステルダム🚃ライデン(約40分) ライデン🚌キューケンホフ公園(約30分) 着後、自由行動 チューリップなどが咲き誇るキューケンホフ公園にてゆっくりとお過ごしください
午後：キューケンホフ公園🚌ライデン(約30分) ライデン🚃アムステルダム(約40分)
夕刻：アムステルダム着

●現地係員は同行しません　お客様ご自身で行動していただきます
●最少催行人員:2名
●集合・解散:なし
●アムステルダムでお渡しするもの:バスと列車の往復乗車券、キューケンホフ入場券引換証、日本語インフォメーション

スケジュールは一例となります。詳しくは現地にてご確認ください。
※アムステルダム～ライデン間の列車は自由席となります。
※ライデン～キューケンホフ間のバスは路線バス（自由席）利用となります。

プラン出発日	2008年4月1日～5月18日の毎日
コースNo.	ZK270
追加代金	10,000円

〈上記3点：キューケンホフ公園（イメージ）/4月撮影〉

ブリュッセル発 日帰り　ダイヤモンドの街 アントワープ

ダイヤモンドの交易地として世界的に有名なアントワープ。日本人にとっては、小説「フランダースの犬」をはじめ、ルーベンスの名作がある地としてもよく知られています。また、最近は服やデザインの発信地として取り上げられています。

◀ルーベンスの像 フリータイム

▼「ノートルダム大聖堂」の内部には、ルーベンスの傑作「聖母被昇天」「キリスト昇架」「キリスト降架」の3連作があります。 フリータイム

スケジュール
午前：ブリュッセル🚃(2等) アントワープ(約1時間)
午後：着後、自由行動 アントワープの街をお楽しみください
夕刻：アントワープ🚃(2等) ブリュッセル(約1時間)
夕刻：ブリュッセル着

●現地係員は同行しません　お客様ご自身で行動していただきます
●最少催行人員:1名
●集合・解散:なし
●ブリュッセルでお渡しするもの:往復列車乗車券

スケジュールは一例となります。詳しくは現地にてご確認ください。
※ブリュッセル～アントワープ間の列車は自由席となります。
※月曜日は美術館等の主要観光箇所の閉館が多いため、おすすめしません。

プラン出発日	2008年4月1日～11月10日の毎日
コースNo.	ZK273
追加代金	7,000円

アムステルダム発 日帰り　フェルメールの足跡をたどる 陶器の町 デルフトと ロイヤルシティ ハーグ

陶器の町デルフトは、小さな運河が縦横に走る可愛らしいコンパクトな町です。午後は列車で約10分のハーグを訪れます。国会議事堂や各国の大使館が集まる政治の中心地でもあり、フェルメールやレンブラントの絵画を収蔵するマウリッツハイス美術館もここハーグにあります。

スケジュール
午前：アムステルダム🚃(2等)デルフト(約1時間) 着後、自由行動
午後：デルフト🚃(2等)ハーグ (中央駅)(約20分) 列車は約30分間隔で運行
夕刻：ハーグ(中央駅)🚃アムステルダム(約50分)
夕刻：アムステルダム着

●現地係員は同行しません
お客様ご自身で行動していただきます
●最少催行人員:2名
●集合・解散:なし
●アムステルダムでお渡しするもの：往復列車乗車券、日本語インフォメーション

▲デルフト焼の絵付（イメージ） フリータイム

▲マウリッツハイス美術館／ハーグにあるフェルメールの「真珠の耳飾りの少女」 フリータイム
※作品は貸し出し中などにより、ご覧いただけない場合があります。

上記2点：「写真提供　オランダ政府観光局　www.holland.or.jp」

スケジュールは一例となります。詳しくは現地にてご確認ください。
※列車は全区間自由席となります。
※月曜日は美術館等の主要観光箇所の閉館が多いため、おすすめしません。

プラン出発日	2008年4月1日～11月10日の毎日
コースNo.	ZK272
追加代金	7,000円

アムステルダム発 日帰り　オランダ随一の高さを誇る ドムタワーの街ユトレヒトを訪ねて

オランダ第4の都市であり「ユトレヒト同盟」が結ばれたことでも有名な町。教会の鐘楼としてつくられた「ドムタワー」は教会の塔としてはオランダ一の高さを誇っています。

スケジュール
午前：アムステルダム🚃(2等)ユトレヒト(約1時間)
午後：着後、自由行動 ユトレヒトの街をお楽しみください
夕刻：ユトレヒト🚃(2等) アムステルダム(約1時間)
夕刻：アムステルダム着

●現地係員は同行しません
お客様ご自身で行動していただきます
●最少催行人員:2名
●集合・解散:なし
●アムステルダムでお渡しするもの:往復列車乗車券、日本語インフォメーション

ドムタワー
高さ120m。ゴシック様式の壮麗な建物は見る者を圧倒します。
フリータイム

写真提供：©オランダ政府観光局　www.holland.or.jp

スケジュールは一例となります。詳しくは現地にてご確認ください。
※アムステルダム～ユトレヒト間の列車は自由席となります。
※月曜日および4/30は博物館など主要な観光箇所の閉館が多いため、おすすめしません。

プラン出発日	2008年4月1日～11月10日の毎日
コースNo.	ZK271
追加代金	6,000円

因此它值得被关注（图B.3.50）。

从日本人的角度来看，他们对“真实性”的理解与西方人是不同的。正如萨拉·查普林（Sarah Chaplin）所言：

图B.3.50 “真实”城市日常生活的场景，日本豪斯登堡，2014年
来源：Ani Vihervaara、Matthew van der Ploeg

从更传统的日本思维角度来看，建造这些主题公园的方式在很多方面都类似于神道教神社，也就是每20年左右重建一次并一直保持定期参拜，这是一种存在了数百年的完全真实的做法。人们所赞颂的并不是这些建筑本身有多么古老，而是建造这些建筑的地点的重要性，以及重建这些建筑时那些一成不变的仪式和传承下来的技艺。[102]

查普林的论点表明，根据日本人的观念，文化真实性和价值的归属已经从一种硬件形式，即构成独特“场所”的原汁原味的砖瓦，转变为一种软件形式，即建筑物的建造规程。从这个意义上说，从日本视角来审视豪斯登堡，进一步限制了它被视为“赝品”的程度。正如豪斯登堡创始人神近先生所提出的那样，在引入更长的感知时间尺度后，传统的关于真实性的辩证关系就会进一步受到质疑：

京都这座城市最初是以中国古代西安为蓝本规划的。一千年以后，它已不再是任何东西的复制品，它已经成为古代日本的明确象征。城市是由其居民通过创造的文化来完善的。一千年后，没人敢说豪斯登堡是以荷兰城市为蓝本建设的。相反，它将毫无疑问地成为传统日本的象征。[103]

从日常使用行为而非纯粹象征的角度以及从长期而非临时的角度考虑城市环境，与传统的西方或欧洲强调真实性的辩证关系相比，豪斯登堡代表了一种更加复杂和激进的城市主张。因此，豪斯登堡将主题公园和住宅的混合体作为一种城市的启动形式，以实现新奇的生活方式和文化的互相交融。

集体性和主体性

豪斯登堡产生的多种新颖的形式，已延伸到主体性和集体性的领域。将退休作为一种永久性的空间迁移形式进行构建的过程中，居民处于“近似荷兰”和“近似日本”之间的复杂而模糊的空间中。这也造成了居民一系列生活方式的转变——不再睡在榻榻米垫子上，而是住在有壁炉的砖房里，房间里配备有西式风格的家具。白天，许多居民在市场购买奶酪，坐在咖啡馆里观看来往的游客，乘坐小船游览运河，参加法贝热彩蛋制作课程或郁金香压制课程。

在这一退休社区中永久居住，并不是一场临时迁往另一个地点的主题旅行，而是一种别样的经历，身在其中的居民们深刻地意识到他们已沉浸到一种具象环境景观中，这里主题鲜明的环境，是积极重塑主体性和集体性关系的人为的表演环境，一个有充足时间来尝试或研讨各种角色、互动模式和生活方式的环境。在豪斯登堡，居民可以在荷兰居民、日本游客、荷兰的日本移民与当地居民的角色之间找到自己的位置。对许多居民来说，这种模糊性给予他们构建另一种身份和生活方式的可能（图 B.3.51）。根据居民关于这一点的陈述，在日本社会，接受邻居发出的社交邀请被认为是应承担的义务；而在此处，这种认知将被重构。由于这里不同于日本其他地方，许多居民可以拒绝邻里活动的邀请。[104]

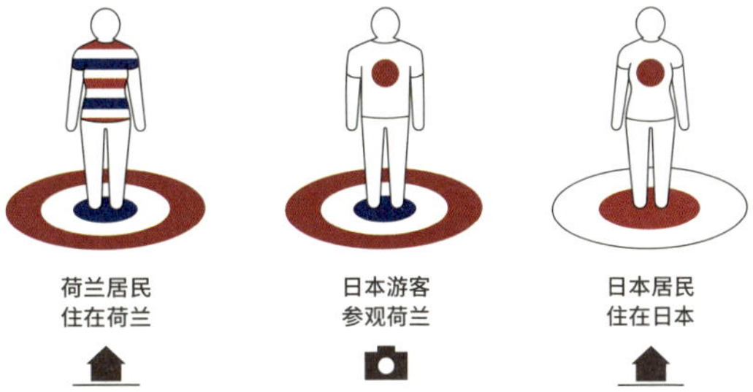

图B.3.51　弹性的主体性选择，日本豪斯登堡

因此，与典型的移民社区及邻里关系紧密联系的日本城市社会相比，豪斯登堡代表了一种更加个性化的集体领域。而典型的移民社区通常会因在异国的环境中而建立强大的集体身份认同。这或许意味着神近先生的愿景无法完全实现，即建立一个由退休的成功艺术家和知识分子组成的充满活力的脑力劳动者社区，共同致力于实现一个生态良好和可持续发展的模范社会。然而，豪斯登堡也出现了其他丰富多彩的个人和集体生活的混合形式，包括日本人对荷兰陶瓷绘画传统的重新诠释、法贝热彩蛋制作课程、荷兰拍卖活动以及美国印第安人制造独木舟的传统。

结论

豪斯登堡是日本在生态和经济这两个往往相互矛盾的领域间进行的一次独特的斡旋。一方面，这是一个可持续发展和适合居住的未来城市典范，它以江户时期的许多生态原则为基础，同时也充分发挥了当代技术的潜力。另一方面也是经济上的需要，能保证企业的良好运营，它以日本文化主题公园的城市类型为基础，同时融入了荷兰历史城镇景观的主题内容以及九州岛的荷兰历史格调。[105]

与这一略带挑战性的叙述密切相关的是，在豪斯登堡，由于主题公园和退休社区这两种城市休闲类型同时出现而导致两大趋势。第一种趋势是主题公园随着人口老龄化的到来而发生变化，而第二种趋势是娱乐产业综合体的战略——特别是主题化和时间的规律化——在退休社区的设计中影响力日益增强。换言之，这里是主题公园成为退休社区还是退休社区成为主题公园的十字路口。值得注意的是，这些转变不仅是日本豪斯登堡特有的，还是较发达国家的许多其他地区也在面临的。

在部分改变已知休闲类型的空间框架的同时，这些趋势更彻底地改变了时间逻辑。就主题公园而言，临时游客被永久居民取代，从而改变了传统主题公园围绕“位移”“外在性”和“仿真”等术语的论述。

在其作为一种远距传物的形式产生位移的过程中，豪斯登堡的思考逻辑不再指向与游客或旅行者相关联的临时逃离的形象，取而代之的是移民的时间延伸形象。与其他移民文化一样，位移的过程产生了介于故居和新家之间的第三种文化。在豪斯登堡，移民似乎既不是为了摆脱极端困难的境况，也不是为了寻求新的气候。相反，它表明人们希望在第三年龄段构建和尝试一种经过调和和改变的“外来”生活方式。

豪斯登堡建筑的外在性，或者说作为他者空间，将游客基于图像的自由和逃避幻想的异托邦幻觉，转变为居住的偏离异托邦。从这一角度来看，豪斯登堡是精心控制的、规范的和完美的，而当代日本的城市景观被认为是不受控制的和不完美的。这不仅代表了小镇规划和建筑的规范化，也代表了小镇居民休闲生活方式的规范化。为居民提供的高度可控的时空活动计划可以看作是一种反无聊机制。与福柯所言的与自上而下的国家权力保持一致的偏离异托邦形成鲜明对比的是，豪斯登堡的功能是一种约束性服务，一种由市场提供、居民自愿消费的“正常化”异托邦（图 B.3.52）。

围绕“仿真”，或者说“模拟的超空间”这一主题的讨论，在豪斯登堡的文化背景下以及在游客和居民的形象转换间，发生了微妙的变化。因为这里有长期居住的居民，豪斯登堡每天都以一个“真实”的城镇身份存在且运转着，人们对“不真实”外观的感知也会随着时间的推移而减弱。对居民来说，生活在豪斯登堡并不是基于“想要生活在荷兰小镇的期望”，更多是为了独立生活在运河边、与朋友在咖啡馆喝咖啡、打高尔夫球、观看剧团演出、看着成百上千的陌生人相互交流以及对环境本身的喜爱。豪斯登堡之前被认为是“虚假的”，而这一看法逐渐受到了挑战，日本人对真实性的理解在于构建的设计和实施过程，而不是受限于实际原物（图 B.3.53）。

总的来说，豪斯登堡堪称是一个年轻老人社区的高水平试验场，通过表现文化和城市生活的混合形式，构建了一种混合主体和混合集体的社区。[106] 在这些方面，豪斯登堡的居民在逃离现实和建设一个自由地“生活在别处”的所在之间寻求到了平衡。正如伊莎贝尔·奥里科斯特（Isabelle Auricoste）所说：

> 别处永远是天堂。每个人都想追寻从日常环境中逃离，进入另一个世界体验的感觉。人类历史上一直存在着与已有的二元性相遇的渴望，这种渴望促使我们去寻找一个不同于我们身处的、充满丰富可能性的世界。[107]

九州岛豪斯登堡的城市文档

以下是与豪斯登堡总体情况有关的一系列城市信息整理，如图 B.3.52 ~ 图 B.3.62 所示。

图B.3.52 部分受访的瓦森纳居民的照片，日本豪斯登堡，2008年。来源：川桥野山

图B.3.53　照相馆的照片，日本豪斯登堡，2008年。来源：豪斯登堡照相馆

地图

形成阶段

20世纪80年代
日本开始出现主题公园和游乐园

1983年
东京迪士尼乐园于1983年开园，是最早也是最著名的主题公园之一，目前是世界上最受欢迎的主题公园之一，每年接待游客达1720万人次。
位于西彼町的长崎荷兰村开园

1987年
日本通过《度假村法》

1990年
外国村开放，包括位于北海道的以德国历史城镇为蓝本的格鲁克王国（Gluck's Kingdom）

经济因素

1985—1991年
日本国内经济繁荣使国民财富水平在六年间翻了一番，除其他影响外，还导致对外国商品和体验的需求激增

1992年
瓦森纳房产的平均售价约为1.5亿日元。
豪斯登堡耗资5400亿日元，是日本历史上最大的公私合作开发的项目之一

1980 年　1985 年　1990 年

里程碑

1987年
企业家神近义邦宣布建设以荷兰王国为原型的生态度假小镇的计划

1992年
豪斯登堡开业

1989年
日本豪斯登堡举行了奠基仪式

发展过程

图B.3.54　日本豪斯登堡发展时间轴和人口数量估算

2012年1.5平方千米

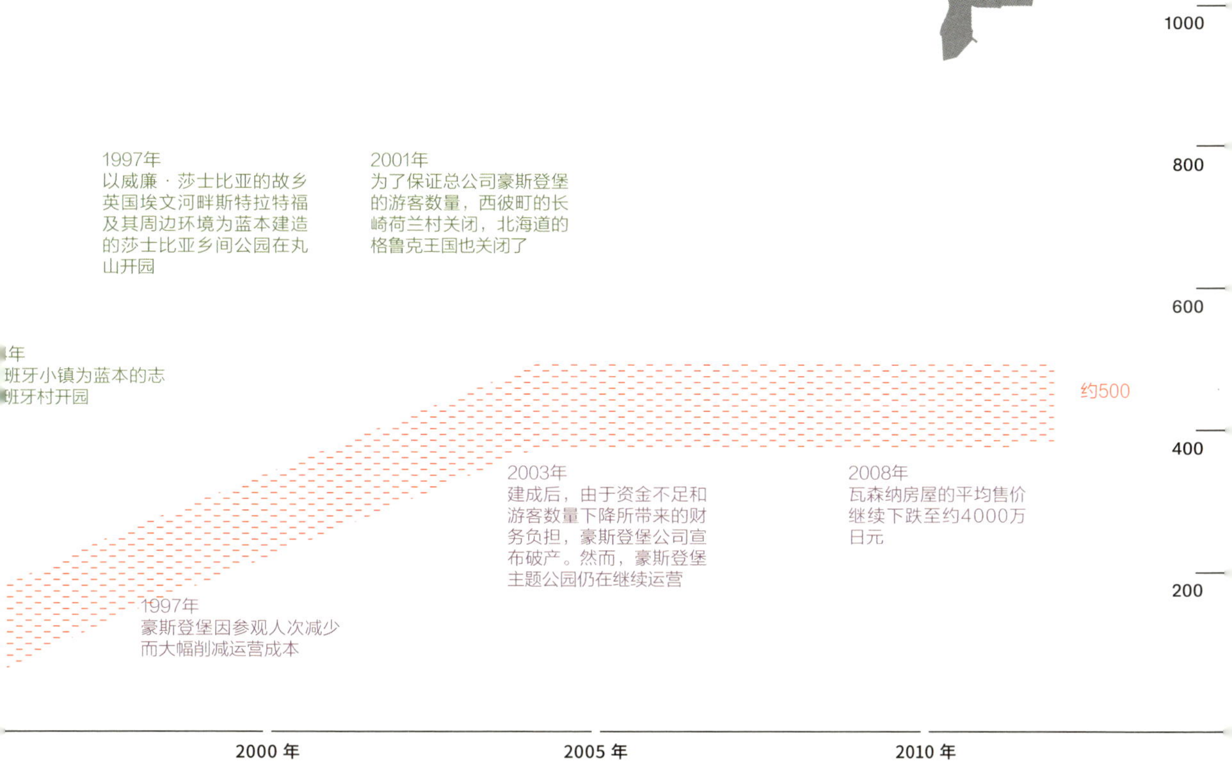

2004年
最后一栋瓦森纳公寓售出

2010年
根据1992年的预测，豪斯登堡将停止作为一个以门票收入为基础的主题公园的运营，并从此转变为一个成熟的小镇

年
营业，全年接待了
游客

1996年
接待游客人数峰值达420万，此后人数有所下降

2001年
邮局和银行关闭

2007年
年游客量达200万人次。豪斯登堡仍然是日本最大的主题公园之一，仅次于东京迪士尼乐园和东京海洋世界公园

建立时间　1999年

土地面积

1.5平方千米

人口（人）

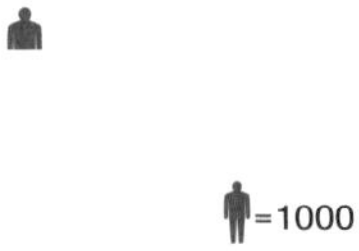

约500

密度

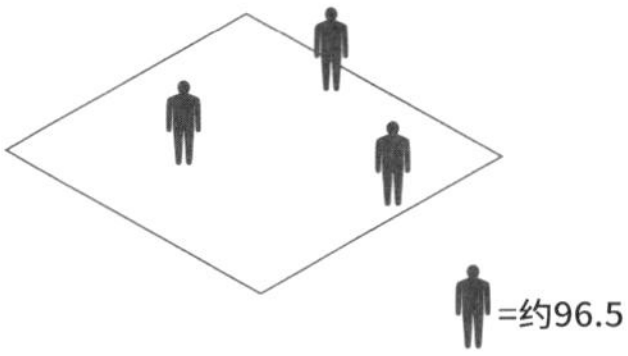

333人/平方千米

平均年龄（岁）

民族构成

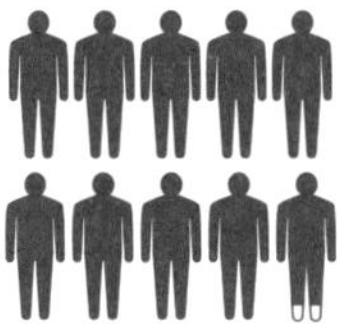

当地主要族裔
99%

当地少数族裔
1%

平均房价

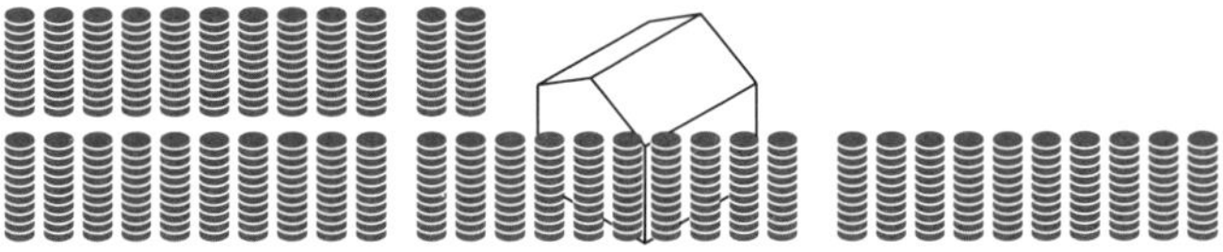

约￥40 000 000 ($420 000)　（2014年美元等值）

气候

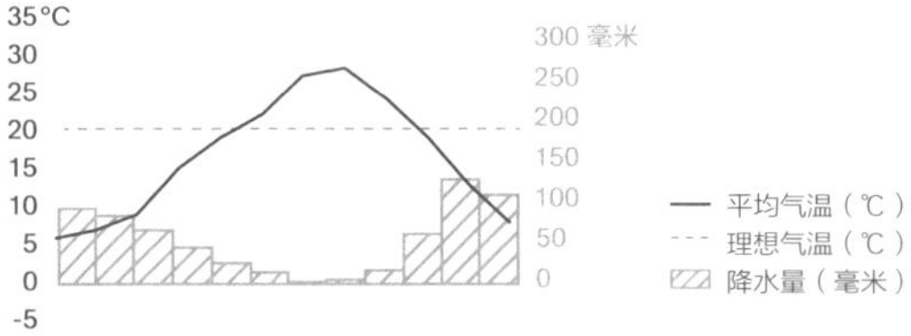

设施

60多家餐馆

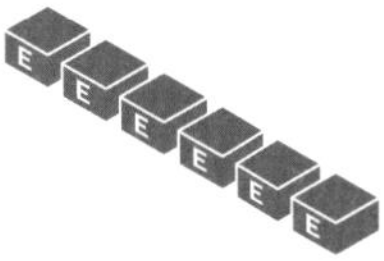

6个网球场

3家以上俱乐部

3个以上教堂/礼拜堂

1家娱乐休闲中心

1个高尔夫球场

1个游泳池

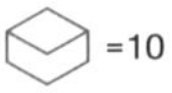

图B.3.55　日本豪斯登堡城市统计资料和城市地图。来源：豪斯登堡等

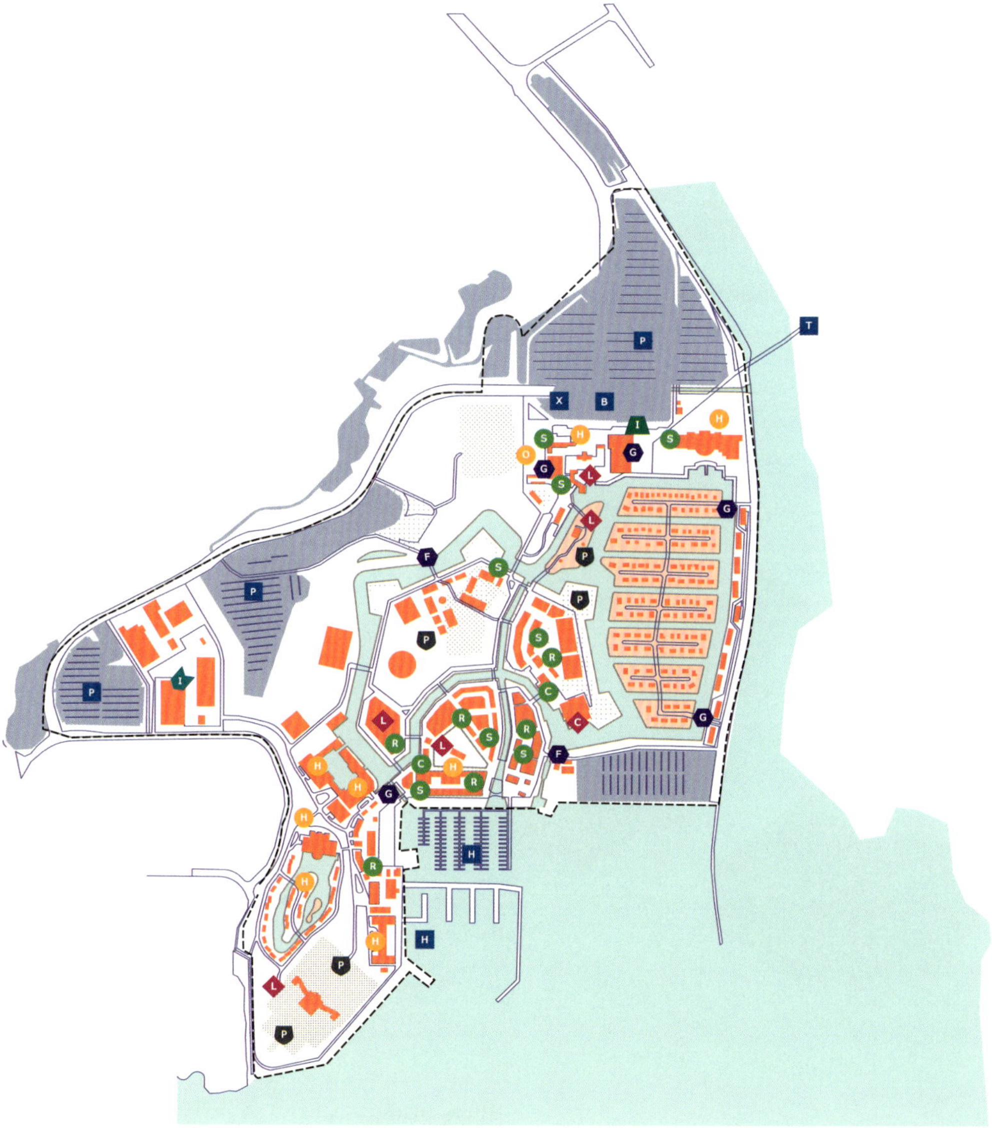

0 250米 400米

高度人工化绿地	休闲 / 旅游区	咖啡馆	大门	汽车站
中度人工化绿地	电影院	旅馆	围栏	出租车站
天然棕色地面	信息中心	办公楼	停车场	停车位
水体	商场	保护区	道路	港口
住宅区	餐厅	基础设施	火车站	

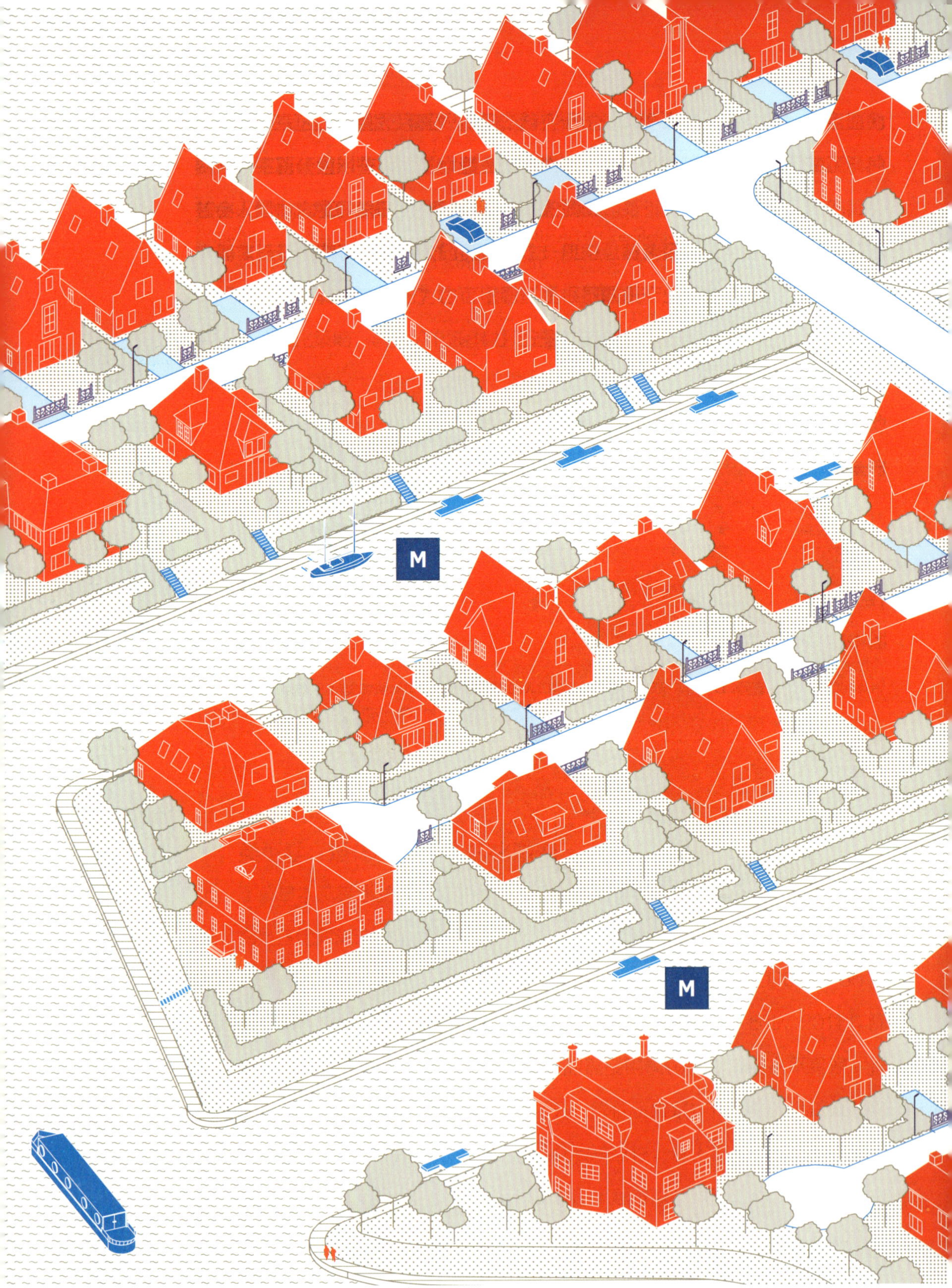

图B.3.56　日本豪斯登堡城市肌理（1）

高度人工化绿地　水体　植被　停车楼　M 停泊处 / 码头
中度人工化绿地　住宅区　安全防护　停车场

图B.3.57　日本豪斯登堡城市肌理（2）

未开垦荒地
高度人工化绿地
中度人工化绿地
水体
公共娱乐区
L 休闲旅游区

公共市民中心
I 信息中心
P 先前的邮局
零售店
S 商场
C 咖啡馆

G 画廊
H 旅馆
O 办公楼
植被
安全防护
G 大门

F 围栏
停车楼
停车场
B 汽车站
X 出租车站
G 车库

P 停车位
D 自行车或推车租赁

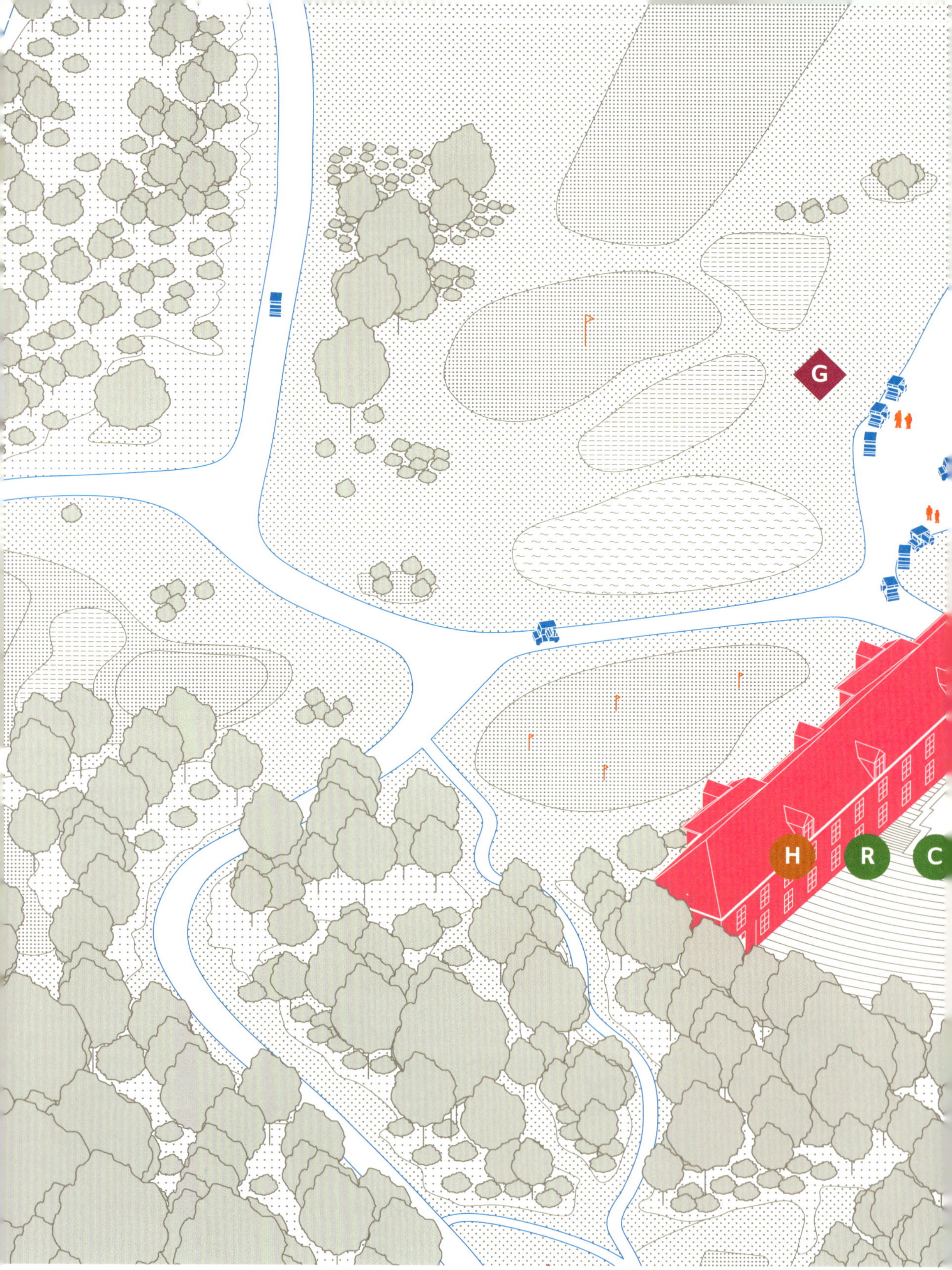

图B.3.58　日本豪斯登堡城市肌理(3)

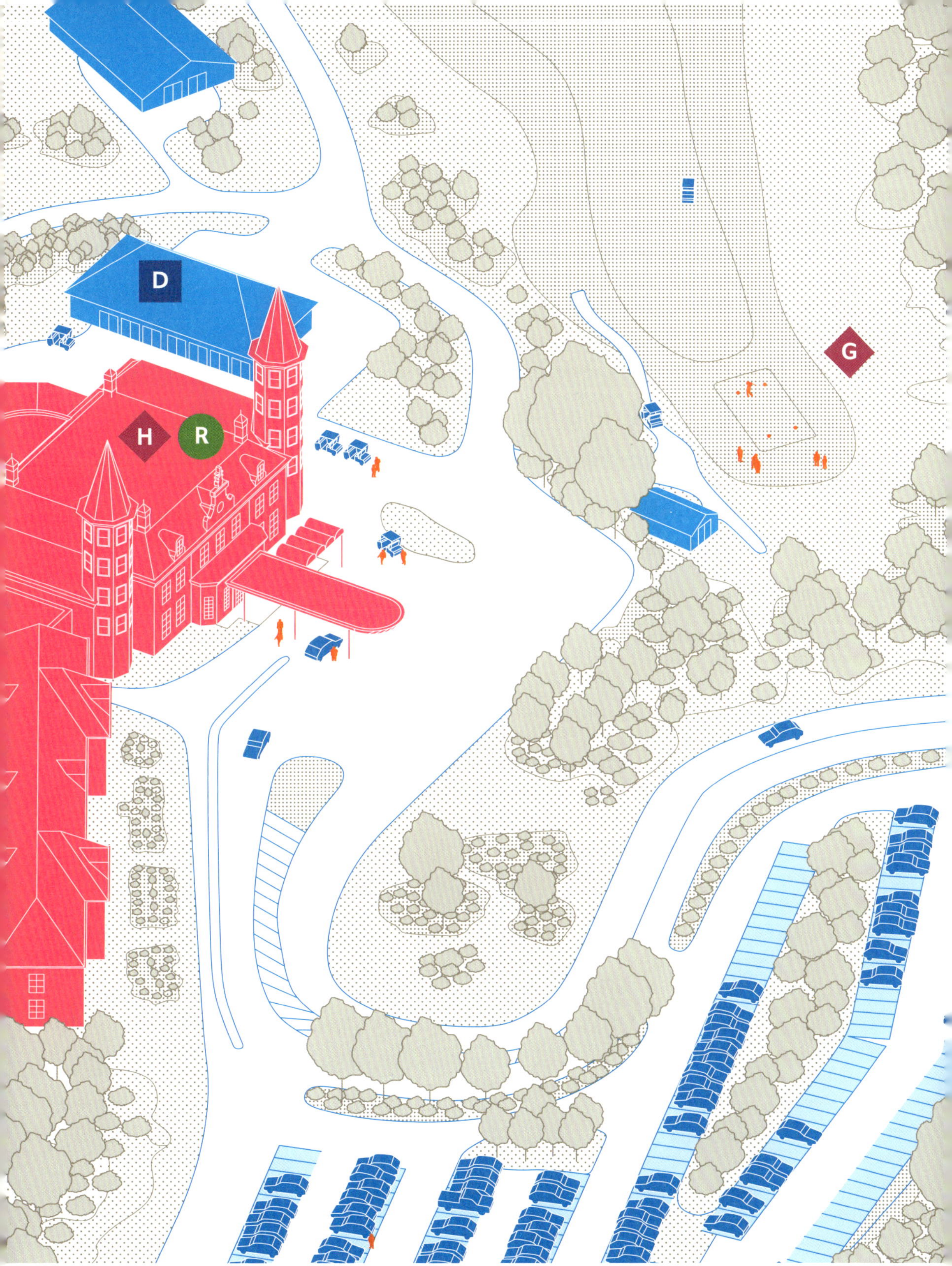

高度人工化绿地
中度人工化绿地
低度人工化绿地
硬质铺地
水体
公共娱乐区
G 高尔夫球场
H 高尔夫俱乐部
R 餐厅
C 咖啡馆
H 旅馆
植被
停车楼
停车场
P 停车位
D 高尔夫球车租赁

典型的日式单户住宅（三泽家）

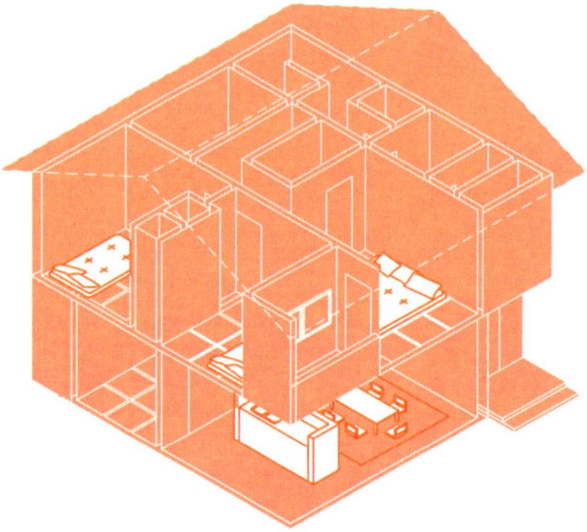

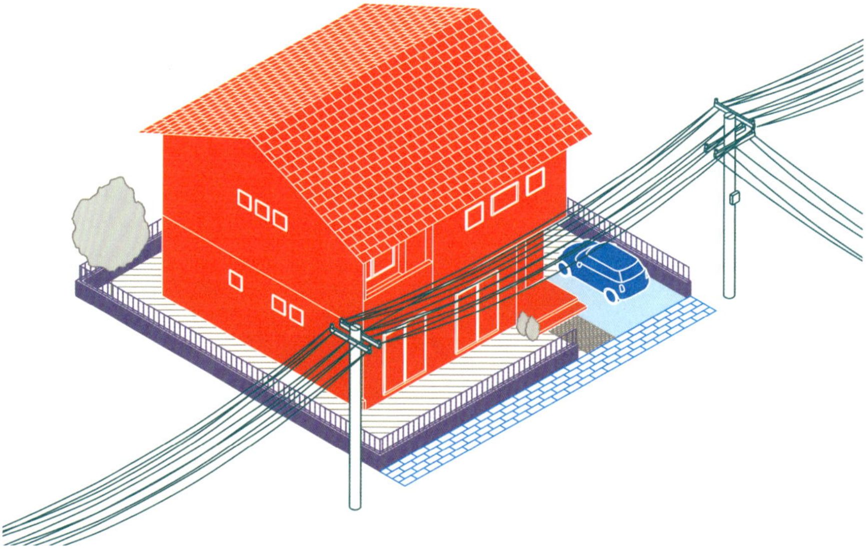

图B.3.59 典型的日式与瓦森纳独户住宅的住房单元比较

对许多居民来说，在瓦森纳居住代表着对一种特殊的建筑方式和生活方式的偏好，因为它与典型的日本居住条件背道而驰。根据居民的说法，与典型的日本独栋住宅相比，瓦森纳住宅的不同之处包括壁炉位于建筑的中央、主卧室没有榻榻米、使用欧式家具、用陡峭的瓦片覆盖的屋顶以及砖的大规模使用。同样，瓦森纳住宅的场地和景观在居民看来也是不同的，因为它有一个大花园，毗邻水源，与自然的关系更为密切，还有常被提到的区别是采用地下布线。

典型的豪斯登堡瓦森纳的房屋

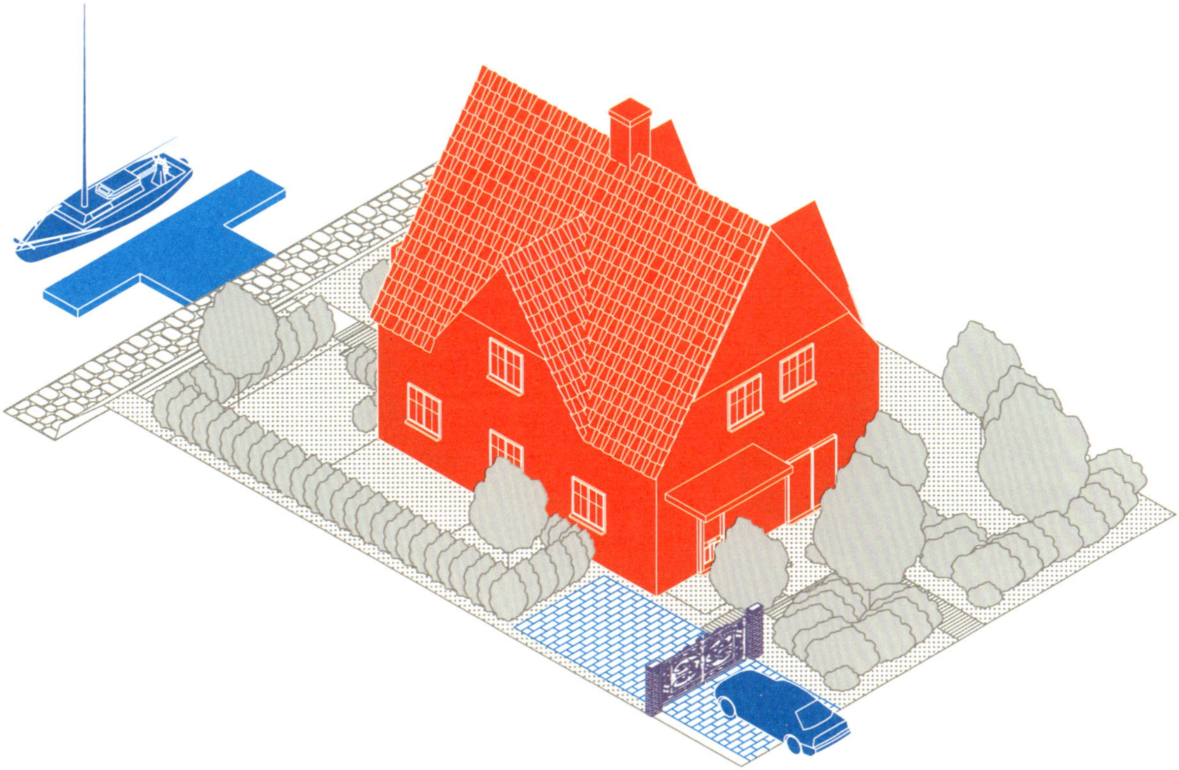

主教塔，荷兰

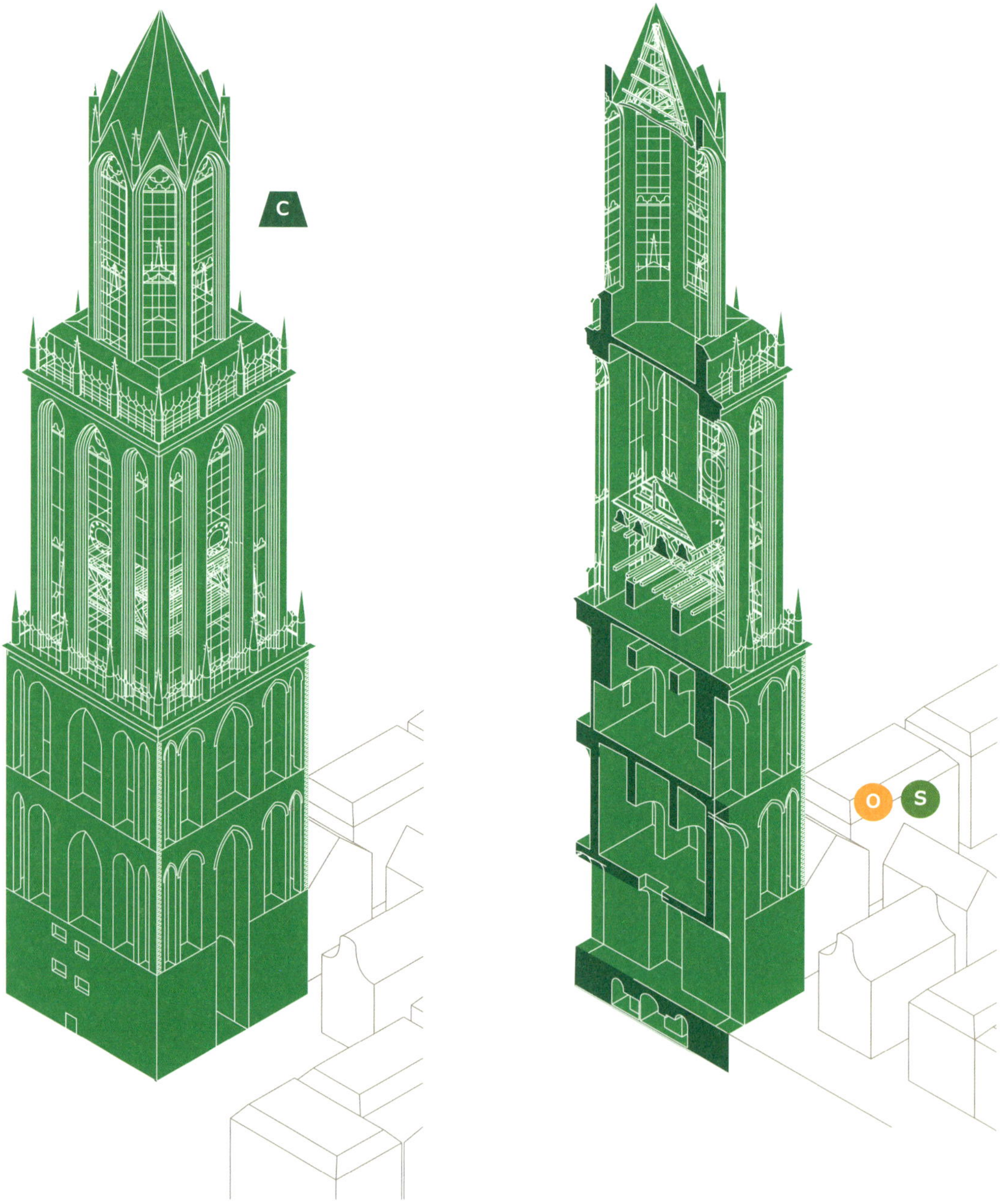

图B.3.60 大教堂钟楼“更新设计”

根据“更新设计”的逻辑，对日本复制的原荷兰建筑的功能进行适应性改造是很有必要的。按照设计者日本设计株式会社的说法，在荷兰，“不允许改变（历史）建筑的外观。相反，可以通过改造建筑内部，使其具有全新的功能，在保持建筑外观不变的前提下，最大限度地利用城市资源。许多建筑都经历了这种形式的改造，例如，一座教堂可能被重新改造成居住综合体或博物馆。乌得勒支的大教堂钟楼，在豪斯登堡则作为观景台来使用。该建筑被赋予新的内饰和功能，而外观则保持原样”。另一项必要的更改是由于日本的空中交通管制，建筑高度降低了10米。

豪斯登堡教堂主教塔，日本

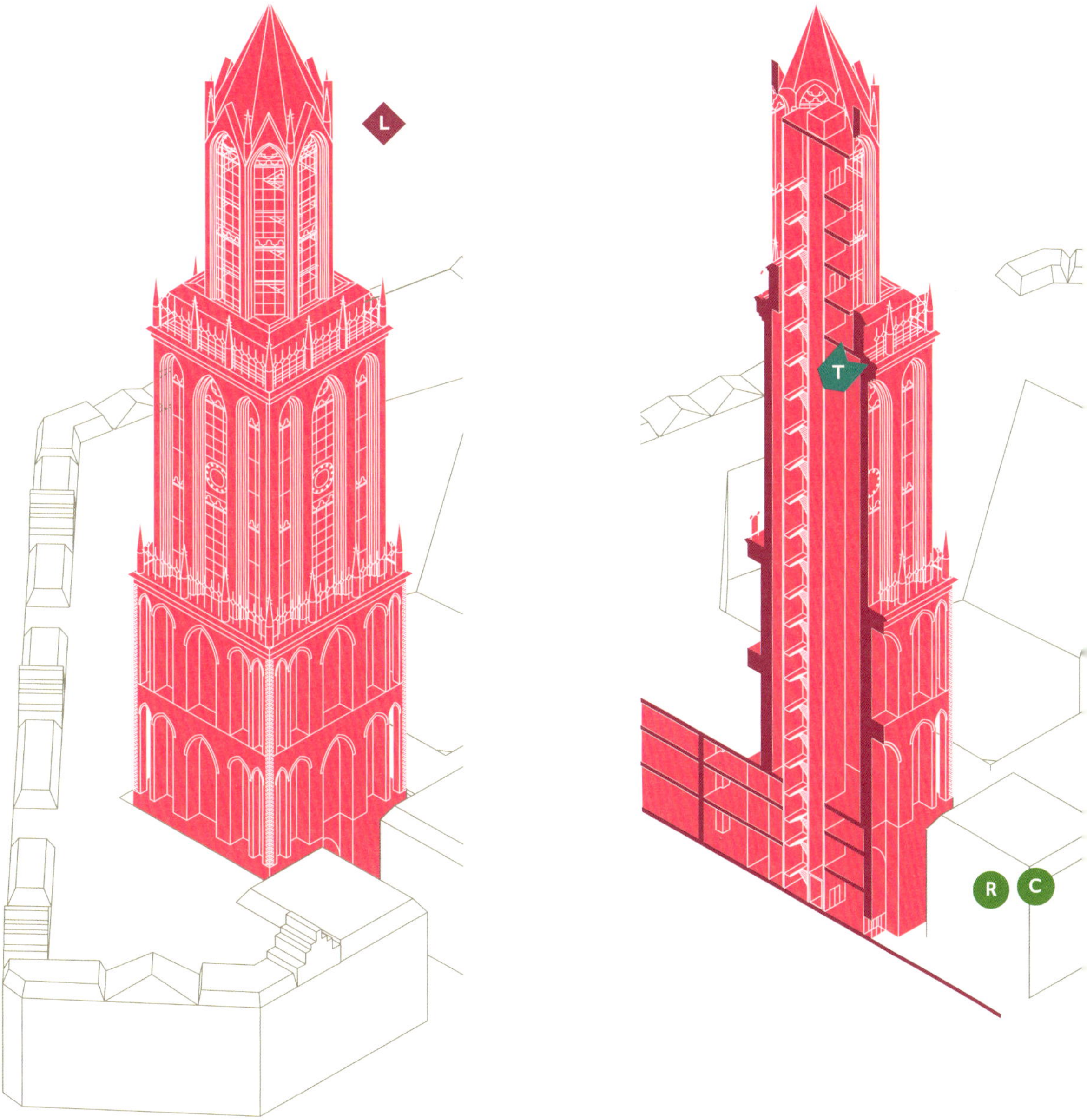

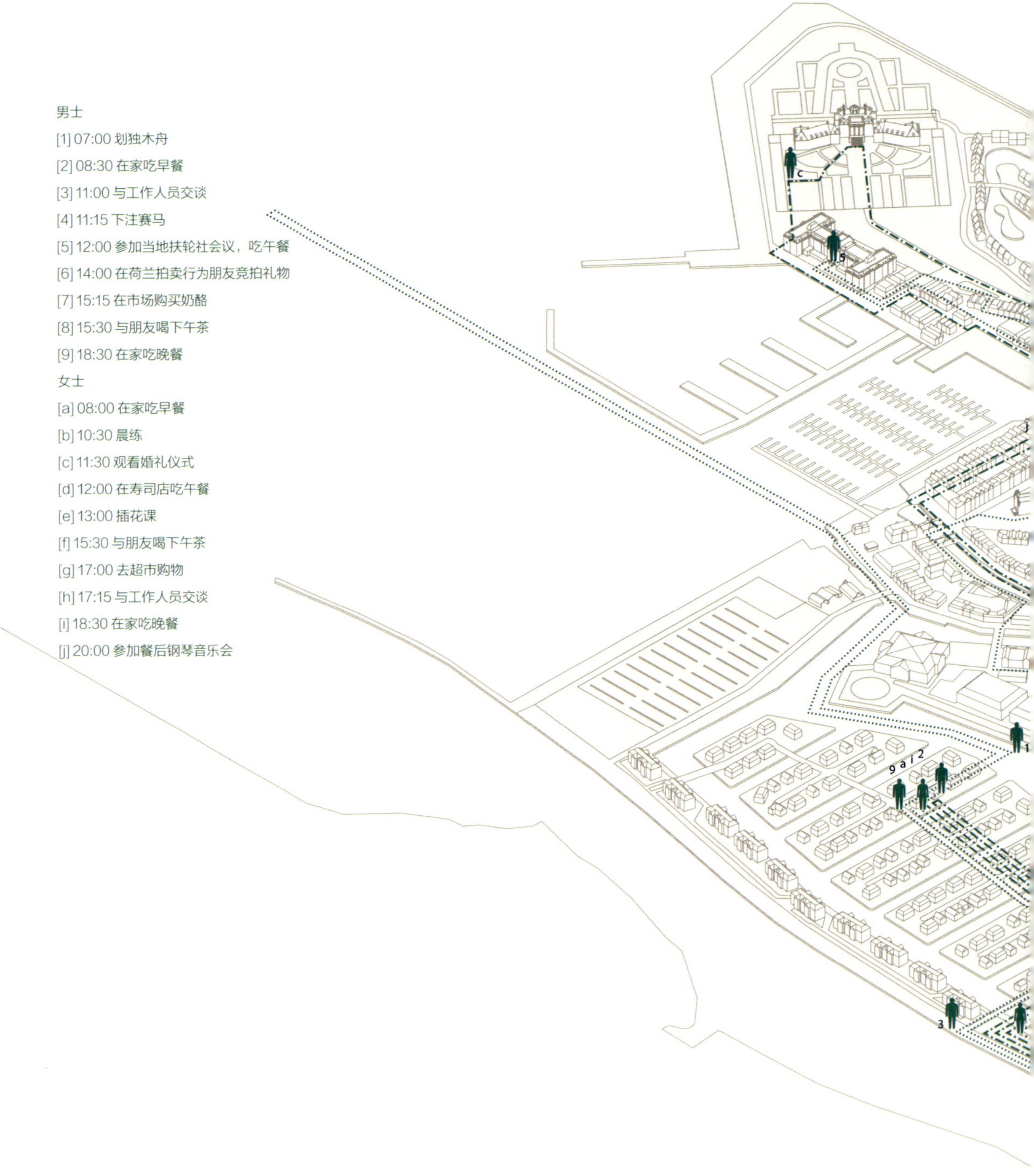

图B.3.61　城市化社区的日常及居住区的日常使用

将退休生活作为一种永久性的空间迁移形式，在其构建的过程中，居民处于一种“类荷兰式”和“近日本式”之间的复杂且模糊的空间环境中。这就造成了一系列生活方式的改变——居民不再睡在榻榻米上，而是住在有壁炉的砖造的房子里，这里配有西式的家具。白天，许多居民在市场上购买奶酪，坐在咖啡馆里看着来来往往的游客消磨时间，乘坐小船游览运河，参加法贝热彩蛋制作或郁金香压制课程。这并不仅仅是一趟临时迁往另一个时间或地点的主题旅行，而是一种别样的经历。身在其中的居民深刻地意识到他们已沉浸到一种具象环境景观中，在这一永久居住的退休社区中，这样主题鲜明的环境，是一种积极重塑主体性和集体关系的人为的表演环境。

d
e
4
8
f
g
b
男士
女士

01

02

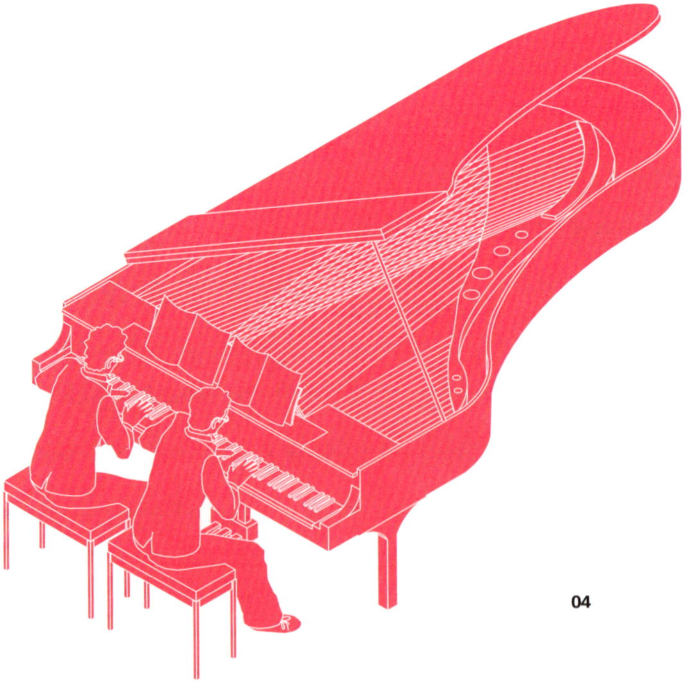

04

图B.3.62　豪斯登堡标志物

01. 在一对夫妇的瓦森纳住宅起居室里，古典竖琴样式的展示架占据了中心位置。展示架上摆放着他们在豪斯登堡学院居民和游客的日常活动中心举办的课程上制作的法贝热彩蛋。

02. 郁金香（Tulie），豪斯登堡可爱的吉祥物——荷兰郁金香的化身。

03. 漫画组合草帽海贼团（Straw Hat Pirates）的原尺寸船只“千里阳光号”（Thousand Sunny），该船从豪斯登堡起航。

03

05

04. 豪斯登堡始终致力于打造荷兰特色，对“欧洲特色”进行更广泛的文化诠释。来自匈牙利的双胞胎姐妹，每晚在豪斯登堡的大咖啡厅里举行两场钢琴二重奏音乐会。

05. 一艘由美国瓦森纳居民手工制作的独木舟。该独木舟定期出现在瓦森纳运河上，舟上还能看到主人的金色拉布拉多猎犬。

注释

1 Joy Hendry, *The Orient Strikes Back: A Global View of Cultural Display*, Oxford, 2000, p. 43.

2 参见 Miodrag Mitrasinovic, *Total Landscape, Theme Parks, Public Space*, Hampshire, 2006。米特拉斯诺维科的著作是迄今为止对该主题讨论最为全面的著作，其论述着眼于作为城市装置的主题公园的物质及文化生产。其中有一章专门论述了豪斯登堡，主要侧重于“主题公园”及环境的“主题化”问题，但并未详细论述作为主要居民的退休人员问题。

3 从长崎市中心乘坐公共汽车可以在 65 分钟内到达豪斯登堡，乘船则需要 90 分钟。从东京到长崎乘火车需要六个半小时，乘飞机则需要 105 分钟。

4 David D' Heilly, “Letter from Huis Ten Bosch,” Any, no. 4 (January/February 1994), p. 56。摩纳哥的陆地面积为 195 公顷。

5 参与公司包括三菱重工业、三菱商事、松下和富士通电子工业、日本广播协会（NHK）、日本旅游局、三井地产集团、日产汽车、麒麟和三得利饮料，以及雪印乳业。

6 Marc Treib, “Theme Park, Themed Living: The Case of Huis Ten Bosch (Japan),” in *Theme Park Landscapes: Antecedents and Variations*, ed. Terence Young and Robert Riley, Washington, DC, 2002, p. 225.

7 Takekuni Ikeda, “The Spirit of the Huis Ten Bosch Project,” in *Huis Ten Bosch: Design Concept and its Development*, Tokyo, 1994, p. 8.

8 Shigeyoshi Saito, “Profile of the Huis Ten Bosch Project,” in *Huis Ten Bosch: Design Concept and its Development*, p. 37.

9 Mitrasinovic, *Total Landscape*, p. 188.

10 作者采访豪斯登堡的创始人神近义邦，2008 年 6 月 18 日，日本豪斯登堡。

11 *Statistical Handbook of Japan 2006*, Statistics Bureau, Director-General for Policy Planning and Statistical Research and Training Institute, Ministry of Internal Affairs and Communications, http://www.stat.go.jp/english/data/handbook（访问于 2006 年 10 月 11 日）。

12 Sarah Chaplin, “Authenticity and Otherness: The New Japanese Theme Park,” *Architectural Design* 68, no. 1/2 (January/ February 1998), p. 77.

13 Judith Rubin, *TEA/AECOM 2013 Theme Index & Museum Index: The Global Attractions Attendance Report*, Burbank, CA, 2014, p. 12.

14 中国也与日本达成协议，被允许在出岛附近进行贸易。详见 *Encyclopaedia Britannica Online*, s.v. “Deshima,” http://www.britannica.com/ EBchecked/topic/159129/Deshima （访问于 2008 年 4 月 5 日）。

15 Ikeda, “Spirit of the Huis Ten Bosch Project,” p. 8.

16 Saito, “Profile of the Huis Ten Bosch Project,” p. 38.

17 同上。

18 同上。

19 Nihon Sekkei, *Huis Ten Bosch: Design Concept and its Development*, Tokyo, 1994, p. 170.

20 Saito, “Profile of the Huis Ten Bosch Project,” p. 38.

21 同上。

22 同上，p. 39。

23 Mitrasinovic, *Total Landscape*, p. 38.

24 同上。这些剧院包括 Entrance Theatre、Kinderdijk Theatre、Maurats Square Theatre、Nassau Square Theatre、Alexander Square Theatre、World Bazaar Theatre、Utrecht Theatre 和 Palace

Theatre。

25 同上，p. 229。

26 同上，p. 231。由于豪斯登堡开业后访客数量下降，相应的收入下降导致活动编排数量和频率逐步减少。到 2008 年，破产五年后，涉及荷兰演员的大部分节目，包括皇家马术游行、荷兰乐队以及荷兰农学和农业学生的节目都已停止。

27 Ikeda, "Spirit of the Huis Ten Bosch Project," p. 10.

28 同上，p. 9。

29 关于江户时代生态主题的出色反思，参见 Thomas Daniell, "Back to the Future: The Edo Biosphere," in "After Zero," Volume 18 (December 2008), pp. 76–79。

30 Ikeda, "Spirit of the Huis Ten Bosch Project," p. 10.

31 Saito, "Profile of the Huis Ten Bosch Project," p. 39.

32 "Ecology," Huis Ten Bosch, http://english.huistenbosch.co.jp/about/ecology/index.html（访问于 2007 年 10 月 18 日）。

33 关于"舞台化的真实性"，参见 Dean MacCannell, *The Tourist: A New Theory of the Leisure Class*, New York, 1976, pp. 91–108。

34 2008 年 6 月 18 日，对神近的采访。

35 Saito, "Profile of the Huis Ten Bosch Project," p. 37。随着项目开发的推进，这一构想经历了小幅修改。出于对隐私和过度拥挤的担忧，永久住宅并未被安置在主题公园的限制进入区内，而是被放置在整个综合体的相邻区域。

36 2008 年 6 月 14 日，作者对瓦森纳经理 Tadaharu Takemoto 的采访。

37 2008 年 6 月 18 日，对神近的采访。

38 2008 年 6 月 14 日，作者对豪斯登堡负责人 Toshiro Sakai 的采访。经济崩溃后，瓦森纳房屋的需求下降，平均价格从 1992 年的 1 亿 4 千万到 1 亿 6 千万日元下降到 2008 年的 3 千万到 5 千万日元。1997 年和 2002 年进行了两次主要降价，最后的公寓于 2004 年售出。

39 由作者和川岸升在瓦森纳对居民进行的问卷调查，2008 年 6 月。问卷涵盖了居民的基本特征，包括年龄、婚姻和工作状况、家乡、每年居住时长、收入等。在瓦森纳的 130 所房屋中，回收了 17 份问卷。回答者的平均年龄为 56 岁。另见 Mitrasinovic, *Total Landscape*, p. 233。记录了约 400 名 60 岁以上居民中的大多数情况。

40 其他公寓区域包括在 1992 年豪斯登堡开业几年后建立的更现代化的豪斯登堡山（Huis Ten Bosch Hills）。豪斯登堡山与主题公园和瓦森纳区相隔较远，位于主题公园的西北方山丘上。该区域包括 333 套公寓，其中许多由豪斯登堡的员工拥有或租用。从城市规划、风格和人口结构上看，它不被视为豪斯登堡项目的核心部分，实际上被许多豪斯登堡的人视为眼中钉。另有 130 套"森林别墅"（Forest Villa）公寓位于豪斯登堡的收费区域内，介于乌得勒支剧院和宫殿剧院（Utrecht and Palace Theatres）之间。这些公寓由围绕一个小型人工湖建造的联排别墅组成，主要由公司拥有，公司员工在度假时会临时居住。出自 2008 年 6 月 14 日，对 Takemoto 采访。另见 Mitrasinovic, *Total Landscape*, p. 233。

41 邮局和银行于 2001 年关闭，这一决定基于各机构的合理化理由。许多受访居民表示，他们为了购买大批食品而离开豪斯登堡，前往附近的佐世保。

42 这些信息基于对瓦森纳居民的采访以及 2008 年 6 月和 2014 年 4 月对豪斯登堡活动项目参与者的采访。

43 Saito, "Profile of the Huis Ten Bosch Project," p. 37.

44 根据日本设计株式会社的建筑师田代元和的说法，未来版本的豪斯登堡作为一个拥有 3 万名居民的城市的计划被称为"居住计划"（abode plan）。这一未发表的计划涉及沿大村运河扩展城市区域。

45 Mitrasinovic, *Total Landscape*, p. 38.

46 同上。另见 2008 年 6 月 12 日，对 Takemoto 的采访；2008 年 6 月 18 日，对神近的采访。

47 Mitrasinovic, *Total Landscape*, p. 18.

48 同上，p.62。

49 同上。

50 同上。

51 “prizm ne Segment Snapshots,” Tetrad, Claritas, http://www.tetrad.com/pub/prices/prizmne_Clusters.pdf（访问于 2010 年 4 月 2 日）。另一个例子是档案编号 28，标题为“传统时光”（Traditional Times）：“传统时光是一种生活方式，小镇夫妇接近退休年龄，开始享受他们的空巢生活。通常在五十多岁到六十多岁，这些上层中产阶级的美国人追求一种格兰诺拉麦片和玉米粥的生活方式。他们的咖啡桌上摆放着《乡村生活》(*Country Living*)、《乡村之家》(*Country Home*)、《美食家》(*Gourmet*)和《福布斯》（*Forbes*）等各种杂志。但他们是大旅行者，尤其是在休闲车辆和露营车中。”

52 Mitrasinovic, *Total Landscape*, p. 55.

53 John M. Findlay, *Magic Lands: Western Cityscapes and American Culture After 1940*, Berkeley, 1992, p. 69.

54 Mitrasinovic, *Total Landscape*, p. 55.

55 同上 , p.62。

56 参见 Rem Koolhaas, *Delirious New York: A Retroactive Manifesto for Manhattan*, New York, 1978。

57 United Nations, DESA: Population Division, *World Population Ageing 2013*, New York, 2013, p. 94; “Life Expectancy Data by Country,” World Health Organization, http://apps.who.int/gho/data/node.main.688?lang=en（访问于 2014 年 5 月 25 日）。

58 这并不是说专为儿童服务的公园消失了，而是说人口趋势导致服务相对向年长的休闲消费者转移。

59 另一个值得简要提及的例子是前民主德国边境小镇普伦登（Prenden），该地将作为展现旧民主德国生活方式的主题公园运营。见 Mitrasinovic, *Total Landscape*, p. 183。“日常物品如汽车、衣物或食品将仅限于之前民主德国政权下使用的那些。此外，除了传统的游乐设施、游泳池和动物园，还将设有民主德国社会和政治历史博物馆，以及许多其他体现民主德国生活的日常事物。”

60 Andrea Stulman Dennett, “The Dime Museum Freak Show Reconfigured as Talk Show,” in *Freakery: Cultural Spectacles of the Extraordinary Body*, ed. Rosemarie Garland Thomson, NewYork, 1996, p. 319; Koolhaas, Delirious New York, p. 76.

61 Koolhaas, *Delirious New York*, p. 49.

62 Mitrasinovic, *Total Landscape*, p. 184.

63 Walt Disney，引自 Holt McPherson, “Vacation Kingdom Of The World Will Be In Florida,” *The Dispatch*, December 5, 1970。

64 Steve Mannheim, *Walt Disney and the Quest for Community*, Farnham, Surrey, 2003.

65 Walt Disney，引自 Leonard Mosley, *Disney's World: A Biography*, Chelsea, MI, 1989, p. 287。

66 详见 Marcus Rebick and Ayumi Takenaka, eds., *The Changing Japanese Family*, London, 2006, p. 3。“社会急剧转型，人口老龄化、生育率急剧下降和家庭定义多元化，成为许多工业化国家的普遍现象。类似的问题在意大利尤为明显，其许多特点都颇具与日本相比较的价值。”

67 “Annual Report on the Aging Society, 2013,” Cabinet Office, Government of Japan, http://www8.cao.go.jp/kourei/english/annualreport/2013/pdf/1-2-1.pdf（访问于 2014 年 5 月 26 日）。

68 Rebick and Takenaka, The Changing Japanese Family, p. 13.

69 详见 Ulrich Beck, *Risk Society: Towards a New Modernity*, trans. Mark Ritter, London, 1992; 以及 Andreas Huber and Karen O' Reilly, “The Construction of Heimat under Conditions of Individualized Modernity: Swiss and British Elderly Migrants in Spain,” *Ageing and Society* 24 (2004), pp. 327–351。如前几章所述，个性化指的是近几十年来以发达国家为主所发生的社会转型，在这种社会转型中，占主导地位的传统社会等级制度和结构，如多代同堂的家庭，与各世代的个人选择相比日渐式微。

70 Kenneth Roberts, “Great Britain: Socioeconomic Polarisation and the Implications for

Leisure," in *Leisure and Life-Style: A Comparative Analysis of Free Time*, ed. Anna Olszewska and Kenneth Roberts, London, 1989, p. 55.

71 参见 Florian Coulmas, "Nasses Herbstlaub. Die Langeweile der Japanischen Manner," *Neue Zürcher Zeitung*, February 23, 2005。

72 在与日本人就该地区的讨论中，这点被反复提及。

73 Miodrag Mitrasinovic, "Huis Ten Bosch: Hollande miniature pour retraités japonais," *L'Architecture d'Aujourd'hui*, no. 341 (July/August 2002), p. 72.

74 同上。

75 同上 , p. 73。

76 D' Heilly, "Letter from Huis Ten Bosch," p. 56.

77 David Darling, *Teleportation: The Impossible Leap*, New York,2005, p. 7.

78 "Teleportation," AllExperts.com, http://en.allexperts.com/e/t/te/teleportation.htm（访问于 2010 年 4 月 3 日）。

79 Treib, "Theme Park, Themed Living," p. 227.

80 Mary Yoko Brannen, "Bwana Mickey: Constructing Cultural Consumption at Tokyo Disneyland," in *Remade in Japan*, ed. Joseph J. Tobin, New Haven, 1992, p. 219; 引自 Chaplin, "Authenticity and Otherness," p. 77。另见 Mitsuhiro Yoshimoto, "Images of Empire: Tokyo Disneyland and Japanese Cultural Imperialism," in *Disney Discourse: Producing the Magic Kingdom*, ed. Eric Smoodin, New York, 1994, pp. 181–202.

81 John Urry, *The Tourist Gaze*, London, 1990, pp. 2–3.

82 参见 Hugh Bartling, "Tourism as Everyday Life: An Inquiry into The Villages, Florida," *Tourism Geographies* 8, no. 4 （November 2006）, p. 380。巴特林以"佛罗里达州退休村"这个主题退休社区为背景，提出了有关全职退休旅行的运作问题。

83 Treib, "Theme Park, Themed Living," pp. 229–230.

84 Mitrasinovic, *Total Landscape*, p. 78.

85 这种第三种生活方式直接涉及全球化的现状及其影响。例如，这使人联想到"第三文化儿童"的现象，这一术语用来描述"一些人的孩提时代在一种或多种非自身的文化环境中度过了相当长的一段时间，从而将这些文化与自己生来所接触的文化元素融合为第三种文化"。详见"According to My Passport, I'm Coming Home," US State Department, http://www.state.gov/documents/organization/2065.pdf（访问于 2006 年 10 月 11 日）。

86 Michel Foucault, "Of Other Spaces: Utopias and Heterotopias," *Diacritics* 16 (Spring 1986), p. 22–27.

87 参见 David Grahame Shane, *Recombinant Urbanism: Conceptual Modeling in Architecture, Urban Design, and City Theory*, Chichester, 2005。该文章论证了在福柯的著作中异托邦的种类并非两种，而是三种。

88 Foucault, "Of Other Spaces," p. 22–27.

89 同上。

90 同上。

91 同上。

92 Rem Koolhaas, "The Generic City," in Rem Koolhaas and Bruce Mau, *S,M,L,XL: O.M.A.*, New York, 1995, p. 1248.

93 这种"拟仿空间"的历史由来已久，为人所熟知的例子包括 20 世纪初从意大利北部的威尼斯至科尼岛间的远程空间，以及 20 世纪末美国拉斯维加斯和日本的远程空间。就复制的精确度而言，日本的文化主题公园称得上登峰造极，而豪斯登堡又是这其中最具综合性的代表。

94 Staffan Appelgren, *Huis Ten Bosch: Mimesis and Simulation in a Japanese Dutch Town*,

Göteborg, 2007, pp. 24–25.

95 Umberto Eco, *Faith in Fakes: Travels in Hyperreality*, trans. William Weaver, London, 1986, p. 46.

96 D' Heilly, "Letter from Huis Ten Bosch," p. 56.

97 想要维持如许多日本文化主题公园评论家所说的"让异国情调本土化，同时又保持异国情调的异域化"，需要高度敏锐的平衡处理。详见：Brannen, "Bwana Mickey," p. 219。

98 D' Heilly, "Letter from Huis Ten Bosch," p. 56。对德海利而言，这些并非是影响真实性的缺陷，因为这些元素"无论如何都不会出现在旅游手册当中"。

99 Jean Baudrillard, Simulacra and Simulations (1981), trans. Paul Foss et al., in *Selected Writings*, ed. Mark Poster, Stanford, 2002, p. 170.

100 这又回到了德海利将豪斯登堡比作旅游手册的讨论。参见 D' Heilly, "Letter from Huis Ten Bosch," p.56。

101 Baudrillard, *Simulacra and Simulations*, p.176.

102 Chaplin, "Authenticity and Otherness," p.77.

103 D' Heilly, "Letter from Huis Ten Bosch," p.56.

104 部分原因可能是瓦森纳早期只是一个部分入住的社区。

105 对于歌手迈克尔·杰克逊来说，豪斯登堡是他在世界上最喜欢的地方之一。他曾两次造访这里，每次都住在皇家宾馆，并带着几名保镖随行。他曾一度决定买下这座公园，但是据说他对购买这座公园的费用感到沮丧，而且他的财务顾问也劝阻他不要进行这样的交易。出自 2008 年 6 月 14 日，对 Takemoto 的采访。

106 在拥抱异国情调的过程中，豪斯登堡公开讨论了全球化、文化、空间和时间等复杂问题，人们可以将其视为 20 世纪科幻小说中主体性、集体性和空间等扩展概念的实现。主体性的例子包括罗伯特 · 西尔弗伯格（Robert Silverberg）1969 年在纽约出版的《上行》（*Up the Line*）中的 "时间游客"，或戴维 · 格罗尔德（David Gerrold）1973 年在纽约出版的《折叠自己的人》（*the Man Who Folded Self*）中的多重跨时空角色。

107 Isabelle Auricoste, "Leisure Parks in Europe: Entertainment and Escapism," in *The Architecture of Western Gardens*, ed. Monique Mosser and Georges Teyssot, Cambridge, MA, 1991, p. 483.

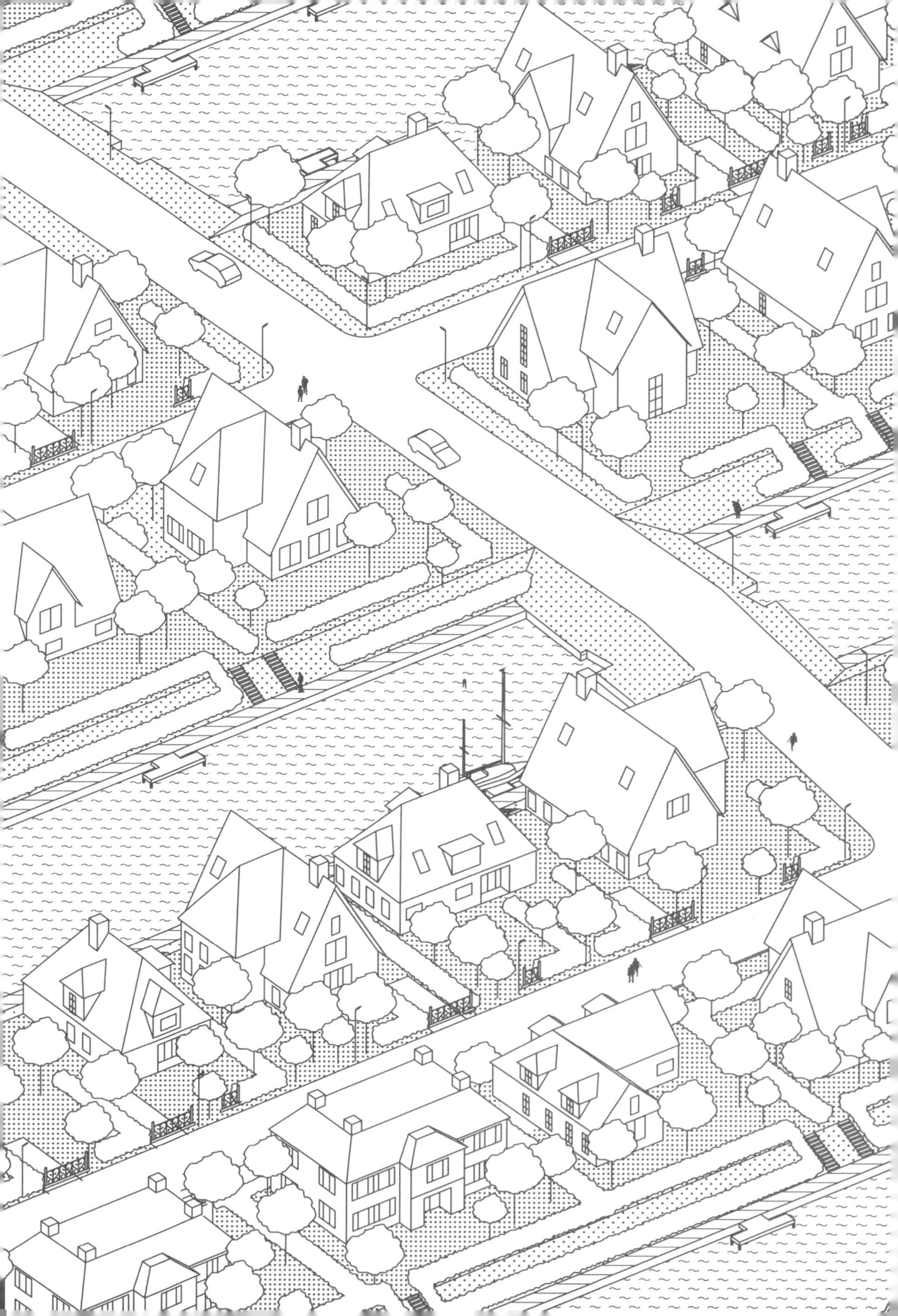

4. 美国老年房车社群：年轻老人旅居式网络化城市生活

独门独户的永久定居点这种概念已经过时。我们生活在一个流动的社会中，这使得人们更喜欢不断探索未知的所在，而非安居于某处。由常住居民来履行乡镇社区的内部职能，这种概念在将来是否还有意义，我们不得而知。

——巴克敏斯特·富勒（Buckminster Fuller）[1]

当年轻人疲于追求安稳时——在郊区买房，在工厂和办公室上班以及养育子女，一代老年人已经开始了旅居生活……无法统计具体有多少人，但保守估计有两三百万人住在汽车旅馆或拖车里，他们并非是短期出门游玩，而是四海为家。

——大卫·康茨与多萝西·康茨（David and Dorothy Counts）[2]

对这种"旅居"群体的官方统计数据很少，据估算，美国老年房车社群（the senior recreational vehicle community, SRVC）的人数在 200 万到 300 万之间，他们都属于年轻老人群体，放弃了固定居所和定居的生活方式，选择全年"旅居"[3]（图 B.4.1、图 B.4.2）。旅居社群虽并不是什么新鲜事物，但正如本章所述，这种规模、复杂程度和互联性是前所未见的。支持这些当代实践的重要基础设施的，一种是有形的网络，另一种是无形的网络。

中世纪阿拉伯社会历史学家伊本 · 赫勒敦（Ibn Khaldun）在《历史绪论》（*Muqaddimah*）中描述了两种截然不同的环境：一种是游牧部落的沙漠生活，另一种是城镇 / 农村的定居生活。所有的人类合作和社会组织都是在这一基础上发展起来的。在赫勒敦看来，"游牧"这种生活形式的本质就是对作为文明基础的建筑形式的否定。[4] 因此，无论是在成吉思汗时期之前还

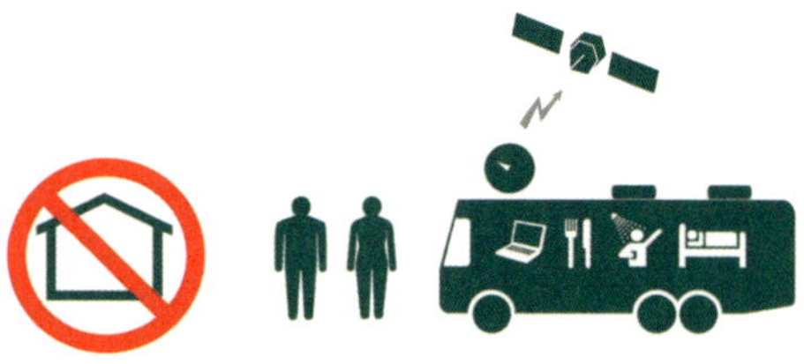

图B.4.1　当代游牧生活：老年房车社群

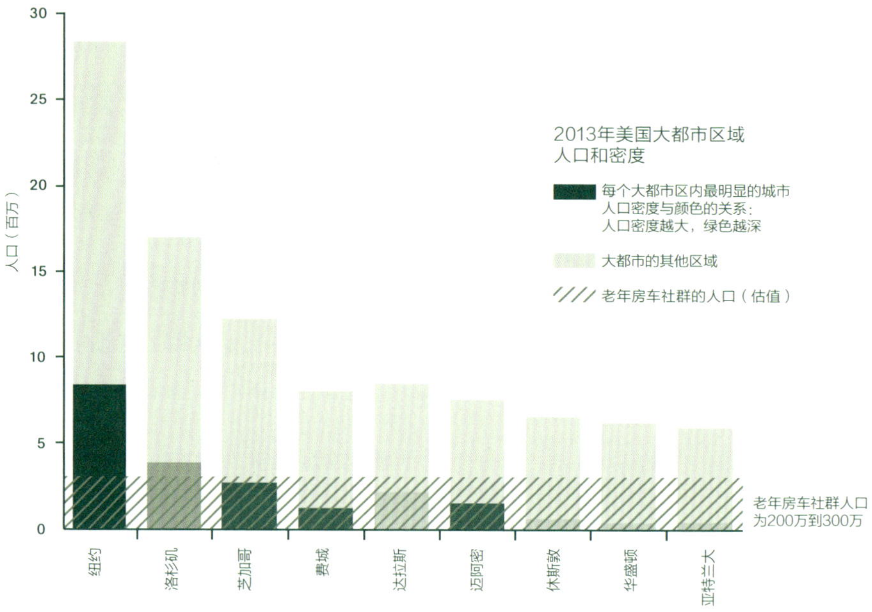

图B.4.2　有可能成为美国第三大城市的SRVC人口与美国城市和大都市区人口的关系，2013 年
资料来源：大卫·康茨，多萝西·康茨（ Counts and Counts），《翻越下座山》，1996 年；美国人口普查局，2013 年

是之后，都将游牧社会解读为反城市化社会。游牧民族代表着一个流动的“特殊群体”，运作于定居城市区域和相关国家机制的等级结构之外。在此背景下，老年房车社群的旅居生活启示了其可以跨越这种对立的情况，并对此提出质疑。

老年房车社群扩展了传统的纯游牧分类。首先，游牧在过去是一种生存活动，而老年房车社群将这种流动视为一种休闲活动；其次，从前游牧社会是在一种“无交流”的空间内活动，而老年房车社群具有过去游牧社会不可能实现的高度实时和不间断的联通性。由此一种网络化的城市形式应运而生，它超越了传统的分类，既有密集的社会联系，又有物理上的分散性。

房车

房车，在美国通常被称为 RV，是一种“集合旅行、休闲和露营功能的住行一体式车辆”[5]。房车有两种基本类型：拖挂式房车和自行式房车（图 B.4.3）。拖挂式房车由汽车、面包车或皮卡车等机动车辆牵引实现其功能。[6] 自行式房车，常被称为房车，是建在机动车辆底盘上或与之成为一体的休闲露营旅行车。

图B.4.3 房车类型。来源：RVIA房车工业协会

车上可以配备厨房、浴室和住宿设施，并配备储存和运输净水及污水的能力。[7] 大型A级房车最大的可达2.6米宽、13.7米长、4米高。“伸缩式侧墙”向外伸展后可作为房车两侧的扩展墙，其宽度可扩展至4.3米，形成一个楼面面积达45～50平方米的“车轮上的家”（图B.4.4）。[8] 全新的拖挂式房车的价格可从5000到16万美元不等，自行式房车的价格从4.3万到50万美元不等。[9] 与二手车一样，二手房车的价格通常要低得多。

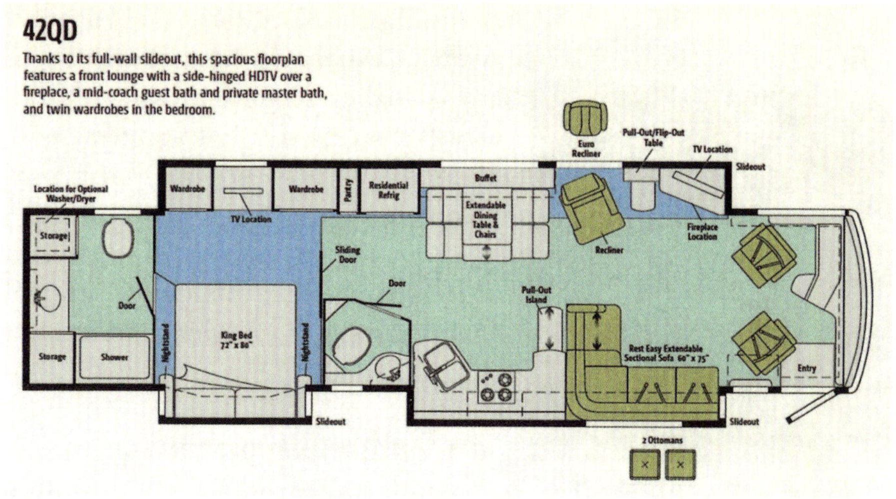

图B.4.4 温尼贝格旅行房车42QD平面图，2013年。资料来源：温尼贝格

在美国，最早的房车是早期车轮上的“房屋”，包括有篷马车和马拉旅行车，以及汽车露营车、帐篷车和布顶露营车等露营装备。早期的商用房车主要是拖挂式房车。20世纪20年代问世的寇迪斯飞行汽车（Curtis Aerocar）是美国

第一款商业化生产的拖车，预示了现代五轮拖车的诞生。[10] 1936 年，美国标志性的清风房车（Airstream）拖车首次发布，很快成为当时最受欢迎的车型之一。美国早期的自行式房车主要是由汽车和公共汽车定制改装而成的，从 20 世纪 50 年代中期开始投入商用。其中最早的是大众露营车，随后是雪佛兰和福特的厢式露营车，以及 1961 年的道奇房车。20 世纪 60 年代中期，温尼贝格工业公司（Winnebago Industries）生产了第一批大规模量产的房车。“温尼贝格”品牌成为当时风靡一时的词汇，并在 20 世纪七八十年代成为“房车”的代名词。[11] 1963 年，美国成立了房车工业协会（RVIA），旨在共同促进该行业的发展，是近几十年来美国房车拥有量大幅增长的原因之一。美国房车工业协会委托密歇根大学实施了一项关于房车的研究，其结果显示：2011 年美国道路上行驶的房车约有 890 万辆，“房车爱好者”约有 2300 万人。[12] 较高年龄层人群的房车拥有率尤其高，有报告显示，美国 55 岁以上的家庭中 9.3% 的拥有房车。这一比例相当于 460 万户家庭或约 730 万名老年人拥有房车。[13]

集体和主体性

加拿大人类学家大卫·康茨和多萝西·康茨根据“房车爱好者”在车内所花费的时间长短，将其分为三大类：“度假者”“候鸟”和“全职房车族”。[14]“度假者”拥有或租用一处固定住所，他们一年中大部分时间在家里度过，而仅花费数周时间开房车去度假。“夏候鸟”在夏季通常居住在固定的住所，冬季则乘房车南下。居住在亚利桑那州等美国南部各州的“冬候鸟”则恰恰相反，他们为了避开夏季的高温而向北旅行。“候鸟”主要是指退休人员，他们一年中有 4 到 8 个月的时间在房车里度过。“全职房车族”则放弃了固定住所，选择全年旅居的生活方式。事实证明，完全过渡到“全职房车生活”是一个充满挑战的经历。在这个过程中，人们需要出售固定住所，放弃房屋所有权；同时还要出售、赠送或存放原来的家具和家居用品。[15] 然而一旦完成了上述步骤，人们往往会有一种从消费品世界中获得自由和解放的感觉。[16] 20 世纪 90 年代中期，美国有 200 万至 300 万“全职房车族”，其中绝大多数是老年人和退休人员。[17] 根据大卫·康茨和多萝西·康茨的研究，全职房车群体由来自不同社会阶层的个人组成，他们主要被归类为中产阶级，其中许多人以前住在郊区。[18]本文的重点即全职房车旅居群体（此处特指老年房车社群）——退休后的年轻老人，他们旅行时乘坐的房车就是他们唯一的“家”。

从历史角度看，游牧分为三大类型：采集狩猎型、畜牧型和周游型。这三种游牧方式都是以游牧作为维持生计和生存的基础。采集狩猎型游牧者最为古老，他们跟随季节性的野生植物和动物迁徙。畜牧型游牧者饲养牲畜，通过季节性迁徙来避开不利的气候条件，防止单一地区的牧草枯竭。周游型游牧者常见于发达国家，他们四处漂泊，靠手艺谋生。[19]老年房车族的生活方式与上述三种游牧形式类似，因为他们主要按季节迁徙，并不居住在“固定”的住所。[20]但与上述三种游牧形式不同的是，老年房车族不依靠游牧行为维持生计或生存，而是在很大程度上将旅居作为一种以休闲为导向的生活方式主动参与。因此他们构成了第四类游牧形式：休闲型游牧。从这个角度来看，老年房车社群的休闲生活方式可以被理解为“乐龄老人”的代表性产物，也体现了一种正在进行的个性化进程。在这一进程中，传统的主导社会等级制度逐渐让位于个人选择和自由。[21]这一点与对老年房车族的调查结果一致，认为自由、独立和冒险的未知性是吸引他们选择这种生活方式的原因。[22]

老年房车社群定义了一系列集体行为，从相邻停车位非正式的房车礼仪，到房车俱乐部内更为正式的集体行为构成，房车俱乐部是该社区集体行为的主要舞台。与“村庄”的环境一样，社区内部成员之间有着非常友好的氛围。在正式和非正式的露营区，人们经常会自发地邀请房车邻居参加篝火晚会、歌咏会、聚餐、烘焙比赛和舞会等活动，这些活动通常都是在露营房车之间的半公共空间进行（图B.4.5）。其中最常见的活动之一是聚餐，这种社交形式与房车的主要局限性有关，即厨房只够为4~6人做饭，餐具也只够供小群体使用（图B.4.6）。这种安排涉及房车族的策略性做法，比如上第一道菜的时机很关键，以及每人携带的餐盘大小等。

图B.4.5　辣椒比赛，西南蓝鸟友人房车俱乐部，亚利桑那州水晶镇，2008年

图B.4.6　聚餐文化。图片来源：多个房车网站

社会史学家、人类学家和哲学家对游牧者空间活动的描述相对一致。[23] 游牧者是对空间的地域性占有，而非对其进行编码、分割或控制。游牧空间最典型的是沙漠，其特点是运动轨迹（路径或线路）的重要性高于目的地（节点或固定点）。[24] 对于游牧者来说，点与点之间的空间至关重要，点是次要的，因为到达一个点只是为了很快抛离它。[25] 康茨在对老年房车族的通病——“向往流浪 / 游牧情结”的描述中解释了这种对运动轨迹的重视：“在一个地方待上一两个星期后，他们就会感受到这种症状——不安和不满。一旦开始有这种症状，唯一的解决办法就是开车继续上路。但这种缓解只是暂时的。下次在某处停留一段时间后，他们就会旧病复发。”[26]

家庭生活：家居营造

通过补偿性的家居营造，老年房车族从建筑层面上展现了旅居式的家庭生活。在大多数情况下，采取这种生活方式必须极大地缩减个人物品的规模和数量。[27] 房车旅居者的居住空间面积与从前的固定房屋面积相差巨大，科奥兹将这种事实描述为“既是一种创伤，又是一种解放”。就房车而言，这种举家迁徙的过程似乎导致了过度的家居营造，旨在缓解甚至消除由持续的流离失所、“无家可归”和思乡之苦而带来的潜在情绪威胁——这种做法在车内外都有所体现。[28]

房车内部营造出一种熟悉而又强化的家居景象（图 B.4.7）。[29] 这往往也反映在房车周围临时的外部环境中，这种空间通常按照典型的郊区家居景观进行布置（图 B.4.8、图 B.4.9）。在沃尔玛停车场停放的房车加长遮阳棚下摆放的露天躺椅就是其最生动的体现。[30]

这些做法表明，尽管老年房车族放弃了自己的房子，但他们并没有放弃“家”的概念。相反，他们在房车内外都有意识地加强了家居生活的营造。

图B.4.7　房车内饰中的补偿性家居营造，温尼贝格旅游宣传册，2013 年。资料来源：温尼贝格

有形的城市基础设施：系统接入

第一种支持分散化和扩展式都市主义 “老年房车社区（SRVC）”的基础设施包括两个主要元素：首先是道路和高速公路系统（构成了一种流线或电路系统）；其次是为车辆提供的停车或露营地点（构成了一系列点或节点）。房车本身则作为移动元素在这个物理网络中流动（图 B.4.10）。

图B.4.8　房车外部景观的补偿性家居营造（1），亚利桑那州水晶镇，2008年

美国的城乡道路和高速公路系统是房车生活基础设施的重要组成部分。作为一种交通体系，它覆盖了州际高速公路系统的主干道以及各州和郡的二、三级道路网络。交通体系的规模和广度是美国房车生活方式增长的重要因素之一[31]。尽管房车在越野能力方面有一定限制，导致移动自由受限，但房车依然可以轻松进入多种未铺砌的越野路面，其中最著名的是美国西南部的沙漠，在那里房车几乎可以停在任何地方。

图B.4.9　房车外部景观的补偿性家居营造（2），亚利桑那州水晶镇，2008年

有形基础设施

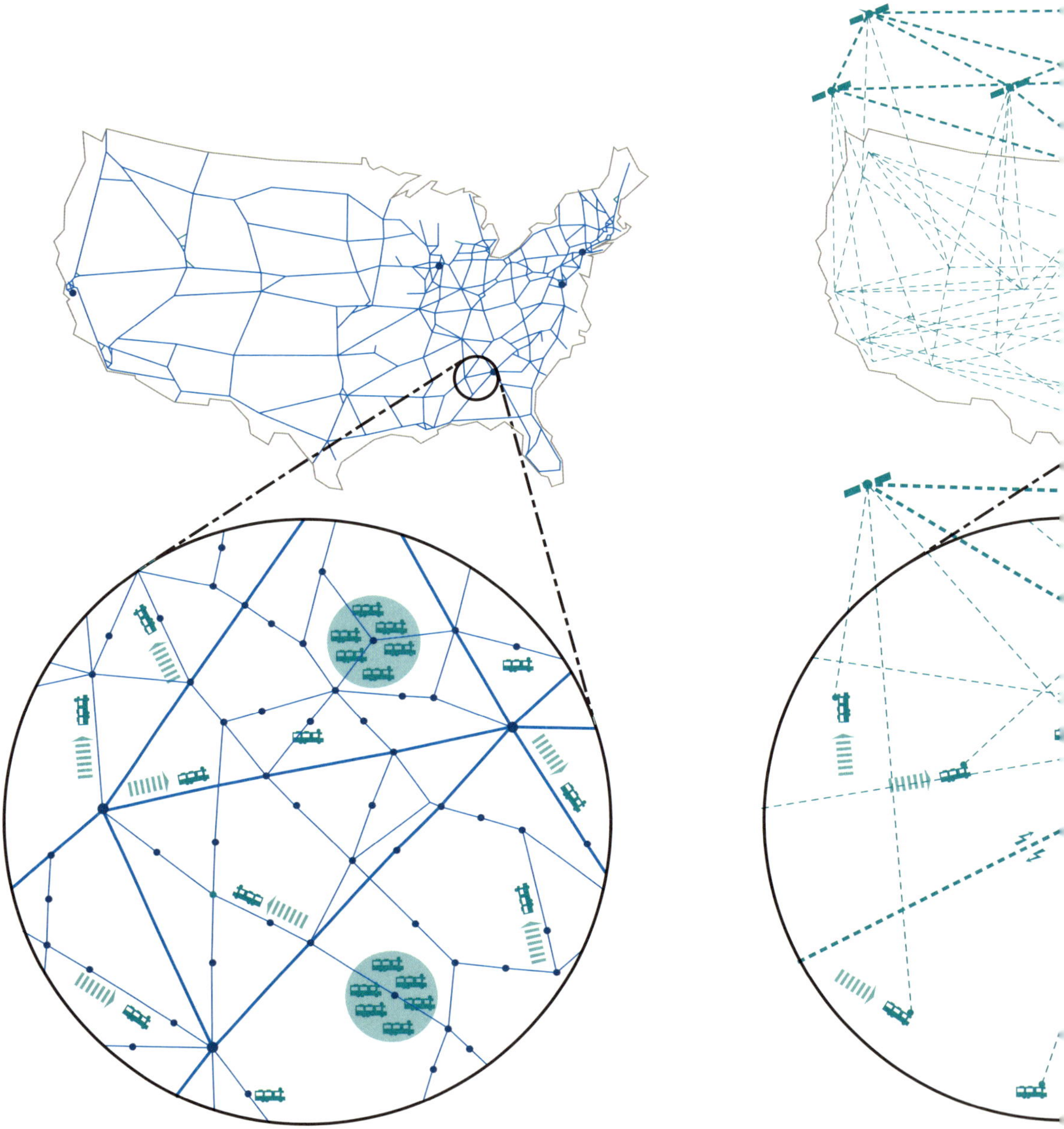

图B.4.10　有形与无形——房车的基础设施

有形基础设施：有形基础设施为老年房车社群的分散式移动城市生活提供了支持。它由普通公路和放射式道路系统与环路系统所组成的高速公路网以及系列点或系列节点的停车场或露营地组成。停车场或露营地包括提供电力和用水设施的正式露营地、位于沙漠或国家公园等人口较少地区的非正式露营地，以及沃尔玛停车场等城市区域的非正式停车场。

无形基础设施：便携式卫星互联网技术的发展，使得老年房车社群的通信和互联互通达到了一种前所未有的水平。它包括两个主要的元素：一个元素是移动房车的基础通信设备，即计算机和双向卫星互联网的天线和盒子，以每辆车为一个节点；另一个元素是一系列通信基础设施的电路和线路，特别是房车俱乐部网站和支持它们的互联网。

有形和无形基础设施（组合）：两种基础设施的叠加产生了一个移动的、与社会相联系的城市领域，其有形基础设施的分布与密集联系的社会关系具有相似性。

有形和无形基础设施（组合）

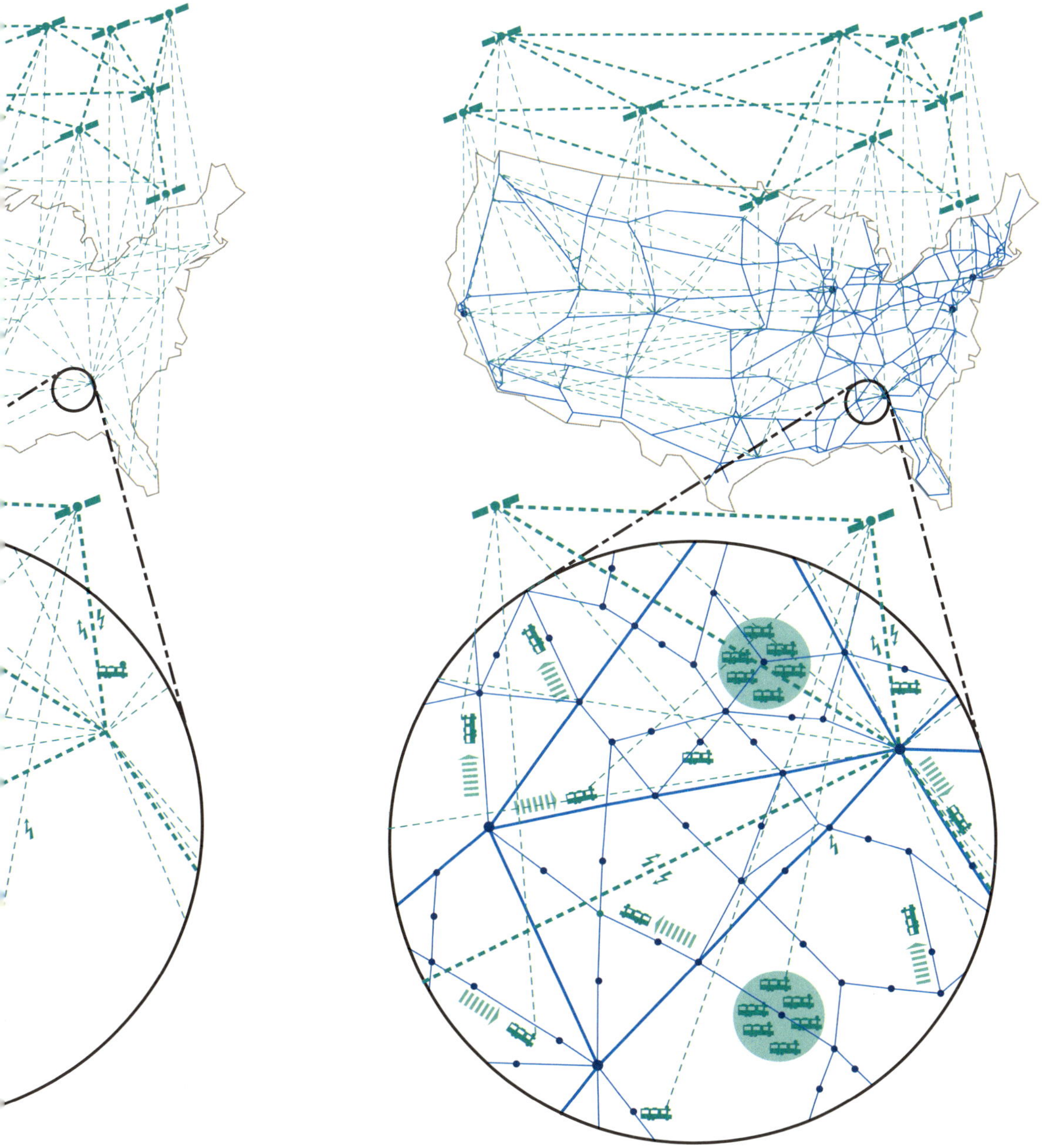

▬•▬（NP）节点（卫星电路） ↯（NP）数据流（数据） ——（P）线路（公路和高速公路网） （NP）节点（带卫星天线的房车）
------（NP）线路（卫星电路） ●（P）节点（停车场/露营地） （P）车流（房车）

停车点和露营地点在城乡道路和高速公路系统中起到基础设施节点的作用。这些节点可以分为正式站点和非正式站点。正式站点通常提供所谓的“接入”服务，直接为房车供应电力、水，有时还提供废物处理服务，而非正式站点则不提供这些服务。正式露营地包括公园、会员制或合作社公园以及私人房车公园（图 B.4.11、图 B.4.12）。在美国，大约有 1.6 万个公共和私人拥有的公园 / 露营地。公共露营地包括市政府或联邦政府拥有和运营的站点。私营露营地包括像美国露营地（KOA）这样的连锁机构，这是一家提供广泛房车服务的特许经营露营集团。房车会员公园是以营利为目的的联合公园协会，提供按时间共享使用的露营地。房车用户支付年度会员费，从而以更低廉的价格在有限时间内使用营地。公共露营地在设施水平上可能相对基础，地点也各不相同。而一些私营露营地由于受到各种类型度假村的影响，变得越来越豪华。棕榈泉户外度假村就是其中的一个例子，结合了房车停车位和接入服务，设有围墙、门禁入口、娱乐中心、游泳池、网球场和一个二十七洞高尔夫球场，周围环绕着棕榈树。每个停车位都提供高尔夫球场景观、烧烤和户外座椅区，以及用于停放第二辆车或高尔夫球车的停车位。（图 B.4.13）

图B.4.12 奥黛特露营度假地（Odetah Camping），康涅狄格州波斯拉。来源：http://www.odetah.com

有形的城市基础设施：营地分组

非正式房车停车点包括由美国内政部管理的长期访客区（Long Term Visitor Areas，LTVA）。这些场地提供给“野营者”（boondockers），即通常停留在没有电力或水源连接且不需支付占地费用（最多可达六个月）的区域，为被称为野营者的房车主使用。野营者源于“停在荒野”（parking out in the boonies）[32]。大部分房车都配备了在偏远地区所需的能够自给自足的设施。这需要自带水和废物处理箱以及一套 12 伏的电力系统，长期野营者通常通过太阳能板或发电机供电。一些 LTVA 还提供集中供水和废物处理设施。

物理网络中的停车点或节点的规模差异很大：从位于偏远地区的单个房车独立停车位或小规模停车区，到瞬间涌现数十万居民的房车城市。最著名的非正式停车点是水晶镇（Quartzsite）——一个位于亚利桑那州沙漠中的小镇，靠近加利福尼亚州边界，距离凤凰城西部约 195 千米，距离尤马（Yuma）北部约 113 千米[33]。其常住人口大约有 3500 人，但在冬季人口会急剧增加，导致当地基础设施服务能力达到极限（图 B.4.14、图 B.4.15）。尽管没有官方的房车人口数据，但据估计，1 月底的高峰期人数从 30 万[34]到 100 万不等[35]，整个冬季累计人数在 150 万到 200 万之间[36]，实际上形成了一座专为旅居的“年轻老年人”而设的即时城市[37]。当地政府采取了一系列策略来应对高峰期对当地基础设施造成的压力。

自 20 世纪 60 年代以来，水晶镇已经发展成为房车俱乐部的朝圣地。在冬季，水晶镇定期举办各种活动，包括泰森威尔斯集市（Tyson Wells Sell-A-Rama）、水晶嘉年华（the Main Event）、水晶镇宝石展销会（QIA Pow Wow）以及水晶镇运动会（Quartzsite Sports）和房车展等。这些展会的重点从房车及

图B.4.14 “季节的极端”明信片，亚利桑那州水晶镇。来源：玛西娅·米勒（Marcia Miller），dakinivisions.com，dakinivisions.com

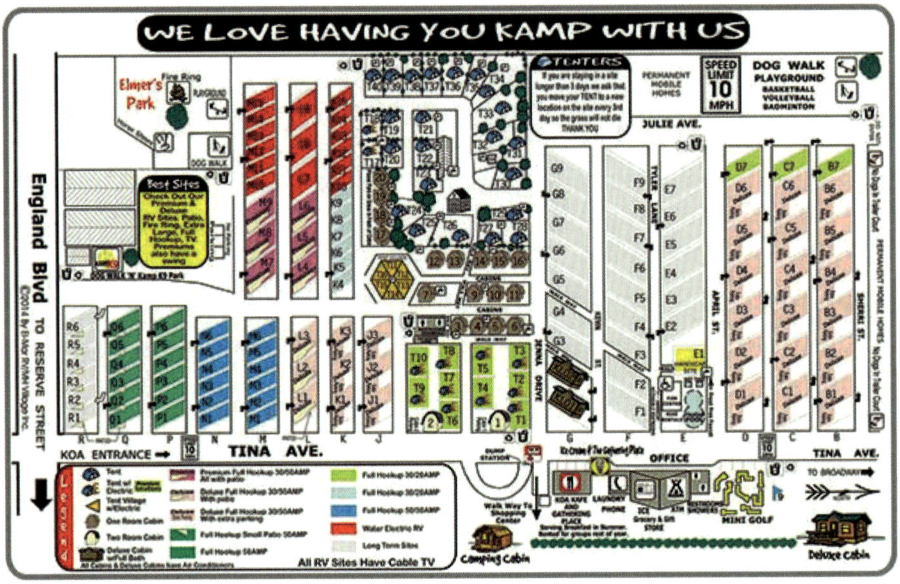

01

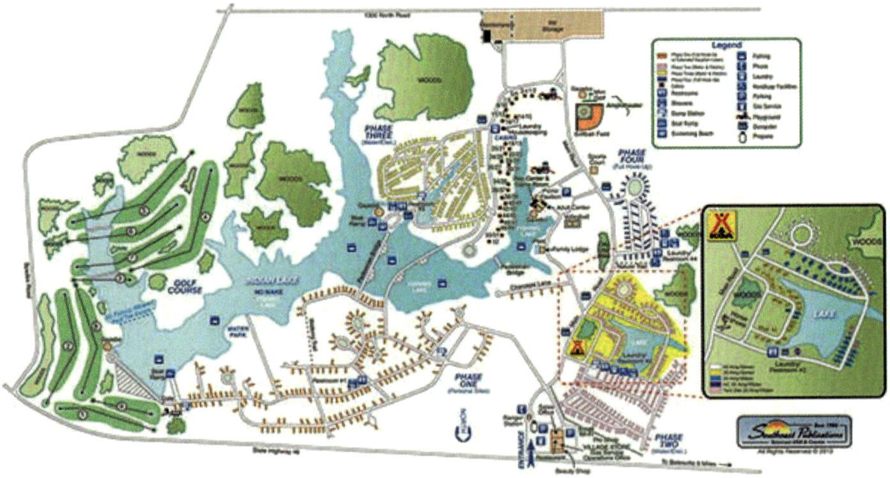

02

图B.4.11 精选房车公园和度假地地图

01. 米苏拉KOA房车营地（Missoula KOA），蒙大拿州米苏拉（Missoula）。来源：http://missoulakoa.com/wp-content/uploads/2014/05/SiteMap2014.gif

02. 阿巴拉契亚房车度假地（Appalachian RV Resort），宾夕法尼亚州沙特尔斯维尔（Shartlesville）。来源：http://www.appalachianrvresort.com/Resort_Map.phpandwww.southeastpublications.com

03

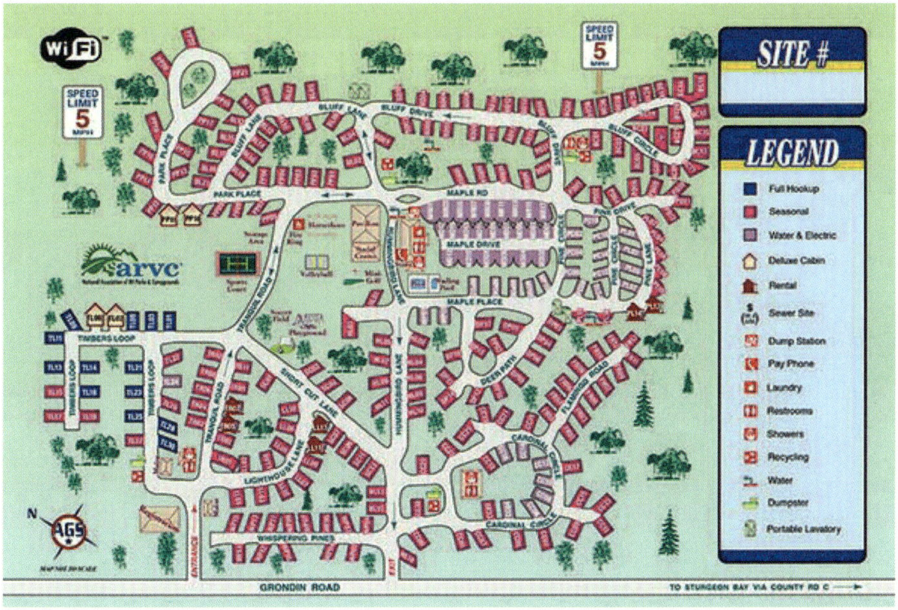

04

03. 印第安湖房车营地（Indian Lakes RV Campground），印第安纳州贝茨维尔（Batesville）。来源：http://www.mobilerving.com/maps/indian-lakes_tt.jpgand www.southeastpublications.com

04. 宁静圆木公园房车度假地（Tranquil Timbers RV Resort），威斯康辛州斯特根贝（Sturgen Bay）。来源：http://www.tranquiltimbers.com/images/tranquil-timbers-site-map.jpg

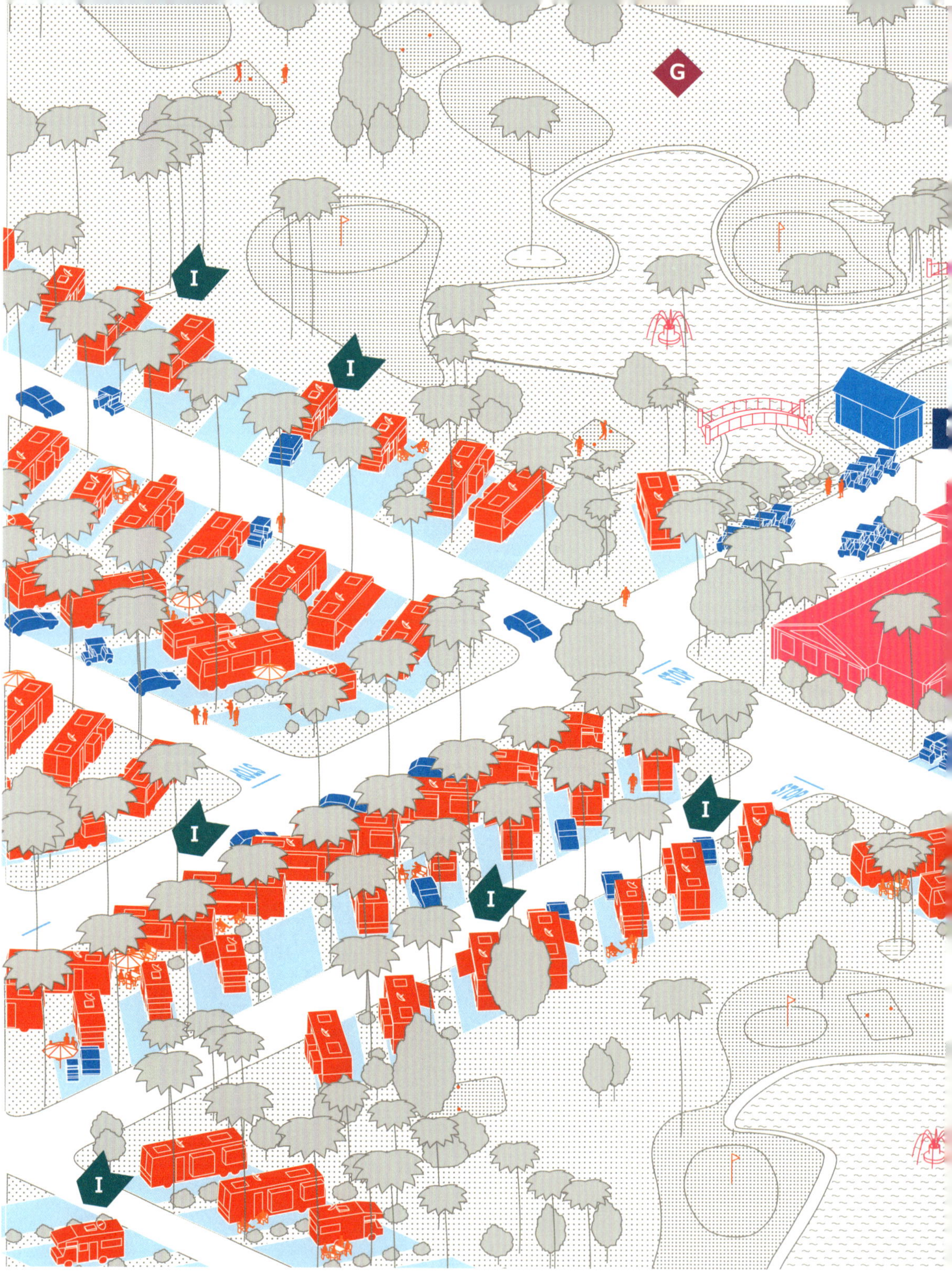

图B.4.13　城市肌理：户外房车度假地上的老年房车社群，加利福尼亚州棕榈泉

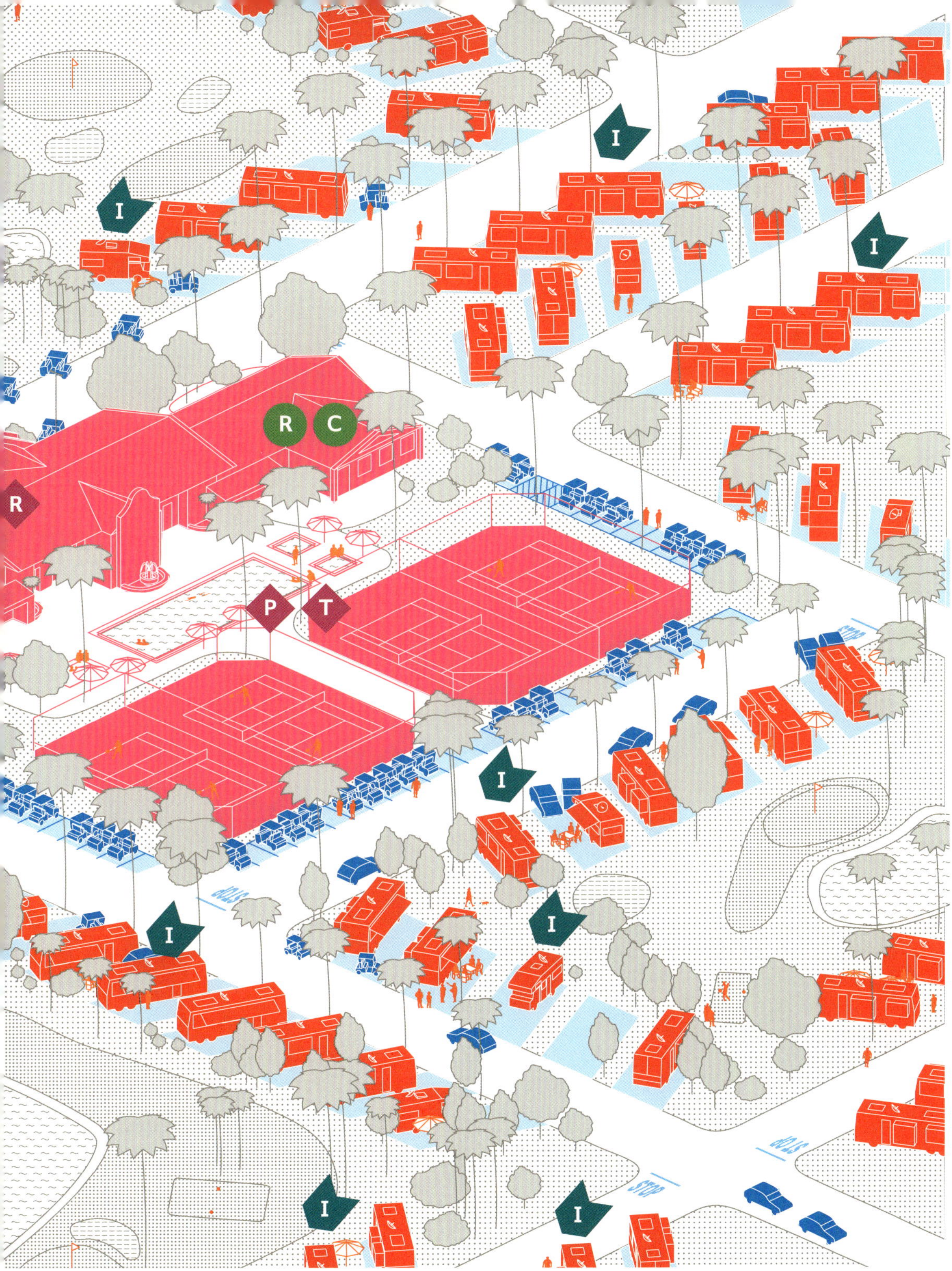

人工化棕色铺装	住宅区	T 网球场	I 卫星互联网
高度人工化绿地	公共 / 娱乐	R 餐厅	停车楼
中度人工化绿地	R 休闲娱乐中心	C 咖啡馆	停车区域
水域	P 公共游泳池	植被	D 高尔夫球车租赁

图B.4.15 即时城市化：鸟瞰SRVC在LTVAs的停泊情况，亚利桑那州水晶镇，2008年

其配件的销售到岩石、宝石和其他各种物品的销售等不一而足。如此大规模的人群流动在很大程度上通过俱乐部网站进行协调。例如，逃亡者俱乐部（Escapees）在网上有多个页面专门介绍这类社交活动和聚会，通常在水晶镇地区同时运行三个或更多的聚会地点。在冬季，水晶镇的房车大多数停在美国政府指定的长期访客区域（LTVAs），这些区域的空间布局从独立的单车停车位，到停放四辆车的"庭院"，再到线性停车带和放射状停车区，构成了微型社区与临时性的邻里关系（图 B.4.16）。这种即时城市现象不仅发生在水晶镇，其他大型临时俱乐部活动，例如好山姆俱乐部（Good Sam Club）的集会"山姆房车人集会"（Samborees），有时也会吸引成千上万的房车旅行者，这些活动同样通过网络进行协调。

图B.4.16　SRVC 各停车场地形鸟瞰图，亚利桑那州水晶镇，2008年

这种聚集倾向是与 SRVC 文化相关的季节性仪式以及支持沟通和协调行动的技术基础设施共同作用的结果。实际上，像水晶镇这样的即时城市几乎完全是由自下而上的力量创造的城市形式，政府除了提供基本的划定停车位和必要的基础设施服务，几乎没有自上而下的规划。

有形的城市基础设施：临时占用

与物理基础设施相关的点或节点不仅仅存在于传统意义上的“非城市”区域。在许多情况下，非正式的房车停车场嵌在现有的密集城市结构中，以一种不成文的“共享时间”方式运作。最明显的例子是房车停在超市或大型零售区停车场，这种现象通常被称为目的地露营，包括沿途停车进行临时过夜住宿。

例如，折扣零售商沃尔玛（Wal-Mart）就有一项众所周知的政策，允许房车在其大多数零售停车场免费过夜停车（图 B.4.17、图 B.4.18）。这种做法对双方都有好处：房车旅居者有一个免费、相对安全、方便且可靠的过夜地点，可以使用卫生间并购买必需的食品和用品（沃尔玛超市全天 24 小时开放，停车场全天有私人保安巡逻）；而沃尔玛则拥有一大批忠实顾客，这些顾客主要在非高峰的夜间时段使用空置的停车位。这种形式的野营已经被广泛接受，且实践得非常广泛，以至于出版了几本指南，列出了美国每个沃尔玛的位置和路线，以及对于少数不允许过夜停车的沃尔玛的补充说明。[38] 礼貌的目的地露营行为包括将车停在离商店入口最远的一侧停车场，并限制车辆周边的日常家居营造活动。有些房车指南建议旅行者亲自感谢门店经理允许他们过夜，并告知他们在店内的消费金额。据一位房车旅居者介绍，目的地露营地还包括：

> 冬季的酒店 / 汽车旅馆停车场、夏季的学校操场、任何安静且不碍事的地方。购物中心、教堂停车场（除了周六晚上）。人们最喜欢的是那些被修直了的老路，它们通常是平坦的，进出方便，铺好了路面且很安静。此外，还有砾石坑、船坡等地方 [39]。

这种露营最常见的参与方式，即老年房车旅居者被视为“边缘化”的其他旅居生活方式的实践，例如野营。这些实践挑战了定居环境中被接受的空间和法律行为的主导逻辑。房车在现有的城市环境中短暂停留的可能性，部分得益于这些车辆停放的时候在外观上与常规停车较为相似，特别是对于较小的房车而言。沃尔玛是一个典型案例，体现了对一种非正式共享活动的宽容。无论这种行为发生在教堂、学校还是零售商的停车场，都可以被视为对城市空间的机会性占用，构成了一种灵活、反应迅速的城市生活层面，渗透到现有定居结构的空闲区域。

无形的城市基础设施：通信网络

第二种支持当代老年房车社区的基础设施，在形式和本质上是非实体化的。其基于便携式卫星互联网技术，为老年房车社区的实时通信和互联互通提供了前所未有的支持。这种通信系统大多是非实体性的基础设施网络，对社区的通信及空间的运作方式产生了相当大的影响。它由两个主要部分组成：一个是基于房车的移动通信设备，包括计算机和双向卫星互联网数据发射及接收器，其中涉及的每台移动车辆都作为一个节点运行；另一个是通信基础设施中的一系列回路与线路，特别是基于网络的房车俱乐部网站和支持这些网站的互联网（图 B.4.19）。

图B.4.19　精选的网络房车俱乐部的标志。资料来源：多个房车俱乐部

房车上搭载的通信设备日益精密，而且在老年房车社区中使用广泛。据多萝西 · 康茨与大卫 · 康茨[i]称，早在 1995 年，就有超过三分之二的全日制工作者为他们的房车装配了计算机。[40] 虽然没有最新的统计数据，但据观察可推知这一比例已大幅提高。除了便携式电脑和笔记本电脑日益普及，目前仍有相当大比例的老年房车用户在使用双向卫星互联网，这一点从车顶安装有卫星天线

i 译注：作者采用了不太正规的简略写法，将两者的姓并写在一起，这一点可以从文后注中得到证实，这里由译者将两人的姓名补全。

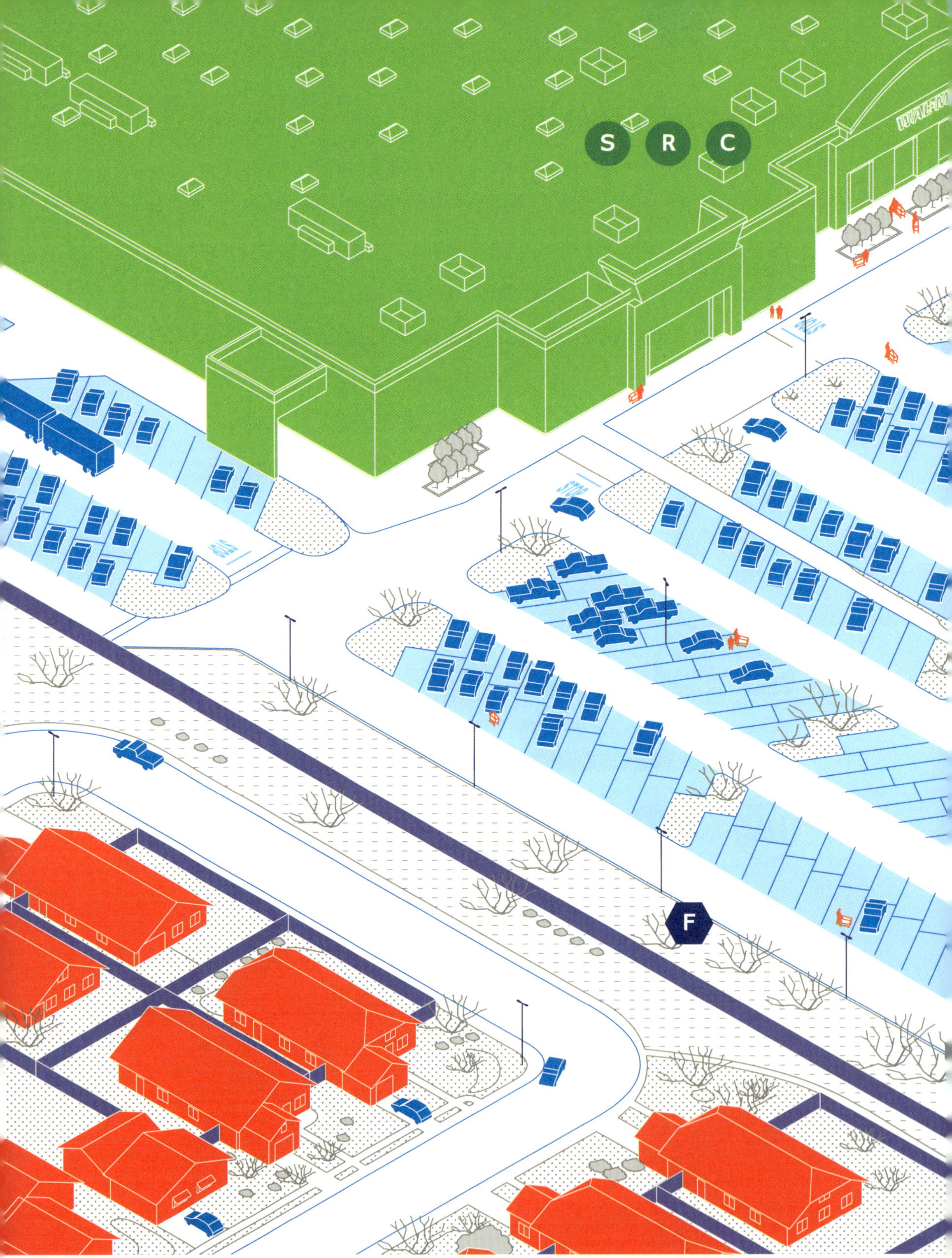

图B.4.17 城市肌理：位于沃尔玛超级购物中心房车露营目的地的老年房车社群，亚利桑那州凤凰城

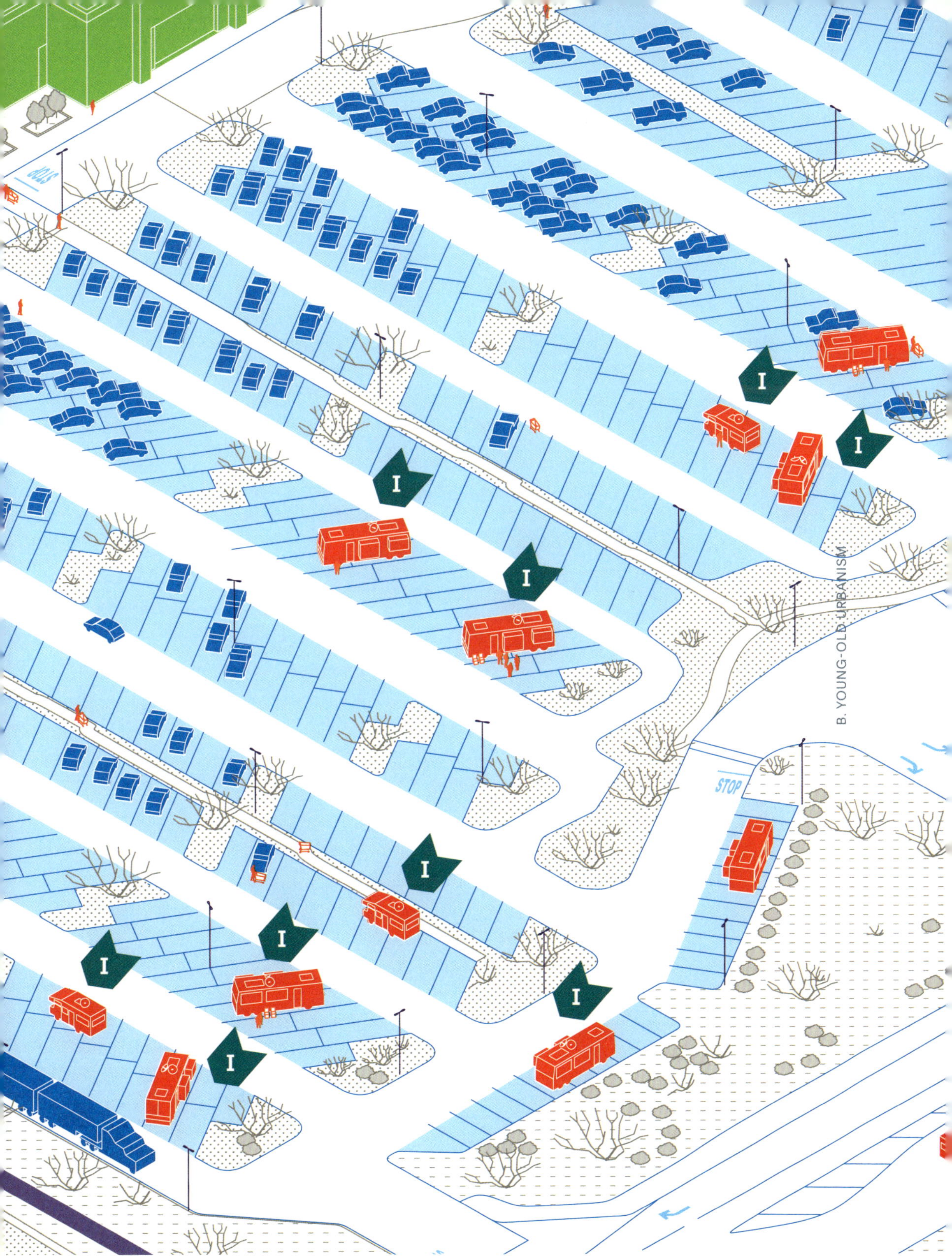

天然棕色地面　　零售店　　咖啡馆　　卫星互联网　　停车区域

中度人工化绿地　　购物区　　商业（非零售）　　安保区

住宅　　餐厅　　植被　　围栏

图B.4.18 在沃尔玛停车场过夜的房车，亚利桑那州凤凰城，2008年

FROOTS

的车辆占比可见一斑。通过安装在房车顶上总指向南部天空的卫星天线，车主在美国任何偏远地区都可以访问互联网（图 B.4.20），双向卫星互联网允许从偏远地区通过卫星向集线 器发送和接收数据，然后由集线器将数据发送至互联网。利用移动卫星技术，下载速度在 1 兆 / 秒至 15 兆 / 秒之间。卫星互联网自 20 世纪 90 年代末开始面向消费者作商用接入，从根本上提高了地处偏远的、迁移途中的民众的通信能力。

图B.4.20　房车上安装的卫星互联网天线，2008年。图片来源：Datastormusers.com

便携式卫星互联网系统的技术进步及商用化，使旅居车辆之间即时与远程的通信不断增加，使社区社交网络运作中的接入和在线比例大幅攀升，而此前的通信是通过邮递到全国各地的邮政信箱的简短信件进行交流的。作为一个庞大的信息交流中心，这些网站完成了房车俱乐部的活动、运作与临时会议等事宜的大规模协调工作。早在 1994 年，美国房车工业协会就列出了 12 个“全国性”的房车俱乐部及 32 个为特定品牌房车车主组织的俱乐部。截至目前，房车俱乐部的数量已有数百家。作为房车生活方式的核心部分之一，俱乐部不仅会组织年度或季度集会及会议，还通过杂志、通信简报、论坛、聊天室、门户信息网站等方式与会员保持密切联系，许多俱乐部还提供诸如信件转发[i]等附加服务。房车论坛则提供旅行路线行程、技术、买卖房车、房车主约会、房车专属食谱、房车折扣商品、安全提示、集会及会议等主题的支持。[41]最大也是最知名的房车俱乐部当属成立于 1966 年的“好山姆俱乐部”（Good Sam Club），其旨在让房车主相互了解与互帮互助。该俱乐部出版发行了《公路》（*Highways*）杂志，其官方网站也极具影响力。该俱乐部拥有 100 多万名会员，被称为“山姆房车人集会”（Samborees）的俱乐部大型集会每次能吸引超过 1 万名房车主加入其中。“逃亡者俱乐部”（Escapees）则是首批专为老年房车旅居者创立的房

i 译注：这里对转发的强调结合书籍撰写的年代，译者推测原文“mail redirection”应该不是简单的电子邮件一键转发，遂译作“信件转发”。

车俱乐部之一，自1978年成立以来，已聚集了逾10万名成员，俱乐部每年还会举行两次被称为“越轨冒险”（Escapades）的大型集会。[42] 值得一提的是，正如其所宣传的，逃亡者俱乐部为那些难以维系而被迫“收起钥匙”以放弃房车生活的俱乐部会员创造了一个实体环境。[43] 还有许多俱乐部是基于房车的品牌创立的，提供的通常是同质化的服务，如网络、通信简报、信件转发等，其中包括专为温尼贝格公司的依泰斯卡旅行者（Itasca Travelers）房车所创立的温尼贝格俱乐部（Winnebago Clubs），会员人数已逾1.1万。此外，房车俱乐部还展现出丰富而多元的形式：从“残障旅行俱乐部”[i]（Handicapped Travel Club）、服务于军用房车用户的“迅疾俱乐部”（SMART），到服务于单身房车旅居者的“孤独旅人俱乐部”（Loners on Wheels）以及组织在线活动的“房车浪子俱乐部”（RV Swingers Club）。（图B.4.21）

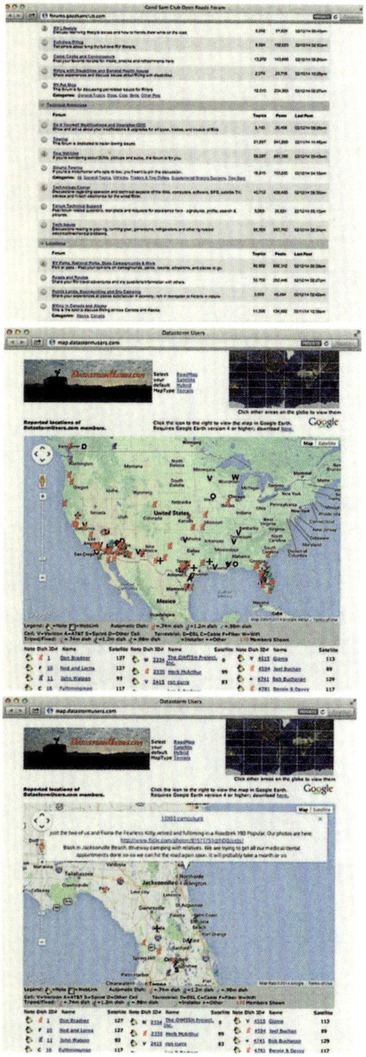

图B.4.22 来自好山姆俱乐部和数据风暴用户的屏幕截图，包括论坛和交互式追踪地图。资料来源：Goodsamclub.com, Datastormusers.com

“数据潮用户俱乐部”（Datastorm Users）是卫星互联网普通用户微型社区的一个典型例子，将个人房车在社区的公共地图和信息板上实时定位。通过在用户数据库中搜索可以找到朋友及家人，在可缩放的详细美国地图中还能够确定他们的空间位置。这些网站的发帖及评论内容诸如：“我们现在位于伊利诺伊州普特南的雷鸟湖畔，如果您正好路过，请驻足片刻来与我们碰个面”，以及“在巴哈的圣费利佩度过了一个美好的冬天后，我们开始向北跋涉”（图B.4.22～图B.4.24）。[44] 正是这种程度的互联性，实现了2005年对卡特里娜飓风的大规模自发响应，当时的房车主从四面八方赶来协助救灾。这其中还有部分是通过网络俱乐部及其他组织协调的。[45]

i 译注：在中华人民共和国成立70周年的阅兵仪式上，官方媒体第一次将“残疾人”这个称呼改为“残障人士”，代表着中国残障人事业进入了“残障”这一更先进的层面。参考：张万洪，丁鹏．从残废到残障：新时代中国残障事业话语的转变[J]．人权，2018（03）:92-98。

图B.4.21 风景照片中房车与绝美的自然环境的碰撞，2007—2009年。图片来源：where-RV-now.com，房车旅行439纪事

图B.4.23 从水晶镇的山上俯视水晶镇的南部地区，亚利桑那州，2008年

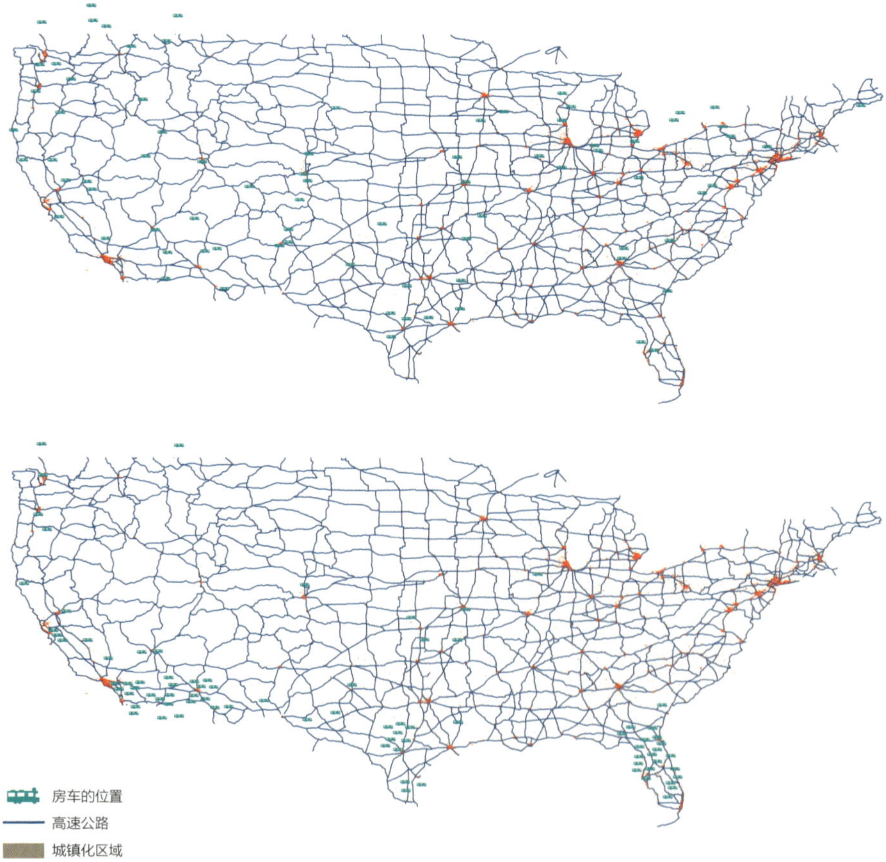

图B.4.24 数据潮用户在夏季（上图）和冬季（下图）的季节性迁徙。来源：Datastormusers.com

旅居城市化：网络化的原野

上述两大类型的基础设施的叠加，将房车既归类为非实体状态下的节点，又归类为实体状态下的物质动线。这表明在实体与非实体领域之间，存在着一个由流动的互联节点组成的复杂网络。

从这个角度来看，老年房车社群可以被视为信息与通信技术以及交通技术的发展，对当代社会和当代城市化产生影响的标志。

西班牙社会学家曼纽尔·卡斯特（Manuel Castells）认为，传统意义上"地方空间"[i]的城市化，即传统中具有独特性、中心性及物质性的静态空间[ii]的城市化，正日益从属于他所提出的"流动空间"，这种空间"基于电子电路及快速运输通道，围绕共同的目标与远程区域共同运作，同时孤立并压制了地方空间所体现的实践逻辑"。[46] 因此"流动空间"指涉一种新兴的空间逻辑，即社会交往双方都处于时间与空间上的缺席与远距离状态，老年房车社区正处于此种模式中，生活、居住与社会联系无不逾越了直接性的物理距离。这与建筑师佩内洛普·迪恩（Penelope Dean）所描述的澳大利亚皇家飞行医生服务中所存在的类似情况不谋而合。迪恩认为鉴于网络社会的兴起，"似乎有必要重新思考什么是城市化以及如何实践城市化。澳大利亚皇家飞行医生服务组织（Royal Flying Doctor Service of Australia，RFDS）是个有趣的例子，尽管该组织与我们所熟知的'城市'的演变并无历史渊源，却是一个将最小密度与最大社会凝聚力相结合的极端案例"[47]。如果说迪恩将澳大利亚皇家飞行医生服务组织描述为固定的去中心化网络的话，那么房车社群则是一个移动的分散式网络。

在老年房车社群中产生了一种特殊的秩序：住所及其居民处于一种名副其实的流动状态，伴随着密集的社会信息在两者间流通传递，由此形成了一个在物理上呈程度不一的分散状态、在社会属性上却联系紧密的社会性连贯的城市

---

i 译注：此处术语的翻译参考：刘涛，杨有庆 . 社会化媒体与空间的社会化生产——卡斯特"流动空间思想"的当代阐释 [J]. 文艺理论与批评 ,2014,(02):73-78。

ii 译注：此处术语的翻译参考：牛俊伟 . 从城市空间到流动空间——卡斯特空间理论述评 [J]. 中南大学学报（社会科学版）,2014,20(02):143-148+189。

区域。在此背景下，老年房车社区这样的旅居社区，实现了一种产生离散城市化的替代形式的实践，而绝非是在定义上反城市的实践。此外，老年房车社区的流动性和聚集性表明，如今对城市密度的理解已从相对稳定的状态转向波动和不稳定的状态。不同于静态城市或建筑结构以最常见的建筑砌块来建构城市化，这种高度流动的离散与互联场域，是通过基础建设的逻辑实现旅居的城市化。

这种现象与尼尔·博任纳(Neil Brenner)及克里斯蒂安·施密特(Christian Schmidt)有关卫星城市化的论述相一致。受到亨利·列斐伏尔(Henri Lefebvre)关于无外力作用下内爆与外爆城市化并行不悖理论的影响，卫星城市化的特征正是城市建设过程中典型特权形式的集中城市化，与运营景观的扩展城市化两者之间的辩证关系。[48] 老年房车社区的离散式基建城市化，是扩展城市化的典型代表，可以通过塞德里克·普莱斯(Cedric Price)在描述静态城市的特定历史时刻时所使用的“蛋的烹饪方式”这一类比，来更好地解释这种虚薄[i]、离散式的空间组织形式：普莱斯将古代城市描述为外壁坚硬、内核紧密的水煮蛋，将17—19世纪的城市描述为中心和边缘泾渭分明的煎蛋，将“现代”城市描述为没有明确中心的离散形态的炒蛋。沿着这一思路，老年房车社区城市化的运作则像是薄煎蛋饼，即在现有的城市及其扩展区域覆盖一层近乎透明的薄层(图B.4.25、图B.4.26)。

图B.4.25　塞德里克·普莱斯的“鸡蛋之城”(The City as an Egg)，约创作于1990年。
资料来源：CCA Archive

i 译注：如非特殊的简写用法的话，infra-thin是由杜尚提出的，意为“虚薄”，其无法通过纯粹的理论阐释定义，主要是指几乎不可见但是又存在的近乎透明的边界，是一种临界状态。作为中介，是可能性本身，也是打开的空隙之间。

图B.4.26　老年休闲房车社群的超薄城市主义就像是鸡蛋薄饼（日式鸡蛋饼），可作为塞德里克·普莱斯的“鸡蛋之城”理论的拓展延伸。资料来源：After Cedric Price

历史的共鸣：拓荒、逃离、想象

老年房车社群的当代空间实践以特定的方式与历史上其他流动空间的实践产生了共鸣。这里特别引介三个例子：19 世纪美国西部的早期拓荒者，与城市从东向西的迁移发展方向相一致；20 世纪中叶到晚期，美国郊区对城市的“逃离”；20 世纪六七十年代建筑先锋派，特别是巴克敏斯特 · 富勒（Buckminster Fuller）与阿基格拉姆（Archigram）所提出的实践设想，即从静态城市文化向技术化自然形式的流动状态的转变。上述这三种城市离散形式都与美国边缘城市的当代“远郊”状况具有历史相关性。卡斯特认为：“这种空间形式的确极具美国特色，因为……它根植于美国历史的经典模式之中，始终推动着人们在新的定居点无休止地寻找应许之地。”[49]

拓荒：从“向西部”到“向内部”

19 世纪美国西部的开拓者与老年房车旅居者产生了某种共鸣，这也得到了民族志研究的进一步证实，他们认为自己的行为可称为“早期拓荒者的现代性化身”[50]。对于他们来说，“拓荒精神”意味着自由、冒险、发现、独立以及足智多谋的精神，代表着敢于直面不确定性、未知性，甚至直面视野之外的潜在危险。[51] 同样也意味着一种斯巴达式清苦的、极简主义的生活方式——由于房车受内部空间的组织结构制约，无法达成足够的舒适与奢华。除却描述心理状态，拓荒精神还意味着一种在狭义上具有明确空间性内涵的社会态度：这在房车呈环形封闭状的庭院形式上体现得最为明显，这一形状与最初为抵御外部袭击而设计的环形马车队形相呼应（图 B.4.27）。房车旅居者们也纷纷效仿，将这一形态用于为公共活动而创造的一个中心化的社交空间，其间的公共活动也与拓荒时期的社交活动遥相呼应：围着篝火共进晚餐、游戏以及引吭高歌。[52]

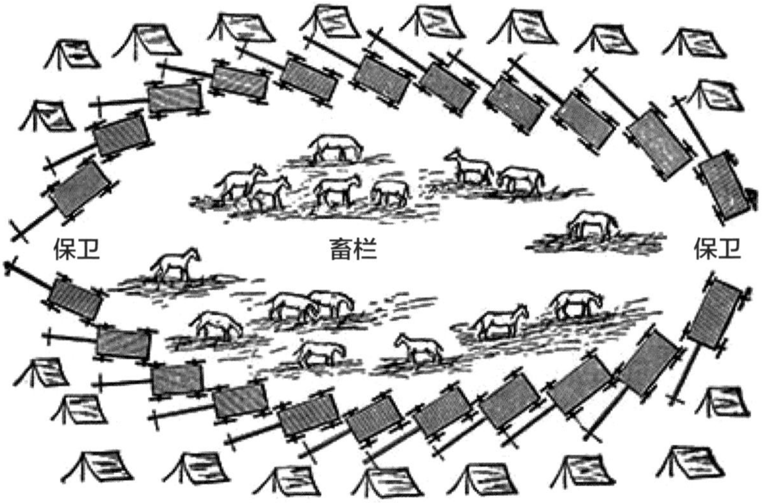

图B.4.27　用四轮马车围成的畜栏平面图，资料来源：休伯特·班克罗夫特（Hubert Bancroft），《犹他州历史》，1889年

从广义上讲，多萝西·康茨与大卫·康茨在对老年房车社群的论述中，将拓荒者不断向西推进的疆域线重构为“间隙边疆”，即“由尚未被城市文化侵蚀的地区所组成”[53]的边疆地带。目的地露营的做法使疆域范围远超二人所描述的那种基于发现或填补尚未出现定居点的空白而形成的边疆，其中还包括了扩展现有城市中的临时性占用的边界。就后一种情况而言，这些边界所引起的关于城市空间的法律、社会和文化方面的争议尤为有趣。

逃离：第二波

第二个共鸣存在于老年房车社群的空间实践与 20 世纪中后期美国城市“逃离”的实践之间。如果说第一波从城市到郊区的“逃离”是出于对城市犯罪、财产价值下降、公立学校一体化以及政府和军事政策的恐惧，那么老年房车社群则可以解释为第二波“逃离”，即从郊区到任何地方的可能性（图 B.4.28）。

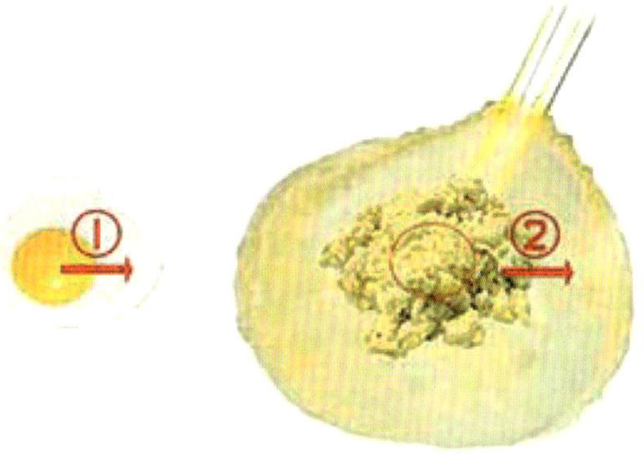
图B.4.28 老年房车社群可视为美国“逃离”主义的第二波

值得注意的是，目前第二波浪潮的参与者中，有许多是第一波浪潮中的同一批，即“婴儿潮一代”，他们当时作为儿童或青年参与其中。鉴于使用房车旅行通常出于三个动机，即自由、独立和探险，我们可以认为，第二波房车热潮同时也是由对郊区周边居家养老所带来的束缚、依赖和无聊的恐惧所驱动的。基于“无休止地寻找新定居点的应许之地”，卡斯特认为，这意味着“每一次对社会和物质现实逃避的浪潮，例如放弃市中心，让社会底层和少数民族被困在废墟中这样的浪潮，都加深了美国城市的危机”。[54] 退休人员对郊区的这种遗弃也可以从类似的角度解释为一种放弃投资的形式，在这种情况下，郊区要么没有兑现承诺，要么至少（因为在最初设计时主要考虑到了两代家庭）在结构上可能不适合老龄化和日益老龄化的人口。[55]

想象：技术的世外桃源

老年房车社群与20世纪六七十年代的建筑先锋派成员，如超级工作室（Superstudio）、建筑电讯派（Archigram），以及工程师兼设计师巴克敏斯特·富勒预测的空间愿景之间，或许存在着最强烈的历史共鸣。尤其是建筑电讯派，通过“即时城市”（Instant City）、“步行城市”（Walking City）、“水下城市”（Underwater City）、“生活囊”（Living Pod）和“休闲时间节点”（Freetime Node）等项目，以游牧、网络、流动性和短暂性等为主题，关注如何进一步开发新技术，以使个人有更多的选择和自由。这种方法最显著的特点在于宣告暂停建设，对他们所认为的被永久性和良好品味原则分散注意力的建筑设施提出挑战。在建筑电讯派的作品中，“建设”的暂停并不意味着城市化的终结，而是在我们现有的比如城市、郊区等的定居形式不可避免地衰落的情况下，提出一种新的城市化形式。建筑电讯派的戴维·格林（David

Greene）认为，要想让这种新的城市化出现，“我们必须等待，直到我们的城市、村庄、城镇这类钢筋水泥构筑的殿堂逐渐衰败，而郊区则蓬勃发展起来。之后，它们也将死去，世界或许将再次成为花园。这也许就是我们的梦想，我们都应该积极地说服自己不要去建造，而是为空中的无形网络做好准备”[56]。这种城市愿景被评论家们称为技术原始主义（techno-primitivism）、高科技乡村主义（high-tech ruralism）或技术田园主义（techno-pastoralism）[57]，这是一种通过技术回归自然的愿景，通过新形式的城市化摆脱城市的束缚和单调。对于建筑电讯派来说，这显然也是一种基于基础设施的社区。

图B.4.29 戴维 · 格林，建筑电讯派，节选自《即时城市儿童入门》（*Instant City Children's Primer*），1969年。资料来源：戴维 · 格林，《建筑设计》，1969年5月，约翰 · 威利父子出版公司

1969 年，在“临时城市儿童读本”的项目中，戴维 · 格林描述了这样一个场景：这是一个由住在拖车或房车里的旅居者组成的分散城市（图 B.4.29 ~图 B.4.31）。他将拖车旅居者称为“节点拥有者”，他们在荒野中置入伪装的“木插座”（Logplugs）和“石插座”（Rokplugs）。这里的“木插座”将提供水和电力这些重要的服务，以及所谓的“国际信息连接”——建筑电讯派对尚未发明的互联网的称谓。格林表示：“插座将提升即时和远程社区的服务……整个伦敦或纽约的信息都可以在世界各地的山谷、沙漠和鲜花盛开的草地上获得。”[58] 想象中的乌托邦是由最城市化和最反城市化的条件碰撞形成的，其中城市环境的优势将被带到自然环境中。鉴于此，我们可以认为“即时城市”是当代老年房车社群的先驱，这一城市愿景在很大程度上将由 30 年到 40 年后的这一代人，即他们退休后来实现。[59]

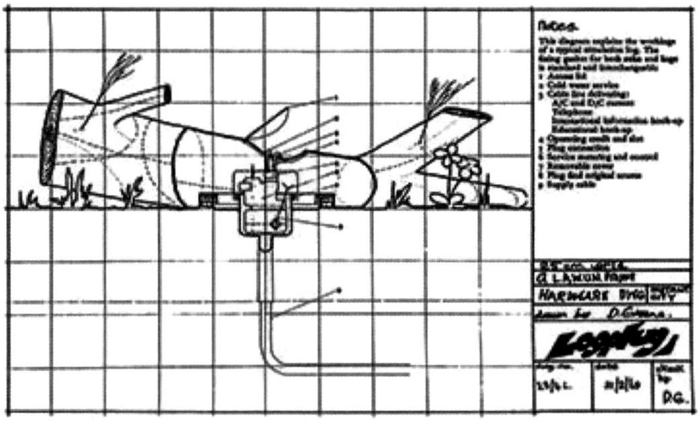

图B.4.31　戴维·格林，建筑电讯派，木插座，1969年。资料来源：建筑电讯派档案项目，archigram.westminster.ac.uk

结论

老年休闲房车社群代表了一项正在进行的实验，旨在为年轻老年人开发新的城市性、集体性和主体性的形式。这个社群被认为背弃了传统的“家”的概念，取而代之的是对其他形式的家居营造的实践，它显然是放弃了传统形式下的公民参与和责任，而产生了新的公民和集体行动模式。这些空间实践暗示了一种矛盾的情况，即除了简单地实现建筑电讯派 “即时城市”中技术化的世外桃源，以及将技术和自然作为超越城市的手段的浪漫愿景，还有对现有定居城市的一种更加复杂的占领，在这种占领中，老年居住者充当了一种更具超越性的角色——有可能实现米歇尔·德·塞托（Michel de Certeau）所描述的“城市流浪者”这一边缘化形象。[60] 与这些临时占用土地的形式并行的是，“集群”的做法为建设没有建筑物的即时城市提供了一种可尝试的模式，这种模式主要由自下而上的力量产生。也许正是这种特定人群的非威胁性形象，促进了大规模社会运动的边缘空间实践的实现——但这场运动很大程度上是根据个性化的愿景构建的。

美国老年房车社群城市文档

以下图片是与美国老年房车社群总体情况有关的一系列城市信息整理（图B.4.32～图B.4.42）。

Instant City Children

Here we present a Primer and sources, and some of the parts available so that you can go out now and make your own instant village. Don't hang about for all that architect-designed hardware. Also introduced here is Rokplug and Logplug, a new kit for the node owner to supply the needs of non or partially autonomous unit visitors that blend into the landscape and foliage, not forgetting the invitation to dream at the end. All the following pieces of living gear constitute hardware purchasable now to make instant villages, towns, etc. (camping scene not included).
All right—it's still a hard network.

We all know now that a car is a self-powered mobile room, with limited support systems (air-conditioning, communications)

We also know that a traffic jam is a collection of rooms, so is a car-park—they are really instantly formed and constantly changing communities. A drive-in restaurant ceases to exist when the cars are gone (except for cooking hardware). A motorized environment is a collection of service points

The house car is a self-powered container adapted for living inside. Any gathering of house-cars thus constitutes a gathering of living units. The forests of the world are your suburb—so long as there's a gas station somewhere

The pickup camper is a container, purpose designed to clip onto a pickup truck, a sort of hybrid between a caravan and a house car. It's main advantage being that the prime mover can be separated (the house car). All towing probl (with the caravan) and legal use living quarters whilst under way eliminated

A caravan is a mobile container usually used as a living base for short periods. A low power pri mover is required, for use in conjunction with it, usually a c

The trailer home is a movable container used for living in for extended periods. It requires a high powered prime mover. These containers are frequently adapted for other purposes, bloodmobil artmobile, bankmobile, etc. Extensive style ranges are avail purchasable ready for living. Hook up on the site of your ch

Villages of trailer homes like this are relatively immobile and their major concern, usually, is to imitate straight suburbia as closely as possible. This is achieved by a c prehensive inventory of purchas stick-on extras to make the trail look like a 'real' house

The main problem for mobile living support systems is, of cou the energy source. Until an effec tive system is devised short-tern energy will be taken from batte or gas cylinders. For stopovers plug will be required to draw o main power as in the photograp This need will be satisfied by th ranges of **Rokplug** and **Logplu** Read on

274 AD 5/69

图 B.4.30　戴维·格林，建筑电讯派，节选自《即时城市儿童入门》，1969年
资料来源：戴维·格林，《建筑设计》，1969年5月，约翰·威利父子出版公司

Primer

devised by David Greene of Archigram

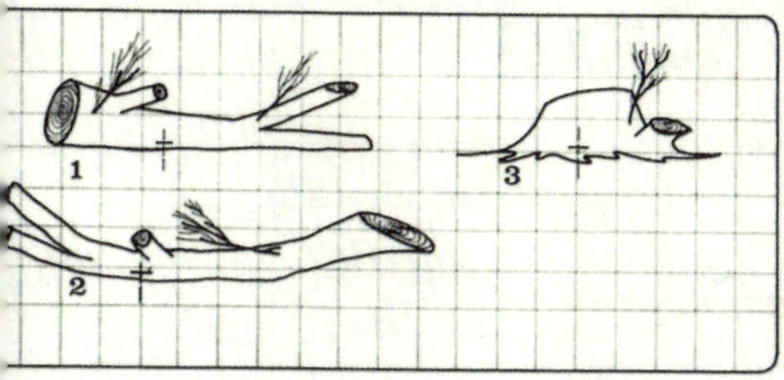

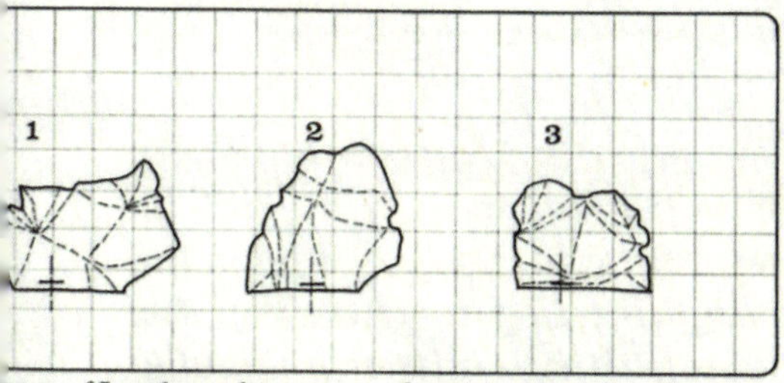

anges of **Logplug** and
lug shown above are selected
nulations of real logs and
They serve to conceal
outlets for semi- or non-
omous mobile living containers.
would be unrecognizable
he real thing and would thus
into any setting a high degree

of support without detracting from natural beauty (this means that when no hardware is plugged in the village ceases to exist). All ranges are supplied with an embedded spore finish, to suit any locality, which will promote rapid moss, lichen or fungii covering

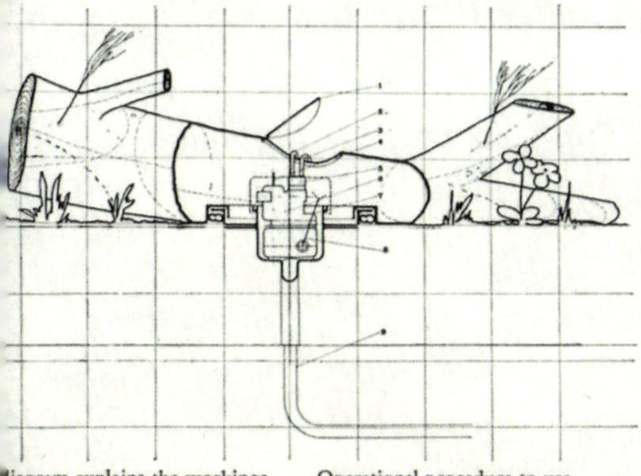

liagram explains the workings
pical simulation log. The
gasket for both **roks** and **logs**
dard and interchangeable
ess lid
d water service
le line delivering:
C and D/C current
lephone
ernational information hook-up
ucational hook-up
rating credit and slot
connection
ice metering and control
novable cover
find original source
ply cable

Operational procedure to use **Logplug** and **Rokplug**.
Raise access lid 1. Insert standard plug from mobile unit into female connection 5. Secure locking device. Place credit card in slot 4. Select service required on dial next to slot. Throw opening switch. All charges will be made onto your own credit number, these charges are displayed on your log-find device by pressing the yellow button

It is assumed all waste is handled electrostatically and the ash either thrown to the wind or deposited in bags inside the **logs** or **roks**

This is an instant cluster of two campers next to three **Rokplugs**. Since it is difficult to recognize these outlets from nature's own products, they are equipped with a homing signal that locates each one within a radius of one mile. In your vehicle a dashboard visual display, known as plugfind will convey this information. Location selection made by waveband selection similar to your car radio

Typical dash-board fitted with plugfind display device

Logplug and **Rokplug** concentrations will be indicated in the usual way on hard routing systems. These signs will also inform the correct dial setting for plugfind devices

图B.4.32　温尼贝格酋长房车（Winnebago Chieftain RV）的销售手册节选，1971年
来源：温尼贝格，http://storm.oldcarmanualproject.com/winnebagochieftain.htm

WINNEBAGO
Chieftain
The final step up.
Along the Winnebago route.

Accent on Elegance

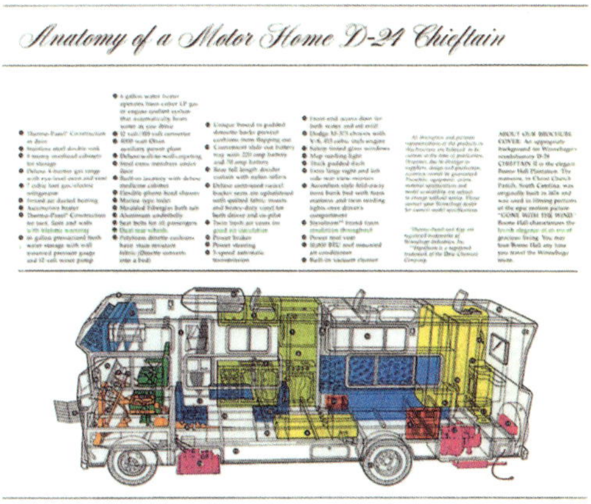
Anatomy of a Motor Home D-24 Chieftain

图B.4.33　温尼贝格探路者精英（Winnebago Pathfinder Elite）房车的销售手册节选，2013年
来源：温尼贝格

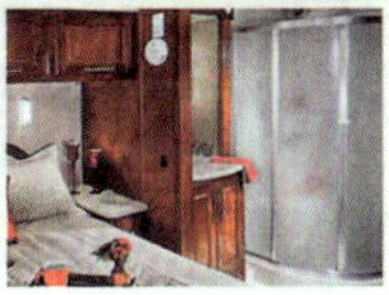

Floorplans

404RB

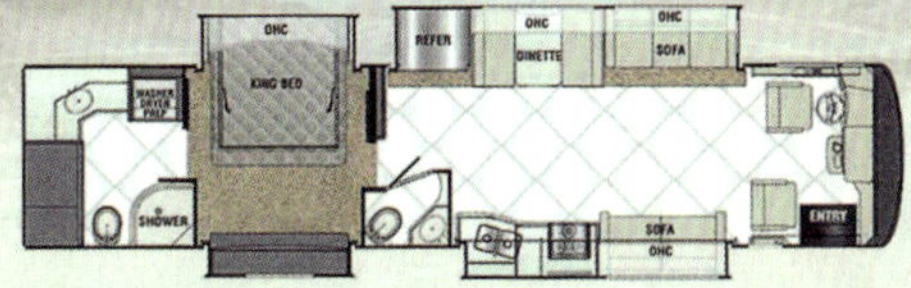

405FK

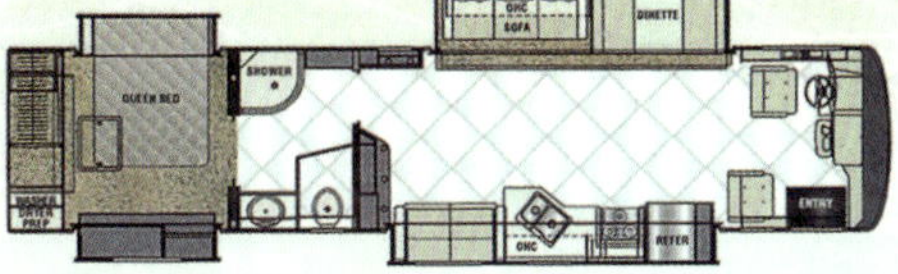

Model 406QS shown.

Affordable Luxury

Looking for a Diesel Pusher that is as sophisticated as you? Designed to the discriminating specifications of motorhome enthusiasts, the Sportscoach Pathfinder provides a perfect blend of luxury, functionality, practical innovations, comfort, eye appeal, reliability and value.

The Pathfinder comes standard on a Freightliner raised rail chassis and is fully powered by a 400 HP Cummins ISL rear diesel engine with Allison six-speed automatic transmission to get you where you're going safely.

Inside you will find smart floorplan designs accentuated with high-end residential appointments such as Corian™ countertops throughout, high-gloss ceramic tile floors, optional Residential Hardwood Package with dovetail drawer construction, comfortable designer furniture and a host of eye catching appointments and user friendly features.

Interior by Design

Pathfinder's spacious, designer-inspired interior reflects your bold, contemporary and successful side. With luxuries like high 7-foot ceilings, oversized windows and an all-tile entry, Pathfinder delivers feature after feature you won't find with competing brands.

Everything about the interior is designed with quality attention to detail including the upgraded sofa seating, hardwood valences, integrated cup holders, space utilization for storage and high-end decorator accents throughout!

Sleep Like Royalty

Enjoy a peaceful night's sleep wherever you are on a king size bed with pillowtop mattress (available on 404RB and 406QS). Premium fabrics and a large mirrored wardrobe give the bedroom the look and feel of an elegant master suite. With abundant storage in the bedroom, you'll find a place for almost anything. Access even more by raising the 32" LCD TV, built into the overhead cabinet door.

Model 406QS shown this page.

地图

1956年7 663 942平方千米

里程碑

发展过程

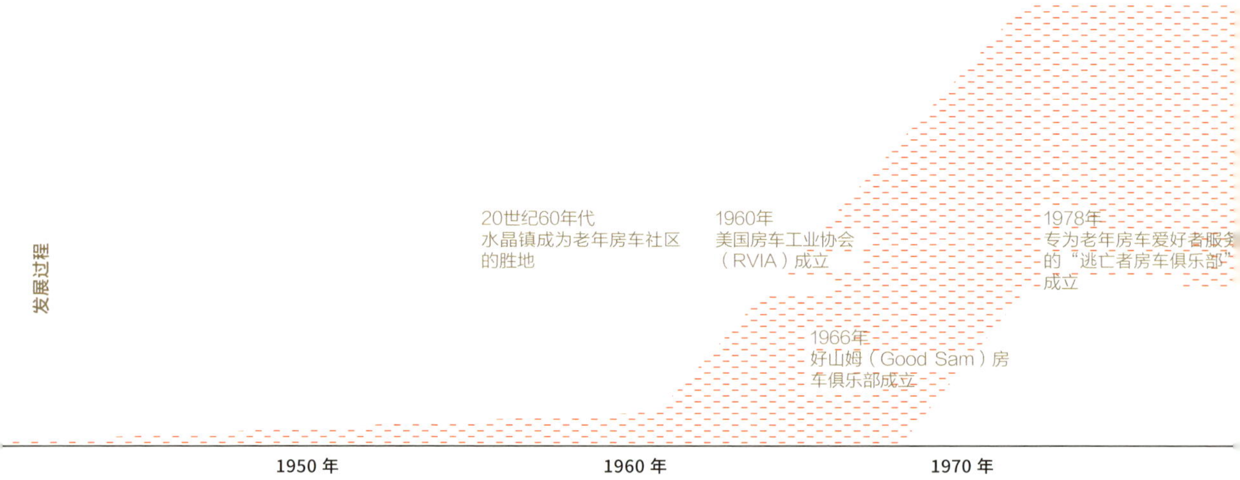

形成阶段

1956年
艾森豪威尔签署《联邦援助高速公路法案》

1961年
推出大众露营车，随后是雪佛兰和福特的厢式露营车及道奇房车

1969年
“建筑电讯派”的戴维·格林出版了《即时城市儿童入门》，描述了生活在房车里的旅居者的分散的城市化社群

1966年
温尼贝格工业公司首次大规模地批量生产房车

经济因素

1972—1980年
在美国房车销量高达每年约60万辆的高峰期后，由于石油危机和经济衰退，房车的销售数量下降了82%

图B.4.34 美国老年房车社群发展时间轴和人口数量估算

3 000 000

2014年7 663 942平方千米

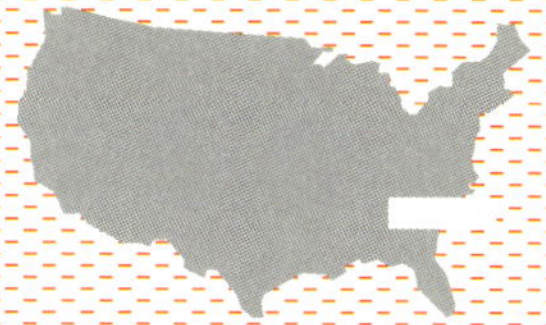

2 000 000

3 000 000
2 500 000
2 000 000
1 500 000
1 000 000
500 000

980年
美国房车工业协会（RVIA）估计在美国有00万家庭拥有房车

1996年
人类学家康特·康茨（Counts and Counts）估计在美国有200到300万名全职露营房车主，其中绝大多数都是老年人和退休人士

2011年
美国房车工业协会（RVIA）估计在美国有890万家庭拥有房车，其中大约有3000万“房车爱好者”

1994年
美国房车工业协会（RVIA）列出了12个“全国性的”房车俱乐部和32家专为房车品牌组织的俱乐部

2005年
在美国有超过16 000个公共和私人的公园/露营地

2014年
好山姆房车俱乐部的成员超过150万人

2008年
“逃亡者房车俱乐部”拥有第10万名成员

1990 年　2000 年　2010 年

世纪70年代
F广受欢迎，“温尼各”成为美国最常用手指房车的术语

1995年
调查发现，超过三分之二的全职房车主在自己的房车内装有电脑

2004年
第一颗用于消费卫星互联网服务的高通量卫星投入使用

20世纪90年代后期
消费卫星互联网服务首次被提供

1980—2007年
美国的房车需求以每年大约40万辆的速度稳步增长

2007—2013年
2009年，由于经济危机的影响，房车出货量下降到每年约165 000辆，直到2013年才反弹至约320 000辆

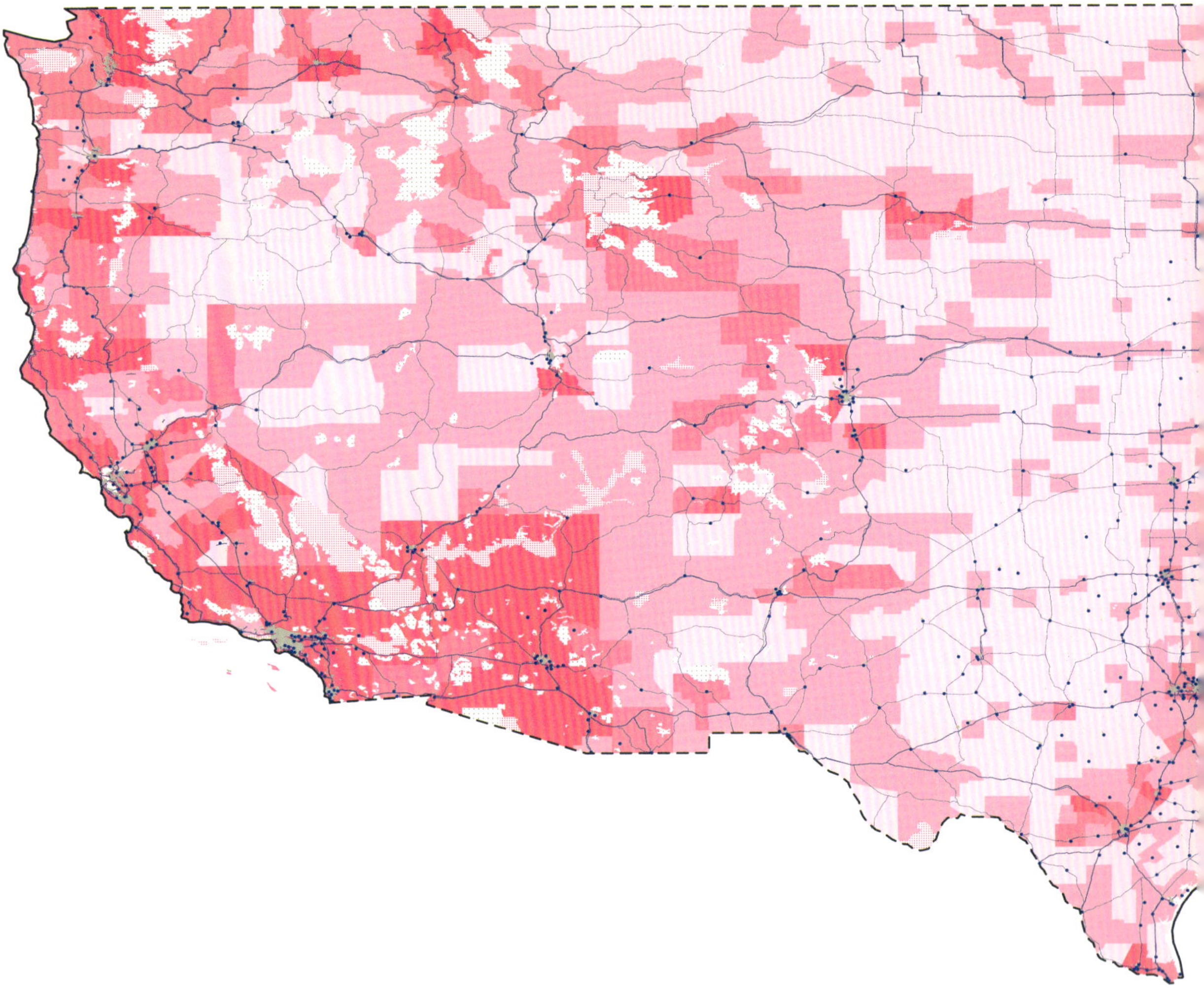

图B.4.35　美国老年房车社群城市背景图

资料来源：EPA美国国家环境保护局（EPA United States Environmental Protection Agency），http: //www.epa.gov/otaq/models/nonrdmdl/maps/rvpest.gif and Wal-Mart

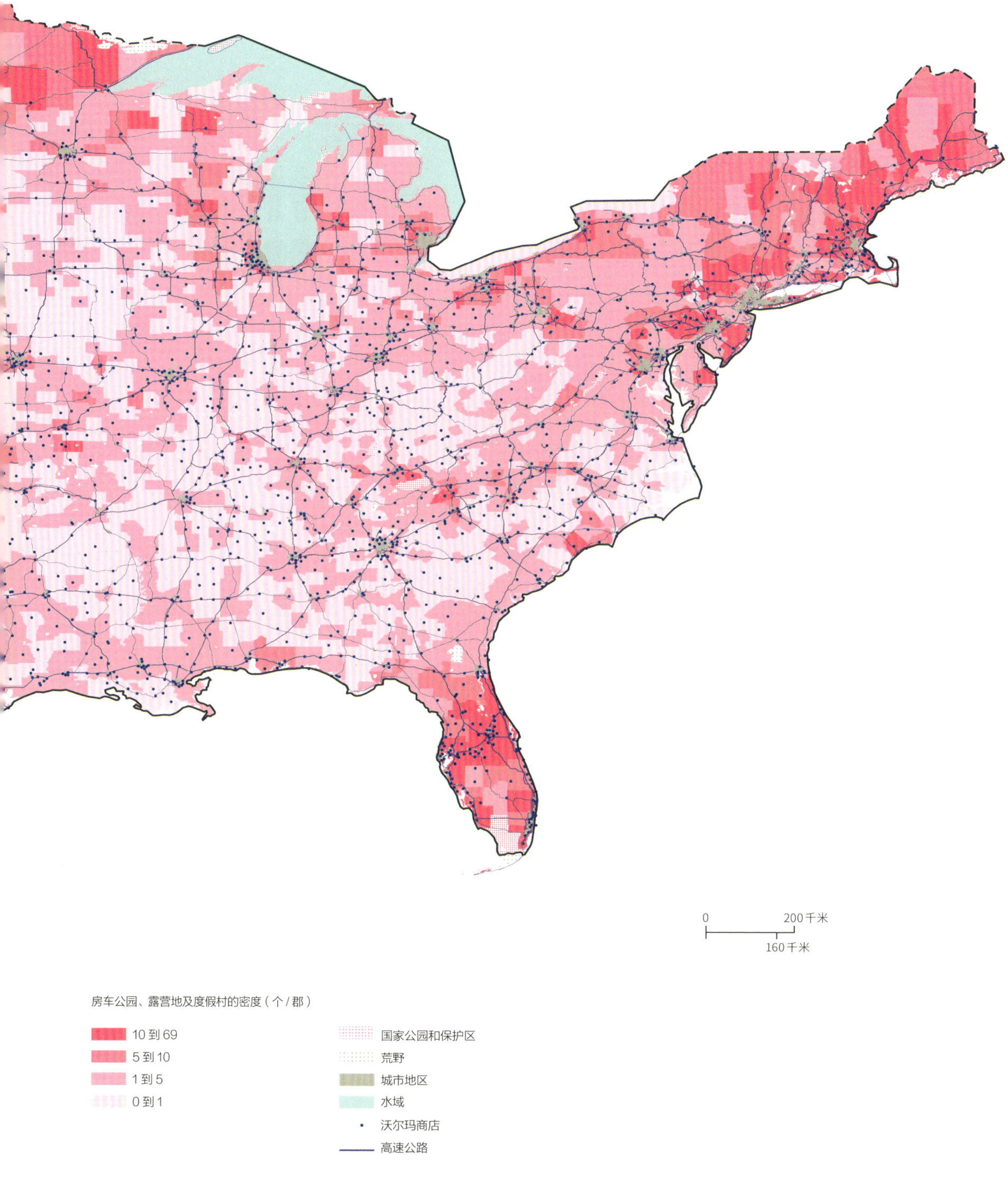
0
200千米
160千米
房车公园、露营地及度假村的密度（个/郡）
10到69
5到10
1到5
0到1
国家公园和保护区
荒野
城市地区
水域
沃尔玛商店
高速公路

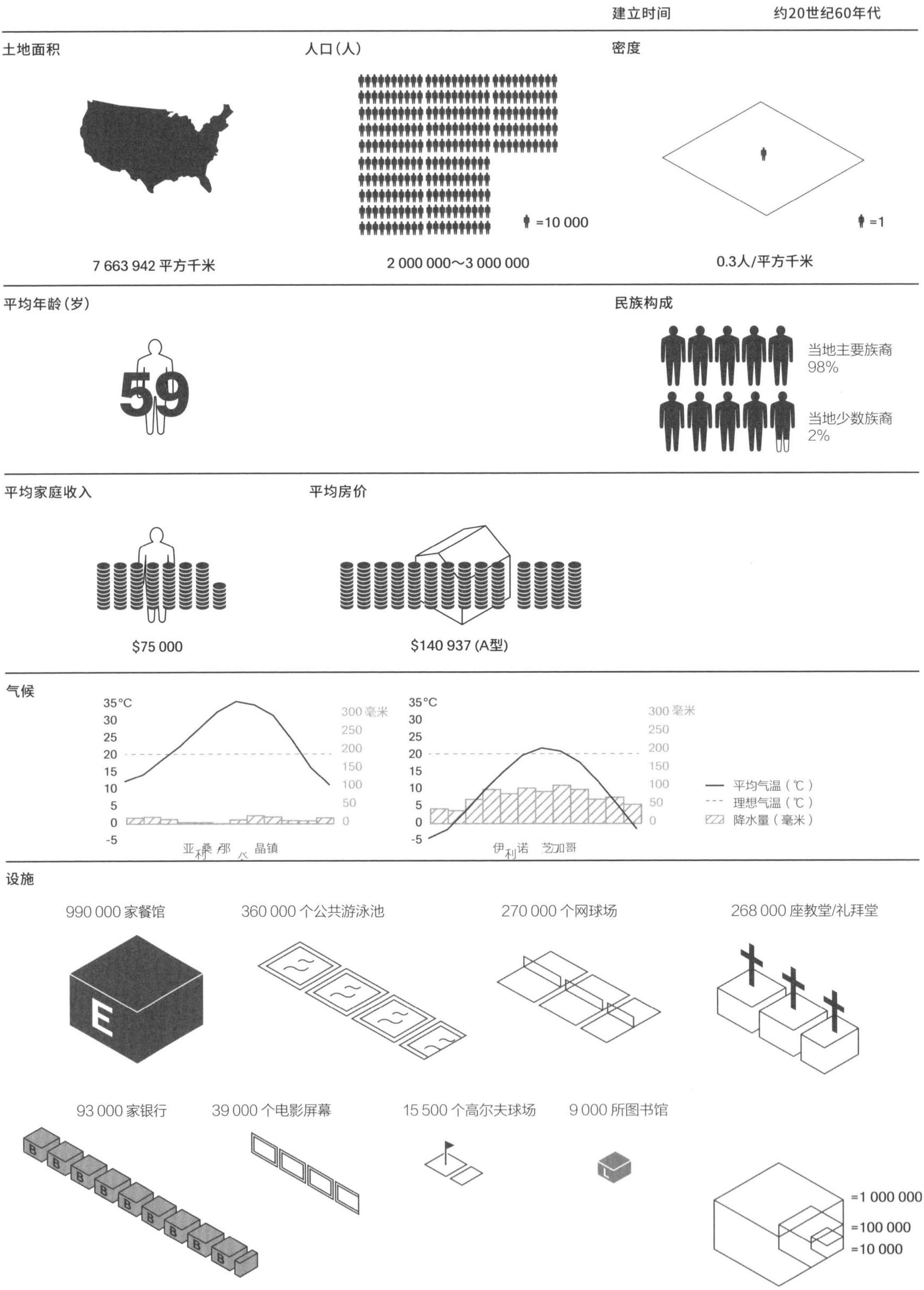

图B.4.36 城市统计资料和城市地图：位于户外房车度假地的老年房车社群，加利福尼亚州棕榈泉
来源：美国房车工业协会(非盈利组织)等

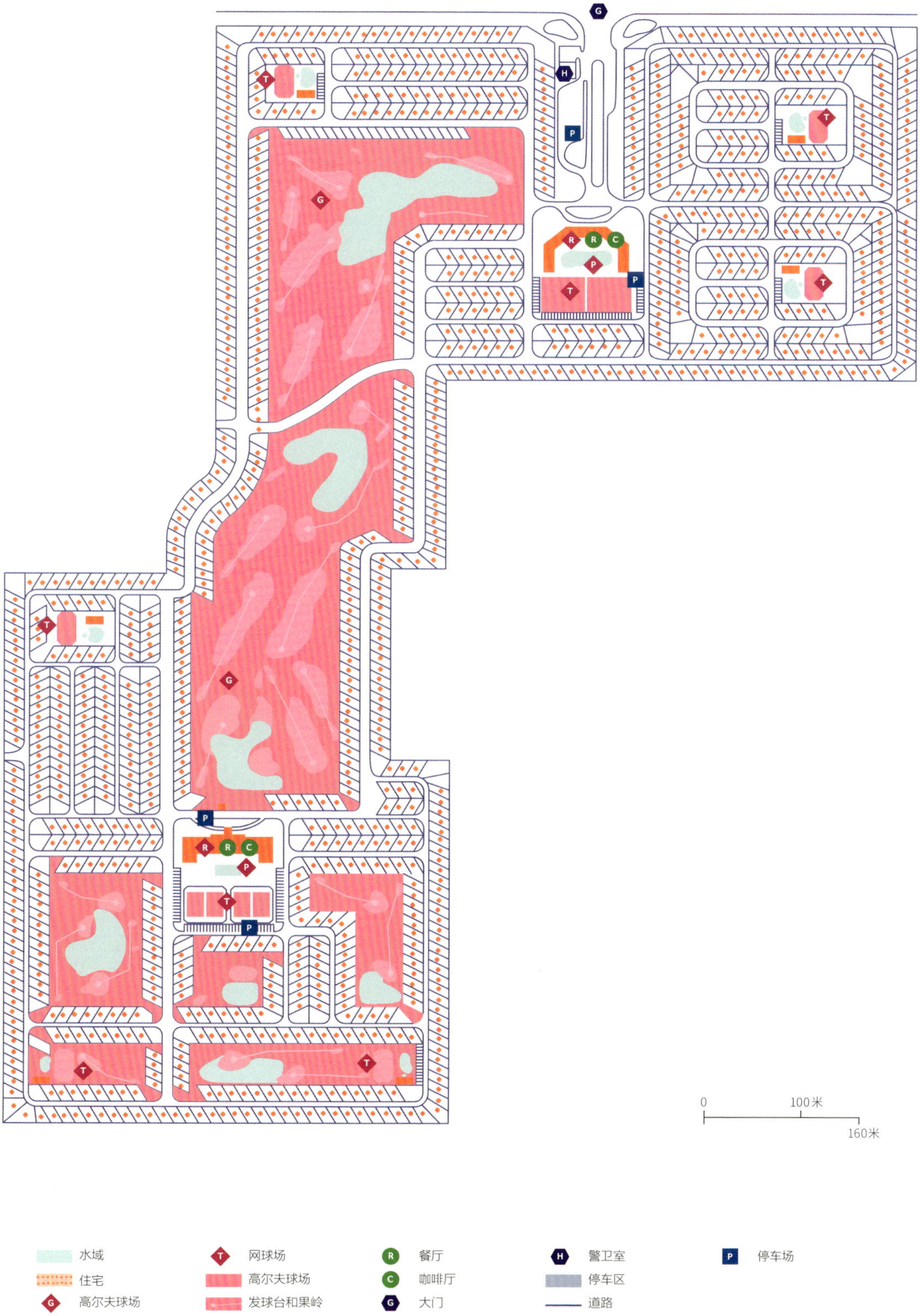
G
H
P
T
R
C
0
100米
160米
水域
住宅
高尔夫球场
网球场
高尔夫球场
发球台和果岭
餐厅
咖啡厅
大门
警卫室
停车区
道路
停车场

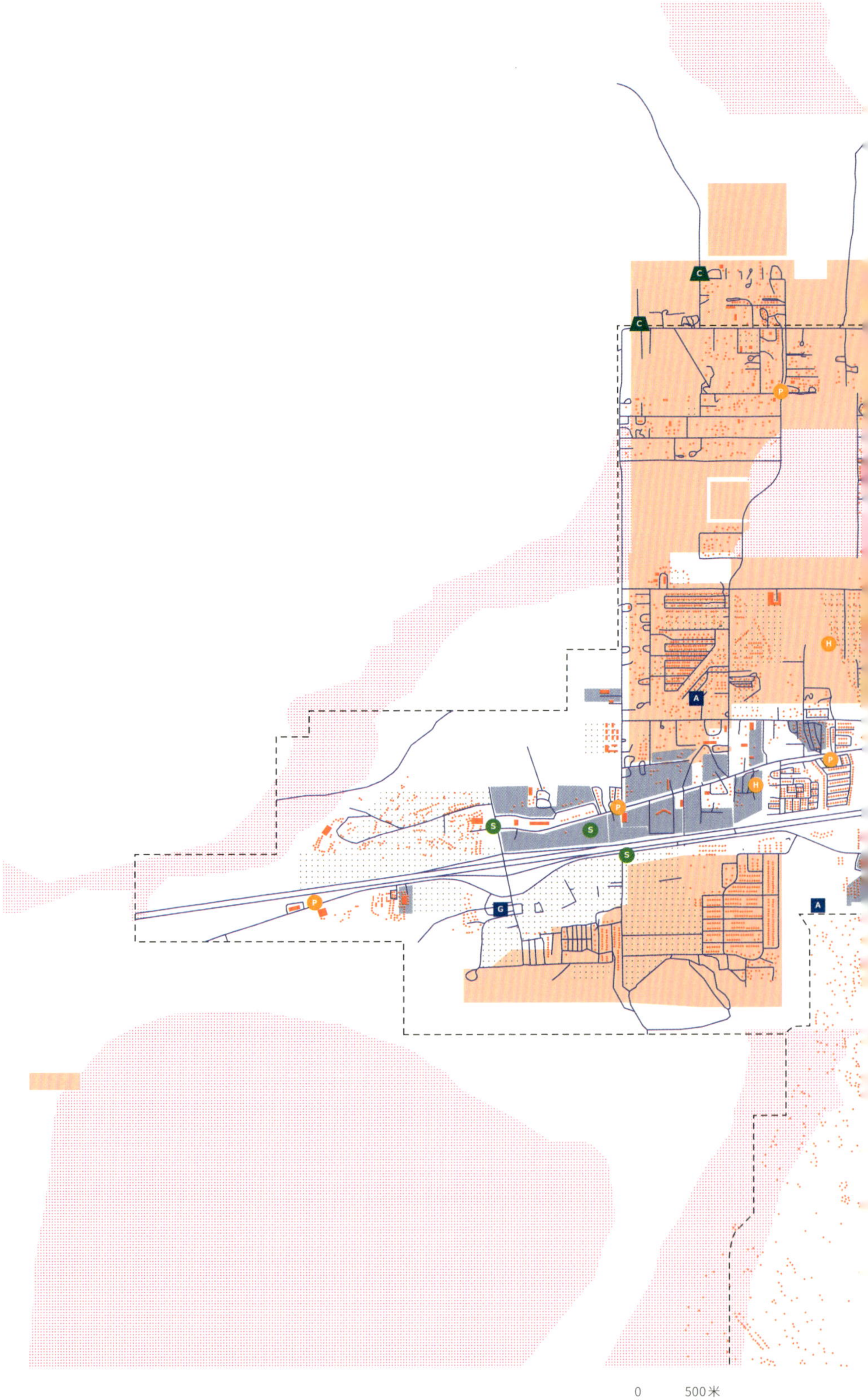

图B.4.37　城市地图：老年房车社群，亚利桑那州水晶镇

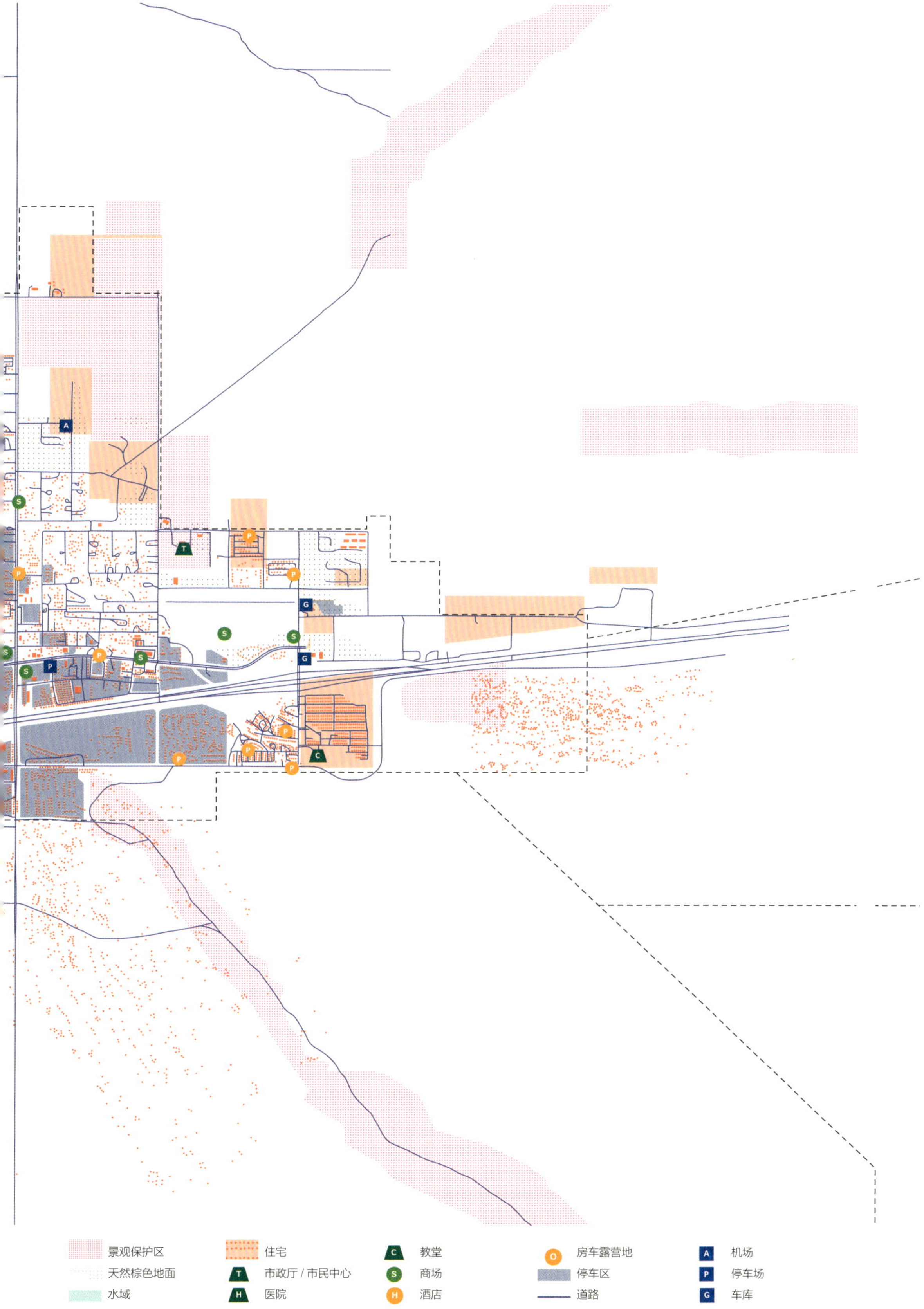
景观保护区
天然棕色地面
水域
住宅
市政厅 / 市民中心
医院
教堂
商场
酒店
房车露营地
停车区
道路
机场
停车场
车库

图B.4.38　城市肌理：老年房车社群露营地（1），亚利桑那州水晶镇

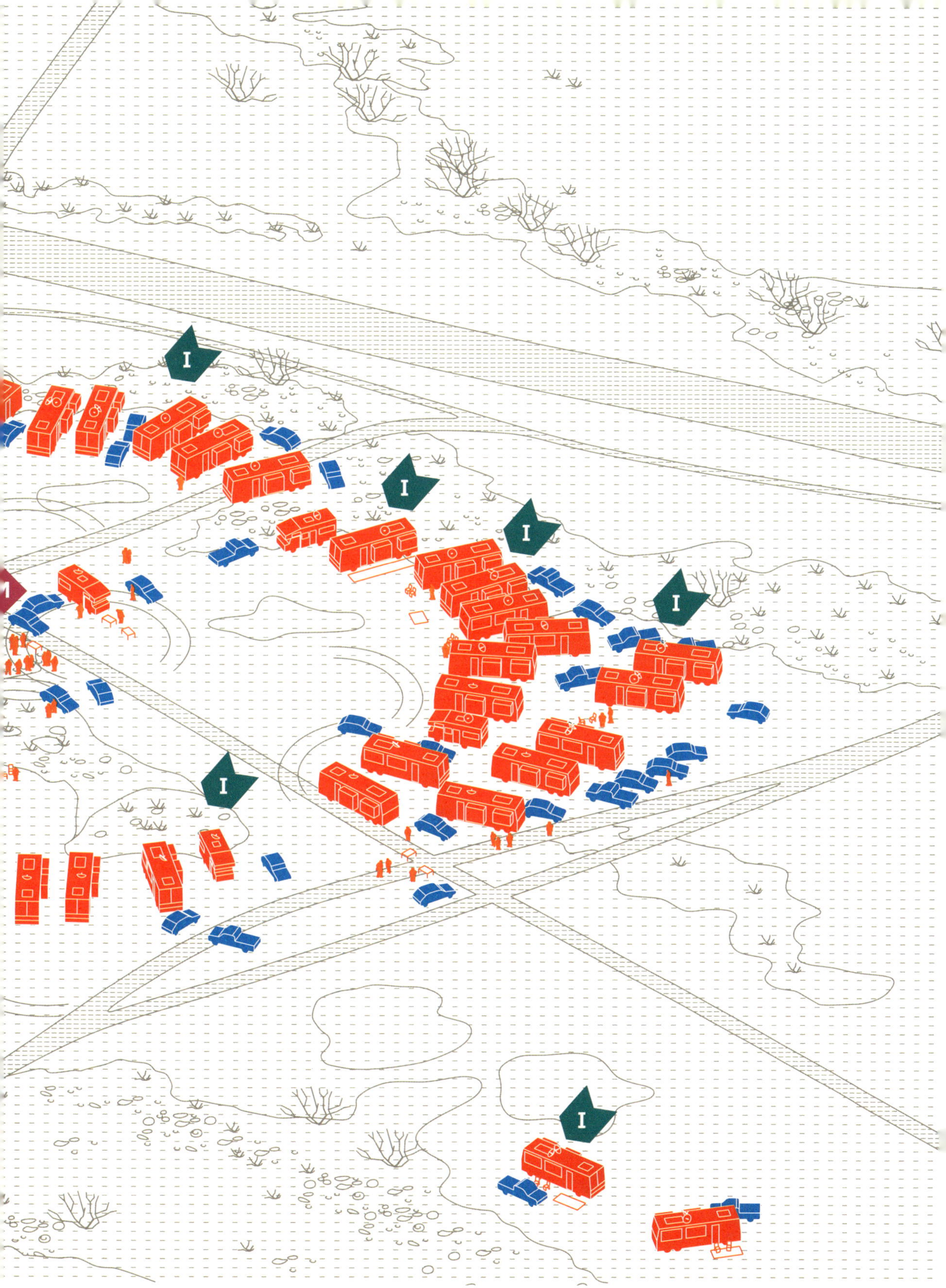

人工化棕色铺装
天然棕色地面
住宅区
卫星互联网
会议场所

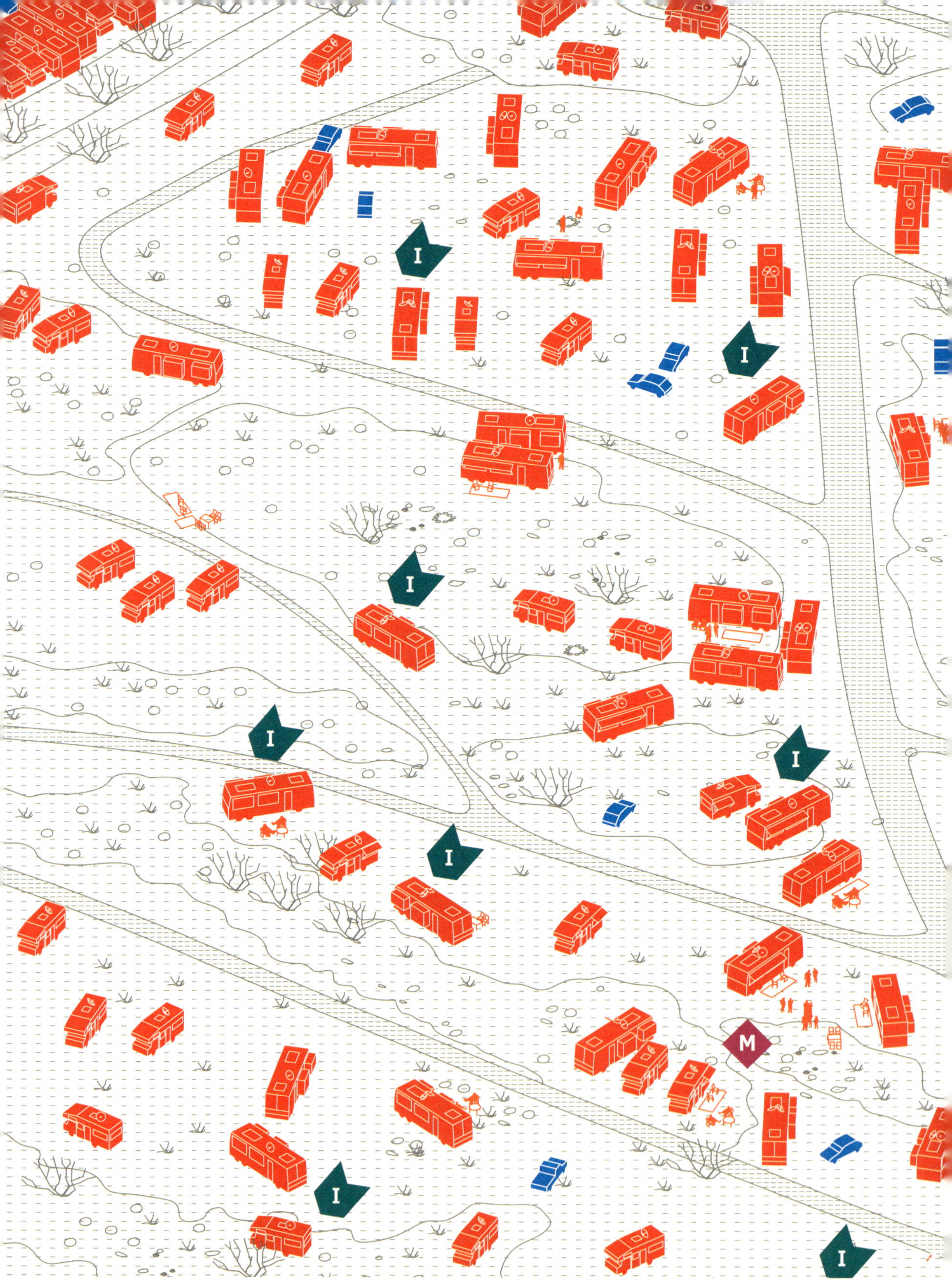

图B.4.39　城市肌理：老年房车社群露营地（2），亚利桑那州水晶镇

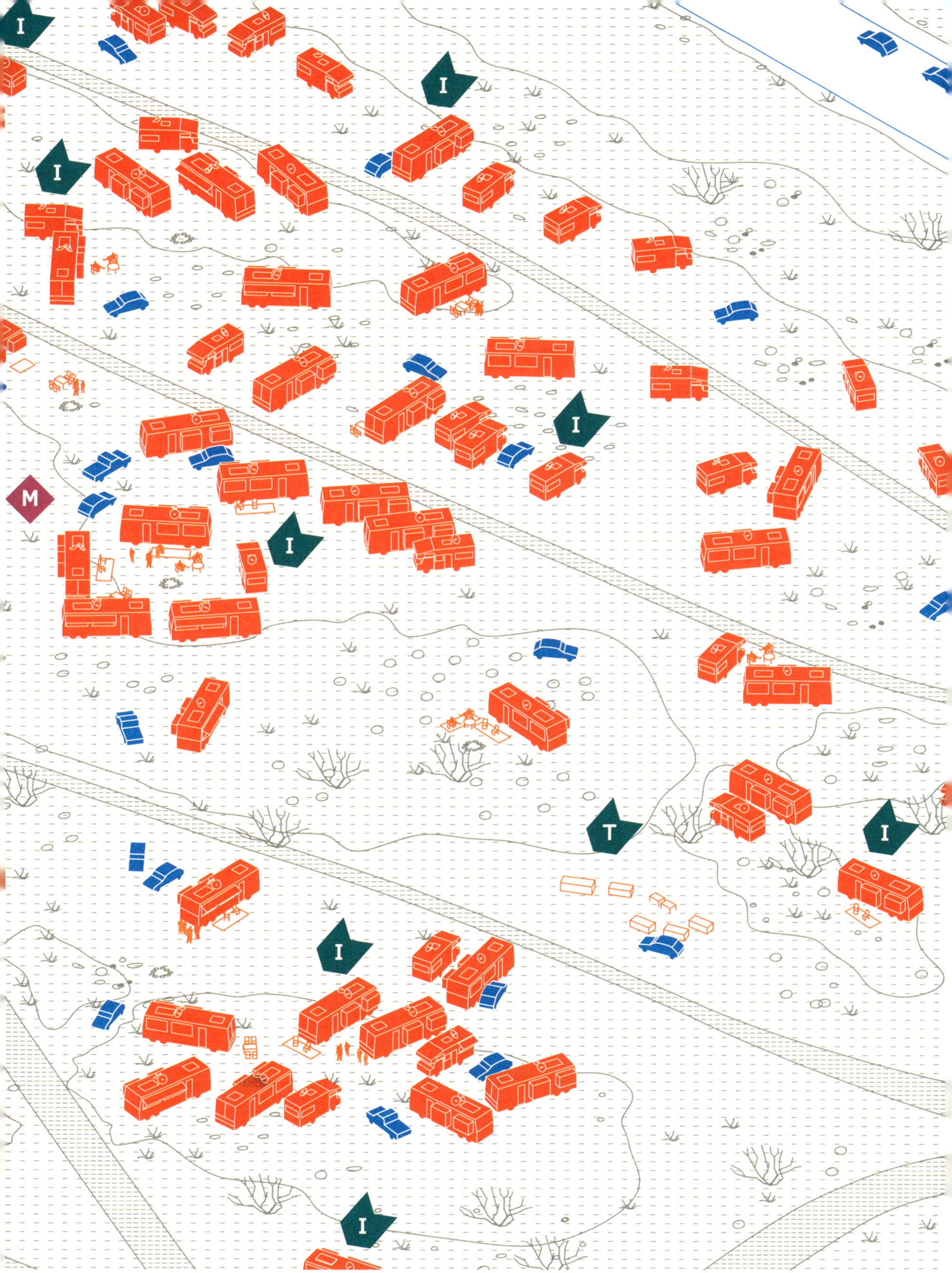

人工化棕色铺装　住宅区　卫星互联网

天然棕色地面　会议场所

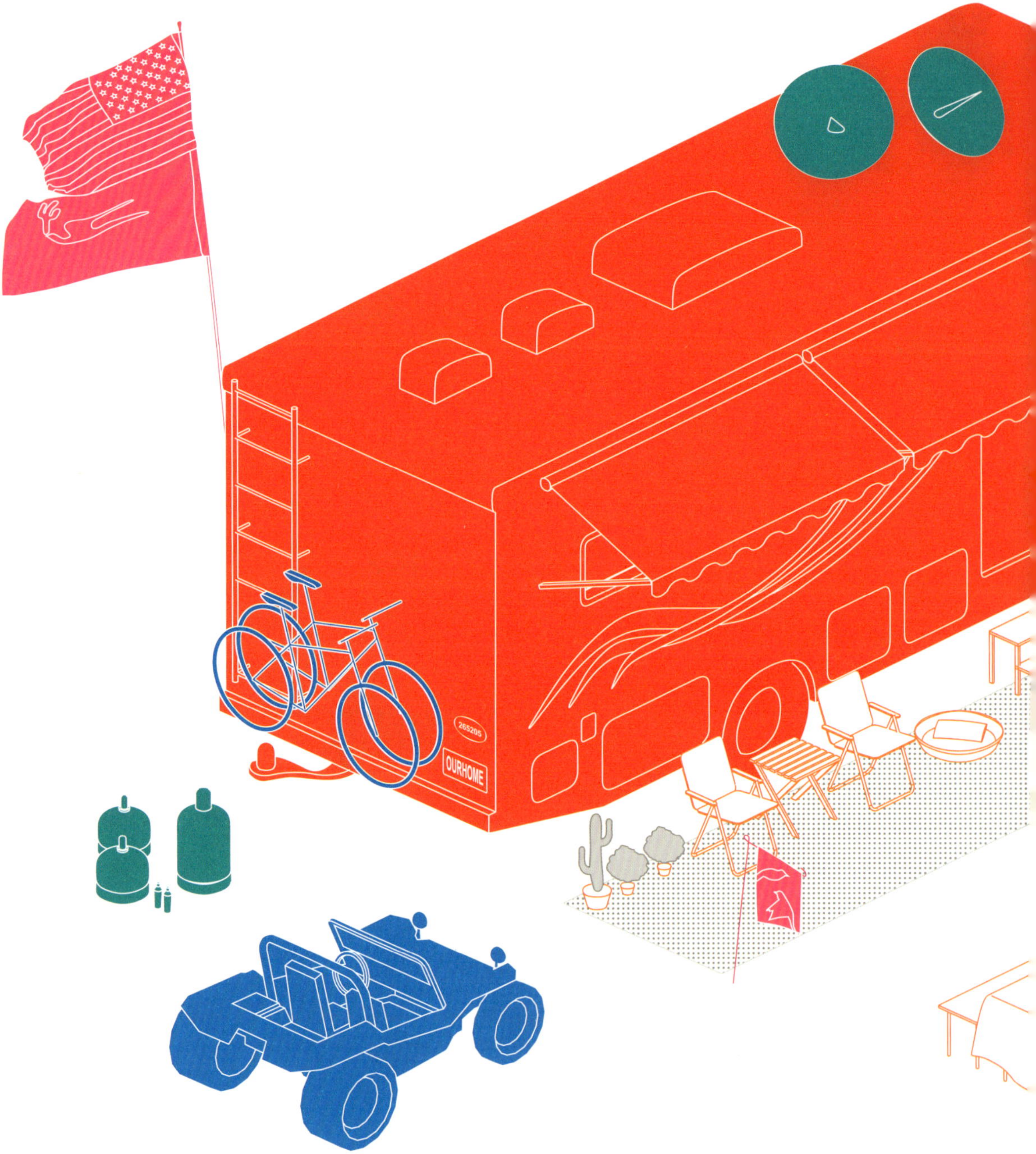

图B.4.40 户外“家居营造”——景观的家居化营造

对紧邻房车的外部环境进行布置，可以营造出一种熟悉的家庭生活场景。这种空间通常按照典型的郊区家居景观进行布置，划分半私人、半公共和公共空间以及“前院”和“后院”。在这种布局中，房车与现有场地特征和其他限制因素比如树木、植被、日照方向和车辆等的关系，以及特定物品和家具的摆放位置至关重要。许多房车都有一个可伸缩的遮阳棚，展开后可以模仿家居阳台，形成一个半私人的遮蔽空间，通常

会通过铺设额外的地面来加强空间感。最常见的是铺设人造草坪——模仿家居草坪，并在草坪上放一块“欢迎”门垫以及可折叠桌椅。还会摆放其他物品，比如烧烤架、临时壁炉、盆栽植物、健身器材，以及各式各样的园艺装饰品，比如旋转的风向标、霓虹棕榈树和花园守护神塑像，这些既增强了个性，又界定了外部居家空间。

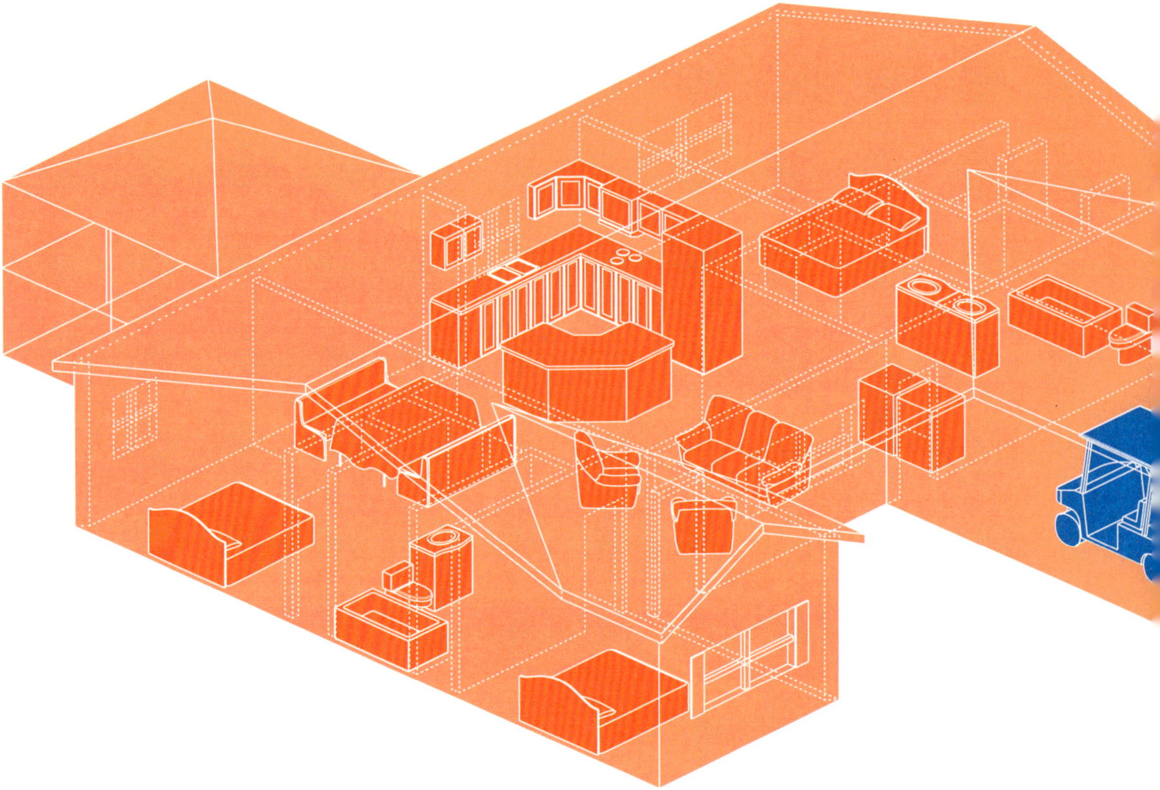

图B.4.41 “移动之家”——家居缩减

如果要选择老年房车旅居生活的话，那么在大多数情况下必须极大地缩减个人物品的规模和数量。房车旅居者的居住空间与从前的固定房屋面积相差巨大，康茨将这种事实描述为“既是一种创伤，又是一种解放”。此外，这也切断了房车旅居者与郊区住宅定居地的联系，而大多数人在房车旅居之前的生活，几乎都是在故乡的定居地度过的。因此，“家”的概念转变成了一种复合的结构，其中房车是一个恒定和稳定的形象，它身处多变的不稳定的环境中，房车旅居者在这种环境中需要临时占用公共和私人财产。在房车内部，作者在实地考

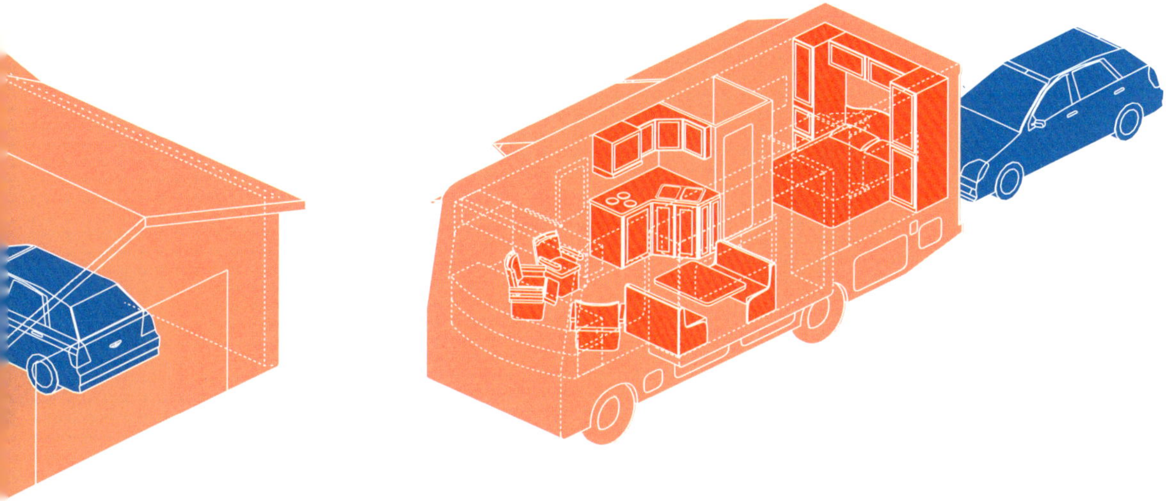

察中发现了一种“超家居”形式，它更适合郊区牧场的固定生活，而非移动车辆。由于体积和重量上的限制，这种形式往往需要通过高效的材料来实现。美国中产家庭室内“房间”的布局和指定功能都被缩小或放大，其最显著的材质和色调也是如此。基本的家居元素包括“客厅”的地毯、瓷砖和室内装饰织物，“厨房”的染色橡木或红木镶板橱柜，以及靠垫、鲜花和小摆件等常见的室内装饰物。这些小摆件在行驶期间被收纳起来，待停车后再重新摆出来。与“家居化汽车”相比，这种布置更接近“移动之家”的理念。

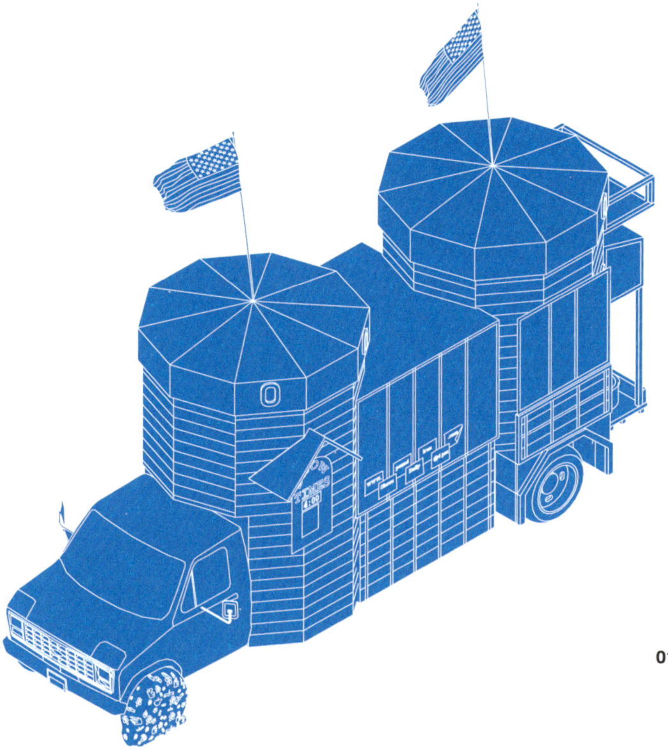

01

03

图B.4.42 老年房车社群标志物

01. 自制房车车身，配有木制塔楼、旗杆和许愿轮。

02. 在水晶镇房车博览会上出售的简易混合动力车，被宣传为“用电池的制冷冰柜滑板车”。

03. 北极星RZR全地形车（ATR）。这一车型很受老年房车主的欢迎，不仅可以越野使用，还可用于购

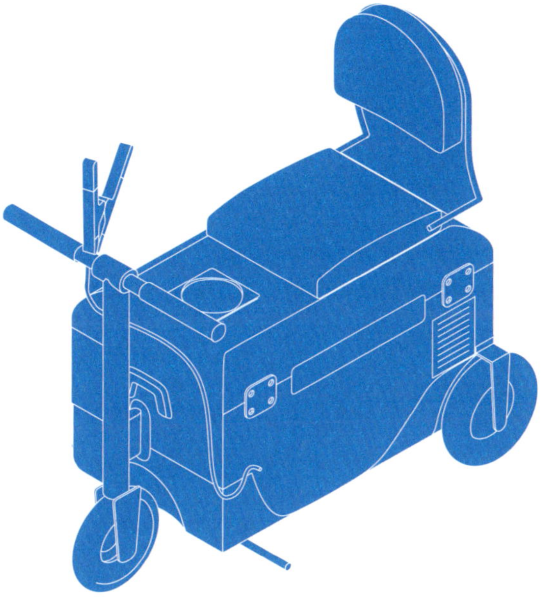

02

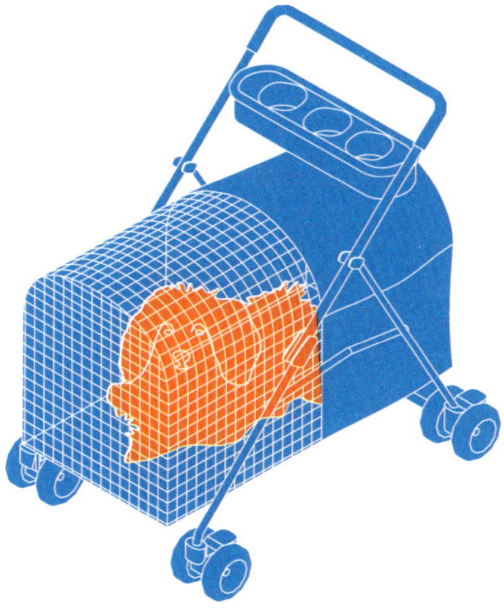

04

物，ATR通常拖在房车后面，可存放于房车中的小型车库中，有时在运行中可安装在房车的车顶。
04. 宠物推车在饲养宠物的房车用户中很受欢迎，在房车展览会和集会上经常可以看到。据报道，一些人饲养宠物是为了消除“空巢”的空虚感，而宠物推车则是为了防止宠物受到陌生环境的惊吓而逃跑。

注释

1 Buckminster Fuller, "Notes from the 5th Meeting [of the first Delos Symposium, 1963]," "Delos Documents," Avery Classics Collection, Columbia University; 引自 Mark Wigley, "Network Fever," *Grey Room* 4 (Summer 2001), pp. 121–122.

2 Dorothy Ayers Counts and David R. Counts, *Over the Next Hill: An Ethnography of RVing Seniors in North America*, Peterborough, Ont., 1996, p. 15.

3 同上 , p. 15。加拿大人类学家大卫·康茨和多萝西·康茨指出，从历史上看，由于美国人口普查没有对房车进行专门分类，因此很难对美国的房车人口进行精确量化。估算的依据是行业销售数字、行业问卷调查和部分人口普查的综合结果。科奥兹对 1990 年至 1994 年间一种新兴的社会形态进行了实地研究，其结果最终于 1996 年出版。

4 Ibn Khaldun, *The Muqaddimah*, Princeton, 1967, p. 118.

5 "RV Quick Facts" Recreational Vehicle Industry Association (RVIA), http://www.rvia.org/?esid=faqs（2014 年 5 月 26 日访问）。

6 同上。拖挂式房车的"尺寸和重量都很小，不需要特别的高速公路驾驶证。它不需要永久性的现场连接"。

7 同上。

8 有必要将房车与活动房屋、越野车和雪地车等术语区分开来，因为房车经常与这些术语混淆。活动房屋是一种可移动的居住单元，有一个完整的底盘，通常是 3.0 米或 3.7 米宽，由大型拖拉机牵引。活动房屋通常位于永久性拖车公园内，一般不会从最初的安装地点搬走。

9 "RV Types, Terms and Prices 2013," RVIA, http://www.rvia. org/UniPop.cfm?v=2&oid=1004&cc=1120（2014 年 5 月 26 日访问）。

10 Counts and Counts, *Over the Next Hill*, p. 60.

11 有关游牧建筑的更多讨论，请参阅 Robert Kronenburg, *Houses in Motion: The Genesis, History and Development of the Portable Building*, London, 2002; Irene Rawlings and Mary Abel, *Portable Houses*, Salt Lake City, 2004; Roger B. White, *Home on the Road: The Motor Home in America*, Washington, DC, 2000。

12 Richard T. Curtin, *The RV Consumer in 2011*, Ann Arbor, MI, 2011, p. 5.

13 2012 年，有 7950 万 55 岁以上的美国人生活在 4960 万个家庭中。"The Older Population in the United States: 2012," US Census Bureau, http://www.census.gov/population/age/data/2012.html（2014 年 5 月 26 日访问）。

14 Counts and Counts, *Over the Next Hill*, p. 48.

15 同上 , pp. 189–91 。

16 在大卫·康茨和多萝西·康茨的调查中，75% 受访的全职人士出售了自己的住房或将其挂牌出售，4% 的人通过中介机构租房，另有 5% 的人有亲属居住在他们的房子里。同上 , p. 273。

17 同上 , p. 148。20 世纪 90 年代中期，大卫·康茨和多萝西·康茨对流浪者进行了一次问卷调查。他们发现，"86% 的全职退休人员年龄在 56 岁或以上。79% 已经退休。在各种调查中，房车旅居者的平均年龄为男性 63.4 岁、女性 60.9 岁"。

18 Counts and Counts, *Over the Next Hill*, pp. 283, 315.

19 游牧社会——尤其是畜牧型游牧和采集狩猎型游牧——在 19 世纪末 20 世纪初由于一系列技术、经济和政治变革而经历了相当大程度的衰落。这些变化包括：民族国家的政治目标日益占据主导地位，导致对国家边界的管理更加严格；技术的发展削弱了游牧民族的相对军事实力，也削弱了他们的政治自主权；替代型交通方式的发展，使得以前只有游牧民族才能进入的地区也能被其他人进入。参见 Thomas Barfield, *The Nomadic Alternative*, Englewood Cliffs, NJ, 1993。

20 “山区的游牧民族冬天在低地放牧，春天搬到山麓，夏天搬到高山牧场，秋天再返回。如果他们试图全年都待在一个地方，很快就会发现既缺少牧草，又受到极端气候的影响，使得牲畜很难生存。冬天，高地被白雪覆盖；夏天，低地非常炎热”。同上，p. 12。与这种情况类似的房车旅居者们是那些冬季在佛罗里达州或亚利桑那州等南部各州避寒、夏季在北部各州避暑的人。

21 参见 Ulrich Beck, *Risk Society: Towards a New Modernity*, trans. Mark Ritter, London, 1992; 另参见 Andreas Huber and Karen O' Reilly, “The Construction of Heimat under Conditions of Indi-vidualized Modernity: Swiss and British Elderly Migrants in Spain,” *Ageing and Society* 24 (2004), pp. 327–351。其中对位于西班牙海岸的退休移居者及相关社会变革的精彩描述。

22 Counts and Counts, *Over the Next Hill*, p. 98.

23 相关人物包括 Ibn Khaldun、 Jibrail Jabbur、Thomas Barfield、Gilles Deleuze 和 Felix Guattari。

24 可参见 Gilles Deleuze and Felix Guattari, *A Thousand Plateaus: Capitalism and Schizophrenia*, trans. Brian Massumi, Minneapolis, 1987, pp. 380–382。

25 同上。

26 Counts and Counts, *Over the Next Hill*, p. 313.

27 同上，pp. 189–191。

28 作者于 2005 年、2008 年和 2010 年在房车社群进行实地考察时的观察、摄影和绘图记录。

29 同上。

30 同上。

31 美国州际公路系统是世界上最大的公路系统，长度为 75 440 千米，是下一个最大国家公路网络（德国）的十倍。“Eisenhower Interstate Highway System—Frequently Asked Questions,” Federal Highway Administration, http://www.fhwa.dot.gov/interstate/faq.htm（访问于 2014 年 5 月 26 日）。美国国家公路系统包括州际公路系统和其他主要道路，总长度为 259 032 千米。“The National Highway System,” California Rural Counties Task Force, http://www.ruralcountiestaskforce.org/Assets/Resources/TheNationalHighwaySystem.pdf（访问于 2014 年 5 月 26 日）。

32 Counts and Counts, *Over the Next Hill*, p. 311.

33 标志性的游牧空间是沙漠，其特征决定了它的属性，而非通过划定的边界或边缘。这与定居领土的分裂和有明确界限的空间形成对比，“这种空间是将一个封闭空间分配给人们，给每个人分配一个份额，并规范份额之间的沟通。游牧轨迹则相反，人们（或动物）在一个不确定且不相互沟通的开放空间中分布”。Gilles Deleuze and Felix Guattari, *Nomadology: The War Machine*, trans. Brian Massumi, New York, 1986, p. 50。除游牧空间的非沟通性之外，现代休闲游牧者挑战的是游牧社会中分散个体和团体之间的沟通限制（这种沟通通常通过串联链条进行）。

34 Estimate from RV Business, http://www.rvbusiness.com/2004/02/quartzsite-had-a-good-2004（访问于 2008 年 5 月 26 日）。另见 Richard Grant, *Ghost Riders: Travels with American Nomads*, London, 2003。

35 Kazys Varnelis, “Swarm Intelligence: Quartzsite Arizona,” in *Blue Monday: Stories of Absurd Realities and Natural Philosophies*, ed. Robert Sumrell and Kazys Varnelis, Barcelona, 2007,pp. 144–170.

36 奎茨赛特市市长维尔林·米歇尔（Verlyn Michel）与作者的对谈，2008 年 1 月 25 日，亚利桑那州奎茨赛特。

37 “游牧年轻老人”一词由作者提出。在对奎茨赛特的参与观察中，以及根据 2008 年和 2010 年对居民的采访，明显发现 SRVC（休闲车队）几乎完全由年轻老年人组成——按代际划分，主要是“婴儿潮一代”（Baby Boomers），小部分是“沉默一代 / 传统主义者”（Silent Generation/Traditionalists），即出生于 1925—1927 年和 1942—1945 年。

38 在 www.rvbookstore.com 上可买到的包括《Wal-Mart Atlas》《Wherezitat?: Locate-A-Walmart》，以及《Wal-Mart Stores That Do Not Allow Overnight Parking》。

39 Counts and Counts, *Over the Next Hill*, p. 173.

40 同上, p. 148。

41 互联网大数据的发展在研究在线房车社区的过程中发挥了重要的方法论作用。

42 Counts and Counts, *Over the Next Hill*, p. 16.

43 同上, 245–47。参见"Escapees care Center," Escapees Care, Inc., http://www.escapeescare.org（2014 年 5 月 26 日访问）。

44 "Datastorm Users.com Map," DataStormUsers.com, http://map.datastormusers.com/index.cfm（2014 年 5 月 26 日访问）。

45 可参见"MDS Recreational Vehicle Program," Mennonite Disaster Service, http://mds.mennonite.net/programs/rv-program (2014 年 5 月 26 日访问)。

46 Manuel Castells, "Informationalism and the Network Society," epilogue to *The Hacker Ethic and the Spirit of the Information Age* by Pekka Himanen, New York, 2001, p. 171.

47 Penelope Dean, "Outback Metropolis: Time Sharing Urbanism," *Architecture Australia* 89, no. 1 (January/February 2000), pp. 86–91.

48 Neil J. Brenner, ed., *Implosions/Explosions: Towards a Study of Planetary Urbanization*, Berlin, 2014.

49 Manuel Castells, *The Rise of the Network Society*, London, 1996, p. 400.

50 Counts and Counts, *Over the Next Hill*, p. 94.

51 同上, pp. 94–96。

52 每年的 1 月，火鸟房车俱乐部（Firebirds RV Club）都会在奎茨赛特以环形聚集，这就是一个例证。

53 同第 50 条, p. 111。

54 Castells, *The Rise of the Network Society*, p.400.

55 德尔·韦布的太阳城宣传片清楚地阐述了郊区未能满足第三年龄阶段老年人的需求和愿望。The Garland Organization, *The Beginning*, VHS, Phoenix, 1965。

56 David Greene, "Instant City Children' s Primer," in *Guide to Archigram 1961-1974*, ed. Herbert Lachmayer et al., London, 1994, p.297.

57 可参见 Sam Jacob, "Rok On," *Contemporary Magazine*, no.62 (2004)。

58 Greene, "Instant City Children' s Primer," p.297.

59 法国艺术家克里斯托夫·贝达盖尔（Christophe Berdaguer）和玛丽·佩尤斯（Marie Péjus）的作品《2001 年之后》（*After...2001*）虽然没有刻意提及老年房车社群，但通过将"即时城市"项目中的原始拼贴画人物（通常是从当时的杂志中挑选的年轻模特）与他们 35 年后的人物互换，探讨了这一乌托邦愿景的老龄化问题。这预示着这样一种观点，即如果老年房车社群真的实现了这种没有城市的游牧城市乌托邦，那么它是由与最初设想完全不同的人口群体（主要是"婴儿潮一代"的老年中产阶级）实现的。在没有探讨实现这种城市化的具体经济或政治条件的情况下，我们可以从建筑电讯派成员，尤其是戴维·格林对这个项目的描述中推测，它是作为实现游牧城市化的一般条件提出的，而不是针对任何特定的人群。

60 可参见 Michel de Certeau, *The Practice of Everyday Life*, Berkeley, 1984。

C
集体主义趋势

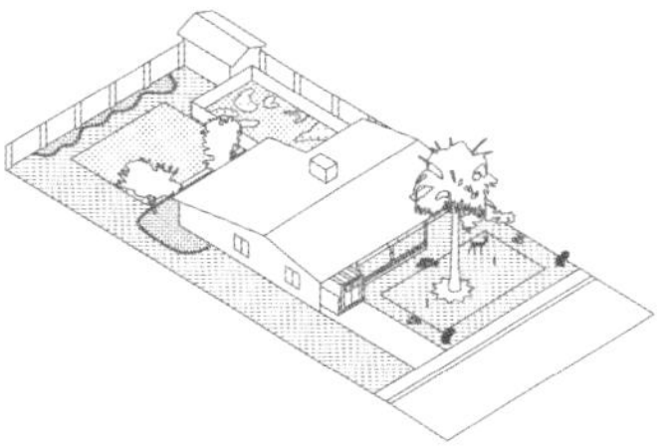

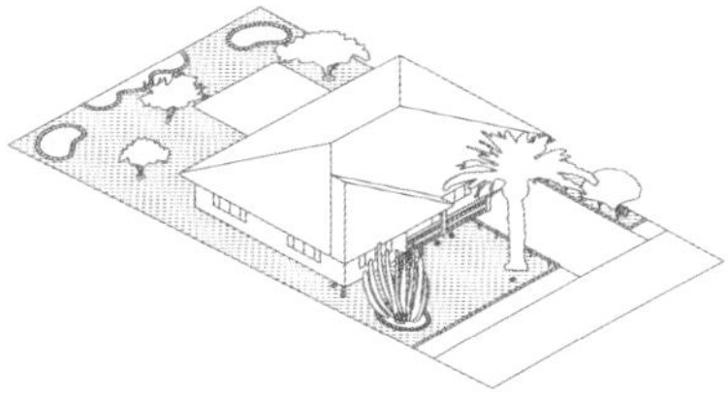

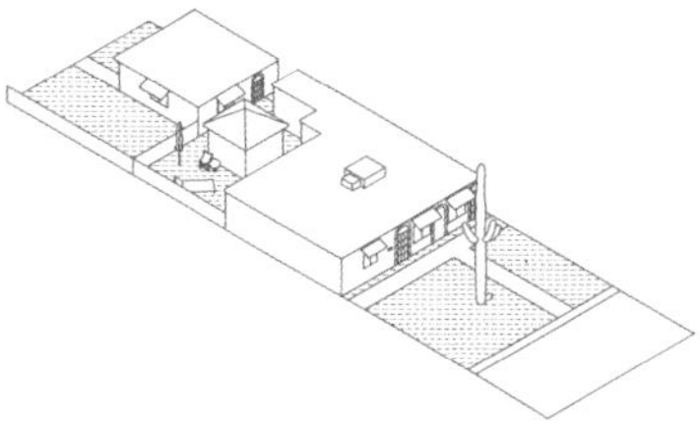

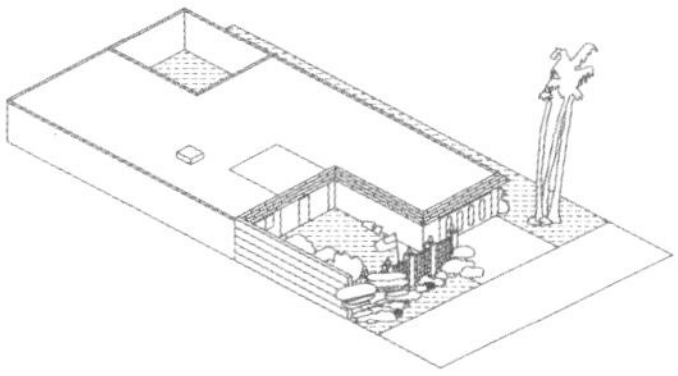

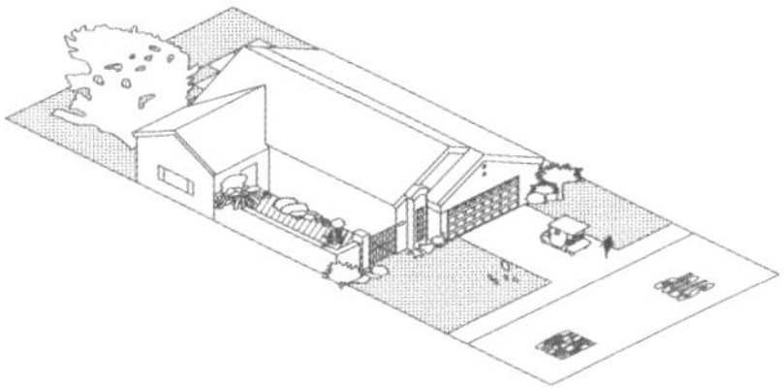

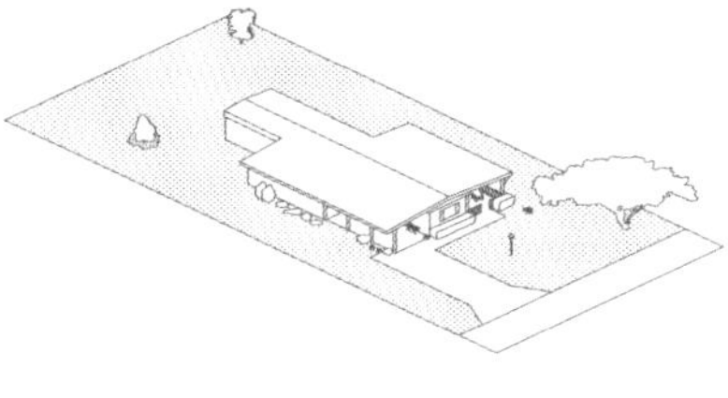

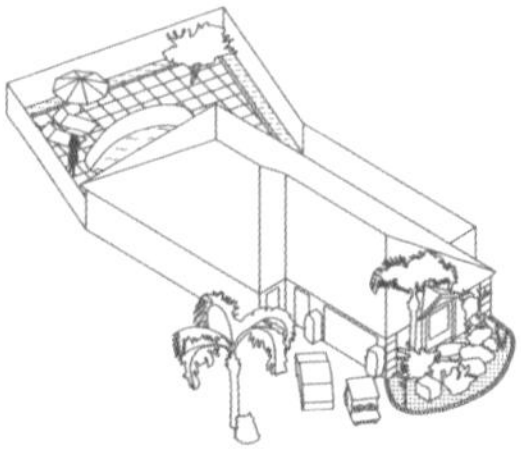

1.年轻老人的城市化：集体

虽然在前面各章中对每个案例研究的主体性、社会集体性和城市化都得出了相关结论，但本部分将从集体的角度讨论城市案例研究。在此，我们将从整体角度论证这些探究所描绘出的“年轻老人城市化”的特征。这个词组并不是要定义一种单一的形态学或类型学条件，而是分析由特定社会人口条件引起并持续产生这种人口条件的一系列趋势。正如本书所述，这些趋势刻画的城市化形式与 20 世纪上半叶及之前的老年依赖性和衰老性的老龄化特征大相径庭，并在美国战后的首批历史先例中得到了广泛扩展。[1] 在很大程度上，这是目前规模庞大的退休城市化产业日益专业化、商业化和企业化的结果，据估计，仅在美国，这一产业每年的价值就达 510 亿美元。[2]

在本章将介绍的“年轻老人城市化”六大趋势中，退休乌托邦、年龄分隔和私人治理这三个趋势是在对 20 世纪 60 年代早期历史案例的研究中确立的，如太阳城和休闲世界等。这些趋势在当代得到了相应的发展，如佛罗里达州退休村，它代表了太阳城在当代最发达和最先进的传承。此外，我们还将在流动性、主题化和工具化标题下讨论“年轻老人城市化”的一系列当代趋势，这些术语与 20 世纪下半叶和 21 世纪初发达国家的普遍变革相吻合。

退休乌托邦

集体案例和“年轻老人城市化”历史先例研究总结出的第一个趋势是对“退休乌托邦”概念的使用。正如本书通篇所述，对“乌托邦”一词的使用并不意味着作者赞同所选城市案例达到了理想或乌托邦的条件。相反，乌托邦被当作一种解释工具，用于处理与这些空间产物的双面性密切相关的现状，在这些空间产物中，“乌托邦”与“反乌托邦”往往相距不远。从消费者或潜在居民的角度来看，退休往往被视为一种解放性的社会空间项目，因为年轻老人群体特有的社会经济条件——尤其是免于承担工作、育儿和教育相关的责任，以及在许多情况下有资源享受这种自由——为他们追求理想的或乌托邦式的生活提供了肥沃的土壤。从另一个角度来看，这些城市化形式的生产者们则专注于对社会空间产物的需求，并将其作为理想化的生活方式进行营销和销售。[3]

意大利城市学家马可·德·埃拉莫认为，退休社区的类型，正如在太阳城实现的那样，构成了“我们时代最伟大（同时也是最受冷落）的社会实验之一……是一场社会变革”。[4]这个实验的核心是将太阳城构想为一种新型的乌托邦休闲社会——一个完美和理想的环境，没有非自愿工作的强加。它创造了一个可供大众全天候使用的城市环境，这里没有工作、教育和财务生存的压力，也没有寒冷冬天的不适。进一步需要解决的“不便”包括子女问题、高昂的生活成本、工业城市相关的污染和拥堵，以及与乡村或退休生活相关的无聊和孤独。

由于在太阳城、杨格镇和休闲世界出现之前，社会中并不存在实质性的年轻老人群体，因此这些社区是按照先前构建的休闲乌托邦模式来建造和营销的。在这些特定案例中，度假胜地的乌托邦模式成为最常用的参考模式。作为供临时体验的休闲城市化形式，度假胜地的类型被重新配置，以作为永久环境发挥作用。从规划角度来看，即转化为大量基础设施以支持体育和有组织的休闲活动，如高尔夫、网球和游泳，以及观光、手工艺制作等兴趣爱好。

尽管德尔·韦布最初将太阳城设想为一种面向普通美国退休人士的廉价生活方式产品，但太阳城仍然定义了一种基于个人财产所有权的城市化模式。与包容性公共乌托邦的悠久传统相比，这种退休社区可以被描述为一种非公共的乌托邦，或者用埃文·麦肯锡（Evan McKenzie）的术语来说，是一种“私人乌托邦”，它试图为社会的一部分而不是整个社会打造完美和理想的条件。[5]之后随着太阳城的进一步发展，主要基于年龄排他性的乌托邦基础进一步扩大，形成了一种非正式的收入隔离形式，因为德尔·韦布公司追随他们认为的最佳市场机会，专注于向高收入退休人士销售生活方式产品，而不是像最初设想的那样解决中等财富收入退休人士的需求。[6]

正如美国战后实验的一样，“无尽假期”的退休乌托邦概念在当代年轻老人城市化中仍然活跃。这与人们对退休乌托邦的向往有关，而这种向往又集中在促进其作为生活方式产品的销售上。这表明，到达人生的这个阶段与购买新的生活方式产品（以新家的形式，且在较小程度上是在新环境中）之间存在某种巧合。根据 2005 年德尔·韦布公司对“婴儿潮一代”的调查（由德尔·韦布的母公司普尔特房屋公司委托，哈里斯民意调查公司实施），“59% 的年轻‘婴儿潮一代’（年龄为 41 至 49 岁）和 50% 的年长‘婴儿潮一代’（年龄为 50 至 59 岁）表示，他们计划为退休购买新房。在愿意退休后搬家的‘婴儿潮一代’中，66% 的年长‘婴儿潮一代’表示他们会为了更好的社区生活而搬家，54% 的人表示会寻求更温暖的气候。”[7] 根据更近期的 2013 年德尔·韦布公司对“婴儿潮一代”的调查，人们在第三年龄开始时购买新房的意愿仍然强烈，但搬到另一种气候的意愿有所下降，“当被问及在孩子们离家后是否计划搬家时，超过一半（55%）（受访者年龄为 50 至 59 岁）的人表示他们计划在未来某个时候搬到新家，近 10% 的人表示他们可能会移居国外或去气候更温暖的地区生活。”[8]

这些居住环境的开发商将其描述为自愿休闲的乌托邦，在这里，人们可以随心所欲地做自己想做的事，无论是在何处、何时、如何以及与谁一起做。正如许多即将实现的乌托邦的情况一样，德·埃拉莫也提到过，这种安排往往更接近威权主义或极权主义，而不是其支持自由的言辞所暗示的那样。[9] 在休闲乌托邦的文学传统中，对威权控制的反乌托邦倾向有详细的记录，如阿道司·赫胥黎的《美丽新世界》（*Brave New World*）。对于房主行为的法律约束，包括草坪维护、分配给孙子孙女探访的最大天数，以及在佛罗里达州退休村中地方媒体和政治的非民主运作，表明这里并非无可争议的个人主义和解放的场所。

这些当代“完美”城市世界的产生不仅在功能和社会层面上进行，还越来越多地通过主题化等技术在象征层面上进行。本书中呈现的乌托邦包括基于地理、年龄、财富和社会地位等变量组合的城市形态实验。

作为太阳乌托邦和度假乌托邦，这四个案例都位于胡安·帕洛普－卡萨多（Juan Palop-Casado）“乐园般的几何地带”（geometry of paradise）北线——两条记录地球亚热带“理想天气条件”带的等高线。所介绍的三个定居乌托邦都是基于由北向南迁徙到气候宜人地区的实践。在这些案例中，太阳海岸可能是围绕阳光地带建造的最高级别的乌托邦。它既强调将海滩度假的享乐主义户外文化扩展为全年的永久体验，又将气候作为治疗老年常见疾病（如关节炎、风湿病和哮喘）的辅助手段。佛罗里达州退休村也是一个全年有着户外生活的移民目的地，吸引着来自美国其他地区的退休人员。豪斯登堡位于日本西南部的九州岛上，该岛以比日本其他地区更宜人的气候而闻名，吸引了来自东京等北方城市的退休人员和游客。房车生活方式也体现了对流动性和灵活性的追求，以及根据季节选择最有利的气候区的可能性。正如交互式定位地图所示，房车社群（例如 Datastorm 用户）夏季在北方分布，而冬季则明显集中在南部。

佛罗里达州退休村的环境还具有青春乌托邦的功能，因为它构建了一个理想化的童年故乡城市。老年人在这里能够无忧无虑地追求“青春”，如运动、参加啦啦队、约会、跳舞、进行汽车改装等。这在很大程度上得益于广泛而密集的环境主题所营造的形式和象征性的环境。矛盾的是，其作为青春乌托邦的表现是以在其范围内排除年轻人的存在为前提的。[10] 在其余三个案例研究中，也出现了类似的人口结构上的青春化形式，其基础是有限的实际青年人数，这是自然发生的年龄分隔的一种功能。（图 C.1.1）

太阳海岸的当代城市化区域和佛罗里达州退休村的整体景观都是以高尔夫为中心的空间产物，这些社区主要是在以前的不毛之地上布置完美田园景观。作为一种痴迷于高尔夫的城市化形式，这些场地保持了高尔夫与社会的完善的象征性联系——非生产性的高社会价值以及对球杆和球的完美表现的昂贵追求。

豪斯登堡营造了另一种形式的乌托邦，这种乌托邦与社会的完善息息相关，在这种情况下，从日本退休人员的角度来看，它是一个体验高级文化的社会。即将日本人到欧洲文化景点的临时度假转变为一种永久性的全年体验，从而产生了一种既具有象征意义又具有表演性质的乌托邦。从象征意义上讲，它建立在异国情调的表象基础之上，而从表演性质上讲，它的核心是提供一套与当代日本城市格格不入的另类项目和空间体验。

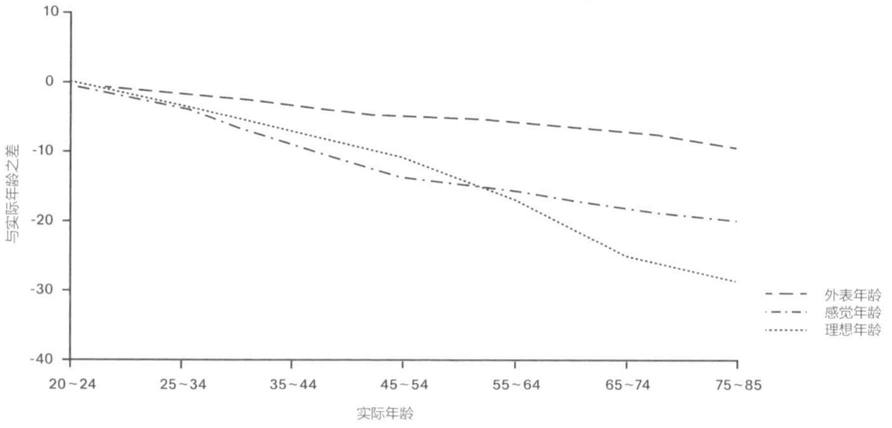

图C.1.1 受访者的实际年龄与外表年龄、感觉年龄和理想年龄之间的差异。需要注意的是，年龄较大的受访者的实际年龄与理想年龄之间存在很大差异。资料来源：Peter berg and Lars Tornstam, “Youthfulness and Fitness—Identity Ideals for All Ages?”, *Journal of Aging and Identity* 6, no. 1（2001）

此外，美国的老年房车社群具有双重乌托邦的功能，既是公路的自由的乌托邦，也是自然的乌托邦。这在很大程度上是美国高速公路和边疆荒野的神话和理想化产物，两者都与美国向西扩张密切相关。

广义上的乌托邦意味着新社会形式的形成。正如德·埃拉莫所言，这种形式的退休社区之所以引人注目，正是因为其前所未有的年龄排他性。换句话说，德·埃拉莫对太阳城以及类似的年龄分隔社区的担忧，是基于质疑这种排他性的社会愿景是否构成了一个理想或可行的乌托邦，一个假定的理想和完美的地方或状态，在那里，每个人都和谐相处，一切都是“最好的”。在这种情况下，世界各地数以百万计的退休人员为了实现理想的生活方式，有意识地选择在空间上脱离社会其他部分，这一现实具有重要意义。

当这些退休乌托邦的特殊愿景通过日益复杂的技术得以实现时，我们也可以说，它们为年轻老人的理想社会设想了一个日益平庸、商业化和个人主义的框架。从某种程度上说，这代表着乌托邦的创新社会潜能的减少，变成了个人对娱乐设施和休闲体验的积累。在某种程度上，这种评价可能与现代度假胜地的个人化野心有关——这种野心既与休养生息的功能有关，又与实现个人享乐主义的消费有关，是对日常生活的一种逃避。[11] 正如彼得 · 拉斯莱特批评的那样，年轻老人可能会对社会不负责任和懒惰，[12] 伯尼斯 · 纽加滕问道："年轻老人是否会尝试一些观察家所说的真正的人类状态——免于工作和免于匮乏的自由状态？他们拥有相对较好的健康状况、受教育程度、购买力，以及足够的自由时间和政治参与度，不可能成为被忽视者、孤立无援者或社会的牺牲品。相反，他们会成为社会的贡献者以及自我实现者吗？"[13]

当总规划师、主题顾问、营销顾问或活动协调员的脚本被打破时，退休生活方式和"年轻老人城市化"的乌托邦的可能性似乎会更有效地发挥出来。对现有退休社区作为预先包装好的空间产物的平庸性予以挑战的现实发展，通常出现在边缘地区或被认定为偶然事件。例如，佛罗里达州退休村的一些居民就对退休休闲乌托邦的主导地位提出了挑战，由于该度假村的休闲居住区规模庞大，且与配套城区相对隔绝，大部分的空缺职位都由居民填补，其中许多人正在发展第二份"业余职业"。在这种情况下，新形式的职业很常见，新形式的志愿服务也与年轻老人产生联系。这方面的例子不胜枚举，但其中最重要、最有趣的是 2005 年"卡特里娜"飓风过后老年房车社群的志愿活动。

对豪斯登堡的某些居民来说，虽然生活在日本，却可以像在荷兰旅游一样，这样一种乌托邦不仅意味着生活在一个看起来像荷兰的小镇上，还意味着居民与游客之间的关系发生了改变，进而形成了有别于日本社会正常规范的社会习俗。这方面的一个例子是暂停接受邻居邀请的社会义务，这一方面代表了一种非正式的乌托邦，另一方面代表了一种社会分裂的反乌托邦。这样的时刻触及了"年轻老人的城市实验"的潜在解放可能性——暗示了一个允许触及和重塑老年的人口培养皿。[14]

年龄分隔

美国战后退休社区的历史案例以及本章介绍的当代案例研究的共同点是，年龄分隔在提供生活方式产品方面的主导地位，以及通过人口和市场细分逻辑对年龄分隔的相应作用。无论是正式还是非正式的形式，年龄分隔在多个方面都是实现退休乌托邦的关键驱动力之一，这与芒福德在 20 世纪 50 年代末所指出的老年“专业化、机械化、制度化”的进程不谋而合。[15]德·埃拉莫强调了这种按年龄进行城市分隔的方法在历史上是前所未有的，他指出“纵观人类历史，世界上任何文明都无法想象出老年人应该被单独分隔……没有人能想象到……老年人会渴望将自己与社会其他群体分隔开来”[16]。

20 世纪 50 年代末年龄分隔的出现，恰逢一个由足够大的新消费群体（主要是被称为“二战一代”的年轻老人群体）构成的市场出现，这个群体有着与其他生命阶段人群不同的特定需求，同时出现了一种新型的供应商，他们有足够的能力来建造具有城市规模的环境，并且对该群体的人口构成、需求和偏好有了新的理解。在这种背景下，大规模年龄分隔的出现恰好与人口统计细分技术的首次系统性应用相吻合，这种技术后来被用于太阳城的项目开发。[17]德尔·韦布公司是使用调查技术来确定新退休人员对建筑和城市的具体需求和愿望的创新者之一，并以此确定了一种新的住房市场细分方法以及与之相关的必要设施。

年龄分隔成为一种日益完善的工具，用于在空间上集中人口和市场细分。美国老年学家和地理学家斯蒂芬·戈兰特概述了这些特定做法的经济优势，他描述了大量需求相似的消费者聚集在一起的情况，这反过来又产生了“一定的规模经济，从而可以更高效地提供商品和服务，并降低平均成本”[18]。在太阳城的案例中，根据德·埃拉莫的说法，由此产生的人口密度使得两种通常不可调和的情况得以调和：低密度郊区和城市典型的丰富服务。[19]

虽然杨格镇、太阳城和休闲世界的早期实验代表了对年龄分隔退休愿景的初步尝试，但当代（第三）年龄分隔城市化的实现变得更加复杂和普遍。在本书提到的当代案例研究中，佛罗里达州退休村通过契约、条件和限制（CC&Rs）在法律上强制执行年龄分隔基本与 20 世纪 60 年代初太阳城的做法相同，而围绕市场细分活动的工具和策略则有了显著发展。太阳城的起源可归结为退休、人口老龄化和市场营销实践的历史交汇。这涉及开发商或供应商从迎合人们的需求到制造消费者的欲望的转变。本研究中涉及的剩余两个定居社区（太阳海岸的城市化社区和豪斯登堡的瓦森纳开发项目）在正式的法律条款中并没有对年龄进行划分，却演变成了自然形成的退休社区（NORCs），这一事实促进了这一领域后来的发展。这些社区之所以主要由年轻老人群体居住，部分原因在于其设计和营销的是面向年轻老人的生活方式产品。在豪斯登堡、佛罗里达州退休村和太阳海岸的城市化进程中，围墙、大门和其他安全系统的扩充也加强了分隔的实际效果。老年房车社群游牧式的城市化形式，为解决这些问题提供了进一步的参考。这种城市化形式的流动性和灵活性，使其也能作为一种或多或少自然形成的退休社区发挥作用，从而形成完全不同的人口密度和建筑密度，与典型的年龄段集中的空间相关性形成反差。

上文提到的当代和 20 世纪中期的定居型城市化案例都表明，通过将单一人口群体集中在一个大区域内，可以支持高密度的年轻老人的同龄人社交互动，并为年轻老人提供高密度的专用设施，同时保持低密度的远郊特性。对于太阳城的 DEVCO 公司和佛罗里达州退休村的莫尔斯家族等供应商来说，协调这些典型的矛盾条件是非常有利可图的。对于一部分特定的消费者来说，如果我们相信大多数经验性调查是准确的，那么这类产品已经变得非常受欢迎，让那些有能力支付这种私人化生活方式的人能够享受到比同龄人更快乐、更少与社会隔绝、更充实、更活跃、更长寿的生活。[20]

从更广泛的社会视角来看，这种关于年龄分隔——快乐的退休者和牟利的开发商——的传统双赢叙事受到了强烈质疑。芒福德、米德、德 · 埃拉莫和布莱希曼等人的批评探讨了“社会扭曲”以及社会和财政不公平所造成的损失。例如，美国作家比尔 · 毕晓普在其 2008 年出版的《大排序：为何志趣相投者成群的美国正面临撕裂》（*The Big Sort: Why the Clustering of Like-Minded America is Tearing Us Apart*）中，描述了一个日益分裂和隔离的美国社会带来的问题，这个社会的基础是“从‘和我们相似的人’中找到文化慰藉，（结果）我们已经迁移到越来越狭窄的社区、教会和政治团体中。现在，我们的私人生活比以往任何时候都更加与世隔绝，与我们的伙伴们密不可分，我们带着‘顾客永远是对的’的敏感性对待公共生活”[21]。

社会空间分隔当然不仅限于退休社区。它在更常见的封闭社区中尤为普遍，在这些社区中，分隔主要沿着财富和种族这两个轴线进行。然而，如果再加上第三条轴线，即年龄轴线，分隔的程度就会更高。根据德 · 埃拉莫的说法，这代表了一种“双重乌托邦：一方面是私人城镇的所有权乌托邦，另一方面是退休社区的自我隔离乌托邦——财富、种族和年龄的三重秩序。一个街道干净整洁，没有孩子们嬉闹声的乌托邦，在那里永远不会下雨”[22]。布莱克利和斯奈德认为，这种排他性的配置挑战了社会契约，与安全化技术和城市空间日益军事化的交集进一步加剧了这种配置的问题。[23]

对年轻老人城市形态的担忧还与他们从一个生活阶段向另一个生活阶段过渡时所产生的断裂有关。从第二阶段的成年到第三阶段的年轻老人是一个积极的过渡，与实验、自由和解放有关，而从第三阶段到第四阶段的过渡，即从年轻老人到高龄老人的过渡，则被视为极大的消极因素。否认高龄老人衰老的存在是各种城市年轻老人案例研究中反复出现的主题。[24]这种否认在各种情况下都很明显，包括佛罗里达州退休村中没有墓地、开发商明显不愿建造辅助护理设施，以及许多活跃的成人社区在黑夜的掩护下将逝者移走的做法。[25]

上述论点延伸出这样一个概念，即与这种情况相关的成本主要由社会其他部门或整个社会承担，例如不可持续的低密度土地开发的环境成本，对私人飞地的投资增加以及相应的对剩余公共领域的投资减少，或与跨代际的社会断裂形式相关的社会成本。这种断裂不仅指大量年轻老人在社会和空间上与其他代际隔离，还指代际契约在经济和政治层面上的断裂。这在社区范围内的决策中最为明显，这些决策有意逃避或选择放弃年轻老人居民不受益的公共服务，例如学校。[26]这可能在不同程度上被认为在生态、社会和经济上是不可持续的。

虽然主流呼吁通过支持“居家养老”策略来纠正像佛罗里达州退休村这样的社区中明显的代际分裂，但正如在导言章节中所提到的，与这种方式相关的正统观念也有其自身的挑战和局限性，从在社会和物质方面构建普遍具有良性和支持性的场所，到社区随着时间的推移而发生的动态变化。[27]在美国，大多数选择居家养老的人都在郊区，而其密度不足以支持接近本书所呈现的定居年轻老人案例研究中的设施水平和社会互动水平。新城市主义的混合用途和混合代际目标被提出作为年龄分隔模式的理想对抗模式；然而，新城市主义发展尚未实现这些既定目标。[28]要在城市环境中实现精确和公平的代际混合，还有一个限制因素，那就是随着居民在家中逐渐老去，以及随着居民迁出或去世，特定城市区域的年龄构成模式很难维持。一个规划为跨代居住的城区，在 20 年内可能会发生很大的变化。随着时间的推移，一群居民集体衰老的过程对于活跃的成人社区和非年龄分隔社区来说都是一样的，尤其是在新开发项目的最初二三十年。例如，1970 年太阳城刚成立不久，中位年龄为 67 岁；到 2010 年，中位年龄为 73.4 岁。纽约莱维敦居民的平均年龄在 1948 年左右约为 27.5 岁，2010 年增加到 41.7 岁。为保持理想的代际组合而对住房单元实施年龄控制等进一步的策略存在很大问题，因为这些策略可能会导致居民被迫离开他们长期依恋的家园。

关于年龄分隔环境的讨论突出了年龄同质性和多代接近性的规模问题，这些问题并不容易用非黑即白的方式来回答。例如，自 21 世纪初以来，人们对小型的小众退休社区或“亲和社区”越来越感兴趣，这些社区主要围绕共同生活方式、对休闲活动的兴趣或以前的职业而形成。例如，加利福尼亚州北霍利伍德的诺霍老年艺术家聚居地（NoHo Senior Artists Colony）约有 150 名居民，为视觉艺术和表演艺术提供课程和空间；马萨诸塞州牛顿市拉塞尔学院校园内的拉塞尔养老社区（Lasell Village）是一个持续护理退休社区，约有 200 名居民，要求居民每年参加 450 个小时的课程；加利福尼亚州弗里蒙特市的乐叙之家（Aegis Gardens）是一个有 85 名居民的退休社区，为美籍华人退休人员提供服务；佛罗里达州中南部的纳尔克雷斯特（Nalcrest）是一个有 700 名居民的社区，为美国退休邮政工作人员提供服务。这些社区似乎并没有引起像佛罗里达州退休村这样的批评反应，因为它们被认为是在亲密的、相互支持的社区内选择更为良性和积极的生活方式，这些社区注重共同利益，并与现有的非年龄分隔的城市环境融为一体，但它们在人口构成上仍然存在年龄分隔和同质化。这是否表明，年龄限制社区的可接受性不仅是邻近多代际环境的问题，还是一个规模问题？

德 · 埃拉莫的太阳城理论涉及两个不可调和的乌托邦——郊区密度和城市特有的便利性——的调和，这一理论可以用四个变量来重构：社会人口混合性、城市密度、年轻老人社会人口密度，以及年轻老人的便利设施密度和邻近性。按照德 · 埃拉莫的说法，高水平的便利设施密度及邻近性和低水平的城市密度是建立在年轻老人的高度存在和低水平的社会人口混合基础之上的。但也许并不排除未来有这样的情景，即高水平的年轻老人人口密度和高水平的年轻老人便利设施可以与高社会人口混合度的密集城市环境共存。

私人治理

私人治理这一新兴形式代表了在“年轻老人城市化”中的第三种趋势，这种趋势使开发商和少数情况下的居民能够对私人开发的生活方式产品进行更多控制。本书介绍的三个“年轻老人城市化”历史先例，以及四个当代案例中的三个，都是以这种方式实现的：作为由私人开发商开发并在一定程度上治理的总体规划社区。

与其他当代和历史案例研究中那些传统的自上而下进行总体规划的社区相比，老年房车社群代表了一种可替代性的非正式私人治理模式，这种模式是自下而上产生的。作为一个非正式和分散的领域，老年房车社群在物理意义上是分散的，而在社会性上却具有高度凝聚力，定义了一种基本疏于横向发展的组织结构，能够占据未使用的城市场地，并迅速形成由成千上万的房车居民组成的即时城市。这种组织的灵活性和决策速度，在 2005 年“卡特里娜”飓风后老年房车社群在新奥尔良及其周边地区的重建工作中得到了最佳体现。

回到私人开发的总体规划社区框架，开发商的目标与公共部门住房开发的目标有很大不同。后者关注于解决基本的住房需求，而前者则以利润最大化为主要目标。在年轻老人城市化理念下，私人开发的主导地位主要是为了实现作为生活方式产品的有年龄限制的城市和建筑环境，这些环境是根据特定人口群体的需求量身定制的。

从年轻老人城市化的历史先例来看，共同利益住房开发（Common-Interest Housing Development, CID）已成为私人治理的主导框架。在此类开发中，实施年龄分隔的具体法律工具是“契约、条件和限制”（Covenants, Conditions, and Restrictions, CC&Rs）。这些规则由私人城市的“议会”（即房主协会）强制执行，同时也用来区分可接受和不可接受的审美实践和行为，从而维持了德 · 埃拉莫所称的“控制的全面性和个性的缺失”，这是这些私人城市的“议会”对规则的执行所导致的结果。[29]

实际上，在休闲世界的案例中，正是因为面临失去控制的威胁——无论是在审美方面还是居民构成方面——才促使其最终合并为拉古纳伍兹市，使其成为第一个由老年人主导的、具有“完全符合宪法的政治主体”地位的私人治理城市实体。[30] 这一向年轻老人自我管理发展的趋势在拉古纳伍兹市达到了高潮，通过一整套法律工具，使得年轻老人隔离社区能够完全以单一群体的自我利益为目标进行运作。这为“公民”和“公民主体”的全新概念设立了一个先例。正如上文所述，这种变化的最明显影响之一是年轻老年纳税人有意识地避免支持诸如儿童保育和学校等社区服务。

当代年轻老人城市化，尤其是那些由私营开发商主导的项目，成为实践更多私人治理创新形式的重要场所。在进一步优化年轻老人的生活方式产品以及开发商持续追求利润最大化的过程中，许多开发活动，特别是在太阳海岸，疯狂地在法律边缘试探。这些案例突显了年轻老人群体在面对精妙的产品营销时的脆弱性。

通过利用佛罗里达州的社区发展区的立法，退休村代表了一种全面的年轻老人私人治理模式。[31] 退休村产生了一种新的私有政府规模，以其权力和营利的集中而著称。这种集中的体现，一方面是居民感知到的平等主义和伪集体主义，另一方面则是开发商构建的权力集中。随着开发商完成对社区发展区的建设，居民逐步获得对其的私人控制权和所谓的自我治理权。然而，基于开发商对 CDD 法律框架的利用，退休村的居民承担了需要长期偿还的设施的债务。西班牙的太阳海岸则代表了一种基于公私腐败边界形式的城市治理模式。

尽管这些城市开发项目是市场机制中所谓的高效、客观和冷漠的产物，但它们却与标志着新自由主义城市发展实践的所有悖论和不一致性纠缠在一起。在这种情况下，这些实践表现为那些最想从中获利的人为有支付能力的人精心打造的退休天堂的详细布局。这些案例引发了关于私人治理的局限性的思考。如果退休社区是一种似乎在持续扩张的私人治理城市形式，类似于旅游度假村、产业园区等，那么问题就变成了我们应该如何努力使这些新私有化世界更加“公民化”、更加公共化，并且以何种方式实现这一目标。

流动性

在本书所研究的大多数当代城市案例中，展现的第一个趋势是年轻老人个体、社会群体和环境处于各种流动状态。作为一种摆脱了大量特定地方性责任的生活阶段，年轻老人展现出适合流动的条件。这与奥热关于当代“空间过剩”或由于交通和通信技术进步而导致的世界空间缩小的概念密切相关。[32] 这不仅涉及日益流动的个体的概念——对这一概念，需要加入流动的社会集体形式，还涉及“空间或地点本身变得流动……成为一种媒介形式”[33] 的事实。

在本书研究的每一个当代城市案例中，都能找到这种流动状态的证据。前三个案例研究——退休村、西班牙太阳海岸的城市化社区和豪斯登堡——都包含了从北到南的迁移模式，这种模式标志着退休年龄的到来与个人流动性的增强同时出现。这种形式的年轻老人流动在集体层面上也有所体现。在太阳海岸的城市化社区案例中，集体文化及其典型空间从其原籍国转移到西班牙南部，由退休个人或夫妇一起，形成了微型的英国和德国侨民社区。豪斯登堡则通过集中来自日本各地的退休移民，让他们在日本南部的九州岛体验一个“几乎是在荷兰”的永久假期，这也是一种集体流动的形式。

与上述迁徙模式不同的是，老年房车社群随着退休的开始，产生了一种字面意义上的游牧式流动。这种流动性不仅适用于那些四处游荡的个人或夫妻，也适用于那些能够短时间内在全国各地迅速建立临时城市的大型卫星互联网协调团体或集体。[34] 这表明，不同案例研究中的年轻老人展现了特定且独特的流动行为模式。

奥热论点的第二个方面——空间或地点作为一种媒介的流动性——是年轻老人城市化日益突出的特征。这一点在荷兰历史城镇景观被“传送”到日本南部的豪斯登堡中得到了最生动的体现。这种“传送”既体现在字面意义和物质层面上（例如将荷兰砖块从西方运到东方的集装箱），又体现在日本旅游宣传册中与荷兰形象相匹配的媒介化的建筑形象上。英国文化“传送”到西班牙太阳海岸的城市化社区中最直接的体现，是酒吧内部以及草坪保龄球场和板球场的休闲景观。佛罗里达州退休村也创造了一种媒介化的城市建筑形式，致力于构建居民记忆中 20 世纪早期的童年故乡。在这里，退休村构建了一种时间和空间的流动性，这种流动性显然可以追溯到迪士尼的美国小镇大街（Main Street USA），从 20 世纪初的密苏里州马塞林（Marceline, Missouri）转移到 20 世纪中期的加利福尼亚州阿纳海姆（Anaheim，California）。

年轻老人多种形式的流动性的全方位部署，指向了对“家”“地方”和“身份”等概念的重新构想，这些概念通常与静止或不动性相关。例如，大卫·康茨与多萝西·康茨描述了老年房车旅行者的生活视角，他们称之为“搭车痒”（hitch itch）现象，这是一种游牧式的不安，可以被理解为“思乡病”的对立面。类似的，安德里亚斯·胡贝尔和凯伦·奥莱利记录了西班牙太阳海岸国际退休移民对“故乡”（heimat）或“家”概念的重新定义——在这里，“家”达到了超越历史构建的场所能够代表的另一层抽象水平。

这些案例研究中流动性的普遍存在，进一步模糊了旅游、移民和游牧领域与传统上静态的退休领域之间的角色、活动和支持性基础设施的界限。每个案例研究都在不同程度上表现了“退休即无尽假期”的主题，假期所带来的流动性及其潜在优势（如气候宜人、生活成本较低等）成就了年轻老人的全职生活方式产品。胡安·帕洛普·卡萨多的“乐园般的几何地带”作为气候理想的旅游目的地，与其无意中描述的主要国际退休目的地交叉，进一步强化了这一点。这种年轻老人主体、集体群体、建筑和城市化的广泛流动，进一步强化了退休全球化的进程。

主题化

娱乐产业综合体对年轻老人城市化的影响日益加深，代表了上述作为媒介的空间或地点流动性的延伸。这一点在三个当代案例研究中得到了强化，但在房车社群中没有体现。

在这个背景下，“主题化”一词不仅指一种代表性建筑、城市或景观的设计形式，还指在时间和空间中表演叙事的剧本编排。在这种框架下，开发者和设计师将退休视为一个休闲时间利用的问题，并通过娱乐范式来解决。这样的永久性城市娱乐环境通过各种编排好的剧本化事件来促进休闲时间的消费，这些事件在再现工作活动结构的同时，与儿童和年轻成人的日常存在脱节。从这个意义上说，这些环境成为鲍勃·索默尔所称的“全设计”或“综合设计”场所，成为封闭的、内部一致的世界，在这些世界中，设计占据了空间和时间领域：从城市空间、建筑、家具、物品、车辆和服装，及其周围发生的活动和事件。

正如主题化为休闲时间和空间的消费提供了基础设施一样，必须强调主题化在向目标消费者群体营销、推广和区分这些生活方式产品中的核心作用。正如美国社会学家马克·戈特迪纳所建议的，主题化环境可以被理解为“一种在商业竞争或地方竞争中被利用的工具，而非为了自身目的而构建的象征性环境”[35]。以“为活跃退休者打造的迪士尼世界”为开发理念的佛罗里达州退休村，由主题公园设计师策划，广泛使用了童年故乡等多种主题。小镇内安排的广泛活动范围有助于营造这种全面的主题环境。其中最具主题性的空间，即市中心，不仅作为娱乐和休闲中心运作，还是精心安排的销售中心的“充满活力和趣味”体验的延伸。[36] 如果退休村可以被归类为一个主题化的退休社区，那么豪斯登堡作为一个大型文化主题公园与综合退休社区，则是娱乐产业综合体与退休领域交叉最典型的代表。这不仅反映了主题公园目标受众的人口结构变化，还反映了开发商越来越普遍地将“年轻老人”作为一个以娱乐消费为中心的群体。以个案为例，西班牙太阳海岸地中海风格的城市化社区在为北欧和西欧退休移民打造一种主题化异域生活方式产品方面扮演了核心角色。

这种倾向于为年轻老人设计环境的主题化现象引发了几个问题。作为对这一现象在城市日常空间的扩展最直言不讳的批评者之一，美国建筑师和城市规划师迈克尔·索金（Michael Sorkin）对主题化所带来的控制水平以及想象力的封闭性表示批评，并对其由谁控制及目的提出疑问。对于索金而言，这些环境中最大的威胁之一在于“主题的生产者对我们文化中的幻想结构拥有绝对控制……主题公园的运作旨在缩小、减少、边缘化并限制在我们文化中可接受的幻想”[37]。以退休村为例，根据巴特林的说法，开发人员对主题环境内容的控制导致叙事中明显受到特定观点的影响。

索金同样关心的是，主题化倾向于按照购物中心的逻辑改造城市环境，这与“城市是纯粹交换现象”这一概念相一致，表达了一种完全私有化的城市化，进一步削弱了公共领域的存在。[38] 这与在交付空间（退休）产品时，营销和品牌策略所发挥的作用一致，在这种情况下，私有化和商业化与私人治理相关的控制形成了对接。这种控制也在退休村等地方得到了强制执行，在这些地方，开发商对其边界范围内可以发生的集体行动形式保持了高度控制。

然而，在某些情况下，年轻老人生活产品中的主题化现象使索金批评的某些方面变得复杂。这里将讨论他论点的两个组成部分：首先，主题化对城市化的威胁；其次，主题化导致的时空脱离。根据索金的说法，在解决前者时：

> 主题公园对乌托邦的历史观进行了直接冲击，将其视为研究城市物质形态如何体现一系列前瞻性的民主社会关系的特殊场所。在主题公园中，所有的图像和关系都以一种未经批判的方式呈现：这些关系被预先消化，从其原始背景中剥离，缺乏任何社会动力，而这是乌托邦思维的关键。对于主题公园的建设者来说，乌托邦是一个已经存在的理念，而这对乌托邦作为未来投机形式的理念构成了攻击。城市化是一种投机实践，基于我们尚未创造所有令人满意的社会关系形式的信念，为新的可能性的产生创造了机会。主题公园与任何新可能性存在的理念完全对立：从其自身的角度来看，只有已被发现的可能性的重新组合。[39]

索金认为主题化环境确实对都市主义和乌托邦理念构成威胁，特别是在退休村和豪斯登堡等地方，这些地方严格遵循历史上已知的城市形象，并将这些形象以一种未经批判的方式运用。然而，这些城市安排中也存在一定的激进性。正如德·埃拉莫在讨论太阳城作为一种乌托邦社会实验形式时所提到的，这些环境中对所应用的项目和居民进行彻底的重新配置尤为明显。在退休村中，这种重构基于一个单一、同质的用户群体，这个群体专注于休闲活动，与普通美国小镇的原始混合用户和项目相比，这些主题化环境产生了重大的变化。这样的重新居住和重新规划在社会组织层面上产生了多种效应，甚至是创新。例如，在“佛州最友好之家”这个完全主题化的环境中人工构建的超友好氛围（尽管大多数居民实际上并不相互认识），在一些人看来是社会乌托邦，而在另一些人看来则是一种科幻的反乌托邦。从这些角度来看，这些城市环境并非如索金所述的缺乏社会动力，相反这种活力存在于这样一个缺乏人口多样性的群体中。

索金批评主题化和主题公园，认为“从过去任何时期借鉴来的建筑作品或特殊结构，会对我们自身与时间关系的稳定理解构成巨大威胁。这些地方的风险之一在于创造了一种神秘化和强制性的时间感”[40]。在退休村和豪斯登堡的案例中，正是这种主题化所产生的空间和时间的脱节被用来实现特定效果。在退休村中，童年故乡的主题使老迈年高的居民能够重返少年时，这种时空体验支持了从啦啦队到高尔夫球车定制再到（老年）竞技运动等一系列活动。在豪斯登堡中，荷兰主题让居民有机会在旅荷日本游客和在日居民之间横跳。如上所述，对于许多居民来说，这种模糊性为同时解锁构建替代身份和生活在现实中提供了可能性，也在豪斯登堡居民享受其家居内部文化混合的乐趣中得到了体现。

同样，退休村和豪斯登堡中主题环境的人为老龄化构建了一种固定的时间环境，抵消时间流逝的体验。由于“整体设计”的环境已经预设了老龄化，因此不会有进一步变老或“过时”的感觉，因此也不会有自己在逐渐衰老或与之相关的感觉。这些环境无疑引发了索金所警示的对时间关系的动摇——实际上，它们正是为了实现这一点。这种时间结构直接回应了第三年龄人群希望逃避第四年龄及死亡的现实——这种个性化构建同时代表着对集体社会现实及其相关的更广泛社会责任概念的威胁。

除了上述对主题化的相关批评，索金所指出的主题化和主题公园的一些特质也适用于作为退休的永久居住环境。这些特质包括：首先，主题公园作为一种环境，支持身份形成和“特殊地点”易读性的可能性，类似于社区身份的形成；其次，主题化支持一定的实验自由，作为“实验室或发明特殊形式的优选场所”[41]；最后，主题环境中积极融入了愉悦和游戏的元素。

这些特质，加上在退休村和豪斯登堡中被质疑的批评元素，暗示了对此类环境中的主题化进行更广泛、可能更具差异性的解释，即将主题环境定义为积极重现主体性和集体性的人工表演环境——一个在有排斥性和控制性的场所内同时进行的逃避现实和解放人性的项目。

工具化

最后一种趋势是一个广泛的概念，涉及在人口特定驱动因素下进行城市环境的建设。这与前面提到的一些趋势有关，例如主题化，这在当代年轻老人城市化中是一种反复出现的策略。这种日益增长的工具化水平可以暂时用一系列针对年轻老人特设的概念、装置和工具来体现。

以退休村为例，其工具化城市装置和概念包括：设置高尔夫球车基础设施，以作为那些没有驾照或因长期开汽车通勤而感到疲惫的人的替代出行方式；“沿街医院”这一备用城市类型的发展，挑战将医院视为单一建筑标志的负面联想；以及在不同人口密度和活动结构之间进行创意“缩放”，使其既具有大城市的规模感，又具备村庄的亲密感。退休村中精心设计的主题环境和时间编排也发挥了类似的工具性作用。尤其是在时间的工具化规范方面，既包括广泛的“家乡”主题休闲日程安排，每周消耗并因此控制了即时时间，又包括将当代时间主题化，以支持一种“永恒的”延续历史时间的技术。前者基于逃避无聊的愿望，希望即时时间飞逝，而后者则基于否认即将进入高龄老年阶段的愿望，减缓了时间流逝的感觉。

作为一个主题化环境，豪斯登堡在工具化方面的运作方式与退休村类似。作为一种类型结构，它整合了主题公园和退休社区的理念，通过应对主题公园市场中的人口结构变化（导致对文化项目需求的增加）以及为支持休闲时间消费和打发无聊提供时间和空间结构，来实现其功能。

太阳海岸的城市化社区作为一种彰显特定文化的退休模式，通过来自相同国籍的外国个人和群体的聚集，减少了社会和文化的疏离感。这一基本模式能够根据一系列从经济波动到区域边界变化的变量进行重新部署。

美国的老年房车社群可以被视为一种工具化都市主义形式，能够产生一种高度灵活、在空间上分散但社会凝聚力强的网络化都市主义。在有形和无形基础设施的支持下，它为融入各种景观、气候、社会互动和可能的城市形式提供了可能。在此过程中，最理想的城市环境与“自然”环境相结合，通过最城市化和最非城市化条件的碰撞，产生了一种新的生活方式。

这种老年差异化结构产生了差异化的空间格式，表明除了典型的与历史上的老年需求相对应的社会 - 空间条件外，还有适用于年轻老人的一种补充性社会 - 空间条件类别。与中世纪到 20 世纪中期的老年概念相关的特征在不同程度上与较新的高龄老人类别重叠。尽管定义年轻老人城市化的术语可能存在过于概括和过度简化的问题，但图表仍旨在作为概念框架工具，概述一系列关键变化（图 C.1.2）。

项目	老年人	年轻老人
主体地位	依赖性强、不活跃	有独立性、活跃
社会风气	护理/援助	休闲/娱乐
动机	社会需求	利润（供给）、个人成就感（需求）
规模	建筑	城市化社区
设想	国家/家庭提供的福利	由私营企业出售的生活产品
形式	多代同堂的家庭	活跃的退休社区
	机构化护理	主题化的设施景观等
	居家养老	流动的房车社群

图C.1.2　年轻老人城市化社区作为老年建筑的补充性框架工具

在老年期，个体通常表现出较强的依赖性和较低的活跃度，而年轻老人则被认为是独立而活跃的。在老年时期，环境支持主要是由国家、慈善机构或家庭提供的福利，而对于年轻老人，这种支持越来越多地被视为由私人企业销售的生活方式产品。在老年时期，提供环境支持的理念是出于社会需求的关怀和援助，而对于年轻老人，理念则转向了由供应方追求利润和消费者追求个人满足所驱动的生活方式、休闲和娱乐活动。这与一种相对较新的补充性空间尺度相对应。高龄老年期主要关注的空间尺度多集中在建筑层面，包括多代同堂的家庭、退休养老机构和作为“居家养老”场所的家庭所在的空间；而年轻老年期的空间尺度则在城市层面上出现，包括“活跃老年人”退休社区、主题化设施景观，或者对老年房车社群来说，是美国基础设施城市化的范围。

城市文档

图 C.1.3 ~ 图 C.1.9 是与年轻老人城市化之集体趋势有关的一系列城市信息整理。

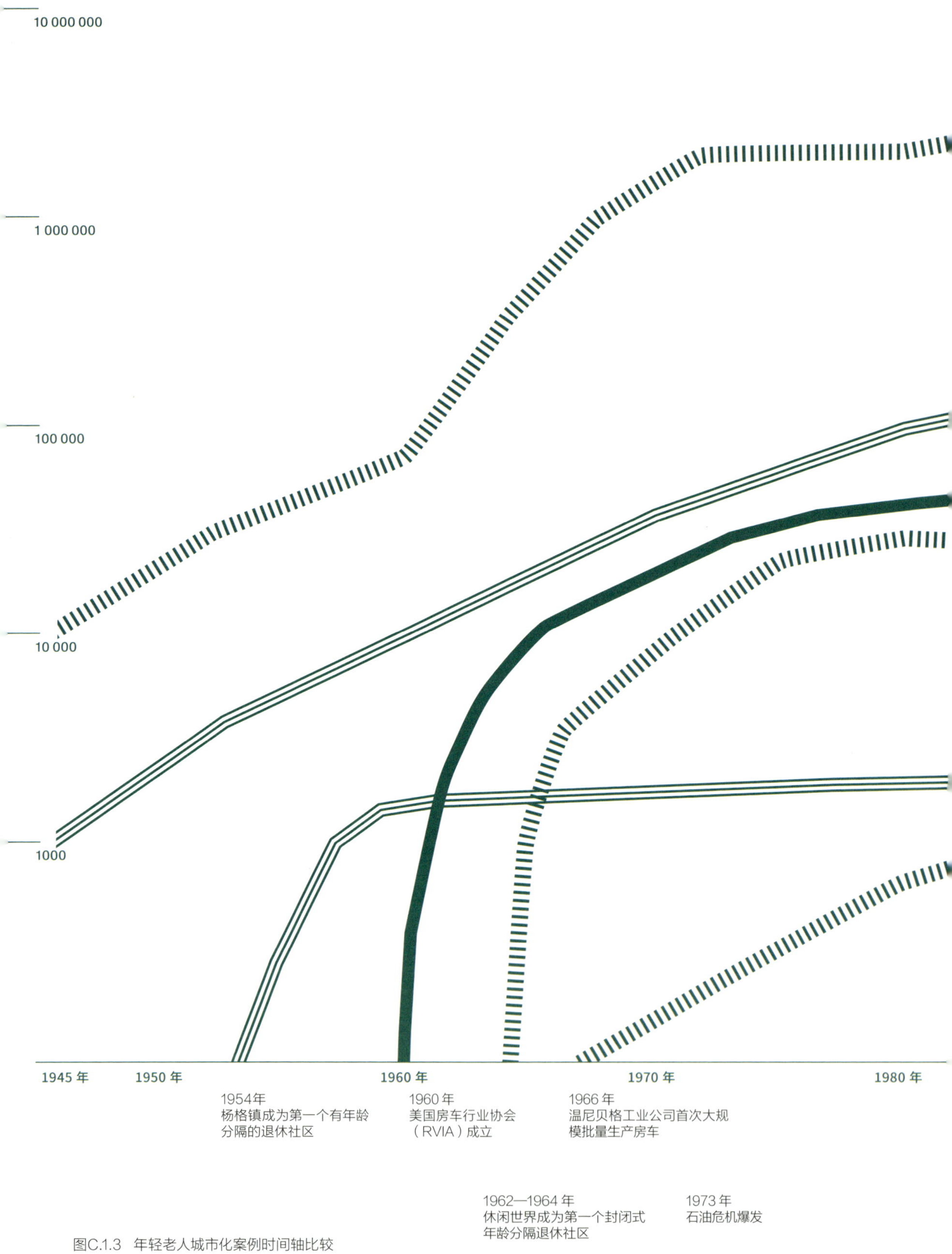

图C.1.3　年轻老人城市化案例时间轴比较

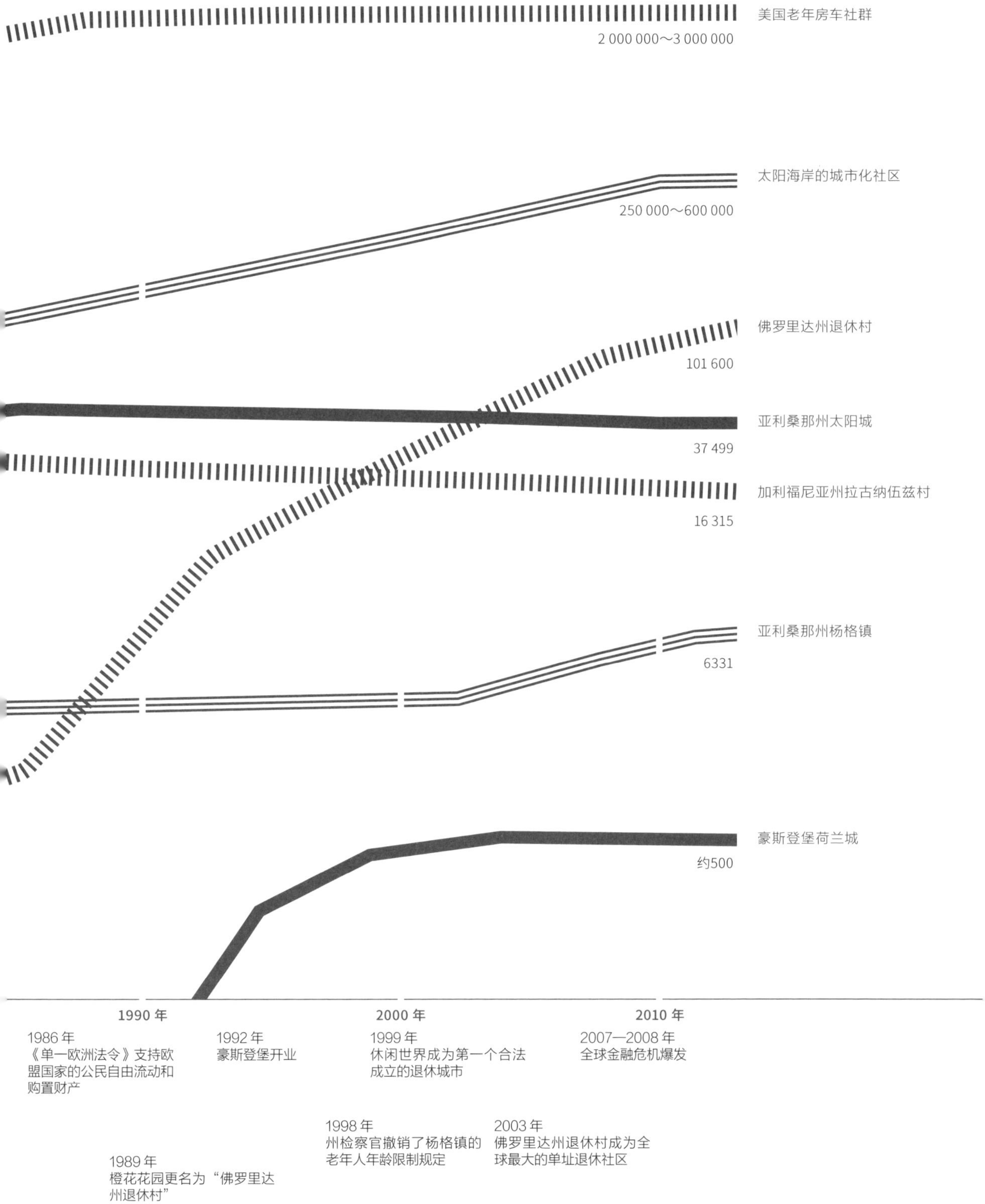
美国老年房车社群
2 000 000～3 000 000
太阳海岸的城市化社区
250 000～600 000
佛罗里达州退休村
101 600
亚利桑那州太阳城
37 499
加利福尼亚州拉古纳伍兹村
16 315
亚利桑那州杨格镇
6331
豪斯登堡荷兰城
约500
1990 年
2000 年
2010 年
1986 年
《单一欧洲法令》支持欧盟国家的公民自由流动和购置财产
1992 年
豪斯登堡开业
1999 年
休闲世界成为第一个合法成立的退休城市
2007—2008 年
全球金融危机爆发
1998 年
州检察官撤销了杨格镇的老年人年龄限制规定
2003 年
佛罗里达州退休村成为全球最大的单址退休社区
1989 年
橙花花园更名为“佛罗里达州退休村”

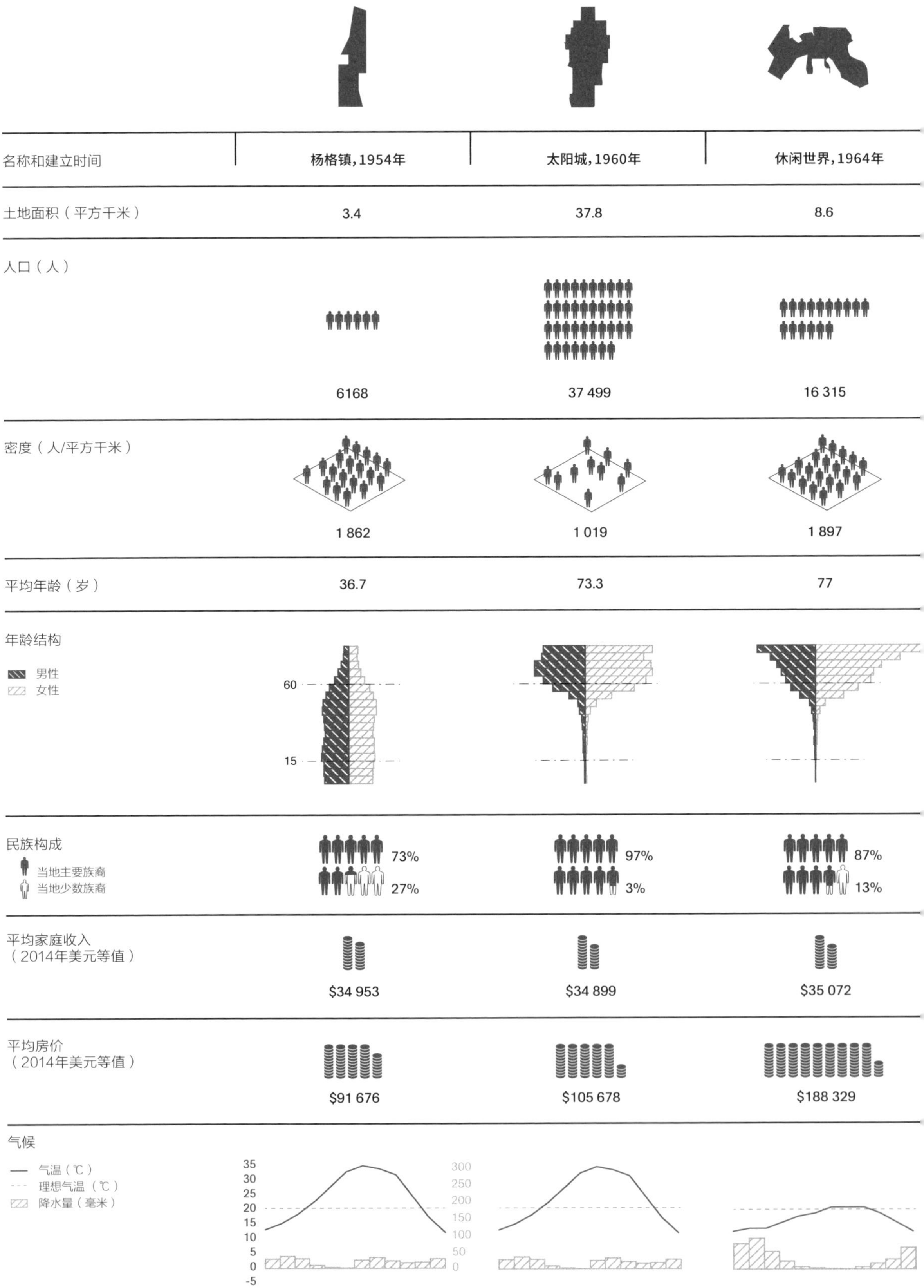

图C.1.4　年轻老人城市化案例的城市背景资料比较

佛罗里达州退休村，1989年	豪斯登堡，1999年	太阳海岸，20世纪70年代	美国老年房车社群，约20世纪60年代
101	1.5	1382	19 849 519
101 600	约500	231 545（登记的外国人） 250 000～600 000（外国人数估算）	2 000 000～3 000 000
1 004	333	906.6	0.3
69.2	约55	50.2	59

（在安达卢西亚注册的英国人）

98% 2%	99% 1%	84% 16%	98% 2%
$50 898	—	€22 749（$28 737）	$75 000
$249 196	约¥40 000 000（$420 000）	€292 000（$368 900）	$140 937（A型）

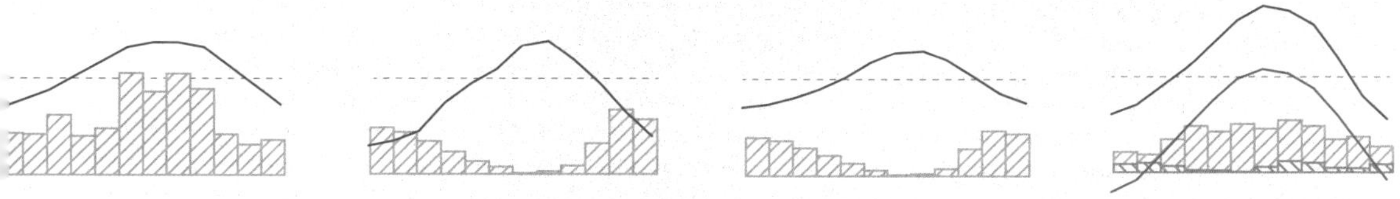

图C.1.5　住宅区城市肌理比较

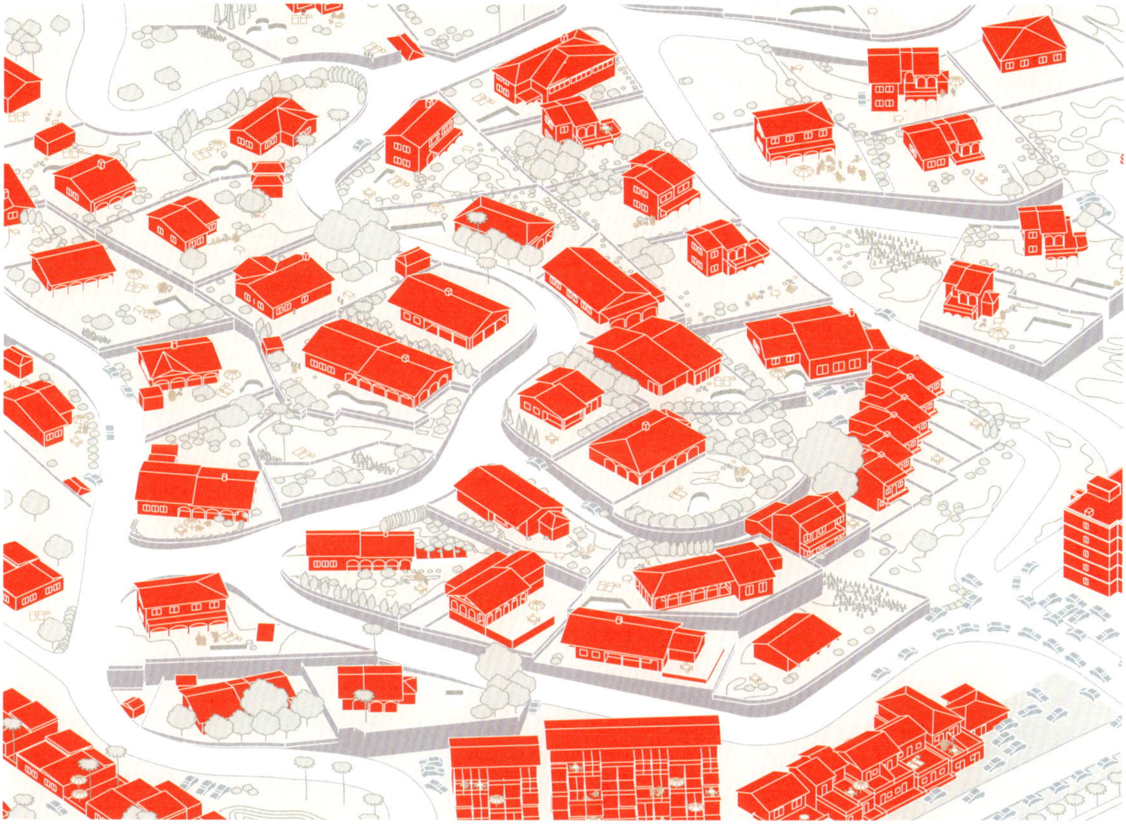

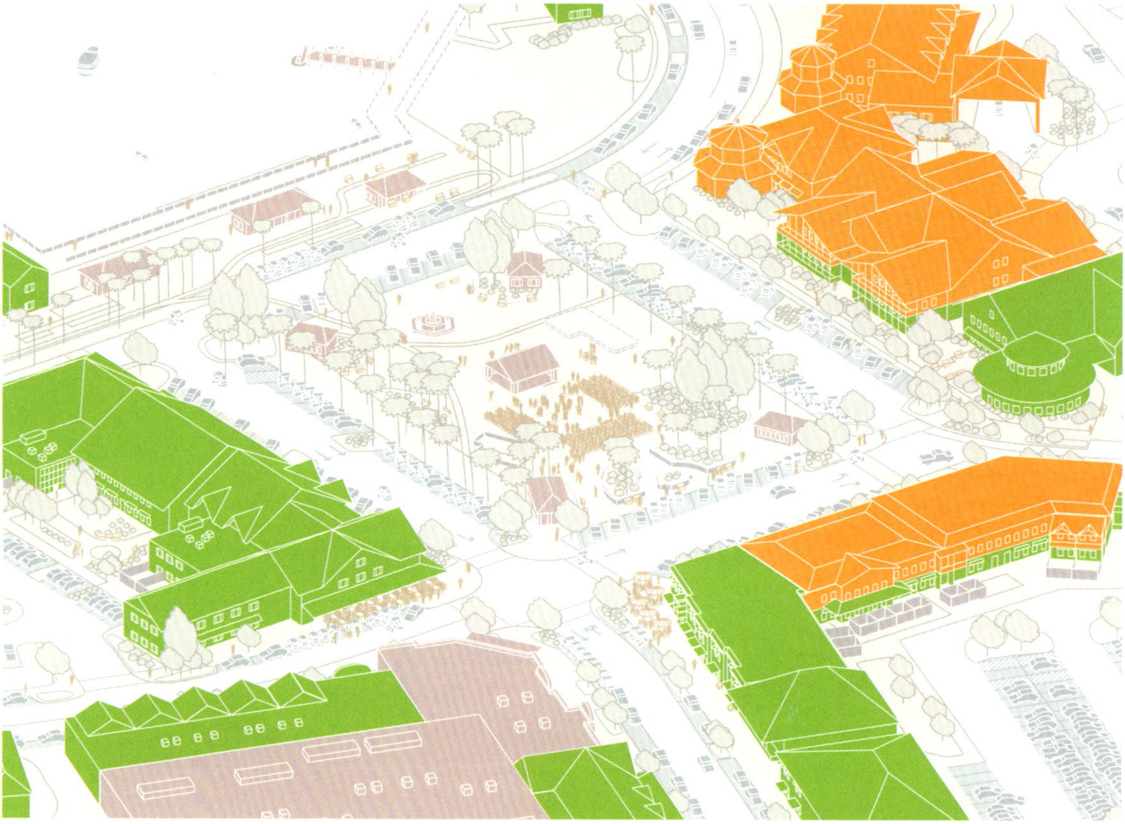

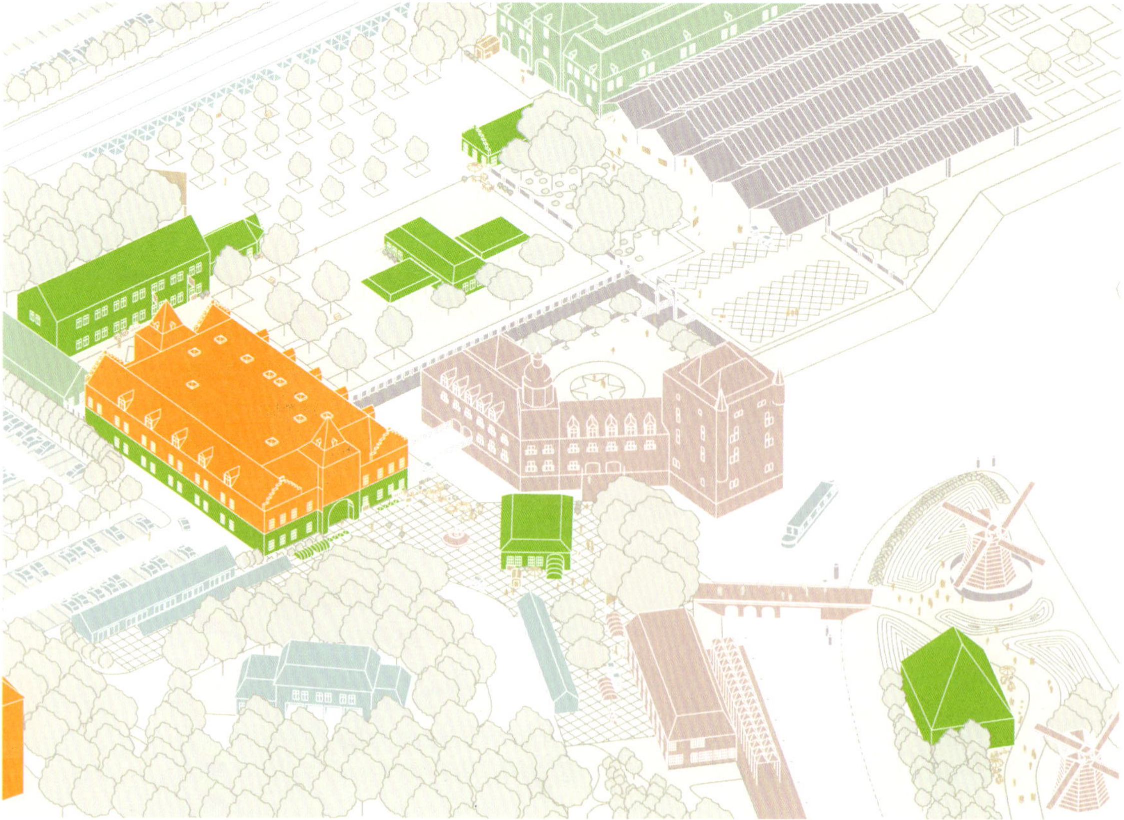

图C.1.6　市中心区城市肌理比较

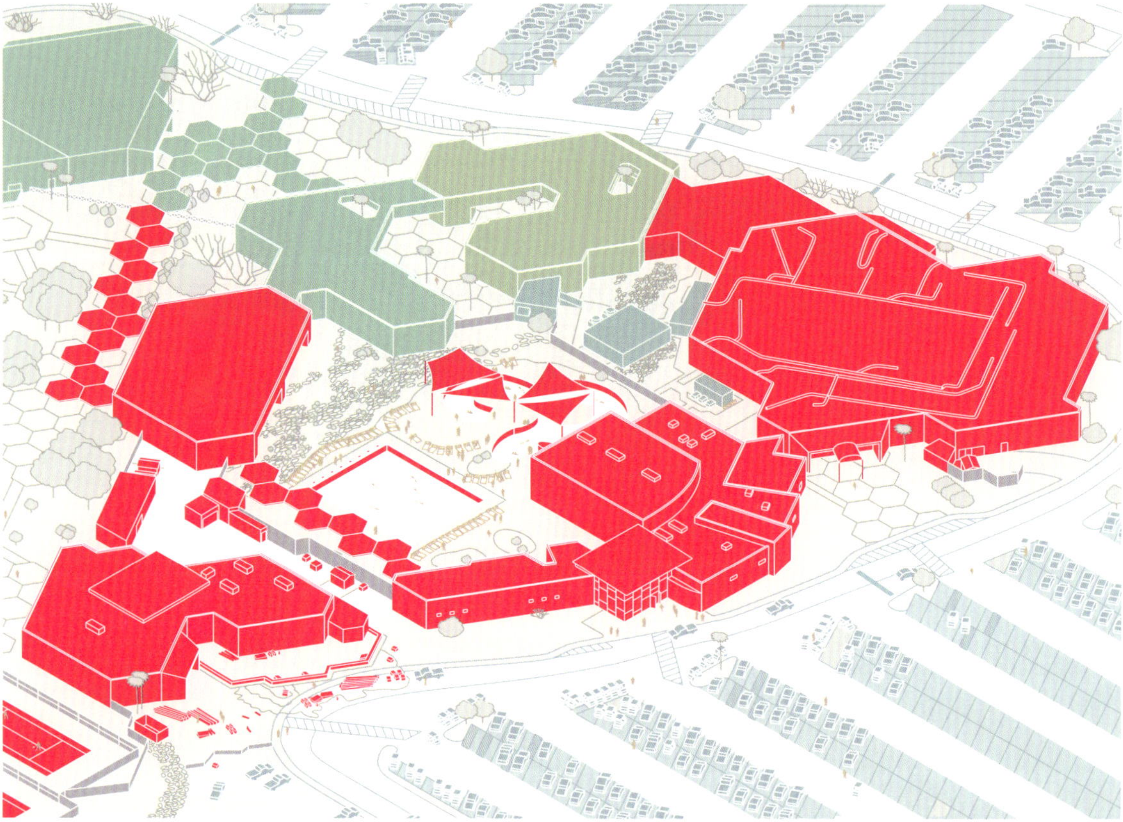

图C.1.7 娱乐中心城市肌理比较

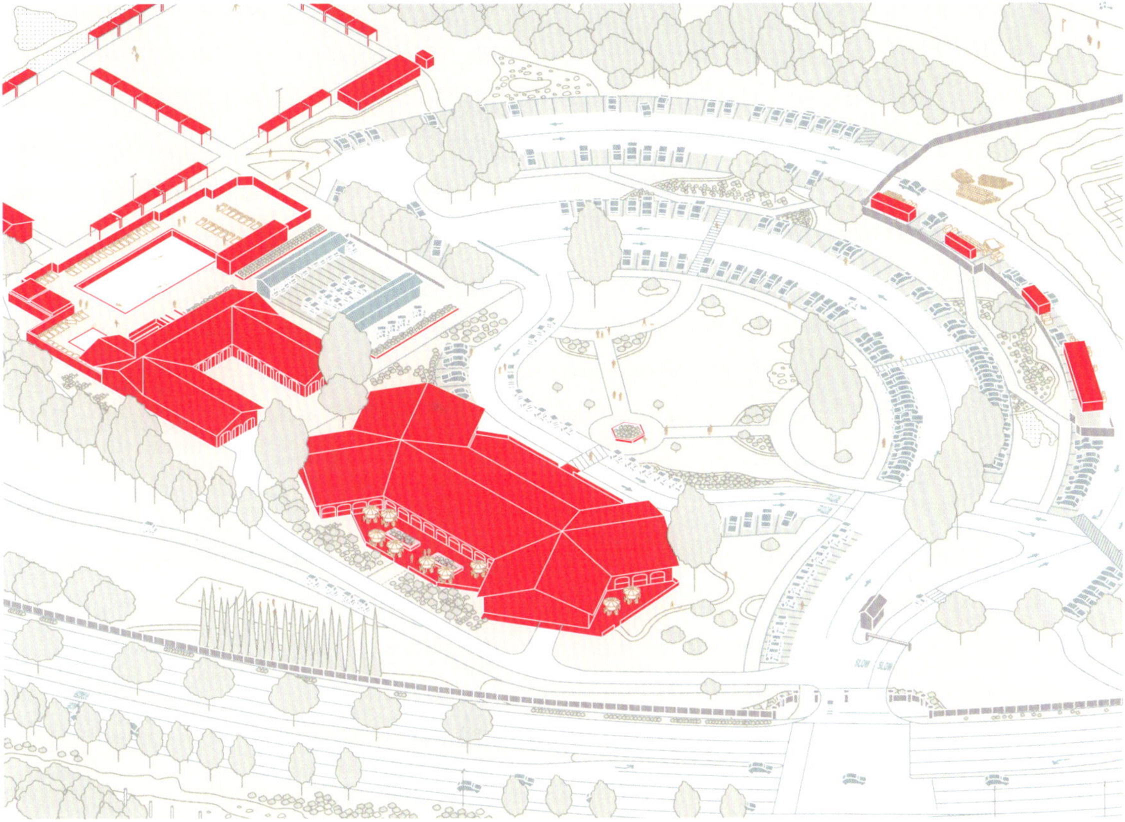

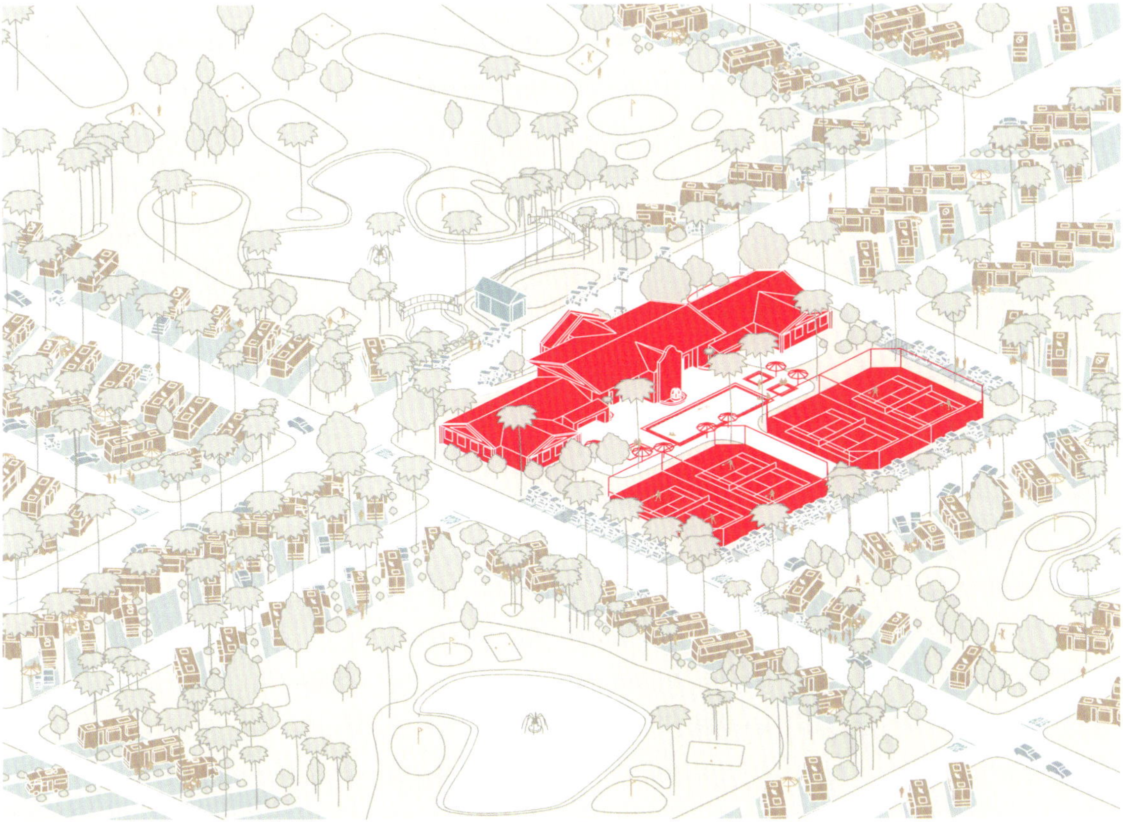

图C.1.8 安全设施城市肌理比较

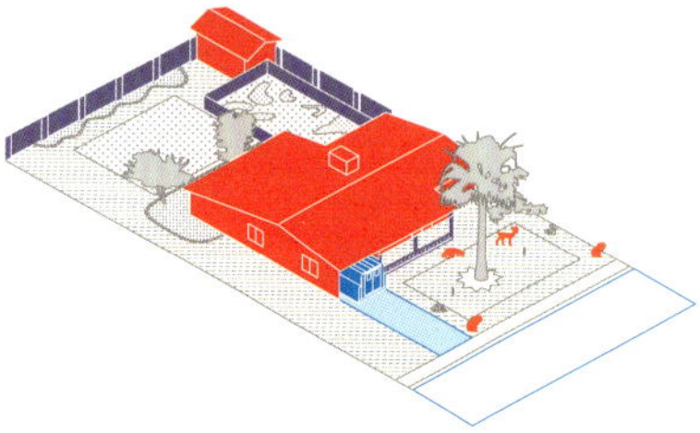

亚利桑那州杨格镇

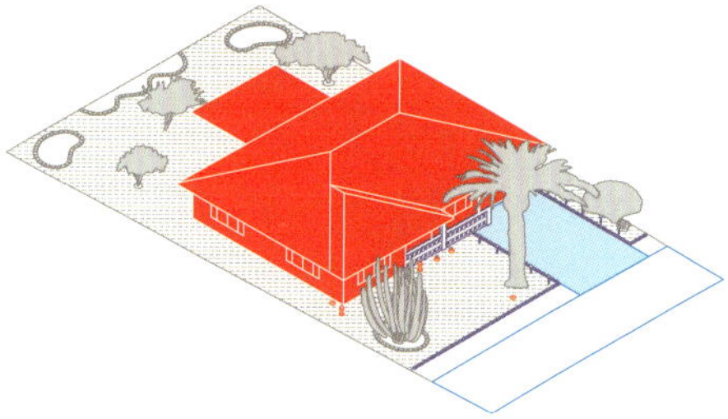

亚利桑那州太阳城

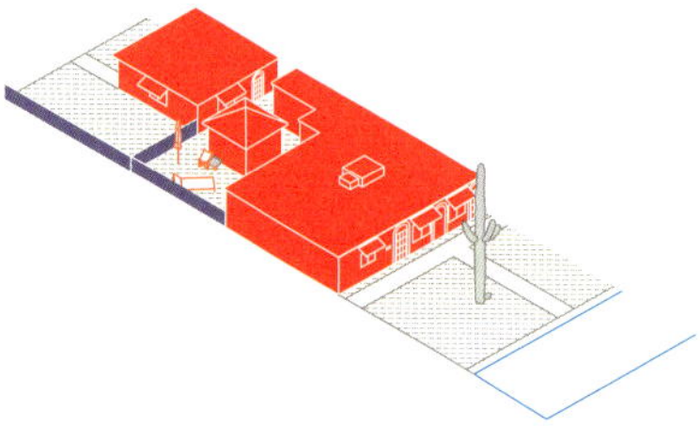

亚利桑那州杨格镇

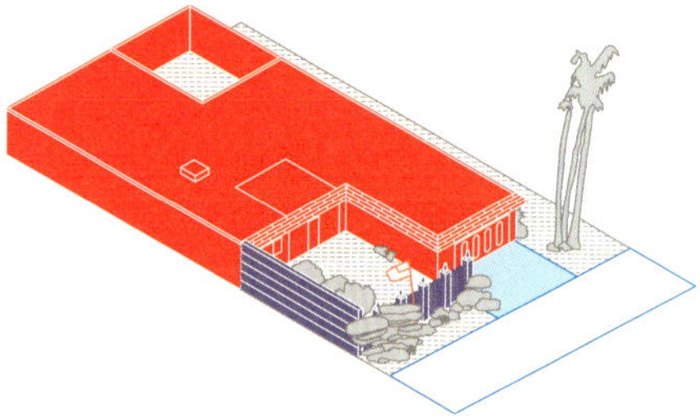

亚利桑那州太阳城

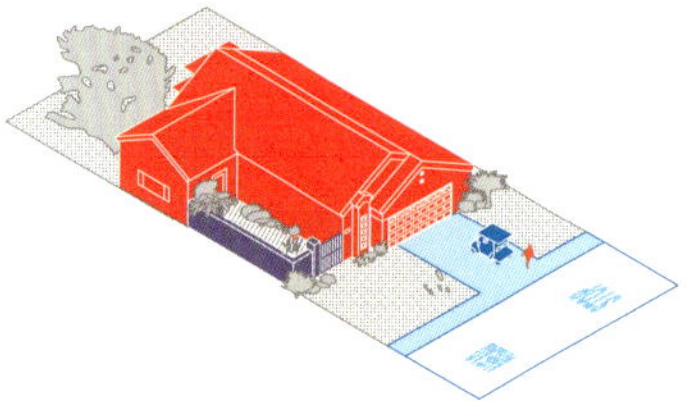

加利福尼亚州拉古纳伍兹村

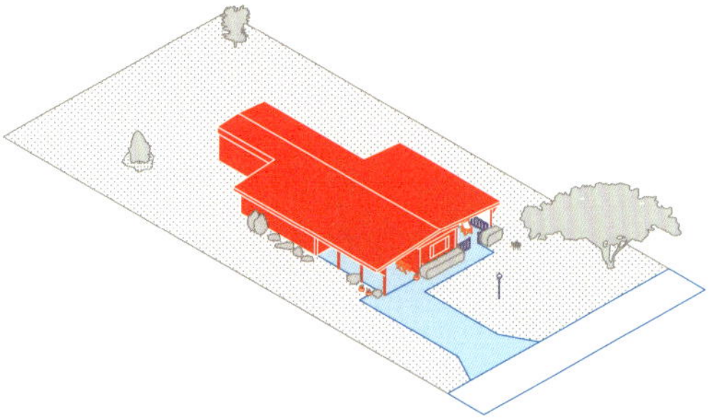

佛罗里达州退休村

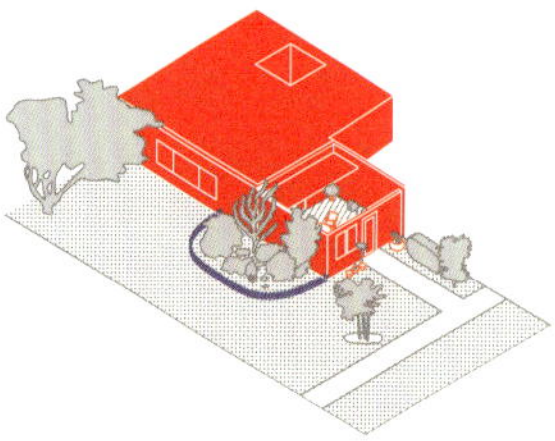

加利福尼亚州拉古纳伍兹村

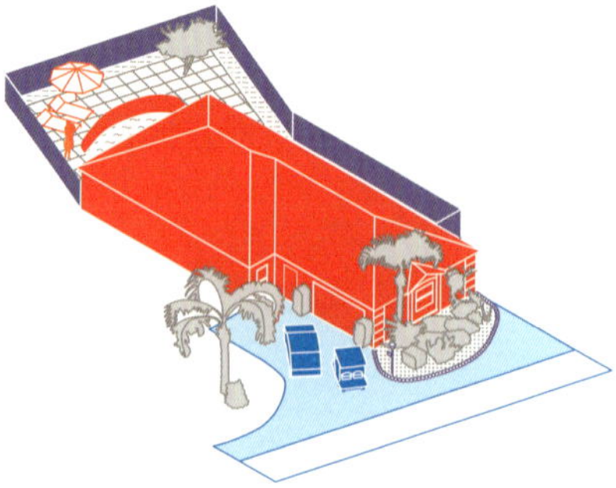

佛罗里达州退休村

图C.1.9　年轻老人城市化住房单元比较

在强化标准化的郊区和远郊住宅形式（即独立的单层独户住宅）的总体主导地位的同时，他们还提出从不同的居住规模、独特的风格习惯等去寻求变化，例如高尔夫球车车库的设计。

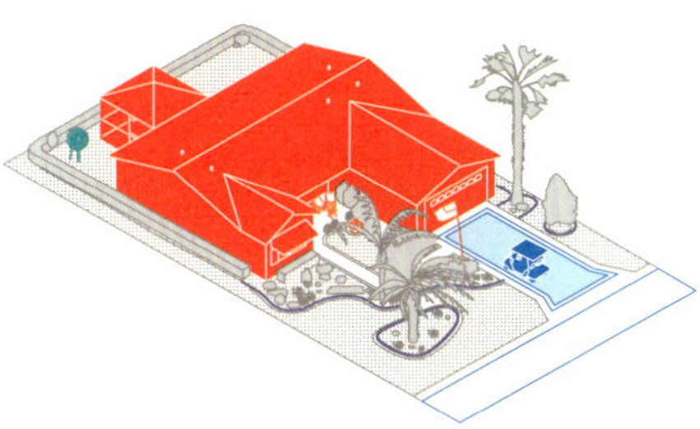

佛罗里达州退休村

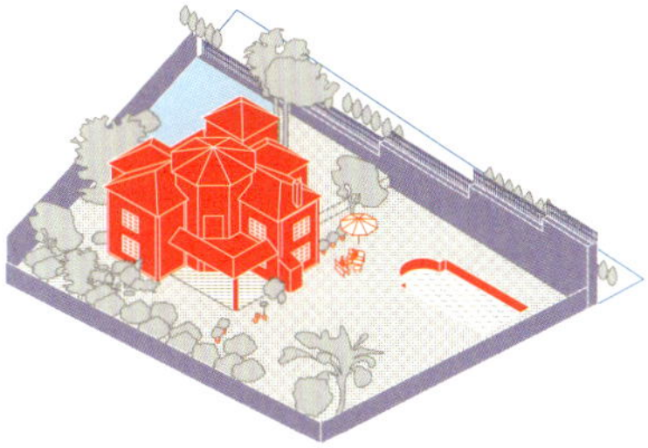

西班牙太阳海岸

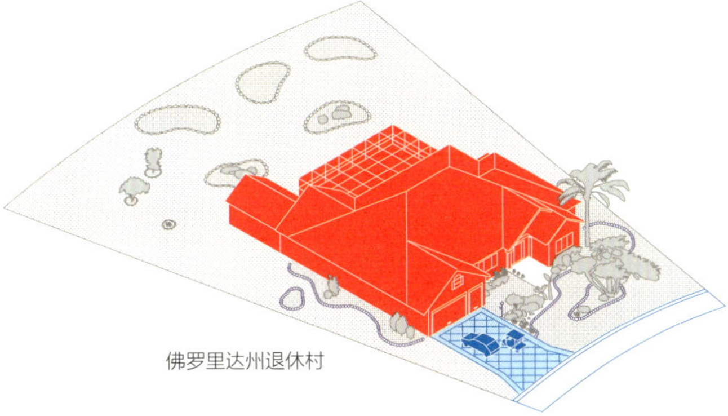

佛罗里达州退休村

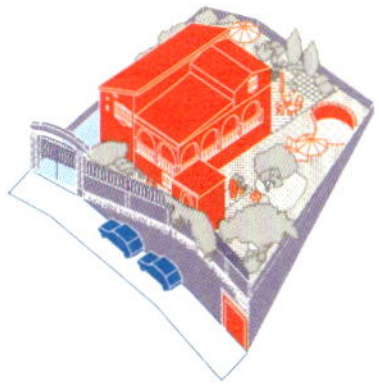

西班牙太阳海岸

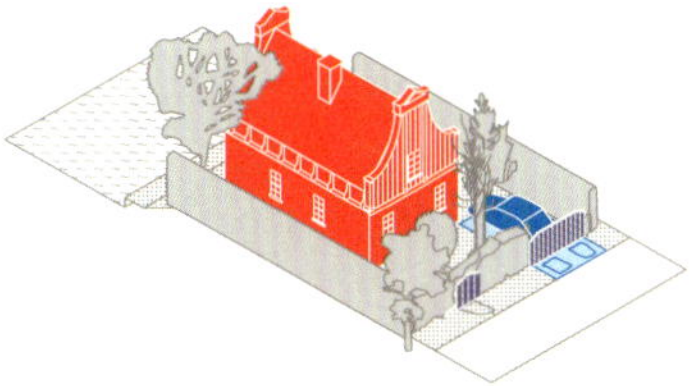

日本豪斯登堡

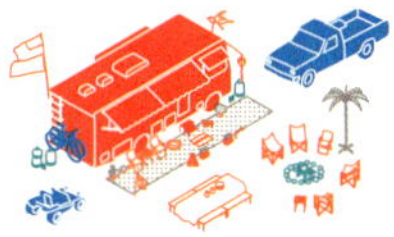

亚利桑那州水晶镇

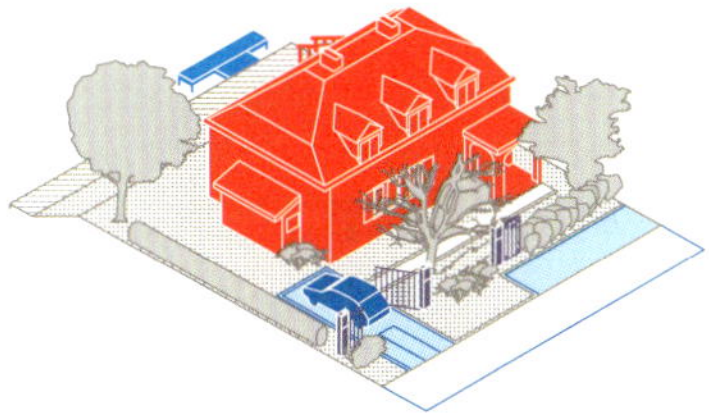

日本豪斯登堡

加利福尼亚州棕榈泉的户外房车度假地

5米　5码

（5码≈4.572米）

2. 解放与解脱之间

这里提到的一系列城市化的趋势，既可以说是年轻老人这一特定社会人口情形的产物，在某些情况下亦是这一情形的成因。[42] 最直观的便是在人口老龄化与退休潮的交汇点上迎来了新的生活阶段，城市化的新形式应运而生。这些现象与诸如全球化、个体化、新自由主义、空间隔离和安全化等当代城市状态中更大的力量及动态，产生了特别的、令人意想不到的共鸣，此处罗列的只是这些力量与动态中的一小部分。

这里研究的城市实验勾勒出所谓年轻老人城市化领域的轮廓。作为一个庞大的社会群体，年轻老人在一定程度上实现了从工作中解脱出来、拥抱休闲生活的现代主义梦想，其晚年自由转化为充满乌托邦色彩的城市形态。无论是作为永久度假的乌托邦、文化高雅的乌托邦抑或是包含无尽青春的乌托邦，这些城市形态几乎都是通过正式或非正式的年龄分隔机制形成的。私营开发商将年龄限制作为一种手段，以便更高效、更好地提供针对特定人群的商品及服务。此种模式为包含青春的微文化创造了先决条件，但相反的是，这种微文化的前提是消除青春。针对年轻老人的年龄限制环境日益盛行，引发了人们对年龄融合社会的未来、作为异质结构的城市的未来以及“代际交换”[i] 的未来的担忧。

最为普遍的乌托邦范畴是集体性的，而这些年轻老人的城市化形式与之大相径庭：其在很大程度上是作为个体化和自我实现的私有化乌托邦来运作的。这些住房及其配套设施的总体规划和开发主要由私营公司施行，主要目标是实现利润的最大化，其理念和营销内容则是专门针对年轻老人的群体特征而打造的生活方式产品。尽管开发商自诩是打造按照公平客观的市场机制运作的城市形态，而且还拥有私人自治、自决的形式，但大多数案例研究呈现的情况与这

---

i generational contract 在此处译为“代际交换”，主要参考代际交换理论及论文：刘佩 . 城乡居民基本养老保险对家庭代际支持的影响研究 [D]. 对外经济贸易大学，2021.

种建构性的叙事截然相反。

年轻老人的城市化直接关涉流动性议题。在很大程度上，这是年轻老人从传统中那种锚定地点的、贯穿童年到成年再到老年的责任中解放出来的产物。低廉的交通及通信技术的发展，以及日益盛行的建筑和城市化自身亦被视为一种移动媒介形式，这些对促成年轻老人的流动性同样重要。因此，本书中研究的年轻老人的城市模式，强化了诸如永久的度假者、移民或休闲旅居者这类移动主体形式的产生，而这从各个方面而言，都与通信越来越便利的城市环境发展相一致。这种基于媒介的建筑和城市化概念，通过诸如娱乐产业综合体开发主题化，越发频繁地在针对年轻老人的环境中实现。这种被视为娱乐问题的城市化的特殊理念，与当代商业对闲暇时间“问题”的理解不谋而合。在本书探讨的大多数城市案例中，以主题化为代表的诸多概念及技术在针对年轻老人的、更广泛的工具化的城市化概念中发挥作用。这奠定了一个生产型城市和建筑化“产品”的框架，其并非旨在满足未来居民对“居住”的需求，而是提供一套完整的生活方式，从而在空间和时间上替代以前的工作、教育、休闲、家庭关系等结构。广义上讲，这些技术是一套满足年轻老人特定需求和愿景的工具。

年轻老人城市化的生活方式产品的生产与消费界定了一个矛盾的空间，一端是一系列解放的实践，另一端则是一系列寻求解脱的逃避主义实践。就解放而言，本书所探讨的研究案例是激进的城市实验，致力于将年轻老人从传统的老年社会和城市边缘化中解放出来。就此而言，年轻老人寻求并创造了支持个人自由和自我实现的新环境，同时创造了新的集体生活形式。他们后续居住的环境和选择的生活方式，在某些情况下极具 20 世纪 60 年代和 70 年代更激进的乌托邦实验的特征，这在老年房车社群中体现得尤为明显。如此一来，年轻老人有可能被视为最热衷于定义新生活形式和支持新生活形式环境的人口群体之一。

而从另一方面来说，这些生活方式产品也支持了某些对城市和社会的逃避主义实践，因为这些城市模式的实现是建立在摆脱对其他生活阶段的责任的基础之上的，而这将在许多情况下转化为对社会其他成员的应负责任的漠视，这体现在一系列现象中：从符合年龄条件的社区居民的选择性纳税偏好，如他们通常投票反对向学校或妇产科医院缴纳税款，到普遍放弃现有的具有问题的城市、近郊或远郊结构，转而选择各种城市的“新起点”。

尽管这些趋势日益承受“生产性老龄化”[i]和志愿服务的压力，以及退休后甩手掌柜式的“休闲”的政治不正确性的挑战，但它们还揭示了一系列更具挑战性的问题，涉及发达地区日益个性化、分隔化和老龄化的社会所带来的扩大影响。随着退休制度以及支撑退休制度的代际交换的人口结构面临的压力越来越大，形势每况愈下，正如“婴儿潮一代”这个庞大人口群体，他们大多自幼生活于郊区，而在这些地区及类似地区，居家养老正面临着巨大的挑战，而这一挑战主要在于将大量主要为年轻核心家庭设计建造的住房，改建为适应当代日益由老年人和小家庭主导的户型。然而，同样至关重要的是，这在城市尺度上产生了一系列极为广泛的影响：必须对以工作和抚养孩子为基础的城市结构进行重组或调整，以形成一个更加密集集中和便利生活与娱乐消遣并存的城市结构，这一结构是基于那些日益增长的不再专注于工作和哺育后代的公民的。

面对充满活力与未知的未来，这些现象引发了对更深入问题的思考。第一个问题聚焦于第三年龄阶段（或称年轻老人群体）的未来。虽然这一群体在人口统计学的先决条件层面看似具有稳定性，但对经济保障的要求日益增加，特别是国家养老金计划的收缩对较不富裕人群的影响，这表明在第三年龄阶段的财务获取方面，社会两极分化正不断加剧（图 C.2.1）。对此，斯科特·贝斯（Scott Bass）表示：

> 试想一下，房屋资产价值下降、低利率、股市动荡、经济不景气、失业率上升，会带来怎样的后果，这些情形无疑会使可供富有生产性的第三年龄阶段人群的选择范围缩减。这些情形对兼职工、失业者和受薪雇员的退休储蓄和养老金产生了不同但具有累积性的负面影响，尤其是对以少数族裔与女性为主的低收入人群而言影响更甚。然而，这恰恰是发生在 21 世纪第一个十年尾声时的事情，这使我们不由深思：我们所津津乐道的退休生活，以及对所谓第三年龄阶段的承诺，是否真的能够实现。[43]

---

i productive aging 此处译为“生产性老龄化”，参考论文：赵怀娟．“生产性老龄化”的实践与启示 [J]. 安徽师范大学学报（人文社会科学版），2010，38（03）：330-334+346.

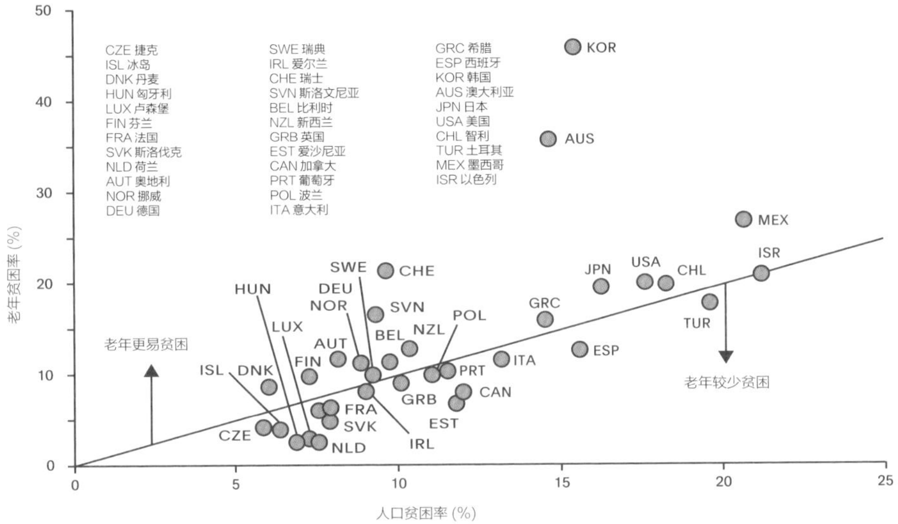

图C.2.1　2013年各年龄段的收入贫困率。来源：经济合作与发展组织收入分配数据，经济合作与发展组织，《养老金概览》，2013年

除了当前具有相关性的积极老龄化模式与生产性老龄化模式之外，退休本身将如何演变，随之又会如何影响年轻老人理想的建筑和城市化形式？特别是在“婴儿潮一代”不断进入年轻老人或第三年龄阶段的背景下，群体正在发生的新老交替将会产生什么影响？艾琳·罗斯（Erin Roth）等人记录了现有的入住率高且相对成熟的退休社区中，“婴儿潮一代”与上一代人之间的冲突，[44]将矛盾部分归因于“婴儿潮一代”所秉持的“代际观念，使他们与老居民间的社会融合出现了意想不到的问题”。[45]这一代人的其他特征，即个人主义和非传统主义倾向，以及人数规模的极为庞大，都被认为对即将发生的关于养老生活方式的颠覆至关重要，而这反过来意味着变革将在潜在新的空间条件下进行。[46]

尽管本书的探讨侧重于老龄化趋势显著的发达地区，但事实上欠发达和不发达地区的老龄化人口增长速度最快。当这些地区的主要人口由年轻人让位给老年人时，将发生何种城市转型？

尽管目前还无法对这一系列问题给出明确的答案，但可以肯定的是，这一群体正在经历社会转型，而这些地区也必将发展成为社会空间实验的基地。

注释

1 在 20 世纪中叶之前，除大家庭养老院或不太常见的居家养老模式外，还有慈善或公共机构，如养老院。这些机构主要是按建筑规模组织的，针对需要照顾的依赖性老人和不活跃居民展开。

2 "Does Active Adult Community Marketing Pit Need for Independence vs. Community?" Senior Housing News，http://seniorhousingnews.com/2012/10/28/does-active-adult-community-marketing-pit-need-for-independence-vs-community（访问于 2014 年 5 月 26 日）。

3 从这个意义上说，第三年龄或许代表了乌托邦的理想人口学结构场所。

4 Marco D' Eramo，"Bunkering in Paradise (or, Do Oldsters Dream of Electric Golf Carts?)，" in *Evil Paradises: Dreamworlds of Neoliberalism*, ed. Mike Davis and Daniel Bertrand Monk, New York, 2007, pp. 180, 185.

5 参见 Evan McKenzie, *Privatopia: Homeowner Associations and the Rise of Residential Private Government*, New Haven, 1996。

6 参见本章后面的"年龄分隔"部分。

7 "Many Baby Boomers Have New Homes, Money on Their Minds，" Pulte Homes/Del Webb, http://media.corporate-ir.net/ media_files/irol/14/147717/DelWebb/Results2005BabyBoomerSurvey.pdf（访问于 2008 年 7 月 21 日）。

8 "Retirement Looks Bright for New Baby Boomers，" Pulte Group, http://pultegroupinc.com/investors/press-releases/press-release-details/2013/Retirement-Looks-Bright-for-Baby-Boomers/default.aspx（访问于 2014 年 5 月 11 日）。

9 另请参阅本章后面的"私人治理"部分。

10 这也与佛罗里达退休村以"佛州最友好之家"为名宣传的友好乌托邦相联系。

11 虽然度假也是为了让劳动力得到休养生息，但在许多情况下，20 年假期的最后 18 年所提供的额外休养能力可能值得怀疑。

12 Peter Laslett, *A Fresh Map of Life: The Emergence of the Third Age*, Cambridge, MA, 1989, p. 154.

13 Bernice L. Neugarten，"The Young-Old and the Age-Irrelevant Society，" *The Meanings of Age: Selected Papers of Bernice L. Neugarten*, ed. Dail A. Neugarten, Chicago, 1996, pp. 45–46.

14 我们可以把这些行为归结为与贝托尔特·布莱希特（Bertolt Brecht）史诗剧的程序操作并无二致。

15 Lewis Mumford，"For Older People—Not Segregation But Integration，" *Architectural Record* (May 1956), p. 192.

16 D' Eramo，"Bunkering in Paradise，" pp. 185–186.

17 人口学学科可被定义为对人类人口、人口结构和人口变化的广泛研究，而较新的人口统计学学科则专注于对人口特征的研究，包括年龄、性别、种族、教育和可支配收入，这些特征主要用于与市场营销相关的活动，如人口剖析和市场细分。

18 Stephen Golant，"In Defense of Age-Segregated Housing，" *Aging* 348（1985），p. 22–26.

19 D' Eramo，"Bunkering in Paradise，" p. 180.

20 见 Michael Hunt et al., *Retirement Communities: An American Original*, New York, 1984, p. 2, 其中提供了大量的社会科学研究，描述了居民对这些社区的积极体验。

21 Bill Bishop, *The Big Sort: Why the Clustering of Like-Minded America is Tearing Us Apart*, New York, 2008, pp. 302–303.

22 D' Eramo，"Bunkering in Paradise，" pp. 187–188.

23 见 Edward J. Blakely and Mary Gail Snyder, *Fortress America: Gated Communities in the United States*, Washington, DC, 1997; 或 Stephen Graham, *Cities Under Siege: The New Military Urbanism*, London, 2010。

24 另参见 Erin G. Roth et al.,“Baby Boomers in an Active Adult Retirement Community: Comity Interrupted,” *The Gerontologist* 52, no. 2 (2012), pp. 189–198。

25 佛罗里达州中部的德尔·韦布伯斯普鲁斯溪高尔夫乡村俱乐部（Del Webb Spruce Creek Golf and Country Club）的房地产经纪人在 2005 年 5 月与作者的访谈。

26 一个著名的例子是，从 1962 年开始，太阳城居民在 12 年中连续 17 次投票反对学校债券措施。Andrew Blechman, *Leisureville: Adventures in America's Retirement Utopias*, New York, 2008, p. 133.

27 大多数与老龄化相关的非政府组织，如 Age Concern、美国退休人员协会（AARP）和 世卫组织（WHO）等，都提出了城市融合的模式，其中最常见的是以居家养老为理想情景。值得注意的是，这些组织都没有提出恢复三代同堂的家庭模式。

28 David Harvey,“The New Urbanism and the Communitarian Trap,” *Harvard Design Magazine*, no. 1 (Winter/Spring 1997), pp. 69–70.

29 D' Eramo,“Bunkering in Paradise,” p. 184。这种控制形式在居民身上发挥了核心作用，以保证财产价值的维护。

30 同上 , pp.187–188。

31 与此并行的是，进一步完善和扩展“契约、条件和限制”（CC&Rs），在推动居民群体在德 · 埃拉莫提出的财富、种族和年龄三大轴线上的同质化方面取得了有效进展。

32 Marc Augé, *Non-Places: Introduction to an Anthropology of Supermodernity*, trans. John Howe, London, 1995, p. 16.

33 同上。

34 关于流动性的进一步讨论涉及一个更字面意义上的解释，特别是城市交通的问题。在退休村开发的高尔夫球车交通基础设施代表了在美国这个以汽车为主导的环境中配置和实现替代性车辆流动手段的最显著发展之一。由于高尔夫球车不需要驾驶执照，所以老年人都可以使用它们。未来的研究可以探讨现有城市环境——这些环境几乎完全依赖私人汽车的流动性——如何适应未持有驾驶执照或对驾车信心不足的快速老龄化人口。进一步探索这种创新形式的误用或去语境化，也提供了挑战高尔夫球车精英主义联想的可能性。如果将高尔夫球车及其基础设施从封闭社区或低密度开发环境中，或美国这一地区的特定气候、文化和政治条件中剥离出来，那么退休城市化或城市化的一般发展潜力如何？这可能会定义对现有城市和城市边缘环境进行改造的进一步实验，或者从改变的流动性起点出发来开发新的替代性城市空间形式。

35 Mark Gottdiener, *The Theming of America: American Dreams, Media Fantasies, and Themed Environments*, Boulder, CO, 2001, p. 10.

36 销售中心成为每个市中心广场上最大和最显眼的建筑，这并非偶然。

37 Michael Sorkin,“La tematizzazione della città / The Theming of the City,” *Lotus International*, no. 109 (2001), p. 16.

38 同上, p.17。索金特别提到在如迪士尼乐园这样的地方的权利牺牲，其中言论自由被暂停，示威活动被禁止。

39 同上，p.16。

40 同上，p.15。

41 同上，p.9。

42 由于两者错综复杂的关系，将主体性及社会集体模式与城市环境之间的因果关系相分离并非本书的重点。

43 Scott Bass,“From Retirement to 'Productive Aging' and Back to Work Again,” in Dawn C. Carr and Kathrin S. Komp, *Gerontology in the Era of the Third Age: Implications and Next Steps*, New York, 2011, p. 186.

44 Roth et al.,“Baby Boomers in an Active Adult Retirement Community,” pp. 189–198.

45 同上，p. 197。

46 见 Ken Dychtwald and Joe Flower, *Age Wave: How the Most Important Trend of Our Time Will Change Your Future*, New York, 1990.

参考文献

AARP, *Aging in Place: The Promise of Livable Communities*, an AARP Global Report on Aging, Washington, DC, 2005.

——, *Aging in Place: A State Survey of Livability Policies and Prac tices*, Washington, DC, 2011.

——, Andrew Kochera et al., *Beyond 50.05: A Report to the Nation on Livable Communities: Creating Environments for Successful Aging*, Washington, DC, 2005.

Andrews, Gavin, and David Phillips, eds., *Ageing and Place: Perspectives, Policy, Practice*, London, 2005.

Appelgren, Staffan, *Huis Ten Bosch: Mimesis and Simulation in a Japanese Dutch Town*, Göteborg, 2007.

Aron, Cindy, *Working at Play: A History of Vacations in the United States*, New York, 1999.

Ashworth, G. J., and J. E. Turnbridge, *The Tourist-Historic City: Retrospect and Prospect of Managing the Heritage City*, London, 1990.

Augé, Marc, *Non-Places: Introduction to an Anthropology of Supermodernity*, trans. John Howe, London, 1995.

Auricoste, Isabelle, "Leisure Parks in Europe: Entertainment and Escapism," in *The Architecture of Western Gardens*, ed. Monique Mosser and Georges Teyssot, Cambridge, MA, 1991, pp. 483–94.

Ball, M. Scott, *Livable Communities for Aging Populations: Urban Design for Longevity*, Hoboken, NJ, 2012.

Ballard, J. G., *Cocaine Nights*, Washington, DC, 1996.

——, *Super-Cannes*, New York, 2002.

Barfield, Thomas, *The Nomadic Alternative*, Englewood Cliffs, NJ, 1993.

Bartling, Hugh, "Tourism as Everyday Life: an Inquiry into The Villages, Florida," *Tourism Geographies* 8, no. 4 (2006), pp. 380–402.

Baudrillard, Jean, "Disneyworld Company," *Quaderns* 236 (2003), pp. 6–15.

——, *Simulacra and Simulations* (1981), trans. Paul Foss et al., in *Selected Writings*, ed. Mark Poster, 2nd ed., Stanford, 2002, pp. 166–84.

Beck, Gregory, "An Atlas of Theme Parks," *Lotus International* 109 (2001), pp. 104–15.

Beck, Ulrich, *Risk Society: Towards a New Modernity*, trans. Mark Ritter, London, 1992.

——, and Elisabeth Beck-Gernsheim, *Institutionalized Individualism and Its Social and Political Consequences*, London, 2002.

Betty, Charles, and Michael Cahill, "British Expatriates' Experience of Health and Social Services on the Costa del Sol," in *Into the Margins: Migration and Social Exclusion in Southern Europe*, ed. Floya Anthias and Gabriella Lazaridis, Aldershot, 1999, pp. 83–113.

Bishop, Bill, *The Big Sort: Why the Clustering of Like-Minded America is Tearing Us Apart*, New York, 2008.

Blaikie, Andrew, *Ageing and Popular Culture*, Cambridge, UK, 1999.

Blakely, Edward J., and Mary Gail Snyder, *Fortress America: Gated Communities in the United States*, Washington, DC, 1997.

Blanchard, Janice M., and Anthony Bolton, *Aging in Community*, rev. ed., Seattle, 2013.

Blechman, Andrew, *Leisureville: Adventures in America' s Retirement Utopias*, New York, 2008.

Bors, Philip, et al., "Community Design: The Next Step to an Active Society?," *Journal on Active Aging* 3, no. 1 (January/February 2004), pp. 24–37.

Bouman, Ole, "Architecture of Demography: Building on a Collective Suicide," in "Architecture of Power, Part 3: Power Logic," *Volume* 7 (May 2006), pp. 36–41.

Boyer, Marc, "Tourism in the French Mediterranean," in *Mediterranean Tourism: Facets of Socioeconomic Development and Cultural Change*, ed. Yiorgos Apostolopoulos et al., London, 2001, pp. 39–51.

Brannen, Mary Yoko, "Bwana Mickey: Constructing Cultural Consumption at Tokyo Disneyland," in *Remade in Japan*, ed. Joseph J. Tobin, New Haven, 1992, pp. 216–34.

Brenner, Neil, ed., *Implosions / Explosions: Towards a Study of Planetary Urbanization*, Berlin, 2014.

Bultena, Gordon L., and Vivian Wood, "The American Retirement Community: Bane or Blessing?" *Journal of Gerontology* 24, no. 2 (1969), pp. 209–17.

Burby, Raymond and Shirley Weiss, *New Communities USA*, Lexington, MA, 1976.

Bury, Mike, "Ageing, Gender and Sociological Theory," in *Connecting Gender and Ageing: A Sociological Approach*, ed. Sara Arber and Jay Ginn, Buckingham, 1995, pp. 73–87.

Butler, R. W., "The Concept of a Tourist Area Cycle of Evolution: Implications for the Management of Resources," *Canadian Geographer* 14, no. 1 (1980), pp. 5–12.

Butler, Robert N., *The Longevity Revolution: The Benefits and Challenges of Living a Long Life*, New York, 2008.

Carmichael, Peter, *Nomads*, London, 1991.

Caroselli, Henry M., *Cult of the Mouse: Can We Stop Corporate Greed from Killing Innovation in America*, Berkeley, 2004.

Castells, Manuel, "Informationalism and the Network Society," epilogue to *The Hacker Ethic and the Spirit of the Information Age* by Pekka Himanen, New York, 2001, pp. 138–49.

——, *The Rise of the Network Society*, London, 1996.

Chaney, David, *Lifestyles*, London and New York, 1996.

Chaplin, Sarah, "Authenticity and Otherness: The New Japanese Theme Park," *Architectural Design* 68, no. 1/2 (January/February

1998), pp. 77–79.

Chesnais, Jean-Claude, et al., *The Demographic Transition: Stages, Patterns, and Economic Implications*, New York, 1993.

Chesters, Graeme, *Foreigners in Spain: Triumphs and Disasters; Real-Life Stories from Expatriates in Spain*, London, 2004.

Cisneros, Henry, et al., *Independent for Life: Homes and Neighborhoods for an Aging America*, Austin, 2012.

Commission of the European Communities, *Europe' s Response to World Ageing: Promoting Economic and Social Progress in an Ageing World*, Luxembourg, 2002.

Congress of the New Urbanism, "The Charter of the New Urbanism," in Peter Calthorpe and

William Fulton, *The Regional City*, Washington, DC, 2001, pp. 279–85.

Cook, Ian Gillespie, and Jamie Halsall, *Aging in Comparative Perspective: Processes and Policies*, New York, 2012.

Costa, Dora L., *The Evolution of Retirement: An American Economic History, 1880–1990*, Chicago, 1998.

Counts, Dorothy Ayers, and David R. Counts, *Over the Next Hill: An Ethnography of rving Seniors in North America*, Petersborough, Ont., 1996.

Crepaz, Markus M. L., and Arend Lijphart, *Trust beyond Borders: Immigration, the Welfare State, and Identity in Modern Societies*, Ann Arbor, MI, 2007.

Cresswell, Tim, "Imagining the Nomad: Mobility and the Post-modern Primitive," in *Space and Social Theory: Interpreting Modernity and Postmodernity*, ed. Georges Benko and Ulf Strohmayar, Oxford, 1997, pp. 360–82.

Cumming, Elaine, and William E. Henry, *Growing Old: The Process of Disengagement*, New York, 1961.

D' Heilly, David, "Letter from Huis Ten Bosch," *Any*, no. 4 (Janu- ary/February 1994), pp. 56–57.

Davis, Mike, *City of Quartz: Excavating the Future in Los Angeles*, London, 1990.

Dean, Penelope, "Outback Metropolis: Time Sharing Urbanism," *Architecture Australia* 89, no. 1 (January/February 2000), pp. 86–91.

Deleuze, Giles, and Felix Guattari, *Nomadology: The War Machine*, trans. Brian Massumi, New York, 1986.

——, *A Thousand Plateaus: Capitalism and Schizophrenia*, trans. Brian Massumi, Minneapolis, 1988.

Duany, Andres, et al., *Suburban Nation: The Rise of Sprawl and the Decline of the American Dream*, New York, 2000.

Dumas, Alex, and Bryan S. Turner, "Aging in Post-industrial Societies: Intergenerational Conflict and Solidarity," in *The Welfare State in Post-Industrial Society*, ed. Jason L. Powell and Jon Hendricks, New York, 2009, pp. 41–56.

Dunlop, Beth, ed., *Building a Dream: The Art of Disney Architecture*, New York, 1996.

Dychtwald, Ken, *Age Power: How the 21st Century Will Be Ruled by the New Old*, New York, 1999.

——, *Age Wave: The Challenges and Opportunities of an Aging America*, Los Angeles, 1988.

——, and Joe Flower, *Age Wave: How the Most Important Trend of Our Time Will Change Your Future*, New York, 1990.

Easterling, Keller, *Enduring Innocence: Global Architecture and Its Political Masquerades*, Cambridge, MA, 2005.

——, *Organization Space: Landscapes, Highways, and Houses in America*, Cambridge, MA, 2001.

Eco, Umberto, *Faith in Fakes: Travels in Hyperreality*, trans. William Weaver, London, 1986.

D' Eramo, Marco, "Bunkering in Paradise (or, Do Oldsters Dream of Electric Golf Carts?)," in *Evil Paradises: Dreamworlds of Neo-liberalism*, ed. Mike Davis and Daniel Bertrand Monk, New York, 2007, pp. 171–88.

Findlay, John M., *Magic Lands: Western Cityscapes and American Culture After 1940*, Berkeley, 1992.

Finnerty, Margaret, *Del Webb: A Man, A Company*, Phoenix, 1991.

Fischer, Claude, "On Urban Alienations and Anomie: Powerlessness and Social Alienation," *American Sociological Review* 38 (June 1973), pp. 311–26.

Foucault, Michel, "Of Other Spaces: Utopias and Heterotopias," *Diacritics* 16 (Spring 1986), pp.

22–27.

Freeman, Jane, and Glenn Sanberg, *Jubilee: The 25th Anniversary of Sun City Arizona*, Phoenix, 1984.

Garreau, Joel, *Edge City: Life on the New Frontier*, New York, 1991.

Gausa, Manuel, et al., *hiCat: HiperCatalunya: Research Territories*, Barcelona, 2005.

Gerrold, David, *The Man Who Folded Himself*, New York, 1973.

Gilleard, Chris, and Paul Higg, *Contexts of Ageing: Class, Cohort and Community*, Cambridge, UK, 2005.

Golant, Stephen, "In Defense of Age-Segregated Housing," *Aging* 348 (1985), pp. 22–26.

Goldenberg, Leon, *Housing for the Elderly: New Trends in Europe*, New York, 1981.

Gottdiener, Mark, *The Theming of America: American Dreams, Media Fantasies, and Themed Environments*, Boulder, CO, 2001.

Graebner, William, *A History of Retirement: The Meaning and Function of An American Institution, 1885–1978*, New Haven and London, 1980.

Granser, Peter, *Sun City*, Zurich, 2006.

Grant, Richard, *Ghost Riders: Travels with American Nomads*, London, 2003.

Grayson, Susan, "Du Midway Plaisance à Six Flags: The Show Must Go On," *L' Architecture d' Aujord' hui*, no. 348 (September/October 2003), pp. 49–53.

Gruber, Howard E., and J. Jacques Vonèche, eds., *The Essential Piaget*, London, 1995.

Hareven, Tamara, "Historical Perspectives on the Family and Aging," in *Aging and the Family: Theory and Research*, ed. Rosemary Bliezner and Victoria Hilkevitch Bedford, Westport, CT, 1994, pp. 13–31.

Harvey, David, "The New Urbanism and the Communitarian Trap," *Harvard Design Magazine*, no. 1 (Winter/Spring 1997).

Havighurst, Robert J., "Successful Aging," in *Processes of Aging: Social and Psychological Perspectives*, ed. Richard H. Williams et al., New York, 1963, pp. 299–330.

Hennessy, Catherine Hagan, "Aging and Place: Situating Lives and Care in the Community," *The Gerontologist* 50, no. 4 (2010),pp. 564–71.

Hobbs, Guy, *Retiring to Spain*, Oxford, 2006.

Höpflinger, François, "The Second Half of Life: A Period of Life in Transition," in *New Approaches to Housing for the Second Half of Life*, ed. Andreas Huber, Basel, 2008, pp. 31–46.

Huber, Andreas, ed., *New Approaches to Housing for the Second Half of Life*, Basel, 2008.

——, and Karen O' Reilly, "The Construction of Heimat under Conditions of Individualized Modernity: Swiss and British Elderly Migrants in Spain," *Ageing and Society* 24 (2004), pp. 327–51.

Hunt, Michael, et al., *Retirement Communities: An American Original*, New York, 1984.

Inaba, Jeffrey, ed., "The Urban Conspiracy," *Volume* 29 (November 2011).

Jabbur, Jibrail S., *The Bedouins and the Desert: Aspects of the Nomadic Life in the Arab East*, New York, 1984.

Jameson, Frederic, *Archaeologies of the Future: The Desire Called Utopia and Other Science Fictions*, London, 2005.

Johnson, Kimberly J., and Jan E. Mutchler, "The Emergence of a Positive Gerontology: From Disengagement to Social Involvement," *The Gerontologist* 54, no. 1 (2013), pp. 93–100.

Judd, Dennis, and Susan Fainstein, *The Tourist City*, New Haven, 1999.

Kalache, Alexandre, et al., "Global Ageing: The Demographic Revolution in All Cultures and

Societies," in *Cambridge Handbook of Age and Ageing*, ed. Malcolm Johnson et al., New York, 2005, pp. 30–46.

Kaufman, Jerome L., "Planning and an Aging Population," *Planning Advisory Service Report No. 148*, Chicago, 1961.

Khaldun, Ibn, *The Muqaddimah: An Introduction to History*, trans. Franz Rosenthal, Princeton, 1967.

King, Russell, et al., *Sunset Lives: British Retirement Migration to the Mediterranean*, Oxford, 2000.

Koolhaas, Rem, *Delirious New York: A Retroactive Manifesto for Manhattan*, New York, 1978.

———, and Bruce Mau, *S,M,L,XL: O.M.A.*, New York, 1995.

Kotlikoff, Laurence J., and Scott Burns, *The Coming Generational Storm: What You Need to Know about America' s Economic Future*, Cambridge, MA, 2005.

Kronenburg, Robert, *Houses in Motion: The Genesis, History and Development of the Portable Building*, London, 2002.

Lachmayer, Herbert, et al., *A Guide to Archigram 1961–1974*, London, 1994.

Lasansky, D. Medina, and Brian McClaren, *Architecture and Tourism: Perception, Performance, and Place*, New York, 2004.

Laslett, Peter, *A Fresh Map of Life: The Emergence of the Third Age*, Cambridge, MA, 1989.

Litwack, Eugene, and Charles F. Longino, "Migration Patterns Among the Elderly: A Developmental Perspective," *The Gerontologist* 27, no. 3 (1987), pp. 266–272.

Low, Setha, *Behind the Gates: Life, Security, and the Pursuit of Happiness in Fortress America*, New York, 2003.

MacCannell, Dean, *The Tourist: A New Theory of the Leisure Class*, New York, 1976.

McHugh, Kevin E., and Elizabeth M. Larson-Keagy, "These White Walls: The Dialectic of Retirement Communities," *Journal of Aging Studies* 19, no. 2 (May 2005), pp. 241–56.

McKenzie, Evan, *Privatopia: Homeowner Associations and the Rise of Residential Private Government*, New Haven, 1996.

Mannheim, Steve, *Walt Disney and the Quest for Community*, Aldershot, 2002.

Marling, Karal Ann, ed., *Designing Disney' s Theme Parks: The Architecture of Reassurance*, Paris, 1998.

Mathiason, Geneva, "Some Current Attempts at Better Buildings for the Aged," *Architectural Record* 119 (May 1956), pp. 196–202.

de Meyer, Dirk, et al., eds., *The Urban Condition: Space, Community, and Self in the Contemporary Metropolis*, Rotterdam, 1999.

Mead, Margaret, and Grace Hechinger, "Growing Old in America," in *Human Services for Older Adults: Concepts and Skills*, ed. Anita S. Harbert and Leon H. Ginsberg, Columbia, SC, 1990, pp. 48–53.

Misir, Timothy L., "Ageing Modernity: Growing Old in the EU in the 21st Century," EU Centre in Singapore Background Brief, no. 7 (December 2012).

Mitrasinovic, Miodrag, "Huis Ten Bosch: Hollande miniature pour retraités japonais," *L' Architecture d' Aujourd' hui*, no. 341 (July/August 2002), pp. 72–79.

———, *Total Landscape, Theme Parks, Public Space*, Aldershot, 2006.

Morse, H. Gary, "Yesterday, Today and Tomorrow!," *The Villages Daily Sun*, 2007.

Muramatsu, Naoko, and Hiroko Akiyama, "Japan: Super-Aging Society Preparing for the Future," *The Gerontologist* 51, no. 4 (2011), pp. 425–32.

Mumford, Lewis, "For Older People—Not Segregation But Integration," *Architectural Record* (May 1956), pp. 191–94.

MVRDV, *Costa Iberica: Upbeat to the Leisure City*, Barcelona, 2000.

Myers, George C., "Demography of Aging," in *Handbook of Aging and the Social Sciences*, 3rd ed., ed. Robert H. Binstock et al., New York, 1990, pp. 19–44.

Negri, Antonio, and Michael Hardt, *Multitude: War and Democracy in the Age of Empire*, New York, 2006.

Neugarten, Bernice L., "The Young-Old and the Age-Irrelevant Society," in *The Meanings of Age: Selected Papers of Bernice L. Neugarten*, ed. Dail A. Neugarten, Chicago, 1996, pp. 34–46.

Nihon Sekkei, *Huis Ten Bosch: Design Concept and its Development*, Tokyo, 1994.

O' Reilly, Karen, *The British on the Costa Del Sol: Transnational Identities and Local Communities*, London, 2000.

Oberg, Peter, and Lars Tornstam, "Youthfulness and Fitness—Identity Ideals for All Ages?" *Journal of Aging and Identity* 6, no. 1 (2001), pp. 15–29.

Ockman, Joan, and Solomon Frausto, eds., *Architourism: Authentic, Escapist, Exotic, Spectacular*, New York, 2005.

OECD, *Ageing in oecd Countries: A Critical Policy Challenge*, Paris, 1997.

———, Pensions at a Glance 2013: oecd and g20 Indicators, Paris, 2013.

Olszewska, Anna, and Kenneth Roberts, eds., *Leisure and Life Style: A Comparative Analysis of Free Time*, London, 1989.

Oosterman, Arjen, ed., "Aging," *Volume* 27 (April 2011).

Overbye, Einar, "The New Zealand Pension System in an International Context: An Outsider' s View," *Social Policy Journal of New Zealand*, no. 6 (July 1996).

Pacione, Michael, "The Retirement Village as a Residential Environment for the Third Age: The Example of Firhall, Scotland," *Scottish Geographical Journal* 128, no. 2 (2012), pp. 148–68.

Pastalan, Leon A., ed., *The Retirement Community Movement: Contemporary Issues*, Binghamton, NY, 1989.

Perkins, Bradford, et al., *Building Type Basics for Senior Living*, Hoboken, NJ, 2004.

Piaget, Jean, "The Child' s Conception of Time," in *The Essential Piaget*, ed. Howard E. Gruber and J. Jacques Vonèche, London, 1995.

Portela, César, ed., *La Arquitectura Del Sol / Sunland Architecture*, Valencia, 2004.

Polivka, Larry, and Charles F. Longino, Jr., "Commentary: Aging Politics and Policy in Postmodern Society," *Journal of Aging and Identity* 7, no. 4 (December 2002), pp. 287–92.

Powell, Jason L., and Charles F. Longino, Jr., "Towards the Post-modernization of Aging: The Body and Social Theory," *Journal of Aging and Identity* 6, no. 4 (December 2001), pp. 199–207.

Provencher, Claudine, et al., "Ageing and Community: Introduction to the Special Issue," *Journal of Community and Applied Social Psychology* 24, no. 1 (2014), pp. 1–11.

Rawlings, Irene, and Mary Abel, *Portable Houses*, Layton, UT, 2004. Rebick, Marcus, and Ayumi Takenaka, *The Changing Japanese Family*, London, 2006.

Regnier, Victor, *Design for Assisted Living: Guidelines for Housing the Physically and Mentally Frail*, New York, 2002.

Roberts, Kenneth, "Great Britain: Socioeconomic Polarisation and the Implications for Leisure," in *Leisure and Life-Style: A Comparative Analysis of Free Time*, ed. Anna Olszewska and Kenneth Roberts, London, 1989.

Romero, José María, *Territory zomecs: Urban Attributes*, Granada, 2004.

Roth, Erin G., et al., "Baby Boomers in an Active Adult Retirement Community: Comity Interrupted," *The Gerontologist* 52, no. 2 (2012), pp. 189–98.
Rowland, Donald T., *Population Aging: The Transformation of Societies*, New York, 2012.
Sadler, Simon, *Archigram: Architecture Without Architecture*, Cambridge, MA, 2005.
Scarponi, Antonio, "Design for Eternal Youth," *Domus* 959 (June 2012).
Schaefer, Markus, "Building Hospitals—Hospital Buildings," in *The Architecture of Hospitals*, ed. Cor Wagenaar, Amsterdam, 2006.
Schwartz, Hillel, *The Culture of the Copy: Striking Likenesses, Unreasonable Facsimiles*, New York, 1998.
Schwartz-Clauss, Mathias, and Alexander von Vegesack, eds., *Living in Motion: Design and Architecture for Flexible Dwelling*, Weil am Rhein, 2002.
Schwarz, Benyamin, and Ruth Brent, *Aging, Autonomy, and Architecture: Advances in Assisted Living*, Baltimore, 1999.
Shane, David Graham, *Recombinant Urbanism: Conceptual Modeling in Architecture, Urban Design, and City Theory*, Chichester, 2005.
Siegal, Jennifer, ed., *Mobile: The Art of Portable Architecture*, New York, 2002.
Silverberg, Robert, *Up the Line*, New York, 1969.
Smith, Wendell R., "Product Differentiation and Market Segmentation as Alternative Marketing Strategies," *Journal of Marketing* 21, no.1 (July 1956), pp. 3–8.
Soja, Edward, "Inside Exopolis: Scenes from Orange County," in *Variations on a Theme Park: The New American City and the End of Public Space*, ed. Michael Sorkin, New York, 1992, pp. 94–122.
Somol, Robert, "Golf Space: The New Town Square Has 18 Holes," *Wired* 11, no. 6 (June 2003), p. 163.
———, and Orange Studio, "Endless Orange," *transScape*, no. 11 (2003), pp. 84–93.
Sorkin, Michael, "La tematizzazione della città / The Theming of the City," *Lotus International*, no. 109 (2001), pp. 10–17.
———, ed., *Variation on a Theme Park: The New American City and the End of Public Space*, New York, 1992.
Stafford, Philip, B., *Elderburbia: Aging with a Sense of Place in America*, Westport, CT, 2009.
Stroud, Hubert B., *The Promise of Paradise: Recreational and Retirement Communities in the US Since 1950*, Baltimore, 2001.
Stulman Dennett, Andrea, "The Dime Museum Freak Show Reconfigured as Talk Show," in *Freakery: Cultural Spectacles of the Extraordinary Body*, ed. Rosemarie Garland Thomson, New York, 1996, pp. 315–26.
Styles, Joanna, *Retiring in Spain*, London, 2006.
Thompson, Warren S., "Population," *American Journal of Sociology* 34, no. 6 (1929), pp. 959–75.
Treib, Marc, "Theme Park, Themed Living: The Case of Huis Ten Bosch (Japan)," in *Theme Park Landscapes: Antecedents and Variations*, ed. Terence Young and Robert Riley, Washington, DC, 2002, pp. 213–34.
Trolander, Judith Ann, *From Sun Cities to The Villages: A History of Active Adult, Age-Restricted Communities*, Gainesville, FL, 2012.
United Nations, DESA, Population Division, *Second World Assembly on Ageing, Madrid*, New York, 2002.
———, *Technical Meeting on Population Ageing and Living Arrangements of Older Persons*, New

York, 2000.
——, *World Population Ageing 1950–2050*, New York, 2002.
——, *World Population Ageing 2007*, New York, 2007.
——, *World Population Ageing 2013*, New York, 2013.
——, *World Population to 2300*, New York, 2004.
United Nations, Population Division, *The Aging of Populations and its Economic and Social Implications*, New York, 1956.
United States Census Bureau, *An Ageing World*, Washington, DC, 2001.
Urry, John, *The Tourist Gaze*, London, 1990.
Valins, Martin, *Housing for Elderly People: A Guide for Architects, Interior Designers and Their Clients*, London, 1988.
Varnelis, Kazys, "Swarm Intelligence: Quartzsite Arizona," in B*lue Monday: Stories of Absurd Realities and Natural Philosophies*, ed. Robert Sumrell and Kazys Varnelis, Barcelona, 2007, pp. 144–70.
Veblen, Thorstein, *The Theory of the Leisure Class*, New York, 1899.
Venturi, Robert, et al., *Learning From Las Vegas*, Cambridge, MA, 1972.
Verderber, Stephen, and David J. Fine, *Healthcare Architecture in an Era of Radical Transformation*, New Haven, 2000.
Weiss, Robert S., and Scott A. Bass, eds., *Challenges of the Third Age: Meaning and Purpose in Later Life*, New York, 2002.
Weizman, Eyal, *Hollow Land: Israel' s Architecture of Occupation*, London, 2007.
White, Roger B., *Home on the Road: The Motor Home in America*, Washington, DC, 2000.
Whyte, William, *The Organization Man*, New York, 1956.
Wigley, Mark, "Network Fever," *Grey Room* 4 (Summer 2001), pp. 121–22.
Williamson, June, "Sounding the Home Town Theme," *Thresholds* 20 (2000), pp. 56–61.
Wirth, Louis, "Urbanism as a Way of Life," in *Classic Essays on the Culture of Cities*, ed. Richard Sennett, New York, 1969, pp. 143–64.
Wister, Andrew V., and Thomas K. Burch, "Attitudes of the Elderly Towards Living Arrangements: Conceptual and Methodological Issues," in *The Retirement Community Movement: Contemporary Issues*, ed. Leon A. Pastalan, Binghamton, NY, 1989, pp. 5–18.
Yoshimoto, Mitsuhiro, "Images of Empire: Tokyo Disneyland and Japanese Cultural Imperialism," in *Disney Discourse: Producing the Magic Kingdom*, ed. Eric Smoodin, New York, 1994, pp. 181–202.

后记1

区域的光合作用

自古以来，人类一直梦想着能够长生不老。不论在什么样的文化中，这个幻想都曾出现过。逃避衰老的愿望一再引起了一个有关神奇地方的神话，那里是能够恢复青春的人间乐园。[1] 征服死亡的强烈愿景或许可以与一个特殊的地方联系起来，在那里人们为了寻找长生不老之地而进行探险。最引人注目的是胡安·庞塞·德莱昂和他着迷寻找青春之泉的故事。在 16 世纪，作为代表西班牙法院的征服者和探险家，胡安接受委托绘制新的贸易路线，吞并领土，并从新大陆带回资源。青春之泉的传闻吸引了他的目光，胡安和他的船员便开始了一个意想不到的寻找青春之泉的旅程，这使他意外地发现了佛罗里达州。位于圣奥古斯丁镇的青春之泉考古公园便是向此段历史致敬。

关于乌托邦复兴的最著名的画作之一出自老卢卡斯·克拉纳赫（Lucas Cranach the Elder），他是萨克森法院的画家，这幅画展示的是在一个田园牧歌式的环境中，有许多女人在游泳池洗澡（图 1）。[2] 这个场景就像是一个以清晰的输入输出逻辑为依据的机械处理器，迎接载满人的马车到聚集着人群的喷泉旁。事实上，这幅画是作为一个示意图并表示着反向的年龄排序，当从左到右看的时候，你会发现图中的人变得越来越年轻。从左边进入泳池时你是衰老的，从右边出来时则会恢复活力变得年轻。这里有着常常被冠以具有治疗能力的水，可以使你恢复能量与活力。在这幅画里，进入游泳池之前，进入者要接受医生或工作人员的检查，医生或工作人员似乎是要把这些数据记录在一本书或记录册中。这种年龄转化更多隐含的是社会地位的转变，即年轻等同于繁荣和地位的上升，更不要说新获得的美丽和性活力。[3]

对于今天来说好像没有发生什么变化，正如迪恩·辛普森所明确指出的那样；这个梦想促使整个行业把“青春”作为吸金市场，这个梦想也打开了资本新循环的大门，加快了消费速度。无论是在医疗、娱乐或化妆品行业，新的大规模

图1　老卢卡斯·克拉纳赫，《青春之泉》，1546年。来源：柏林国家博物馆

的细分市场已经出现，所有目标旨在满足那些想要保持年轻的需求和欲望。[4] 在这里，地点在梦想转为资本的过程中扮演着重要的角色，无论是在旅游业或房地产行业。当然，现代形式的“青春之泉”多数被大众熟知。其结果是，专门迎合老年人的“太阳城”在全球具有适宜气候的地方迅速出现，无论是佛罗里达州、西班牙海岸或是日本南部。虽然营销作为独特的环境面向特定的消费客户，但是这些地点实际上被构思和建立成标准化的产品。这引起了一个新的城市化浪潮，前提是源源不断的退休人员希望在能变成全球阳光地带的地方度过他们的退休时间。随之而来的是大规模移民移居到阳光地带，掀起了一个名副其实的“城市光合作用”，奇怪的是，这是基于一个很久以前的梦想，但没有表明走向老年（图2）。[5]

关于老龄化的论述全部需要使用数据。人口统计学是用数字语言写出来的，然后反过来将统计信息转化为图形，所有这些都会影响人口的变化过程。每个人都在走向老龄。儿童死亡率稳步下降，预期寿命显著增加，老年人的数量在上升。数字不会说谎，我们面临着一个人口方面的当务之急，这对人类的命运有着很大的影响。

正是以这种迫切性作为出发点，辛普森选用绘制人口转变统计图表，将它们转变为分析当前形势的图像，因为一般的模式很难解决这个问题。实际上，他的工作富有洞察力，给予了克拉纳赫关于青春“项目”的历史画作新的信息，

图2　妇女站在游泳池旁边，亚利桑那州太阳城，2012年
来源：达雷尔·勒可惹（Darrell Lecorre），大师文件公司

在这个过程中绘制了如今城市化时代下老龄化的新风景。

这么多的人口统计调查中，图表是有价值的。它们展示了在明显中立的笛卡尔坐标系中沿着曲线绘制的时间的发展。事实真相，对任何研究的总结都是独一无二与权威的。从 20 世纪 40 年代，欧内斯特 · 伯吉斯在芝加哥社会研究院对老年人进行的研究，到西蒙娜 · 德 · 波伏娃在 20 世纪 60 年代写的老龄化哲学史，再到 20 世纪 90 年代初，联合国的行动计划开始建立一个老龄化社会，每一个行动都依靠大量的数据来进行宣传。[6]

将统计数据转化为清晰的图像已经达到了一个完美的程度，现在对相应的名称和属性图有越来越多的分类。有传统的“XY 图”图表，表示世界上的老年人口增长的百分比；还有经典的“金字塔”图表，可以明确区分男女，以及最近的附带结果，其中有些突增，有些头重脚轻，其他的则头轻脚重。看似矛盾的“矩形生存曲线”显示长寿使原来的弧线变得平稳，将死亡置于生命后期。这些图表标注了过去以便理解当下的情形，也预测未来的发展。最终，进行人口统计学是至关重要的。

当使用统计学来反映人口趋势时，城市规划领域也不例外。以勒 · 柯布西耶（Le Corbusier）为例，他在《明日城市》这本书中用一整章来描述利用统计学这一主题。他称数据统计为“城市规划师的飞马”，借用象征智慧的神话人物来改变数据收集公认的“一丝不苟、冷淡、冷漠”的特征，使其成为一个接地良好的跳板来实现对未来和未知世界的推测。[7] 他坚持道：“统计有助于确切地阐述某个问题。”[8] 虽然柯布西耶并没有直接解决老龄化问题，他却痴迷于人口增长对城市形态的影响。他所做的曲线图越来越多，为他处理不同城市形态提供依据，比如伏瓦生规划或者容纳 300 万人口的当代城市规划。

后来几代建筑师和城市规划师纷纷效仿。例如雷姆·库哈斯（Rem Koolhaas）的城市项目，运用了大量的数据，随后对数据进行精心编制，最后以研究型设计标志完美呈现出来。又比如荷兰的 MVRDV 建筑设计事务所关于当代城市环境的研究，从根本上把整个城市转化成“数据景观”和“数据城镇”。另一个特殊的例子是 MVRDV 事务所在西班牙沿海地区研究特定地区以年龄为驱动的人口集中问题，此地区是另一个新兴的退休社区地带，是一个“让大批退休老年人离开他们寒冷和环境不太好的家乡”同时重返青春的“休闲区”。[9] 领取养老金者接受常发生风暴的海岸，这使廉价的都市化无限发展。[10] 数据收集附加的价值在这体现为统计学以 3D 模型的方式展现出人口发展趋势的空间模型。

这样的例子阐明了年轻老人社区的古老传统。但是“老年不仅仅是单纯的数据统计。”[11] 重塑老龄化城市研究的新领域，辛普森的书不仅仅涉及了数据，更是去寻找社会和物质突变的潜力，同时也要避免陷入道德评价的局限。城市创新，回应了最近在大幅发展的老年人群的需求和欲望，可以作为案例研究来及时探索当前人口统计学和领域的关系。在这样做时，辛普森使城市以意想不到的方式呈现出来，反映了人与地点的组成方面的深刻变化。从高尔夫球车城市新建的基础设施，到商业带转变成路边的医疗便利设施，再到目前由老年房车社区形成的临时城市，这些例子都有助于识别空间产品的新策略，从而产生由年龄和具有田园风光的地方结合而形成的“老化”。辛普森提到的这些以及其他例子，就像是致力于“瞬间转移”老年人的生活产品清单一样，也像克拉纳赫的油画一样，想要脱离变老的现实，复兴现代乌托邦，构建一个永远年轻的世界。

马克·安吉利尔和卡里·赛瑞斯

注释

1 Gerald J. Gruman, “A History of Ideas About the Prolongation of Life: The Evolution of Prolongevity Hypotheses to 1800,” *Transactions of the American Philosophical Society* 56, part 9 (1966), pp. 24–27.

2 Jeffrey Chipps Smith, “Cranach und die Kunst der Renaissance unter den Hohenzollern. Kirche, Hof und Stadtkultur,” *Renaissance Studies* 24, no. 5 (2010), pp. 742–50.

3 同上，p. 746。

4 Wendell R. Smith, “Product Differentiation and Market Segmentation as Alternative Marketing Strategies,” *Journal of Marketing* 21, no. 1 (July 1956), pp. 3–8. 迪恩·辛普森参考了 Smith 在《Deep Slice Urbanism》的文章，出自《The Urban Conspiracy》, ed. Jeffrey Inaba, Volume 29 (November 2011), pp. 75–77.

5 关于“城市光合作用”一词的使用，见 Juan Palop-Casado and Christina Suárez, Laboratory for Planning and Architecture (lpa), *Urban-Photosynthesis: Projects and Works by Laboratory for Planning and Architecture*, 2002–2009, Las Palmas de Gran Canaria, 2009, p. 9。

6 参见 Ernest W. Burgess, ed., *Aging in Western Societies*, Chicago, 1960; 以及 Simone de Beauvoir, *The Coming of Age* (1970), trans. Patrick O' Brian, New York, 1996。另见 the Madrid International Plan of Action, published in the report *Second World Assembly on Ageing*, New York, 2002。

7 Le Corbusier, *The City of To-Morrow and Its Planning* (1925), trans. Frederick Etchells, New York, 1987, p. 107.

8 同上，p. 105。

9 MVRDV, *Costa Iberica: Upbeat to the Leisure City*, Barcelona, 1998, pp. 54–56.

10 同上，p. 112。

11 de Beauvoir, *The Coming of Age*, p. 11.

后记2

对未来生活拥有着更积极的态度和更高欲求的老龄化一代，是一种新的人口老龄化模式（至少在富裕的社会中）。教育的发展，在过去几十年中，改变了家庭构成（和解散）的方式，并且增强了城市的定位，这是退休后寻求更积极的生活方式的最重要的决定因素。同时，现在一代的老年人普遍比前几代的寿命更长。在许多发达国家，社会保障的水平提高，使老年贫困率降低。在健康且有经济支持的安全退休体系背景下，老龄化的新形象和概念已经得到发展，让人们对于实现延长健康寿命、在老年时学习新东西或在退休后从事新的爱好、活动和志愿工作的可能持有更积极的看法。人们不再被动地忍受个人衰老，而是把它看作一种可以主动形成和塑造的过程。对于年轻老人来说，这是真实存在的，他们在退休之后将受益于健康和积极的生活。

这样的背景对于避免人口谬误具有重要的社会和科学意义。人口谬误指的是在分析人口老龄化指标时，没有考虑到“婴儿潮一代”的老龄化不同于前几代。随着老龄化进程的迅速变化，人口老龄化与社会老龄化并没有太多的联系。人口统计的方案并没有解释老龄化过程中的结构变化正处于危险中，高估了人口老龄化对社会的消极影响。

辛普森强调的一点是，人口老龄化的过程与老年中新的城市布局和生活方式的兴起过程是整合在一起的。在这种观点中，选择的案例研究（美国的年龄分隔的退休城市和流动性的房车社区、西班牙的退休社区以及日本的豪斯登堡）看起来似乎很特殊甚至是极端案例，但对“第三年龄”的讨论强调的是新兴的社会、经济以及城市发展，若想更好地理解这一现象，要通过讨论和分析特殊的案例而不是通过一般趋势。

第一个原因是特殊案例能更好地说明和演示在城市环境中传统的理论思维对老龄化的限制。在许多情况下，标准化的科学方法并不能解释历史上出现的新的和易变的城市结构。辛普森使用的基于探索的理论方法，对第三年龄段城市化进行了更细致的探讨。

另一个原因是探索性研究呈现给我们的是，关于社会和城市新发展状况的有效的参考框架，与此同时，允许在新形式下对老龄化城市的矛盾和结构限制进行深入思考。本书中所选择的案例表明，例如，人口老龄化的矛盾方面以及老年人的主观非老龄化，在人口老龄化的背景下，不属于老年人的社会范畴。老年人口中国际移民的增加，这些讨论强调居家养老是人口老龄化社会的发展趋势。同时也适用于结合特定人群相关的怀旧和回忆的新的城市定位（对于“婴儿潮一代”中的活跃人群，怀旧元素已经成为他们“青春期”的重要组成部分）。迪恩·辛普森的这本书具有创新意识，概念上条理清晰，清楚地展示了人口过程，积极（或消极）的个性老龄化模式与世界上不同地区的新一代老年人的新型城市发展是相互作用的。

弗朗索瓦·霍普弗林格

致谢

写这本书花费了较长的时间，最初只将它当作苏黎世联邦理工学院的博士学位论文，后来编写成书进行出版，在此我想对在这个过程中给予我许多帮助的个人和机构表示由衷的感谢。

首先，我非常感谢马克·安吉利尔从一开始就对我进行的鼓励，作为苏黎世联邦理工学院的博士生导师，他对我进行悉心的指导且付出了极大的精力，在这本书出版的过程中他提供了持续的帮助。我也非常感激苏黎世大学社会学研究所的弗朗索瓦·霍普弗林格，作为学术论文的合作指导导师，他为我提供了灵感和社会学领域的宝贵建议。

我也非常感谢各基金会和各机构在出书各阶段的重要资助，包括威卢克斯基金会、格雷厄姆美术高级研究基金会、德雷尔基金会、挪威房屋银行下的 77 号邮局、美国证券交易委员会未来城市实验室、丹麦艺术基金会、瑞士霍尔希姆公司可持续建筑基金会，以及苏黎世联邦理工学院给予的补助金。我也很感谢前主任亚历山大·卡拉教授，以及路易斯·普洛弗博士（他是位于日内瓦的世界卫生组织老龄化和生命课题项目的高级技术员）。感谢他们对本书的支持。

感谢建筑师、研究员 Ani Vihervaara 对本书的图纸、地图以及图表的使用做出的卓越贡献。与如此有才华且充满活力的人一起工作是一种乐趣，美国证券交易委员会未来城市实验室下马克·安吉利尔区域组织第六模块项目为我们提供了合作的可能。相似的是，插图的前期进展一直依赖于 Cecilia Lundbäck、Johan Straarup 和 Anne-Ragnhild Larsen 做出的大量努力与模型，对于他们我深表感激。我还要感谢挪威卑尔根建筑学校的 15 名学生，他们模拟了各种年轻老人环境中的城市肌理。

Joost Grootens 是一名非常好的合作者，他作为这本书的设计师给这本书带来了灵感，使这本书变得清晰明确。与他以及他的团队成员 Hanae Shimizu、Tine van Wei 和 Silke Koeck 合作给我们带来了非凡的乐趣，同时也是一次学习经历。我很感激 Lars Müller 出版社对本书的支持，同时感谢在出版社工作的 Michael Ammann 和 Rebekka Kiesewetter 所付出的努力，还应该感谢 Jonathan Fox，他十分耐心且熟练地完成了编辑出版工作。

在编写本书的不同阶段，有许多人对书的内容提供了宝贵的反馈建议。首先，我非常感谢 Anne Leonora Blaakilde 和 Milica Topalovic，感谢他们对书的手稿提出的敏锐且具有建设性的专业解读。在工作的前期阶段，Eyal Weizman、Reinhold Martin、Felicity Scott、Roemervan Toorn、MarkWasiuta、Penelope Dean 和 Bob Somol 在由马克 · 安吉利尔在苏黎世联邦理工学院举办的一系列博士学术讨论会上提供了宝贵的建议。其他要感谢的人包括 Arjen Oosterman、Timothy Moore、Jeffrey Inaba、Andreas、Ilka Ruby、Reed Kroloff、Miodrag Mitrasinovic、Andreas Rumpfhuber、Peter Hemmersam、Stefan Gruber、 Christian Hubert、Liz Diller、Ric Scofidio、Salomon Frausto、Matthias Hollwich、Dan D' Oca、Ann Bookman、Angelus Eisinger、Andres Lepik、Ross Jenner、Bechir Kenzari、Tina-Henriette Kristiansen、Claudia Carbone、Claus Peder Pedersen、 Mark Vacher、Lyn Rice、Marcos Sanchez、Anita Baumli、Ivo Bracher、Andreas Huber、Margrit Hugentobler、Ane Hendriksen、Tina Therese Larsen、Annalise、Asbjørn Bræsndstrup、John Lin。同时我还要感谢那些在审查或者编辑本书过程中提出建议的人，还有那些在不同的演讲中提出问题或评论的人，感谢过去几年里我教过的学生们，他们也提供了宝贵的建议。

制度文化在本书编写过程中发挥了重要作用。在苏黎世联邦理工学院期间，我对给予我鼓励的同事表示衷心的感谢，我和他们结下了深厚的友谊，特别是 Jesse LeCavalier、Reto Geiser、Dirk Hebel、Jörg Stollmann、Marion Kalmer、Cary Siress、Julian Varas、Andrew Whiteside、Rainer Hehl。新加坡 - 苏黎世联邦理工学院全球可持续性环境中心的未来城市实验室，在这里项目受益于 Marc Angélil、Franz Oswald， Stephen Cairns、Kees Christiaanse、Alex Lehnerer、Milica Topalovic， Dirk Hebel、

Cary Siress、Sascha Delz、Ben Leclair-Paquet、Charlotte Malterre-Barthes、Martha Kolokotroni、Sascha Roesler、Gerhard Schmitt 和 Peter Edwards。我还要感谢伦敦建筑联盟学院的 Brett Steele、Charles Tashima、Mark Campbell、Saskia Lewis、Tom Weaver 和 Christopher Pierce，他们给予了我很大的支持。我很感谢挪威卑尔根建筑学院 Cecilie Andersson 校长对我的聘用，同时对前任校长 Marianne Skjulhaug、Sixten Rahlff、Vibeke Jensen、Thomas Wiesner、Gunvor Bakke Kvinlog、Anders Rubing、Siv Gjerde Aardal 也表示由衷的感谢。

在写博士论文的最后阶段和之后的几年中，我有幸获得了丹麦美术学院和哥本哈根建筑学院的支持，特别是得到了第十部门前任领导 Peter Hlenning Jørgensen 的支持与鼓励，他慷慨地为我提供了工作空间。同时也要感谢 Lene Dammand 校长、Peter Thule Kristensen 校长，及建筑、城市规划和景观学院的领导 Katrine Lotz、前任领导 Jonna Majgaard Krarup，他们慷慨地对我进行了资助。在丹麦美术学院，我能和很多同事谈论喜欢的事物，这十分美好，这些同事有 Charles Bessard、Anders Lonka、Ulrik Heltoft、Kathrin Gimmel、Dominic Balmforth、Mette Skjold、Marc Jay、Frans Drewniak、Mathilde Petri、Terri Peters、Anders Brix、Nicolai de Gier、Karina Mose、Peter Bertram、Phil Ayres、Niels Grønbeck、Morten Meldgaard、Jørgen Hauberg、Peter Bjerrum、Dag Petersson、Kjeld Vindum、Jens Kvorning、Peder Duelund Mortensen 和 Jesper Pagh。

同时我还要感谢一些人，他们为我提供了案例研究的实地考察，这对我来说是十分必要的。对于日本豪斯登堡退休社区的研究，如果没有川岸升这样的优秀翻译是不可能完成的，我与他建立了深厚的友谊。在豪斯登堡案例研究中，Tadaharu Takemoto 在协调研究需求和与豪斯登堡公司的关系中扮演着至关重要的角色。豪斯登堡的创始人神近义邦慷慨地接受我的采访，同时还有 Daisuke Takeuchi、Minoru Yamamoto、Yuji Matsuda、Toshiro Sakai、Kentaro Miake、Henk Boer 和 Motokazu Tashiro 也接受了我们的采访。在佛罗里达州案例研究中，我很感谢退休村的设计总监 Gary Mark，他热情好客并且思维开放。还要感谢退休村的 Tricia、Therese 和 Jim。在阳光海岸，很感激 Valle Romano 的 Carlos Rosa Jiménez、Claudia Kempe Cañal，以及 Las Terrazas de Alhaurín 的 Jaime Rodríguez González 以及空气动力学的 Kenneth 和 Gina Cook 提供的帮助。我也很感谢 Quartzsite Verlyn Michel 市长、Quartzsite 议员、商会成员 Walt Akin、Curt Sprenger，以及西南青鸟俱乐部的 Phil Corpus、DataStormUsers.com 的 Don Bradner，还有 Yuma 航空队，他们对老年房车社群的研究做出了突出贡献。对于历史案例研究，我要感谢青年城市图书馆和历史博物馆的 Heidi Speed；太阳城区域历史协会的 Julie Glass、Jane Wise 和 Jane Freeman；拉古纳伍兹地区的 Wendy Bucknam 和 Amy Petrucci，以及拉古纳伍兹历史协会的 Bob Ring。我特别感谢案例研究中的居民，他们十分热情地欢迎我进入他们家（车）中，并欣然地给予他们的时间来回答我的问题。

最后，感谢我的家人给予的鼓励，特别是 Ida Richter Brændstrup，感谢她一直以来的细致阅读，感谢她坚定的耐心、爱和支持。这本书献给 Selma 和 Oskar。

迪恩 · 辛普森

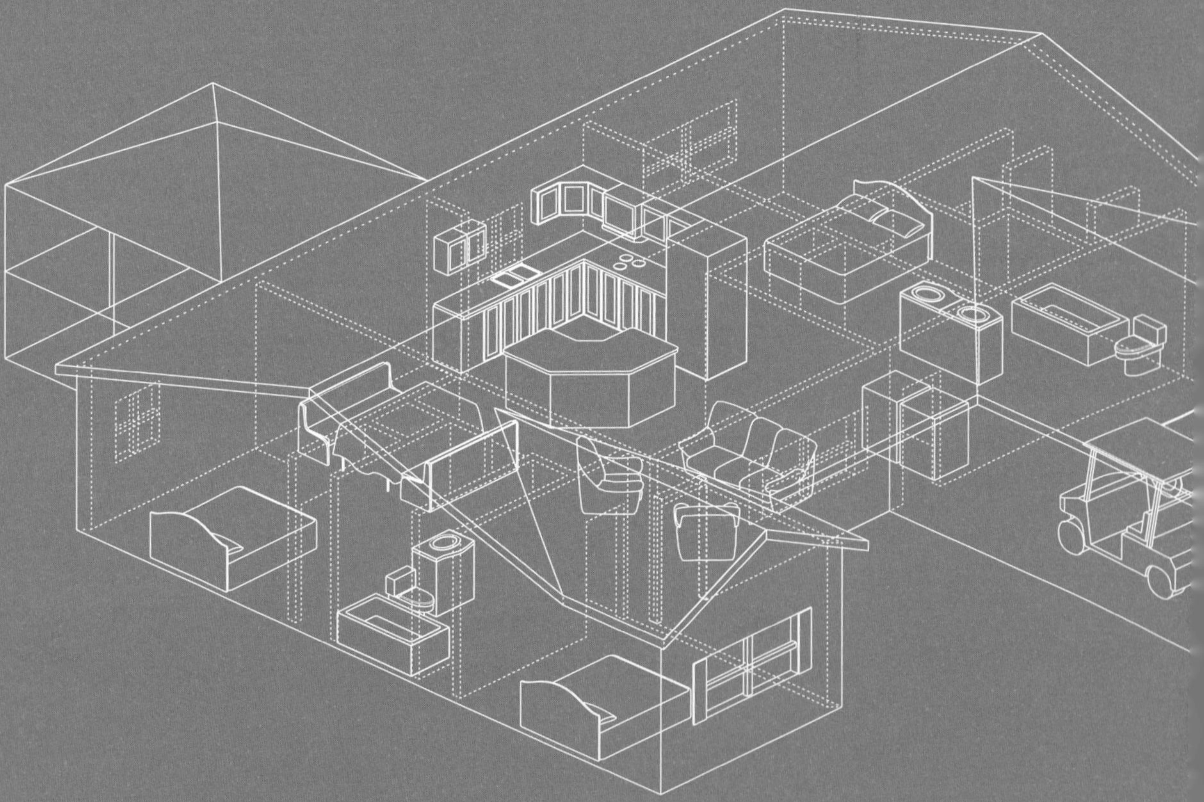